1000
Feuerwehr-
autos

1000
Feuerwehr-
autos

N G V

© Naumann & Göbel Verlagsgesellschaft mbH
Autor: Udo Paulitz
Gesamtherstellung: Naumann & Göbel Verlagsgesellschaft mbH, Köln
Alle Rechte vorbehalten
ISBN 3-625-10547-0
www.naumann-goebel.de

Inhalt

Einleitung

Feuerwehrfahrzeuge sind zur Bewältigung der überaus vielfältigen Aufgaben und Anforderungen aus unserer modernen und technisierten Gesellschaft nicht mehr wegzudenken. Wo immer in aller Welt Unglücksfälle geschehen, Menschenleben, Umwelt und Sachwerte in Gefahr geraten, wird die Feuerwehr zu Hilfe gerufen. Im Mittelpunkt des Interesses standen beim Publikum schon seit jeher die von den Wehren eingesetzten Fahrzeuge. Dies allein schon durch ihre auffälligen Lackierungen, Warnleuchten und akustischen Signale.

Betrachtet man heute den in allen Bereichen fast unvorstellbar hohen Grad der technischen Vollkommenheit der Ausrüstung und die über modernste Elektronik, Computertechnik und jede Menge Motorleistung verfügenden Fahrzeugmodelle, so kann man sich die Welt ohne moderne Feuerwehrfahrzeuge kaum noch vorstellen. Das war aber nicht immer so, und die Zeit, wo der Feuerwehrmann bei der Brandbekämpfung ohne diese technischen Hilfsmittel allein auf sich selbst und auf die Muskelkraft von Pferden angewiesen war, liegt noch gar nicht einmal so lange zurück.

Die Frühgeschichte des Feuerlöschwesens

Im Mittelalter – aber auch noch bis ins 19. Jahrhundert hinein – bedeutete der Alarmruf „Feurio" nur allzu oft eine Katastrophe für Hunderte von Menschen, für ganze Dörfer und Städte. Denn Ledereimer, Handdruckspritzen, Feuerpatschen, Einreißhaken und tragbare Leitern waren bis dahin nahezu die einzigen Hilfsmittel, mit denen dem Feuer zu Leibe gerückt werden konnte. Ein wesentlicher Nachteil dieser Ausrüstungsgegenstände war deren Abhängigkeit von der Muskelkraft und Ausdauer der Menschen, die sie bedienten. Schnell gebildete Eimerketten gehörten zu den verbreiteten, aber nicht sehr effektvollen Methoden, Wasser zur Brandstelle zu befördern. Eine Handdruckspritze, das damals leistungsfähigste Feuerlöschgerät, erforderte ungefähr 16–24 Mann Bedienungs- und Ablösepersonal und war trotz dieses nach heutigen Maßstäben enormen Aufwands nur in der Lage, kaum mehr als 150–300 Liter Wasser pro Minute zu fördern.

Die freiwillige Feuerwehr eines Dorfes in Dänemark hält mit ihrem handbetriebenen Spritzenwagen eine Feuerwehr-Übung ab.

Daher waren den Löschmöglichkeiten sehr enge Grenzen gesetzt, so dass selbst kleinere Brände oftmals nicht gelöscht werden konnten und die Löschmannschaften oft genug vergebens gegen die Feuersbrünste ankämpfen mussten. Jeder selbst noch so kleine Entstehungsbrand konnte sich – einmal außer Kontrolle geraten – in Windeseile zu einem Großfeuer und Flächenbrand entwickeln, das im Regelfalle dann nicht mehr eingedämmt werden konnte. Eine allzu dichte, überwiegend in Holz- oder Fachwerkbauweise erstellte Bebauung der Ortschaften und Städte, ein von Leichtsinn, Sorglosigkeit und Nachlässigkeit geprägter Umgang mit offenem Feuer, die schlechte Organisation der Löschkräfte sowie deren wenig effiziente Alarmierungsmethoden und vor allem die völlig unzureichenden, vielfach nur ungenügend gewarteten Löschgeräte begünstigten die rasche Ausbreitung von Bränden in den alten Gemeinwesen wesentlich.

Das war in den mittelalterlichen Städten Europas nicht anders als in den schnell aufstrebenden Siedlungen an Amerikas Ostküste, wo Feuersbrünste ebenso an der Tagesordnung waren und die menschlichen Ansiedlungen in mehr oder weniger regelmäßigen Abständen heimsuchten. Eines der spektakulärsten Feuer in Deutschland war der vom 5. bis 8. Mai 1842 in Hamburg wütende Großbrand. Das Feuer vernichtete mehrere tausend Häuser auf einer Fläche von über 1200 Meter Länge und 400 Meter Breite und forderte Sachschäden in Millionenhöhe. Eine traurige Spitzenstellung in Amerika nahm die im Jahr 1630 gegründete Stadt Boston ein, die zwischen 1631 und 1889 nicht weniger als zehnmal mehr oder weniger vollständig ein Raub der Flammen wurde. Jedes Mal wurden Hunderte von Wohngebäuden und wertvolle Handelswaren vernichtet. Auch das koloniale New York, das sich damals noch auf die heute Manhattan genannte Halbinsel beschränkte, hatte in seiner Frühzeit unter sechs Großbränden zu leiden. Besonders schwer war das am 16. Dezember 1835 im Wallstreet-Viertel ausgebrochene

Feuerwehrleute in London-Greenwich posieren während einer Übung mit ihren ausfahrbaren Leitern (aufgenommen um 1880).

Schadensfeuer, dem insgesamt 674 Gebäude zum Opfer fielen. Der angerichtete Schaden betrug damals 20 Millionen Dollar. Noch gab es keine Dampfspritzen mit denen Feuer in hohen Häusern wirksam bekämpft werden konnten und die damaligen Handdruckspritzen (hand operated pumps) waren nicht bis in diese Höhen einsetzbar. Mit Abstand am günstigsten unter den amerikanischen kolonialen Städten schnitt Philadelphia in der Brandstatistik ab. Infolge einer aufgelockerteren Bauweise, des höheren Anteils an Backsteingebäuden und der besser organisierten örtlichen Brandbekämpfung wurde diese Stadt zwischen 1730 und 1865 von nur drei großen Schadensfeuern heimgesucht.

Sowohl diesseits als auch jenseits des Atlantiks war die Organisation des Brandschutzes damals noch mangelhaft und verbesserungsbedürftig. Da sich hierfür niemand so recht zuständig fühlte, blieben die Löscharbeiten oft genug dem guten Willen der herbeieilenden Anwohner und Passanten überlassen. Ausgebildete Helfer, welche die hand- oder pferdegezogenen Feuerspritzen ordnungsgemäß und sachkundig bedienen konnten, fehlten zumeist. Einem größeren Feuer waren Organisation, Technik und Taktik der Brandbekämpfung jener Zeit in der Regel nicht gewachsen. Erst die Bildung von freiwilligen Feuerwehren in der zweiten Hälfte des 19. Jahrhunderts, zu deren Organisation in Deutschland vor allem Carl Metz und Conrad Dietrich Magirus entscheidend beitrugen, schufen hier Abhilfe. Der von Carl Metz geprägte Wahlspruch „Gott zur Ehr, dem Nächsten zur Wehr" drückte sehr treffend die Einstellung der ersten Feuerwehrmitglieder aus, die den Dienst am Nächsten als eine freiwillig übernommene hohe Bürgerpflicht ansahen. Nach ersten, bereits im Jahr 1717 in Boston unternommenen Versuchen wurde in Philadelphia am 7. Dezember 1736 die erste „Union

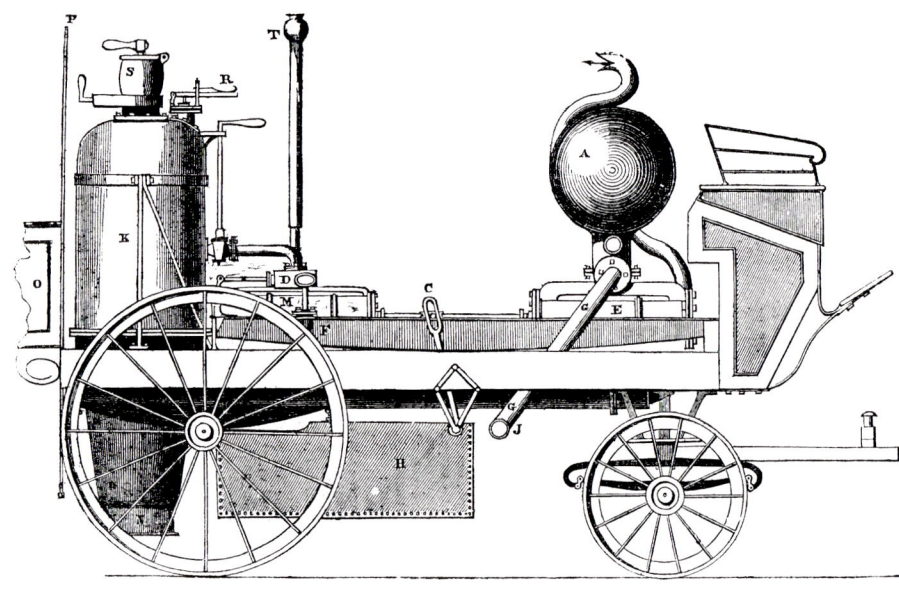

Darstellung der 1828 vom schwedischen Ingenieur John Ericsson erfundenen Dampfspritze (Holzstich aus dem Mechanics Magazine Nr. 340 von 1830)

Fire Company" unter Führung von Benjamin Franklin gegründet. Diese wurde zum Vorbild für weitere Gründungen und im Revolutionsjahr 1776 gab es in dem 40 000 Einwohner zählenden Philadelphia nicht weniger als 22 „fire companies". Auch der erste frei gewählte Präsident der Vereinigten Staaten, George Washington, gehörte zu den vielen prominenten Befürwortern der freiwilligen Feuerwehrmänner. Diese „volunteers" standen jahrzehntelang in hohem gesellschaftlichen Ansehen. Mit dem Aufkommen der technisch aufwändigeren, aber ungleich leistungsfähigeren Dampfspritzen wurde der Ruf nach berufsmäßigen Feuerwehren immer lauter, so dass ihre Zeit in den großen Städten dem Ende zu ging. Die erste Berufsfeuerwehr Amerikas entstand am 10. März 1853, als in Cincinnati eine bezahlte Feuerwehrmannschaft von der Stadtverwaltung eingestellt wurde.

Fortschritte durch die Dampfspritze

In technischer Hinsicht eröffnete erst das Dampfzeitalter seit Anfang des 19. Jahrhunderts neue Perspektiven. Mit Hilfe der von James Watt im Jahr 1770 entwickelten Dampfmaschine konnte menschliche und tierische Arbeitsleistung erfolgreich durch Maschinenkraft ersetzt werden. Erst ihr Erscheinen bildete die Grundlage der sich in Europa und Nordamerika schnell ausbreitenden industriellen Revolution in Industrie und Verkehrswesen. Eines der vielen neuen Anwendungsgebiete der Dampfkraft war das Betreiben wasserfördernder Löschgeräte. 1828 entwickelte der schwedische Ingenieur John Ericsson die erste Dampfmaschine, mit der eine Feuerlöschpumpe angetrieben werden konnte. Die renommierte Maschinenfabrik John Braithwaite in London baute nach diesem System die erste Dampffeuerspritze, die auch erfolgreich bei einem Großfeuer eingesetzt werden konnte. Vom Anheizen bis zur Dampferzeugung vergingen 13 Minuten, und wenn sie einmal arbeitete, konnte man etwa 680 Liter Löschwasser pro Minute in einem 27 Meter hohen Strahl austreten lassen – und das stundenlang!

In den Vereinigten Staaten war es der aus England eingewanderte Ingenieur Paul Rapsey Hodge, der im Jahr 1840 – fünf Jahre nach dem verheerenden Wallstreet-Brand – die erste selbstfahrende Dampffeuerspritze Amerikas baute. Dieses sieben Tonnen schwere Gerät war mit einer Förderleistung von

Feuerwehrmänner in historischen Uniformen mit einer alten Spritze

Demonstration einer Löschaktion mit einem von Pferden gezogenen historischen Spritzenwagen

Während es englischen Maschinenbaufirmen gelang, die Dampfspritze in Europa zur höchsten technischen Reife zu bringen, entstand die erste feuerwehrtaugliche Dampfspritze Amerikas im Jahr 1853 durch die Lokomotivfabrikanten Latta und Shawk in Cincinnati. Trotz ihres hohen Gewichts von fast zehn Tonnen konnte die „steam fire engine" im Einsatz derart überzeugen, dass sie umgehend von den Stadtvätern erworben wurde. Dieses Fahrzeug stand am Anfang der allein über 5000 bis 1917 für amerikanische Feuerwehren gefertigten Dampfspritzen – eine für europäische Verhältnisse unvorstellbar große Zahl. Es kam zu einer Massenfabrikation, dessen Markt sich anfänglich etwa fünf große und eine Vielzahl kleiner und kleinster Hersteller teilten. Das Fire Department New York (FDNY) verfügte im Jahr 1904 allein über 173 Einheiten, beim Chicago Fire Department (CFD) waren es 102. Diese sehr robusten Fahrzeuge erreichten durchweg ein hohes Betriebsalter. Später verlastete man sie auf Motorschlepper und nutzte sie auf diese Weise zumindest noch als Reservefahrzeuge. In New York wurde erst 1933 die letzte Dampfspritze außer Dienst gestellt.

etwa 800 Liter Wasser pro Minute zwar richtungsweisend, aber für den praktischen Einsatz viel zu schwer und unhandlich, um damit erfolgreich operieren zu können. Die „steam fire engine" war daher als stationäre Dampfmaschine in einer Kistenfabrik viel besser aufgehoben. Dort beendete sie auch ihre Laufbahn. Auch die Preußische Regierung in Berlin gehörte im Jahr 1832 zu den ersten Beziehern einer Dampffeuerspritze aus England, mit der der Brandschutz des königlichen Schlosses erhöht werden sollte. Trotzdem dauerte es in Deutschland noch bis weit in die 1870er Jahre, bevor bei den meisten Berufsfeuerwehren Dampfspritzen in größerem Umfang in Dienst gestellt worden waren.

Am 18. April 1906 entstand in San Francisco als Folge eines Erdbebens das größte Schadensfeuer Nordamerikas. Die auf hügeligem Gelände errichtete, eng bebaute Stadt zählte damals bereits 410 000 Einwohner. Da 90 % der Häuser aus Holz

Eine von zwei Pferden gezogene Dampfspritze aus dem Jahr 1906 bei einer Fahrzeugparade durch die Münchner Innenstadt

bestanden, konnten sich die vielen Kleinfeuer, die durch die bei Erderschütterungen umfallenden Petroleumlampen entstanden, rasch ausbreiten und zu einem Flächenbrand zusammenschließen. Immerhin verfügte die örtliche Berufsfeuerwehr über 38 bespannte Dampfspritzen, 12 Reservefahrzeuge und 575 Mann Personal. Der Einsatz dieser zwar verhältnismäßig gut ausgerüsteten Wehr stand von Anfang an unter einem schlechten Zeichen. Die meisten Hauptwasserleitungen waren durch die Erdstöße geborsten, so dass ein Großteil der Hydranten infolge Druckabfalls ausfiel. Zu allem Überfluss wurde der Kommandant, Fire Chief Dennis Sullivan, von umstürzendem Mauerwerk begraben. Unter diesen Umständen war es den von der US-Army und Navy sowie auswärtigen, rund um die Uhr eingesetzten Kräften – trotz des Einsatzes unzähliger Dampfspritzen – nicht möglich, der Flammen Herr zu werden. Als letztes Mittel kam an vielen Stellen das Sprengen ganzer Häuserblocks zum Tragen, was sich als recht wirksam erwies und dem Feuer Nahrung entzog. Erst nach drei Tagen kam der Brand unter Kontrolle; er erlosch praktisch mangels weiterem brennbaren Materials. 674 Tote, 3500 Verletzte, 28 000 zerstörte Gebäude und etwa 300 000 Obdachlose waren die traurige Bilanz. Auf 18 Quadratkilometern Fläche war kaum ein Haus vom Feuer verschont geblieben.

hoch, dass sie nur für größere Wehren, die auch ausgebildete Maschinisten stellen konnten, in Betracht kam. Kleinere Gemeinden waren daher weiterhin auf Handdruckspritzen angewiesen.

Der Dampfkessel einer Feuerspritze musste ständig in Aktionsbereitschaft gehalten werden, um im Einsatzfall sofort ausrücken und an der Brandstelle Wasser geben zu können. Die Feuerstellen unter den Kesseln enthielten Petroleum, das beim Ausrücken in Brand gesetzt wurde. Später pflegte man das Wasser im Kessel durch Gasheizringe vorzuwärmen, um möglichst schnell Dampf erzeugen zu können. Von der Sorgfalt des verantwortlichen Maschinisten hing es sehr stark ab, ob sich ein Löscheinsatz erfolgreich gestaltete. Die mit Kolbenpumpen von bis zu 2000 Liter Wasser pro Minute Förderleistung ausgestatteten Dampfspritzen waren nahezu unverwüstlich und nahmen im Lauf der Zeit eine immer vollkommenere Gestalt an. Hingegen gab es selbstfahrende Dampfspritzen in Deutschland nur wenige, da sie zu aufwändig waren – sie benötigten zwei getrennt arbeitende Dampfmaschinen zum Fahren und zum Pumpen. Die erste deutsche automobile Dampfspritze entstand im Jahr 1901 durch die Firma Busch in Bautzen für die Berufsfeuerwehr Hannover.

immer größer werdende räumliche Ausdehnung der Städte und Ansiedlungen. So wurde der Ruf nach einer maschinellen Fahrzeugantriebskraft laut: also einem schnellen, von menschlicher oder tierischer Muskelkraft unabhängigen Antriebssystem, das es erlaubte, Pumpen und Löschgeräte zu den Einsatzstellen zu transportieren.

Der Verbrennungsmotor setzt sich durch

Um die Jahrhundertwende kannte man neben der Dampfkraft den Elektroantrieb sowie die ersten Verbrennungsmotoren. Bereits 1885 hatte Gottlieb Daimler einen Verbrennungsmotor entwickelt und mit Erfolg erprobt. Im Juli 1888 präsentierte er die erste Benzinmotorspritze der Welt, deren Einzylindermotor etwa ein PS erzeugen konnte. Bei den folgenden Entwicklungen konnten die Leistungen kontinuierlich gesteigert werden. 1901 erreichte man mit einer von Magirus hergestellten Spritze bereits 12 PS und eine Förderleistung von 850 l/min. Nur 17 Sekunden benötigte die bequem von einem Mann zu bedienende Pumpe bis zu ihrer Betriebsbereitschaft.

Damit war aber die Frage des Fahrzeugantriebs nicht gelöst. Der eigentliche Grund, weshalb die Feuerwehren eine maschinelle Antriebskraft als Ersatz für die Pferde zu suchen begannen, lag gar nicht einmal so sehr in der zu geringen Geschwindigkeit der Gespanne. Ausschlaggebend war vielmehr der durch den Ausbau der Berufsfeuerwehren rasch wachsende Pferdebestand und die dadurch in astronomische Höhen empor schnellenden Betriebskosten. Denn die Tiere mussten täglich gefüttert werden, während ein Motorfahrzeug im Grunde genommen nur dann vergleichbare Kosten verursachte, wenn es sich im Einsatz befand. Weitere Probleme wie Erkrankungen der Pferde, die Übertragungsgefahr von Krankheiten auf die Wehrmänner sowie Geruchs- und Lärmbelästigungen in den Feuerwachen zeigten, dass die Pferdehaltung nicht mehr zeitgemäß war.

Noch während der Blütezeit der Dampfmaschine befassten sich einige Firmen mit batterie-elektrischen Motoren zum Betrieb von Lastwagen. Dieses Antriebsverfahren hatte schon bald eine hohe Betriebssicherheit erreicht. Wiederum war es die damals unter der Leitung des Branddirektors Maximilian Reichel stehende Berufsfeuerwehr Hannover, die im Jahr 1902 den welt-ersten, aus drei Fahrzeugen bestehenden Automobil-Löschzug mit diesem Antriebssystem ausrüsten ließ. Obwohl dieser neue Löschzug in der Fachwelt mit vielen ablehnenden Stimmen kommentiert wurde, ließ sich der Fortschritt nicht aufhalten. Bis zum Beginn des Ersten Weltkriegs setzte die überwiegende Zahl der Feuerwehren der größeren Städte auf den Elektromotor als Antriebsquelle für Fahrzeuge. Hauptsächlich deshalb, weil dieser als weitaus betriebssicherer als die damaligen Verbrennungsmotoren eingestuft wurde.

Diese im Jahr 1914 von der Firma Busch im ostsächsischen Bautzen gebaute mobile Dampfspritze ist die letzte in Deutschland erhalten gebliebene Spritze dieser Art (aufgenommen in der Technischen Sammlung der Stadt Dresden).

Deutschlands erste Dampfspritze wurde erst im Jahr 1863 von Georg Egestorff, einem Maschinenfabrikanten in Linden bei Hannover, gebaut. Die letzte wurde von Magirus im Jahr 1914 ausgeliefert. Bis nach der Jahrhundertwende stellte die überwiegend von Pferden gezogene Dampfspritze das typische Feuerwehrfahrzeug der städtischen Feuerwehren in Deutschland dar. Anschaffungspreis und Bedienungsaufwand waren aber so

So blieb die von kräftigen Pferden gezogene Dampfspritze über viele Jahre das Standardlöschgerät der größeren Wehren. Zunehmende Spritzengewichte durch immer solidere und leistungsfähigere Konstruktionen sowie zusätzlich mitgeführte Ausrüstungsgegenstände ließen die Grenzen des Einsatzes von Pferdegespannen schon bald erkennen. Hinzu kamen die immer längeren Anfahrtswege zu den Einsatzstellen durch die

Neben dem batterie-elektrischen Antriebssystem gab es noch den Benzin-Elektro-Antrieb, auch Mixt-Antrieb genannt. Bei diesem trieb ein Benzinmotor einen Generator an, dessen Strom die in den Radnaben befindlichen Elektromotoren speiste. Dieser Verbundantrieb war sehr beliebt und zuverlässig, denn mit ihm konnten auch Pumpen und bei den Drehleitern der Leiterantrieb versorgt werden, was bei Batteriefahrzeugen nur durch zusätzlich installierte Aggregate möglich war.

Über die Vor- und Nachteile dieser Systeme debattierten im ersten Jahrzehnt des vorigen Jahrhunderts die Brandschutzexperten diesseits und jenseits des Atlantiks teilweise sehr erbittert. Erst als der Benzinmotor im zivilen Bereich seine Bewährungsprobe bestanden hatte, wurden auch die Feuerwehren von dieser Entwicklung mitgerissen, so dass der Benzinmotor langsam an Boden gewann. Während es 1909 ganze drei benzingetriebene Feuerwehrfahrzeuge in Deutschland gab, waren es 1913 schon 143. Auch der Erste Weltkrieg konnte die Motorisierungsbestrebungen der Feuerwehren nur kurzzeitig hemmen. Bis gegen Ende der 1920er Jahre waren zumindest die Feuerwehren der größeren Städte vollmotorisiert.

In den Vereinigten Staaten hat kein anderer Unternehmer aus der Frühzeit der Automobilgeschichte so viel zur Motorisierung der Feuerwehren beigetragen wie Henry Ford. Im Jahr 1908 brachte er das legendäre T-Modell heraus, ein äußerst anspruchsloses, zuverlässiges und überdies auch besonders preisgünstiges Fahrzeug, das nicht ohne Grund bis 1929 in der Fertigung blieb. Auch der nachfolgende Typ A konnte an diese Erfolge nahtlos anknüpfen. Allgemein zeichneten sich die amerikanischen Fahrzeuge durch eine im Vergleich zu Europa besonders hohe Leistung und sehr kräftig ausgebildete Fahrgestelle aus. Überhaupt wurde in Amerika erheblich schneller zur Einsatzstelle gefahren als auf dem Kontinent, wobei die Einsatzfahrten zu regelrechten Rennen ausarten konnten.

Das moderne Feuerwehrfahrzeug entsteht

Die in den folgenden Jahren entstandenen Fahrzeugkonstruktionen haben – obwohl in vielen Details verändert und technisch optimiert und in ihren Leistungen entscheidend gesteigert – im Prinzip auch heute noch Bestand. Vordergründig war die weitere Entwicklungsgeschichte der Feuerwehrfahrzeuge eng an die Fortentwicklung des Automobils – hier in erster Linie an die der Lastkraftwagen – gekoppelt. Denn in dem Maße, wie sich der technische Fortschritt beim allgemeinen Fahrzeugbau bemerkbar machte, hielt er auch bei den Feuerwehrwagen Einzug. So erfolgte der Übergang auf Linkssteuerung und Mittelschaltung, Niederdruckreifen anstelle der Hartgummi- oder Elastikreifen, die Umstellung von Ketten- auf Kardanantrieb, elektrische Anlass- und Beleuchtungsanlage und der Ersatz der mechanischen Bremsen durch Öl- oder Druckluftbremsen. Bei den Drehleitern, deren Antrieb mittlerweile vom Fahrmotor aus erfolgte, blieb allerdings die Vollgummibereifung aus Gründen der Standsicherheit noch eine Weile erhalten. In Deutschland wurde seit Mitte der 1920er Jahre die Entwicklung kompressorloser Fahrzeug-Dieselmotoren für Nutzfahrzeuge entscheidend vorangetrieben. Ab etwa 1930 wurden immer weniger Lastwagen mit Benzinmotoren ange-

Bei diesem Feuerwehrfahrzeug von Daimler-Benz aus dem Jahr 1920 wurden die Vollgummireifen bereits 1922 durch Luftreifen ersetzt (Aufnahme von 1957).

boten, da sich diese wegen der klar erwiesenen wirtschaftlichen Nachteile kaum noch verkaufen ließen. Die Feuerwehren standen dem wesentlich sparsameren Dieselmotor zunächst sehr skeptisch gegenüber, mussten sich aber bald der Entwicklung anpassen, da sich die Zahl der angebotenen Fahrgestelle mit Vergasermotoren stetig verringerte. Während der Einbau von Dieselmotoren in Deutschland ab 1935 gesetzlich angeordnet wurde, ignorierte man aufgrund der jenseits des Atlantiks reichlich vorhandenen Ölvorkommen diese Entwicklung noch lange Zeit. Im Gegenteil – man baute immer größere Vergasermotoren, um für die immer stärkeren Feuerlöschpumpen genügend Leistung zur Verfügung zu haben. Dies war bei der hohen Bebauung in den Großstädten auch erforderlich. Während immerhin bereits 1939 das erste Löschfahrzeug mit Dieselmotor an eine amerikanische Feuerwehr geliefert wurde, dauerte es bei der New Yorker Feuerwehr bis zum Jahr 1962, bevor sie das erste dieselgetriebene Feuerwehrfahrzeug in Dienst stellte.

Bis Mitte der 1920er Jahre kam bei den Löschfahrzeugen und Automobilspritzen weltweit eine weitgehend einheitliche Bauform zum Tragen. Die völlig offenen Fahrzeuge besaßen für die Mannschaft in Längsrichtung angeordnete Sitzbänke mit durchweg hoher Schwerpunktlage, die bei schnellen Alarmfahrten besonders unfallträchtig waren. Über ihren Köpfen befanden sich Halterungen für Leitern, Einreißhaken und andere sperrige Gegenstände. Die Feuerlöschpumpe war am Fahrzeugheck angeordnet. Vielfach befanden sich Schlauchhaspeln seitlich am Fahrzeug und unter den Trittbrettern waren Stauräume für Armaturen und andere Dinge angeordnet. Erst zu Beginn der 1930er Jahre fanden verstärkt geschlossene Fahrzeugaufbauten Eingang in die Bestände deutscher Wehren. Das letztlich ausschlaggebende Ereignis für diese Entwicklung war der extrem kalte Winter 1928/29 mit bis zu −30 °C. Zahlreiche Wehrmänner zogen sich auf den ungeschützten Fahrzeugen Erfrierungen zu. Dadurch wurde nur zu deutlich, dass offene Aufbauten selbst dem abgehärtetsten Feuerwehrmann nicht mehr zugemutet werden konnten. In den Vereinigten Staaten wurden 1935 die ersten geschlossenen Mannschaftskabinen von der Firma Mack angeboten, der bald weitere Hersteller folgten. Die Feuerwehr New York erwarb ihr erstes Fahrzeug mit „closed cab" im Jahr 1937. Der Übergang zu geschlossenen Aufbauten dauerte hier aber wesentlich länger als in Deutschland und Europa. Auch die Geräte wurden nun überwiegend in kofferartigen Aufbauten gelagert. Damit hatten die Feuerwehrfahrzeuge zu einer Bauform gefunden, die sich bis heute wenig geändert hat.

Ein weiteres wichtiges Anliegen betraf die einheitliche Normung von Fahrzeugen und Ausrüstung. In der Vergangenheit hatte es immer wieder Probleme gegeben, wenn bei Großbränden die aus Nachbargemeinden zur Hilfe eilenden Löschkräfte entsetzt feststellen mussten, dass z. B. die Schlauchkupplungen unterschiedliche Maße aufwiesen, was Einsatz und Erfolg stark behinderte. Gegen Ende der 1930er Jahre aber konnten diese Probleme als überwunden bezeichnet werden. Die im Zweiten Weltkrieg erzwungene Typung und Reihenfertigung von Feuerwehrfahrzeugen bewirkte eine bis dahin noch unbekannte Vereinheitlichung in der Ausrüstung.

Neben Automobilspritzen, Drehleitern, Schlauch-, Mannschafts- und Tierrettungswagen entstanden in immer größerer Zahl Sonderfahrzeuge, die auf spezielle Verwendungszwecke zugeschnitten waren, denn die Feuerwehren wurden neben der Brandbekämpfung mehr und mehr auch mit technischen Hilfeleistungen und vielen anderen Aufgaben konfrontiert. Hilfeleistungen bei Verkehrsunfällen gehörten bei der rapiden Zunahme des Straßenverkehrs auch dazu, so dass schon recht frühzeitig Kran- und Bergefahrzeuge und Gerätewagen beschafft werden mussten. Aufgaben im Rahmen der schnell

Drehleiter mit Korb DLK 23-12, Mercedes-Benz Econic 1828 L, Baujahr 1998

expandierenden Luftfahrt kamen ebenso hinzu. Diese Entwicklungen haben sich bis heute verstärkt fortgesetzt, denn technische Einsätze, Hilfeleistungen, Einsätze im Rahmen des Umweltschutzes und vieles andere mehr überwiegen mittlerweile bei weitem die reine Brandbekämpfung. Heute ist die Feuerwehr zu einem vielseitigen Helfer in der Not geworden und ständig kommen neue Aufgaben hinzu, auf deren Gefahrenabwehr und Risiken die Wehren reagieren müssen.

Die Feuerwehren von heute

Die heutige Fahrzeuggeneration wird weltweit von einer Vielzahl leistungsfähiger Universal- und Spezialfahrzeuge geprägt. Bei diesen überwiegend PS-strotzenden Hochleistungsfahr-

zeugen sind die klassischen Haubenmodelle praktisch verschwunden. Vielmehr ist die äußere Form der Fahrzeuge von rein funktionellen Gestaltungsmerkmalen beeinflusst. Mehr oder weniger kastenartig ausgebildete, neuerdings in gewichtssparender, korrosionsbeständiger und selbsttragender Aluminiumbauweise oder in gemischter Aluminium-Stahl-Technologie erstellte Fahrerhäuser und Aufbauten bestimmen mehr und mehr das Erscheinungsbild der Fahrzeuge. Die äußere Gestaltung der neuen Fahrzeuge wirkt teilweise derart uniform, dass sich einzelne Typen und Fabrikate manchmal nur noch durch das Firmensignet oder von einem Fachmann zuverlässig unterscheiden lassen. Bei den Aufbauten haben sich nach oben hin öffnende Lamellenverschlüsse anstelle der bislang üblichen Klappen und Drehtüren allgemein durchgesetzt. Im Drehleiterbau kamen zu der schon lange eingesetzten Hydraulik-Elektronik aufwändige Computertechnik und Niedrigbauweise hinzu. 1995 wurde erstmals eine Magirus-Drehleiter auf Dreiachsfahrgestell mit luftgefederter, zwangsgelenkter Nachlauflenkachse bei einer deutschen Wehr in Dienst gestellt. Ihr Wendekreis beträgt nur noch 15 Meter.

Bei Pkws schon lange übliche und bewährte Ausstattungsmerkmale wie Servolenkung, Antiblockiersystem (ABS), Antischlupfregelungen (ASR) oder Automatikgetriebe fanden Eingang in die Fahrwerktechnik im Feuerwehrfahrzeugbau. Diese Einrichtungen erleichtern die Arbeit des Fahrers vor allem bei Einsatzfahrten. Besonders auffällige Lackierungen und Farbkombinationen in Tagesleuchtfarben – seit einiger Zeit auch in Form preisgünstiger und bunter Reflexstreifen und Folienbeklebungen – setzen auffällige Akzente, um bei der ständig zunehmenden Verkehrsdichte die Alarmfahrten sicherer zu machen.

Daneben entstand eine Reihe neuer Fahrzeugtypen, um den schnell wachsenden Anforderungen und veränderten Einsatzbedingungen Rechnung zu tragen. Da sind zunächst einmal die Hilfeleistungs-Löschfahrzeuge (HLF) zu nennen, die eine zusätzliche Beladung für Hilfeleistungseinsätze mitführen. Sie können mit Seilwinde und Lichtmast ausgestattet sein. Zur Beladung gehört ein Stromerzeuger, entweder als fest ein-

Mit historischen Löschfahrzeugen aus dem ganzen Land feierte die Stuttgarter Feuerwehr am 8. Juni 2002 ihren 150. Geburtstag auf dem Stuttgarter Schlossplatz, im Vordergrund ein Magirus aus dem Jahr 1922.

gebauter Generator oder als tragbares Gerät sowie Rettungsschere und Spreizer. In zunehmendem Maße stellen die Wehren Wechselladerfahrzeuge in Dienst, die je nach Einsatzzweck mit den unterschiedlichsten Abrollbehältern ausgerüstet werden können. Neben dem TLF 24/50, das in erster Linie zur Brandbekämpfung auf Autobahnen und Fernstraßen zum Einsatz kommt, hat die Zahl der Großtanklöschfahrzeuge stark zugenommen. Diese können erheblich größere Löschwassermengen mitführen und sind daher für Großschadensfälle geeignet. Besonders eindrucksvoll verlief diese Entwicklung bei den Flugfeldlöschfahrzeugen. Hier entstanden wahre Löschriesen mit bis zu 18 000 Liter Wasserkapazität. Hohe Betriebskosten und unbefriedigende Beweglichkeit führten seit Mitte der 1980er Jahre wieder zu kleineren, wendigeren und erheblich schnelleren Konstruktionen.

So erfordern neue Risiken wohlüberlegte Konzeptionen zur Gefahrenabwehr. Da die Feuerwehren stets gezwungen sind, sich zum Zwecke der Minimierung von Unfall-, Brand- und Umweltrisiken der Fortentwicklung von Wirtschaft, Umwelt, Technologie und anderen wichtigen Bereichen unseres Lebens anzupassen, sind auch Fahrzeugentwicklung und Ausrüstung ständigen Veränderungen unterworfen. Angesichts leerer Kassen spielt das Problem der Finanzierung derart hochtechnisierter und kostspieliger Fahrzeuge eine immer größere Rolle. Die zukünftige Aufgabe im Feuerwehrfahrzeugbau wird darin liegen, die gegenläufigen Komponenten, beispielsweise durch länderübergreifende Normungen, in ein gesundes Gleichgewicht zu bringen.

Zu diesem Buch

Das vorliegende Buch zeigt ein großes Spektrum von mehr als 1000 überwiegend in Farbe vorgestellten Feuerwehrfahrzeugen aus der ganzen Welt. Es ist eine bunte Mischung aus gepflegten Oldtimern und den neuesten aktuellen Modellen. In erster Linie handelt es sich um Fahrzeuge aus dem gesamteuropäischen Raum, aber auch aus Überseeregionen, hier vor allem aus den Vereinigten Staaten von Amerika. Trotz dieser im Grunde schon sehr großen Zahl war es bei weitem nicht möglich, alle jemals gebauten Modelle dieser Sparte vorzustellen. Zu groß war die Palette dieser Fahrzeuge, der Typen und Funktionen. So mussten bei der Bildauswahl Schwerpunkte gesetzt werden, hier vor allem auf möglichst typische, aber auch besondere Fahrzeuge und Fahrgestelle eines Landes. Andererseits musste auf Fahrzeuge mancher Staaten zwangsläufig verzichtet werden, über die weder Bildmaterial noch Unterlagen erhältlich waren. Das heißt natürlich nicht, dass es in diesen Ländern keinen Brandschutz und Feuerwehren gäbe. Aber welcher Hobbyfotograf hat schon Gelegenheit, derart ferne Länder wie beispielsweise Bolivien, Paraguay, die Mongolei oder Nordkorea zu bereisen, mit dem Ziel dort Aufnahmen von Feuerwehrfahrzeugen anzufertigen? Geschweige denn, dass es ihm überhaupt gelingen würde, aufgrund von Verständigungsschwierigkeiten, Fotografierverboten und anderen Restriktionen an die gewünschten Aufnahmen und Daten zu gelangen, denn die Einrichtungen der Feuerwehren unterstehen in nicht wenigen Ländern dem Militär oder der Polizei und werden sozusagen als Staatsgeheimnis betrachtet. Für bestehende Lücken bitte ich daher um Verständnis. Sollten Sie, lieber Leser, über Bilder, Unterlagen und Informationen über Feuerwehrfahrzeuge, ganz gleich welcher Herkunft und Baujahr, verfügen oder auch Unzulänglichkeiten entdecken, bitte ich höflich um Kontaktaufnahme über den Verlag.

Der Autor dankt an dieser Stelle allen Firmen, Feuerwehren und Privatpersonen, die bei der Zusammenstellung dieses Werkes einen Beitrag geleistet haben. Ganz besonders möchte ich mich bei Dirk Wieczorek dafür bedanken, dass er sein umfangreiches Bildarchiv für diesen Zweck zur Verfügung stellte, mit Informationen, Auskünften und Ratschlägen sehr behilflich war und Kontakte zu weiteren Fotografen ermöglichte. Gleiches bezieht sich auch auf die vielen Wehrmänner, die bei Fototerminen ihre Fahrzeuge – oftmals in ihrer Freizeit – in die richtige, bildwirksame Position gefahren haben. Auch ihnen sei dafür herzlich gedankt.

Verlag und Autor wünschen Ihnen viel Spaß, Freude und Entspannung auf Ihrer Entdeckungsreise durch die faszinierende Welt der Feuerwehrfahrzeuge.

Quint, American LaFrance Eagle, Baujahr 1999

Europa

Zu den Kontinenten, deren Feuerwehren hinsichtlich Organisation und Ausrüstung, ihrer Ausbildung und Fahrzeugausstattung weltweit eine Spitzenposition einnehmen, zählt zweifelsohne Europa. Das trifft insbesondere auf die skandinavischen Länder, Großbritannien, die Benelux-Staaten, Frankreich, Spanien, die Schweiz, Österreich, Italien und Deutschland zu. Ebenso verfügen einige ehemalige Staaten des Ostblocks über eine leistungsfähige, zweckmäßige und überwiegend moderne Fahrzeugausstattung und Ausrüstung. Hier seien vor allem Polen und Tschechien genannt. Dagegen besteht bei manchen südeuropäischen Ländern, aber auch in dem von Bürgerkriegen zerrütteten ehemaligen Jugoslawien und in vielen GUS-Staaten ein teilweise ganz erheblicher Erneuerungsbedarf bei den Einsatzfahrzeugen und ihrer löschtechnischen Ausrüstung. Dies gilt vor allem für Feuerwehren auf dem Lande, in Dörfern und kleinen Städten, wo die Beschaffung neuer Fahrzeuge meist durch die nicht zur Verfügung stehenden finanziellen Mittel bislang verhindert wurde. In diesen Regionen kann man daher oftmals mehr oder weniger gepflegte Fahrzeuge entdecken, die bei uns bereits unter dem Begriff Oldtimer rangieren würden. Daneben findet man aber auch altbrauchbare Fahrzeuge westeuropäischer Feuerwehren, die diesen Ländern in Form von Spenden oder in einer Art von Aufbauhilfe zur weiteren Nutzung übergeben wurden. Die zunehmende Öffnung der Grenzen, aber auch die Bestimmungen des zukünftigen Binnenmarkts der Europäischen Union werden im Zeichen einer Vereinheitlichung und Normung der wichtigsten Feuerwehrfahrzeuge und -geräte auch bei den Feuerwehren in Zukunft eine große Rolle spielen.

Viele europäische Staaten verfügen über eine äußerst leistungsfähige, auch über die Landesgrenzen hinweg bedeutsame Feuerwehrfahrzeug- als auch Nutzfahrzeugindustrie. Dazu zählen nicht nur die weltweit bekannten deutschen Feuerwehrausrüster und Drehleiterspezialisten Magirus und Metz, sondern auch Ziegler und andere kleinere Hersteller wie Schlingmann in Dissen. Die österreichische Firma Rosenbauer fungiert nicht nur in ihrem Heimatland als Hauptlieferant für Feuerwehrfahrzeuge; das Unternehmen behauptet auch im globalen Export eine starke Position und hat sich weltweit auf dem Sektor der Flugplatzlöschfahrzeuge – neben Oshkosh und E-One – zum unangefochtenen Marktführer emporgearbeitet. Die Firmen Angloco, Dennis und Carmichael stehen für Tradition und Leistungs-

fähigkeit dieser Branche in Großbritannien, Camiva, Sides und Riffaud nehmen diese Position in Frankreich ein. In der Schweiz und Italien arbeiten hingegen kleinere Hersteller wie Vogt, Brändle, Silvani und BBA. Weltweit kommen zahllose Spezial- und Sonderlöschfahrzeuge von europäischen Herstellern. In denjenigen Staaten Europas, in

denen keine oder eine nur gering entwickelte Feuerwehrfahrzeug- oder Nutzfahrzeugindustrie vorhanden ist, sind Fabrikate aus vielen Ländern – und nicht nur aus Europa – präsent.

Über die weltbekannten, global agierenden europäischen Lkw-Produzenten, deren Fahrgestelle im Feuerwehrfahrzeugbau Verwen-

dung finden, ist es müßig, viele Worte zu verlieren. Feuerwehrfahrzeuge auf Fahrgestellen der Firmen Daimler-Chrysler, der früheren Daimler-Benz AG, Iveco, MAN, Renault, Scania, DAF und Volvo, aber auch Tatra und Liaz aus Tschechien sowie KamAZ und ZIL aus Russland kann man nicht nur in ihren Heimatländern antreffen.

Verwendungszweck:	*Löschfahrzeug*
Fahrgestelltyp:	*Pirsch*
Baujahr:	*1936*
Leistung der Pumpe:	*1900 l/min*
Löschwasservorrat:	*–*

Bei der Feuerwehr Stavanger (Stavanger Brannvesen) befindet sich dieses hervorragend restaurierte und voll betriebsfähige Löschfahrzeug der amerikanischen Marke Pirsch noch heute im Bestand. Das offen ausgeführte Fahrzeug war nach Vorbild des in den Vereinigten Staaten verbreiteten Pirsch Standard-Pumper-Modells 20 mit einer 500-Gallon-Mitteneinbaupumpe ausgerüstet. Obwohl es bereits im Jahr 1927 den ersten Pumper mit geschlossenem Fahrerhaus zu kaufen gab, sind Fahrer- und Mannschaftsraum offen und die Mannschaft Wind und Wetter preisgegeben, was für die harten klimatischen Verhältnisse dieses Landes nicht gerade ideal war.

Norwegen

Dieses am nördlichsten Ende Europas gelegene Land ist bekannt für seine landschaftliche Schönheit mit seiner langen, felsig-kargen Küstenlinie und den tief eingeschnittenen Fjorden, riesigen Wäldern und unzugänglichen Moor- und Gebirgsregionen. Auf diese spezifischen Geländeverhältnisse, die langen, harten Winter und das nicht sehr dichte Straßennetz auf dem Lande, hat auch die Beschaffenheit der Feuerwehrfahrzeuge Rücksicht zu nehmen. Da es in Norwegen nur wenige größere Städte gibt, entwickelte sich das Feuerlöschwesen erst relativ spät. In den 1920er Jahren kamen zwar schon die ersten Motorfahrzeuge ins Land, das moderne Feuerlöschwesen selbst machte aber erst nach dem Zweiten Weltkrieg große Fortschritte. Bei der Beschaffung der Fahrzeuge legte man großen Wert auf Motorleistung, Löschwasservorrat und Pumpenleistung. Allradantrieb war und ist für die zahlreichen Einsätze außerhalb von Straßen und Wegen die Regel. Der große Renner waren dabei die dringend für die weiten Ödlandgebiete benötigten Tanklöschfahrzeuge.

1964 wurde das erste genormte TLF 16 eingeführt. Neben der klassischen Drehleiter ist in größeren Ortschaften aber auch die Gelenkmastbühne das für norwegische Feuerwehren eher typische Hubrettungsfahrzeug.

Da die Feuerwehrgeräteindustrie nur wenig, eine eigene Automobil- und Nutzfahrzeugindustrie sogar überhaupt nicht vorhanden ist, müssen sämtliche Fahrgestelle importiert werden. Neben den schwedischen Marken Scania und Volvo befanden sich in der Vergangenheit zahlreiche Fahrzeuge aus US-amerikanischer Produktion im Einsatz. Westeuropäische Fahrzeugausrüster wie Metz und Magirus spielten schon seit jeher, besonders auf dem Drehleitersektor, eine große Rolle. Ein Teil der heimischen Fahrzeugaufbauten wird seit 1950 durch den Hersteller O.C.A. in Flekkefjord gedeckt. Dieses Unternehmen gehört seit Beginn der 1990er Jahre zur Rosenbauer-Gruppe.

Verwendungszweck:	*Drehleiter DL 26 + 2*
Fahrgestelltyp:	*Magirus M 40 L*
Baujahr:	*1931*
Leistung der Pumpe:	*–*
Löschwasservorrat:	*–*

Als Fahrzeug Nr. 6 stellte die Feuerwehr Bergen im Jahr 1931 diese von dem deutschen Feuerwehrausrüster Magirus in Ulm gelieferte Drehleiter (Magirus-Stige) in Dienst. Hierbei handelte es sich noch um eine ehemalige pferdebespannte Holzleiter mit Stahlverspannung mit 26 m Auszugslänge und 2 m Handausschub, die auf dieses neue Fahrgestell umgesetzt wurde. Als eines der ersten Fahrzeuge Skandinaviens erhielt die Leiter ein geschlossenes Fahrerhaus. Zur Verwendung gelangte ein mittelschweres, bereits luftbereiftes Magirus-M-40-L-Chassis mit 70-PS-Sechszylinder-Vergasermotor. Das Fahrzeug erreichte damit eine Höchstgeschwindigkeit von etwa 50 km/h bei einem Kraftstoffverbrauch von 34 l auf 100 Kilometer. Der Leiterpark wurde erst 1956 – nach 49 Jahren – außer Dienst gestellt.

Verwendungszweck:	*Tanklöschfahrzeug*
Fahrgestelltyp:	*Magirus-Deutz (KHD)*
	F 192 D 11 F
Baujahr:	*1979*
Leistung der Pumpe:	*3200 l/min*
Löschwasservorrat:	*2400 l*

Nach deutscher DIN-Norm ausgerüstet ist dieses auf einem Magirus-Deutz (KHD)-Fahrgestell von Magirus in Ulm erstellte TLF 1 der Feuerwehr (Brannvesen) Bodø. Es ist das Basisfahrzeug norwegischer Berufsfeuerwehren. Das Chassis ist mit einem luftgekühlten V-Sechszylinder-Direkteinspritz-Diesel mit 8492 ccm Hubraum und 192 PS Motorleistung bestückt. Dieses mit Hinterradantrieb ausgebildete Modell ist mit dem seit den 1970er Jahren in Deutschland sehr verbreiteten TLF 16 – bis auf die wesentlich stärkere Feuerlöschpumpe und manche Beladedetails – in vielem identisch.

Verwendungszweck:	**Tanklöschfahrzeug**
Fahrgestelltyp:	**Scania 113 M 320**
Baujahr:	**1992**
Leistung der Pumpe:	**2400 l/min**
Löschwasservorrat:	**3000 l**

Ein Tanklöschfahrzeug auf einem Scania-Frontlenkerchassis beschaffte die Feuerwehr Stavanger als TLF 121. Diese Fahrzeuge lösten Zug um Zug die älteren Magirus-Frontlenker ab. Der Aufbau erfolgte durch die Rosenbauer Norge AS in Flekke-

fjord, welche seit einigen Jahren die Stelle des heimischen Herstellers O.C.A. eingenommen hat. Das Fahrzeug ist mit der serienmäßigen Fahrer- und Mannschaftskabine sowie mit einem Aufbau, der in jeweils drei mit Rollläden verschlossenen Geräteräumen pro Seite unterteilt ist, ausgebaut. Als Antriebsaggregat kommt ein Sechszylinder-Diesel mit 320 PS Leistung zur Verwendung. Neben dem Wasservorrat ist ein Tank für 300 l Schaumkonzentrat vorhanden. Anders als in Deutschland haben die norwegischen Feuerwehren die größtmögliche Freiheit bei Auswahl und Gestaltung ihrer Fahrzeuge und Geräte.

Verwendungszweck:	**Wasserzubringerfahrzeug**
Fahrgestelltyp:	**MAN 16.192 FA**
Baujahr:	**1981**
Leistung der Pumpe:	**–**
Löschwasservorrat:	**7000 l**

Einen auf einem mittelschweren MAN-Frontlenkerfahrgestell aufgebauten ehemaligen Kraftstofftankwagen baute die Feuerwehr Bodø zu einem Wassertank- und Zubringerfahrzeug in Eigenleistung um. Angetrieben wird dieser mit dem vorgeschriebenen seitlichen Unterfahrschutz ausgerüstete Wagen durch einen Fünfzylinder-Direkteinspritz-Diesel mit 9204 ccm Hubraum und 192 PS. Der als TW 8 eingeordnete Tankwagen besitzt Allradantrieb und eine auf dem Bild nicht sichtbare Tragkraftspritze TS 8/8 als Pumpaggregat. Solche Fahrzeuge sind in Norwegen zum Aufbau einer Wasserversorgung bei Löscharbeiten im Gelände unverzichtbar und häufig anzutreffen.

Verwendungszweck:	**Gelenkmastbühne**
	GMB 22
Fahrgestelltyp:	**Mercedes-Benz 2228 K**
Baujahr:	**1986**
Leistung der Pumpe:	**–**
Löschwasservorrat:	**–**

Im Jahr 1986 nahm die Feuerwehr Stavanger diese Gelenkmastbühne vom Typ Simon Snorkel SS 220 in Dienst. Das Mercedes-Benz-Dreiachs-Fahrgestell hat 12,5 t Nutzlast und einen V-Achtzylinder-Direkteinspritz-Diesel mit 14 620 ccm Hubvolumen, der seine Maximalleistung von 280 PS bei 2300 U/min erreicht. Der Rettungskorb verfügt über eine Arbeitshöhe von 22 m. In der Zwischenzeit ist der Gelenkmast auf ein neues MAN-Fahrgestell umgesetzt worden.

Verwendungszweck:	**Drehleiter mit Korb**
	DLK 30
Fahrgestelltyp:	**Scania P 93 M 280**
Baujahr:	**1993**
Leistung der Pumpe:	**–**
Löschwasservorrat:	**–**

1993 erhielt die Berufsfeuerwehr Oslo (Oslo Brannvesen) die unter der Fahrzeugnummer 13 eingereihte DLK 30 mit 30 m Auszugslänge von Magirus. Das Leiterpodium und den Geräteaufbau erstellte die schwedische Firma Sala Kaross. Der abnehmbare Rettungskorb war hinten rechts am Leiterstuhl positioniert. Weiter vorn befindet sich an diesem ein Notstromaggregat. Die Leiter kann gleichzeitig auch als Kran mit einer maximalen Hubkraft von 3 t verwendet werden. Dieser Scania-Frontlenker wird von einem 280 PS starken Sechszylinder-Diesel fortbewegt.

Verwendungszweck:	**Gelenkmastbühne**
	GMB 30
Fahrgestelltyp:	**Scania P 113 M 360**
Baujahr:	**1993**
Leistung der Pumpe:	**–**
Löschwasservorrat:	**–**

Ebenfalls 1993 beschaffte die Osloer Feuerwehr diese unter der Fahrzeugnummer 33 eingeordnete Gelenkmastbühne 30 vom Typ Bronto Skylift F 30 HDT. Podium und Aufbauten entstanden bei der inländischen Firma Braco. Als Plattform für diesen Gelenkmast mit 30 m Arbeitshöhe wurde ein dreiachsiges Scania 113 M 360-Frontlenker-Chassis ausgewählt, welches von einem Sechszylinder-Turbodiesel mit 363 PS angetrieben wird. In den Gelenkmast dieses finnischen Herstellers integriert sind Scheinwerfer, Kamera-Anschlüsse und Sprungpolster.

Schweden

Ganz ähnlich wie bei den übrigen skandinavischen Staaten sind die Einsatzverhältnisse auch für die schwedischen Feuerwehren gelagert. Die Topografie dieses – abgesehen von den südlichen Landesteilen – relativ dünn besiedelten Staates ist geprägt von weiträumigen und zusammenhängenden Waldflächen. Besonders im Norden des Landes müssen Fahrzeuge und Ausrüstung den extremen Temperaturschwankungen jederzeit gewachsen sein. Aufgrund der vielfach nicht vorhandenen Löschwasserversorgung durch ein Hydrantennetz sind großvolumige Tanklöschfahrzeuge und Löschwasser-Zubringerfahrzeuge fast überall zu finden. Ebenso verhält es sich bei Rüstwagen, Hilfeleistungsfahrzeugen mit leistungsfähigen Lösch- und Bergeausrüstungen sowie geländefähigen Waldbrandlöschfahrzeugen. Die Löschfahrzeuge wiederum sind im Normalfall mit starken Normal- und Hochdruck-Feuerlöschpumpen ausgerüstet, die teilweise in Frontbauweise ausgeführt sind. Während bei den Einsatzfahrzeugen der Großstädte der Hinterradantrieb überwiegt, ist auf dem Lande der Allradantrieb vorherrschend.

Schweden besitzt mit den Herstellern Volvo und Scania eine äußerst leistungsfähige und traditionsreiche Nutzfahrzeugindustrie. Auf diesen Fahrgestellen sind, sozusagen als Hausmarke, die meisten schwedischen Feuerwehrfahrzeuge aufgebaut. Beide Unternehmen sind extrem exportorientiert und konnten in den letzten 30 Jahren gegen eine harte Konkurrenz rund um den Globus zunehmend neue Märkte für ihre Lastkraftwagen erschließen. Nicht nur die schweren Fernlastzüge sind auf den Straßen rund um den Erdball ein gewohnter Anblick. Auch auf dem Feuerwehrsektor sind beide Unternehmen – hier vor allem als Fahrgestelllieferant für Sonderfahrzeuge – sehr aktiv. Dabei ist es besonders Scania gelungen, seinen Marktanteil als weltweiter Lieferant von Feuerwehrfahrzeugen beständig auszubauen. Daneben sind bei den schwedischen Feuerwehren aber auch deutsche Firmen wie Metz und Magirus mit Drehleitern oder Mercedes-Benz mit Fahrgestellen für zahlreiche Sonderaufbauten anzutreffen.

Verwendungszweck:	**Drehleiter DL 30 m**
Fahrgestelltyp:	**Volvo LV 293**
Baujahr:	**1950**
Leistung der Pumpe:	**–**
Löschwasservorrat:	**–**

Die schwedische Feuerwehr Linköping erwarb im Jahr 1950 diese auf einem Volvo-Fahrgestell aufgebaute mechanische DL 30 vom deutschen Hersteller Carl Metz in Karlsruhe. Unter der Motorhaube des 9,5-t-Chassis (mit 13 t zulässigem Gesamtgewicht) arbeitete ein Sechszylinder-Diesel mit 130 PS. Seitlich am vierteiligen Leiterpark ist eine der beiden Abstützstangen angebracht, um die Leiter auch als Kran verwenden zu können. Das Fahrzeug besitzt eine geräumige Staffelkabine für sechs Mann Besatzung.

Verwendungszweck:	**Drehleiter DL 30 m**
Fahrgestelltyp:	**Scania-Vabis L 65**
Baujahr:	**1953**
Leistung der Pumpe:	**–**
Löschwasservorrat:	**–**

Eine mechanische DL 30 mit zusätzlich 2 m Handauszug in der damals noch sehr seltenen Ausführung mit einem an den oberen Leiterholmen befestigten, mit zwei Personen belastbaren klappbaren Fahrkorb, erhielt die Feuerwehr Västerås von Magirus in Ulm. Dieses Fahrstuhlsystem wurde im Allgemeinen nur bei Drehleitern ab 37 m Steighöhe verwendet; für eine DL 30 war diese Zusatzausrüstung eher ungewöhnlich. Verwendet wurde noch der alte vierteilige Leitersatz mit den senkrechten Verstrebungen. Als Fahrgestell wählte diese Wehr ein heimisches 12-t-Scania-Vabis-Chassis mit 5000 mm Radstand und Sechszylinder-135-PS-Motor.

Verwendungszweck:	**Wasserzubringerfahrzeug**
Fahrgestelltyp:	**Volvo N 88**
Baujahr:	**1969**
Leistung der Pumpe:	**2000 l/min**
Löschwasservorrat:	**10 000 l**

Auf einem klassischen Volvo-Haubenfahrgestell aufgebaut war dieser dreiachsige frühere Benzintankwagen, den sich die Feuerwehr Tomelilla (Tomelilla Räddningstjänsten) in Eigenleistung zu einem Wasserzubringerfahrzeug umgestaltete. Zu diesem Zweck wurde das Fahrzeug mit einer für schwedische Fahrzeuge so typischen, leistungsfähigen Vorbaupumpe bestückt. Das Volvo-Fahrgestell war mit einem Sechszylinder-Diesel mit 9600 ccm Hubraum und 200 PS Motorleistung bestückt.

Verwendungszweck:	*Rüstkranwagen R 10*
Fahrgestelltyp:	*Mercedes-Benz LA 331/46*
Baujahr:	*1958*
Leistung der Pumpe:	*–*
Löschwasservorrat:	*–*

In den 1950er Jahren entstanden bei der Firma Metz in Karlsruhe eine Reihe von Kran- oder Rüstkranwagen in unterschiedlicher Leistung und Ausführung. Eines dieser Fahrzeuge, ausgerüstet mit einer elektromotorischen 10-t-Demag-Krananlage, ging im Jahr 1958 an einen schwedischen Besteller. Dieses Fahrzeug war zusätzlich mit einer 750-kg-Pulverlöschanlage und einer 5-t-Heros-Vorbauseilwinde bestückt. Der Geräteaufbau erfolgte auf einem schweren allradgetriebenen Mercedes-Benz-Export-Chassis, dessen Antrieb der Sechszylinder-Diesel OM 326 IV mit 10 810 ccm Rauminhalt und 172 PS Leistung besorgte. In dem kastenartigen Aufbau befand sich sowohl die Löschanlage, Kranzubehörteile, Werkzeug und der Bedienstand für den Kran. Die Kranflasche ist in einem Trichter auf dem Dach der Fahrerkabine abgelegt.

Verwendungszweck:	*Flugplatzlöschfahrzeug*
	FLF 25-C 4
Fahrgestelltyp:	*Magirus-Deutz (KHD)*
	F Jupiter 170 A
Baujahr:	*1962*
Leistung der Pumpe:	*2500 l/min*
Löschwasservorrat:	*5000 l*

Dieses auf einem allradgetriebenen schweren Magirus-Eckhauber-Dreiachsfahrgestell gebaute Flugplatzlöschfahrzeug gehörte zu einer Lieferung, die von der schwedischen Luftwaffe bei Magirus in Auftrag gegeben worden war. Äußerlich hervortretende Merkmale sind die auffällige Lackierung mit den markanten Astabweisern. Die Beladung des mit sechs Einsatzkräften besetzten Fahrzeugs bestand neben dem Löschwasservorrat aus einer 750-kg-Pulverlöschanlage und vier 26-kg-Flaschen CO_2. Für die Ausbringung der Löschmittel waren zwei Schnellangriffseinrichtungen sowie ein CO_2-Schneerohr mit 40 m Hochdruckschläuch zuständig. Die Feuerlöschpumpe war unter der Mannschaftssitzbank an die Stirnwand des Wassertanks angeflanscht; der Bedienstand mit Saug- und Druckanschlüssen saß am Rahmenende. Den Antrieb dieses mächtigen Fahrzeugs besorgte ein Achtzylinder-V-Diesel des Typs F 8 L 614 von KHD mit 10 644 ccm Hubraum und 170 PS.

Verwendungszweck:	*Tanklöschfahrzeug TLF*
Fahrgestelltyp:	*Scania LB 80 S*
Baujahr:	*1974*
Leistung der Pumpe:	*2000 l/min*
Löschwasservorrat:	*3000 l*

Bei der schwedischen Feuerwehr Simrishamn (Simrishamn Brandförsvaret) befand sich dieses Tanklöschfahrzeug mit der taktischen Bezeichnung SDL 401 im Einsatzdienst. Das auf einem Scania-Frontlenkerchassis mit 190-PS-Sechszylinder-Turbodiesel aufgebaute Modell mit Staffelkabine für sechs Mann Besatzung und Vorbaupumpe war in Schweden ab den 1970er Jahren in dieser oder ähnlicher Aufbauform recht häufig vertreten. Sehr oft waren schwedische Feuerwehr-Einsatzfahrzeuge wie auch in diesem Fall, mit blauen Blinklampen an der Fahrzeugfront, die in Deutschland als so genannte Straßenräumer bezeichnet werden, ausgerüstet.

Verwendungszweck:	*Großtanklöschfahrzeug*
	GTLF 9
Fahrgestelltyp:	*Scania LBS 82 (6 x 2)*
Baujahr:	*1973*
Leistung der Pumpe:	*1800 l/min*
Löschwasservorrat:	*9000 l*

Die Feuerwehr Uddevalla (Uddevalla Räddningstjänsten) ist stolzer Besitzer dieses gut gepflegten, von der inländischen Firma Sala Kaross auf einem schweren Scania 82-Dreiachs-Frontlenker aufgebauten Großtanklöschfahrzeugs. Die Fortbewegung dieses in offener Bauweise, also mit unverkleidetem Löschwassertank gestalteten, 24 t schweren Fahrzeugs erfolgt durch einen direkteinspritzenden Sechszylinder-Diesel mit 205 PS Motorleistung. Mit Hilfe des an der Rückwand der Fahrerkabine angeordneten Wendestrahlrohrs und der installierten Ruberg-Feuerlöschpumpe kann das Fahrzeug auch selbstständige Löschangriffe ausführen.

Verwendungszweck:	**Großtanklöschfahrzeug GTLF 10**
Fahrgestelltyp:	**Scania LB 81 (6 x 2)**
Baujahr:	**1980**
Leistung der Pumpe:	**2000 l/min**
Löschwasservorrat:	**10 000 l**

Ebenfalls auf ein dreiachsiges Scania-Frontlenkerfahrgestell errichtet wurde dieses Großtanklöschfahrzeug mit der Ord-

Verwendungszweck:	**Flugplatzlöschfahrzeug FLF 40/90**
Fahrgestelltyp:	**Volvo F 89 (6 x 6)**
Baujahr:	**1975**
Leistung der Pumpe:	**4000 l/min**
Löschwasservorrat:	**9000 l**

Dieses vom norwegischen Aufbauhersteller Fjeldhus für die Feuerwehr des Verkehrsflughafens Göteborg-Torslande erstellte Flugplatzlöschfahrzeug (FLF) Nr. 594 wurde im Jahr 1975 auf einem Volvo-Dreiachs-Frontlenkerchassis aufgebaut. Den Antrieb des Fahrzeugs besorgte der Zwölfzylinder-Turbodiesel TD 120 mit 330 PS Leistung. Neben einem großen Löschwasservorrat besteht die Beladung aus einem 1000-l-Schaummittel-tank. Der Dachmonitor ist für Wasser- und Schaumabgabe eingerichtet.

nungsnummer 105 der Feuerwehr Örebro (Örebro Brandför-svar). Das Tanklöschfahrzeug mit Sechszylinder-Diesel mit 205 PS Motorleistung verfügt über eine Ruberg-Vorbau-pumpe. Mit Hilfe des Wendestrahlrohrs kann das Fahrzeug eigenständige Löschangriffe durchführen. Ein Arbeitsstellen-scheinwerfer erleichtert diese Tätigkeit bei Nacht und schlechten Beleuchtungsverhältnissen.

Verwendungszweck:	**Drehleiter mit Korb DLK 30**
Fahrgestelltyp:	**Scania L 81**
Baujahr:	**1976**
Leistung der Pumpe:	**–**
Löschwasservorrat:	**–**

Verwendungszweck:	**Gelenkmastbühne GMB 22**
Fahrgestelltyp:	**Scania P 93 M 280**
Baujahr:	**1994**
Leistung der Pumpe:	**–**
Löschwasservorrat:	**–**

Verwendungszweck:	**Drehleiter mit Korb DLK L 32**
Fahrgestelltyp:	**Scania P 114 GB (4 x 2) NB 340**
Baujahr:	**2002**
Leistung der Pumpe:	**–**
Löschwasservorrat:	**–**

Den neuen Metz-Leitertyp L 32 erhielt erstmals auf einem Sca-nia-NB-Fahrgestell aus der im September 1996 vorgestellten Modellreihe 4 die schwedische Feuerwehr Karlstad im Jahr

Diese von Metz aufgebaute und mit einer Kraneinrichtung aus-gerüstete Drehleiter mit Korb DLK 30 gehörte zu einer ganzen Reihe von Fahrzeugen, die an schwedische Feuerwehren gelie-fert wurden. Die 1976 an die Trollhättan Räddningstjänsten gelieferte Drehleiter verfügte über Waagrecht-Senkrecht-Abstützung und wurde auf einem Scania-L-81-Haubenfahrge-stell errichtet. Den Fahrzeugantrieb besorgt ein Sechszylinder-Diesel mit 155 PS. Die Leiter kann auch als Kran verwendet werden.

Wie bei den meisten größeren Feuerwehren in den skandi-navischen Ländern befindet sich auch bei der Feuerwehr Trollhättan eine Gelenkmastbühne. In diesem Fall handelt es sich um einen Bronto-Skylift Typ 22-2 T 1, dessen Arbeits-plattform auf eine Maximalhöhe von 22 m angehoben wer-den kann. Als Chassis gelangte ein Scania 93 M 280-Front-lenkerfahrgestell mit Standard-Lkw-Fahrerhaus mit 283 PS starkem Turbodieselmotor DSC 9 zum Einsatz.

2002. Hierbei handelte es sich um das Scania-Chassis P 114 GB 4 x 2 NB mit einer geräumigen CP-19-Kabine, angetrieben von einem Euro-3-Motor mit 342 PS und Allison-Automatikge-triebe. Mit stehendem Korb wird eine Einsatzhöhe von 32 m erreicht. Die Drehleiter ist 10 m lang, 2,50 m breit, 3,40 m hoch und besitzt einen Radstand von 4,90 m. Zur Sonderausstattung des 18-t-Fahrzeugs gehört auch eine Rückfahrkamera.

Finnland

Das dritte und östlichste Land der skandinavischen Staaten ist Finnland, auch bekannt als das Land der 1000 Seen. Diese Zahl ist noch bei weitem untertrieben, denn rund 30 000 sollen es in Wirklichkeit sein! Die spezifischen Einsatzbedingungen dieses überaus waldreichen, von großen Moor- und Ödlandgebieten durchzogenen Landes ähneln denen der übrigen Staaten in dieser Region. Meist mit starken Vorbaupumpen ausgerüstete Tanklöschfahrzeuge und großvolumige Wasserzubringerfahrzeuge prägen, neben schweren Rüst- und Bergefahrzeugen sowie Gelenkmastbühnen in den größeren Städten, das heutige Fahrzeugbild des Landes. Die Einsatzfahrzeuge verfügen in ihrer Mehrzahl über Allradantrieb, um auch abseits der weniger befestigten Straßen und Wege erfolgreich operieren zu können.

Hinzu kommt, dass Finnland durch seine leistungsfähige Feuerwehrfahrzeug- und Geräteindustrie zu einem größeren Teil unabhängig von Einfuhren ist. Daher stammen auch die meisten Aufbauten der Feuerwehr-Einsatzfahrzeuge aus heimischer Fertigung. Hier ist vor allem die bekannte Firma Bronto Skylift in Tampere zu nennen, deren Produkte nicht nur weltweit zur Spitzenklasse zählen, sondern mittlerweile auch über den ganzen Erdball vertreten sind. Ein weiterer Hersteller von Gelenkmasten war Nummela in Turku. Als Nutzfahrzeughersteller befindet sich die in Helsinki ansässige Firma Sisu seit 1931 ununterbrochen im Geschäft. Obwohl dieses mittlerweile verstaatlichte Unternehmen zwar zu den Kleinen der Branche gehört, konnte es sich bis heute erfolgreich behaupten. Daneben sind insbesondere Volvo- und Scania-Fahrgestelle überall bei den Feuerwehren dieses Landes anzutreffen. Spezialfahrzeuge und Drehleitern wurden und werden nach wie vor überwiegend von deutschen Herstellern geordert. Hier sind vor allem Metz, Magirus und Ziegler zu nennen. Mercedes-Benz kann als Fahrgestelllieferant bei den Importfahrzeugen eine vorrangige Rolle einnehmen.

Verwendungszweck:	*Automobilspritze*
Fahrgestelltyp:	*Daimler DC 3 dF*
Baujahr:	*1921*
Leistung der Pumpe:	*1500 l/min*
Löschwasservorrat:	*–*

Diese Automobilspritze auf einem Daimler-Fahrgestell aus Berlin-Marienfelde wurde 1921 an die Feuerwehr Abô geliefert. Der schmucke Wagen, der hier voll ausgerüstet und mit kompletter Mannschaft bewundert werden kann, ist heute längst Geschichte. Zweifelsohne gehörte er zu den ersten motorisierten Feuerwehrfahrzeugen des Landes, die in Ermangelung einer eigenen Fahrzeugindustrie sämtlich noch importiert werden mussten. Das elastikbereifte Fahrzeug wurde durch einen in Reihe angeordneten wassergekühlten Vierzylinder-Vergasermotor mit 5494 ccm Rauminhalt und 40 PS Leistung fortbewegt. Wie damals allgemein üblich, war auch dieser Feuerwehrwagen noch völlig offen ausgeführt und mit Rechtslenkung und Innenschaltung ausgerüstet. Die Feuerlöschpumpe des Fabrikats Ehrhardt & Sehmer montierte man am Rahmenende.

Verwendungszweck:	*Rüstkranwagen RKW 10*
Fahrgestelltyp:	*Magirus-Deutz (KHD)*
	F 7500 Jupiter A
Baujahr:	*1958*
Leistung der Pumpe:	*–*
Löschwasservorrat:	*–*

Die Magirus-Rüstkranwagen RKW 7 bzw. ab 1957 RKW 10 waren damals bei großen Wehren europaweit sehr populär und für Bergeeinsätze und Hilfeleistungen überaus nützlich. Einen

RKW 10 mit elektromotorischer, um 360° drehbarer 10-t-Demag-Krananlage sowie einer 5-t-Vorbauseilwinde beschaffte auch die Berufsfeuerwehr Helsinki. Das mit einem luftgekühlten V-Achtzylinder-Wirbelkammer-Diesel mit 170 PS bestückte 14,6 t schwere Fahrzeug erreicht mit etwas über 70 km/h seine größte Geschwindigkeit bei einem Verbrauch von 22 l Diesel auf 100 Kilometer. Neben den genannten Einrichtungen bestand die Beladung aus einem Stromerzeuger und umfangreichem technischen Hilfsgerät. Mit den am Heck angebrachten Stützrollen konnten auch schwere Lasten verfahren werden.

Verwendungszweck:	*Drehleiter mit Korb*
	DLK 23-12
Fahrgestelltyp:	*Sisu SK 150 VAH*
Baujahr:	*1982*
Leistung der Pumpe:	*–*
Löschwasservorrat:	*–*

Diese DLK 23-12 von Metz ging 1982 an eine finnische Feuerwehr. Als Basis diente ein aus der Eigenfabrikation stammendes Sisu-Frontlenker-Fahrgestell vom Typ SK 150 VAH mit Automatikgetriebe, 4400 mm Radstand und Sechszylinder-Cummins-Diesel mit 214 PS. Diese sehr kompakt ausgeführte Drehleiter besitzt Waagrecht-Senkrecht-Abstützung und kann auch als Kran mit einer maximalen Hubkraft von 3 t verwendet werden.

Dänemark

Dänemark als der südlichste skandinavische Staat besitzt eine Feuerwehrorganisation, die dem Justizministerium unterstellt ist. Die Städte und Gemeinden haben dabei die Wahl, entweder eine eigene kommunale Feuerwehr aufzustellen, einen Vertrag mit einer feuerwehrtechnisch gut ausgerüsteten Nachbargemeinde, einer freiwilligen Feuerwehr, einem Korps der Zivilverteidigung oder mit einer privaten Lösch- und Rettungsorganisation abzuschließen. Eine derartige Privatorganisation stellt das bereits 1906 gegründete Falck-Rettungskorps dar, das heute in Hunderten Gemeinden und Städten den Brandschutzdienst, Rettungs- und Krankentransport sowie sonstige Hilfeleistungen technischer Art wie Abschleppdienst und Pannenhilfe übernommen hat. Dabei steht Falck & Zonen nicht in Konkurrenz zu den Feuerwehren, sondern stellt eine sinnvolle Ergänzung der Gesamtorganisation dar.

Die Fahrzeuge selbst sind weitgehend genormt und entsprechen dabei in vielen Details den in Deutschland üblichen Modelle. Neben Tanklöschfahrzeugen, Löschfahrzeugen und Drehleitern sind auch hier Tankwagen als Zubringerfahrzeuge zur Löschwasserversorgung zu finden. Bis zum Beginn des Zweiten Weltkriegs gab es den kleinen Nutzfahrzeughersteller Triangel in Roskilde, auf dessen Fahrgestellen der eine oder andere dänische Feuerwehrwagen errichtet wurde. Nach Kriegsende nahm das Unternehmen die Produktion aber nicht mehr auf, sondern beschäftigte sich nur noch für kurze Zeit mit dem Import von Fahrzeugen aus Großbritannien. Da Dänemark seither keine eigene Automobilindustrie mehr besitzt, ist man auf Fremdfahrgestelle angewiesen. Heute werden hauptsächlich deutsche Fahrgestelle wie Mercedes-Benz, MAN, Magirus und Volkswagen, in erheblichem Umfang aber auch die schwedischen Fabrikate Scania und Volvo zum Aufbau von Feuerwehrfahrzeugen verwendet. Bis in die 1960er Jahre, teilweise aber auch länger, befanden sich englische und amerikanische Fabrikate wie Bedford, Commer, Dodge, International Harvester und Chevrolet bei dänischen Wehren in Gebrauch. Neben der Firma Nielsen war in diesem Land die Firma Meisner-Jensen der einzige Feuerwehrausrüster und -aufbauhersteller von Bedeutung.

Verwendungszweck:	*Automobilspritze, Automobilsprøjte*
Fahrgestelltyp:	*Ford V 8-51*
Baujahr:	*1936*
Leistung der Pumpe:	*1200 l/min*
Löschwasservorrat:	–

Bei der Freiwilligen Feuerwehr Tondern befindet sich diese Automobilspritze auf Ford-Fahrgestell als restauriertes und voll funktionsfähiges Museumsstück im Bestand. Im Jahr 1932 brachte Ford (USA) den Ford-V-8-51-Lastwagen erstmals auf den Markt, der zwischen 1937 und 1939 auch in Deutschland als 3-Tonner gebaut wurde. Das Fahrzeug verfügt über einen Achtzylinder-Vergaser-V-Motor mit 3583 ccm Hubraum und 90 PS Leistung bei 3800 U/min. Die Höchstgeschwindigkeit betrug 83 km/h bei einem Kraftstoffverbrauch von 26 l auf 100 Kilometer. Dieses 1936 gefertigte offene Fahrzeug mit Vorbaupumpe und Längssitzen für die Mannschaft stammt noch aus US-amerikanischer Produktion.

Verwendungszweck:	*Automobilspritze, Automobilsprøjte*
Fahrgestelltyp:	*Bedford OLB*
Baujahr:	*1938*
Leistung der Pumpe:	*1200 l/min*
Löschwasservorrat:	–

Ein von der Firma Meisner-Jensen auf einem englischen Bedford 3-t-Chassis karossiertes Löschfahrzeug mit Vorbaupumpe befindet sich als Museumswagen beim Falck Redningskorps in Femø. Der Wagen mit einem zulässigen Gesamtgewicht von 5700 kg besitzt einen geschlossenen Aufbau, sieben Mann Besatzung und als neuzeitliches Attribut eine Leiterbestückung aus Aluminium auf dem Dach. Auffällig ist die auf dem rechten Frontkotflügel angebrachte kleine Schlauchrolle.

Verwendungszweck:	*Drehleiter DL 25 m*
Fahrgestelltyp:	*Bedford OLB*
Baujahr:	*1951*
Leistung der Pumpe:	–
Löschwasservorrat:	–

Diese ebenfalls auf einem Bedford 3-t-Fahrgestell errichtete Magirus DL 25 stand noch vor nicht allzu langer Zeit beim Falck

Redningskorps in Esbjerg als Reserveleiter zur Verfügung. Die vierteilige mechanische Magirus-Leiter ist noch im alten Leiterprofil mit senkrechten Streben ausgeführt. Sie gehört zu den drei baugleichen Einheiten, die zwischen 1951 und 1953 von Falck beschafft wurden. Den Kabinenaufbau fertigte Meisner-Jensen. Angetrieben wird der Bedford durch einen von General Motors hergestellten Sechszylinder-Dieselmotor mit 72 PS Motorleistung.

Verwendungszweck:	**Wasserzubringerfahrzeug**
Fahrgestelltyp:	**Scania L 81**
Baujahr:	**1970**
Leistung der Pumpe:	**–**
Löschwasservorrat:	**8000 l**

Diesen auf einem Scania L 81-Haubenfahrgestell errichteten ehemaligen Kraftstofftankwagen konnte die Freiwillige Feuerwehr Frederiksværk (Frederiksværk Brandvæsen) nach Aussonderungen noch sinnvoll als Wasserzubringerfahrzeug nutzen. Zu diesem Zweck waren nur geringe Änderungen erforderlich. Sie bestanden hauptsächlich in der roten Lackierung, einer 800 l/min-Tragkraftspritze und der für den Feuerwehralarmdienst vorgeschriebenen Warneinrichtungen, wie den beiden auf der Stoßstange angebrachten, in Deutschland als Straßenräumer bezeichneten blauen Blinklampen.

Verwendungszweck:	**Wasserzubringerfahrzeug**
Fahrgestelltyp:	**Scania 80-Super**
Baujahr:	**1971**
Leistung der Pumpe:	**–**
Löschwasservorrat:	**10 000 l**

Einen Löschwasservorrat von 10 000 l befördert dieser von der Hundested Brandvæsen übernommene Tankwagen auf Scania Typ 80-Super-Frontlenker. An diesem Fahrzeug mit seinem 190 PS-Sechszylinder-Dieselmotor brauchten für den Feuerwehrdienst gleichfalls kaum Änderungen erfolgen. Auch in diesem Fall wird eine 800 l/min-Tragkraftspritze mitgeführt. An der rechten Seite des Fahrerhauses hat man einen Arbeitsstellenscheinwerfer angebracht.

Verwendungszweck:	**Wasserzubringerfahrzeug**
Fahrgestelltyp:	**Mercedes-Benz L 1113 B**
Baujahr:	**1971**
Leistung der Pumpe:	**1200 l/min**
Löschwasservorrat:	**6000 l**

werter Eigenleistung für den Feuerwehreinsatz angepasst. Neben dem Löschwasservorrat führt das Fahrzeug auf dem Dach gelagerte Saugschläuche und zusätzliche, in den Geräteräumen gelagerte Armaturen mit, so dass auch selbstständige Löschangriffe vorgetragen werden können. Das Mercedes-Benz-Kurzhauber-Fahrgestell ist mit dem Sechszylinder-Direkteinspritz-Diesel OM 352 mit 5675 ccm Rauminhalt und 130 PS bei 2800 U/min bestückt.

Die Kommunalfeuerwehr (Hundested Kommunes Brandvæsen) hingegen verfügt über einen mit seiner 1200-l/min-Frontpumpe auch als Hilfstanklöschfahrzeug einsetzbaren Wassertankwagen. Dieses Fahrzeug wurde ebenfalls in preis-

Verwendungszweck:	**Schaumlöschfahrzeug**
Fahrgestelltyp:	**Volvo N 1017**
Baujahr:	**1981**
Leistung der Pumpe:	**6000 l/min**
Löschwasservorrat:	**–**

Ein typisches Löschfahrzeug eines Raffineriebetriebs ist dieses von der Firma Nielsen auf einem schweren hinterradgetriebenen Volvo-Haubenchassis aufgebaute Schaumlöschfahrzeug, das bei der Werkfeuerwehr (Fabriksbrandvæsen) Statoil A/S Raffinaderiet in Kalundborg im Dienst steht. Das Fahrzeug wird von einem 170 PS starken Sechszylinder-Turbodiesel angetrieben und ist mit 5000 l Schaummittel beladen. Die starke Feuerlösch-Niederdruckpumpe von Ruberg ist am Rahmenende des Fahrzeugs installiert. Als zusätzliche mobile Schaummittelreserve besitzt dieser Betrieb einen Ford-Tankwagen mit 8000 l Inhalt.

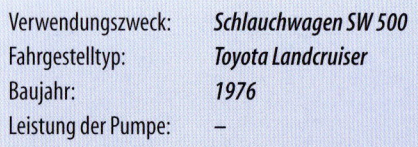
Verwendungszweck:	**Sondertanklöschfahrzeug**
Fahrgestelltyp:	**Scania 81**
Baujahr:	**1978**
Leistung der Pumpe:	**4800 l/min**
Löschwasservorrat:	**4500 l**

Die Werkfeuerwehr der Shell Raffineriebetriebe in Fredericia nahm im Jahr 1978 dieses von Rosenbauer Belgium N.V., Ostende, des belgischen Rosenbauer-Werkes, aufgebaute Sondertanklöschfahrzeug in Betrieb. Der Aufbau erfolgte auf einem Scania-81-Frontlenkerchassis. Während die leistungsstarke Feuerlöschkreiselpumpe am Fahrzeugheck eingebaut ist, befinden sich die Pumpenanschlüsse vor bzw. hinter der Hinterachse. Auf dem Dach des Geräteaufbaus sind Saugschläuche gelagert. Dieses Fahrzeug ist mittlerweile außer Dienst gestellt.

Verwendungszweck:	**Kranwagen KW 10**
Fahrgestelltyp:	**Mercedes-Benz**
	L 2226 (6 x 4)
Baujahr:	**1976**
Leistung der Pumpe:	**–**
Löschwasservorrat:	**–**

Bei der Berufsfeuerwehr Kopenhagen (Københavns Brandvæsen) stand bis vor einiger Zeit dieser dreiachsige Kran- und Abschleppwagen mit einer Leistung von 10 t im Dienst. Die von der Firma Falck-Schmidt erbaute hydraulische HST-10-Krananlage wurde auf einem Mercedes-Benz L 2226-Chassis mit 256 PS starkem V-Achtzylinder-Direkteinspritzdiesel mit 12 760 ccm Hubraum aufgebaut. Das 22 t schwere Fahrzeug erreicht mit 95 km/h seine größte Geschwindigkeit und wurde 1988 modernisiert. Es verfügt über eine 5-t-Frontseilwinde und ein 10-t-Heckspill, die beide von der Firma Rotzler geliefert wurden.

Verwendungszweck:	**Schlauchwagen SW 500**
Fahrgestelltyp:	**Toyota Landcruiser**
Baujahr:	**1976**
Leistung der Pumpe:	**–**
Löschwasservorrat:	**–**

Ein japanischer Toyota-Jeep des Typs Landcruiser steht bei der Freiwilligen Feuerwehr Holbæk (Holbæk Brandvæsen) als Schlauchwagen (Slangetender) im Einsatzdienst. Das mit einer Vorbauseilwinde ausgerüstete 3250 kg schwere Fahrzeug wurde von der Wehr in Eigenleistung aufgebaut. Die Beladung besteht aus 500 m in Buchten gelagertem A- und B-Schlauchmaterial, das vom langsam fahrenden Fahrzeug aus verlegt werden kann.

Verwendungszweck:	**Flugplatzlöschfahrzeug**
	FLF 40/90
Fahrgestelltyp:	**Volvo F 89 (6 x 6)**
Baujahr:	**1973**
Leistung der Pumpe:	**4000 l/min**
Löschwasservorrat:	**9000 l**

Die Flughafenfeuerwehr des Kopenhagener Verkehrsflughafens Kastrup stellte 1973 das als FLF 1 eingeordnete und von der

Firma Skuteng aufgebaute Flugplatzlöschfahrzeug (FLF) als so genannten Skumtender auf dem schweren Volvo F 89-Dreiachs-Frontlenker-Allradfahrgestell in Dienst. Das mächtige Fahrzeug mit seinem Zwölfzylinder-Turbodieselmotor mit 365 PS verfügte neben dem Wasservorrat über 1000 l Schaummittel. Dieses Fahrzeug wurde 1988 an den Flughafen Roskilde abgegeben und zwischenzeitlich außer Dienst gestellt.

Verwendungszweck:	**Flugplatzlöschfahrzeug**
	FLF 55/10
Fahrgestelltyp:	**Volvo N 12 Intercooler**
	(6 x 4)
Baujahr:	**1984**
Leistung der Pumpe:	**5500 l/min**
Löschwasservorrat:	**10 000 l**

Dieses im Jahr 1984 von der norwegischen Firma Fjeldhus auf einem schweren Volvo-Dreiachschassis mit Hinterradantrieb errichtete FLF 4 für die Flughafenfeuerwehr Copenhagen Airport ist ein Einzelstück. Dieses mächtige Haubenfahrzeug wird von einem Sechszylinder-Turbodieselmotor mit 385 PS fortbewegt, der dem Flugplatzlöschfahrzeug eine angemessene Beschleunigung ermöglicht. Zusätzlich zu der in der Tabelle angegebenen Beladung ist das Fahrzeug mit 1000 l Schaummittel und einem leistungsstarken Dachmonitor bestückt. Auch dieses Fahrzeug befindet sich heute nicht mehr im Dienst.

Verwendungszweck:	*Flugplatzlöschfahrzeug FLF 55/10*
Fahrgestelltyp:	*Volvo F 1227 Intercooler (6 x 6)*
Baujahr:	*1982*
Leistung der Pumpe:	*5500 l/min*
Löschwasservorrat:	*10 000 l*

Dieses Flugplatzlöschfahrzeug wurde 1982 von Fjeldhus auf einem schweren Volvo Dreiachs-Allrad-Frontlenkerchassis des Typs F 1227 für den Feuerschutz auf dem Kopenhagener Flughafen Kastrup aufgebaut. Der Sechszylinder-Turbodieselmotor ist in der Lage, eine kurzzeitige Leistung von 440 PS zur Verfügung zu stellen. Auch dieses in der traditionellen gelben Lackierung der dänischen Flughafenfeuerwehrfahrzeuge gehaltene Modell führt einen Schaummitteltank mit 1000 l Inhalt mit. Das Fahrzeug verfügt über den üblichen Zumischer, so dass mit dem Dachmonitor Schaum oder Wasser abgegeben werden können.

Verwendungszweck:	*Drehleiter DL 25 h*
Fahrgestelltyp:	*Mercedes-Benz LF 1113 B*
Baujahr:	*1967*
Leistung der Pumpe:	*–*
Löschwasservorrat:	*–*

Eine hydraulisch angetriebene Metz Drehleiter DL 25 h (Metz-Stige) aus dem Jahr 1967 befand sich im Jahr 1996 bei der

Freiwilligen Feuerwehr Roskilde (Roskilde Brandvæsen) im Einsatzdienst. Für die Standsicherheit des Fahrzeugs sorgen vier handbetätigte Stützspindeln. An der Unterleiter befestigt ist die Kontrolltafel, die dem Maschinisten am Bedienstand Auskunft über Aufrichtewinkel, Auszugslänge und Belastungsgrenzen gibt. Das Mercedes-Benz-Fahrgestell mit 4200 mm Radstand verfügt bereits über den sechszylindrigen Direkteinspritz-Diesel mit 130 PS.

Verwendungszweck:	*Drehleiter mit Korb DLK 30*
Fahrgestelltyp:	*MAN 13.168 H-DL*
Baujahr:	*1976*
Leistung der Pumpe:	*–*
Löschwasservorrat:	*–*

Die Firma Falck, aber auch die kommunalen Feuerwehren in Dänemark, hatten für ihr Fahrzeug-Neubeschaffungsprogramm der 1970er Jahre teilweise MAN-Haubenfahrgestelle vorgesehen. Neben Tanklöschfahrzeugen und Abschleppwagen wurden auch Drehleitern geordert. So auch diese an die in der Innenstadt Kopenhagens gelegene selbstständige Berufsfeuerwehr Frederiksberg im Jahr 1976 gelieferte Metz DLK 30 mit Staffelfahrerhaus für sechs Mann Besatzung. Der abnehmbare Rettungskorb wurde unter dem Leiterpark mitgeführt. Das speziell für Feuerwehraufbauten erhältliche MAN-Chassis besaß einen 4100 mm Radstand und verfügte über einen direkteinspritzenden Fünfzylinder-Reihen-Diesel mit 9294 ccm Hubraum und 168 PS bei 2300 U/min.

Verwendungszweck:	*Drehleiter mit Korb DLK 30-12 n. B.*
Fahrgestelltyp:	*Magirus-Deutz 256 M 13*
Baujahr:	*1981*
Leistung der Pumpe:	*–*
Löschwasservorrat:	*–*

Zu den ersten Kunden, die eine moderne Magirus DLK 30 in niedriger Bauart bestellten, gehörte die Berufsfeuerwehr Kopenhagen. Im Jahr 1981 wurden drei dieser in der Bundesrepublik Deutschland als DLK 23-12 n. B. geführten Leitern von Københavns Brandvæsen geordert. Das auf einem verstärkten 13-t-Fahrgestell gebaute Fahrzeug mit der tiefer gesetzten Kabine vor der Vorderachse war vom Typ Magirus-Deutz 256 M 13 mit 256-PS-Diesel und erstmals mit der Varioabstützung ausgestattet. Der hydraulisch angetriebene Stahlleitersatz bestand aus vier Teilen und besaß einen Stülpkorb. Durch diese Bauweise lag die Fahrzeughöhe bei etwa 2,85 m deutlich niedriger als bei den Drehleitern herkömmlicher Bauart. Die abgebildete Drehleiter wurde im Jahr 2000 außer Dienst gestellt.

Verwendungszweck:	**Schlauchwagen SW 1000**
Fahrgestelltyp:	**Dodge T 214 WC 52 (4 x 4)**
Baujahr:	**1944**
Leistung der Pumpe:	–
Löschwasservorrat:	–

Dieser ehemalige US-amerikanische Dodge WC 52 3/4-t-Militär-Lkw wurde in mehr als 250 000 Einheiten von verschiedenen Herstellerwerken produziert. Mit seinem Sechszylinder-Vergasermotor mit 3772 ccm Hubraum und 92 PS Leistung war dieses robuste und überall sehr geschätzte Modell stark genug, um auch mit schwierigen Geländeverhältnissen fertig zu werden. Ein solches zusätzlich mit Seilwinde ausgerüstetes Fahrzeug baute sich die Feuerwehr Akureyri (Slökkvistöd Akureyrar) nach Kriegsende in Eigenleistung zu einem Schlauchwagen um, in dessen Kofferaufbau 1000 m Schlauch befördert werden.

Island

Die isländischen Feuerwehren waren hinsichtlich ihrer Fahrzeugausrüstung in erster Linie durch US-amerikanische, zu einem geringeren Teil aber auch durch englische und deutsche Fahrgestelle geprägt. Heute besitzt der deutsche Hersteller MAN eine starke Position. Die Angaben zu den Pumpen-Förderleistungen sowie für Wasser- und Schaummitteltankinhalte erfolgen teilweise in US-amerikanischen Gallon- oder aber in metrischen Maßen.

Feuerwehrgerätehäuser und Fahrzeuge findet man auf dieser sehr unwirtlichen und sehr dünn besiedelten, im Landesinneren beinahe nur aus Fels, Gletschern und Ödland bestehenden Insel fast ausschließlich in den Küstenregionen. Vor etwa 20 Jahren konnte man bei den isländischen Wehren sowohl moderne, als auch bestens gepflegte, aber voll funktionsfähig gehaltene Oldtimer aus den 1940er und 1950er Jahren antreffen.

Verwendungszweck:	**Löschfahrzeug**
Fahrgestelltyp:	**Ford V-8-1 1/2-t**
Baujahr:	**1946**
Leistung der Pumpe:	**2000 l/min**
Löschwasservorrat:	**750 l**

Verwendungszweck:	**Drehleiter DL 20 m**
Fahrgestelltyp:	**Fordson V 8**
Baujahr:	**1932/1934**
Leistung der Pumpe:	–
Löschwasservorrat:	–

Bei der Berufsfeuerwehr der isländischen Hauptstadt Reykjavik war im Jahr 1984 diese von Magirus im Jahr 1934 gelieferte mechanische 20-m-Drehleiter mit dreiteiligem Stahlleitersatz noch als Reservefahrzeug vorhanden. Einer anderen Quelle zufolge soll diese Leiter bereits zwei Jahre früher gebaut worden sein und von einer dänischen Feuerwehr stammen. Wie dem auch sei: Diese auf einem Fordson-Fahrgestell mit 100-PS-Achtzylinder-V-Vergasermotor montierte Drehleiter ist die einzige deutsche Drehleiter, die es jemals auf die Insel verschlagen hat. Die völlig offene Bauweise dieses Fahrzeugs mit seiner Elektrosirene auf dem linken Kotflügel ist für die klimatischen Verhältnisse dieses Landes sicherlich alles andere als zweckmäßig gewesen. Gegen Ende der 1960er Jahre wurde die Leiter durch eine amerikanische Gelenkmastbühne ersetzt.

Ein altgedienter, aber bestens gepflegter Veteran ist auch dieses im Jahr 1946 auf dem Chassis eines während des Krieges gefertigten 1 1/2-t-Ford-Truck aufgebaute Löschfahrzeug der Feuerwehr Reykjavik. Dieses vor allem im Militärdienst sehr verbreitete Fahrgestell war in der zivilen Variante mit einem Achtzylinder-V-Vergasermotor mit 110 PS bestückt, der damit um einiges stärker war als die bei den Kölner Ford-Werken produzierte Ausführung. Dieses in der damals üblichen amerikanischen halboffenen Bauweise gestaltete Fahrzeug ist mit zwei Schnellangriffseinrichtungen und einer starken Heckpumpe bestückt.

Verwendungszweck:	Löschfahrzeug, Pumper
Fahrgestelltyp:	Mack Typ 80
Baujahr:	1942
Leistung der Pumpe:	1900 l/min
Löschwasservorrat:	1200 l

Ein ehemaliges als Pumper eingesetztes Fire-Fighting-Vehicle der US-Army ist dieses noch zu Beginn der 1980er Jahre bei der Berufsfeuerwehr Reykjavik im Dienst befindliche auf einem Mack Typ 80 aufgebaute Löschfahrzeug. Der mit einer Standard-Lkw-Kabine und offenem Aufbau konstruierte Wagen besitzt eine 500 Gallon (Gpm) Midship (Mitteneinbau)-pumpe des Hale-Typs GSS, was einer Leistung von rund 1900 l/min entspricht. Das hinterradgetriebene Fahrgestell wird durch einen Sechszylinder-72-PS-Vergasermotor vorwärts bewegt. Diese 1 1/2-t-Fire-Trucks waren während des Zweiten Weltkriegs auch auf Ford- und Chevrolet-Fahrgestellen sehr verbreitet.

Verwendungszweck:	Löschfahrzeug, Pumper
Fahrgestelltyp:	Ford F 600
Baujahr:	1954
Leistung der Pumpe:	1900 l/min
Löschwasservorrat:	2000 l

Etwas neueren Datums ist dieses Löschfahrzeug auf Ford F 600 der im Umfeld Reykjaviks gelegenen Feuerwehr Haf-narfjördur. Auch dieses Fahrzeug ist in der damals charakteristischen amerikanischen Bauweise mit einer 500 Gallon (Gpm) Midshippumpe sowie offen gelagerten Geräten, Armaturen und Pumpenbedienstand ausgeführt. Von der Baugröße her entspricht dieses mit einem V-Achtzylinder-Vergasermotor bestückte Modell einem leichten amerikanischen Pumper.

Verwendungszweck:	Löschfahrzeug, Pumper
Fahrgestelltyp:	Ford F 750
Baujahr:	1972
Leistung der Pumpe:	2800 l/min
Löschwasservorrat:	2000 l

Zu den neueren isländischen Feuerwehrfahrzeugen gehört dieses nach Art der US-amerikanischen Pumper auf einem Ford-Chassis F 750 aufgebaute Löschfahrzeug Nr. 5 der Berufsfeuerwehr Reykjavik. Insgesamt vermittelt die Bauweise dieses Fahrzeugs das charakteristische Bild der damaligen Modelle aus den USA. Das mit einem Dieselmotor bestückte Fahrgestell ist mit einem als Custom Cab ausgebildeten Fahrer- und Mannschaftsraum und einer Darley-Pumpe mit 750 gpm Leistung ausgerüstet.

Verwendungszweck:	Flugplatzlöschfahrzeug FLF 20/35
Fahrgestelltyp:	Mercedes-Benz LAF 1113
Baujahr:	1964
Leistung der Pumpe:	2000 l/min
Löschwasservorrat:	3500 l

Dieses von der Firma Metz/Karlsruhe an die Flughafenfeuerwehr des Reykjavik-Airports (Reykjavikur Flugvollur) gelieferte Flugplatzlöschfahrzeug FLF 20 war auf einem Mercedes-Benz-Kurzhauber-Allradfahrgestell aufgebaut. Drei Mann Besatzung, 350 l Schaummittel, zwei beidseitig angeordnete Schnellangriffseinrichtungen, ein Wendestrahlrohr und zwei unter der Stoßstange angebrachte Wassersprühdüsen für den Eigenschutz sind die besonderen Merkmale dieses Fahrzeugs. Zwischenzeitlich wurde das Fahrzeug an den Flughafen Akureyri abgegeben und ist jetzt gelb lackiert.

Verwendungszweck:	*Watertender-Ladder WrL*
Fahrgestelltyp:	*Scania P 93 M 220*
Baujahr:	*1994*
Leistung der Pumpe:	*2250 l/min*
Löschwasservorrat:	*1800 l*

Ein auf den Britischen Inseln sehr gebräuchliches Fahrzeug ist der Typ der Watertender-Ladder (WrL). Dieses ist ein Löschfahrzeug mit Wassertank und eingebauter Pumpe, das mit einer vom Fahrzeugheck her zugänglichen, auf dem Dach gelagerten Schiebeleiter mit 13,5 m Länge bestückt ist. Die Fahrer- und Mannschaftskabine befördert sechs Mann. Hier ist ein von der britischen Aufbaufirma Emergency-One auf einem hinterradgetriebenen Scania-Chassis errichtetes Fahrzeug mit einem Geräteaufbau mit Rollläden zu sehen, das bei der Dumfries & Galloway Fire-Brigade eingesetzt wird.

Großbritannien

Der Brandschutz kann in Großbritannien auf eine lange Entwicklungsgeschichte zurückblicken. Zwar gab es bereits seit dem frühen Mittelalter die ersten vorbeugenden Brandvorschriften in den Städten, die z. B. die Sicherung des Herdfeuers zur Nachtzeit regelten oder auch Tonziegel oder Schiefer anstelle von Stroh für die Hausdächer vorsahen. Diese Anweisungen wurden aber nicht konsequent befolgt und da der Umgang mit Feuer weiterhin sehr nachlässig betrieben wurde, gab es immer wieder verheerende Großbrände. Diese Leichtfertigkeit gab es selbstverständlich nicht nur in Großbritannien, sondern auch in anderen Städten Europas trugen sich Brandkatastrophen in vergleichbarer Größenordnung zu. Trotzdem überließ man im Mittelalter die Brandbekämpfung mehr oder weniger dem Zufall. Ein straff organisierter Feuerschutz war unbekannt. Während sich in einigen fortschrittlicheren Gemeinden immerhin freiwillige Helfer verpflichtet hatten, den Feuerschutz des Ortes und die Wartung der Handdruckspritzen zu übernehmen, war man anderswo darauf angewiesen, dass sich bei einem Feuer beherzte Freiwillige aus der Zuschauermenge fanden, die dem Brand zu Leibe rückten.

Ein deutliches Umdenken in Sachen Feuerschutz und vorbeugendem Brandschutz erwirkte der große Brand in London. Die im Volksmund als „Great Fire" bekannt gewordene Katastrophe brach am 2. September 1666 in einer Bäckerei aus und entwickelte sich mit großer Schnelligkeit über eine Fläche von fast zehn Quadratkilometern. Die Flammen wüteten vier Tage und Nächte, zerstörten rund 13 000 Häuser und machten über 100 000 Menschen obdachlos. Wenn auch die Zahl der Todesopfer gering blieb, ließ sich der materielle Schaden kaum ermessen.

Seither bemühte man sich energisch, den Brandschutz und die Feuerlöschkräfte wesentlich professioneller zu organisieren. Nicht nur in London, sondern im ganzen Land wurden Feuerwachen eingerichtet, neue Ausrüstung und Geräte angeschafft und auch die Ausbildung wesentlich verbessert. Bereits gegen 1830 setzte man Dampfspritzen zur Brandbekämpfung ein und die britischen Wehren gehörten mit zu den ersten, die zu Beginn des 20. Jahrhunderts auf die Motorkraft setzten.

Schon recht früh entwickelte sich eine sehr leistungsfähige Feuerwehrfahrzeug- und Geräteindustrie, die sich bis heute halten konnte. Daher müssen nur in den wenigsten Fällen Feuerwehrfahrzeuge eingeführt werden. Zu den Ausnahmen gehören allenfalls Drehleitern, die überwiegend von Metz oder Magirus bezogen werden oder bestimmte Sonderfahrzeuge. In der Regel aber bestimmten Fahrgestelle von Bedford, Dennis, Renault-Dodge, ERF, Ford oder DAF/Leyland mit Aufbauten von HCB-Angus oder Merryweather das Bild. Von den ausländischen Fahrgestelllieferanten haben hauptsächlich Mercedes Benz, Scania und Volvo in den letzten Jahren erfolgreich auf der Insel Fuß fassen können. Wichtige Aufbauhersteller sind heute Emergency-One (UK), JDC, Carmichael, Angloce, Excalibur und TVAC.

Aufbau und feuerwehrtechnische Ausrüstung der Einsatzfahrzeuge sind in Großbritannien weitgehend genormt, was nicht nur finanzielle Vorteile verschafft, sondern auch bei Ausbildung, Bedienung und Ersatzteilbevorratung eine positive Rolle spielt. Trotz allem ist auch hier ein ausreichender Spielraum für individuelle und auf die Einsatzverhältnisse zugeschnittene Bedürfnisse gegeben.

Verwendungszweck:	*Water Foam-Tender W/FoT*
Fahrgestelltyp:	*Renault-Dodge G 13*
Baujahr:	*1986*
Leistung der Pumpe:	*1300 l/min*
Löschwasservorrat:	*1350 l*

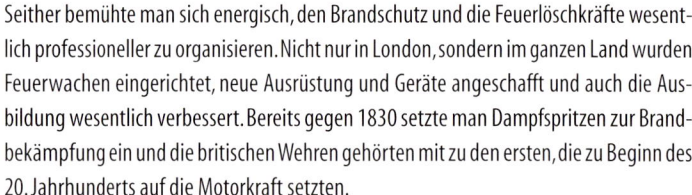

Bei der Werkfeuerwehr (Fire Service) der Rhone Poulenc-Rover-Werke in Dagenham befindet sich dieser von HCB Angus aufgebaute Water Foam-Tender W/FoT im Einsatz. Dieses Sonderfahrzeug mit dem gegenüber der Standardausführung fehlenden vorderen Geräteraum mit Rollladen ist auf einem Renault-Dodge-Chassis errichtet. Seit dem Jahr 1981 sind die vormalig britischen Dodge-Werke an Renault verkauft worden und die Produkte firmierten daher noch eine Zeit lang unter dem gemeinsamen Namen. Seit etwa 1990 erscheint nur noch der Name Renault an den Fahrzeugen. Zusätzlich zum Löschwasservorrat verfügt der Water Foam-Tender über 1800 l Schaummittel und eine Schiebeleiter.

Verwendungszweck:	Water Foam-Tender W/FoT
Fahrgestelltyp:	Dennis DF 135
Baujahr:	1989
Leistung der Pumpe:	5000 l/min
Löschwasservorrat:	1800 l

Ein weiteres Sonderfahrzeug für den Brandschutz in der petrochemischen Industrie ist dieser von dem bedeutenden britischen Feuerwehrausrüster und Aufbauhersteller Carmichael aus Worcester gebaute Water Foam-Tender, der bei der Werkfeuerwehr der Shell Oil UK Shellhaven Refinery in dem östlich von London gelegenen Stanford-le-Hope im Dienst steht. Als Plattform gelangte ein Dennis-Frontlenker-Chassis zur Verwendung. Neben Wasser befinden sich 1800 l Schaummittel, ein Dachmonitor sowie eine äußerst leistungsfähige, im Heck installierte Feuerlöschkreiselpumpe auf dem Fahrzeug, das einen nicht lackierten Metallaufbau besitzt. Noch immer gehört die Firma Dennis zu den beliebtesten Lkw-Marken bei britischen Feuerwehren.

Verwendungszweck:	Watertender Wrt
Fahrgestelltyp:	Bedford TK
Baujahr:	1973
Leistung der Pumpe:	2250 l/min
Löschwasservorrat:	2250 l

Bei der Werkfeuerwehr The Associated Octel Co Ltd Fire Brigade in Ellesmere Port, einem Hersteller von Treibstoff-Additiven, wurde dieser Watertender Wrt eingesetzt. Das von einer County Fire Brigade übernommene, von HCB Angus auf einem Bedford-Frontlenker-Chassis aufgebaute Fahrzeug verfügt über sechs Mann Besatzung in einer Fahrer- und Mannschaftskabine. Die mit Rollläden verschlossenen Geräteräume ergeben eine sehr formschöne, einheitliche Linie. Das Fahrzeug steht mittlerweile nicht mehr im Dienst.

Verwendungszweck:	Pump-Ladder PL
Fahrgestelltyp:	Leyland-DAF 60-210-TI
Baujahr:	1992
Leistung der Pumpe:	2250 l/min
Löschwasservorrat:	1000 l

Eine auf einem Leyland-DAF-Fahrgestell erstellte Pump-Ladder PL nennt die Lancashire County Fire Brigade seit 1992 ihr Eigen. Dieses gemeinsam von den Firmen Fulton & Wylie und der in Schottland ansässigen Emergency-One (UK) Ltd mit großer Mannschaftskabine aufgebaute Fahrzeug verfügt über eine heckseitig in den Dachaufbau eingeschobene lange Schiebeleiter und einen unlackierten durch Rollläden verschlossenen Metallaufbau. In Großbritannien werden die Leyland-Fahrgestelle des seit 1987 von DAF übernommenen Herstellers weiterhin unter der Bezeichnung Leyland-DAF angeboten; im Export firmieren sie einheitlich unter DAF.

Verwendungszweck:	Watertender Wrt
Fahrgestelltyp:	Reynolds Boughton
Baujahr:	1980
Leistung der Pumpe:	2250 l/min
Löschwasservorrat:	1800 l

Die in Devon beheimatete Firma Reynolds Boughton ist eine weitere britische Firma, die sich seit 1978 auf den Bau von Feuerwehrfahrzeugen spezialisiert hat. Neben ihrer hauptsächlichen Domäne, den Flugplatzlöschfahrzeugen, baut dieses Unternehmen in kleinerem Umfang aber auch andere Einheiten wie Tanklösch- und Sonderfahrzeuge. Ein solch seltenes

Exemplar ist dieser Watertender des Fire and Rescue Services der Mobil Oil Co Ltd Coryton Refinery in Stanford-le-Hope. Der Fahrer- und Mannschaftsraum besitzt moderne Falttüren. Aufbau und Fahrgestell dieses in abgesetzter Bauweise erstellten Fahrzeugs stammen vom gleichen Hersteller.

Verwendungszweck:	**Dual Purpose-Ladder DPL**
Fahrgestelltyp:	**Renault-Dodge G 13**
Baujahr:	**1987**
Leistung der Pumpe:	**4500 l/min**
Löschwasservorrat:	**1350 l**

Bei der London Fire Brigade befand sich diese auf einem Renault-Dodge-Fahrgestell von dem britischen Feuerwehrausrüster Locomotors errichtete Pump-Ladder seit 1987 im Alarm-

dienst. Dieses Modell war ein bei den Londoner Feuerwehren sehr verbreitetes Standardfahrzeug, das dort unter der spezifischen Bezeichnung Dual Purpose-Ladder – von der Beladung her war es eigentlich eine Watertender-Ladder – geführt wurde. Diese Fahrzeuge existieren dort schon nicht mehr, denn sie wurden in den 1990er Jahren zunächst durch Volvo-Fahrzeuge und diese mittlerweile durch auf Mercedes-Benz-Fahrgestellen errichtete Einheiten ersetzt.

Verwendungszweck:	**Foam-Watertender F/WrC**
Fahrgestelltyp:	**Mercedes-Benz 2531 (6x4)**
Baujahr:	**1994**
Leistung der Pumpe:	**2250 l/min**
Löschwasservorrat:	**9000 l**

Ein Einzelstück ist dieser von Carmichael auf einem Mercedes-Benz-Dreiachs-Chassis mit 25 t zulässigem Gesamtgewicht und Automatikgetriebe errichtete Foam-Water-Carrier F/WrC, der sich beim Cambridgeshire Fire & Rescue Service im Einsatz befindet. Dieses mächtige Fahrzeug ist mit einem großen Wassertank ausgeführt, der im unteren Bereich auf beiden Seiten durch rollladenverschlossene Geräteräume zur Hälfte umkleidet ist. Darüber hinaus ist der mit einer Heckpumpe ausgerüstete Wagen mit 220 l Schaummittel beladen. Hinter der Fahrerkabine befindet sich ein Monitor, der Schaum oder Wasser abgeben kann. Vorn unterhalb der Stoßstange sind Sprühdüsen zum Eigenschutz angebracht.

Verwendungszweck:	**Watertender-Ladder WrL**
Fahrgestelltyp:	**Dennis DS 155**
Baujahr:	**1994**
Leistung der Pumpe:	**2250 l/min**
Löschwasservorrat:	**1800 l**

Ein allein vom Aussehen her typisch britisch wirkendes Feuerwehrfahrzeug ist diese auf einem Dennis-Chassis mit 202 PS starken Perkins-Dieselmotor von Carmichael für den States of Jersey Fire Service auf der Kanalinsel Jersey erstellte Watertender-Ladder. Eine konstruktive Besonderheit dieses Löschfahrzeugs ist die mit Rücksicht auf enge Bebauung und Straßenverhältnisse insgesamt schmalere Ausführung des Fahrzeug, was durch die Reduzierung auf jeweils einen Frontscheinwerfer und auch durch die schmaleren Kotflügel zum Ausdruck kommt. Auch hier ist der mit Rollläden ausgeführte Metallaufbau sozusagen „naturbelassen", also unlackiert.

Verwendungszweck:	**Watertender-Ladder WrL**
Fahrgestelltyp:	**Volvo FL 614**
Baujahr:	**1989**
Leistung der Pumpe:	**2250 l/min**
Löschwasservorrat:	**1800 l**

Ein in großen Stückzahlen bei britischen Feuerwehren verbreitetes Tanklöschfahrzeug ist die Watertender-Ladder, deren Einheiten mit einheitlichem Wasservorrat und genormter Pumpenbestückung im ganzen Land anzutreffen sind. Die von verschiedenen Aufbauherstellern gebauten Fahrzeuge mit ihrer standardisierten dreiteiligen Schiebeleiter sind unterschiedlich gestaltet, wobei die Wahl der Herstellung von Fahrzeug und Aufbau den einzelnen Fire Brigades überlassen ist. Der West Yorkshire Fire Service ließ sich sein Fahrzeug von HCB-Angus auf einem Volvo-FL 614-Frontlenker-Chassis mit 180 PS-Motor aufbauen. Auch dieses Fahrzeug ist mit zwei der bei schnellen Alarmfahrten optisch sehr wirksamen Blinkleuchten an der Fahrzeugfront ausgestattet.

Verwendungszweck:	**Foam-Tender FoT**
Fahrgestelltyp:	**Emergency One Cyclone**
Baujahr:	**1996**
Leistung der Pumpe:	**11 350 l/min (3000 gpm)**
Löschwasservorrat:	

Ein Foam-Tender, der von dem bedeutenden US-amerikanischen Feuerwehrausrüster und Hersteller Emergency One Inc. auf einem firmeneigenen Cyclone-Fahrgestell errichtet wurde, ist dieses Raffineriefahrzeug. Es befindet sich auf der Feuerwache Nord bei der Werkfeuerwehr der Firma ICI Chemicals & Polymers in Billingham Site, Middlesbrough seit 1996 im Einsatzdienst. Dieses außergewöhnliche Modell ist ein reines Zumischerfahrzeug mit einer extrem starken Feuerlöschkreiselpumpe mit Zumischer. Seine Beladung besteht aus 4500 l Schaummittel sowie 70 kg Löschpulver. Das zum Löschen benötigte Wasser wird aus dem auf dem Werksgelände vorhandenen Hydrantennetz bezogen. In der Fahrzeugmitte oberhalb des nach amerikanischer Bauweise offen ausgeführten Bedienstandes befindet sich ein besonders bei E-One gebräuchlicher Hydrochem-Monitor, der in seiner Mitte einen Pulverstrahl, außen zusätzlich Wasser oder Schaum verspritzen kann.

Verwendungszweck:	Foam-Tender FoT
Fahrgestelltyp:	Volvo FL 617
Baujahr:	1991
Leistung der Pumpe:	5300 l/min
Löschwasservorrat:	450 l

Ein weiteres, als Foam-Tender klassifiziertes Sonderfahrzeug des ICI Chemical & Polymers Fire Service in Billingham Site ist dieses auf einem Volvo-Frontlenker mit 210 PS Diesel aufgebaute Modell. Im Jahr 1991 wurden zwei baugleiche, von HCB-Angus erstellte Einheiten jeweils für die Wachen Nord und Süd beschafft. Die Beladung besteht hauptsächlich aus 4500 l Schaummittel. Neben einem kleinen Löschwasservorrat befindet sich eine 750 kg Pulverlöschanlage sowie 500 kg BCF, ein halonartiges Löschmittel, an Bord des Fahrzeugs. Im Fahrzeugheck befindet sich die mit einem Zumischer ausgerüstete Feuerlöschkreiselpumpe.

Verwendungszweck:	Foam-Tender FoT
Fahrgestelltyp:	Scania G 93 ML 280
Baujahr:	1992
Leistung der Pumpe:	6000 l/min
Löschwasservorrat:	900 l

Bei der Werkfeuerwehr (Fire Service) der BP Oil Refinery in Grangemouth (Schottland) befindet sich dieser mit einem Zumischer ausgerüstete Schaummitteltransporter mit 3600 l Vorrat (Foam-Tender) im Dienst. Der Aufbau erfolgte von dem in Yorkshire ansässigen Feuerwehrausrüster Angloco auf einem Scania G 93 ML 280-Frontlenker-Fahrgestell mit 282 PS starkem Turbodieselmotor. Dieses auf die speziellen Belange dieses Raffineriebetriebs zugeschnittene Fahrzeug verfügt über die Standard-Lkw-Kabine für drei Mann Besatzung. Ein festangebrachter Monitor ist hingegen nicht vorhanden.

Verwendungszweck:	Foam-Tender FoT
Fahrgestelltyp:	Mercedes-Benz
	1926/45 AK
Baujahr:	1978
Leistung der Pumpe:	4500 l/min
Löschwasservorrat:	–

Einen in Großbritannien sehr seltenen Aufbau, der durch Zusammenarbeit der Firmen Angloco und Sides entstand, besitzt dieser Foam-Tender, der für die Werkfeuerwehr der Mobil Oil Co Ltd Coryton Refinery in Stanford-le-Hope auf einem schweren Mercedes-Benz-Zweiachs-Allradchassis mit 4500 mm Radstand beschafft wurde. Der Antrieb des mit einem normalen Lkw-Fahrerhaus bestückten Fahrzeugs erfolgte durch einen Achtzylinder-V-Diesel mit direkter Kraftstoffeinspritzung, 12760 ccm Hubraum und 256 PS Motorleistung. Zur Beladung gehörten 260 kg Pulver; zur Ausrüstung ein Dachmonitor und zwei Schnellangriffseinrichtungen.

Verwendungszweck:	Foam-Carrier FoC
Fahrgestelltyp:	Ford A 0510
Baujahr:	1982
Leistung der Pumpe:	–
Löschwasservorrat:	–

Ein reines Zubringerlöschfahrzeug ist dieser Foam-Carrier FoC, der auf einem Fahrgestell mit 3700 mm Radstand der in Southampton ansässigen britischen Ford Motor Co. Ltd. entstand. Hinter dem mit Rollladen verschlossenen Kastenaufbau befindet sich ein Schaummitteltank mit 1000 l Inhalt. Dieses kleine, handliche Fahrzeug wird vom Fire Service der Firma Phillips Petroleum in Seal Sand, Middlesbrough eingesetzt.

Verwendungszweck:	**Foam-Tender FoT**
Fahrgestelltyp:	**Leyland Mastiff**
Baujahr:	**1977**
Leistung der Pumpe:	**4500 l/min**
Löschwasservorrat:	**–**

Als Foam-Tender der Werkfeuerwehr der Shell Oil Refinery in Stanlow fungierte dieses auf einem Leyland Mastiff-Frontlenker-Chassis in Eigenregie aufgebaute Einzelstück. Die Beladung dieses Fahrzeugs bestand aus einem 4500 l Schaummitteltank. Die starke Feuerlöschpumpe befand sich am Rahmenende, über der auch der Bedienstand für den Schaumwerfer angeordnet war. Unterhalb des ovalförmigen Tanks befanden sich offene Buchten mit Rollschläuchen. Dieser Wagen befindet sich heute nicht mehr im Dienst.

Verwendungszweck:	**Foam-Tender FoT**
Fahrgestelltyp:	**Dennis R 133**
Baujahr:	**1979**
Leistung der Pumpe:	**4500 l/min**
Löschwasservorrat:	**–**

Der Fire and Emergency Service des in Seal Sands, Middlesbrough, im nordöstlichen Industriezentrum Englands gelegenen BASF-Werkes setzte diesen von der Aufbaufirma John Dennis Coach-Builder auf einem Dennis-Fahrgestell erstellten Foam-Tender ein. Das Fahrzeug verfügte über ein großes Fahrerhaus für sechs Mann Besatzung und im abgesetzten Aufbau über einen Schaummitteltank von 4500 l Inhalt. Am Heck waren beidseitig zwei aus Hochdruckschlauch bestehende Schnellangriffsvorrichtungen vorhanden. Auch dieses Fahrzeug befindet sich mittlerweile nicht mehr im Dienst.

Verwendungszweck:	**Foam-Carrier**
Fahrgestelltyp:	**Leyland Super Comet**
Baujahr:	**1976**
Leistung der Pumpe:	**–**
Löschwasservorrat:	**–**

Aus einem früheren Heizöltankfahrzeug mit Leyland-Frontlenker-Dreiachs-Fahrgestell entstand durch Eigenumbau der Werkfeuerwehr (Fire Service) der Lindsey Oil/Conoco Refinery in Killingholme dieser Schaummitteltransporter (Foam-Carrier) mit einem Fassungsvermögen von 13 500 l. Bei diesem Fahrzeug waren nur wenig aufwändige Arbeiten notwendig, um es für Feuerwehrzwecke herzurichten.

Verwendungszweck:	**Rescue Unit RU**
Fahrgestelltyp:	**Dodge G 1100**
Baujahr:	**1984**
Leistung der Pumpe:	**–**
Löschwasservorrat:	**–**

Als Rescue-Unit RU eingesetzt wird dieses von dem Aufbauhersteller Ecrolite auf einem Dodge-Frontlenker-Chassis erstellte Modell vom Cumbria Fire Service in Cockermouth, Cumbria. Das verwendete Dodge-Fahrgestell G 12 wurde sehr häufig für Feuerwehraufbauten verwendet. In dem durch Rollladen verschlossenen kastenartigen Aufbau dieses Rüstwagens befanden sich Ausrüstungsgegenstände und Werkzeug, um verschiedene technische Hilfeleistungen durchführen zu können. Dieser Wagen steht heute nicht mehr im Dienst.

Verwendungszweck:	*Rapid Intervention*
	Vehicle RIV
Fahrgestelltyp:	*Range Rover (6 x 4)*
Baujahr:	*1988*
Leistung der Pumpe:	*2250 l/min*
Löschwasservorrat:	*855 l*

Als Rapid Intervention Vehicle RIV befindet sich dieser drei-achsige, von HCB Angus aufgebaute Range Rover 3,5 V-8 bei der Werkfeuerwehr des Imperial War Museums, Duxford Airfield Fire & Rescue Service in Cambridge im Einsatz. Das mit Schnell-angriffseinrichtung, 54 l Schaummittel und Schaumrohr bela-dene und bestückte Fahrzeug verfügt über eine Nachlaufachse. Es wurde früher als Vorausfahrzeug beim British Defence Fire Service, den britischen Militärfeuerwehren, verwendet. In der geräumigen Fahrer- und Mannschaftskabine der mit einer leis-tungsfähigen Feuerlöschkreiselpumpe ausgerüsteten Schnell-angriffsfahrzeugs finden fünf Wehrmänner Platz.

Verwendungszweck:	*Rapid Intervention*
	Vehicle RIV
Fahrgestelltyp:	*Land Rover 100 (6 x 4)*
Baujahr:	*1987*
Leistung der Pumpe:	–
Löschwasservorrat:	–

Dieses Schnellangriffsfahrzeug auf einem dreiachsigen Land Rover wird von der Werkfeuerwehr der Lindsey Oil/Conoco Refi-nery im mittelenglischen Killingholme als RIV eingesetzt. Es verfügt über eine 350-kg-Pulverlöschanlage des Herstellers Ansul sowie eine Schnellangriffseinrichtung, die über das Fahrzeugheck abgewickelt werden kann. In dem rückwärtigen,

kleineren Behälter auf der Ladefläche befinden sich 100 l AFFF – Aquaeous Film forming Foam – ein filmbildendes Schaummit-tel, das auch unter dem Namen „light water" bekannt ist.

Verwendungszweck:	*Fire Rescue Unit FRU*
Fahrgestelltyp:	*Volvo FL 614*
Baujahr:	*1992*
Leistung der Pumpe:	–
Löschwasservorrat:	–

Diese von der Firma Carmichael aufgebaute Fire Rescue Unit FRU der London Fire Brigade stand seinerzeit in sechs Einheiten bei den Londoner Feuerwehren im Einsatz. Davon waren fünf Exemplare größeren Feuerwachen zugeteilt, während das sechste Fahrzeug als Reserve fungierte. Ver-wendet wurde für diesen großen Rüstwagen ein mit dem Standard-Lkw-Fahrerhaus ausgestattetes Volvo-Frontlen-ker-Chassis mit 180 PS Dieselmotor. Weitere Mannschafts-sitzplätze befanden sich im vorderen Teil des geräumigen Kastenaufbaus. Diese Fahrzeuge waren von ihrer vielseitigen Ausrüstung her in der Lage, auch größere technische Hilfe-leistungen vornehmen zu können. Im Jahr 2005 wurden alle Fahrzeuge aus dem Dienst entfernt und durch solche auf Mercedes-Benz-Fahrgestellen ersetzt.

Verwendungszweck:	*Prime Mover PM*
Fahrgestelltyp:	*Volvo FL 10*
Baujahr:	*1996*
Leistung der Pumpe:	–
Löschwasservorrat:	–

Bei der Lindsey Oil/Conoco Refinerie Fire Service in Killinghome wird dieser gewaltige vierachsige Prime Mover auf einem schweren Volvo-Frontlenker-Fahrgestell mit Abgasturbodiesel eingesetzt. Dieses Wechselladerfahrzeug mit zwei gelenkten Vorderachsen wurde von Angloco in Zusammenarbeit mit der Firma Powell Duffrin Multilift aufgebaut. Auf dem Fahrzeug befindet sich ein FoT-Pod (Schaummittel-Abrollbehälter), der mit 3000 l AFFF beladen ist.

Verwendungszweck:	*Prime Mover PM*
Fahrgestelltyp:	*Volvo FL 617*
Baujahr:	*1994*
Leistung der Pumpe:	–
Löschwasservorrat:	–

Beim Cambridgeshire Fire and Rescue Service befindet sich die-ses von der Firma Gladwins auf einem Volvo FL 617-Zweiachs-Frontlenkerchassis mit 210-PS-Turbodieselmotor erstellte Wechselladerfahrzeug Prime Mover seit dem Jahr 1994 im Ein-satzdienst. Auf dieser Aufnahme befindet sich der 1989 herge-stellte Abrollbehälter Incident Command and Control Unit ICU auf dem Fahrzeug. Damit hat dieser Wechsellader eine auf deut-sche Verhältnisse übertragbare Funktion eines Einsatzleitwa-gens übernommen. Das Trägerfahrzeug ist mit einem Hakenab-rollsystem für sechs Tonnen ausgelegt.

Verwendungszweck:	**Heavy Recovery Unit HRU**
Fahrgestelltyp:	**Scania P 93 M 250**
Baujahr:	**1991**
Leistung der Pumpe:	**–**
Löschwasservorrat:	**–**

Diese als Abschleppfahrzeug für den Eigenbedarf der Feuerwehr eingesetzte Heavy Recovery Unit HRU des Mid and West Fire Service ist auf einem Scania-Frontlenkerfahrgestell P 93 M 250 aufgebaut. Das Fahrzeug, dessen Bergeausrüstung von der Firmen Boniface ausgeführt worden ist, verfügt über eine starke Seilwinde und ist mit dem 252 PS starken Turbodieselmotor DS 9 ausgerüstet.

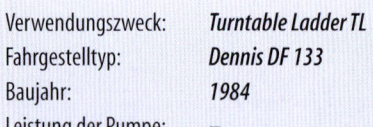

Verwendungszweck:	**Turntable Ladder TL**
Fahrgestelltyp:	**Dennis DF 133**
Baujahr:	**1984**
Leistung der Pumpe:	**–**
Löschwasservorrat:	**–**

Eine von Magirus in Ulm auf einem damals neuen Dennis-Frontlenkerchassis DF 133 gelieferte 30-m-Turntable Ladder TL mit hydraulischem Leiterantrieb erhielt die Hauptfeuerwache Hull der Humberside Fire Brigade im Jahr 1984. Dieser Leitertyp mit seinem rechts seitlich am Leiterstuhl einhängbaren Rettungskorb entspricht der deutschen DLK 30. Als Fahrerkabine wurde das Standard-Lkw-Fahrerhaus für drei Mann Besatzung gewählt. Das als unlackierter Metallaufbau mit verschiedenen Lamellenverschlüssen ausgeführte Leiterpodium erstellte der britische Feuerwehrausrüster Carmichael. Seit Beginn der 1970er Jahre ist die Beschaffung von klassischen Drehleitern in Großbritannien zu Gunsten von Gelenkmastbühnen immer mehr zurückgegangen.

Verwendungszweck:	**Turntable Ladder TL**
Fahrgestelltyp:	**Dennis DF 131**
Baujahr:	**1983**
Leistung der Pumpe:	**–**
Löschwasservorrat:	**–**

Eine weitere Turntable Ladder TL als Magirus DLK 30 erhielt im Jahr 1983 die Lancashire County Fire Brigade, die im aktiven Dienst mittlerweile ersetzt wurde. Sie entstand unter Verwendung einer Drei-Mann-Fahrerkabine auf einem 16-t-schweren Dennis-Frontlenkerfahrgestell DF 131 mit einem 211 PS starken Sechszylinder-Cummins-Dieselmotor. Die Firma Dennis ist im Übrigen der einzige europäische Lastwagenhersteller, der spezielle Feuerwehrfahrzeuge anbietet und nur Feuerwehren beliefert. Dieses Chassis entstammt einer zu Beginn der 1980er Jahre völlig neu herausgebrachten Typenreihe dieses Fabrikanten.

Verwendungszweck:	**Hydraulik Platform HP**
Fahrgestelltyp:	**Dodge G 13**
Baujahr:	**1984**
Leistung der Pumpe:	**–**
Löschwasservorrat:	**–**

Großbritannien gehörte zu jenen Ländern, in denen seit den 1970er Jahren die Gelenkmastbühnen ihren großen Durchbruch erfuhren und damit der klassischen Drehleiter das Feld streitig machten. Bei der London Fire Brigade befanden sich seit den 1980er Jahren gleich mehrere als Hydraulic Platform HP bezeichnete Simon-Snorkel-SS-220-Gelenkbühnen mit 22-m-Arbeitshöhe in Verwendung. Als Fahrgestell wurde das Dodge-G-13-Frontlenkerchassis mit Standardkabine verwendet. Für den Bau des Podiums zeichnete die im Bereich der Spezialaufbauten erfolgreiche britische Nutzfahrzeug-Karosseriefabrik Saxon Sanbec aus Sandbach, Cheshire verantwortlich. Das Fahrzeug besaß ein zulässiges Gesamtgewicht von 14 780 kg. Überhaupt waren Dodge-Frontlenker, neben Dennis und Bedford, die beliebtesten Fahrgestelle bei britischen Feuerwehren der 1970er und 1980er Jahre.

Verwendungszweck:	*Hydraulic Platform HP*
Fahrgestelltyp:	*Shelvoke & Drewry WT*
	(6 x 4)
Baujahr:	*1979*
Leistung der Pumpe:	*2250 l/min*
Löschwasservorrat:	–

Die Firma Shelvoke & Drewry in Letchworth trat zunächst als erfolgreicher Hersteller von Kommunalfahrzeugen hervor, ehe sich das Unternehmen auch dem Feuerwehrfahrzeugbau zuwandte. Daraus entwickelte sich ein eigenständiger Geschäftszweig mit Spezialfahrzeugen, für den dieser Hersteller seit Ende der 1970er Jahre auch Sonderfahrgestelle aus eigenem Hause anbot. Trotz moderner Konzeptionen konnte sich die vergleichsweise kleine Firma auf Dauer nicht am Markt behaupten. Auch Magirus und Metz nutzten verschiedentlich diese Chassis für Drehleiteraufbauten für britische Feuerwehren. Auf einem Shelvoke & Drewry-WT-Dreiachs-Chassis entstand auch

diese als Sonderfahrzeug für die Elf Oil UK Ltd. Refinery Fire Brigade in Milford Haven gelieferte Gelenkmastbühne Simon-Snorkel-SS-300 mit 30 m Arbeitshöhe, die nach der in Großbritannien herrschenden Terminologie als Hydraulic Platform

bezeichnet wird. Für die speziellen Belange eines Raffineriebetriebs ist das mächtige Fahrzeug zusätzlich mit 900 l Schaummittel und einer Feuerlöschpumpe bestückt. Der Bedienstand befindet sich im vorderen Teil des Podiums.

Verwendungszweck:	*Aerial Ladder Platform ALP*
Fahrgestelltyp:	*Scania 93 M 280*
Baujahr:	*1990*
Leistung der Pumpe:	–
Löschwasservorrat:	–

Weite Verbreitung fanden bei den britischen Feuerwehren auch die von der Firma Bronto Skylift in Tampere, Finnland, hergestellten Gelenkmastbühnen. Seit Jahren kann man dieses Unternehmen als Marktführer in diesem Segment bezeichnen. Weltweit werden die Produkte dieses Herstellers in mehr als 100 Ländern eingesetzt. Sozusagen ein Standardfahrzeug auf den Britischen Inseln ist diese Aerial Ladder Platform ALP in der Ausführung 28-2 T 1 mit 28 m Arbeitshöhe. Dieser hydraulische Bronto-Teleskopmast mit einem von Angloco hergestellten Podium wurde von der Dumfries & Galloway Fire Brigade auf einem Scania-93-M-280-Dreiachsfahrgestell beschafft.

Verwendungszweck:	*Hydraulic Platform HP*
Fahrgestelltyp:	*Scania P 92 M*
Baujahr:	*1988*
Leistung der Pumpe:	–
Löschwasservorrat:	–

Die Grampian Fire Brigade in Aberdeen beschaffte im Jahr 1988 diese Hydraulic Platform HP in der Ausführung SS 263 als Simon-Snorkel. Die Firma Simon Engineering in Dudley begann ihre Fabrikation im Jahr 1963 mit einer hydraulischen Arbeitsbühne, die sich anstelle der bislang üblichen zwei durch drei Gelenkteile unterschied. Der erhoffte Markterfolg stellte sich schnell ein, denn dieses fortschrittliche Konzept eines Teleskopmastes mit kleineren Bauteilen erlaubte ein ungleich besseres Manövrieren. Zahlreiche Wehren des In- und Auslandes erkannten diese klaren Vorteile und orderten Gelenkmasten dieses Herstellers. Das abgebildete, auf einem Scania-Chassis P 92 M montierte Fahr-

zeug mit seinem geräumigen, von Saxon Sanbec gefertigten Podium, verfügt über eine Arbeitshöhe von 26 m. Zwischenzeit-

lich wurde das Fahrgestell gegen ein neues Modell aus der Scania 4er-Serie ausgetauscht und der Gelenkmast umgesetzt.

Verwendungszweck:	**Aerial Ladder Platform ALP**
Fahrgestelltyp:	**Scania P 113 H 320 (6 x 4)**
Baujahr:	**1991**
Leistung der Pumpe:	–
Löschwasservorrat:	–

Ein ansehnliches Fahrzeug ist auch diese auf einem Dreiachs-Frontlenkerchassis des Modells Scania 113 H 320 für den Essex County Fire & Rescue Service errichtete Aerial Ladder Platform ALP des Typs Simon-Snorkel ST 300-S. Die ALP hat eine Arbeitshöhe von 30 m, wobei die Arbeitsplattform mit maximal 400 kg belastet werden kann. Die Firma Saxon Sanbec war für die Herstellung des in Form eines unlackierten Metallaufbaus gehaltenen Podiums verantwortlich. Für den nötigen Vortrieb des Fahrzeugs sorgt ein Sechszylinder-Turbodiesel mit 11 021 ccm Hubvolumen und 320 PS Leistung.

Verwendungszweck:	**Aerial Ladder Platform ALP**
Fahrgestelltyp:	**Volvo FL 10 (8 x 4)**
Baujahr:	**1990**
Leistung der Pumpe:	–
Löschwasservorrat:	–

Zu den höchsten Teleskopmastbühnen in Großbritannien zählt zweifelsohne diese für die London Fire Brigade von Angloco/Bronto hergestellte mächtige Aerial Ladder Platform ALP. Das gewählte Bronto-Modell 33-2 T 1 kann bis auf 33 m Arbeitshöhe ausgefahren werden. Zur Verwendung gelangte ein schweres vierachsiges Volvo-Frontlenkerchassis mit Intercooler-Motorentechnologie und zwei angetriebenen Achsen.

Verwendungszweck:	**Aerial Ladder Platform ALP**
Fahrgestelltyp:	**Volvo FL 10**
Baujahr:	**1995**
Leistung der Pumpe:	–
Löschwasservorrat:	–

Ein dreiachsiges Volvo-FL-10-Intercooler-Chassis zur Basis hat diese für den Surrey Fire & Rescue Service beschaffte Gelenkmastbühne der Bronto-Skylift-Modells F 32 HDT, die in Zusammenarbeit mit der Feuerwehrkarosserie-Firma Angloco entstand. Dieses Fahrzeug mit seiner tiefergesetzten Fahrerkabine für drei Besatzungsmitglieder verfügt über eine Arbeitshöhe von 32 m und steht auf der Feuerwache in Chertsey im Einsatzdienst.

Verwendungszweck:	**Foam-Tender FoT**
Fahrgestelltyp:	**Thornycraft Nubian Major**
	(6 x 6)
Baujahr:	**1976**
Leistung der Pumpe:	**4950 l/min**
Löschwasservorrat:	**6750 l**

Die im Jahr 1896 in London gegründete, aus einer Dampfschiffs- werft hervorgegangene Firma Thornycroft spezialisierte sich zunächst auf Dampflastwagen und begann in den 1930er Jah- ren mit dem Bau der ersten Feuerwehrfahrzeuge. Nach dem

Krieg wurde das Unternehmen vor allem durch Lösch- und Bergefahrzeuge für Flughäfen bekannt. 1968 wurde der Betrieb von Scammell übernommen und seit 1979 verschwand der Name Thornycroft für immer von der Bildfläche. Ein nicht nur auf Verkehrsflughäfen Großbritanniens und vieler Commonwealth- Staaten, sondern auch beim Militär sehr verbreitetes Flugplatz- löschfahrzeug war das Modell Nubian Major, das es in zwei- oder dreiachsiger Ausführung gab. Hier ein noch im Jahr 1996 von der Flughafenfeuerwehr des Carlisle Airport Fire Service eingesetztes, von Carmichael auf einem Dreiachschassis auf- gebauter, mit einem Dachmonitor ausgerüsteter Foam Tender

FoT. Die Beladung bestand aus 1125 l Schaummittel, 100 l BCF sowie einem großen Löschwasservorrat. Der Fahrzeugantrieb erfolgte durch einen V-Achtzylinder-Vergasermotor von Rolls- Royce mit 140 PS, der eine Maximalgeschwindigkeit von 95 km/h ermöglichte. Auf internationalen Verkehrsflughäfen ist diese Fahrzeuggeneration schon seit langem verschwunden und in Anbetracht der heutigen Flugzeuggrößen können diese Fahrzeuge heute allenfalls noch den Anforderungen kleiner Flugplätze gerecht werden.

Verwendungszweck:	**Rapid Intervention**
	Vehicle RIV
Fahrgestelltyp:	**Unipower Invader (4 x 4)**
Baujahr:	**1979**
Leistung der Pumpe:	**4500 l/min**
Löschwasservorrat:	**4500 l**

Die kleine, seit 1974 in der Nähe von London ansässige Firma Unipower Vehicles Ltd. ist Hersteller geländegängiger Baufahr- zeuge, die mit Dieselmotoren von Perkins, Rolls-Royce und Cummins bestückt werden. Verschiedentlich werden aber auch Fahrgestelle für Flugplatzlöschfahrzeuge verwendet, wie in die- sem Fall das 16-t-Modell Invader auf dem Angloco einen Foam Tender aufbaute. Dieses wendige, vierradgetriebene Fahrzeug befindet sich beim Humberside Airport Fire Service im Einsatz- dienst und wird dort als Rapid Intervention Vehicle RIV und Crash Tender CrT verwendet. Der Schaummittelbehälter hat ein Fassungsvermögen von 630 l, dessen Inhalt mit Hilfe eines Zumischers als Wasser-Schaum-Gemisch sowohl über den Dachmonitor als auch über die Schnellangriffseinrichtungen am Heck abgegeben werden kann.

Verwendungszweck:	**Light Foam-Tender LFoT**
Fahrgestelltyp:	**Kronenburg MAC 08**
Baujahr:	**1996**
Leistung der Pumpe:	**4500 l/min**
Löschwasservorrat:	**6000 l**

Als Light Foam Tender LFoT klassifiziert ist dieses von der niederländischen Firma Kronenburg BV in Hedel hergestellte zweiachsige, allradgetriebene Flugplatzlöschfahrzeug, das für den Fire Service des Stansted Airports, eines Londoner Flughafens, gefertigt wurde. Die hauptsächlich aus Löschwasser bestehende Beladung wird durch 600 l Schaummittelkonzentrat, 100 kg Pulver und 100 l Sonderlöschmittel BCF ergänzt. Der seit Jahrzehnten auf den Bau von Flugplatzlöschfahrzeugen spezialisierte Hersteller Kronenburg fertigte den feuerwehrtechnischen Aufbau.

Verwendungszweck:	**Foam-Tender FoT**
Fahrgestelltyp:	**Gloster Saro Javelin (6 x 6)**
Baujahr:	**1981**
Leistung der Pumpe:	**4500 l/min**
Löschwasservorrat:	**10 000 l**

Die Gloster Saro Ltd. gehört zur Hawker-Siddeley Group, dem bekannten britischen Flugzeughersteller. Von ihr wurden größere Stückzahlen mittlerer und schwererer Flugplatzlöschfahrzeuge gebaut, die insbesondere auf britischen Militärflughäfen Verwendung finden. Seit 1979 gibt es das mit einem Automatikgetriebe und V-16-Zylinder-Diesel mit 600 PS ausgerüstete Dreiachsmodell Javelin, das seither auf vielen Flughäfen eingesetzt wird. So auch dieser beim Fire Service des London Luton Airports vorhandene Foam Tender Fot, der neben einem großen Löschwasservorrat mit 1300 l Schaummittel und 100 l BCF, einem halonartigen Löschmittel, beladen ist. Für einen Schnellangriff ist in erster Linie der leistungsfähige Dachmonitor zuständig.

Verwendungszweck:	**Foam-Tender FoT**
Fahrgestelltyp:	**Kronenburg MAC 11 (6 x 6)**
Baujahr:	**1996**
Leistung der Pumpe:	**4500 l/min**
Löschwasservorrat:	**11 000 l**

Die British Aircraft Authority BAA beschaffte Mitte der 1990er Jahre eine größere Stückzahl — man spricht von insgesamt 17 Einheiten — moderner, von der Firma Kronenburg BV erstellter Foam- oder Crash-Tender für ihre Flughafenfeuerwehren. Dieses seit 1996 als Fahrzeug Nr. 5 bei der Flughafenfeuerwehr des internationalen Londoner Verkehrsflughafen Heathrow Airport Fire Service in Dienst stehende Fahrzeug ist neben dem Wasservorrat zusätzlich mit 1500 l Schaummittelkonzentrat und 235 kg Löschpulver beladen. Als einer von wenigen Herstellern baute Kronenburg praktisch komplette Fahrzeuge, d.h. Fahrgestell, Aufbau, Pumpe und Löschtechnik kommen aus einer Hand. Lediglich die Antriebsmotoren, in diesem Fall ein 548 PS starker Detroit-Diesel, der das Fahrzeug in 31 Sekunden von 0 auf 80 km/h beschleunigt, stammen von Zulieferfirmen. Mittlerweile wurde auch dieser Hersteller vom Rosenbauer-Konzern übernommen.

Verwendungszweck:	**Foam-Tender FoT**
Fahrgestelltyp:	**Unipower RE 6 P (6 x 6)**
Baujahr:	**1990**
Leistung der Pumpe:	**5400 l/min**
Löschwasservorrat:	**9100 l**

Der damals noch eigenständige Verkehrsflughafen Southampton International Airport beschaffte im Jahr 1990 zwei identische Foam- bzw. Crash-Tender des Carmichael-Modells Jetranger auf allradgetriebenen Unipower RE 6 P-Dreiachs-Fahrgestellen. Neben dem Löschwasservorrat gehören 1100 l Schaummittel und 50 kg Pulver zur feuerwehrtechnischen Beladung. Diese im Jahr 1996 entstandene Fotografie zeigt das Fahrzeug Nr. 2 mit BAA-Beschriftung, nachdem dieser Flughafen gegen Ende des Jahres 1990 von der British Aircraft Authority übernommen worden war.

Verwendungszweck:	*Foam-Tender FoT*
Fahrgestelltyp:	*Timoney (8 x 8)*
Baujahr:	*1992*
Leistung der Pumpe:	*4500 l/min*
Löschwasservorrat:	*12 500 l*

Als Einzelstück befindet sich dieser Foam Tender FoT Nr.4 bei der Flughafenfeuerwehr des Stansted Airport Fire Service bei London im Alarmdienst. Aufgebaut wurde dieses Flugplatzlöschfahrzeug von Carmichael auf einem Timoney-Allradchassis. 1500 l Schaum, 100 l BCF und 50 kg Löschpulver zählen zur Beladung dieses schlagkräftigen Vierachsers.

Verwendungszweck:	*Foam-Tender FoT*
Fahrgestelltyp:	*Reynolds Boughton Barracuda (6 x 6)*
Baujahr:	*1992*
Leistung der Pumpe:	*5625 l/min*
Löschwasservorrat:	*10 000 l*

Reynolds Boughton Ltd. lieferte diesen Foam Tender FoT des Modells Barracuda an die Flughafenfeuerwehr des Humberside Airports im Jahr 1992. Dieses auch als Crash Tender bezeichnete Fahrzeug ist neben Wasser mit 1200 l Schaum und 100 l BCF als Löschmittel beladen. Diese sehr leistungsstarken Fahrzeuge waren seit den 1990er Jahren auch auf internationalen Verkehrsflughäfen weit verbreitet.

Verwendungszweck:	*Foam-Tender FoT*
Fahrgestelltyp:	*Chubb Protector (Reynolds Boughton)*
Baujahr:	*1984*
Leistung der Pumpe:	*9000 l/min*
Löschwasservorrat:	*9000 l*

Ein weiteres Einsatzfahrzeug des Fire Service des International Airports Manchester ist dieser mit einer hydraulischen Lösch- und Rettungsplattform ausgerüstete Chubb Protector Foam Tender FoT aus dem Jahr 1984, der dort als Fahrzeug Nr. 3 fungiert. Die Beladung dieses dreiachsigen Allradfahrzeugs besteht neben Wasser aus 1100 l Schaummittel und 100 l BCF. Auch in diesem Fall steht ein Hochdruck-Dachmonitor zur Verfügung.

Verwendungszweck:	*Foam-Tender FoT*
Fahrgestelltyp:	*Chubb Pathfinder (Reynolds Boughton)*
Baujahr:	*1972*
Leistung der Pumpe:	*9000 l/min*
Löschwasservorrat:	*13 500 l*

Die britische Chubb Fire Society Ltd. wurde in den 1970er Jahren mit dem Bau der ersten schweren Flughafen-Löschfahrzeuge in der Branche bekannt. Das erstmals 1972 vorgestellte Modell Pathfinder war als Crash Tender auf großen internationalen Verkehrsflughäfen, wie z.B. auf dem zur Port Authority of New York und New Jersey gehörenden Kennedy Airport sehr häufig anzutreffen. Das von einem 635 PS Sechszylinder-V-Diesel angetriebene Allradchassis kam von Reynolds Boughton und erreichte für die damalige Zeit beachtliche Beschleunigungswerte. Durch die sehr leistungsfähige Pumpe ist der Hochdruck-Dachmonitor in der Lage, pro Minute mehr als 60 000 l Schaum-Wasser-Gemisch bis zu 75 m weit zu schleudern. Zu diesem Zweck ist der Pathfinder zusätzlich mit 1575 l Schaummittelkonzentrat beladen. Dieses Fahrzeug gehörte noch 1996 zum Bestand des Fire Service des Manchester International Airports.

Verwendungszweck:	**Automobilspritze, Autospuit AS**
Fahrgestelltyp:	**Ahrens-Fox**
Baujahr:	**1927**
Leistung der Pumpe:	**3800 l/min**
Löschwasservorrat:	**–**

Eine große Berühmtheit genossen die ab 1927 in insgesamt sieben Einheiten von der Brandweer und Berufsfeuerwehr Rotterdam beschafften amerikanischen Automobilspritzen von Ahrens-Fox. Damals gab es in Europa nichts Ähnliches, was mit diesen leistungsstarken Fahrzeugen hätte gleichziehen können. Diese außergewöhnlichen Fahrzeuge sollten als Rotterdamer Wasserkanonen in Fachkreisen schon bald über die Landesgrenzen bekannt werden. Die für diese Fahrzeuge charakteristischen doppeltwirkenden Vierzylinder-Vorbaupumpen mit ihrem kugelförmigen Luftspeicher oberhalb der Vorderachse leisteten 3800 l pro Minute. Das war für europäische Verhältnisse ganz außergewöhnlich. Ausgerüstet waren diese mächtigen 7 t schweren Fahrzeuge mit speziell für den Feuerwehrdienst entworfenen 110 PS starken Sechszylinder-Vergasermotoren mit 16 500 ccm Hubraum und 1100 U/min. Der übrige feuerwehrtechnische Aufbau wurde von der ortsansässigen Firma Bikkers & Zoon übernommen. Teilweise wurden die ursprünglich offen ausgeführten Fahrzeuge mit geschlossenen Fahrerkabinen nachgerüstet. Erst 1972 wurden die letzten Reservefahrzeuge abgestellt, von denen sechs Stück der Nachwelt erhalten blieben.

Niederlande

Zu den modernsten Feuerwehren Europas gehören ohne Zweifel die niederländischen Feuerwehren, dies sowohl in einsatztaktischer, technischer, personeller Hinsicht, nicht zuletzt auch im Hinblick auf deren Ausrüstung mit neuzeitlichen Fahrzeugen. Der Brandschutz in diesem Land kann auf eine lange Tradition zurückblicken und diese Entwicklung ist bis in das 16. Jahrhundert nachvollziehbar. Aber auch die Niederlande blieben von Brandkatastrophen, wie etwa dem verheerenden Großbrand des Jahres 1870 in Amsterdam, nicht verschont. Solche großen Schadensfälle wie dieser führten zu einer Intensivierung der Bemühungen, sowohl Löschtechnik, Ausbildung und Ausrüstung, aber auch den vorbeugenden Brandschutz weiter zu optimieren. Anfang des 20. Jahrhunderts begann man auch mit der Beschaffung der ersten Motorfahrzeuge.

In den Niederlanden gibt es sowohl Berufs- als auch freiwillige Feuerwehren. Werk- und Betriebsfeuerwehren hingegen sind für den Feuerschutz größerer Betriebe zuständig. Eine leistungsfähige Feuerwehrfahrzeug- und Ausrüstungsindustrie erleichtert die Ausstattung der Wehren mit modernen und zweckmäßigen Einsatzfahrzeugen. An dieser Stelle erwähnt sei die vom österreichischen Rosenbauer-Konzern übernommene Firma Saval-Kronenburg, einem Hersteller mit breitem Angebot an Sonder- und Flugplatzlöschfahrzeugen und Spezialaufbauten.

In der Vergangenheit, zumindest galt dies für die Zeit bis in die 1970er Jahre, hat sich für die niederländischen Fahrzeuge ein besonders individueller Gestaltungsstil entwickelt. Als Nutzfahrzeughersteller ist in den heutigen Niederlanden nur noch die Firma DAF übrig geblieben, so dass bei der Fahrgestellbeschaffung der Import eine relativ große Bedeutung einnimmt. In der Vergangenheit stammten viele Fahrgestelle auch aus Großbritannien und den USA; heute sind deutsche und skandinavische Fabrikate – hier besonders Mercedes-Benz und Scania – vorherrschend. Komplette Feuerwehrfahrzeuge werden seltener eingeführt und wenn, handelt es sich meist um Sonderfahrzeuge oder Drehleitern.

Verwendungszweck:	**Automobilspritze, Autospuit AS**
Fahrgestelltyp:	**Ford G 917 T**
Baujahr:	**1938**
Leistung der Pumpe:	**1500 l/min**
Löschwasservorrat:	**–**

Von der Gemeinde Zeeland wurde diese von Kronenburg aufgebaute Automobilspritze auf einem Ford-Fahrgestell im Jahr 1938 für die örtliche Brandweer beschafft. Das mit einem Achtzylinder-V-Vergasermotor mit 90 PS bestückte Fahrzeug besaß ein geschlossenes Fahrerhaus und einen Geräteaufbau aus Holz, auf dem sich die Mannschaftslängssitze befanden. Die Pumpe ist am Rahmenende montiert.

Verwendungszweck:	*Automobilspritze,*
	Autospuit AS
Fahrgestelltyp:	*Ford AA*
Baujahr:	*1932*
Leistung der Pumpe:	*1200 l/min*
Löschwasservorrat:	*–*

Bei der Brandweer Meppel in der Provinz Drenthe ist diese auf einem Ford-Fahrgestell von Bikkers & Zoon mit einem koffer-artigen Geräteaufbau versehene Automobilspritze als gepflegtes Museumsfahrzeug vorhanden. Der Aufbau erfolgte auf ein so genanntes 1,5-t-Schnelllastwagenfahrge-stell des seit 1931 lieferbaren Typs AA, welches mit einem 40 PS starken Vierzylinder-Vergasermotor mit 3285 ccm Hubraum bestückt ist. Das Fahrzeug weist eine erhebliche, u. a. aus Holzleitern und Saugschläuchen bestehende Dach-beladung auf.

Verwendungszweck:	*Automobilspritze,*
	Autospuit AS
Fahrgestelltyp:	*Ford FK 3500*
Baujahr:	*1952*
Leistung der Pumpe:	*2500 l/min*
Löschwasservorrat:	*–*

Einen Kronenburg-Aufbau besitzt diese weiß lackierte Ford-Automobilspritze, die sich bei der Brandweer Hedel bis zum Jahr 1972 im Einsatz befand. Auch dieses Fahrzeug besitzt einen offenen Mannschaftsaufbau. Die Feuerlöschpumpe ist am Rahmenende montiert. Das 3,5-t-Ford-Chassis verfügt über einen Achtzylinder-Vergasermotor in V-Form mit 3920 ccm Hubraum und 100 PS Leistung.

Verwendungszweck:	*Automobilspritze,*
	Autospuit AS
Fahrgestelltyp:	*Chevrolet 3642*
Baujahr:	*1946*
Leistung der Pumpe:	*2500 l/min*
Löschwasservorrat:	*–*

Ein überaus interessantes Traditionsfahrzeug nennt das Korps Schoonrewoerd der Brandweer Leerdam in der Pro-vinz Zuid Holland ihr Eigen. Es ist eine auf einem Chevrolet-Frontlenkerchassis von der Firma Den Hartog erstellte Auto-mobilspritze, die mit einer starken Bikkers-Heckpumpe ausgerüstet ist. Der Aufbau ist offen gehalten und besitzt Längsbänke für die Mannschaft, über denen sich Halterun-gen mit Leitern und Saugschläuchen befinden.

Verwendungszweck:	*Automobilspritze,*
	Autospuit AS
Fahrgestelltyp:	*Austin K 2*
Baujahr:	*1954*
Leistung der Pumpe:	*2400 l/min*
Löschwasservorrat:	*–*

Nur noch als Museumsfahrzeug bei Oldtimertreffen und beson-deren Anlässen eingesetzt wird diese von der Firma Boudewijn & Zoon auf einem englischen Austin-Fahrgestell aufgebaute offene Automobilspritze des Korps Soesterberg der Brandweer Soest in der Provinz Utrecht. Auch dieses Fahrzeug ist der individuell unnachahmlichen Form der niederländischen Auf-bauhersteller gestaltet. Das restaurierte und optimal gepflegte Fahrzeug ist mit einer Vorbaupumpe ausgerüstet.

Verwendungszweck:	*Tanklöschfahrzeug,*
	Tankautospuit TS
Fahrgestelltyp:	*GMC CCKW 353 (6 x 6)*
Baujahr:	*1945*
Leistung der Pumpe:	*1500 l/min*
Löschwasservorrat:	*3000 l*

Ein US-amerikanisches 2,5-t-GMC-Dreiachs-Militärfahrge-stell zur Basis hat dieses im Jahr 1957 von Boudewijn & Zoon aufgebaute Tanklöschfahrzeug (Tankautospuit), das von der Brandweer der Gemeinde Helden in der Provinz Limburg museal erhalten wird. Das Fahrzeug ist mit einer geräumigen Fahrer- und Mannschaftskabine für sechs Personen, ansonsten aber mit offenen Längssitzen über den beiden Hinterachsen ausgerüstet

Verwendungszweck:	Tanklöschfahrzeug, Tankautospuit TS
Fahrgestelltyp:	International BC 180
Baujahr:	1957
Leistung der Pumpe:	1800 l/min
Löschwasservorrat:	2500 l

Zu den kleineren niederländischen Feuerwehrausrüstern zählt die Firma van Bergen, die bereits in den 1920er Jahren Feuerwehraufbauten fertigte. Einen sehr formschön verrundeten Aufbau dieser Firma erhielt auch dieses aus den USA eingeführte und zu einem Tanklöschfahrzeug aufgebaute kurzhaubige International-Fahrgestell. Das restaurierte Fahrzeug verfügt über eine Vorbaupumpe und wurde von der Brandweer Lienden beschafft, wo es sich auch heute noch in einem vollfunktionsfähigen Zustand befindet.

Verwendungszweck:	Tanklöschfahrzeug, Tankautospuit TS
Fahrgestelltyp:	Chevrolet 5400
Baujahr:	1954
Leistung der Pumpe:	1200 l/min
Löschwasservorrat:	800 l

Noch im Herbst 1995 konnte man bei der Werkfeuerwehr Bedrijfsbrandweer der Firma ZBB in Zaanstad, Provinz Noord Holland, diesen über 40 Jahre alten, voll einsatzfähigen Tanklöschfahrzeug-Oldtimer im Einsatzdienst antreffen. Diese Tankautospuit mit ihrem durchgehenden Aufbau ist auf einem amerikanischen Chevrolet-Chassis aufgebaut, verfügt über eine große Fahrer- und Mannschaftskabine, eine Vorbaupumpe und einen kleinen Löschwasserbehälter im rückwärtigen Aufbau.

Verwendungszweck:	Wasserzubringerfahrzeug, Tankwagen-Water TW-W
Fahrgestelltyp:	Ford Thames Trader Typ 55
Baujahr:	1963
Leistung der Pumpe:	–
Löschwasservorrat:	7000 l

Ein englisches Ford-Thames-Trader-Chassis zur Basis hat dieses im Eigenaufbau entstandene Tanklöschfahrzeug der in der Provinz Gelderland befindlichen Brandweer der Gemeinde Didam. Das ungewöhnliche Fahrzeug besitzt eine große Doppelkabine und dient als Tankwagen bzw. Wasserzubringer zur Löschwasserversorgung in Gebieten ohne oder mit unzulänglichem öffentlichen Hydrantennetz. Das Fahrzeug verfügt über keine fest installierte Feuerlöschpumpe, sondern ist mit einer im Heckaufbau gelagerten Tragkraftspritze ausgerüstet.

Verwendungszweck:	Waldbrandlöschfahrzeug, Tankautospuit-Bos-Terrein TS-BT
Fahrgestelltyp:	DAF V 1600 BB 358 (4 x 4)
Baujahr:	1967
Leistung der Pumpe:	1600 l/min
Löschwasservorrat:	3000 l

Ein in der Typenterminologie der niederländischen Feuerwehren als Tankautospuit-Bos-Terrein TS-BT bezeichnetes Fahrzeug, also ein Waldbrand-Tanklöschfahrzeug, befand sich auf dem Schietkamp (Schießplatz) Barneveld in der Provinz Gelderland der Koninklijke Landmacht der Niederlande. Dieser von der Firma Motorkracht auf einem DAF-Allradchassis errichtete Löschfahrzeugtyp ist das weit verbreitete Standardfahrzeug der niederländischen Militärfeuerwehren auf den Truppenübungsplätzen des Landes. Bemerkenswert ist der vor dem Kühlerschutzgitter angebrachte Rammschutz. Da die Firma Motorkracht gleichzeitig die Magirus-Vertretung in den Niederlanden ist, stammt auch die Feuerlöschpumpe von diesem Hersteller. Die Nachfolgegeneration wurde auch mit Ajax-Ziegler-Aufbauten gefertigt.

Verwendungszweck:	Tanklöschfahrzeug, Tankautospuit TS
Fahrgestelltyp:	DAF FF 55.230.CF
Baujahr:	2000
Leistung der Pumpe:	3250 l/min
Löschwasservorrat:	1500 l

Eine Tankautospuit TS mit Hoogstaal-Aufbau befindet sich bei der Brandweer Waterweg Post Schiedam in der Provinz Zuid Holland seit dem Jahr 2000 im Alarmdienst. Für dieses Einsatzfahrzeug wurde ein DAF-Frontlenkerfahrgestell gewählt. Die im Heck eingebaute Feuerlöschkreiselpumpe kann mit Normaldruck mit einer Fördermenge von 3250 l/min bei 8 bar, oder als Hochdruckpumpe mit 250 l bei 40 bar betrieben werden. Der Mannschaftsraum ist in dem abgesetzten Aufbau integriert, so dass im Fahrzeug sieben Einsatzkräfte Platz finden. Diese Ausführung zählt zu den bei niederländischen Feuerwehren aktuellen und weit verbreiteten Tanklöschfahrzeugen.

Verwendungszweck:	Tanklöschfahrzeug, Tankautospuit TS
Fahrgestelltyp:	DAF FF 1600 DT 360
Baujahr:	1976
Leistung der Pumpe:	2800 l/min
Löschwasservorrat:	1500 l

Ein DAF-Frontlenkerfahrgestell zur Basis hat diese von der Brandweer Spijkenisse in der Provinz Zuid Holland beschaffte Tankautospuit TS. Das von dem Feuerwehrausrüster Den Hartog erstellte Fahrzeug besitzt die Standard-Lkw-Kabine von DAF mit einem abgesetzten Gerätekoffer mit Lamellenverschlüssen, in den die Mannschaftskabine integriert ist. Die Besatzung besteht aus sechs Mann. Die Feuerlöschkreiselpumpe von Ziegler ist eine kombinierte Hoch- und Niederdruckpumpe und fördert 2800 l bei 8 bar und 240 l bei 40 bar. Das 1976 gefertigte Fahrzeug wurde im Jahr 2000 außer Dienst gestellt.

Verwendungszweck:	Tanklöschfahrzeug, Tankautospuit TS
Fahrgestelltyp:	MAN 15.264 LC
Baujahr:	2000
Leistung der Pumpe:	3250 l/min
Löschwasservorrat:	1500 l

Die in der Provinz Gelderland gelegene Brandweer Epe wählte für das neue Tanklöschfahrzeug des Korps Vaassen ein MAN-Frontlenker-Fahrgestell mit 264 PS Diesel. Den feuerwehrtechnischen Aufbau besorgte die Firma Mucar, die zu den neueren Feuerwehrausrüstern des Landes gehört. Dieses Fahrzeug besitzt eine kombinierte Fahrer- und Mannschaftskabine und einen davon abgetrennten Gerätekoffer mit Rollladenverschlüssen. Auch hier ist eine für Tanklöschfahrzeuge seit den 1960er Jahren standardmäßig verwendete Normal- und Hochdruckpumpe vorhanden.

Verwendungszweck:	Waldbrandlöschfahrzeug, Tankautospuit-Bos-Terrein TS-BT
Fahrgestelltyp:	Volvo HY F 7 R 1150
Baujahr:	1986
Leistung der Pumpe:	1600 l/min
Löschwasservorrat:	5400 l

Dieses Waldbrand-Tanklöschfahrzeug, bei den niederländischen Feuerwehren als Tankautospuit-Bos-Terrein TS-BT bezeichnet, stand bei der Brandweer Renkum in Gelderland bis 1996 im Einsatzdienst. Bei diesem von dem Aufbauhersteller van den Dijssel auf einem Volvo-Allrad-Frontlenkerfahrgestell mit einem kräftigen Rammschutz und Normaldruck-Heckpumpe ausgeführten Fahrzeug handelte es sich um ein Einzelstück. Ein ähnliches Modell auf einem DAF-Chassis befand sich bei der Brandweer Arnheim.

Verwendungszweck:	**Tanklöschfahrzeug,**
	Tankautospuit TS
Fahrgestelltyp:	**DAF FA V 1800 DT 320**
Baujahr:	**1978**
Leistung der Pumpe:	**2800 l/min**
Löschwasservorrat:	**1500 l**

Ein Standardfahrzeug der niederländischen Wehren, das man mittlerweile aber immer seltener antreffen kann, ist diese von den Aufbaufirmen Ajax/De Boer erstellte Tankautospuit TS der Brandweer Soest in der Provinz Utrecht. Für dieses Fahrzeug mit seiner großen Fahrer- und Mannschaftskabine für sechs Mann Besatzung wurde ein Allrad-Frontlenkerchassis von DAF ausgewählt. Wie bei allen Tanklöschfahrzeugen in diesem Land verfügt auch dieses Modell über eine kombinierte Normal- und Hochdruckpumpe für 2800 l/min bei 8 bar und 270 l/min bei 40 bar, die in diesem Fall von Ziegler stammt.

Verwendungszweck:	**Sonderlöschfahrzeug, Schuimvormend Middel AS-SV**
Fahrgestelltyp:	**DAF FF 2505 DH S 445**
Baujahr:	**1985**
Leistung der Pumpe:	**4800 l/min**
Löschwasservorrat:	**–**

Bei der Bedrijfsbrandweer der Shell Pernis Raffinerie in Rotterdam befindet sich dieses als Autospuit AS bezeichnete Sonderlöschfahrzeug, das mit 6000 l Schaummittelkonzentrat und einer 2000-kg-Pulverlöschanlage bestückt ist. Den Aufbau dieses mächtigen Fahrzeugs mit Standard-Lkw-Fahrerhaus für drei Mann Besatzung nahm der Feuerwehrausrüster Ajax/De Boer auf einem DAF-Frontlenkerchassis vor. Installiert ist eine starke Ziegler-Heckpumpe für Normaldruck von 8 bar. Der Geräteaufbau besteht im Bereich der Lamellenverschlüsse aus unlackiertem Metall. Es handelt sich hierbei um ein typisches Raffineriefahrzeug, das von Werkfeuerwehren der petrochemischen Industrie eingesetzt wird.

Verwendungszweck:	**Schaumlöschfahrzeug, Schuimvormend Middel AS-SV**
Fahrgestelltyp:	**International V 196 (4 x 2)**
Baujahr:	**1959**
Leistung der Pumpe:	**5500 l/min**
Löschwasservorrat:	**–**

Ein Schaumlöschfahrzeug – die niederländische Bezeichnung hierfür lautet Schuimblouswagen SB – befand sich noch im Jahr 1992 bei der Werkfeuerwehr (Bedrijfsbrandweer) der Nerefco Pernis, Netherlands Refining Company in Rotterdam im Einsatzdienst. Dieses beeindruckend schöne Einzelstück war auf ein US-amerikanisches International-Fahrgestell von dem amerikanischen Spezialaufbauhersteller National Foam hergestellt worden. Das mit 4200 l Schaummittelkonzentrat beladene, mit einer leistungsfähigen in der Fahrzeugmitte installierten Hale-Midshippumpe und ebenfalls befindlichen Pumpenabgängen und dem offenen Bedienstand bestückte Fahrzeug verfügt über einen Monitor.

Verwendungszweck:	Tanklöschfahrzeug, Tankautospuit TS
Fahrgestelltyp:	Internation Navistar 4900
Baujahr:	1996
Leistung der Pumpe:	4700 l/min
Löschwasservorrat:	1000 l

Dieses typisch amerikanische, als Tankautospuit bezeichnete, auf einem International Fahrgestell von dem US-amerikanischen Feuerwehrausrüster Emergency-One aufgebaute Tanklöschfahrzeug ist neben dem Löschwasservorrat mit 500 l Schaummittelkonzentrat beladen. Die Mitteneinbaupumpe ist für Hoch- und Niederdruckbetrieb (400 l/min bei 40 bar bzw. 4700 l/min bei 8 bar) eingerichtet. Das Fahrzeug – im Übrigen das erste von E-One erstellte Fahrzeug in den Niederlanden – steht bei der Werkfeuerwehr der Firma Aluchemie Botlek in Rotterdam im Einsatzdienst.

Verwendungszweck:	Schaumlöschfahrzeug, Schuimvormend Middel AS-SV
Fahrgestelltyp:	GMC 7500
Baujahr:	1978
Leistung der Pumpe:	4000 l/min
Löschwasservorrat:	–

Ein weiteres in den Vereinigten Staaten mit amerikanische Ausrüstungsmerkmalen erstelltes Schaumlöschfahrzeug ist dieses auf einem GMC-Chassis gebaute Exemplar der Bedrijfsbrand-

weer (Werkfeuerwehr) des Maatsch Europoort Terminal in Rotterdam. Dieser Schuimbluswagen, für dessen Aufbau und Ausrüstung die Firma National Foam verantwortlich zeichnete, wurde ursprünglich für die Werkfeuerwehr der Mobil-Oil-Raffinerie in Amsterdam beschafft, die im Übrigen weltweit alle Werke mit US-Fahrzeugen bestückt. Das bullig wirkende Fahrzeug ist mit einer Midshippumpe mit offenem Bedienstand ausgerüstet und mit 3000 l Schaummittel beladen. Wie auch bei dem zuvor gezeigten Fahrzeug ist auch hier ein Zumischer vorhanden, wobei die Wasserversorgung aus dem innerhalb des Betriebs vorhandenen Hydrantennetz erfolgt.

Verwendungszweck:	Flugplatzlöschfahrzeug, Crash-Tender CT
Fahrgestelltyp:	DAF FF V 3300 DKX 390 (4 x 4)
Baujahr:	1985
Leistung der Pumpe:	4400 l/min
Löschwasservorrat:	4500 l

Die Bedrijfsbrandweer des Rotterdamer Flughafens Zestienhoven beschaffte im Jahr 1985 zwei identische, mit einem

zusätzlichen Schaummittelbehälter bestückte Flugplatzlöschfahrzeuge (Vliegveldblusvoertuigen). Diese auch unter der gebräuchlichen Bezeichnung Crash-Tender CT geführten Fahrzeuge wurden von Doeschot-Rosenbauer auf einem Frontlenker-Allradchassis von DAF mit Automatikgetriebe aufgebaut, im Übrigen ein Fahrgestell mit 330-PS-11600-ccm-Diesel, das sich auf der Rallye Paris-Dakar überaus bewährt hatte. Die löschtechnische Beladung besteht neben dem Wasservorrat aus 300 l Schaummittel. Der Schaum-Wassermonitor kann 3000 l bis maximal 75 m weit schleudern.

Verwendungszweck:	Trockenlöschfahrzeug, Poederbluswagen PB
Fahrgestelltyp:	DAF FA 2100 DH 445
Baujahr:	1979
Leistung der Pumpe:	–
Löschwasservorrat:	–

Die Werkfeuerwehr der Shell Pernis Raffinerie in Rotterdam verfügte über dieses Trocken-Löschfahrzeug (Poederbluswagen PB), das von den Aufbauherstellen Ajax/Den Hartog in Verbindung mit zwei 3000-kg-Pulverlöschanlagen und einem Dachmonitor des deutschen Herstellers Total in Ladenburg bestückt war. Hierfür wurde ein DAF-Frontlenkerchassis mit 204-PS-Dieselmotor verwendet. Dieses Einzelstück wurde im Jahr 1992 zu einem Haakarmbakvoertuig, einem Wechselladerfahrzeug, umgerüstet und schließlich 1997 außer Dienst gestellt.

Verwendungszweck:	*Drehleiter, Autoladder AL*
Fahrgestelltyp:	*DAF A 1900 DS 490*
Baujahr:	*1968*
Leistung der Pumpe:	*3600 l/min*
Löschwasservorrat:	*–*

Dieses selbst für niederländische Werkfeuerwehren sehr ungewöhnliche Fahrzeug ist eine Kombination aus Schaumlöschfahrzeug und Drehleiter. Dieser besondere, als Autoladder AS eingeordnete Fahrzeugtyp wurde in zwei Einheiten von den Werkfeuerwehren der Esso und Shell Raffineriebetriebe in Rotterdam auf dem klassischen DAF-Frontlenkerchassis beschafft. Der Aufbau des Fahrzeugs stammte von Kronenburg, die Drehleiter mit seinem vierteiligen hydraulischen Leiterpark hingegen wurde von dem schwedischen Hersteller A.S. Aasbrink & Co in Malmö geliefert. Während das abgebildete Esso-Exemplar mit 2700 l Schaummittelkonzentrat und einer 3600-l/min-Feuerlöschpumpe mit Zumischer bestückt war, verfügte die Shell-Variante über eine solche mit einer Leistung von 4000 l. Beide Fahrzeuge waren mit in der Fahrzeugmitte befindlichen Pumpenabgängen ausgerüstet. Das Esso-Fahrzeug wurde 1996 außer Dienst gestellt.

Verwendungszweck:	*Schaumlöschfahrzeug,*
	Schuimbluswagen SB
Fahrgestelltyp:	*DAF FA 2105 HR 400*
Baujahr:	*1981*
Leistung der Pumpe:	*5800 l/min*
Löschwasservorrat:	*–*

Saval Kronenburg war der Hersteller dieses auf einem DAF-Frontlenkerchassis mit Turbodieselmotor aufgebauten Schuimbluswagen SB, einem Schaumlöschfahrzeug, das neben dem Löschwasservorrat über einen zusätzlichen Schaummitteltank mit 600 l Inhalt verfügt. Dieses Fahrzeug mit seinem halboffenen Aufbau stellte die Werkfeuerwehr des Van Ommeren Tankterminals Botlek, Rotterdam in Dienst. Das Fahrzeug ist am Heck mit einer leistungsfähigen Feuerlösch-Niederdruckpumpe sowie einem Monitor ausgerüstet.

Verwendungszweck:	*Schaumlöschfahrzeug,*
	Schuimbluswagen SB
Fahrgestelltyp:	*Magirus-Deutz F 156 D 15 F*
Baujahr:	*1969*
Leistung der Pumpe:	*3800 l/min*
Löschwasservorrat:	*2000 l*

Ein weiteres Schaumlöschfahrzeug wurde von der Bedrijfsbrandweer der Dow Chemical Raffinerie in Terneuzen auf einem Magirus-Deutz-Frontlenkerchassis mit luftgekühltem 156 PS starken V-Sechszylinder-Dieselmotor bei dem Feuerwehrausrüster Kronenburg in Hedel beschafft. Dieses Einzelstück verfügt über eine große Gruppenkabine für neun Einsatzkräfte und einen daran anschließenden Geräteaufbau mit Lamellenverschlüssen. Der ursprünglich ausschließlich mit 5000 l Schaummittelkonzentrat beladene Wagen wurde in den 1990er Jahren an die Werkfeuerwehr Zuid Chemie, Sas van Gent abgegeben, wo die Beladung auf 2000 l Wasser und nunmehr 3000 l Schaummittel geändert wurde. Die Dachbeladung besteht hauptsächlich aus Saugschläuchen und einem Monitor von Total.

Verwendungszweck:	*Schnellangriffsfahrzeug,*
	Rapid Intervention
	Vehicle RIV
Fahrgestelltyp:	*Saval Kronenburg SAV 04*
Baujahr:	*1986*
Leistung der Pumpe:	*5800 l/min*
Löschwasservorrat:	*4300 l*

Ein von Saval Kronenburg aufgebautes Schnellangriffsfahrzeug – Rapid Intervention Vehicle RIV – des Typs SAV-04 beschaffte die Bedrijfsbrandweer des Amsterdamer Verkehrsflughafens Schiphol im Jahr 1986 in drei Exemplaren. Die Beladung dieser zweiachsigen Allradfahrzeugs besteht aus einem Löschwasserbehälter, 250 l Schaummittel und 2 x 50 kg Halon. Die leistungsfähige Feuerlöschkreiselpumpe besitzt einen Zumischer, mit dessen Hilfe das Schaum-Wasser-Gemisch an den Monitor geleitet wird. Das abgebildete Fahrzeug wurde 1994 an den Rotterdamer Luchthaven Zestienhoven abgegeben, wo auch diese Aufnahme entstand.

Verwendungszweck:	*Flugplatzlöschfahrzeug,*
	Crash-Tender CT
Fahrgestelltyp:	*Saval-Kronenburg*
	MAC 11/3008
Baujahr:	*1987*
Leistung der Pumpe:	*5500 l/min*
Löschwasservorrat:	*10 000 l*

Die Flughafenfeuerwehr des internationalen Flughafens von Maastricht erhielt im Jahr 1987 ein Flugplatzlöschfahrzeug des Typs MAC 11 von Saval-Kronenburg. Dieser von einem GMC-Detroit-Diesel mit 548 PS angetriebene Major-Airport-Crash-Tender ist mit einem Allison-Automatikgetriebe ausgerüstet. Ein separates Pumpenantriebsaggregat mit 230 PS ist für den Betrieb der Feuerlöschkreiselpumpe zuständig. Die Beladung besteht aus einem Wassertank und 1200 l Schaummittel. Die Maximalgeschwindigkeit des 23 t schweren Dreiachsers liegt bei 118 km/h, während 80 km/h aus dem Stand in 33 Sekunden erreicht werden. Zwischen 1990 und 1991 wurden noch vier weitere, ähnlich ausgeführte MAC-11-Crash-Tender auf niederländischen Flughäfen in Dienst gestellt.

Verwendungszweck:	**Flugplatz-Tanklöschfahrzeug SLF 15, Crash-Tender CT**
Fahrgestelltyp:	**Mercedes-Benz LAF 3500/42 (4 x 4)**
Baujahr:	**1953**
Leistung der Pumpe:	**1500 l/min**
Löschwasservorrat:	**2000 l**

Die Brandweer der niederländischen Fluggesellschaft KLM beschaffte im Jahr 1953 dieses Flugplatz-Tanklöschfahrzeug von Metz in Karlsruhe, das dort unter der Bezeichnung SLF 15 geführt wurde. Das auf einem mittelschweren Mercedes-Benz-Allrad-Fahrgestell errichtete Fahrzeug war erstaunlicherweise völlig offen ausgeführt, verfügte über 2000 l Wasservorrat, 200 l Schaum, sechs Flaschen Kohlensäure CO_2 mit Schneerohr, ein Wendestrahlrohr auf einer hinteren Aufbauplattform sowie über zwei tragbare Schaumrohre. Darüber hinaus war eine über einen Zusatzmotor betriebene kombinierte Hoch- und Niederdruckpumpe als Midshippumpe in der Fahrzeugmitte installiert. Mit dieser vielseitigen Ausrüstung war das Fahrzeug in der Lage, Wasser, Wassernebel und Luftschaum mit Hilfe der Feuerlöschpumpe auszubringen. Es konnten etwa 10 000 l Luftschaum pro Minute erzeugt werden.

Verwendungszweck:	**Flugplatzlöschfahrzeug FLF**
Fahrgestelltyp:	**Emergency One**
Baujahr:	**2003**
Leistung der Pumpe:	**7570 l/min**
Löschwasservorrat:	**12 150 l**

Im Jahr 2003 wurde das erste von insgesamt 34 von dem amerikanischen Feuerwehrausrüster Emergency One Inc. georderten Flugfeldlöschfahrzeugen ausgeliefert. Der Auftrag umfasste neun Fahrzeuge für den internationalen Amsterdamer Verkehrsflughafen Schiphol und weitere 25 Einheiten für Luftwaffe und Marine der Niederlande. Bei diesen 8 x 8-Fahrzeugen handelt es sich um eine völlig neu entwickelte Fahrzeuggeneration von E-One. Zum Bau von Kabinen und Karosserien gelangte glasfaserverstärktes Polyester zur Verwendung. Den Antrieb übernimmt ein V-Zwölfzylinder-Diesel von MTU mit 1025 PS Leistung. Die Waterous-CR-Pumpe hat eine Leistung von 7570 l bei 17 bar und 250 l bei 43 bar. Der installierte Frontmonitor leistet 2500 l/min, während sich die Wurfleistung des Dachmonitors auf bis zu 5000 l/min beläuft. Der Wasservorrat wird ergänzt durch 750 l Schaummittel und eine 225-kg-Pulverlöschanlage. Die Höchstgeschwindigkeit des 37 500 kg schweren Fahrzeugs liegt bei 125 km/h. Das hier abgebildete Fahrzeug besitzt zwischenzeitlich Beschriftung und eine andere Lackierung.

Verwendungszweck:	**Autoladder AL 24**
Fahrgestelltyp:	**Benz-Gaggenau DC 3 dF**
Baujahr:	**1921**
Leistung der Pumpe:	**1500 l/min**
Löschwasservorrat:	**–**

Das Amsterdamer Brandweerkorps orderte im Jahr 1921 vier Drehleitern von der schlesischen Firma Kieslich in Patschkau mit 24 m Steighöhe und vierteiligem Holzleitersatz mit Stahlverspannung. Der hauptsächliche Grund für die Auftragsvergabe an einen deutschen Hersteller war der infolge der Inflation überaus günstige Kurs der deutschen Reichsmark. Dieser Großauftrag gehörte zu den wenigen, die das kleine Unternehmen in den 1920er Jahren vor der gänzlichen Aufgabe der Fertigung noch abwickeln konnte. Es waren die ersten selbstfahrenden Drehleitern in der holländischen Metropole. Als Plattform hierfür wählte der Auftraggeber ein spezielles Feuerwehrchassis von Benz-Gaggenau mit Vierzylinder-56-PS-Vergasermotor. In der Fahrzeugmitte war eine Balcke-Zentrifugalpumpe montiert. Die Leiterfahrzeuge erhielten 1932 Luftbereifung und wurden erst 1952/53 ausgemustert.

Verwendungszweck:	**Drehleiter DL 24 m,**
	Autoladder AL 24
Fahrgestelltyp:	**Ford V 8-51**
Baujahr:	**1936**
Leistung der Pumpe:	**–**
Löschwasservorrat:	**–**

Diese als restauriertes Museumsfahrzeug bei der Brandweer St. Michielsgestel bis heute voll funktionsfähige vierteilige 24-m-Autoladder entstand bei dem Feuerwehrausrüster der Firma Geesink in Weesp auf einem aus den Vereinigten Staaten importierten Ford-Lastwagen-Fahrgestell. Der Lkw-Typ V 8-51, angetrieben von einem V-Achtzylinder-Vergasermotor mit 90 PS und 3583 ccm Hubraum, war seinerzeit auch in Europa ein recht zahlreich vertretenes Nutzfahrzeug. Seit 1937 wurde dieses Chassis auch in Deutschland, bei den Kölner Ford-Werken, produziert.

Verwendungszweck:	**Drehleiter DL 30 m,**
	Autoladder AL 30
Fahrgestelltyp:	**DAF V 50-2/460**
Baujahr:	**1951**
Leistung der Pumpe:	**–**
Löschwasservorrat:	**–**

Als Ersatz für die vorgenannten Fahrzeuge nahm die Brandweer Amsterdam zwischen 1952 und 1953 vier 30-m-Drehleitern von Metz in Karlsruhe in Dienst. Jeweils ein weiteres baugleiches Fahrzeug ging an die Feuerwehren Breda und Maastricht. 1955 folgte die Feuerwehr Leeuwarden mit einem ähnlichen Fahr-

zeug. Der Antrieb der Leiterbewegungen war mechanisch und wurde durch den Fahrzeugmotor ausgeführt. Die formschön verrundeten Karosserieaufbauten mit Staffelkabinen für sechs Mann und vierteiligen Panoramafrontscheiben erfolgten auf DAF-Frontlenkerfahrgestellen mit 102 PS leistenden Sechszylinder-Hercules-Vergasermotoren durch den Karosseriebetrieb Remmers in Tiburg. Die Auslieferung erfolgte über die Metz-Werksvertretung Voigt in Amsterdam. Diese Abbildung zeigt die Drehleiter für Maastricht am 27.8.1951 auf dem Metz-Werksgelände vor der Auslieferung. Von den vier Amsterdamer Fahrzeugen blieb ein Exemplar der Nachwelt erhalten.

Verwendungszweck:	**Drehleiter DL 22 m,**
	Autoladder AL 22
Fahrgestelltyp:	**Dodge T 110 L 8 (4 x 2)**
	3- 1946
Leistung der Pumpe:	**–**
Löschwasservorrat:	**–**

Auf einem Dodge-Lkw-Fahrgestell der kanadischen Armee entstand diese vierteilige Geesink-Autoladder mit 22 m Auszugslänge. Dieser in den Armeen des Britischen Commonwealth im 2. Weltkrieg sehr verbreitete 3-t-Lkw besaß einen Sechszylinder-Vergasermotor mit 95 PS Motorleistung. Die von der Brandweer Bergen op Zoom eingesetzte Drehleiter blieb lange im Dienst und ist heute ein voll einsatzfähiges Museumsfahrzeug.

Verwendungszweck:	**Drehleiter DL 18 m,**
	Autoladder AL 18
Fahrgestelltyp:	**DAF A 40**
Baujahr:	**1950**
Leistung der Pumpe:	**–**
Löschwasservorrat:	**–**

Die Brandweer Cuyk beschaffte im Jahr 1934 eine zweiteilige 18-m-Holzleiter von Magirus in Ulm, die sie zu Beginn der 1950er Jahre in Eigenleistung auf ein 1950 gebautes 4-t-DAF-Frontlenkerchassis eines im Kommunaldienst der Gemeinde tätig gewesenen Lastkraftwagen umsetzte. Dieses interessante Fahrzeug ist noch heute als gepflegtes, voll funktionsfähiges Museumsfahrzeug vorhanden.

Verwendungszweck:	Drehleiter DL 30 m,
	Autoladder 30
Fahrgestelltyp:	Commer R 541
Baujahr:	1956
Leistung der Pumpe:	–
Löschwasservorrat:	–

Die niederländische Brandweer Helmond beschaffte 1956 diese mechanische DL 30 m von Magirus mit vierteiligem, im neuen Leiterprofil ausgeführten Stahlleitersatz. Das verwendete englische Commer-Frontlenkerchassis war mit einem Sechszylinder-Diesel mit 90 PS bestückt. Das Fahrzeug besaß eine geräumige Fahrer- und Mannschaftskabine für sechs Mann Besatzung. Zeitweise war die gelbe Lackierung – wie in diesem Fall – vor allem bei kleineren Wehren in den Niederlanden recht häufig.

Verwendungszweck:	Drehleiter DL 25 m,
	Autoladder AL 25
Fahrgestelltyp:	DAF A 13 BA 413
Baujahr:	1959
Leistung der Pumpe:	–
Löschwasservorrat:	–

Diese von Metz auf einem DAF-Torpedo-Fahrgestell errichtete Autoladder 25 mit zusätzlich 2 m Handausschub und mechanischem Antrieb der Leiterbewegungen wurde 1959 von der Brandweer Hoogezand-Sappemeer in Dienst gestellt. Den Karosserieaufbau mit Leiterpodium fabrizierte die Firma Voigt auf diesem erstmals im Jahr 1957 eingeführten und hauptsächlich für Drehleiteraufbauten verwendeten neuen DAF-Haubenchassis mit Torpedofront. Lieferbar waren die Fahrgestelle wahlweise mit in Lizenz gefertigten 155-PS-Vergaser- oder 120-PS-Dieselmotoren des Fabrikats Leyland. 1980 wurde das Fahrzeug an die Brandweer Bergen in der Provinz Noord Holland abgegeben, wo es sich im Jahr 1998 noch im Einsatz befand.

Verwendungszweck:	Drehleiter DL 17 m,
	Autoladder AL 17
Fahrgestelltyp:	Commer Superpoise
Baujahr:	1955
Leistung der Pumpe:	–
Löschwasservorrat:	–

Die Brandweer Kampen entschied sich bei der Wahl ihrer neuen Metz-Drehleiter für ein englisches Commer-Lastwagenchassis mit Sechszylinder-Dieselmotor. Bei dieser Autoladder mit 17 m Steighöhe handelte es sich um eine dreiteilige Stahlleiter, deren Leiterbewegungen mittels Handkurbeln erfolgen musste. Die Drehleiter, ausgerüstet mit einer Elektrosirene auf dem rechten Kotflügel, wurde 1960 an die Brandweer Winterswijk in der Provinz Gelderland veräußert, wo sie bis heute als Museumsoldtimer gehegt und gepflegt wird.

Verwendungszweck:	Drehleiter DL 30 m,
	Autoladder AL 30
Fahrgestelltyp:	Magirus-Deutz (KHD)
	S 6000
Baujahr:	1951
Leistung der Pumpe:	–
Löschwasservorrat:	–

Ein besonders interessantes und seltenes Leiterfahrzeug ist diese mechanische Magirus DL 30 der Brandweer Apeldoorn. Als Basis für diese Leiter mit ihrem zusätzlichen 2-m-Handauszug wurde eines der nur in geringen Stückzahlen zum Bau von Feuerwehr-Großfahrzeugen gefertigten Magirus-Deutz-S-6000-Fahrgestelle verwendet. Auf diesem 6-t-Chassis mit luftgekühlten 125-PS-Sechszylinder-Wirbelkammer-Diesel entstanden u. a. Drehleitern und Rüstkranwagen. 1952 wurde dieses Fahrgestell durch ein schweres Rundhaubermodell mit 170 PS ersetzt. Die große elegante Doppelkabine und das Leiterpodium fertigte die in Hedel ansässige Firma Kronenburg für dieses Fahrzeug. Dieses Einzelstück blieb als Museumswagen erhalten.

Verwendungszweck:	Drehleiter mit Korb DLK 23-12, Auto-ladder AL-K 30
Fahrgestelltyp:	Mercedes-Benz 1622 F
Baujahr:	1986
Leistung der Pumpe:	–
Löschwasservorrat:	–

Der im französischen Trourouvre, einem kleinen Ort südwestlich von Paris ansässige Drehleiterfabrikant Riffaud war der Lieferant dieser an die Brandweer Voorburg in Zuid Holland gelieferten Autoladder AL 30 K, einer Drehleiter mit Korb DLK 23-12. In diesem Fall wurde ein Klappkorb vorn an der Leiterspitze angebracht. Als Basisplattform kam ein mittelschweres Mercedes-Benz-Fahrgestell mit tiefergelegter Kabine und Sechszylinder-V-Diesel, 10 960 ccm Rauminhalt und 216 PS zur Verwendung. Sowohl Aufbaupodium als auch Gerätekasten wurden von einem heimischen Hersteller gefertigt. Im Jahr 2000 wurde das Fahrzeug außer Dienst gestellt und verkauft.

Verwendungszweck:	Drehleiter DL 25 m, Autoladder AL 25
Fahrgestelltyp:	Magirus-Deutz (KHD) S 3500
Baujahr:	1954
Leistung der Pumpe:	–
Löschwasservorrat:	–

Die Brandweer Dordrecht gehörte zu jenen recht zahlreichen niederländischen Feuerwehren, die zu Beginn der 1950er Jahre eine mechanische 25-m-Drehleiter von Magirus auf einem Rundhauberfahrgestell beschafften. Solche Fahrzeuge fand man beispielsweise auch in Eindhoven, Haarlem, Vlaardingen und Nordwijk. In das hier verwendete Fahrgestell war der luftgekühlte Vierzylinder-Wirbelkammer-Diesel KHD F 4 L 514 mit 5322 ccm Hubvolumen und 90 PS Motorleistung eingebaut. Dieses Fahrzeug besitzt eine Kronenburg-Staffelkabine für sechs Einsatzkräfte. Der vierteilige Leiterpark ist bereits im neuen Leiterprofil ausgeführt. Das Fahrzeug blieb bis heute als Museumsstück erhalten.

Verwendungszweck:	Drehleiter mit Korb DLK 23-12, Autoladder AL-K 30
Fahrgestelltyp:	DAF FA 2105 DHT
Baujahr:	1991
Leistung der Pumpe:	–
Löschwasservorrat:	–

Eine DLK 23-12 mit seitlichem Arbeitskorb – in den Niederlanden als Autoladder AL-K 30 bezeichnet – orderte die Brandweer Wageningen in der Provinz Gelderland von Magirus in Ulm. Für dieses Fahrzeug mit Truppfahrerhaus wurde ein DAF-Frontlenkerchassis mit 204-PS-Turbodieselmotor verwendet.

Verwendungszweck:	Drehleiter mit Korb DLK 23-12 PLC, Auto-ladder AL-K 30
Fahrgestelltyp:	DAF FFN 55 250 CF 380
Baujahr:	2003
Leistung der Pumpe:	–
Löschwasservorrat:	–

Eine Metz DLK 23-12 PLC erhielt die Brandweer Rotterdam im Jahr 2003. Die Drehleiter entsprach mit ihren elektronischen Bedienungs-, Steuerungs- und Überwachungssystemen der neuesten Metz-Technologie. Mit der so genannten Program Logic Control erfolgt die Bodendrucküberwachung der Abstützung, das Umklappen des Korbes, die Steuerung aller Leiterbewegungen und der Belastungswaage sowie der Benutzungs- und Belastungsgrenzen. Um die Beweglichkeit der Drehleitern im Straßenverkehr zu verbessern, stellte Metz im Jahr 1996 ihre erste PLC-Drehleiter auf einem dreiachsigen Fahrgestell vor, bei dem die erste und dritte Achse lenkbar waren und damit die Beweglichkeit spürbar verbesserte. Auf dieser zukunftsweisenden Technologie basiert auch dieses auf einem DAF-Dreiachs-Frontlenkerchassis erstellte Fahrzeug, im übrigen die erste Dreiachs-Drehleiter in den Niederlanden.

Verwendungszweck:	Gelenkmastbühne 24 m, Hoogwerker HW 24
Fahrgestelltyp:	DAF FFN 75.300 RC 545
Baujahr:	1996
Leistung der Pumpe:	–
Löschwasservorrat:	–

Häufiger als bei deutschen Feuerwehren findet man in den Niederlanden die so genannten Hoogwerker HW, also Teleskop- oder Gelenkmastbühnen. Zum Unterschied zu den aus mehreren ausfahrbaren Teleskoparmen bestehenden Teleskopbühnen, bestehen die Gelenkmastbühnen aus mehreren Gelenkarmen, die allerdings nicht teleskopierbar sind. Ein Fahrzeug der ersten Kategorie, einen Hoogwerker mit 24 m Arbeitshöhe, beschaffte die Brandweer Spijkenisse in der Provinz Zuid Holland auf einem schweren DAF-Dreiachs-Frontlenkerfahrgestell. Man entschied sich für das Modell Elevant WTF-240 des Fabrikats Wumag.

Verwendungszweck:	Gelenkmastbühne 24 m, Hoogwerker HW 24
Fahrgestelltyp:	Scania P 113 H 320
Baujahr:	1996
Leistung der Pumpe:	–
Löschwasservorrat:	–

Bei der Brandweer Breda in der Provinz Noord Brabant wurde dieser Hoogwerker mit 24 m Arbeitshöhe seit 1996 eingesetzt. Hierbei handelt es sich ebenfalls um eine Teleskopmastbühne. Gelenkmastbühnen und Teleskopmastbühnen werden in den Niederlanden in ihrer Bezeichnung nicht näher unterschieden und laufen dort als Hoogwerker. Der Aufbau dieses Bronto-Skylift F 24 HDT erfolgte auf ein dreiachsiges Frontlenkerchassis mit 24 t zulässigem Gesamtgewicht von Scania mit 320 PS starkem Sechszylinder-Turbodieselmotor und 11 021 ccm Hubraum.

Verwendungszweck:	Gelenkmastbühne 25 m, Hoogwerker HW 25
Fahrgestelltyp:	DAF FFG 2505 DHS 505
Baujahr:	1983
Leistung der Pumpe:	–
Löschwasservorrat:	–

Die Brandweer Tiel in der Provinz Gelderland stellte bereits 1983 einen Hoogwerker 25 vom belgischen Hersteller Comet mit 25 m Arbeitshöhe auf einem DAF-Frontlenkerfahrgestell mit Turbodieselmotor in Dienst. Da die tiefergelegte Fahrerkabine vor der Vorderachse positioniert war, konnte man eine Bauhöhe von exakt 3,50 m einhalten. Im Übrigen war dieses dreiachsige Fahrzeug wendiger, als man von seiner Größe erwarten konnte. Das Fahrzeug wurde im Jahr 2000 an die Brandweer Best verkauft.

Niederlande

Verwendungszweck:	Schlauch- und Mannschaftstransportwagen, Slangenwagen SL
Fahrgestelltyp:	Magirus-Deutz (KHD) F Mercur 125
Baujahr:	1955
Leistung der Pumpe:	–
Löschwasservorrat:	–

Die Brandweer Maastricht beschaffte im Jahre 1955 eine Automobilspritze Autospuit AS über die niederländische Magirus-Vertretung Motorkracht. Dieses optisch sehr gelungene, in einer etwas abgewandelten Form der Magirus-Omnibuslinie gestaltete Fahrzeug, verfügt über eine große Mannschaftskabine, die fließend in den angeschlossenen Geräteaufbau übergeht. Unter der runden Haube verrichtet ein luftgekühlter Sechszylinder-V-Motor F 6 L 614 mit 125 PS von KHD seine Arbeit. In den 1970er Jahren wurde das Fahrzeug zu einem Schlauch- und Mannschaftstransportwagen, einem Slangenwagen SL, umgerüstet. Diesem Verwendungszweck entspricht auch die aus Saugschläuchen bestehende Dachbeladung.

Verwendungszweck:	Einsatzleitwagen ELW, Verbinding-/Commandowagen VC
Fahrgestelltyp:	Mercedes-Benz LP 1013 F
Baujahr:	1978
Leistung der Pumpe:	–
Löschwasservorrat:	–

Einen Verbinding-/Commandowagen VC-1, in Deutschland würde man dieses Fahrzeug als Einsatzleitwagen bezeichnen, aufgebaut auf einem mittleren Frontlenker-Lastwagenfahrgestell von Mercedes-Benz, wurde von der Brandweer Apeldoorn eingesetzt. Das Chassis verfügt über einen Sechszylinder-Diesel mit direkter Kraftstoffeinspritzung, 3875 ccm Hubraum und 126 PS. Den geräumigen Kofferaufbau erstellte die niederländische Firma Coevorden.

Verwendungszweck:	Wechselladerfahrzeug WLF, Haakarmbakwagen HA
Fahrgestelltyp:	Ginaf X 3335 S 380
Baujahr:	1996
Leistung der Pumpe:	1600 l/min
Löschwasservorrat:	5000 l

Die Brandweer Soest in der Provinz Utrecht ist Besitzer dieses von der Firma Technamics ausgerüsteten Haakarmbakwagens HA, eines Wechselladerfahrzeugs, das auf einem Ginaf-Dreiachs-Frontlenkerchassis entstanden war. Die Ginaf Automobildrijven BV in Veenendaal baut seit 1967 meist mit DAF-Motoren bestückte schwere Frontlenker-Lkw mit drei bis fünf Achsen. Hier ist das Fahrzeug mit einem Tank-Abrollbehälter zu sehen, das korrekt als Tankwagenhaakarmbak-Water, AB-Wasser bezeichnet wird. Der Behälter ist mit einer in Eigenleistung installierten Tragkraftspritze TS 16/8 bestückt.

 # Belgien

Auch die belgischen Feuerwehren können auf eine lange Tradition und die entsprechenden Erfahrungen auf dem Gebiet des Brandschutzes zurückblicken. Bereits im Jahr 1800 wurde das erste belgische Löschkorps gegründet. Gegen 1870 hielten die ersten Dampfspritzen Einzug in die Bestände der größeren Städte. Die damalige Ausrüstung wurde zwar größtenteils aus England importiert, bald aber kamen auch verschiedene deutsche Hersteller zum Zuge. Das erste Feuerwehrautomobil war ein Adler-Aufklärungswagen, den die Brandweer Schaarbeek im Jahr 1899 beschaffte.

Die Feuerwehrmotorisierung machte recht schnelle Fortschritte, zumal sich im Lauf der Zeit eine im Verhältnis zur Größe des Landes ausgeprägte und gut entwickelte Nutzfahrzeugindustrie entwickelte. Dazu zählten die Hersteller Miesse, Brossel, Minerva und ab 1920 auch die bekannte Waffen- und Motorradfabrik FN – Namen die heute schon lange von der Bildfläche verschwunden und fast vergessen sind. Daneben wurden auch zahlreiche deutsche, englische und amerikanische Fahrgestelle eingeführt. Zu diesen zählten bekannte Marken wie Benz-Gaggenau, Daimler-Benz, Magirus, International, Chevrolet, Commer, Ford, White, Diamond, Bedford, Buick, Fargo, Fordson, Dodge, De Soto und MAN, aber auch Renault, Saviem, Fiat, Volvo und andere. Die Aufstellung ist mit Sicherheit nicht vollständig!

Ebenso ausgeprägt ist die Feuerwehrausrüster- und Geräteindustrie. Hierzu gehören die Firmen Landuyt, die vom Rosenbauer-Konzern übernommen wurde, sowie Wasterlain, Vanassche, Somati, Fire Technics und mehrere kleinere Hersteller, zu denen auch der Drehleiterimporteur Steyaert gehörte. Die überwiegende Praxis in Belgien bestand darin, die Fahrgestelle zu beziehen und die individuelle Ausrüstung und die Aufbauten im Lande fertigen zu lassen. Trotzdem wurden viele Sonderfahrzeuge oder -aufbauten insbesondere von deutschen Firmen wie Magirus, Metz, Ziegler, Bachert – aber auch von Rosenbauer in Österreich – komplett bezogen. Hinzu kam die große Zahl ehemaliger Militärfahrgestelle und -fahrzeuge aus der Zeit des Zweiten Weltkriegs, welche die belgischen Feuerwehren oftmals mit geringem Aufwand zu Behelfslöschfahrzeugen umrüsteten und über Jahrzehnte hinaus einsetzten. Drehleitern wurden überwiegend von Metz und Magirus aus Deutschland bezogen, vereinzelt wählte man aber auch Produkte des französischen Fabrikanten Riffaud.

Aus diesen Ausführungen geht klar hervor, dass der Fahrzeugbestand in den 1960er Jahren in keiner Weise ein halbwegs einheitliches Bild abgab und teilweise sogar stark überaltert war. Dabei machte nicht zuletzt die Ersatzteilfrage den belgischen Wehren zu schaffen. So wurde Mitte der 1960er Jahre ein nationales Ankaufsprogramm ins Leben gerufen, das eine grundsätzliche Erneuerung der Feuerwehrfahrzeuge zum Ziel hatte. Hierbei handelte es sich u. a. um Löschfahrzeuge (Autopompen) auf Bedford und International, aber auch Dodge-Fahrgestellen, die landesweit in großen Stückzahlen beschafft wurden. Diese Bemühungen wurden auch mit organisatorischen Maßnahmen, die zu einer erheblichen Verbesserung des Brandschutzes führten, gekoppelt. Die heutigen belgischen Wehren entsprechen in jeder Beziehung den an sie gestellten Anforderungen.

In Belgien gibt es neben den in den großen Städten wie Brüssel, Lüttich, Antwerpen, Ostende, Brügge, Charleroi und Gent vertretenen Berufsfeuerwehren hauptamtliche Wehren in den mittelgroßen Gemeinden, die sich neben fest angestelltem Personal, in der Hauptsache sind das Führungskräfte und Gerätewarte, aus Freiwilligen zusammensetzen. In kleinen Gemeinden und Dörfern sind überwiegend freiwillige Feuerwehren vertreten. Darüber hinaus hat das System der nach drei Kategorien unterschiedenen Stützpunktfeuerwehren Bedeutung. Weiterhin gibt es die so genannten C-Wehren, die seitens des Staates keine nennenswerten Mittel für Ausrüstung und Fahrzeuge erhalten. Diese Wehren sind auch heute noch überwiegend auf Selbsthilfe angewiesen, wenn es um die Umrüstung von Fahrzeugen geht, z. B. von Benzintankfahrzeugen zu Behelfstank- oder Wasserzubringerfahrzeugen.

Ansonsten sind Ausrüstung und Fahrzeugausstattung im Wesentlichen durch vom Innenministerium erlassene Baurichtlinien genormt und vereinheitlicht. Die Stützpunktfeuerwehren erhalten ihre Fahrzeuge zu einem großen Teil aus zentralen Beschaffungsaktionen zugewiesen.

Da das Land zweisprachig ist, ergeben sich daraus unterschiedliche, in wallonisch oder flämisch gehaltene Typenbezeichnungen für die Feuerwehrfahrzeuge.

Verwendungszweck:	*Löschfahrzeug LF 25, Autopomp*
Fahrgestelltyp:	*Krupp Südwerke LG 45*
Baujahr:	*1949*
Leistung der Pumpe:	*2500 l/min*
Löschwasservorrat:	*800 l*

Für die US-amerikanischen Besatzungsstreitkräfte in Deutschland baute die Firma Metz in Karlsruhe eine größere Anzahl von Löschfahrzeugen, deren Ausrüstung und Bestückung sich nach amerikanischen Vorbildern richtete. Hier ein früher auf einem Militärflugplatz in der Nähe Heidelbergs eingesetzter Krupp-Südwerke des Typs LG 45 mit Sechszylinder-110-PS-Vergasermotor und 7844 ccm Hubraum, der von der Brandweer Kasterlee übernommen wurde. Neben der Feuerlöschkreiselpumpe FPH 25 und dem Wasservorrat war das Fahrzeug mit insgesamt 600 m in Buchten gelagertem Druckschlauch beladen, der während der Fahrt ausgelegt werden konnte. Das Fahrzeug hatte sechs Mann Besatzung und ging im Jahr 1985 an einen Sammler nach Deutschland.

Verwendungszweck:	*Löschfahrzeug, Autopomp*
Fahrgestelltyp:	*Ford Big Job F 800*
Baujahr:	*1953*
Leistung der Pumpe:	*2600 l/min*
Löschwasservorrat:	*1500 l*

Dieses Löschfahrzeug der Freiwilligen Feuerwehr Pepinster (Service d'Incendie) mit seinem bullig wirkenden, sehr individuell auf einem amerikanischen Ford-Fahrgestell gestalteten Aufbau wurde von dem belgischen Feuerwehrausrüster Wasterlain aus Brüssel im Jahr 1953 ausgeliefert. Das Fahrzeug besaß eine leistungsfähige Vorbaupumpe und wurde von einem Achtzylinder-Vergasermotor mit 260 PS fortbewegt. In der geräumigen Fahrer- und Mannschaftskabine war Platz für sechs Einsatzkräfte vorhanden. Diese Art von Fahrzeugen war in Belgien sehr verbreitet.

Verwendungszweck:	*Sonderlöschmittelfahr-*
	zeug SLF 30, Autopomp
Fahrgestelltyp:	*Ford Big Job F 8*
Baujahr:	*1950*
Leistung der Pumpe:	*3000 l/min*
Löschwasservorrat:	*2000 l*

Dieses von der Brandweer der Stadt Gent bei Metz in Auftrag gegebene Löschfahrzeug wurde werksseitig als Sonderlöschmittelfahrzeug SLF 30 bezeichnet. Das im Oktober 1950 abge-lieferte Exemplar war auf einem amerikanischen Ford-Fahrgestell mit Achtzylinder-Vergasermotor in der damals zeittypischen, zwar sehr formschönen aber eher unpraktischen Metz-Omnibusbauweise gestaltet. Das Fahrzeug besaß sechs Mann Besatzung, eine als Nieder- und Hochdruckpumpe zu betreibende Vorbaupumpe mit Zumischer, 200 l Schaummittelkonzentrat, 120 kg Kohlensäure CO_2 sowie zwei Wenderohre, so dass der Einsatz auch auf Flugplätzen erfolgen konnte. Der Ford stand anschließend noch lange bei der Brandweer Hamme im Einsatz und wird dort bis heute als Traditionsfahrzeug erhalten.

Verwendungszweck:	*Tanklöschfahrzeug,*
	Autopomp
Fahrgestelltyp:	*Magirus-Deutz (KHD)*
	Saturn 145 F
Baujahr:	*1962*
Leistung der Pumpe:	*2000 l/min*
Löschwasservorrat:	*2000 l*

Seit 1957 baute der Lkw-Hersteller Magirus-Deutz (KHD) die ersten Frontlenker-Lastkraftwagen. Die Brandweer Sint Niklaas ließ sich einen Pumpwagen von der Firma Landuyt auf einem solchen Fahrgestell aufbauen. Dieser im Jahr 1985 fotografierte Wagen besaß eine große Fahrer- und Mannschaftskabine, in der sechs Mann Besatzung befördert werden konnten und eine amerikanische Barton Pumpe. Das Chassis war mit einem – wie bei allen frühen Frontlenkern – weit in den Fahrerraum hineinragenden luftgekühlten Sechszylinder-Wirbelkammer-V-Diesel mit 9500 ccm Hubraum und 145 PS Leistung bestückt. Im Jahr 1993 wurde dieses schöne Fahrzeug außer Dienst gestellt.

Verwendungszweck:	*Tanklöschfahrzeug,*
	Autopomp
Fahrgestelltyp:	*International Harvester*
	IHC Loadstar 1600
Baujahr:	*1970*
Leistung der Pumpe:	*2300 l/min*
Löschwasservorrat:	*1750 l*

Auf einem amerikanischen mittelschweren Lkw-Fahrgestell von International Harvester wurde ein Großteil der von Wasterlain im Rahmen des staatlich bezuschussten Globalen Aankoopprogramms (Ankaufprogramm des belgischen Innenministeriums) gefertigten Löschfahrzeuge erstellt. Unter der kantigen Motorhaube wirkte eine V-Achtzylinder-Vergasermotor mit 157 PS. Im Übrigen war dies das letzte Fahrgestell mit Vergasermotor für eine von belgischen Feuerwehren in größeren Stückzahlen beschafften Fahrzeuge. Das abgebildete Fahrzeug mit seiner mächtigen Frontpumpe stand bei dem Service d'Incendie Virton im Bezirk Luxembourg noch 1999 im Einsatzdienst.

Verwendungszweck:	Tanklöschfahrzeug, Autopomp
Fahrgestelltyp:	Bedford EPRI
Baujahr:	1971
Leistung der Pumpe:	2000 l/min
Löschwasservorrat:	2000 l

Ein weiteres Fahrzeug des Ankaufsprogramms war die halfzware Autopomp (mittelschwerer Pumpwagen) auf einem englischen Bedford-Frontlenker-Fahrgestell. Dieses von Somati ausgerüstete und mit einer Bachert-Feuerlöschpumpe für Nieder- und Hochdruckbetrieb (2000 l/min bei 8 bar; 250 l/min bei 40 bar) bestückte Löschfahrzeug verfügte über eine 120-PS-Sechszylinder-Dieselmotor. In der Kabine sind auf drei Reihen Sitzplätze für zehn Personen vorhanden. Das in mehr als 100 Einheiten zwischen 1969 und 1973 gebaute Fahrzeug war der am häufigsten vertretene Feuerwehr-Fahrzeugtyp in ganz Belgien. Dieses Exemplar gehörte im Jahr 2001 zum Bestand der Brandweer St. Kwintens-Lennik in der Provinz Brabant.

Verwendungszweck:	Tanklöschfahrzeug, Autopomp
Fahrgestelltyp:	HME 1871 SFO
Baujahr:	2000
Leistung der Pumpe:	4000 l/min
Löschwasservorrat:	3000 l

Ein Exot bei den belgischen Feuerwehren ist dieses von der Firma Central States, einem Tochterunternehmen der österreichischen Rosenbauer-Gruppe auf einem HME-Frontlenker aufgebaute amerikanische Importlöschfahrzeug der Pompiers Herve Volontaires, der Freiwilligen Feuerwehr Herve, in der Provinz Limbourg. Das Fahrzeug besitzt eine Rosenbauer-Midshippumpe und ist nach amerikanischen Vorgaben ausgeführt. Auch hinsichtlich der Pumpenleistung und seiner gelben Lackierung fällt der Wagen in Belgien ein wenig aus dem Rahmen.

Verwendungszweck:	Tankwagen, Wasserzubringerfahrzeug
Fahrgestelltyp:	GMC CCKW 353 (6 x 4)
Baujahr:	1953
Leistung der Pumpe:	1600 l/min
Löschwasservorrat:	4000 l

Besonders stark waren bei belgischen Feuerwehren ehemalige US-amerikanische Militärfahrzeuge vertreten. Vor allem das 2,5-Tonner-Modell GMC CCKW 353, mit mehr als 800 000 Einheiten der mit Abstand am meisten verbreitete Militärlastwagen, war nicht nur bei den vielen freiwilligen Feuerwehren allgegenwärtig. Den Antrieb dieses sehr robusten, bis in die 1950er Jahre produzierten allradgetriebenen Dreiachsfahrzeugs besorgte ein Sechszylinder-Vergasermotor, der 104 PS bei 3000 U/min erzeugte. Hier ein als Tankwagen verwendetes Fahrzeug mit Stahlfahrerhaus des Service d'Incendie Verviers. Das mit Vorbauseilwinde und Feuerlöschpumpe ausgerüstete Modell befand sich bis Anfang der 1990er Jahre im Einsatzdienst.

Verwendungszweck:	*Tankwagen, Wasser-*
	zubringerfahrzeug
Fahrgestelltyp:	*GMC CCKW 353 (6 x 4)*
Baujahr:	*1943*
Leistung der Pumpe:	*1600 l/min*
Löschwasservorrat:	*5000 l*

Gleich mehrere vorzüglich gepflegte Dreiachser im Fahrzeugbestand hatte die Feuerwehr Jodoigne in der Provinz Brabant Wallonie noch zu Beginn des neuen Jahrtausend. Dieses mit einer Niederdruckpumpe ausgerüstete Exemplar und einem zulässigen Gesamtgewicht von 9000 kg wurde 1967 in Eigenleistung durch die Wehr umgebaut. Es verfügt über eine Vorbauseilwinde mit einer im Eigenbau entstandenen, auch als Kran benutzbaren Hebe- und Abschleppvorrichtung, mit der auch über das Heck gearbeitet werden kann. Hinten sind auf beiden Seiten Buchten für Rollschläuche vorhanden. Auch dieses Fahrzeug ist ein Einzelunikat, das kein zweites Mal existiert.

Verwendungszweck:	*Tanklöschfahrzeug,*
	Autopomp
Fahrgestelltyp:	*Mercedes-Benz 1325 F*
	Atego
Baujahr:	*2002*
Leistung der Pumpe:	*1600 l/min*
Löschwasservorrat:	*2000 l*

Ein Tanklöschfahrzeug aktueller Bauart ist dieses von der Firma Vanassche erstellte Modell. Der Aufbau des an die Brandweer Kortrijk gelieferten Fahrzeugs erfolgte auf einem 13,5-t-Mercedes-Benz-Atego-Frontlenkerfahrgestell mit einer Motorleistung von 245 PS. Die Staffelkabine bietet Platz für sechs Einsatzkräfte. Die Nieder- und Hochdruckpumpe leistet entweder 1600 l/min bei 8 bar oder 250 l/min bei 40 bar.

Verwendungszweck:	*Tankwagen, Wasser-*
	zubringerfahrzeug
Fahrgestelltyp:	*Ford Big Job F 900*
Baujahr:	*1956*
Leistung der Pumpe:	*800 l/min*
Löschwasservorrat:	*9000 l*

Einen ehemaligen zu einem Wassertankwagen in Eigenleistung umgerüsteten Milchtankwagen nannten die Sapeurs Pompiers in Malmédy ihr Eigen. Dieser Wagen mit seiner bulligen Motorhaube und den Trilex-Rädern an der Vorderachse entstand auf einem Ford-Fahrgestell mit V-Achtzylinder-Vergasermotor. Unterhalb des Tanks auf der rechten Seite ist eine Feuerlöschpumpe angeordnet.

Verwendungszweck:	Wasserzubringerfahrzeug
Fahrgestelltyp:	Ford Big Job F 8
Baujahr:	1951
Leistung der Pumpe:	1600 l/min
Löschwasservorrat:	6000 l

Sehr verbreitet waren seit den frühen 1950er Jahren die mittelschweren amerikanischen Ford-Fahrgestelle bei den Feuerwehren. Nicht nur für Lösch- und Tanklöschfahrzeuge, sondern auch als Plattformen für Drehleitern wurden sie häufig eingesetzt. Diese ehemalige, von Geesink für die Brandweer Sint Niklaas erstellte Autopomp wurde in den 1960er Jahren in Eigenleistung zu einem Wassertankwagen umgebaut. Dabei entfernte man den Geräteaufbau und montierte an dessen Stelle einen Wassertank über der Hinterachse. Die Fahrer- und Mannschaftskabine beließ man im Ursprungszustand.

Verwendungszweck:	Tankwagen, Wasserzubringerfahrzeug
Fahrgestelltyp:	Magirus-Deutz (KHD) 126 D 12 L
Baujahr:	1966
Leistung der Pumpe:	–
Löschwasservorrat:	6000 l

Ein weiteres, sehr ähnliches Modell der Feuerwehr Malmédy ist dieser auf einem Magirus-Eckhauber-Chassis entstandene frühere Milchtankwagen. Dieser Wassertankwagen mit einem zulässigen Gesamtgewicht von 12 t wurde im Jahr 1984 als Einsatzfahrzeug angetroffen und war mit dem luftgekühlten V-Sechszylinder-Wirbelkammer-Diesel F 6 L 613 von KHD mit 7412 ccm Hubraum und 126 PS bestückt. Ausgerüstet ist dieses in Eigenleistung umgebaute Unikat mit einer Tragkraftspritze TS 8/8 und Halterungen für Rollschläuche.

Verwendungszweck:	Waldbrandlöschfahrzeug, ehemals FlKfz 4500/450
Fahrgestelltyp:	Magirus-Deutz (KHD) A 6500 (4 x 4)
Baujahr:	1958
Leistung der Pumpe:	2400 l/min
Löschwasservorrat:	4500 l

Von der Brandweer Leuven im Jahr 1984 als Waldbrandlöschfahrzeug eingesetzt wurde dieses aus Bundeswehr-Beständen übernommene so genannte Feuerlöschkraftfahrzeug FlKfz 4500/450. Dieses von Magirus aufgebaute Fahrzeug stand früher auf einem Militärflugplatz der Bundeswehr im Einsatz, hatte ein zulässiges Gesamtgewicht von 14 600 kg, verfügte über einen Wassertank, 450 l Schaummittelkonzentrat, eine im Heck installierte Feuerlöschkreiselpumpe mit Zumischer sowie eine Heros-8-t-Vorbauseilwinde. Der Dachwerfer besaß eine Leistung von 800 l/min. Das Magirus-Allrad-Fahrgestell besaß den luftgekühlten V-Achtzylinder-Wirbelkammer-Diesel F 8 L 614 von KHD mit 170 PS Motorleistung. Die Höchstgeschwindigkeit lag bei 74 km/h.

Verwendungszweck:	Wasserzubringerfahrzeug
Fahrgestelltyp:	Mercedes-Benz L 1920
Baujahr:	1965
Leistung der Pumpe:	–
Löschwasservorrat:	13000 l

Die Feuerwehr Jodoigne erwarb 1981 diesen früheren, auf einem schweren Mercedes-Benz-Kurzhauberchassis aufgebauten Benzintankwagen und rüstete ihn in Eigenarbeit zu Feuerwehrzwecken um. Neben den Lackierarbeiten sowie der Anbringung der für ein Feuerwehrfahrzeug erforderlichen Warn- und Signaleinrichtungen wurde eine 1600-l/min-Tragkraftspritze und beidseitige Körbe für Rollschläuche installiert. Unter der bulligen Haube dieses schweren Kurzhauberfahrgestells wirkte ein Sechszylinder-Direkteinspritz-Diesel mit 10 810 ccm Hubraum und 210 PS Leistung, der eine Spitzengeschwindigkeit von 75 km/h ermöglichte.

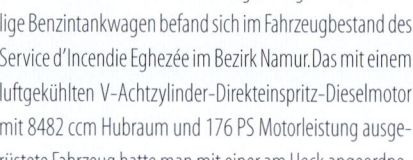

Verwendungszweck:	Waldbrandlöschfahrzeug, Bosautopomp
Fahrgestelltyp:	Iveco-Magirus 170 D 17 AK
Baujahr:	1981
Leistung der Pumpe:	–
Löschwasservorrat:	8000 l

Dieser auf einem allradgetriebenen Iveco-Magirus-Allrad-kipper-Fahrgestell aufgebaute und im Jahr 1996 in Eigen-arbeit zu einem Feuerwehrtankwagen umgebaute ehema-lige Benzintankwagen befand sich im Fahrzeugbestand des Service d'Incendie Eghezée im Bezirk Namur. Das mit einem luftgekühlten V-Achtzylinder-Direkteinspritz-Dieselmotor mit 8482 ccm Hubraum und 176 PS Motorleistung ausge-rüstete Fahrzeug hatte man mit einer am Heck angeordne-ten 1600-l/min-Tragkraftspritze eines deutschen Herstel-lers bestückt.

Verwendungszweck:	Großtanklöschfahrzeug GTLF 20
Fahrgestelltyp:	MAN 19.364 FLT
Baujahr:	2001
Leistung der Pumpe:	3000 l/min
Löschwasservorrat:	20 000 l

Ein mit verschiedenen Löschmitteln beladenes Großtanklösch-fahrzeug ist seit dem Jahr 2001 bei der Berufsbrandweer Ant-werpen stationiert. Die Beschaffung dieses Wagens erfolgte auf-grund der überaus vielfältigen Risiken der im Einzugsbereich ansässigen petrochemischen Industrie. Es besteht aus einer schweren MAN-Zugmaschine und einem von der Firma Stevens erstellten Satteltankauflieger. Die feuerwehrtechnische Ausrüs-tung erfolgte durch Rosenbauer. Im Heckaufbau ist die mit einem Zumischer ausgerüstete Feuerlöschkreiselpumpe nebst dem dazugehörigen Bedienstand untergebracht. Neben der hauptsächlich aus Wasser bestehenden Beladung sind 1500 l Schaummittelkonzentrat und 1000 l Detergent an Bord. Die Zugmaschine ist mit einem Sechszylinder-Turbo-Diesel mit direkter Kraftstoffeinspritzung, Abgas-Turbolader und Ladeluft-kühlung mit 365 PS Motorleistung bestückt.

Verwendungszweck:	Sonderlöschfahrzeug, Schuimautopomp
Fahrgestelltyp:	Mercedes-Benz LAK 2624 B (6 x 4)
Baujahr:	1972
Leistung der Pumpe:	1600 l/min
Löschwasservorrat:	–

Dieses mit einer 1600-l/min-Feuerlöschpumpe mit Zumischer am Rahmenende von Metz/Karlsruhe aufgebaute und ausge-rüstete Schaumlöschfahrzeug befand sich zwischen 1972 und 2003 bei der Werkfeuerwehr der Bayer-AG in Rechteroever im Einsatzdienst. Der Aufbau erfolgte auf ein schweres Allradkip-perchassis mit Sechszylinder-240-PS-Dieselmotor. Die Bela-dung bestand aus 6000 l Schaummittelkonzentrat. Selbiges wurde mit Wasser und mit Hilfe des Zumischers zu Lösch-schaum angereichert, das aus dem auf dem Werksgelände vor-handenen Hydrantennetz bzw. den Ringleitungen entnommen wurde. Das Fahrzeug verfügte jeweils über einen Monitor auf dem Dach sowie vor der Motorhaube.

Verwendungszweck:	Sonderlöschfahrzeug, Schuimtankwagen
Fahrgestelltyp:	Mercedes-Benz LK 1924
Baujahr:	1977
Leistung der Pumpe:	–
Löschwasservorrat:	–

Die Brandweer Antwerpen ließ sich im Jahr 1977 ein Schaummittelfahrzeug SMF von dem belgischen Ziegler-importeur Geens aufbauen. Als Fahrgestell wählte man das Chassis eines schweren Kurzhauber-Kippers von Mercedes-Benz mit Sechszylinder-Diesel, 11 580 ccm Rauminhalt und 240 PS Motorleistung. Dieses Fahrzeug, das aufgrund der Risiken der im Hafengelände ansässigen Industriebetriebe erforderlich war, besaß einen Zumischer und transportierte 9000 l des Schaummittelkonzentrats Fluorpol. Im Jahr 2000 erfolgte die Außerdienststellung.

Verwendungszweck:	Sonderlöschfahrzeug, Schuimautopomp
Fahrgestelltyp:	DAF FAS 2600 DBK 190
Baujahr:	1973
Leistung der Pumpe:	6000 l/min
Löschwasservorrat:	–

Die Werkfeuerwehr (Bedrijfsbrandweer) der Belgian Refining Company, BRC in Antwerpen übernahm im Jahr 1990 ein im Jahr 1973 von der Total Raffinerie in Vlissingen/Niederlande in Dienst gestelltes Sonderlöschfahrzeug. Dieses auf einem schwe-ren DAF-Dreiachs-Frontlenkermodell von der Firma Vanassche aufgebaute Fahrzeug transportiert in seinem geräumigen Auf-bau 8000 l Schaummittelkonzentrat, verfügt über eine sehr leis-tungsstarke Feuerlöschpumpe mit Zumischer und ist mit meh-reren Monitoren bzw. Monitoranschlüssen ausgerüstet.

Verwendungszweck:	Trocken-Sonderlösch-fahrzeug TroSLF
Fahrgestelltyp:	DAF FA 2700 HS 400
Baujahr:	1990
Leistung der Pumpe:	3200 l/min
Löschwasservorrat:	2500 l

Bei der Bedrijfsbrandweer der Firma Tessenderlo Chemie in Tessenderlo in der Provinz Limburg befindet sich seit 1990 ein von Rosenbauer aufgebautes und ausgerüstetes Trocken-Sonderlöschfahrzeug TroSLF im Dienst. Dieses auf einem schweren DAF-Frontlenkerfahrgestell aufgebaute Fahrzeug ist ein typisches, auf die speziellen Brandrisiken eines Chemieunternehmens maßgeschneidertes Fahrzeug, das neben Wasser über einen Schaummitteltank von 2500 l sowie über eine 750-kg-Pulverlöschanlage verfügt. Die im Heck montierte Feuerlöschpumpe ist für Nieder- und Hochdruckbetrieb eingerichtet. Sie fördert 3200 l/min bei 8 bar und 150 l/min bei 40 bar.

Verwendungszweck:	Trockenlöschfahrzeug TroLF, Poederwagen
Fahrgestelltyp:	Magirus-Deutz (KHD) F Mercur 125 A
Baujahr:	1961
Leistung der Pumpe:	–
Löschwasservorrat:	–

Dieser schöne Magirus-Rundhauber mit Allradantrieb der Brandweer Gent in Oostvlandern gehörte zu einer Reihe von Fahrzeugen für unterschiedliche Verwendungszwecke, die diese Wehr gegen Ende der 1950er Jahre bei der Aufbaufirma Landuyt auf diese Fahrgestelle bauen ließ. Diese Fahrzeuge besaßen die Standard-Lkw-Kabine, hatten einen nahezu einheitlichen, leicht verrundeten, abgesetzten Geräteaufbau und waren mit einem luftgekühlten V-Sechszylinder-Diesel mit 125 PS bestückt. Hier abgebildet ist das mit zwei 750-kg-Pulverlöschanlagen von Total mit offenen Bedienständen auf der linken Seite bestückte TroLF. Ferner sind zwei Schnellangriffseinrichtungen mit jeweils 30 m Hochdruckschlauch im Aufbau installiert.

Verwendungszweck:	Trockenlöschfahrzeug TroLF, Poederwagen
Fahrgestelltyp:	Magirus-Deutz (KHD) F 232 D 17 FA
Baujahr:	1979
Leistung der Pumpe:	–
Löschwasservorrat:	–

Ein Standardfahrzeug auf belgischen Flughäfen war dieses auf einem schweren Allrad-Frontlenkerchassis von Magirus-Deutz gebaute Pulverlöschfahrzeug. Die feuerwehrtechnischen Aufbauten fertigte Magirus, während Total für die 2000-kg-Pulverlöschanlage und Monitor verantwortlich zeichnete. Das Fahrgestell verfügte über den luftgekühlten V-Achtzylinder-Dieselmotor mit direkter Kraftstoffeinspritzung des Typs F 8 L 413 von KHD mit 11310 ccm Hubraum und 232 PS. Das abgebildete Fahrzeug befand sich im Jahr 2000 bei der Flughafenfeuerwehr des Aeroports Charleroi im Einsatz.

Verwendungszweck:	Trockenlöschfahrzeug TroLF, Poederwagen
Fahrgestelltyp:	Unimog Typ U 100 (Baumuster 416)
Baujahr:	1973
Leistung der Pumpe:	–
Löschwasservorrat:	–

Dieses Pulverlöschfahrzeug der Brandweer Dendermonde in Oostvlandern gehörte zu jenen 15 baugleichen Einheiten, die im Rahmen eines zentralen Beschaffungsprogramm des Innenministeriums verschiedenen Wehren des Landes zugeteilt wurden. Als Unterbau verwendet wurde ein Unimog-Fahrgestell des Baumusters 416 mit Sechszylinder-Diesel, 5675 ccm Hubraum und 100 PS Motorleistung. Dieses voll geländefähige Fahrgestell erhielt einen Rosenbauer-Aufbau in Verbindung mit einer 1000-kg-Pulverlöschanlage von Minimax. Zusätzlich befanden sich 200 l Light water auf dem Fahrzeug.

Belgien

Verwendungszweck:	**Vorausrüstwagen, Snelle Hulpwagen**
Fahrgestelltyp:	**VW LT 46**
Baujahr:	**2004**
Leistung der Pumpe:	**–**
Löschwasservorrat:	**–**

Recht verbreitet sind bei belgischen Feuerwehren Vorausrüstwagen, wie dieses von Vanassche ausgebaute Exemplar der Brandweer Lo-Reninge. Verwendet wurde ein Kastenwagen von VW. Die Beladung besteht aus Ausrüstungsgegenständen, die zur technischen Hilfeleistung aller Art, insbesondere bei Verkehrsunfällen, benötigt werden. Darunter befinden sich Schere und Spreizer des niederländischen Herstellers Holmatro, sowie ein ausfahrbarer Lichtmast zur Einsatzstellenbeleuchtung.

Verwendungszweck:	**Drehleiter DL 26 m, Autoladder 26**
Fahrgestelltyp:	**Mercedes-Benz Typ L 2**
Baujahr:	**1929**
Leistung der Pumpe:	**–**
Löschwasservorrat:	**–**

Der Bedarf von Drehleitern wurde seit jeher bei den belgischen Feuerwehren in erster Linie durch die Einfuhr deutscher Fabrikate gedeckt. Dabei handelte es sich fast ausschließlich um Leiteraufbauten von Metz und Magirus, die nicht nur auf deutsche, sondern auch auf von den jeweiligen Bestellern gewünschte

Fahrgestelle montiert wurden. Mit einer Magirus-Drehleiter auf einem Saurer-Fahrgestell wurde bereits im Jahr 1913 der Grundstein für die lange Verbundenheit mit beiden deutschen Unternehmen gelegt. 1929 erhielt die Brandweer Sint-Jans Molenbeek – heute ein Brüsseler Stadtteil – die abgebildete mechanische Metz-Drehleiter mit 26 m Steighöhe und vierteiligem, stahlverspanntem Holzleitersatz. Das Mercedes-Benz-Fahrgestell war ein elastikbereiftes Niederrahmen-Chassis mit Sechszylinder-Vergasermotor, 7070 ccm Hubraum und 70 PS Motorleistung, das eine Maximalgeschwindigkeit von 50 km/h erreichen konnte. Die Hartgummi- bzw. Elastikbereifung wurde aus Gründen der Standsicherheit bis zum Beginn der 1930er Jahre beibehalten.

Verwendungszweck:	**Drehleiter DL 24 m, Autoladder 24**
Fahrgestelltyp:	**Ford F 8 Big Job**
Baujahr:	**1949**
Leistung der Pumpe:	**–**
Löschwasservorrat:	**–**

Diese im Jahr 1984 noch von der Brandweer Sint Niklaas aktiv eingesetzte Metz-Drehleiter DL 24 mit vierteiligem Leitersatz wurde ursprünglich für die Brandweer Antwerpen beschafft. Später wurde sie von dort gebraucht übernommen und in einen hervorragenden Unterhaltungs- und Pflegezustand gebracht. Der Antrieb der Leiterbewegungen erfolgte mechanisch über Zahnkranz und Kette. Das amerikanische Ford-Fahrgestell verfügte über einen V-Achtzylinder-Vergasermotor mit 145 PS.

Verwendungszweck:	**Drehleiter DL 22 m, Autoladder 22**
Fahrgestelltyp:	**Magirus-Deutz (KHD) S 3500**
Baujahr:	**1951**
Leistung der Pumpe:	**–**
Löschwasservorrat:	**–**

Von einer deutschen Feuerwehr übernommen wurde die ursprünglich bei der Brandweer Dendermonde eingesetzte mechanische Magirus-Drehleiter mit 22 m Steighöhe und 2 m Handausschub. Der Aufbau erfolgte mit einer Staffelkabine auf einem Magirus-Deutz (KHD)-Fahrgestell mit luftgekühltem Vierzylinder-Diesel mit 85 PS. Diese Fahrzeuge gehörten zu den ersten Drehleitern, die in der Bundesrepublik nach Kriegsende gebaut wurden. 1985 stand dieses auffällig lackierte, gut gepflegte Fahrzeug noch bei der Brandweer Dendermonde-Baasrode im Einsatz.

Verwendungszweck:	Drehleiter DL 32 m, Autoladder 32
Fahrgestelltyp:	DAF A 16 BB 516
Baujahr:	1961
Leistung der Pumpe:	–
Löschwasservorrat:	–

Beim Service d'Incendie der Stadt Spa in den Ardennen befand sich 1984 diese mechanische Metz-Drehleiter DL 32 im Einsatzbestand. Das Chassis war ein holländisches DAF-Torpedo-6-t-Haubenfahrgestell, das von einem Sechszylinder-Diesel mit 120 PS angetrieben wurde. Der Leiterpark entstammt einer getypten deutschen Großen Drehleiter GDL aus der Kriegszeit, der im Jahr 1961 auf das neue Fahrgestell umgesetzt wurde. Die offene Sitzbank an der Rückwand der Fahrerkabine wurde in Eigenleistung angebracht.

Verwendungszweck:	Drehleiter DL 30 m, Autoladder 30
Fahrgestelltyp:	Ford F 8 Big Job
Baujahr:	1951
Leistung der Pumpe:	–
Löschwasservorrat:	–

Im Jahr 1951 beschaffte die Brandweer Knokke-Heist an der belgischen Küste eine mechanische 30-m-Drehleiter von Magirus in Ulm. Als Chassis wählte man wiederum eines der damals bei den Feuerwehren Belgiens so beliebten US-amerikanischen Ford-Fahrgestelle. Der wassergekühlte V-Acht-zylinder-Vergasermotor konnte 155 PS aus 8175 ccm Hubraum mobilisieren. Noch im Sommer 1997 befand sich das bestens gepflegte Fahrzeug als Reserveleiter im Einsatz; die Außerdienststellung war damals allerdings schon für die nächste Zeit vorgesehen.

Verwendungszweck:	Drehleiter DL 25 m, Autoladder 25
Fahrgestelltyp:	Magirus-Deutz (KHD) F Mercur 125
Baujahr:	1956
Leistung der Pumpe:	–
Löschwasservorrat:	–

Bei belgischen Feuerwehren waren selbst noch in den späten 1950er Jahren mechanische 25-m-Drehleitern von Magirus recht verbreitet, die häufig auf mittelschweren Magirus-Rundhauber-Fahrgestellen errichtet wurden. Dies, obwohl Magirus bereits seit 1953 Drehleitern mit hydraulischem Antrieb anbot. Hier ist ein solches noch im Jahr 1985 von der Brandweer der Stadt Menen eingesetztes Fahrzeug zu sehen. Der an der Rückwand der von der Firma Geens erstellten Staffelkabine angeordnete Arbeitsstellenscheinwerfer, der mittig oberhalb der Frontscheibe befindliche Kugelwecker sowie das Wendestrahlrohr an der Leiterspitze sind die äußerlich erkennbaren Besonderheiten dieses Fahrzeugs.

Verwendungszweck:	Drehleiter DL 30 h, Autoladder 30
Fahrgestelltyp:	Magirus-Deutz (KHD) F Mercur 125
Baujahr:	1958
Leistung der Pumpe:	–
Löschwasservorrat:	–

Gegen Ende der 1950er Jahre wurden auch von Feuerwehren in Belgien verstärkt hydraulisch angetriebene Drehleitern mit 30 m Auszugslänge von Magirus auf den gleichen Fahrgestellen beschafft. Abgesehen von der Baugröße und dem hydraulischen Leiterantrieb, waren diese Fahrzeuge mit den kleineren Magirus DL 25 identisch. Während die Leiter selbst von Magirus gebaut wurde, wurde die Sechs-Mann-Staffelkabine von dem belgischen Hersteller Geens erstellt. Dieses Exemplar ging an die Brandweer Schoten und war noch 1984 im Einsatz.

Verwendungszweck:	Drehleiter DL 37 m, Autoladder 37
Fahrgestelltyp:	Magirus-Deutz (KHD) S 6500
Baujahr:	1954
Leistung der Pumpe:	–
Löschwasservorrat:	–

Im Jahr 1932 erwarb die Brandweer Ixelles eine mechanische 37-m-Drehleiter von Magirus, die auf einem dreiachsigen Miesse-Fahrgestell – einem kleinen belgischen Lastwagenhersteller – aufgebaut war. Mit größter Wahrscheinlichkeit handelte es sich dabei um die erste dreiachsige Drehleiter der Welt. Diese alte Drehleiter wurde 1954 auf ein neues schweres Rundhauber-Fahrgestell mit Truppkabine und luftgekühltem Achtzylinder-170-PS-Dieselmotor umgesetzt. In späteren Jahren gelangte das Fahrzeug zur Brandweer Temse, von der es Mitte der 1980er Jahre noch eingesetzt wurde. Dabei ist bemerkenswert, dass der Leiterpark bereits über 60, das Fahrgestell mittlerweile ebenfalls über 30 Jahre alt ist.

Verwendungszweck:	*Drehleiter mit Korb*
	DLK 30, Autoladder 30
Fahrgestelltyp:	*Magirus-Deutz (KHD)*
	F 170 D 12 F
Baujahr:	*1974*
Leistung der Pumpe:	–
Löschwasservorrat:	–

Diese Magirus DLK 30 mit Truppfahrerhaus mit rechts seitlich angeordnetem Korb wurde ursprünglich von der Berufsfeuerwehr Köln in Dienst gestellt und 1995 an die Freiwillige Feuerwehr Büllingen in der Provinz Limburg verkauft, wo sie sich im Jahr 2004 im Einsatz befand. Das 12-t-Fahrgestell besaß im Bereich des Podiums durch Jalousien verschlossene Gerätefächer und war mit einem luftgekühlten Sechszylinder-V-Direkteinspritz-Diesel des KHD-Typs F 6 L 413 mit 8482 ccm Hubraum und 176 PS Leistung bestückt.

Verwendungszweck:	*Drehleiter mit Korb*
	DLK 30, Autoladder 30
Fahrgestelltyp:	*Renault GF 231*
Baujahr:	*1984*
Leistung der Pumpe:	–
Löschwasservorrat:	–

Im Jahr 1981 wurde im Rahmen eines größeren Beschaffungsauftrags durch das belgische Innenministerium für verschiedene Feuerwehren des Landes eine beachtliche Stückzahl von DLK 30 beim französischen Hersteller Riffaud bestellt. Für die mit Klappkörben für zwei Personen ausgerüsteten Leitern wurde ein Renault-Frontlenker-Fahrgestell mit Turbodiesel, 167 PS Motorleistung und automatischem Getriebe gewählt. Die tiefergelegte Fahrerkabine war vor der Vorderachse positioniert, so dass sich die Bauhöhe des Fahrzeugs in Grenzen hielt. An der Leiterspitze befand sich ein Wendestrahlrohr. Das abgebildete Fahrzeug ging an die Brandweer Lennik in der Provinz Vlaams Brabant.

Verwendungszweck:	*Drehleiter DL 50 h,*
	Autoladder 50
Fahrgestelltyp:	*Magirus-Deutz (KHD)*
	F 310 D 22 F
Baujahr:	*1980*
Leistung der Pumpe:	–
Löschwasservorrat:	–

Belgiens erste 50-m-Drehleiter beschaffte im Jahr 1980 die Berufsbrandweer Antwerpen. Dieses mächtige Einzelstück hatte einen sechsteiligen Leiterpark und wurde auf dem damals für diese Kategorie üblichen schweren Frontlenker-Dreiachsfahrgestell von Magirus-Deutz errichtet. Auf das von einem Zehnzylinder-Direkteinspritz-V-Diesel mit 14 702 ccm Hubraum und 305 PS Motorleistung angetriebene 22-t-Chassis baute Magirus auch seine Leiterbühnen. Die große Staffelkabine war für ein Fahrzeug dieser Art eher etwas ungewöhnlich. Offenbar war man in Antwerpen mit der DL 50 zufrieden, denn seit 1999 befindet sich – wiederum als Einzige in Belgien – eine ebenfalls von diesem Hersteller gelieferte DLK 50 in Betrieb.

Verwendungszweck:	Gelenkmastbühne 25 m, Hoogwerker
Fahrgestelltyp:	Saviem EPU 216
Baujahr:	1980
Leistung der Pumpe:	–
Löschwasservorrat:	–

Seit 1977 findet man bei einigen großen belgischen Feuerwehren auch so genannte Elevators, also Gelenkmastbühnen. Das hier abgebildete Fahrzeug des Service d' Incendie/Brandweer Brüssel, eine Comet-Gelenkbühne C 25 T mit variabler Abstützung, wurde im Zuge des groß angelegten Beschaffungsprogramms angekauft. Aufgebaut wurde die Bühne auf ein schweres Saviem-Dreiachs-Sonderfahrgestell.

Verwendungszweck:	Drehleiter mit Korb DLK 23-12 Vario CC-GL, Autoladder 30
Fahrgestelltyp:	Iveco-Magirus Euro-Fire ML 180 E 34
Baujahr:	1998
Leistung der Pumpe:	–
Löschwasservorrat:	–

Eine Magirus DLK 30 in der Ausführung als Gelenk- oder Knickleiter beschaffte 1998 der Service d' Incendie der Stadt Lüttich. Magirus hatte diesen Leitertyp auf der Interschutz 1994 in Hannover als DLK 23-12 Vario CC-GL erstmals vorgestellt. Hierbei handelte es sich um eine neukonstruierte Drehleiter mit fünfteiligem Leitersatz, dessen oberstes, etwa 3,50 m langes Leiterteil gelenkig konstruiert war, so dass es einschließlich des Rettungskorbs bis zu 75° nach unten abgewinkelt werden konnte. Das hierdurch erweiterte Benutzungsfeld eröffnete neue taktische Einsatzmöglichkeiten. Der Rettungskorb hat eine Tragfähigkeit von 270 kg. Diese Leiterbauart wurde in Belgien relativ häufig geordert und brachte es dabei zu großer Beliebtheit. Das abgebildete Fahrzeug wurde auf einem schweren Iveco-Magirus-Euro-Fire-Chassis errichtet.

Verwendungszweck:	Gelenkmastbühne 32 m, Hoogwerker
Fahrgestelltyp:	MAN 26.364 FNLC
Baujahr:	1999
Leistung der Pumpe:	–
Löschwasservorrat:	–

Auf der Hafenwache „Lillo" im Ostteil Antwerpens hat die Brandweer Antwerpen seit 1999 diese Gelenkmastbühne des Typs Bronto-Skylift F 32 HDT mit einer maximalen Arbeitshöhe von 32 m im Fahrzeugbestand. Die Firma Bronto gehört zur Federal-Signal-Corporation, zu der u. a. auch Emergency One (USA) zählt. Der Aufbau von Podium und Gerätekoffer sowie die Lieferung der Feuerlöschkreiselpumpe erfolgte durch Rosenbauer. Verwendet wurde ein schweres MAN-Dreiachs-Frontlenkerfahrgestell mit 26 t zulässigem Gesamtgewicht und 364 PS Motorleistung.

Verwendungszweck:	Flugplatzlöschfahrzeug FLF, Crash-Tender
Fahrgestelltyp:	Faun LF 910/42 (6 x 6)
Baujahr:	1975
Leistung der Pumpe:	5000 l/min
Löschwasservorrat:	12 000 l

Dieser mächtige Faun-Dreiachser mit Kronenburg-Aufbau war ein Einzelstück auf belgischen Flughäfen. Sein Antrieb erfolgte durch zwei KHD-Dieselmotoren mit jeweils 320 PS, die dem Fahrzeug zu maximal 100 km/h Geschwindigkeit verhalfen. Dieses Fahrzeug – ein Crash-Tender der Bedrijfsbrandweer des Luchthavens Oostende – wurde 1997 von der Flughafenfeuerwehr Berlin-Tempelhof übernommen. Neben dem Löschwasservorrat befördert das Fahrzeug 1200 l Schaummittelkonzentrat. Die starke Feuerlöschkreiselpumpe verfügt über einen Zumischer, um damit Löschschaum erzeugen zu können. Der Dachmonitor hat eine Ausstoßrate von 6000 l/min.

Verwendungszweck:	Flugplatzlöschfahrzeug FLF, Crash-Tender
Fahrgestelltyp:	Faun LF 910/42 V (6 x 6)
Baujahr:	1972
Leistung der Pumpe:	5000 l/min
Löschwasservorrat:	9000 l

Dieses ähnliche, bereits 1972 für den Verkehrsflughafen Lüttich – Aeroport de Liège – beschaffte Flugplatzlöschfahrzeug wurde von Magirus in Ulm als Einzelstück mit etwas geringeren Abmessungen aufgebaut. 1999 wurde das Fahrzeug umgebaut und modernisiert. Dabei erhielt der früher rot lackierte Crash-Tender seine optisch sehr vorteilhafte gelb-schwarze Lackierung. Zusätzlich zum Wasservorrat verfügt dieses immerhin weit über 30 Jahre alte Fahrzeug über einen 600-l-Schaummitteltank und einen leistungsfähigen Dachmonitor.

Verwendungszweck:	Vorauslöschfahrzeug VLF, Rapid Intervention Vehicle RIV
Fahrgestelltyp:	MAN 17.550 FAE (4 x 4)
Baujahr:	2000
Leistung der Pumpe:	4000 l/min
Löschwasservorrat:	4000 l

Die Flughafenfeuerwehr des Luchthavens Brüssel-Zaventem ist im Besitz dieses von Rosenbauer auf einem zweiachsigen 17-t-MAN-Allradchassis aufgebauten Vorauslöschfahrzeugs. Das Fahrzeug besitzt ein vergrößertes Truppfahrerhaus, auf dessen Dach sich der Monitor befindet. Die Beladung besteht aus Wasser, 250 l Schaummittelkonzentrat und einer 500-kg-Pulverlöschanlage. Am Rahmenende ist eine kombinierte Hoch und Niederdruck-Feuerlöschpumpe mit einer Leistung von 4000 l/min bei 8 bar und 350 l/min bei 40 bar installiert.

Verwendungszweck:	Flugplatzlöschfahrzeug FLF, Crash-Tender
Fahrgestelltyp:	Faun LF 36.30 x 2/45 V (6 x 6)
Baujahr:	1979
Leistung der Pumpe:	6000 l/min
Löschwasservorrat:	12300 l

Für den Service d'Incendie des Aeroports de Charleroi in der belgischen Provinz Hainaut wurde im Jahr 1979 ein von Magirus auf einem Faun-Dreiachsfahrgestell aufgebautes Flugplatzlöschfahrzeug beschafft. Im Fahrzeugheck befanden sich neben den beiden Motoren zwei beidseitig angebrachte Schnellangriffseinrichtungen. Die Feuerlöschkreiselpumpe FP 60/10 war als Mitteneinbaupumpe ausgebildet. Zusätzlich zum Löschwasservorrat waren 1200 l Schaummittelkonzentrat an Bord. Das schwere Faun-Chassis verfügte über zwei 330-PS-KHD-Dieselmotoren. Im Übrigen waren dies die letzten von Magirus aufgebauten Flugplatzlöschfahrzeuge, bevor man dieses Marktsegment anderen Anbietern – hier besonders Rosenbauer und Ziegler – gänzlich überlassen musste.

Verwendungszweck:	*Flugplatzlöschfahrzeug FLF, Crash-Tender*
Fahrgestelltyp:	*Sides S 2000-15 (6 x 6)*
Baujahr:	*1997*
Leistung der Pumpe:	*6000 l/min*
Löschwasservorrat:	*13 000 l*

Ebenfalls zu den Eigenbeschaffungen gehörte dieses FLF des Aeroports de Liège (Lüttich), nachdem zu Beginn der 1990er Jahre die belgische Flughafengesellschaft aufgelöst worden war. Für Aufbau und Löschtechnik war die in St.-Nazaire ansässige französische Firma Sides zuständig, die auch das Dreiachsfahrgestell selbst herstellte. 1600 l Schaummittel, eine 250-kg-Pulverlöschanlage, ein großer Löschwasservorrat, eine starke, mit Niederdruck arbeitende Feuerlöschkreiselpumpe sowie ein kombinierter, ferngesteuerter Wasser-Schaum-Pulvermonitor zählen zu den wichtigsten Eigenschaften dieses recht elegant lackierten Fahrzeugs.

Verwendungszweck:	*Flugplatzlöschfahrzeug FLF, Crash-Tender*
Fahrgestelltyp:	*Kronenburg 50.100-73 (8 x 8)*
Baujahr:	*1997*
Leistung der Pumpe:	*11 600 l/min*
Löschwasservorrat:	*16 000 l*

Die Bedrijfsbrandweer des Verkehrsflughafens Brüssel-Zaventem ist im Besitz dieses von Rosenbauer aufgebauten vierachsigen Flugplatzlöschfahrzeugs. Das unter Super Singha geführte Modell ist eine Eigenbeschaffung des Flughafens und entstand auf einem schweren Kronenburg-Chassis und hat eine aus Wasser und 2000 l Schaummittelkonzentrat bestehende Beladung. Zusätzlich ist eine 4000-kg-Pulverlöschanlage vorhanden. Die leistungsstarke Feuerlöschkreiselpumpe arbeitet mit einem Druck von 10 bar. Ein Monitor auf dem Dach und an der Front sowie Bodensprühdüsen für den Eigenschutz sind weitere Ausrüstungsmerkmale dieses Fahrzeugs.

Verwendungszweck:	Gerätewagen GW, Materiaalwagen
Fahrgestelltyp:	Dodge T 214 WC 52 (4 x 4)
Baujahr:	1939
Leistung der Pumpe:	–
Löschwasservorrat:	–

Wie bereits erwähnt, befanden sich ehemalige US-amerikanische Militärfahrzeuge aus der Zeit des Zweiten Weltkriegs in großer Zahl bei belgischen Feuerwehren. Diese sehr robusten, durchweg allradgetriebenen Modelle wurden – vielfach durch Eigenleistung der Wehrmänner oder durch kleine örtliche Betriebe – in einem mehr oder weniger großen Umfang umgerüstet und für viele Zwecke des Feuerwehrdienstes angepasst. Zu einem Gerätewagen hatte die Brandweer Mesen in der Provinz Westvlanderen noch im Jahr 1979 diesen ehemaligen Dodge-3/4-t-Truck umgerüstet, der durch einen Sechszylinder-Vergasermotor mit 92 PS fortbewegt wurde. Der erhöhte, als Gerätekoffer erstellte Pritschenaufbau, aus dem eine Hakenleiter hervorragt sowie der Fahrerraum waren durch ein Segeltuchverdeck geschützt.

Verwendungszweck:	Unfallhilfs- und Umweltschutz-Gerätewagen, Materiaalwagen
Fahrgestelltyp:	Mercedes-Benz L 1113 B
Baujahr:	1972
Leistung der Pumpe:	–
Löschwasservorrat:	–

Mit seinem hohen Aufbau wirkt dieser durch die Firma Vanassche auf einem Mercedes-Benz-Kurzhauber-Fahrgestell errichtete Unfallrettungs- und Atemschutz-Gerätewagen der Brandweer Brüssel fast wie ein kleiner Möbelwagen. Das mit einem Sechszylinder-Direkteinspritz-Diesel mit 130 PS bestückte Fahrzeug verfügt über eine vordere Seilwinde und ist u.a. mit 12 Atemschutzgeräten, 15 Sauerstoffflaschen 30 Schaummittelkanistern und weiterem sehr unterschiedlichem Hilfsgerät beladen. Seine vielseitige Ausrüstung versetzt das mit sechs Mann zum Einsatz ausrückende Fahrzeug in die Lage, bei nahezu allen Unfällen eine schnelle, zumindest aber erste technische Basishilfe zu leisten. Einsatzzweck und Beladung des Fahrzeugs wurden mehrfach geändert, zuletzt diente es als Umweltschutzwagen.

Verwendungszweck:	Hilfeleistungs-Löschfahrzeug, Autopomp-Materiaalwagen
Fahrgestelltyp:	Magirus-Deutz (KHD) F Jupiter 195 A (6 x 4)
Baujahr:	1961
Leistung der Pumpe:	3200 l/min
Löschwasservorrat:	–

Die Bedrijfsbrandweer (Werkfeuerwehr) der Degussa-Werke in Antwerpen erbaute sich in Eigenregie ein speziell auf die Risiken und Bedürfnisse zugeschnittenes Hilfeleistungs-Löschfahrzeug. Hierzu verwendete man ein schweres Magirus-Deutz-Dreiachs-Chassis, das mit einem luftgekühlten V-Achtzylinder-Wirbelkammer-Diesel mit 12667 ccm Hubraum und 195 PS Motorleistung bestückt war. Anstelle des komplett entfernten Aufbaus wurde ein sehr geräumiger, kantiger durch Jalousien verschlossener Kofferaufbau errichtet und eine starke Feuerlöschkreiselpumpe eingebaut. Dieses Fahrzeug ist aufgrund seiner Ausrüstung nicht nur zur Brandbekämpfung, sondern auch bei einfacheren technischen Hilfeleistungen verwendbar. Neben Seilwinde, Stromerzeuger, Lichtmast und anderem tech-

nischen Gerät befinden sich verschiedene Löschmittel auf dem Fahrzeug. Im Schlepp befindet sich ein Pulverlöschanhänger

P 250. Mittlerweile ist dieses außergewöhnliche Einzelstück nicht mehr im Dienst.

Verwendungszweck:	**Kranwagen KW 25**
Fahrgestelltyp:	**Krupp (6 x 4)**
Baujahr:	**1979**
Leistung der Pumpe:	–
Löschwasservorrat:	–

Die Firma Krupp-Kranbau in Wilhelmshaven lieferte diesen mit dem 170 PS starken V-Achtzylinder-Wirbelkammer-Deutz(KHD)-Diesel F 8 L 614 mit 10 644 ccm Hubraum bestückten Teleskopkran des Typs 26 GMT an die Brandweer Brüssel. Der Kran bestand aus vier hydraulisch ausziehbaren Elementen mit einer maximalen Tragkraft von 25 t. Am Heck des Fahrzeugs befand sich eine 8-t-Seilwinde. Sowohl Aufbau als auch das Dreiachsfahrgestell wurden in Wilhelmshaven gefertigt.

Verwendungszweck:	**Rüstwagen mit Kran**
Fahrgestelltyp:	**Scania P 124 CB 420**
Baujahr:	**2001**
Leistung der Pumpe:	–
Löschwasservorrat:	–

Bei der Brandweer Zaventem in der Provinz Vlaams Brabant ist dieser dreiachsige Rüstwagen stationiert, der von der belgischen Staatsbahn SNCB (Société Nationale des Chemins de Fer Belges) speziell für technische Hilfeleistungen bei Zugunfällen beschafft worden war. Dieses von den Firmen Vansteenkiste und Vanassche ausgerüstete Sonderfahrzeug verfügt über einen am Heck montierten Atlas-Kran Typ 225.1 und ist auf einem schweren Scania-Frontlenkerchassis der Serie 4 mit 420 PS starkem Turbodieselmotor ausgerüstet.

Verwendungszweck:	**Gerätewagen-Wasserrettung GW-W**
Fahrgestelltyp:	**MAN 15.224 LC**
Baujahr:	**1998**
Leistung der Pumpe:	–
Löschwasservorrat:	–

Ein ausgesprochenes Sonderfahrzeug und hinsichtlich seiner Ausrüstung ein Einzelstück ist dieser Wasserrettungswagen (Gerätewagen-Wasserrettung) der Brandweer Antwerpen. Der Aufbau des von Rosenbauer ausgerüsteten Fahrzeugs erfolgte auf ein 15-t-MAN-Frontlenkerchassis aus der M 2000-Reihe mit 224 PS Motorleistung. Neben dem hinter der Fahrerkabine angeordneten hydraulischen Ladekran befindet sich auf der Plattform ein größeres Motorboot. In den unterhalb der breiten Plattform befindlichen Stauräumen befindet sich weiteres Bergegerät für den Wassereinsatz.

Luxemburg

Als der mit Abstand kleinste der Benelux-Staaten besitzt das Großherzogtum Luxemburg eine Fläche von nur 2586 Quadratkilometern, eingeteilt in 13 Kantonalbereiche, auf der rund 450 000 Menschen leben. In der gleichnamigen Hauptstadt wurde 1814 das erste Feuerwehrkorps gegründet. Die Weiterentwicklung führte dann im Jahr 1921 zur Bildung einer Berufsfeuerwehr – im Übrigen die einzige Berufsfeuerwehr des Landes. Daneben gibt es zahlreiche freiwillige Feuerwehren und einzelne Betriebs- und Werkfeuerwehren. Alle Wehren sind personell und materiell modern und zweckmäßig ausgerüstet und nach heutigen Gesichtspunkten hervorragend ausgebildet. Dies gilt selbstverständlich auch für die Ausstattung mit Einsatzfahrzeugen.

Da Luxemburg weder über eine eigene Nutzfahrzeugindustrie noch über Feuerwehrausrüster von Bedeutung verfügt, müssen alle Produkte eingeführt werden. Dabei werden überwiegend deutsche Normfahrzeuge der bekannten Feuerwehrausrüster Metz, Magirus und Ziegler, auf Mercedes-Benz, Iveco-Magirus, MAN und anderen Fahrgestellen beschafft. In einigen Fällen befinden sich aber auch Fahrzeuge französischer und niederländischer, vereinzelt auch englischer Herkunft im Bestand. Ebenso sind in letzter Zeit Fahrzeuge mit Rosenbauer-Aufbauten auf dem Vormarsch.

Verwendungszweck:	*Wasserzubringerfahrzeug*
Fahrgestelltyp:	*Ford F 900 Big Job*
Baujahr:	*1954*
Leistung der Pumpe:	*2800 l/min*
Löschwasservorrat:	*6000 l*

Ein hervorragend gepflegter Tankwagen-Oldtimer zählte noch 1999 zum aktiven Fahrzeugbestand des Service d'Incendie Niederanven. Der von dem belgischen Feuerwehrausrüster Geens auf einem US-amerikanischen Ford-Fahrgestell aufgebaute Wagen wurde erst im Jahr 1993 von der Flughafenfeuerwehr des Aeroport de Luxembourg übernommen. Am Rahmenende befindet sich eine leistungsstarke Feuerlöschkreiselpumpe.

Verwendungszweck:	*Rüstwagen RW 3 bzw.*
	Gerätewagen-Kran
Fahrgestelltyp:	*Mercedes-Benz LAK 1624 B*
Baujahr:	*1972*
Leistung der Pumpe:	*–*
Löschwasservorrat:	*–*

Die Berufsfeuerwehr Luxemburg verfügt über den abgebildeten, von Metz in Karlsruhe auf einem schweren allradgetriebenen Mercedes-Benz-Kurzhauber-Kipper-Chassis errichteten Rüstwagen der Baugröße 3. Dieses bullige Fahrzeug ist mit einem Sechszylinder-Diesel mit direkter Kraftstoffeinspritzung mit 11 580 ccm Hubraum und 240 PS Motorleistung bestückt. Seit 1993 fungiert dieses Fahrzeug als Krangerätewagen. In diesem Begleitfahrzeug sind Ausrüstungs- und Zubehörteile, die auf dem Teleskopkran selbst nicht mitgeführt werden können, untergebracht.

Verwendungszweck:	*Drehleiter DL 30 h*
Fahrgestelltyp:	*Mercedes-Benz*
	LF 1113/48
Baujahr:	*1965*
Leistung der Pumpe:	*–*
Löschwasservorrat:	*–*

Diese im Jahr 1965 von der Freiwilligen Feuerwehr Calw beschaffte DL 30 h von Metz gehört seit 1989 der Administration Communale Sandweiler, Service Incendie-Sauvetage. Die vierteilige Leiter besitzt einen hydraulischen Antrieb für die Leiterbewegungen und die damals übliche zentrale Fallspindelabstützung. Das von einem Sechszylinder-Direkteinspritz-Diesel mit Abgasturbolader und 150 PS Motorleistung bestückte, bestens gepflegte Fahrzeug erfreute sich auch im Jahr 1999, als dieses Foto entstand, noch bester Gesundheit.

Verwendungszweck:	**Leiterbühne LB 30**
Fahrgestelltyp:	**Iveco-Magirus 260-34 A**
Baujahr:	**1993**
Leistung der Pumpe:	**–**
Löschwasservorrat:	**–**

Die Berufsfeuerwehr Luxemburg erhielt im Jahr 1993 eine neue computergesteuerte, fünfteilige Leiterbühne LB 30/5 CC, für die ein schweres Dreiachsfahrgestell von Magirus verwendet wurde. Diese neue Leiterbühne mit stärkerem 360-kg-Korb, war 1988 erstmals vorgestellt worden. Damit das Fahrzeug nicht zu hoch wurde, hatte Magirus die Fahrerkabine vorgezogen und tiefergelegt, so dass die Höhe 3,30 m nicht überschritt. Um andererseits die Fahrzeuglänge trotz vorgezogener Kabine zu begrenzen, wurde ein Chassis mit dem sehr kurzen Radstand von nur 3,20 m zwischen erster und zweiter Achse gewählt. Von dieser letzten Leiterbühnengeneration lieferte Magirus lediglich vier Exemplare.

Verwendungszweck:	**Drehleiter DLK 23-12 GL-CC**
Fahrgestelltyp:	**Iveco-Magirus 150 E 27**
Baujahr:	**1996**
Leistung der Pumpe:	**–**
Löschwasservorrat:	**–**

Diese von Magirus aufgebaute DLK 23-12 Vario GL-CC mit Truppfahrerhaus ist eine Knick-oder Gelenkleiter, die vom Protection Civile Base Nationale d' Support Lintgen eingesetzt wird. Bei dieser fünfteiligen Leiterkonstruktion ist das oberste Leiterteil gelenkig mit dem vierten Leiterteil verbunden und kann nach unten abgewinkelt werden. Dadurch kann die mit Rettungskorb ausgerüstete Leiter beispielsweise hinter Spitzdächer oder zurückgesetzte Dachgeschosse gelangen bzw. diese überhaupt erst erreichen.

Verwendungszweck:	**Vorausrüstwagen VRW**
Fahrgestelltyp:	**Mercedes-Benz 1124 AF**
Baujahr:	**1991**
Leistung der Pumpe:	**3000 l/min**
Löschwasservorrat:	**1200 l**

Einen Vorausrüstwagen auf einem mittelschweren Mercedes-Benz-Allradchassis ließ sich die Berufsfeuerwehr Luxemburg von Rosenbauer aufbauen. Dieses kompakte Fahrzeug ist mit allem notwendigen Gerät und Werkzeug, vornehmlich für Verkehrsunfälle, aber auch für den Ersteinsatz bei sonstigen technischen Hilfeleistungen ausgerüstet. Darüber hinaus befördert das mit drei Mann besetzte Fahrzeug einen Wasservorrat und 1120 l Schaummittel. Die Feuerlöschkreiselpumpe befindet sich am Heck und ist für Normal- und Hochdruckbetrieb (3000 l/min bei 8 bar, 400 l/min bei 40 bar) ausgerüstet.

Verwendungszweck:	**Flugplatzlöschfahrzeug FLF**
Fahrgestelltyp:	**Iveco-Magirus 260-32 AH**
Baujahr:	**1984**
Leistung der Pumpe:	**2800 l/min**
Löschwasservorrat:	**7000 l**

Dieses Flugplatzlöschfahrzeug wurde von Rosenbauer auf einem schweren allradgetriebenen Iveco-Magirus-Dreiachs-Lkw-Chassis errichtet und 1984 an den Verkehrsflughafen Luxemburg (Aeroport de Luxembourg) geliefert. Der Dreiachser verfügt über eine vordere Seilwinde und neben dem Löschwasservorrat über 700 l Schaummittelkonzentrat. Die Feuerlöschkreiselpumpe besitzt einen Zumischer und einen Monitor auf dem Aufbaudach.

Verwendungszweck:	**Rüstwagen mit Teleskopmast RW-TMB**
Fahrgestelltyp:	**Steyr 26 S 39 (6 x 6)**
Baujahr:	**1994**
Leistung der Pumpe:	**–**
Löschwasservorrat:	**–**

Die Werkfeuerwehr des Verkehrsflughafens Luxemburg besitzt seit 1994 diesen Rüstwagen mit Teleskopmast auf einem allradgetriebenen Steyr-Fahrgestell. Den feuerwehrtechnischen Aufbau besorgte Rosenbauer/Belgien, während die Firma Falck-Schmidt für die Erstellung des Teleskopmasts zuständig war. Mit diesem zweckmäßig ausgerüsteten Fahrzeug konnten technische Hilfeleistungen auch in größerer Höhe, ohne dass dazu ein Hubrettungsfahrzeug zugegen sein musste, ausgeführt werden.

Verwendungszweck:	**Flugplatzlöschfahrzeug FLF**
Fahrgestelltyp:	**Walter (4 x 4)**
Baujahr:	**1953**
Leistung der Pumpe:	**2500 l/min**
Löschwasservorrat:	**7000 l**

Dieses Flugplatzlöschfahrzeug wurde von dem Feuerwehrausrüster Sides auf einem US-amerikanischen Walter-Chassis für den Feuerschutz auf dem Luxemburger Verkehrsflughafen geliefert. Die französischen Vorbildern entlehnten Walter Trucks aus Ridgewood, N. Y. genossen schon früh beste Reputationen, wobei man sich im Rahmen des Spezialfahrzeugprogramms auch auf Feuerwehrfahrzeuge mit Vierradantrieb festlegte. Dieses Allradfahrzeug ist mit zwei Dachwerfern, 1000 l Schaummittel und einem Löschwasservorrat bestückt.

Verwendungszweck:	**Schnellangriffsfahrzeug, Rapid Intervention Vehicle RIV**
Fahrgestelltyp:	**Dodge W 300 FF Cheetah (4 x 4)**
Baujahr:	**1986**
Leistung der Pumpe:	**2800 l/min**
Löschwasservorrat:	**1200 l**

Ein unter dem allgemein üblichen Begriff Rapid Intervention Vehicle RIV bezeichnetes Schnellangriffsfahrzeug lieferte Rosenbauer im Jahr 1986 auf einem Dodge-Allradchassis an den Verkehrsflughafen Luxemburg. Neben dem Löschwasservorrat ist das mit einem V-Achtzylinder-Motor bestückte Fahrzeug mit 160 l Schaummittel, 50 kg Halon sowie einer leistungsstarken Feuerlöschkreiselpumpe ausgerüstet. Mittlerweile befindet sich dieser Wagen nicht mehr im Dienst.

Verwendungszweck:	**Kranwagen KW 50**
Fahrgestelltyp:	**Faun ATF 50-3**
Baujahr:	**1999**
Leistung der Pumpe:	**–**
Löschwasservorrat:	**–**

Das Nachfolgemodell des beim Luxemburger Zivilschutz (Protection Civile Base Nationale d' Support) in Lintgen bis 1973 eingesetzten Kranwagens KW 10 auf GMC-Fahrgestell ist dieser 1999 beschaffte Faun-Teleskopkranwagen mit einer maximalen Tragkraft von 50 t. Alle drei Achsen dieses trotz der hohen Hubleistung sehr kompakten Faun-Fahrgestells sind angetrieben; die beiden Vorderachsen sind gelenkt, die Hinterachslenkung kann zugeschaltet werden. Die Räder sind einzeln hydropneumatisch gefedert. Am Heck befindet sich eine 150-t-Seilwinde. Der Kranausleger ist vierfach teleskopierbar.

Verwendungszweck:	*Automobilspritze*
Fahrgestelltyp:	*Braun-Werke, Nürnberg*
Baujahr:	*1913*
Leistung der Pumpe:	*1500 l/min*
Löschwasservorrat:	*500 l*

Dieses im Jahre 1913 für die Feuerwehr Freiburg im Breisgau gebaute benzin-elektrische Feuerwehrfahrzeug ist eine Motorspritze und gleichzeitig das einzige in Deutschland erhaltene Fahrzeug dieser Art. Die 5700 kg schwere Motorspritze wird auf den Hinterrädern durch Radnabenmotoren angetrieben. Der Vierzylindermotor leistet 55 PS und ermöglicht eine Höchstgeschwindigkeit von 35 km/h. Aufgebaut wurde das Fahrzeug von den Braun-Premierwerken AG, Nürnberg. Die Sulzer-Zentrifugalpumpe ist am Fahrzeugheck angeordnet. Auf dem rechten Trittbrett befinden sich Pumpenabgänge, Verteilerstücke und vorn eine Kübelspritze. Während sich die Hinterräder noch im elastikbereiften Originalzustand befinden, haben die Vorderräder neue Luftbereifung erhalten.

Deutschland

Die Feuerwehren in Deutschland sind seit der Gründung der Bundesrepublik Deutschland föderalistisch organisiert. Brandschutz ist somit Ländersache und den einzelnen Fachabteilungen der jeweiligen Innenministerien unterstellt. Während des Dritten Reiches hingegen waren die Feuerwehren der Polizeihoheit zugeordnet, was sich äußerlich in der grünen Farbgebung der Fahrzeuge ausdrückte. Heute sind Gemeinden und Städte verpflichtet, Feuerwehren und Einrichtungen für den Brandschutz vorzuhalten. Entsprechend der Vorschriften haben Städte mit mehr als 100 000 Einwohnern Berufsfeuerwehren einzurichten. Daneben gibt es auch die Möglichkeit, größere freiwillige Feuerwehren mit hauptamtlichen, also fest angestellten Kräften wie z. B. Führungskräften, Gerätewart, auszustatten. Für den Brandschutz in Industriebetrieben sind Werkfeuerwehren zuständig. Je nach Betriebsgröße und Gefährdungspotenzial können dies entweder freiwillige oder auch Berufsfeuerwehren sein. In den letzten Jahren sind diese auch in immer stärkerem Maße in die Aufgaben des Umweltschutzes eingebunden.

Auf internationaler Ebene gelten die Feuerwehren in Deutschland hinsichtlich ihrer Organisation, ihrer Ausrüstung, der Ausbildung und Fahrzeugausstattung als vorbildlich. Zu ihren hauptsächlichen Aufgaben zählen Brandschutz und dessen Vorbeugung, technische Hilfeleistung, Umweltschutzaufgaben und Katastrophenschutz.

Die für diese teilweise sehr unterschiedlichen Bereiche bereitgehaltenen Fahrzeuge und Ausrüstungskomponenten unterliegen DIN-Normbestimmungen, welche deren grundsätzliche Anforderungen bis ins Detail festlegen. Die Einhaltung der Normen ist die Grundlage für eine erfolgreiche Zusammenarbeit der einzelnen Einheiten. Sie erleichtert die Beschaffung kostengünstig produzierter Fahrzeuge und Geräte und ist die Basis einer einheitlichen Ausbildung. Im Gegensatz zu der Zeit vor 1945 kann die Einhaltung der Normen allerdings nicht mehr erzwungen werden. So findet man vor allem bei Berufsfeuerwehren größerer Städte zunehmend außerhalb der Norm gebaute Einsatzfahrzeuge. Diese zwar nicht bezuschussten Fahrzeuge werden speziell nach den Bedürfnissen und Erfordernissen der jeweiligen Wehr, sozusagen maßgeschneidert, entworfen.

Das Fahrzeugangebot ist sehr vielfältig und gliedert sich im Wesentlichen in Löschfahrzeuge, Hubrettungsfahrzeuge, Rüst- und Gerätewagen, Schlauchwagen, Sanitätsfahrzeuge und sonstige Feuerwehrfahrzeuge. Dazu kommen insbesondere in großen Industriebetrieben, auf Flughäfen und beim Militär eingesetzte Sonderfahrzeuge aller Art, die in der Regel nicht genormt sind. Die deutsche Feuerwehr-Fahrzeugindustrie steht weltweit mit an führender Stelle. Sie ist sehr leistungsfähig und besitzt vor allem bei Drehleitern und Sonderfahrzeugen seit jeher einen hohen Exportanteil.

Verwendungszweck:	*Automobilspritze*
Fahrgestelltyp:	*Benz-Gaggenau, Typ 2 CN*
Baujahr:	*1921*
Leistung der Pumpe:	*1200 l/min*
Löschwasservorrat:	*–*

Ein ebenfalls elastikbereiftes Fahrzeug ist diese 1921 von der Freiwilligen Feuerwehr Baiersbronn im Schwarzwald in Dienst gestellte und museal erhaltene Automobilspritze auf Benz-Gaggenau-Fahrgestell. Für die Fortbewegung des offen ausgeführten Fahrzeugs ist ein Vierzylinder-Vergasermotor mit 6272 ccm Hubraum und 45 PS Leistung zuständig. Das Fahrgestell ist für 2 t Nutzlast bei einem Gesamtgewicht von 3600 kg ausgelegt. Die Feuerlöschpumpe des von Metz in Karlsruhe aufgebauten Fahrzeugs ist am Heck angeordnet. Während sich auf der über den Mannschaftslängssitzen angebrachten Dachgalerie eine Schiebleiter, Einreißhaken und andere sperrige Gegenstände befinden, sind beidseitig vor dem Fahrerraum Standrohre angebracht.

Verwendungszweck:	*Automobilspritze*
Fahrgestelltyp:	*Magirus Typ 2 Cl*
Baujahr:	*1924*
Leistung der Pumpe:	*1150 l/min*
Löschwasservorrat:	–

Im Jahr 1924 erhielt die Freiwillige Feuerwehr Bad Kissingen diese von Magirus in Ulm ausgebaute Automobilspritze. Wie bei Magirus im Allgemeinen üblich, griff man auch hier auf ein werkseigenes Fahrgestell zurück. Das 2,5-t-Chassis verfügt über einen Vierzylinder-Vergasermotor mit 4710 ccm Hubvolumen, der 45 PS Leistung bei 1100 U/min erzeugen kann. Das mit Kardanantrieb auf die Hinterräder ausgerüstete Fahrzeug besitzt eine heckseitig installierte Feuerlöschkreiselpumpe des Typs II von Magirus und bereits einen Schaumlöschmittel-Zumischer von Minimax. Aus der Zeit des Dritten Reiches, als die Feuerwehren der Polizei unterstanden, stammt das Kennzeichen vorn am Fahrzeug. Auf der Galerie sind Steckleiterteile gelagert. Vorn befinden sich zwei Arbeitsstellenscheinwerfer.

Verwendungszweck:	*Automobilspritze*
Fahrgestelltyp:	*Opel Typ 12/50*
Baujahr:	*1928*
Leistung der Pumpe:	*800 l/min*
Löschwasservorrat:	–

Diese 1928 gebaute Opel-Automobilspritze hat einen Aufbau des Kölner Feuerwehr-Ausrüsters August Hoenig, von dem auch die Vorbaupumpe stammt. Für den nötigen Vortrieb des Zweitonners sorgt ein Sechszylinder-Vergasermotor mit 3634 ccm Rauminhalt, der 50 PS bei 2800 U/min zu leisten vermag. Im Kastenaufbau am Heck war ursprünglich eine tragbare Kleinmotorspritze (zuletzt TS 8/8) gelagert. Dieses seltene, luftbereifte Fahrzeug wurde seinerzeit von der Freiwilligen Feuerwehr Merkstein beschafft und musste infolge einer nicht mehr den Sicherheitsbestimmungen entsprechenden Bremsanlage im Jahr 1953 seinen Dienst quittieren.

Verwendungszweck:	*Automobilspritze*
Fahrgestelltyp:	*MAN Typ 3 Zc*
Baujahr:	*1921*
Leistung der Pumpe:	*1000 l/min*
Löschwasservorrat:	–

Der Ulmer Feuerwehrausrüster Magirus errichtete Feuerwehrfahrzeuge nicht nur auf eigenen Fahrgestellen, auch wenn dies überwiegend der Fall war. 1921 baute Magirus eine Automobilspritze auf einem Dreitonnenchassis der Maschinenfabrik Augsburg-Nürnberg (MAN) auf. Unter der Motorhaube dieses elastikbereiften Fahrzeugs arbeitet ein Vierzylinder-Vergasermotor mit 6302 ccm Hubraum, der 55 PS bei 1000 U/min hervorbringen kann und eine Maximalgeschwindigkeit von 60 km/h erreichen lässt. Für die Werkfeuerwehr der Augsburger-Kammgarn-Spinnerei AG war dieser Veteran noch zu Beginn der 1980er Jahre als Einsatzfahrzeug unverzichtbar. Heute wird der Wagen von der MAN in München museal erhalten.

Verwendungszweck:	*Kraftfahrspritze KS 15*
Fahrgestelltyp:	*Hansa-Lloyd Typ LK*
Baujahr:	*1939*
Leistung der Pumpe:	*1500 l/min als*
	Vorbaupumpe
Löschwasservorrat:	*–*

Bei einer Werkfeuerwehr im süddeutschen Raum bis 1991 noch unverzichtbar war diese im Jahr 1939 von Magirus mit einem geschlossenen Aufbau erstellte Kraftfahrspritze (KS) 15. Der Aufbau erfolgte auf ein LK-Fahrgestell der Hansa-Lloyd-Goliath-Werke AG (später Borgward), Bremen. Diese Sonderausführung für Feuerwehrzwecke ist mit einem 60 PS starken Sechszylinder-Vergasermotor mit 3444 ccm Hubvolumen bestückt. Das Fahrzeug gehört zu einer Serie der nach den Richtlinien des Reichsluftfahrtministeriums (RLM) erstellten mittelschweren Kraftfahrspritzen, die ab 1936 in ansehnlichen Stückzahlen von vielen deutschen Feuerwehren in Dienst genommen wurden.

Verwendungszweck:	*Automobilspritze*
Fahrgestelltyp:	*Magirus Typ 2 CS*
Baujahr:	*1929*
Leistung der Pumpe:	*1000 l/min*
Löschwasservorrat:	*–*

Im Jahr 1928 orderte die Freiwillige Feuerwehr Holzkirchen eine Automobilspritze bei Magirus in Ulm. Das Fahrzeug wurde im April 1929 an den Besteller ausgeliefert. Angetrieben wird das Magirus-Fahrgestell von einem Vierzylinder-55-PS-Vergasermotor mit 4712 ccm Hubraum, der dem Fahrzeug zu einer Maximalgeschwindigkeit von 55 km/h verhilft. Das Steigvermögen beträgt bis zu 20 %; der Verbrauch liegt bei etwa 20 l auf 100 Kilometer. Die Automobilspritze beförderte eine Besatzung von acht Mann zum Einsatz, die immerhin durch ein Faltverdeck aus Segeltuch gegen Witterungseinflüsse geschützt waren. Der heute als restauriertes Museumsstück erhaltene Veteran blieb bis 1957 im Einsatz.

Verwendungszweck:	*Automobildrehleiter 26 m*
Fahrgestelltyp:	*Mercedes-Benz LD 2*
Baujahr:	*1929*
Leistung der Pumpe:	*–*
Löschwasservorrat:	*–*

Verwendungszweck:	*Kraftfahrspritze KS 15*
Fahrgestelltyp:	*Mercedes-Benz LoS 2000*
Baujahr:	*1938*
Leistung der Pumpe:	*–*
Löschwasservorrat:	*–*

Eine vermutlich von der Berliner Feuerwehr beschaffte, 1929 von Magirus auf einem Daimler-Benz-Chassis aufgebaute 26-Meter-Drehleiter wird vom Feuerwehrmuseum Salzbergen erhalten. Die Bewegungen des stahlarmierten Holzleiterparks werden mechanisch vorgenommen. Ursprünglich war das von einem 100 PS starken Sechszylinder-Vergasermotor mit 7793 ccm Hubvolumen angetriebene Fahrzeug auf allen vier Rädern elastikbereift. Zu einem späteren Zeitpunkt wurde die Vorderachse auf Luftreifen umgerüstet. Ansonsten befindet sich dieses Schmuckstück noch weitgehend im Originalzustand.

1938 stellte die Freiwillige Feuerwehr Gaggenau diese von der Firma Metz auf einem Daimler-Benz-Niederrahmenfahrgestell aufgebaute Kraftfahrspritze (KS) 15 in Dienst. Dieses mittlerweile wieder optimal restaurierte Fahrzeug ist mit seinem durch Segeltuchverdeck mit Cellonscheiben geschützten Fahrer- und Mannschaftsraum ein typisches Fahrzeug aus der Überleitungsphase zu geschlossenen Karosserieaufbauten. Im kastenartigen Aufbau am Heck ist eine tragbare Kraftspritze gelagert. Unter der Motorhaube wirkt ein Vierzylinder-Vergasermotor mit 3770 ccm Hubraum, der 55 PS bei 2000 U/min erzeugen kann. Die Höchstgeschwindigkeit liegt bei 75 km/h. Bis 1955 besaß der Wagen eine Vorbaupumpe.

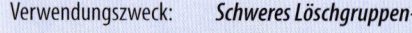

Verwendungszweck:	**Schweres Löschgruppen-**
	fahrzeug SLG
	(später LF 15)
Fahrgestelltyp:	**Magirus-Deutz (KHD)**
	S 3000
Baujahr:	**1942**
Leistung der Pumpe:	**1500 l/min**
Löschwasservorrat:	**400 l**

Zur Ausrüstung der Löschgruppe in mittleren und größeren Orten war das Schwere Löschgruppenfahrzeug (SLG) gedacht. Diese ab 1943 ab LF 15 bezeichneten Fahrzeuge wurden auf Magirus- oder Daimler-Benz-Fahrgestellen von verschiedenen Feuerwehrausrüstern aufgebaut. Hier ein von der Freiwilligen Feuerwehr Norderney beschafftes Fahrzeug auf Magirus-Chassis, das ein Sammler in der ursprünglich tannengrünen Lackierung der Feuerschutzpolizei restaurierte. Das Dreitonnen-Fahrgestell wird von einem Vierzylinder-Deutz-Dieselmotor mit Wasserkühlung mit 4942 ccm Hubvolumen und 80 PS Leistung fortbewegt.

Verwendungszweck:	**Kraftfahrspritze KS**
	(später LF 8)
Fahrgestelltyp:	**Opel-Blitz 3 t Typ 3,6-42**
Baujahr:	**1939**
Leistung der Pumpe:	**–**
Löschwasservorrat:	**–**

Diese von den Mitgliedern des Löschzugs Neviges der Freiwilligen Feuerwehr Velbert voll betriebsfähig und originalgetreu wieder hergerichtete Kraftfahrspritze (KS) wurde 1939 vom

Feuerwehrausrüster Hermann Koebe in Luckenwalde auf einem Opel-Blitz-3-t-Fahrgestell mit 4,20 m Radstand errichtet. Dieses Fahrzeug ist mit einer vom Heck her zugänglichen 800 l/min-Tragkraftspritze bestückt und befand sich noch zu Beginn der 1980er Jahre im regulären Einsatz. Unter der Motorhaube arbeitet ein Sechszylinder-Vergasermotor mit 3626 ccm Hubraum mit 75 PS Leistung bei 3120 U/min. In diesem Fahrzeug befindet sich Platz für eine komplette Löschgruppe von neun Personen.

Verwendungszweck:	**Kraftzugspritze KzS 8**
Fahrgestelltyp:	**Opel-Blitz 1,5 t**
Baujahr:	**1939**
Leistung der Pumpe:	**–**
Löschwasservorrat:	**–**

Ab 1938 wurde das 1,5-t-Opel-Blitz-Modell mit geschlossenem Fahrerhaus aus Stahlblech zum Bau von Kraftzugspritzen (KzS) 8 verwendet. Dieses aus dem Löschkraftwagen (Lskw) und einem einachsigen Kraftspritzenanhänger bestehende Gespann bildete eine Einheit und konnte eine komplette Löschgruppe befördern. Die 800 l/min-Feuerlöschpumpe musste aus Gewichtsgründen im Anhänger mitgeführt werden. Der Mannschaftsraum besitzt Längsbänke und wird durch ein mit Cellonscheiben versehenes, abnehmbares Segeltuchverdeck geschützt. Der Antrieb erfolgt durch ein Sechszylinder-Vergaseraggregat mit 2473 ccm Hubraum und 55 PS. Für den Aufbau dieses vorbildlich restaurierten Fahrzeugs war der Karlsruher Feuerwehrausrüster Carl Metz verantwortlich.

Verwendungszweck:	Leichtes Löschgruppen-fahrzeug LLG (später LF 8)
Fahrgestelltyp:	Mercedes-Benz L 1500 S
Baujahr:	1943
Leistung der Pumpe:	–
Löschwasservorrat:	–

Für die Feuerwehren kleinerer Gemeinden war das seit Mitte 1941 auf dem Mercedes-Benz L 1500 S gefertigte Leichte Löschgruppenfahrzeug (LLG) vorgesehen. Dieses von einem Sechszylinder-Vergasermotor mit 2594 ccm Hubraum und 60 PS Motorleistung bestückte Fahrzeug erreichte mit 75 km/h seine Höchstgeschwindigkeit. Auch in diesem Fall musste die 800 l/min-Tragkraftspritze in einem separaten Anhänger mitgeführt werden. Den Aufbau des hier abgebildeten Fahrzeugs erstellte Daimler-Benz in Sindelfingen. Daneben gab es aber auch Fertigungen anderer Hersteller. Mindestens 3626 Exemplare wurden bis 1944 gefertigt. Der Tragkraftspritzenanhänger stammt von Rosenbauer. Bei der Freiwilligen Feuerwehr Dollerup bei Flensburg stand dieses gut gepflegte Fahrzeug als LF 8 noch unlängst im Einsatz.

Verwendungszweck:	Kraftfahrspritze KS 25/36 (später LF 25)
Fahrgestelltyp:	Mercedes-Benz LoS 3750
Baujahr:	1937
Leistung der Pumpe:	2500 l/min
Löschwasservorrat:	300 l

Eine weitere Kraftfahrspritze (KS) 25 auf Mercedes-Benz-Chassis wird hier gezeigt. Dieses Fahrzeug entspricht dem

Verwendungszweck:	Kraftfahrspritze KS 25 (später LF 25)
Fahrgestelltyp:	Mercedes-Benz L 4500 F
Baujahr:	1941
Leistung der Pumpe:	2500 l/min
Löschwasservorrat:	300 l

Die Kraftfahrspritze (KS) 25 und das Große Löschgruppenfahrzeug (GLG) waren die größten getypten Löschfahrzeuge in den 1940er Jahren. Während man zu diesem Zweck Fahrgestelle von Daimler-Benz und Magirus verwandte, stammten die Aufbauten der in ansehnlichen Stückzahlen gefertigten Fahrzeuge von Magirus und von der Karlsruher Firma Metz. Hier ist die auf einem 4,5-t-Daimler-Benz-Chassis von Magirus in Ulm errichtete KS 25-Variante zu sehen. Für den entsprechenden Vortrieb dieses beeindruckenden Fahrzeugs sorgt ein wassergekühlter Sechszylinder-Diesel mit 7270 ccm Hubraum und 112 PS Motorleistung. Der abgebildete Wagen stand noch in den 1980er Jahren bei der Freiwilligen Feuerwehr Achern in Dienst.

vom damaligen Reichsluftfahrtministerium (RLM) im Jahr 1936 festgelegten Baumuster und wurde von Metz erstellt. Von den nachfolgenden Großen Löschgruppenfahrzeugen (GLG) ist die KS 25 durch die nur mit Segeltuchverdecken geschützten hinteren Pumpenstände zu unterscheiden. Das mit einem 100 PS starken Sechszylinder-Diesel mit 7270 ccm Rauminhalt bestückte Fahrzeug verblieb nach Kriegsende in der ehemaligen DDR und stand bis Mitte der 1970er Jahre bei der Freiwilligen Feuerwehr Düben im Einsatz.

Verwendungszweck:	Kraftfahrspritze KS 25 (später LF 25)
Fahrgestelltyp:	Büssing-NAG Typ 500
Baujahr:	1940
Leistung der Pumpe:	2500 l/min
Löschwasservorrat:	300 l

Obwohl üblicherweise Fahrgestelle von Daimler-Benz und Magirus als Basis für Kraftfahrspritzen (KS) 25 verwendet wurden, kamen vereinzelt auch andere Hersteller zum Zuge. Zu diesen Seltenheiten zählt dieses auf einem Fahrgestell des Braunschweiger Lastwagenherstellers Büssing errichtete Fahrzeug, welches von einem wassergekühlten Sechszylinder-Diesel mit 7413 ccm Hubraum angetrieben wird, der 105 PS erzeugen kann. Dieser Hersteller spielte als Fahrgestelllieferant für Brandschutzfahrzeuge nur eine Außenseiterrolle. Den Aufbau besorgte der Feuerwehrausrüster Gustav-Adolf Fischer in Görlitz. Dieses beeindruckende, seit 1943 als LF 25 eingeordnete Fahrzeug befand sich bis 1977 bei der Freiwilligen Feuerwehr Aue im Einsatz und gehört heute einem Privatsammler.

Verwendungszweck:	Großes Löschgruppenfahrzeug GLG (später LF 25)
Fahrgestelltyp:	Magirus-Deutz (KHD) S 4500
Baujahr:	1942
Leistung der Pumpe:	2500 l/min
Löschwasservorrat:	1500 l

Im Auftrag des Reichsinnenministeriums entstanden die nach dem Schell-Plan entworfenen vereinheitlichten Feuerwehrfahrzeugtypen, zu denen auch das Große Löschgruppenfahrzeug (GLG) gezählt wird. Diese verbesserten Modelle bauten auf den vorausgegangenen Kraftfahrspritzentypen auf. So war der Löschwasservorrat bei diesen erheblich größer. Auch hier kamen fast ausschließlich Fahrgestelle von Magirus und Daimler-Benz zur Verwendung; die Aufbauten wiederum fertigten Magirus und Metz. Einen Magirus-Aufbau besitzt das abgebildete, von der Freiwilligen Feuerwehr Mühldorf/Inn bis in die 1970er Jahre eingesetzte Fahrzeug, das von einem Sechszylinder-Diesel mit 7270 ccm Hubraum und 125 PS Leistung angetrieben wird.

Deutschland 🇩🇪

Verwendungszweck:	**Kraftfahrdrehleiter KL 17 (später DL 17 m)**
Fahrgestelltyp:	**Opel-Blitz Typ 1,5 t**
Baujahr:	**1938**
Leistung der Pumpe:	**–**
Löschwasservorrat:	**–**

Diese handbetätigte Magirus-Kraftfahrdrehleiter (KL) 17 mit mechanischem Antrieb der Leiterbewegungen wurde auf einem leichten 1,5-t-Opel-Chassis aufgebaut. Der aus dem Opel-Pkw-Bau stammende, in der Drehzahl gedrosselte Sechszylinder-Vergasermotor mit 2473 ccm Hubvolumen und 55 PS Leistung hatte ein zulässiges Gesamtgewicht von 3310 kg zu bewegen. Diese sehr handlichen und wendigen Leiterfahrzeuge waren besonders bei kleineren Wehren sehr beliebt. 1981 stand das Fahrzeug bei der Freiwilligen Feuerwehr Celle im Dienst und gelangte später an die Feuerwehr Hermannsburg.

Verwendungszweck:	**Kraftfahrspritze KS 25 (später LF 25)**
Fahrgestelltyp:	**Magirus-Deutz (KHD) FS 145**
Baujahr:	**1940**
Leistung der Pumpe:	**2500 l/min**
Löschwasservorrat:	**300 l**

Eine Kraftfahrspritze (KS) 25 auf Magirus-Fahrgestell zeigt diese Abbildung. Dieses mächtige, ebenfalls von Magirus erstellte Fahrzeug mit seiner beindruckend langen Motorhaube entsprach dem 1936er Baumuster des Reichsluftfahrtministeriums, wurde ab 1943 als LF 25 bezeichnet und erst 1982 aus dem Einsatzdienst der Freiwilligen Feuerwehr Velbert entfernt. Der gewaltige wassergekühlte Sechszylinder-Diesel besitzt 9122 ccm Hubraum und kann 125 PS bei 2000 U/min erzeugen. Seit mehr als 20 Jahren befindet sich das Fahrzeug nun im Feuerwehrmuseum Heiligenhaus.

Verwendungszweck:	**Kraftfahrdrehleiter KL 26 (später DL 26 m)**
Fahrgestelltyp:	**Mercedes-Benz LoD 3750**
Baujahr:	**1939**
Leistung der Pumpe:	**–**
Löschwasservorrat:	**–**

In den 1930er Jahren setzte ein deutlicher Aufwärtstrend bei der Beschaffung von Drehleitern ein. Hier war es vor allem die mechanische Kraftfahrdrehleiter (KL) 26, die über einen vier-

teiligen Ganzstahlleitersatz verfügte, die verlangt wurde. Am Bau beteiligten sich sowohl Magirus als auch Metz, Letzterer unter Verwendung von Fahrgestellen der Marke Daimler-Benz. Das abgebildete, auf einem Niederrahmenfahrgestell dieses Herstellers von Metz errichtete Fahrzeug wurde ursprünglich von der Freiwilligen Feuerwehr Baden-Baden in Dienst gestellt und später von der Feuerwehr Ittersbach noch weiter genutzt. Der Antrieb erfolgt durch einen Sechszylinder-Dieselmotor mit 100 PS.

Verwendungszweck:	**Schwere Drehleiter SDL (später DL 22 m)**
Fahrgestelltyp:	**Mercedes-Benz L 4500 F**
Baujahr:	**1943**
Leistung der Pumpe:	**–**
Löschwasservorrat:	**–**

Für die getypte Schwere Drehleiter (SDL) wurde in der Mehrzahl das 4,5-t-Fahrgestell von Daimler-Benz, in geringerem Umfang aber auch das gleichgewichtige GFL-145-Chassis von Klöckner-Deutz (Magirus) verwendet. Der mechanisch angetriebene vierteilige Stahlleitersatz mit 22 m Steighöhe und einem zusätzlichen Handausschub von zwei Metern stammte in beiden Fällen von Magirus. Etwa 210 dieser Fahrzeuge wurden während des Krieges fabriziert. Hier ist die Daimler-Benz-Fahrgestellvariante zu sehen, die durch einen Sechszylinder-Diesel mit 112 PS fortbewegt wird. Das abgebildete Fahrzeug stand noch Anfang der 1980er Jahre als Reserveleiter bei der Berufsfeuerwehr Göttingen im Dienst.

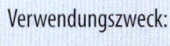

Verwendungszweck:	Tanklöschfahrzeug TLF 15/43
Fahrgestelltyp:	Opel-Blitz Typ 6700 A
Baujahr:	1943
Leistung der Pumpe:	1500 l/min
Löschwasservorrat:	2500 l

Seit Beginn des Jahres 1943 wurden von Magirus in Ulm Tankspritzen TSH 515 auf Klöckner-Deutz-Fahrgestellen gefertigt. Diese Modelle führten dann Ende des gleichen Jahres zum Bau von Tanklöschfahrzeugen TLF 15/43, die auf dem 3-t-Opel-Allradchassis gebaut wurden. Das neue TLF beförderte drei Mann Besatzung. Neben dem unverkleideten Wasserbehälter befand sich die Feuerlöschkreiselpumpe am Heck des Fahrzeugs. Die Fahrzeuge bewährten sich während des Bombenkriegs bei Ausfall der Wasserversorgung und beim Ablöschen von Entstehungsbränden hervorragend, standen aber mit nur rund 750 Einheiten in einer viel zu geringen Zahl zur Verfügung. Dieses Fahrzeug wurde originalgetreu in der ab September 1943 üblichen dunkelgelben Lackierung (RAL 7028) restauriert.

Verwendungszweck:	Drehleiter DL 17 m
Fahrgestelltyp:	Opel-Blitz Typ 3,6-42
Baujahr:	1951
Leistung der Pumpe:	–
Löschwasservorrat:	–

Eine von Metz aufgebaute Drehleiter DL 17 m mit mechanischem Antrieb der Leiterbewegungen erhielt die Freiwillige Feuerwehr Homberg am Niederrhein. Als motorisierte Plattform wählte man das Dreitonnen-Fahrgestell von Opel, welches zu Beginn der 1950er Jahre in einer kleinen Auslaufserie bei Opel in Rüsselsheim aus Restteilen gefertigt wurde. Der Antrieb erfolgte durch einen Sechszylinder-Vergasermotor mit 3630 ccm Hubvolumen und 68 PS Leistung. Bis Ende der 1970er Jahre stand diese heute bei der Berufsfeuerwehr Duisburg als Traditionsfahrzeug museal erhaltene Drehleiter im Dienst.

Verwendungszweck:	Kraftfahrdrehleiter KL 26
	(später DL 26 m)
Fahrgestelltyp:	Magirus-Deutz (KHD)
	FL 145
Baujahr:	1940
Leistung der Pumpe:	–
Löschwasservorrat:	–

Zur Jahresmitte 1938 unterzog Magirus die Haubenverkleidungen der 4,5-t-Typen einer optischen Modifikation, indem nun die Kühlerlüftungsgitter und -verkleidungen schräggestellt bzw. verrundet wurden. Auf diesen Fahrgestellen entstanden neben Kraftfahrspritzen (KS) 25 auch zahlreiche von Magirus in Ulm erstellte Drehleitern mit 26 m Auszugslänge. Unter der langen Motorhaube arbeitete ein Sechszylinder-Deutz-Diesel mit Wasserkühlung, 9112 ccm Hubraum und 125 PS Leistung. Auch diese Modelle erwiesen sich als außerordentlich solide und langlebig, wie das Beispiel dieses restaurierten und museal erhaltenen Exemplars der Freiwilligen Feuerwehr Datteln beweist.

Verwendungszweck:	Kraftfahrdrehleiter KL 26
	(später DL 26 m)
Fahrgestelltyp:	Büssing-NAG Typ 500
Baujahr:	1940
Leistung der Pumpe:	–
Löschwasservorrat:	–

Ein prachtvolles Einzelstück ist die von Metz aufgebaute Kraftfahrdrehleiter (KL) 26 auf einem Büssing-NAG-Fahrgestell. Die Berufsfeuerwehr der Stadt Braunschweig wählte dieses 5-t-Fahrgestell des ortsansässigen Herstellers aus Gründen der Nähe zur Erzeugungsstätte. Das Chassis verfügt über einen Sechszylinder-

Diesel mit Wasserkühlung, 7412 ccm Hubraum und 105 PS, die bei 1800 U/min erzeugt werden. Das Fahrzeug stand bis 1970 bei seinem Erstbesitzer im Dienst, wurde anschließend restauriert und gehört heute einem Privatsammler.

Verwendungszweck:	*Löschgruppenfahrzeug LF 8*
Fahrgestelltyp:	*Opel-Blitz Typ 3,6-36*
Baujahr:	*1944*
Leistung der Pumpe:	*800 l/min*
Löschwasservorrat:	*–*

Aus Rohstoffmangel mussten im Verlauf des Zweiten Weltkriegs immer mehr Erzeugnisse vereinfacht werden. Das betraf auch die Feuerwehrfahrzeuge. Ab 1944 wurden viele Fahrzeuge anstelle der üblichen, mit Stahlblech beplanten Holzrahmen nunmehr in einfach zu fertigender, kantiger Bauweise aus Presspappe oder Hartfaserplatten ausgeführt. So auch dieses LF 8 mit Magirus-Aufbau, das auf dem Dreitonner von Opel – zu der Zeit war es das einzige im Deutschen Reich noch gefertigte Lastwagenchassis – entstand. Obwohl nur für eine kurze Lebensdauer vorgesehen, überdauerte manches Exemplar, wie dieses ehemalige Fahrzeug der Freiwilligen Feuerwehr Werneck, viele Jahrzehnte.

Verwendungszweck:	*Schaumtankfahrzeug (später TLF)*
Fahrgestelltyp:	*GMC CCKW 353 (6 x 6)*
Baujahr:	*1943 (Umbau 1950/51)*
Leistung der Pumpe:	*2500 l/min*
Löschwasservorrat:	*2300 l (ab 1981)*

Eine Rarität ist dieses bei dem Hagener Feuerwehrrüster Meyer-Hagen auf einem US-amerikanischen Allrad-Dreiachs-Militärfahrgestell entstandene Schaumtankfahrzeug. Das Vergaserchassis wurde für seinen zivilen Einsatz auf einen sparsameren Henschel-Sechszylinder-Dieselmotor mit 95 PS Leistung umgerüstet. Zusammen mit zwei weiteren, nahezu baugleichen Exemplaren wurde das mit einem 2300-l-Schaummitteltank ausgerüstete Fahrzeug von der Werkfeuerwehr der Union Rheinische Braunkohlen-Kraftstoff-Aktiengesellschaft (Union-Kraftstoff) in Wesseling bei Köln in Dienst gestellt. Es stand bis 1991, zuletzt als reines Tanklöschfahrzeug, im Dienst. Anschließend wurde es von einem Sammler aufwändig restauriert.

Verwendungszweck:	*Tragkraftspritzenfahrzeug*
Fahrgestelltyp:	*Dodge WC 52*
Baujahr:	*1943*
Leistung der Pumpe:	*1500 l/min*
Löschwasservorrat:	*–*

Aus dem reichhaltigen Fundus der nach Kriegsende nicht mehr benötigten US-amerikanischen Militärfahrzeuge stammt dieser leichte Dodge 3/4-t-Lastwagen. 1953 wurde er von dem Bayreuther Feuerwehrrüster Paul Ludwig zu einem Tragkraftspritzenfahrzeug mit einer mächtigen Amag-Hilpert-Vorbaupumpe für die Freiwillige Feuerwehr Schottenstein umgerüstet. Das interessante Fahrzeug hat ein zulässiges Gesamtgewicht von 3500 kg und besitzt einen Sechszylinder-Vergasermotor mit 3772 ccm Hubraum und 76 PS Leistung. In den 1980er Jahren befand es sich noch bei einer Löschgruppe im aktiven Bestand.

Verwendungszweck:	*Löschgruppenfahrzeug LF 8*
Fahrgestelltyp:	*Opel-Blitz 1,5 t*
Baujahr:	*1951*
Leistung der Pumpe:	–
Löschwasservorrat:	–

Die Firma Meyer-Hagen stellte dieses formschöne LF 8 für die Freiwillige Feuerwehr Kronach auf einem leichten Opel-Chassis her, welches sich noch Mitte der 1980er Jahre im Einsatz befand. Bemerkenswert ist die bei deutschen Feuerwehrfahrzeugen nicht übliche Elektrofahrsirene, die vorn unterhalb des linken Kotflügels angeordnet ist. Diese Modelle waren sehr zuverlässig, wobei der temperamentvolle Sechszylinder-Vergasermotor mit 2473 ccm Rauminhalt und 55 PS Leistung dem Fahrzeug zu ausgezeichneten Fahrleistungen verhalf – ein bei schnellen Alarmfahrten nicht zu unterschätzender Vorteil. Das LF 8 blieb bis Ende der 1980er Jahre im Einsatzdienst und wird vom Westfälischen Feuerwehrmuseum in Hattingen betriebsfähig erhalten.

Verwendungszweck:	*Löschgruppenfahrzeug LF 8*
Fahrgestelltyp:	*Citroën Typ 23 RW*
Baujahr:	*1952*
Leistung der Pumpe:	–
Löschwasservorrat:	–

Eine Sonderstellung nahm das nach dem Krieg bis 1957 verwaltungsmäßig zu Frankreich gehörende Saarland ein, was sich auch in den von den Feuerwehren beschafften Fahrzeugmodellen widerspiegelte. So wurden in recht großen Stückzahlen LF 8 auf französischen Citroën-Fahrgestellen von verschiedenen regional tätigen Feuerwehrausrüstern aufgebaut und von Wehren dieses Raumes in Dienst gestellt. Das abgebildete, mit einem Lichtmast ausgerüstete Exemplar, verrichtete noch 1982 bei der Freiwilligen Feuerwehr Kleinblittersdorf Einsatzdienste. Der Wagen besitzt einen Vierzylinder-Vergasermotor mit 50 PS Leistung.

Verwendungszweck:	*Löschgruppenfahrzeug LF 8-TSA*
Fahrgestelltyp:	*Opel-Blitz 1,75 t*
Baujahr:	*1957*
Leistung der Pumpe:	*800 l/min*
Löschwasservorrat:	–

Das klassische, in den 1950er Jahren von den freiwilligen Feuerwehren in der Bundesrepublik beschaffte LF 8 war der 1 3/4-Tonner von Opel. Auf diesem sehr erfolgreichen Schnelllastwagenchassis entstanden sehr viele Löschfahrzeuge dieser Gewichtsklasse, an deren Herstellung sich nahezu alle Feuerwehrausrüster des Landes beteiligten. Zusammen mit dem einachsigen Tragkraftspritzenanhänger (TSA), auf dem die 800-l/min-Tragkraftspritze verlastet war, bildete dieses Fahrzeug eine Einheit, die einen selbstständigen Löschangriff ausführen konnte. Traditionsgemäß verfügte auch dieser Opel über einen in diesem Fall 58, später 62 PS starken Vergasermotor. Dieses Gespann entstand bei der Firma Miesen in Bonn.

Verwendungszweck:	Löschgruppenfahrzeug LF 8
Fahrgestelltyp:	Ford FK 2500
Baujahr:	1956
Leistung der Pumpe:	800 l/min
Löschwasservorrat:	–

Auch der Kölner Lkw-Hersteller Ford beteiligte sich am Bau von Löschgruppenfahrzeugen LF 8, wenngleich auch mit weitaus geringerem Erfolg als beispielsweise Opel. Die Freiwillige Feuerwehr Gimborn ließ sich ein solches Fahrzeug von der Firma Miesen/Bonn auf einem 2,5-t-Chassis dieses Lieferanten für eine Löschabteilung aufbauen. Dieses Fahrgestell war mit dem in V-Form ausgebildeten Achtzylinder-Vergasermotor mit 3924 ccm Hubraum und 100 PS Leistung recht üppig motorisiert.

Verwendungszweck:	Löschgruppenfahrzeug LF 8-TSA
Fahrgestelltyp:	Hanomag L 28
Baujahr:	1954
Leistung der Pumpe:	800 l/min
Löschwasservorrat:	–

Der Lastwagenproduzent Hanomag aus Hannover stellte mit dem Modell L 28 im Jahr 1950 den ersten deutschen Diesel-Lkw in der Klasse der leichten Schnelllastwagen vor. Dieses Modell fand auch in der leichten Gewichtsklasse für Feuerwehrfahrzeuge Verwendung. In erster Linie waren es LF 8, die auf diesem Chassis erstellt wurden. Hier ein mit Mittenpumpenanschluss ausgerüstetes Fahrzeug mit Metz-Aufbau und Bachert-Tragkraftspritzenanhänger, das die Freiwillige Feuerwehr Pfaffenrot noch Mitte der 1980er Jahr einsetzte. Das Trägerfahrgestell hat einen Vierzylinder-Dieselmotor mit 2799 ccm Hubraum, der 50 PS leistet.

Verwendungszweck:	Tanklöschfahrzeug LF 15-V-TS (Ausführung Hessen)
Fahrgestelltyp:	Mercedes-Benz LF 3500/42
Baujahr:	1951
Leistung der Pumpe:	1500 l/min
Löschwasservorrat:	1400 l

Sehr groß war in den 1950er Jahren der Nachholbedarf an Tanklöschfahrzeugen, hatte man die Vorzüge dieses Typs doch erst während des Krieges kennen gelernt. Die Nachfrage war so gewaltig, dass manche Aufbauhersteller einen Verkaufsanteil von weit über 50 % vermelden konnten. Mit dem neuen 3,5-t-Fahrgestell mit 90 PS Motorleistung konnte sich Daimler-Benz bald an die Spitze setzen. Das Bundesland Hessen erteilte 1950 den Auftrag einer Sonderserie von TLF, der gemeinsam von Metz und Magirus ausgeführt wurde. Charakteristisch für diese Fahrzeuge war die hohe Dachgalerie, die für die Überlandlöschhilfe mitgeführten großen Schlauchvorräte und die 1500 l/min-Vorbaupumpe. Hier ein Fahrzeug der Freiwilligen Feuerwehr Bad Orb.

Verwendungszweck:	Löschgruppenfahrzeug LF 15
Fahrgestelltyp:	Magirus-Deutz (KHD) S 3500
Baujahr:	1950
Leistung der Pumpe:	1500 l/min
Löschwasservorrat:	800 l

Von 1949 bis 1952 wurde das bewährte LF 15 der Kriegszeit – das frühere Schwere Löschgruppenfahrzeug (SLG) – nahezu unverändert – bis auf den jetzt luftgekühlten Vierzylinder-Dieselmotor – weitergebaut. Ebenso wurde das Chassis auf 3,5 t Tragfähigkeit aufgelastet. Das während der Kriegszeit zur Serienreife gebrachte luftgekühlte Vierzylinder-Dieselaggregat erzeugt 85 PS bei 2300 U/min, das diese Leistung aus 5322 ccm herausholt. Dieses gut gepflegte Exemplar gehörte noch zu Beginn der 1980er Jahre zum Einsatzbestand der Freiwilligen Feuerwehr Woffelsbach/Eifel.

Verwendungszweck:	Tanklöschfahrzeug TLF 15
Fahrgestelltyp:	Mercedes-Benz
	LF 3500/36
Baujahr:	1950
Leistung der Pumpe:	1500 l/min
Löschwasservorrat:	2400 l

Die erste Nachkriegsausführung eines TLF 15 von Metz besitzt neben der geschlossenen Staffelkabine für sechs Personen einen Wassertank in einem umbauten Aufbau über der Hinterachse sowie einen unverkleideten Pumpenbedienstand am Heck mit Schnellangriffseinrichtung sowie zwei seitliche Schlauchhaspeln. Der Aufbau erfolgte auf dem 3,5-t-Daimler-Benz-Fahrgestell mit kurzem Radstand. Dieses Fahrzeug der Freiwilligen Feuerwehr Neustadt a. d. Weinstraße ist zusätzlich mit tragbaren Löscheinrichtungen für die Waldbrandbekämpfung bestückt.

Verwendungszweck:	Löschgruppenfahrzeug
	LF 16
Fahrgestelltyp:	Mercedes-Benz LF 311/42
Baujahr:	1958
Leistung der Pumpe:	1600 l/min
Löschwasservorrat:	800 l

Mit seinem mittelschweren 3,5-t-Fahrgestell konnte Daimler-Benz in den 1950er Jahren auch im Feuerwehrfahrzeugbau in dieser Klasse in Führung gehen. Bis zum Beginn des darauffolgenden Jahrzehnts wurden in erster Linie von Metz/Karlsruhe auch viele Löschgruppenfahrzeuge LF 16 auf diesem Basisfahrgestell errichtet. Hier ein solches Fahrzeug der Freiwilligen Feuerwehr Brake mit Sechszylinder-100-PS-Dieselmotor, das bereits über eine verrundete Panoramafrontscheibe verfügt.

Verwendungszweck:	Tanklöschfahrzeug
	TLF 15/48
Fahrgestelltyp:	Magirus-Deutz (KHD)
	S 3500
Baujahr:	1949
Leistung der Pumpe:	1500 l/min
Löschwasservorrat:	2400 l

Das Magirus-Pendant zum Metz-Entwurf war das bereits seit 1948 lieferbare, sehr ähnlich konstruierte TLF 15/48.

Als Fahrgestell verwendete man das 3,5-t-Chassis von Magirus (KHD) mit luftgekühltem 85-PS-Dieselmotor. Auf beiden Seiten des umkleideten Wassertanks befinden sich Gerätekästen, während am Heck neben der Feuerlöschpumpe eine Schnellangriffseinrichtung mit 30 m Hochdruckschlauch und beidseitig Schlauchhaspeln angeordnet sind. Diese recht häufig vertretenen Modelle erwiesen sich als sehr solide und zählebig, so wie dieses Fahrzeug der Freiwilligen Feuerwehr Vorsfelde.

Verwendungszweck:	Tanklöschfahrzeug TLF 15
Fahrgestelltyp:	Mercedes-Benz
	LF 3500/42
Baujahr:	1954
Leistung der Pumpe:	1500 l/min
Löschwasservorrat:	2400 l

Die nächste TLF-Generation von Metz war in der so genannten abgesetzten Bauform, bei der Mannschafts- und Geräteaufbau räumlich getrennt ausgeführt waren, konstruiert. Das abgebildete, von der Freiwilligen Feuerwehr Grevenbroich beschaffte Fahrzeug, entstand auf dem 3,5-t-Daimler-Benz-Chassis, das von einem wassergekühlten Sechszylinder-Diesel mit 4580 ccm Hubraum bestückt ist, der 90 PS bei 2800 U/min zur Verfügung stellen kann. Das Fahrzeug wurde in den frühen 1980er Jahren von der Wehr als Traditionsfahrzeug restauriert.

Verwendungszweck:	**Tanklöschfahrzeug**
	TLF 15/50
Fahrgestelltyp:	**Magirus-Deutz (KHD)**
	A 3500
Baujahr:	**1951**
Leistung der Pumpe:	**1500 l/min**
Löschwasservorrat:	**2400 l**

Ab 1951 baute Magirus – als erstes westdeutsches allradgetriebenes Feuerwehrfahrzeug der Nachkriegszeit – ein TLF 15 auf einem 3,5-t-Magirus-Fahrgestell. Für die Fortbewegung sorgt das 90-PS-Dieselaggregat mit Luftkühlung, das auch bei den hinterradgetriebenen Fahrzeugen verwendet wurde. Die mit einer Dehnfuge zwischen Mannschafts- und Geräteaufbau ausgerüsteten Allradfahrzeuge wurden in kleinen Stückzahlen vornehmlich in den bayerischen Raum (davon zwei an die BF München) geliefert. Dieses Exemplar der Feuerwehr Mittenwald stand zuletzt bei der Freiwilligen Feuerwehr Unterammergau im Einsatz und wird heute von den Freunden der alten Feuerwehr Mühldorf a. Inn betreut.

Verwendungszweck:	**Tanklöschfahrzeug TLF 15**
Fahrgestelltyp:	**Mercedes-Benz**
	LF 3500/42
Baujahr:	**1952**
Leistung der Pumpe:	**1500 l/min**
Löschwasservorrat:	**800 l**

Auch Metz entzog sich als der hauptsächliche Konkurrent von Magirus dem damals herrschenden Zeitgeschmack nicht und fertigte neben der abgesetzten Bauform für einige Zeit ebenfalls Feuerwehrfahrzeuge in der Omnibusbauform. Bis auf einige wenige mit Allradantrieb abgelieferte Fahrzeuge waren diese Metz-Tanklöschfahrzeuge auf dem hinterradgetriebenen 3,5 t Chassis von Daimler-Benz aufgebaut. Obwohl man dieser Bauform eine besondere Formschönheit nicht absprechen kann, waren die abgerundeten Geräteräume recht unpraktisch und fertigungstechnisch aufwändig und teuer. Dieser Wagen wurde Mitte der 1980er Jahre bei der Freiwilligen Feuerwehr Stadtprozelten als Einsatzfahrzeug angetroffen.

Verwendungszweck:	**Tanklöschfahrzeug**
	TLF 15/50
Fahrgestelltyp:	**Magirus-Deutz (KHD)**
	S 3500
Baujahr:	**1951**
Leistung der Pumpe:	**1500 l/min**
Löschwasservorrat:	**2400 l**

Magirus wiederum ging bei der Konstruktion von Tanklöschfahrzeugen bereits 1950 auf eine Konzeption mit einer allseits verrundeten, durchgehenden Aufbauform mit einer sich konisch nach vorn verjüngenden Motorhaube über. Diese Fahrzeuge vermitteln einen sehr harmonischen Eindruck, zumal Leitern und andere sperrige Ausrüstungsgegenstände der Dachbeladung in das Innere des Geräteaufbaus verbannt wurden. Das luftgekühlte Vierzylinder-Dieselaggregat leistet nun 90 PS bei identischem Hubvolumen.

Verwendungszweck:	**Löschgruppenfahrzeug**
	LF 15
Fahrgestelltyp:	**Magirus-Deutz (KHD)**
	S 3500
Baujahr:	**1955**
Leistung der Pumpe:	**1500 l/min**
Löschwasservorrat:	**800 l**

Im Jahr 1952 präsentierte Magirus erstmals die neuen Rundhauber-Fahrgestelle, die länger als ein Jahrzehnt das Synonym für das klassische Magirus-Feuerwehrfahrzeug dieser Epoche werden sollten. Mit dem verrundeten Aufbau des TLF 15/50 korrespondierte diese neue Haubenform noch weitaus besser als früher. Dabei bildeten Fahrgestell und Aufbau in der so genannten Omnibuslinie in ästhetischer Hinsicht eine Einheit, wie sie nur selten im Karosseriebau erreicht worden ist. Beim LF 15 aber waren die Schiebeleiter und andere sperrige Ausrüstungsgegenstände beim besten Willen nicht mehr im Geräteaufbau unterzubringen, so dass nur die Lagerung auf dem Dach in Frage kam. Dieses von der Freiwilligen Feuerwehr Gummersbach beschaffte Fahrzeug wurde 1984 außer Dienst gestellt.

Verwendungszweck:	*Tanklöschfahrzeug TLF 15*
Fahrgestelltyp:	*Mercedes-Benz LAF 3500/36*
Baujahr:	*1955*
Leistung der Pumpe:	*1500 l/min*
Löschwasservorrat:	*2400 l*

Kurze Radstände und Allradantrieb fanden bei den Tanklöschfahrzeugen seit Mitte der 1950er Jahre immer häufiger Abnehmer. Dies vor allem bei den im ländlichen Umfeld gelegenen Wehren, da diese Fahrzeuge unbestreitbare Vorteile bei Geländefahrten boten. Für städtische Wehren reichte im Allgemeinen der Hinterradantrieb aus. Dieses TLF 15 der Freiwilligen Feuerwehr Rothenburg o. d. Tauber mit Metz-Aufbau verfügt über einen Sechszylinder-Dieselmotor mit Aufladung, die ihm zu einer Leistung von 115 PS verhilft.

Verwendungszweck:	*Tanklöschfahrzeug TLF 8*
Fahrgestelltyp:	*Borgward B 522 A-O*
Baujahr:	*1961*
Leistung der Pumpe:	*800 l/min*
Löschwasservorrat:	*1800 l*

Um kleineren Wehren ein geländetaugliches TLF in die Hand zu geben, das mit einem zulässigen Gesamtgewicht von maximal 7,5 t noch mit dem Führerschein der Klasse 3 gefahren werden konnte, wurde das TLF 8 entwickelt. Besonders stark waren diese von vielen Aufbauherstellern mit Truppkabinen für drei Mann Besatzung gebauten Fahrzeuge in den wald- und heidereichen Regionen Niedersachsens vertreten. Der Bremer Firma Borgward fiel dabei als Fahrgestelllieferant sozusagen eine Schlüsselrolle zu. Das 2,5-t-Allradchassis dieses Herstellers verfügt über einen Sechszylinder-Vergasermotor mit 82 PS. Hier ein von Metz erstelltes Fahrzeug.

Verwendungszweck:	*Tanklöschfahrzeug TLF 16-T*
Fahrgestelltyp:	*Magirus-Deutz (KHD) F Mercur 125 A*
Baujahr:	*1956*
Leistung der Pumpe:	*1600 l/min*
Löschwasservorrat:	*2800 l*

Eine Abart des TLF 16 stellte das ebenfalls von niedersächsischen Wehren häufig beschaffte TLF 16-T dar. Oft auch als Waldbrand-TLF bezeichnet, wurden diese Modelle fast ausschließlich mit Allradantrieb geliefert. Der Unterschied zum „normalen" TLF bestand im vergrößerten Wasservorrat und der Ausstattung mit einem Wenderohr, was aber zu Lasten von Besatzungsstärke und Geräteausstattung – hier vor allem des Schlauchvorrats – ging. Ihr Aufbau erfolgte von Metz und Magirus vordergründig auf Fahrgestellen von Daimler-Benz und Magirus. Das abgebildete Fahrzeug verfügt über einen luftgekühlten Sechszylinder-Diesel mit 125 PS.

Verwendungszweck:	Tanklöschfahrzeug TLF 16-T
Fahrgestelltyp:	Mercedes-Benz LAF 311/36
Baujahr:	1955
Leistung der Pumpe:	1600 l/min
Löschwasservorrat:	2800 l

Auf dem 3,5-t-Allradfahrgestell von Daimler-Benz mit kurzem Radstand errichtete die damals noch als Feuerwehrausrüster tätige Firma Graaff in Elze bei Hannover dieses TLF 16-T für die Freiwillige Feuerwehr Lastrup. Diese Tanklöschfahrzeuge hatten nur drei Mann Besatzung, was im Einsatz verschiedlich zu Problemen führen konnte. Als Wasserzubringerfahrzeuge waren sie noch bis in die 1980er Jahre für Einsätze abseits der Straßen unverzichtbar.

Verwendungszweck:	Löschgruppenfahrzeug LF 16
Fahrgestelltyp:	Mercedes-Benz LAF 311/42
Baujahr:	1959
Leistung der Pumpe:	1600 l/min
Löschwasservorrat:	800 l

Bei den Feuerwehraufbauten auf Daimler-Benz-Fahrgestellen war die Firma Metz infolge eines zwischen beiden Unternehmen herrschenden Kooperationsvertrags in den 1950er Jahren führend. Andere Ausrüster blieben daher verhältnismäßig selten. Zu den Ausnahmen zählt dieses mit Bachert-Aufbau und Allradantrieb von der Freiwilligen Feuerwehr Ennepetal beschaffte LF 16, das von einem aufgeladenen Sechszylinder Diesel mit 115 PS angetrieben wird. Bei der Auslieferung hatte der Wagen eine Vorbauseilwinde, die später entfernt wurde.

Verwendungszweck:	Löschgruppenfahrzeug LF 16
Fahrgestelltyp:	Magirus-Deutz (KHD) F Mercur 125
Baujahr:	1961
Leistung der Pumpe:	1600 l/min
Löschwasservorrat:	800 l

Seit 1958 entfernte sich auch Magirus wieder von der runden Omnibuslinie und ging auch bei den Löschgruppenfahrzeugen zur abgesetzten Bauweise über. Bei den Tanklöschfahrzeugen war dies bereits Mitte der 1950er Jahre vollzogen worden. Fahrer- und Mannschaftsraum bildeten dabei eine Einheit; der Geräteraum hingegen war hiervon getrennt. Dieses Bild zeigt ein solches mit luftgekühltem 125-PS-Diesel motorisierte LF 16, das die Werkfeuerwehr der Continental-Gummiwerk AG, Hannover beschaffte.

Verwendungszweck:	*Drehleiter DL 30 h*
Fahrgestelltyp:	*Magirus-Deutz (KHD)*
	F Mercur 125
Baujahr:	*1958*
Leistung der Pumpe:	*–*
Löschwasservorrat:	*–*

In der zweiten Hälfte der 1950er Jahre bildete sich auf dem deutschen Inlandsmarkt die Baugröße DL 30 mit hydraulischem Leiterantrieb als Standarddrehleiter für städtische Feuerwehren immer mehr heraus. Denn diese Fahrzeuge boten ein solides und ausgewogenes Kosten-Nutzen-Verhältnis. Auch bei der Berufsfeuerwehr Solingen befand sich ein solches, von Magirus aufgebautes Fahrzeug im Einsatz, das nach entsprechender Totalrestauration als Teil eines Dreifahrzeug-Löschzugs als Museumsstück erhalten wird.

Verwendungszweck:	*Drehleiter DL 25-T*
Fahrgestelltyp:	*Magirus-Deutz (KHD)*
	F Mercur 125
Baujahr:	*1961*
Leistung der Pumpe:	*–*
Löschwasservorrat:	*–*

Verhältnismäßig selten waren Drehleitern mit Truppkabinen bei deutschen Feuerwehren anzutreffen. Dem Nachteil einer auf nur drei Mann reduzierten Besatzung stand der Vorteil gegenüber, dass sich bei diesen Fahrzeugen fast immer die serienmäßigen Lkw-Fahrerhäuser verwenden ließen. Das kam dem Haushaltsetat von sparsamen oder weniger finanzkräftigen Kommunen zu Gute. Hier ist eine derartige hydraulische DL 25 h zu sehen, die seinerzeit die Freiwillige Feuerwehr Kirchheim unter Teck beschaffte.

Verwendungszweck:	*Wasserzubringerfahrzeug*
Fahrgestelltyp:	*Magirus-Deutz (KHD)*
	Mercur 125
Baujahr:	*1962*
Leistung der Pumpe:	*1600 l/min*
Löschwasservorrat:	*4000 l*

Die Bereitschaftspolizei beschaffte seit den frühen 1950er Jahren Wasserwerfer-Kraftwagen auf unterschiedlichen Fahrgestellen. Nach Außerdienststellung gelangte so manches Exemplar als preisgünstiges Wasserzubringerfahrzeug in Feuerwehrdienste. So auch dieses Einsatzfahrzeug der Freiwilligen Feuerwehr Gillenfeld/Eifel, das über einen luftgekühlten Sechszylinder-Diesel mit 7983 ccm Hubraum und 125 PS Motorleistung verfügte. Als Zusatzaggregat für die zweistufige Kreiselpumpe diente ein VW-Industriemotor.

Verwendungszweck:	*Trocken-Tanklöschfahr-*
	zeug TroTLF 16
Fahrgestelltyp:	*Magirus-Deutz (KHD)*
	F Mercur 145 A
Baujahr:	*1961*
Leistung der Pumpe:	*1600 l/min*
Löschwasservorrat:	*1500 l*

Ein ursprünglich von der Berufsfeuerwehr München beschafftes allradgetriebenes TroTLF 16 mit Magirus-Aufbau und Total-Pulverlöschanlage mit 750 kg Inhalt setzte die Freiwillige Feuerwehr Wartenberg-Angersbach in Hessen noch im Jahre 1997 ein. Das Fahrzeug war mit zwei Schnellangriffseinrichtungen für Wasser und Pulver ausgerüstet. Der luftgekühlte Sechszylinder-V-Dieselmotor leistete 145 PS. Bevor das Fahrzeug 1975 an diese Wehr verkauft wurde, diente es mit ausgebauter Pulverlöschanlage noch bei der Freiwilligen Feuerwehr München.

Verwendungszweck:	*Sonderlöschmittelfahr-*
	zeug SLF 24/50
Fahrgestelltyp:	*Magirus-Deutz (KHD)*
	F Jupiter
Baujahr:	*1962*
Leistung der Pumpe:	*2400 l/min*
Löschwasservorrat:	*–*

Ein typisches Sonderlöschfahrzeug einer Werkfeuerwehr eines petrochemischen Betriebs ist dieses ehemals bei der Firma Texaco in Heide/Holstein beheimatete und auf einem schweren Magirus-Eckhauberfahrgestell aufgebaute SLF 24/50. Die Beladung besteht aus 5000 l Proteinschaummittel. Die leistungsstarke Feuerlöschpumpe war als Frontpumpe ausgebildet. Auf dem Dach befanden sich zwei Minimax-Werfer mit einer Wurfleistung von 2400 bzw. 1600 l/min. Das Fahrzeug verfügte über einen luftgekühlten Achtzylinder-V-Motor mit 10 644 ccm Hubraum und 170 PS Leistung, der eine Höchstgeschwindigkeit von maximal 70 km/h gewährleistete.

Deutschland

Verwendungszweck:	Trockenlöschfahrzeug TroLF 1500
Fahrgestelltyp:	Magirus-Deutz (KHD) F Mercur 125 A
Baujahr:	1958
Leistung der Pumpe:	–
Löschwasservorrat:	–

Mit dem Aufkommen der ersten Großflugzeuge beschaffte die Berufsfeuerwehr Köln ein von der Firma Total in Ladenburg aufgebautes Pulverlöschfahrzeug (PLF) 1500. Später wurde diese Fahrzeugart als TroLF bezeichnet. Das Fahrzeug entstand auf einem 4,5-t-Magirus-Allradfahrgestell mit 125 PS Motorleistung. Das Fahrzeug verfügt über zwei Pulverlöschanlagen mit jeweils 750 kg Löschpulvermenge. Anfangs wurde dieses Fahrzeug bei Starts und Landungen der ersten Boing 707 am Flughafen Köln-Wahn in Bereitschaft gehalten und nach dem Ausbau des Flughafens an die Freiwillige Feuerwehr Düren verkauft.

Verwendungszweck:	Zubringerfahrzeug ZB 6/25
Fahrgestelltyp:	Magirus-Deutz (KHD) F Jupiter A
Baujahr:	1961
Leistung der Pumpe:	2500 l/min
Löschwasservorrat:	5500 l

Zur Standardausrüstung eines jeden größeren Verkehrsflughafens gehörte seit den späten 1950er Jahren das

Zubringerlöschfahrzeug ZB 6/25. Neben einem großen Wasservorrat war es mit 500 l Schaummittel beladen und konnte somit relativ große Löschmittelmengen an Brandstellen transportieren. Das abgebildete, von Magirus aufgebaute allradgetriebene Fahrzeug verfügte über einen Achtzylinder-V-Diesel mit Luftkühlung und 170 PS Motorleistung und wurde von der Flughafenfeuerwehr München-Riem beschafft. Bis Ende der 1980er Jahre wurden zwei baugleiche Wagen dort noch eingesetzt.

Verwendungszweck:	Gerätewagen-Wasserrettung GW-W
Fahrgestelltyp:	Magirus Deutz (KHD) F Mercur 125 A
Baujahr:	1959 (Umbau in den 1970er Jahren)
Leistung der Pumpe:	–
Löschwasservorrat:	–

Auf dem Fahrgestell eines früheren Magirus-TLF 16 mit Allradantrieb entstand – zusammen mit einem von der Deutschen

Bundespost preiswert erworbenen Kofferaufbau eines ehemaligen Paketpostwagen – dieser hier gezeigte GW-Wasserrettung der Berufsfeuerwehr Kaiserslautern. Dieser Gerätewagen zählt zur Gruppe der nicht genormten sonstigen Gerätewagen, die für besondere Aufgaben von den Wehren weitgehend individuell gestaltet und ausgerüstet werden können. Das Fahrzeug verfügt über den bei diesem Magirus-Chassis üblichen luftgekühlten Sechszylinder-V-Diesel mit 125 PS. Nicht nur kleine Wehren griffen sehr oft zu derart kostengünstigen Lösungen, um beispielsweise ältere Fahrgestelle noch nutzbringend verwenden zu können.

Verwendungszweck:	Rüstkranwagen RKW 7
Fahrgestelltyp:	Magirus-Deutz (KHD) S 6500
Baujahr:	1953
Leistung der Pumpe:	–
Löschwasservorrat:	–

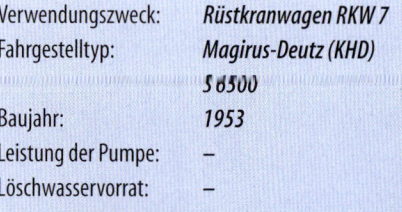

Nachdem Magirus bereits vor dem Krieg Rüstkranwagen aufgebaut hatte, wurden die ab 1953 folgenden, weiterentwickelten Modelle auf die neuen schweren Rundhauber-Fahrgestelle gesetzt. Die verrundete Gestaltung von Haube und Aufbau dieser großen, beeindruckenden Fahrzeuge bildete eine harmonische Einheit. Ausgerüstet waren sie mit einer elektromotorisch angetriebenen, um 360 Grad drehbaren 7-t-Demag-Krananlage, einer Spilleinrichtung und umfangreichem Hilfeleistungs- und Bergegerät. Einer der ersten Wagen ging an die Freiwillige Feuerwehr Reutlingen, die das Fahrzeug bis 1978 im Einsatz hielt und seither als Traditionsfahrzeug erhält.

Verwendungszweck:	*Pionierwagen/Rüst-wagen RW 2*
Fahrgestelltyp:	*Magirus-Deutz (KHD) S 6500*
Baujahr:	*1957*
Leistung der Pumpe:	–
Löschwasservorrat:	–

Einen Pionierwagen als Ergänzungsfahrzeug zum Kran- oder Rüstkranwagen ließ sich die Berufsfeuerwehr München von Magirus anfertigen. Der Aufbau erfolgte auf ein schweres Magirus-Rundhauberfahrgestell mit 170 PS. Das mit technischem Gerät, einem leistungsfähigen 18 kVA-Stromerzeuger, Seilwinde und Hilfskran bestückte Fahrzeug besaß ein zulässiges Gesamtgewicht von 13,2 t. Anfang der 1970er Jahre wurde der später als Rüstwagen (RW) 2 eingeordnete Wagen an die Freiwillige Feuerwehr Münnerstadt veräußert und später an einen Sammler abgegeben.

Verwendungszweck:	*Gerätewagen GW 3*
Fahrgestelltyp:	*Mercedes-Benz L 6600*
Baujahr:	*1953*
Leistung der Pumpe:	–
Löschwasservorrat:	–

Ein imposantes Einzelstück ist dieser GW 3 von Metz. Er wurde für die Werkfeuerwehr der Daimler-Benz AG, Werk Sindelfingen beschafft. Es entstand auf dem seinerzeit schwersten werkseigenen Lkw-Fahrgestell, welches von einem 145 PS starken Sechszylinder-Diesel mit 8280 ccm Hubraum angetrieben wird. Das mit einer umfangreichen Beladung für technische Hilfeleistungen bestückte Fahrzeug besitzt eine vom Fahrerhaus abgetrennte Mannschaftskabine und hat ein zulässiges Gesamtgewicht von 13,8 t. Die verchromte Kühlermaske ist ein charakteristisches Merkmal aller Einsatzfahrzeuge der damaligen Daimler-Benz-Werkfeuerwehr.

Verwendungszweck:	*Kranwagen KW 10*
Fahrgestelltyp:	*Mercedes-Benz LA 331/46*
Baujahr:	*1959*
Leistung der Pumpe:	–
Löschwasservorrat:	–

Während Magirus seit 1956 den KW 15, später den KW 16 anbot, hatte Metz eigene Kranaufbauten im Programm. In erster Linie waren sie zwar für Daimler-Benz-Fahrgestelle vorgesehen, insbesondere für den Export kamen hier aber auch andere Hersteller zum Zuge. Die Berufsfeuerwehr Fürth orderte einen solchen 10-t-Kranwagen, der auf einem schweren Daimler-Benz-Exportfahrgestell mit Sechszylinder-Diesel und 172 PS errichtet wurde. Als nachteilig erwies sich bei derartigen Fahrzeugen, dass die Kranausleger nicht teleskopierbar waren. Daher war die Hubleistung immer dann am günstigsten, wenn dieser nach hinten gerichtet war.

Verwendungszweck:	*Kranwagen KW 15*
Fahrgestelltyp:	*Mercedes-Benz LA 315 S*
Baujahr:	*1957*
Leistung der Pumpe:	–
Löschwasservorrat:	–

Weit weniger Markterfolg als Magirus hatte Metz als Hersteller von Kranfahrzeugen. Der an die Berufsfeuerwehr Ludwigshafen gelieferte KW 15 (die werksseitige Bezeichnung lautete R 15) blieb ein Einzelstück. Errichtet wurde das Fahrzeug auf einem dreiachsigen Daimler-Benz-Allrad-Exportchassis, das von einem sechszylindrigen Dieselmotor mit 10 810 ccm Hubraum und 192 PS angetrieben wird. Im geräumigen Fahrer- und

Mannschaftsraum ist Platz für sechs Personen. Die von Demag installierte elektromotorische Krananlage besitzt eine Hubkraft von 15 t. Zuletzt stand dieses Fahrzeug bei der Freiwilligen Feuerwehr Montabaur im Dienst, wo es in erster Linie für Unfall-Bergungsaufgaben auf der Autobahn Frankfurt – Köln verwendet wurde. Heute gehört es einem Sammler.

Verwendungszweck:	*Tanklöschfahrzeug TLF 8*
Fahrgestelltyp:	*Mercedes-Benz*
	LAF 911/36
Baujahr:	*1972*
Leistung der Pumpe:	*800 l/min*
Löschwasservorrat:	*1800 l*

Seit 1959 traten die ersten Kurzhaubermodelle bei Daimler-Benz die Nachfolge der über Jahrzehnte vertrauten Langhauber an. Recht schnell fanden auch diese Fahrgestelle Eingang in die Fahrzeugbestände der Feuerwehren. Auf einem mittelgroßen Kurzhauber-Allrad-Chassis entstand dieses seltene, von der Firma Arve in Springe bei Hannover aufgebaute TLF 8, das die Freiwillige Feuerwehr Rethem noch Ende der 1980er Jahre einsetzte. Der Antrieb erfolgte durch einen Sechszylinder-Direkteinspritz-Diesel mit 5675 ccm Hubraum und 110 PS Leistung.

Verwendungszweck:	*Großtanklöschfahrzeug*
	GTLF
Fahrgestelltyp:	*Krupp Typ L 55 Büffel*
Baujahr:	*1954*
Leistung der Pumpe:	*800 l/min*
Löschwasservorrat:	*5500 l*

In Feuerwehrdiensten äußerst selten anzutreffen waren Krupp-Fahrgestelle. Der Grund lag hauptsächlich darin, dass dieser Hersteller vornehmlich schwerere Fahrgestelle baute, die für die üblichen Gewichtsklassen im Feuerwehrfahrzeugbau nicht in Frage kamen. Das hier gezeigte, noch Anfang der 1980er Jahre von der Freiwilligen Feuerwehr Lünen eingesetzte, mit einem Wenderohr ausgerüstete Fahrzeug, war ein ursprünglicher Straßensprengwagen des Stadtreinigungsamts, bevor es in Eigenleistung zu einem Wassertankwagen umgerüstet wurde. Der Aufbau des mit einem Dreizylinder-Zweitakt-Dieselmotor mit 4332 ccm Rauminhalt und 110 PS Leistung bestückten Wagens, stammt von der Firma Schörling, einem Spezialunternehmen für Kommunalaufbauten.

Verwendungszweck:	*Löschgruppenfahrzeug*
	LF 16
Fahrgestelltyp:	*Mercedes-Benz*
	LAF 322/36
Baujahr:	*1961*
Leistung der Pumpe:	*1600 l/min*
Löschwasservorrat:	*800 l*

Ebenfalls auf einem mittelschweren Kurzhauber mit Allradantrieb entstand dieses LF 16 der Freiwilligen Feuerwehr Düren. Dieses von Metz aufgebaute Fahrzeug befördert eine komplette Löschgruppe von neun Mann. Aufgrund seiner Ausrüstung ist dieser Löschfahrzeugtyp in der Lage, neben der Brandbekämpfung auch technische Hilfeleistungen in geringerem Umfang auszuführen. Dieses Fahrzeug ist mit einem Sechszylinder-Diesel mit 132 PS Motorleistung bestückt. Relativ selten wurden Löschgruppenfahrzeuge auf Kurzhauber-Fahrgestellen mit kurzem Radstand erstellt.

Verwendungszweck:	*Tanklöschfahrzeug TLF 16*
Fahrgestelltyp:	*Mercedes-Benz*
	LAF 322/36
Baujahr:	*1962*
Leistung der Pumpe:	*1600 l/min*
Löschwasservorrat:	*2400 l*

Die Freiwillige Feuerwehr Rheinböllen im Hunsrück war die Bestellerin eines von Metz auf einem mittelschweren Mercedes-Benz-Kurzhauber-Allradfahrgestell aufgebauten TLF 16. Dieses Chassis gehört noch zur ersten Bauserie dieser Nutzlastklasse. Für den nötigen Vortrieb sorgt ein Sechszylinder-Vorkammer-Diesel mit 5675 ccm Hubraum und 126 PS.

Verwendungszweck:	*Löschgruppenfahrzeug LF 16-TS*
Fahrgestelltyp:	*Mercedes-Benz LF 322/42*
Baujahr:	*1962*
Leistung der Pumpe:	*1600 l/min*
Löschwasservorrat:	*–*

Die Freiwillige Feuerwehr Metzingen erwarb dieses von der Firma Ziegler in Giengen aufgebaute und ausgerüstete LF 16-TS auf einem hinterradgetriebenen Mercedes-Benz-Kurzhauber-Chassis mit langem Radstand. Diese Löschfahrzeugvariante ist speziell für die Überlandlöschhilfe ausgerüstet und besitzt daher im Vergleich zum regulären LF 16 eine Vorbaupumpe zum leichteren Antriebseinrichtung von offenen Wasserentnahmestellen und anstatt der üblicherweise fest installierten Feuerlöschpumpe im Fahrzeugheck eine eingeschobene Tragkraftspritze TS 8/8. Zur Erledigung dieser Aufgaben ist die Bestückung mit Schlauchmaterial und Armaturen sehr reichhaltig.

Verwendungszweck:	*Tanklöschfahrzeug TLF 16*
Fahrgestelltyp:	*MAN 415 H-LF*
Baujahr:	*1962*
Leistung der Pumpe:	*1600 l/min*
Löschwasservorrat:	*2400 l*

Gegen Ende der 1950er Jahre stieg auch die Bedeutung des Lastwagenherstellers MAN für den Feuerwehrfahrzeugbau. Nachdem man anfangs in diesem Bereich nur eine Außen-seiterrolle spielte, änderte sich dies erst, nachdem die MAN handliche Kurzhaubertypen in Pontonform in der mittleren Gewichtsklasse vorgestellt hatte. Vorreiter in der Beschaffung von MAN-Fahrzeugen waren neben der Berufsfeuerwehr Nürnberg vor allem die Berliner Feuerwehren. Hier ist ein für die Freiwillige Feuerwehr Wiesau von Bachert erstelltes TLF 16 mit einem 115 PS starken Sechszylinder-Direkteinspritz-Diesel zu sehen.

Verwendungszweck:	*Löschgruppenfahrzeug LF 16*
Fahrgestelltyp:	*MAN 415 H-LF*
Baujahr:	*1965*
Leistung der Pumpe:	*1600 l/min*
Löschwasservorrat:	*800 l*

Der Feuerwehrausrüster Bachert in Kochendorf baute auch Löschgruppenfahrzeuge LF 16 auf mittelschwere MAN-Fahrgestelle. Dieses von der Freiwilligen Feuerwehr Süsterseel/Kreis Heinsberg beschaffte Fahrzeug stand bei dieser Wehr bis 1997 im Einsatz und wird heute als Museumsfahrzeug erhalten. Gegenüber dem TLF besitzt das mit konventionellem Klapptürenaufbau erstellte Fahrzeug den längeren Radstand von 4,20 m.

Verwendungszweck:	*Großtanklöschfahrzeug GTLF 26*
Fahrgestelltyp:	*Mercedes-Benz LS 1620*
Baujahr:	*1965*
Leistung der Pumpe:	*–*
Löschwasservorrat:	*26 000 l*

Für Fälle, in denen entweder besonders große Löschmittelmengen benötigt wurden oder für die Aufnahme gefährlicher Flüssigkeiten, hielten verschiedene Feuerwehren Tanksattelzüge als Wasserzubringer- oder Großtanklöschfahrzeuge bereit. So auch die Berufsfeuerwehr Pforzheim, bei der sich noch zu Beginn der 1980er Jahre ein ehemaliger, für diese Zwecke umgerüsteter Benzintankwagen mit Stadler-Auflieger im Einsatz befand. Unter der kurzen, bulligen Haube der Mercedes-Benz-Sattelzugmaschine saß ein Sechszylinder-Diesel mit Direkteinspritzung und 10 810 ccm Hubraum, der 210 PS bei 2200 U/min erzeugte.

Verwendungszweck:	*Schlauchwagen SW 2000*
Fahrgestelltyp:	*Magirus-Deutz (KHD) F Magirus 150 D 10 A*
Baujahr:	*1966*
Leistung der Pumpe:	–
Löschwasservorrat:	–

Schlauchwagen haben die Aufgabe, bei Großeinsätzen die von Löschfahrzeugen mitgeführten Schlauchbestände zu ergänzen und bei abseits der Wasserversorgung liegenden Einsatzorten durch Legen von Schlauchleitungen den Anschluss an das Wassernetz herzustellen. Bei der Berufsfeuerwehr Lübeck stand in den 1980er Jahren ein SW 2000 im Dienst, der auf einem Magirus-Eckhauber-Allradfahrgestell mit 150 PS Motorleistung von Magirus aufgebaut war. Dieses Fahrzeug besaß eine Truppbesatzung, war mit 2000 m B-Schlauchmaterial beladen und führte zusätzlich eine Tragkraftspritze TS 8/8 mit.

Verwendungszweck:	*Löschgruppenfahrzeug LF 16*
Fahrgestelltyp:	*Magirus-Deutz (KHD) F Magirus 150 D 10*
Baujahr:	*1965*
Leistung der Pumpe:	*1600 l/min*
Löschwasservorrat:	*800 l*

Zu Beginn der 1960er Jahre lösten die Eckhauber-Modelle bei Magirus die bisherigen Rundhauber ab. Auch diese Fahrgestelle, die ein weiteres Jahrzehnt des Magirus-Feuerwehrfahrzeugbaus prägten, fanden bei den Wehren in großen Stückzahlen Verwendung. Die Feuerwehraufbauten erfolgten durchweg in der abgesetzten Bauweise mit voneinander getrennten Mannschafts- und Geräteräumen. Hier ein LF 16 der Berufsfeuerwehr Duisburg, das zu Beginn der 1980er Jahre allerdings bereits auf Reserve stand. Sein Antrieb erfolgte über ein luftgekühltes Sechszylinder-Dieselaggregat mit 150 PS.

Verwendungszweck:	*Gerätewagen GW Öl*
Fahrgestelltyp:	*Magirus-Deutz (KHD) F 150 D 10 A*
Baujahr:	*1964*
Leistung der Pumpe:	–
Löschwasservorrat:	–

In den 1960er Jahren kam der GW-Öl als neue Fahrzeuggruppe auf. Er kam bei ausgelaufenen Ölen oder anderen grundwassergefährdenden Stoffen zum Einsatz. Es steht jeder Wehr frei, die Gestaltung dieser Fahrzeuge nach eigenen Bedürfnissen vorzunehmen, sofern dabei die Grundnormen für Feuerwehrfahrzeuge beachtet werden. Die Berufsfeuerwehr Karlsruhe ließ sich ein Fahrzeug von der Karosseriefirma Streicher auf ein allradgetriebenes Eckhauber-Fahrgestell von Magirus aufbauen. Im Aufbau ist ein Tank eingebaut, in dem diese Stoffe aufgenommen und vorübergehend gelagert werden können.

Verwendungszweck:	*Zumischerlöschfahrzeug ZLF 24/50 2*
Fahrgestelltyp:	*Magirus-Deutz (KHD) F Jupiter 195*
Baujahr:	*1962*
Leistung der Pumpe:	*2400 l/min*
Löschwasservorrat:	*5000 l*

Ein reines Spezialfahrzeug für die petrochemische Industrie ist das ZLF 24. Das abgebildete, von Magirus auf einem schweren Eckhauber-Chassis mit luftgekühltem Achtzylinder-V-Diesel mit 12 667 ccm Hubraum und 195 PS aufgebaute Fahrzeug wurde ursprünglich von der Werkfeuerwehr der Esso-Raffinerie Ingolstadt beschafft. Nach Außerdienststellung fand es bei der Freiwilligen Feuerwehr Kösching noch gute Einsatzmöglichkeiten als Großtanklöschfahrzeug. Die Beladung besteht nun aus 5000 l Wasser und 200 l Schaummittel.

Verwendungszweck:	*Drehleiter DL 30 h*
Fahrgestelltyp:	*MAN HLF 520*
Baujahr:	*1961*
Leistung der Pumpe:	–
Löschwasservorrat:	–

In den 1960er Jahren waren es noch relativ wenige Drehleitern, die auf MAN-Fahrgestellen aufgebaut wurden. Vordergründig gingen diese an die Feuerwehren von Berlin und Nürnberg. Hier ist eine von Metz ursprünglich nach Berlin gelieferte hydraulische DL 30 h, die später von der Freiwilligen Feuerwehr Brinkum bei Bremen übernommen wurde. Der Leiterpark ist mit einer Kraneinrichtung bestückt, so dass das Anheben leichterer Gegenstände möglich ist. Als Antriebsaggregat fungiert ein direkteinspritzender Sechszylinder-Diesel mit 5350 ccm Hubraum und 120 PS.

Verwendungszweck:	Drehleiter DL 18 m
Fahrgestelltyp:	Opel-Blitz Typ 2,1 t
Baujahr:	1968
Leistung der Pumpe:	–
Löschwasservorrat:	–

Seit Mitte der 1960er Jahre wurden immer seltener Drehleitern mit Steighöhen von 18 Metern von deutschen Feuerwehren beschafft. Neben der bisher üblichen mechanischen Ausführung waren auch solche mit hydraulischem Leiterantrieb dabei. Das hier vorgestellte Fahrzeug ist eine von Magirus für die Freiwillige Feuerwehr Zeven auf einem Opel-Fahrgestell aufgebaute mechanische DL 18 m. Dieses seit 1966 erhältliche Chassis besaß immer noch einen Sechszylinder-Vergasermotor mit 80 PS, was zwar für die Feuerwehren von Vorteil war, den Absatz als Lastwagen aber stark beeinträchtigte.

Verwendungszweck:	Drehleiter DL 30 h
Fahrgestelltyp:	Mercedes-Benz
	LF 1113/48
Baujahr:	1966
Leistung der Pumpe:	–
Löschwasservorrat:	–

Relativ selten war bei Drehleitern die Kombination zwischen einem Daimler-Benz-Chassis und einem Magirus-Aufbau.

Verschiedene Gründe, wie z. B. der im Vergleich zur Metz-Leiter um wenige Zentimeter niedrigere Magirus-Leiterpark, der dadurch den kostspieligen Umbau einer Fahrzeughalle ersparte, konnten das auslösende Moment für eine solche Beschaffung sein. Die Freiwillige Feuerwehr Metzingen orderte eine hydraulische Magirus DL 30 h auf einem Mercedes-Benz-Kurzhauber-Fahrgestell. An der rechten Seite des Leiterstuhls ist ein Notstromaggregat befestigt.

Verwendungszweck:	Gelenkmastbühne GM 26
Fahrgestelltyp:	Mercedes-Benz L 2224
	(nach Umbau)
Baujahr:	1966 (Umbau 1976)
Leistung der Pumpe:	–
Löschwasservorrat:	–

Die Berufsfeuerwehr Stuttgart war die erste deutsche Feuerwehr, die einen Gelenkmast beschaffte. Dieses Fahrzeug war eine Simon-SS-85-Gelenkmastbühne auf einem Kurzhauber-Chassis von Mercedes-Benz. Die britische Firma Simon Engineering

war damals führend in diesem Segment. Die von ihr erstellte dreiteilige Gelenkbühne verfügte über einen Korb mit 360 kg Tragfähigkeit. Sie konnte auf knapp 26 m bei 6,30 m Ausladung ausgefahren werden. Da sich im Lauf ihres Einsatzes der Hinterachsbereich für den schweren Aufbau als zu schwach erwiesen hatte, erfolgte zehn Jahre später ein Totalumbau. Im Zuge dieser Arbeiten wurde eine zweite Hinterachse hinzugefügt und die bisherige Truppkabine durch ein Staffelfahrerhaus ersetzt. Infolge der Gewichtszunahme wurde ein neuer 240-PS-Dieselmotor installiert. Nach Aussonderung im Jahr 1988 fuhr dieses Einzelstück mit eigener Kraft in das Feuerwehrmuseum in Fulda.

Verwendungszweck:	Leiterbühne LB 30 (DL 30 S)
Fahrgestelltyp:	Mercedes-Benz L 2624
	(6 x 4)
Baujahr:	1976
Leistung der Pumpe:	–
Löschwasservorrat:	–

Metz lieferte in den 1970er Jahren eine kleinere Serie von Leiteroder Telebühnen DL 30 S auf schweren dreiachsigen Mercedes-Benz-Kurzhauber-Fahrgestellen. Diese Bezeichnung steht für Drehleitern mit fest montierten Rettungskörben. Es waren gewaltige Fahrzeuge mit 22 t zulässigem Gesamtgewicht. Unter anderem gingen die mit Waagrecht-Senkrecht-Abstützungen und einem vor den Leiterpark klappbaren Rettungskorb für vier Mann ausgeführten Fahrzeuge an die Feuerwehren Sindelfingen, Lünen und Darmstadt. Im Bild das nach Sindelfingen gelieferte Fahrzeug, das mit einem Sechszylinder-Diesel mit 11 580 ccm Rauminhalt und 240 PS ausgerüstet ist.

Verwendungszweck:	*Gelenkmastbühne GM 22*
Fahrgestelltyp:	*MAN Typ 9.160 H*
Baujahr:	*1971*
Leistung der Pumpe:	–
Löschwasservorrat:	–

Für die Werkfeuerwehr der MAN-Werke in Augsburg wurde die hier abgebildete Gelenkmastbühne GM 22 des Typs Alkmaar PH 22/3 vom gleichnamigen Hersteller beschafft. Das auf einem zweiachsigen werkseigenen Chassis mit 160 PS Motorleistung aufgebaute Fahrzeug hat ein Staffelfahrerhaus und ein zulässiges Gesamtgewicht von 15 t. Der mit maximal 400 kg belastbare Korb kann bis auf eine Arbeitshöhe von 22 m ausgefahren werden. Es war die einzige für eine deutsche Feuerwehr beschaffte Gelenkmastbühne der Firma Alkmaar.

Verwendungszweck:	*Gelenkmastbühne GM 26*
Fahrgestelltyp:	*Mercedes-Benz L 1923*
Baujahr:	*1969*
Leistung der Pumpe:	–
Löschwasservorrat:	–

Da sich das erste Fahrzeug bewährt hatte, orderte die Stuttgarter Feuerwehr eine zweite Gelenkmastbühne SS 85 des Herstellers Simon. Das zweiachsige Fahrzeug wurde mit Staffelkabine ausgeliefert und verfügte über einen Sechszylinder-Direkteinspritz-Diesel mit 230 PS. Aufgrund der zweiachsigen Ausführung erwies sich aber auch dieses Fahrgestell als zu schwach dimensioniert, so dass gegen Ende der 1970er Jahre der Hinterachsbereich verstärkt werden musste. Aus Kostengründen verzichtete man jedoch auf einen Totalumbau. 1993 erfolgte die Außerdienststellung und die Übergabe an den Stuttgarter Museumsverein.

Verwendungszweck:	*Saugwagen*
Fahrgestelltyp:	*Magirus-Deutz (KHD)*
	170 D 12 AK
Baujahr:	*1971*
Leistung der Pumpe:	–
Löschwasservorrat:	–

Im Jahr 1970 erschien eine völlig neu gestaltete Eckhauber-Modellreihe von Magirus. Diese in unterschiedlichen Motorausführungen erhältlichen Fahrzeuge hatten sowohl neue Fahrerkabinen als auch Motorhauben erhalten. In Deutschland fanden diese Fahrgestelle nur in Ausnahmefällen Verwendung, so wie dieser von der Firma Aurepa für die Freiwillige Feuerwehr Ettlingen auf einem 12-t-Allradkipperchassis aufgebaute Saugwagen. Sein Aufbau besteht aus zwei nebeneinander liegenden Behältern mit jeweils 1500-l-Fassungsvermögen, in denen Flüssigkeiten und Rückstände unterschiedlicher Art nach Art eines Kanalsaugwagens aufgenommen werden können. Das Fahrgestell verfügt über einen direkteinspritzenden V-6-Dieselmotor mit 8482 ccm Hubraum und 170 PS Leistung.

Verwendungszweck:	*Tanklöschfahrzeug*
	TLF 24/50
Fahrgestelltyp:	*Mercedes-Benz LAK 1624*
Baujahr:	*1972*
Leistung der Pumpe:	*2400 l/min*
Löschwasservorrat:	*5000 l*

Der Typ des schweren TLF 24/50 ist in erster Linie zur Brandbekämpfung bei Verkehrsunfällen auf Autobahnen und Schnellstraßen entwickelt worden. Neben den Wasservorräten besteht ihre Beladung aus 500 l Schaummittel. Die Fahrzeuge wurden in den 1970er Jahren genormt und später nach neusten Vorschriften leicht modifiziert. Ihr Aufbau erfolgte auf unterschiedlichen Fahrgestellen. In der Anfangszeit wurden auch schwere Kurzhauber-Fahrgestelle von Mercedes-Benz für diese Zwecke verwandt. In diesem Fall baute Metz ein solches Fahrzeug mit 240-PS-Diesel für die Berufsfeuerwehr Saarbrücken auf einem Allradkipperchassis auf.

Verwendungszweck:	**Zumischerlöschfahrzeug ZLF 4500**
Fahrgestelltyp:	**MAN 770 HLF**
Baujahr:	**1964**
Leistung der Pumpe:	**–**
Löschwasservorrat:	**–**

Die Werkfeuerwehr der Erdölraffinerie Ingolstadt AG (ERIAG) setzte Mitte der 1980er Jahre diese beiden zeitgleich von Metz beschafften Zumischerlöschfahrzeuge zum Feuerschutz ihrer Anlagen ein. Ihr Aufbau erfolgte auf schweren MAN-Fahrgestellen, die von Sechszylinder-Dieseln mit Direkteinspritzung und 180 PS Motorleistung angetrieben wurden. Die bulligen Fahrzeuge hatten ein zulässiges Gesamtgewicht von 14,8 t und waren mit Dachwerfern bestückt. Die Schaummitteltanks fassten 4500 l; die Schaummittelpumpe hatte eine Förderleistung von 400 l/min.

Verwendungszweck:	**Tanklöschfahrzeug TLF 32/30-T**
Fahrgestelltyp:	**Mercedes-Benz LAF 1313/42**
Baujahr:	**1973**
Leistung der Pumpe:	**3200 l/min**
Löschwasservorrat:	**3000 l**

Ein Tanklöschfahrzeug in Truppkabinenbauart ließ sich die Berufsfeuerwehr der Bayer-Werke AG in Dormagen auf einem mittelschweren Kurzhauber-Fahrgestell von der Firma Bachert erstellen. Das allradgetriebene Chassis mit langem Radstand verfügt über einen Sechszylinder-Direkteinspritz-Dieselmotor mit 5765 ccm Hubvolumen, der mit Hilfe eines Abgas-Turboladers 168 PS mobilisieren kann. Dieses Fahrzeug wurde nach den individuellen Vorstellungen der Werkfeuerwehr konstruiert.

Verwendungszweck:	**Kranwagen KW 16**
Fahrgestelltyp:	**Magirus-Deutz (KHD) Uranus A**
Baujahr:	**1963**
Leistung der Pumpe:	**–**
Löschwasservorrat:	**–**

Nachdem der Ruf nach einem starken Kranwagen bei den Feuerwehren infolge der stetig ansteigenden Zahl der Bergeeinsätze immer größer wurde, stellte Magirus im Jahr 1956 den ersten reinen Feuerwehr-Kranwagen vor. Es war ein KW 15 auf einem schweren dreiachsigen allradgetriebenen Eckhauber-Magirus-Fahrgestell mit luftgekühltem V-12-Zylinder-Diesel mit 15 966 ccm Hubraum und 250 PS, der bereits einen hydraulischen Kranantrieb besaß. Auch der Ausleger ließ sich zum Zweck der Reichweitenverlängerung teleskopartig ausziehen. Das erste Exemplar ging an die Berufsfeuerwehr Stuttgart, wo es die eingehenden Erprobungen mit Erfolg bestand. Schon bald erwiesen sich diese Fahrzeuge als die großen Renner und wurden von vielen großstädtischen Wehren, teilweise aber auch von Abschlepp- und Bergeunternehmen, in verhältnismäßig großen Stückzahlen bestellt. 1959 wurde der Typ zum KW 16 aufgewertet. Im Jahr 1963 erhielt auch die Berufsfeuerwehr Duisburg das hier abgebildete Fahrzeug. Es wird heute als Museumsstück erhalten.

Verwendungszweck:	**Kranwagen KW 20**
Fahrgestelltyp:	**Magirus-Deutz (KHD) FM 310 D 26 AK (6 x 6)**
Baujahr:	**1973**
Leistung der Pumpe:	**–**
Löschwasservorrat:	**–**

Im Jahr 1973 lieferte Magirus-Deutz ein Allradkipper-Chassis an die Maschinenfabrik Langenfeld (MFL), die darauf einen 20-t-Hydraulikkran für die Berufsfeuerwehr Solingen montierte. Das schwere Fahrgestell aus der zweiten Eckhauber-Generation wurde nur in diesem einen Fall für einen Feuerwehr-Kranwagen verwandt. Seinen Vortrieb besorgte ein luftgekühlter direkteinspritzender Zehnzylinder-Diesel in V-Form mit 305 PS Leistung und 14 702 ccm Rauminhalt. Die Höchstgeschwindigkeit des Kranwagens lag bei 87 km/h. Dieses Einzelstück stand bis weit in die 1990er Jahre im Einsatz und wird heute von dem engagierten Verein zur Erhaltung historischer Magirus-Feuerwehrfahrzeuge Traunreut e. V. voll betriebsfähig erhalten.

Deutschland

Verwendungszweck:	**Rüstkranwagen RKW 10**
Fahrgestelltyp:	**Mercedes-Benz LA 334/52**
Baujahr:	**1964**
Leistung der Pumpe:	–
Löschwasservorrat:	–

Die Freiwillige Feuerwehr Neuss a. Rhein entschied sich bei der Beschaffung eines Kranwagens für ein Metz-Produkt in Form eines Rüstkranwagens RKW 10. Dieses Fahrzeug entstand auf einem schweren 9-t-Kurzhauber-Fahrgestell von Daimler-Benz, dessen Antrieb ein wassergekühlter Sechszylinder-Vorkammer-Diesel mit 10 810 ccm Hubraum und 200 PS bei 2200 U/min besorgte. Die am Fahrzeugheck installierte 10-t-Krananlage wurde elektromotorisch angetrieben. Sie war um 360 Grad drehbar, konnte allerdings nicht ausgefahren werden. In den Geräteräumen befanden sich vielfältige Ausrüstungsgegenstände für technische Hilfeleistungen jeglicher Art. Das Fahrzeug ist von einem Sammler erhalten worden.

Verwendungszweck:	**Kranwagen KW 20**
Fahrgestelltyp:	**Magirus-Deutz (KHD)**
	270 D 26 A (6 x 6)
Baujahr:	**1970**
Leistung der Pumpe:	–
Löschwasservorrat:	–

Seit Mitte der 1960er Jahre stießen auch die ansonsten sehr leistungsfähigen und soliden Magirus-Kranwagen, da die zu bergenden Lasten immer schwerer wurden, an ihre Leistungsgrenzen. Mit dieser Entwicklung versuchte Magirus mit dem neuen, stärkeren und mit 270 PS auch motorisch leistungsfähigeren KW 20, der konstruktiv auf dem KW 16 basierte, gleichzuziehen. Während aber noch von den beiden Vorgängern insgesamt 54 Fahrzeuge an das In- und Ausland verkauft werden konnten, gelang es dem KW 20 mit 14 Fahrzeugen nicht, an diese spektakulären Erfolge anzuknüpfen. Darin kam die durch das Erscheinen der neuen Teleskopkräne ab 20 t Tragfähigkeit veränderte Marktsituation zum Ausdruck, die das Ende für die lange Tradition des Kran- und Rüstkranwagenbaus bei Magirus bedeutete. Die Berufsfeuerwehr Berlin beschaffte als einzige deutsche Feuerwehr immerhin zwei Einheiten.

Verwendungszweck:	**Kranwagen KW 20 h**
Fahrgestelltyp:	**Berliet (4 x 4)**
Baujahr:	**1975**
Leistung der Pumpe:	–
Löschwasservorrat:	–

Zu den Exoten in deutschen Feuerwehrdiensten zählt mit Sicherheit dieser hydraulisch angetriebene 20-t-Teleskopkranwagen KW 20 des französischen Modells Richier RC 60 der Berufsfeuerwehr Kaiserslautern. Er diente als Ersatz für einen 1954 beschafften RKW 7 von Magirus und wurde in dieser Kombination offenbar wegen der räumlichen Nähe zu Frankreich gewählt. Als Basis wurde ein zweiachsiges Allradchassis des französischen Lkw-Herstellers Berliet mit Sechszylinder-Diesel, 12 000 ccm Hubraum eingesetzt, das eine Maximalleistung von 180 PS bei 2100 U/min erzeugen konnte. Die eingebaute Seilwinde hatte eine Zugkraft von 10 t. Die Fahrerkabine verfügt über eine ausgezeichnete Rundumsicht. Im Jahr 2002 wurde er außer Dienst gestellt und durch einen Liebherr-Kran LTM 1060/2 ersetzt.

Verwendungszweck:	**Kranwagen KW 16**
Fahrgestelltyp:	**Mercedes-Benz**
	LAK 2220 (6 x 4)
Baujahr:	**1965**
Leistung der Pumpe:	–
Löschwasservorrat:	–

Ein weiteres von Metz aufgebautes Einzelstück war dieser von der Freiwilligen Feuerwehr Ingolstadt beschaffte KW 16, der auf einem schweren Kurzhauber-Allradkipperfahrgestell von Daimler-Benz entstand. Dieser Kranwagen gehörte zu den insgesamt 16 zwischen 1949 und 1971 von Metz an inländische Feuerwehren gelieferte Kran- und Rüstkranwagen und verfügte über eine hydraulische Krananlage mit maximal 16 t Hubkraft, deren Ausleger einfach ausziehbar war. Auch die Abstützungen waren hydraulisch ausgelegt. Den Fahrzeugantrieb besorgte ein Sechszylinder-Direkteinspritz-Diesel mit 10 810 ccm Hubvolumen und 210 PS Leistung.

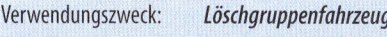

Verwendungszweck:	*Kranwagen KW 18 h*
Fahrgestelltyp:	*MAN 22.230 DH*
Baujahr:	*1970*
Leistung der Pumpe:	*–*
Löschwasservorrat:	*–*

Ein Einzelstück unter den Feuerwehr-Kranwagen war auch der auf einem Dreiachs-Hauben-Schwerlastfahrgestell von MAN erstellte KW 18 mit hydraulischem MLF-Kran Typ AMK 21 der Berufsfeuerwehr Hannover. Das Chassis hatte ein zulässiges Gesamtgewicht von 30 t und einen Sechszylinder-Direkteinspritz-Dieselmotor mit 10 689 ccm Hubvolumen, der 230 PS bei 2200 U/min erzeugen konnte. Den Kranaufbau besorgte die Maschinenfabrik Langenfeld (MFL); der Ausleger konnte bis auf 14 m ausgefahren werden. Darüber hinaus war der KW mit einer 10-t-Zugvorrichtung ausgerüstet.

Verwendungszweck:	*Löschgruppenfahrzeug LF 16*
Fahrgestelltyp:	*Mercedes-Benz 1019 AF*
Baujahr:	*1981*
Leistung der Pumpe:	*1600 l/min*
Löschwasservorrat:	*1200 l*

Seit 1978 bot Daimler-Benz einen 10-t-Frontlenker in der mittleren Nutzlastklasse an, der von einem direkteinspritzenden V-Sechszylinder-Dieselmotor mit 9570 ccm Hubraum und 192 PS Motorleistung fortbewegt wurde. Bei den Feuerwehren war dieses Chassis u. a. als LF 16 verschiedener Aufbauhersteller sehr verbreitet. Dieses von Metz mit einer Gruppenkabine für neun Mann Besatzung auf einem Allradfahrgestell erbaute Fahrzeug ging an die Freiwillige Feuerwehr Neuss. Auffällig ist der unterhalb des Arbeitsstellenscheinwerfers angeordnete, damals schon nicht mehr zeitgemäße Kugelwecker.

Verwendungszweck:	*Löschgruppenfahrzeug LF 16*
Fahrgestelltyp:	*Magirus-Deutz (KHD) FM 170 D 11*
Baujahr:	*1973*
Leistung der Pumpe:	*1600 l/min*
Löschwasservorrat:	*800 l*

Dieses zuletzt noch von der Löschgruppe Heumar der Freiwilligen Feuerwehr Köln eingesetzte LF 16 mit Magirus-Aufbau war sozusagen die Standard-Ausführung des Löschgruppenfahrzeugs dieses Herstellers, die von sehr vielen deutschen Feuerwehren beschafft wurde. Durch mit Rollläden verschlossenen Geräteräume sind diese im Einsatz schnell zugänglich. Das ursprünglich von der Berufsfeuerwehr Köln beschaffte Fahrzeug verfügt über einen Sechszylinder-Diesel mit 170 PS Motorleistung.

Verwendungszweck:	*Löschgruppenfahrzeug LF 8*
Fahrgestelltyp:	*Mercedes-Benz-Unimog U 1300 L*
Baujahr:	*1981*
Leistung der Pumpe:	*800 l/min*
Löschwasservorrat:	*–*

Ein mittelschweres LF 8 beschaffte die Freiwillige Feuerwehr Göppingen für die ihr angeschlossene Löschgruppe Hohenstauffen. Der feuerwehrtechnische Aufbau erfolgte auf einem Mercedes-Benz-Unimog-Fahrgestell von Ziegler in Giengen. Das Allradchassis verfügte über einen Sechszylinder-Direkteinspritz-Diesel mit 5675 ccm Hubraum und 130 PS bei 2800 U/min. Das Fahrzeug befördert eine komplette, aus neun Mann bestehende Löschgruppe.

Verwendungszweck:	*Tanklöschfahrzeug TLF 16*
Fahrgestelltyp:	*Magirus-Deutz (KHD) FM 170 D 11 A*
Baujahr:	*1970*
Leistung der Pumpe:	*1600 l/min*
Löschwasservorrat:	*2400 l*

Zu den seit 1963 erstmals am Markt befindlichen neuen Magirus-Frontlenkerfahrgestellen zählt auch dieses vom Feuerwehrausrüster Bachert für die Freiwillige Feuerwehr Neckarsulm erstellte TLF 16. Das hier verwendete Allradchassis gehört zur mittelschweren Nutzlastklasse und wird durch einen V-Sechszylinder-Direkteinspritz-Dieselmotor mit Luftkühlung mit 8482 ccm Hubraum, der 170 PS bei 2650 U/min erzeugt.

Verwendungszweck:	*Tanklöschfahrzeug TLF 8/18*
Fahrgestelltyp:	*Mercedes-Benz 917 AF/31*
Baujahr:	*1987*
Leistung der Pumpe:	*800 l/min*
Löschwasservorrat:	*1800 l*

Dieses sehr kompakt wirkende TLF 8/18 entstand auf einem Mercedes-Benz-Allradchassis. Diese Baugröße ist das kleinste genormte Tanklöschfahrzeug, welches fast ausschließlich bei freiwilligen Feuerwehren im Dienst steht. Im Zuge der notwendigen Typenbereinigung wurde es seit 1991 aus der Norm entfernt. Dieses hier besitzt einen Ziegler-Aufbau und einen Sechszylinder-Diesel mit Abgas-Turbolader 5958 ccm Hubraum und 170 PS Motorleistung.

Verwendungszweck:	*Tanklöschfahrzeug*
	TLF 16/24-Tr
Fahrgestelltyp:	*MAN Typ 8.136 FA*
Baujahr:	*1995*
Leistung der Pumpe:	*1600 l/min*
Löschwasservorrat:	*2400 l*

Das TLF 16/24-Tr ist eine Neuentwicklung aus dem Jahr 1991. Es ist sozusagen das Nachfolgemodell des TLF 8/18, denn wie dieses wird es ausschließlich auf Allradfahrgestellen gebaut und auch seine Besatzung ist mit drei Mann identisch. Im Unterschied zum Vorgänger hatte es mit 9,5 t ein höheres zulässiges Gesamtgewicht, eine größere Feuerlöschpumpe und einen erheblich größeren Löschwasservorrat. Dieses von Ziegler aufgebaute Fahrzeug erhielt die Freiwillige Feuerwehr Schlangen.

Verwendungszweck:	*Hilfeleistungs-Tanklösch-*
	fahrzeug HLF 24/50-7
Fahrgestelltyp:	*Mercedes-Benz*
	L 2632/32 + 13 AK
Baujahr:	*1980*
Leistung der Pumpe:	*2400 l/min*
Löschwasservorrat:	*5000 l*

Um den steigenden Anforderungen durch schnell wachsende Gefahrenpotenziale bei sinkendem Personalbestand Rechnung tragen zu können, stellten einige Berufsfeuerwehren seit Ende der 1960er Jahre so genannte Hilfeleistungs-Löschfahrzeuge in Dienst. Diese auf die örtlichen Verhältnisse zugeschnittenen, erheblich von der Norm abweichenden Fahrzeuge transportierten neben einem größeren Löschmittelvorrat eine umfangreiche Ausrüstung für technische Hilfeleistung. Ab 1976 beschaffte die Berufsfeuerwehr Duisburg insgesamt sieben HLF 24/50-7, die bei der Wehr anfangs als TLF 5000 H bezeichnet wurden. Der Aufbau erfolgte von Bachert auf dreiachsigen Mercedes-Benz-Allradkipper-Fahrgestellen. Das 18 t Chassis verfügt über einen Zehnzylinder-Direkteinspritzer-Diesel in V-Form, der bei 15 950 ccm Hubraum 320 PS leistet und das Fahrzeug maximal 90 km/h schnell bewegen kann. Die Besatzung besteht aus sechs Mann; zusätzlich befinden sich 700 l Mehrbereichsschaummittel an Bord.

Verwendungszweck:	*Tanklöschfahrzeug*
	TLF 16/25
Fahrgestelltyp:	*MAN Typ 12.232 FA*
Baujahr:	*1993*
Leistung der Pumpe:	*1600 l/min*
Löschwasservorrat:	*2500 l*

Im Mai 1981 erschien die erste Folgeausgabe der Norm für Tanklöschfahrzeuge und wurde damit den veränderten Gegebenheiten angepasst. Die Fahrzeuge wurden seither als TLF 16/25 bezeichnet. Das zulässige Gesamtgewicht der Fahrzeuge erhöhte sich auf nunmehr 12 t. Zwei Preßluftatmer durften nun im Mannschaftsraum untergebracht werden. Ein solches Fahrzeug orderte die Freiwillige Feuerwehr Heimsheim von Ziegler auf einem MAN-Chassis mit Sechszylinder-Turbodieselmotor mit Ladeluftkühlung und 6596 ccm Hubraum und 230 PS Leistung.

Verwendungszweck:	Tanklöschfahrzeug TLF 24/50
Fahrgestelltyp:	Magirus-Deutz (KHD) FM 232 D 17 FA
Baujahr:	1980
Leistung der Pumpe:	2400 l/min
Löschwasservorrat:	5000 l

Dieses von Magirus aufgebaute TLF 24/50 gehört zum Löschzug Spexard der Freiwilligen Feuerwehr Gütersloh. Das auf einem Magirus-Frontlenker-Allradchassis erstellte Fahrzeug hat eine Truppbesatzung und ist neben dem Wassertank mit 500 l Schaummittel beladen. Der Dachmonitor ist von 1000 auf 2000 l Wurfleistung umschaltbar und kann wahlweise für Wasser- oder Schaumabgabe verwendet werden. Für die Wasserabgabe befindet sich rechts hinten eine Schnellangriffseinrichtung aus formfestem Druckschlauch. Der Vortrieb des Fahrzeugs erfolgt durch einen Zehnzylinder-Direkteinspritz-Diesel-V-Motor mit 11 310 ccm Hubraum und 232 PS Leistung bei 2650 U/min.

Verwendungszweck:	Tanklöschfahrzeug TLF 32/60-20
Fahrgestelltyp:	Mercedes-Benz 1922 K
Baujahr:	1984
Leistung der Pumpe:	3200 l/min
Löschwasservorrat:	6000 l

Ein nicht der Norm entsprechendes Sondertanklöschfahrzeug für die petrochemische Industrie ist dieses TLF 32/60-20, das sich die Werkfeuerwehr der Esso-Raffinerie Ingolstadt von Metz aufbauen ließ. Es wurde auf einem Mercedes-Benz-Kipper-Fahrgestell mit einem zulässigen Gesamtgewicht von 19 t errichtet, das von einem Sechszylinder-Direkteinspritz-V-Diesel mit 10 960 ccm Hubraum und 216 PS fortbewegt wird. Die Besatzung besteht aus drei Mann. Außer einem großen Wasservorrat sind als Beladung 2000 l Schaummittel vorhanden. Der auf dem Dach installierte Kombimonitor ist für die Abgabe von Wasser und Schaum eingerichtet.

Verwendungszweck:	Hilfeleistungs-Tanklöschfahrzeug TLF 24/50-25
Fahrgestelltyp:	Mercedes-Benz 2636 A (8 x 6)
Baujahr:	1984
Leistung der Pumpe:	2400 l/min
Löschwasservorrat:	5000 l

Mit 9,45 m Länge zählte dieses von Bachert erstellte vierachsige Hilfeleistungs-Tanklöschfahrzeug der Berufsfeuerwehr Duisburg seinerzeit zu den größten Feuerwehrfahrzeugen in Deutschland. Wiederum ist es kein Normfahrzeug, das über sechs Mann Besatzung und eine Hoch-Niederdruckpumpe FP 24/8 – 2,5/40, und 2500 l Schaummittel verfügte. Eine zusätzliche Beladung für technische Hilfeleistungen sowie ein fest installierter Generator für 10 kVA sowie ein Lichtmast mit vier Flutlichtscheinwerfern mit jeweils 1500 Watt war vorhanden. Das verwendete mächtige Mercedes-Benz-Allradchassis verfügt über einen in V-Form angeordneten Zehnzylinder-Direkteinspritz-Diesel mit 18 270 ccm Hubvolumen und 355 PS bei 2300 U/min. Da sich das Fahrzeug aufgrund von Größe und Fahrverhalten nicht sonderlich bewährte, blieb es ein Einzelstück.

Verwendungszweck:	*Sondermittel-Tanklösch-fahrzeug STLF 48/70-40*
Fahrgestelltyp:	*Mercedes-Benz 2632 K*
	(6 x 4)
Baujahr:	*1983*
Leistung der Pumpe:	*4800 l/min*
Löschwasservorrat:	*7000 l*

Ein fast ebenso großer Löschriese ist dieses bei der Werkfeuerwehr der Erdölraffinerie Ingolstadt AG (ERIAG) im Dienst befindliche Sonderlöschmittelfahrzeug. Es wurde von Ziegler auf einem schweren dreiachsigen Mercedes-Benz-Allradkipperfahrgestell aufgebaut und verfügt über eine Truppbesatzung von drei Mann. Neben dem beachtlich großen Löschwasservorrat verfügt es über 4000 l Schaummittel, 300 kg Halon und einen für Schaum- oder Wasserabgabe geeigneten Dachmonitor. Das zulässige Gesamtgewicht dieses ungenormten Fahrzeugs beträgt 28 t.

Verwendungszweck:	*Drehleiter DL 23-12*
Fahrgestelltyp:	*Magirus-Deutz*
	FM 170 D 12 F
Baujahr:	*1975*
Leistung der Pumpe:	*–*
Löschwasservorrat:	*–*

Seit 1980 hat sich die Angabe der Steighöhe bei den Drehleitern geändert. Eine Zahlenkombination gibt nun Auskunft über Nennrettungshöhe und -ausladung. So wurde aus einer DL 30 eine DL 23-12. Dabei gibt die erste Zahl die Mindeststeighöhe in Metern, die zweite Zahl die Mindestausladung an. Diese DL 23-12 der Berufsfeuerwehr Duisburg wurde seinerzeit als DL 30 h beschafft. Die DL besitzt variable Schrägabstützungen und einen Sechszylinder-Direkteinspritz-V-Diesel mit 176 PS Leistung.

Verwendungszweck:	*Drehleiter mit Korb*
	DLK 23-12
Fahrgestelltyp:	*Mercedes-Benz*
	LP 1319/36
Baujahr:	*1975*
Leistung der Pumpe:	*–*
Löschwasservorrat:	*–*

Diese von Metz auf einem Mercedes-Benz-13-t-Fahrgestell errichtete Frontlenker-Drehleiter ging als Einzelstück an die Berufsfeuerwehr Mülheim/Ruhr. Das kubische Fahrerhaus dieser DL 30 mit Korb war als Truppkabine für drei Mann Besatzung ausgebildet. Ein Sechszylinder-Direkteinspritz-Diesel mit 8720 ccm Hubraum und 192 PS Motorleistung bei 2500 U/min war für die Fortbewegung des Fahrzeugs verantwortlich. Mittlerweile befindet sich das Fahrzeug nicht mehr im Dienst.

Verwendungszweck:	*Drehleiter DL 12/9*
Fahrgestelltyp:	*Magirus-Deutz (KIID)*
	90 D 56
Baujahr:	*1978*
Leistung der Pumpe:	*–*
Löschwasservorrat:	*–*

Seit April 1989 befindet sich auch die DL 18 als DL bzw. DLK 12/9 in der Normung. Das hier abgebildete Fahrzeug wurde zur Zeit seiner Beschaffung durch die Verbandsgemeinde Diez noch als mechanische Magirus-Drehleiter mit 18 m Auszugslänge und Handbetrieb geführt. Das auf einem mittleren Magirus-Frontlenker-Fahrgestell errichtete Fahrzeug verfügt über eine Truppkabine für drei Mann Besatzung. Der luftgekühlte Vierzylinder-Direkteinspritz-Dieselmotor mit 4086 ccm Hubraum leistet 87 PS.

Verwendungszweck:	*Drehleiter mit Korb DLK 23-12*
Fahrgestelltyp:	*Mercedes-Benz L 1120 F*
Baujahr:	*1991*
Leistung der Pumpe:	*–*
Löschwasservorrat:	*–*

Nach der im Oktober 1990 erfolgten Wiedervereinigung der beiden deutschen Staaten, erfolgte von der Feuerlöschgeräteindustrie eine schrittweise Angleichung der Fahrzeuge an den westdeutschen Standard. Auf der Leipziger Frühjahrsmesse 1991 zeigte das Feuerlöschgerätewerk Luckenwalde, die frühere Firma Hermann Koebe, eine weiterentwickelte DL 30 mit Truppbesatzung, also eine DL 23-12, die es auch mit einem Zweimannkorb als DLK 23-12 zu kaufen gab. Das Mercedes-Benz-Fahrgestell wies einen Sechszylinder-Diesel mit Direkteinspritzung, Abgas-Turbolader und Ladeluftkühlung und 5958 ccm Hubraum auf. Es erzeugte 204 PS bei 2600 U/min. Hier ist die Variante mit Korb zu sehen.

Verwendungszweck:	*Drehleiter mit Soforteinstieg DLK 23-12 SE*
Fahrgestelltyp:	*Mercedes-Benz L 1628 F*
Baujahr:	*1987*
Leistung der Pumpe:	*–*
Löschwasservorrat:	*–*

Mit einem Drehleitermodell mit Soforteinstieg (DLK 23-12 SE) präsentierte Metz im Jahr 1980 eine völlig neue Variante eines Hubrettungsfahrzeugs. Dabei war der Drehkranz der Leiter unmittelbar hinter dem Fahrerhaus angeordnet, so dass der Leiterpark nach hinten abgelegt werden konnte. Um den hinteren Überhang so kurz wie möglich zu halten, entschied sich Metz für einen fünfteiligen Leitersatz. Der Rettungskorb konnte vom Boden aus sofort bestiegen werden. Mit dieser Bauweise fiel das neue Fahrzeug um 40 cm niedriger aus als eine Metz-Leiter in der Standardbauweise. Mit insgesamt 14 an deutsche Feuerwehren gelieferten Leitern war Metz damit weitaus weniger erfolgreich als Magirus mit ihren Modellen in Niedrigbauweise. Das hier gezeigte Fahrzeug ging als letztes Exemplar an die Berufsfeuerwehr Wuppertal. Es besitzt einen Dreimannkorb und einen Achtzylinder-Direkteinspritz-Diesel-V-Motor mit 14 620 ccm Hubraum und 280 PS Leistung.

Verwendungszweck:	*Drehleiter mit Korb DLK 23-12*
Fahrgestelltyp:	*Mercedes-Benz L 1422 F*
Baujahr:	*1990*
Leistung der Pumpe:	*–*
Löschwasservorrat:	*–*

Diese mit einem Stülpkorb ausgerüstete DLK 23-12 von Metz besitzt ein von der Firma Eller tiefergesetztes Fahrerhaus. Diese Bauweise geht auf Initiative der Berliner Feuerwehr zurück. Im Laufe der Zeit hatten die Drehleiterbauhöhen ständig zugenommen und in den 1970er Jahren den Wert von 3,30 m überschritten. Dadurch wurde es immer schwieriger, in Städten mit Altbausubstanz bei den zumeist niedrigen Durchfahrten Hinterhöfe zu erreichen. Metz und Magirus trugen dieser Forderung mit unterschiedlichen Konstruktionen Rechnung. Die abgebildete Drehleiter wurde von der Freiwilligen Feuerwehr Hofheim auf einem Mercedes-Benz-Chassis, ausgerüstet mit einem Sechszylinder-Direkteinspritz-Diesel in V-Bauweise mit 10 960 ccm Hubraum und 216 PS Leistung bei 2300 U/min beschafft.

Verwendungszweck:	*Drehleiter mit Korb DLK 23-12*
Fahrgestelltyp:	*Mercedes-Benz L 1419 F*
Baujahr:	*1977*
Leistung der Pumpe:	*–*
Löschwasservorrat:	*–*

Diese von Metz aufgebaute DLK 23-12 wurde im Dezember 1977 von der Freiwilligen Feuerwehr Rüsselsheim für den Straßenverkehr zugelassen. Das verwendete 14-t-Frontlenkerfahrgestell ist mit Truppkabine für eine Besatzung für drei Mann ausgebildet und wird von einem Sechszylinder-V-Diesel mit Direkteinspritzung, 9570 ccm Hubraum und 192 PS Leistung angetrieben. 1990 wurde das Fahrzeug mit einem Sprungretter nachgerüstet. Ein Jahr später folgte ein Tempest-Hochleistungslüfter.

Verwendungszweck:	**Drehleiter mit Korb DLK 23-12 n.B.**
Fahrgestelltyp:	**Iveco-Magirus 120-25 AN**
Baujahr:	**1989**
Leistung der Pumpe:	**–**
Löschwasservorrat:	**–**

Mitte der 1970er Jahre entwickelte Magirus in Zusammenarbeit mit der Berufsfeuerwehr München ein besonders niedriges und schmales Sonderfahrgestell für Drehleitern. Magirus erreichte damit eine Bauhöhe von 285 mm, indem das Fahrerhaus vor der Vorderachse positioniert und die Aufbauten extrem flach gehalten wurden. Die Breite des Fahrzeugs betrug nur 2,35 m. Die Fahrzeuge wurden serienmäßig mit 256-PS-Motoren ausgerüstet und als DLK 23-12 n.B. (niedrige Bauart) bezeichnet. Allein in Deutschland wurden bis Ende 1997 100 dieser Drehleitern verkauft. Allein zwölf Stück gingen an die Berufsfeuerwehr München. Hier abgebildet ist ein Fahrzeug, das die Berufsfeuerwehr Düsseldorf beschaffte.

Verwendungszweck:	**Kranwagen KW 40**
Fahrgestelltyp:	**Gottwald Typ AMK 65-41**
Baujahr:	**1971**
Leistung der Pumpe:	**–**
Löschwasservorrat:	**–**

Zu Beginn der 1970er Jahre begannen Hersteller von Teleskopkranen wie Gottwald, Liebherr, MFL und Rheinstahl mit ihren Produkten den Feuerwehrmarkt zu erobern. Mit der Zeit konnten sie die bisher bei den Wehren auf schweren Lkw-Fahrgestellen verwendeten, mittlerweile vor allem leistungsmäßig unzureichenden Kranfahrzeuge verdrängen. Die Feuerwehren verlangten nach immer höheren Hebekräften und vor allem größeren Ausladungen, so dass Fahrzeuge mit neuerdings bis zu 70 t Hubkraft entstanden sind. Auf dieser Abbildung ist ein Gottwald-Kranwagen KW 40 zu sehen, den die Berufsfeuerwehr Duisburg seinerzeit beschaffte. Er verfügt über einen 340-PS-V-Zwölfzylinder-Dieselmotor von Klöckner-Humboldt-Deutz (KHD) mit 16 848 ccm Hubraum. Das zulässige Gesamtgewicht dieses Giganten beträgt 41 t. Von vier Achsen sind drei angetrieben.

Verwendungszweck:	*Kranwagen KW 35*
Fahrgestelltyp:	*Gottwald Typ AMK 55*
Baujahr:	*1978*
Leistung der Pumpe:	–
Löschwasservorrat:	–

Eine Nummer kleiner, dafür aber wesentlich kompakter und mit seiner 35-t-Krananlage nur unwesentlich leistungsschwächer ist dieses Gottwald-Modell mit einem luftgekühlten KHD-Diesel mit 290 PS, das an die Berufsfeuerwehr Düsseldorf ging. Das hat den Vorteil, dass dieses Fahrzeug auch im Großstadtverkehr relativ einfach und relativ problemlos bewegt werden kann. Der Kranwagen verfügt über zwei recht hoch aufgesetzte Kabinen mit guter Rundumsicht, wobei die vordere als Fahrstand, die hintere für den Kranbetrieb verwendet wird. Der Kranausleger ist heckseitig abgelegt.

Verwendungszweck:	*Leiterbühne LB 30/5*
Fahrgestelltyp:	*Magirus-Deutz*
	FM 310 D 21 F (6 x 4)
Baujahr:	*1983*
Leistung der Pumpe:	–
Löschwasservorrat:	–

Im Jahr 1977 baute Magirus für die Berufsfeuerwehr Frankfurt eine Leiterbühne LB 30/5 mit fünfteiligem Leitersatz und nach vorn klappbarem Korb für vier Personen. Das Fahrzeug ist auf einem schweren Magirus-Dreiachs-Fahrgestell mit Zehnzylinder-Diesel und 305 PS Motorleistung errichtet worden und verfügte über eine variable Waagerecht-Senkrecht-Abstützung. Die LB 30 kann auch als Wasser- und Beleuchtungsmast eingesetzt werden. Bis 1986 wurden etwa 25 Fahrzeuge für verschiedene Feuerwehren im In- und Ausland gebaut. Dieses Exemplar ging und die Werkfeuerwehr der Firma Thyssen-Krupp-Stahl in Duisburg.

Verwendungszweck:	*Kranwagen KW 25*
Fahrgestelltyp:	*Krupp*
Baujahr:	*1978*
Leistung der Pumpe:	–
Löschwasservorrat:	–

Verwendungszweck:	*Teleskop-Mobilkran KW 40*
Fahrgestelltyp:	*Liebherr Typ LTM 1040*
Baujahr:	*1994*
Leistung der Pumpe:	–
Löschwasservorrat:	–

Einen mechanischen Krupp-Mobilkran des Typs GM 53 mit 25 t Tragkraft nannte die Berufsfeuerwehr Hannover ihr Eigen. Dieses von der Firma Krupp-Kräne, Wilhelmshaven gefertigte Dreiachsfahrzeug war ohne Allradantrieb und in ausgesprochener Niedrigbauweise ausgeführt. Der Kranausleger war dreifach teleskopierbar. Am Fahrzeugheck war eine Seilwinde für maximal 10 t Zugkraft vorhanden. Der Fahrzeugantrieb besteht aus einem luftgekühlten Achtzylinder-V-Diesel Typ F 8 L 413 mit Direkteinspritzung von Magirus (KHD), 11 310 ccm Hubraum und 232 PS Motorleistung. Das Achtganggetriebe ermöglichte eine Höchstgeschwindigkeit von beachtlichen 90 km/h. Nachdem 1994 ein neuer 40-t-Teleskop-Mobilkran von Liebherr für die Hauptfeuerwache angeschafft worden war, diente das Fahrzeug noch bis 2004 auf der Feuerwache Stöcken, bevor es privat verkauft wurde.

Im Jahr 1994 lieferte die Firma Liebherr drei nahezu identische 40-t-Kranfahrzeuge an die Berufsfeuerwehren Dortmund, Hannover und Oberhausen. Das dreiachsige Allradfahrgestell besitzt Einzelradlenkung und ist mit einer Gesamtlänge von 10,5 m sehr kompakt und wendig. Dadurch liegt der kleinste Wenderadius noch unter 7,5 m. Der Daimler-Benz-Motor leistet 300 PS, die Maximalgeschwindigkeit beträgt 64 km/h und die Steigfähigkeit liegt bei 70 %. Der vierteilige Teleskopkranausleger kann bis auf 26 m ausgezogen werden. Er arbeitet mit Computertechnologie und kann bei maximaler Ausladung immer noch 2,1 t anheben. Zum Bergen und Abschleppen verfügt der Kran über eine 20-t-Bergwinde mit 100 m Seil am Fahrzeugheck. Hier ist das Fahrzeug für Oberhausen zu sehen.

Verwendungszweck:	Teleskop-Mobilkran KW 60
Fahrgestelltyp:	Liebherr Typ LTM 1060/2
Baujahr:	2001
Leistung der Pumpe:	–
Löschwasservorrat:	–

Ein neuer 60-t-Feuerwehrkran wurde im Dezember 2001 von der Berufsfeuerwehr Mannheim in Dienst gestellt. Es handelt sich um einen vierachsigen All-Terrain-Mobilkran mit 48 t Gesamtgewicht. Der fünfteilige Teleskopausleger der von modernster Computertechnik ausgerüsteten und allseits überwachten Krananlage bietet 42 m Hubhöhe. Ein Automatikgetriebe erleichtert dem Fahrer des mit einem Turbo-Dieselmotor mit 370 PS ausgerüsteten Fahrzeugs die Arbeit. Am Fahrzeugheck befindet sich eine Bergewinde mit Durchlaufspill und elektrischer Fernbedienung.

Verwendungszweck:	Teleskop-Mobilkran KW 45
Fahrgestelltyp:	Liebherr Typ LTM 1045/1
Baujahr:	2002
Leistung der Pumpe:	–
Löschwasservorrat:	–

Die Berufsfeuerwehr Münster erhielt Ende des Jahres 2002 einen neuen 45-t-Kranwagen von Liebherr. Weitere Exemplare dieses 36 t schweren Modells gingen an die Berufsfeuerwehren Düsseldorf und Mönchengladbach. Der vierteilige Teleskopausleger bietet eine Hubhöhe von bis zu 34 m. Bis zu 20 m Hubhöhe können 22-t-Lasten und bis zu 32 m Hubhöhe immer noch 3,1 t Lasten bewältigt werden. Der Liebherr-Turbodieselmotor leistet 370 PS. Auch dieses Fahrzeug ist mit einer leistungsfähigen, am Fahrzeugheck angeordneten Bergewinde mit Durchlaufspill bestückt.

Verwendungszweck:	Wechselladerfahrzeug WLF
Fahrgestelltyp:	MAN 27.365 VFAE (8 x 8)
Baujahr:	1984
Leistung der Pumpe:	–
Löschwasservorrat:	–

Die nachfolgenden Beschaffungen von Wechselladerfahrzeugen der Duisburger Berufsfeuerwehr wurden nach dem System von Meiller getätigt. Aufgrund der in Duisburg herrschenden spezifischen Einsatzbedingungen, die eine besondere, mitunter auch den konventionellen Allradantrieb übersteigende Geländefähigkeit erforderten, entschied man sich für ein schweres, hochgeländegängiges vierachsiges MAN-Fahrgestell in Bundeswehrausführung. Die motorische Bestückung mit Zehnzylinder-Direkteinspritz-V-Dieseln mit 18 300 ccm Hubvolumen und 365 PS war erheblich leistungsfähiger als beim allradgetriebenen Vorgänger. Hier ist ein solches Fahrgestell mit dem Wechselabrollbehälter Löschpulver zu sehen. Voll ausgerüstet wiegt das mit einer 8-t-Seilwinde von Rotzler bestückte Fahrzeug 30 t.

Verwendungszweck:	Wechselladerfahrzeug WLF
Fahrgestelltyp:	MAN 20.280 DFAEG (6 x 6)
Baujahr:	1980
Leistung der Pumpe:	–
Löschwasservorrat:	–

Seit 1970 befinden sich Wechselladerfahrzeuge bei der Berufsfeuerwehr Duisburg im Einsatz. 1980 beschaffte man ein Fahrzeug als FEKA-Abrollkipper auf einem schweren dreiachsigen allradgetriebenen MAN-Trägerfahrgestell mit Standardfahrerhaus, einem wassergekühlten Sechszylinder-Direkteinspritz-Diesel mit Abgas-Turbolader, 11 413 ccm Hubraum, 280 PS Leistung und einem zulässigen Gesamtgewicht von 20,5 t. Hier ist das Fahrzeug mit dem aus zwei 2000-kg-Löschanlagen von Minimax bestehenden Wechselabrollbehälter Löschpulver zu sehen. 1986 wurde das als Einzelstück vorhandene Fahrgestell an die Freiwillige Feuerwehr Siegburg verkauft.

Verwendungszweck:	Trocken-Zumischer-Lösch-
	fahrzeug TroZLF 40/100
Fahrgestelltyp:	Magirus-Deutz (KHD)
	310 D 26 F
Baujahr:	1979
Leistung der Pumpe:	4000 l/min
Löschwasservorrat:	5000 l

Auf einem Dreiachs-Frontlenkerfahrgestell von Magirus ließ sich die Werkfeuerwehr der Henkel-Werke in Düsseldorf ein TroZLF bauen. Für den aus Polyester gefertigten Aufbau war Magirus verantwortlich. Dieser Werkstoff bot bei ausreichender Festigkeit große Gewichtsvorteile. Die 1000-kg-Pulverlöschanlage wurde von Total geliefert. Neben dem großen Löschwasservorrat ist das Fahrzeug mit 4000 l Mehrbereichsschaummittel beladen. Mit einem luftgekühlten Zehnzylinder-Direkteinspritz-V-Motor mit 14 702 ccm Hubvolumen und 305 PS Leistung ist das ansehnliche Fahrzeug ausreichend motorisiert.

Verwendungszweck:	Trocken-Sonderlösch-
	mittelfahrzeug
	TroSLF 32/20-15-P 3000
Fahrgestelltyp:	Mercedes-Benz LF 2224
	(6 x 4)
Baujahr:	1980
Leistung der Pumpe:	3200 l/min
Leistung der Pumpe:	2000 l

Ein weiteres Sonderlöschfahrzeug der petrochemischen Industrie ist dieses im Auftrag der Werkfeuerwehr der Rheinischen Oelifin-Werke (ROW) in Wesseling bei Köln von Bachert gefertigte TroSLF. Es ist auf die besonderen Risiken dieses Betriebs zugeschnitten und entstand auf einem Mercedes-Benz-Dreiachsfahrgestell mit Achtzylinder-Direkteinspritz-V-Diesel mit 240 PS Motorleistung und 12 760 ccm Hubraum. Zusätzlich zum Wasservorrat besteht die Beladung aus 1500 l Schaummittel, 3000 kg Löschpulver und 120 kg CO_2.

Verwendungszweck:	Tankwagen TW
Fahrgestelltyp:	MAN 22.192 FN
Baujahr:	1979
Leistung der Pumpe:	–
Löschwasservorrat:	18 000 l

Einen Tankwagen zum Aufnehmen brennbarer Flüssigkeiten der Klassen A 1 bis A 3 mit 18000 l Fassungsvermögen beschaffte die Werkfeuerwehr ERIAG in Ingolstadt. Das auf einem schweren MAN-Dreiachs-Frontlenker-Straßenfahrgestell errichtete Fahrzeug verfügt über einen Sechszylinder-Direkteinspritz-Reihenmotor mit 9511 ccm Hubraum und 192 PS Leistung und kann auch als Wasserzubringerfahrzeug verwendet werden. Dabei ist die dritte Achse als Nachlaufachse ausgeführt. An Bord befindet sich eine Spindelpumpe des Fabrikats Bornemann.

Verwendungszweck:	Gerätewagen-Wasser-
	rettung GW-W
Fahrgestelltyp:	Magirus-Deutz (KHD)
	FM 170 D 11 FA
Baujahr:	1975
Leistung der Pumpe:	–
Löschwasservorrat:	–

Zu den besonderen Aufgaben der Feuerwehr zählt der Wasserrettungsdienst. Zu diesem Zweck werden von zahlreichen Wehren spezielle, als GW-W bezeichnete Gerätewagen im Fahrzeugbestand geführt. Dabei ist Ausrustung und Gestaltung der jeweiligen Feuerwehr überlassen und den vor Ort herrschenden Aufgaben angepasst. Dieses Fahrzeug ließ sich die Berliner Feuerwehr von dem ortsansässigen Aufbauhersteller Glasenapp erstellen. Der Ausbau wurde in Eigenregie vorgenommen. Es handelt sich um ein mittelschweres Frontlenkerchassis von Magirus mit luftgekühlten Sechszylinder-Direkteinspritz-V-Diesel mit 8482 ccm Hubraum und 176 PS Leistung. Das zulässige Gesamtgewicht beträgt 11 600 kg.

Deutschland 🇩🇪

Verwendungszweck:	Trocken-Tanklösch-fahrzeug TroTLF 48/45-15-P 1500
Fahrgestelltyp:	MAN 26.320 DF (6 x 4)
Baujahr:	1979
Leistung der Pumpe:	4800 l/min
Löschwasservorrat:	4500 l

In den 1970er Jahren machte sich die Firma Ziegler durch den Bau ausgesprochener Großfahrzeuge einen Namen. Hierzu zählt auch das von der Werkfeuerwehr der Hoechst AG in Dienst genommene TroTLF, das auf einem Dreiachs-Frontlenker-Schwerlastfahrgestell von MAN mit 26 t zulässigem Gesamtgewicht und 320-PS-V-10-Direkteinspritz-Diesel mit 15 844 ccm Rauminhalt errichtet wurde. Das Fahrzeug hat eine Staffelkabine für sechs Mann Besatzung und führt neben dem Wasservorrat 1500 l Schaummittel, eine 1500-kg-Total-Pulverlöschanlage und 120 kg CO_2 mit.

Verwendungszweck:	Hilfeleistungs-Lösch-fahrzeug HLF 28/20
Fahrgestelltyp:	MAN 14.240 FAEG (4 x 4)
Baujahr:	1986
Leistung der Pumpe:	2800 l/min
Löschwasservorrat:	2000 l

Von den in Duisburg zum Einsatz kommenden Feuerwehrfahrzeugen wird eine extreme Beweglichkeit und Geländefähigkeit gefordert. Der hauptsächliche Grund sind viele unerschlossene Brachflächen besonders im weiten Bereich des großen Binnenhafens. Daher entschied sich die Berufsfeuerwehr Duisburg bei der Beschaffung von Hilfeleistungs-Vorausfahrzeugen als einzige deutsche Feuerwehr für zwei-achsige MAN-Fahrgestelle aus der Bundeswehr-KAT-Baureihe. Die drei gebauten Fahrzeuge erstellte der österreichische Feuerwehrausrüster Rosenbauer. Dabei wurde das erste, hier gezeigte Exemplar mit einem 240-PS-Diesel, die beiden folgenden Fahrzeuge mit 365 PS starken Motoren ausgerüstet. Letztere sind in der Lage, die 14 t schweren Boliden in 21 Sekunden von 0 auf 80 km/h zu beschleunigen. Der mitgeführte Wasservorrat wird durch einen Schaummittelvorrat von 220 l ergänzt. Die Rosenbauer-Pumpe FP 28/10-4/40 ist für Hoch- und Niederdruckbetrieb eingerichtet. Ein Dachmonitor mit 2400 l/min Wurfleistung, zwei schwenkbare Haspeln mit jeweils 60 m Schlauch sowie umfangreiche Hilfeleistungsgeräte, wozu auch ein Stromerzeuger gehört, ergänzen die Ausrüstung. Seit 1996 werden diese Modelle als Voraus-Löschfahrzeuge geführt.

Verwendungszweck:	Rüstwagen RW 2
Fahrgestelltyp:	Mercedes-Benz 1222 AF
Baujahr:	1985
Leistung der Pumpe:	–
Löschwasservorrat:	–

Einen RW 2 ließ sich die Freiwillige Feuerwehr Neuss von Ziegler unter Verwendung eines Mercedes-Benz-Allradfahrgestells aufbauen. Der Antrieb erfolgt durch den Sechszylinder-Direkteinspritz-V-Diesel Typ OM 421 von Daimler-Benz, welcher einen Hubraum von 10 960 ccm besitzt und 216 PS bei 2300 U/min erzeugen kann.

Verwendungszweck:	Rüstwagen RW 2
Fahrgestelltyp:	Iveco-Magirus Typ 120-25
Baujahr:	1991
Leistung der Pumpe:	–
Löschwasservorrat:	–

Rüstwagen werden bei technischen Hilfeleistungen auch großen Umfangs eingesetzt. Diese werden entsprechend ihres zulässigen Gesamtgewichts und dem Umfang ihrer Beladung in der Norm nach drei Baugrößen unterschieden. Fest eingebaut und vom Fahrzeugmotor angetrieben werden Zugeinrichtung (Seilwinde) und Generator. Ein ausfahrbarer Lichtmast mit Flutlichtscheinwerfern befindet sich am Heck des Fahrzeugs. Nach dem RW 1 ist in Deutschland der RW 2 am häufigsten anzutreffen. Dieser von Magirus auf einem Iveco-Magirus-Allradfahrgestell aufgebaute Rüstwagen (RW) 2 mit Truppbesatzung befindet sich bei der Düsseldorfer Berufsfeuerwehr im Einsatz.

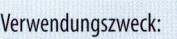

Verwendungszweck:	*Rüstwagen RW 3*
Fahrgestelltyp:	*Magirus-Deutz (KHD)*
	FM 232 D 17 FA
Baujahr:	*1981*
Leistung der Pumpe:	*–*
Löschwasservorrat:	*–*

Nur große Berufsfeuerwehren leisteten sich einen RW 3. So auch die Frankfurter Feuerwehr, die sich ein solches Fahrzeug auf einem schweren Magirus-Frontlenker-Allradfahrgestell mit 16 t zulässigem Gesamtgewicht erstellen ließ. Für die Fortbewegung des Fahrzeugs zeichnete der luftgekühlte V-Achtzylinder-Direkteinspritz-Diesel KHD F 8 L 413 mit 11 310 ccm Hubraum und 232 PS Motorleistung verantwortlich. In diesem Fahrzeug ist eine 15-t-Zugvorrichtung, ein fest installierter 20-kVA-Generator sowie umfangreiches technisches Gerät vorhanden. Damit ist der RW 3 in der Lage, nahezu alle Hilfeleistungen technischer Art auszuführen.

Verwendungszweck:	*Großtanklöschfahrzeug*
	GTLF 12-Öl
Fahrgestelltyp:	*Mercedes-Benz*
	Typ 2228 (6 x 4)
Baujahr:	*1981*
Leistung der Pumpe:	*–*
Löschwasservorrat:	*–*

Ein Spezialfahrzeug und Einzelstück ist dieses so genannte GTLF 12-Öl, das die Offenbacher Berufsfeuerwehr seinerzeit beschaffte. Den zum Fahrzeugheck hin hydraulisch kippbaren 12 000-l-Tankaufbau erstellte eine auf diese Technologie spezialisierte Firma Müller. Zur Aufnahme und Entleerung von grundwassergefährdenden Flüssigkeiten sind spezielle Pumpen, beispielsweise in Form von Vakuum- und Hochdruckpumpen vorhanden. Auf einer großen Trommel am Heck befindet sich ein formstabiler Saugschlauch zum Aufnehmen von Flüssigkeiten. Der Aufbau erfolgte auf einem 22-t-Mercedes-Benz-Fahrgestell, das mit dem wassergekühlten Achtzylinder-V-Diesel mit Direkteinspritzung OM 422 von Daimler-Benz, 14 620 ccm Hubvolumen und 280 PS Motorleistung ausgerüstet ist.

Verwendungszweck:	*Gerätewagen-Öl/Chemie*
	GW-Öl
Fahrgestelltyp:	*Magirus-Deutz (KHD)*
	FM 130 M 8 F
Baujahr:	*1979*
Leistung der Pumpe:	*–*
Löschwasservorrat:	*–*

Für Ölunfälle stehen den meisten Wehren GW-Öl zur Verfügung. Diese Fahrzeuge waren zwischen 1978 bis 1990 genormt und sind in dieser seither durch Gerätewagen Gefahrgut (GW-G) ersetzt worden. Einen GW-Öl mit einer zusätzlichen Beladung für die Risiken von Chemieunfällen beschaffte die Berufsfeuerwehr Düsseldorf auf einem Magirus-Fahrgestell von der Firma Hermann Schmitz, Siegen, für den Umweltschutz. Dieses Fahrzeug besitzt die patentierte Hub-Rollwand dieses Herstellers für die Geräteräume, bei der beim Öffnen der Seitenwände der untere Teil heruntergeklappt, während die obere Hälfte automatisch über das Dach geschwenkt wird. Das Fahrzeug wird von einem 130 PS-Sechszylinder-Reihen-Direkteinspritz-Diesel mit 6129 ccm Hubraum angetrieben.

Verwendungszweck:	*Wechselladerfahrzeug*
	WLF
Fahrgestelltyp:	*Mercedes-Benz 1827*
Baujahr:	*1994*
Leistung der Pumpe:	*–*
Löschwasservorrat:	*–*

Die Freiwillige Feuerwehr Neuss wählte in den 1990er Jahren für einen Teil ihrer Ausrüstung das Wechselladersystem Meiller. Die dafür zur Verfügung stehenden Abrollbehälter können in kurzer Zeit mit Hilfe der hydraulisch arbeitenden Wechselladereinrichtung des Trägerfahrzeugs auf- und abgesetzt werden. Dabei greift der Winkelarm der Wechselladereinrichtung in eine Öse im Abrollbehälter. Nach dem Absetzen ist ein Verschieben des Behälters durch die an der hinteren Behälterunterkante angebrachten Rollen möglich, solange der Behälter noch mit der Wechselladereinrichtung verbunden ist. Das zweiachsige Mercedes-Benz-Trägerfahrgestell auf dieser Aufnahme ist derzeit mit dem Abrollbehälter-Öl bestückt. In ihm befinden sich alle wesentlichen bei Ölunfällen und anderen derartigen Risiken benötigten Ausrüstungsgegenstände.

Verwendungszweck:	**Flugplatzlöschfahrzeug GTLF 20**
Fahrgestelltyp:	**Faun LF 1412/52 V (8 x 8)**
Baujahr:	**1972**
Leistung der Pumpe:	**5000 l/min**
Löschwasservorrat:	**18 000 l**

Mit dem Erscheinen des Boeing 747 Jumbo-Jets begann zu Beginn der 1970er Jahre eine völlig neue Dimension in der Verkehrsluftfahrt. Die internationalen Flughäfen, die von diesen Großraumflugzeugen nunmehr angeflogen wurden, mussten Löschmittelkapazitäten in einer bisher unbekannten Größenordnung bereitstellen. Denn die Jumbos hatten ein Startgewicht von 380 t, wovon bis zu 130 t auf den hochbrennbaren Treibstoff Kerosin entfielen. Sie beförderten mehr als 400 Passagiere – bei

der bisherigen Boeing-707-Generation waren es weniger als die Hälfte. So begann das Zeitalter der Großtanklöschfahrzeuge auf Faun-Allradfahrgestellen. Zwischen 1970 und 1990 wurden insgesamt 25 solcher drei- und vierachsiger Löschriesen für die großen Verkehrsflughäfen in der Bundesrepublik in Dienst gestellt. Dieses GTLF 20 000 der Düsseldorfer Flughafenfeuerwehr wurde von zwei luftgekühlten KHD-V-Zwölfzylinder-Dieselmotoren mit jeweils 500 PS angetrieben. Bei einem Dienstgewicht von rund 51 t reichte dies trotzdem gerade mal aus, um in 45 Sekunden auf 80 km/h zu beschleunigen. Weit über eine Minute dauerte es, bis die Spitzengeschwindigkeit von 110 km/h erreicht war. Zum Löschwasservorrat kamen 1800 l Schaummittel hinzu. Mittlerweile befindet sich dieses Fahrzeug nicht mehr im Dienst.

Verwendungszweck:	**Wechselladerfahrzeug WLF**
Fahrgestelltyp:	**Magirus-Deutz (KHD) 232 D 15 F**
Baujahr:	**1978**
Leistung der Pumpe:	**–**
Löschwasservorrat:	**–**

Ein zweiachsiges Magirus-Frontlenker-Trägerfahrgestell besaß die Düsseldorfer Berufsfeuerwehr, um die vorhandenen, unterschiedlich beladenen Abrollbehälter zu den Einsatzstellen befördern zu können. In diesem Fall bestand die Beladung aus einem Abrollbehälter Baugeräte. Das Magirus-Chassis war mit dem luftgekühlten, 232 PS starken, direkteinspritzenden V-Achtzylinder-Dieselmotor des Typs KHD F 8 L 413 ausgerüstet. Die meisten deutschen Feuerwehren entschieden sich bei der Wechselladertechnik für zweiachsige Fahrgestelle. Die Duisburger Berufsfeuerwehr, die auch eine Reihe vierachsiger Fahrzeuge im Einsatz hält, gehört derzeit zu denjenigen deutschen Wehren, die mit den umfangreichsten Bestand an Wechselladerfahrgestellen und Abrollbehältern besitzen.

Verwendungszweck:	**Flugplatzlöschfahrzeug FLF Buffalo**
Fahrgestelltyp:	**MAN 27.DFAEX (6 x 6)**
Baujahr:	**1999**
Leistung der Pumpe:	**6000 l/min**
Löschwasservorrat:	**9000 l**

Verwendungszweck:	**Tanklöschfahrzeug TLF 24/50**
Fahrgestelltyp:	**Mercedes-Benz 1831/38 AK**
Baujahr:	**1997**
Leistung der Pumpe:	**2400 l/min**
Löschwasservorrat:	**4800 l**

Verwendungszweck:	**Löschgruppenfahrzeug LF 8/6**
Fahrgestelltyp:	**MAN Typ 8.153 F**
Baujahr:	**1994**
Leistung der Pumpe:	**800 l/min**
Löschwasservorrat:	**600 l**

Für die Flughafenfeuerwehr des Regionalflughafens Paderborn-Lippstadt wurde dieses FLF Buffalo in der Variante 9000/1000-Foamatic von Rosenbauer beschafft. Beim Basisfahrzeug entschied man sich für ein allradgetriebenes Dreiachs-MAN-Militärfahrgestell mit Automatikgetriebe, 600-PS-Motor und einer Kabine für drei Mann Besatzung. An Bord befindet sich eine starke Normaldruckpumpe des Typs R 600; die Zumischung des Schaummittels (1000 l) erfolgt mit dem Foamatic RVMA 5000. Ausgerüstet ist dieses Fahrzeug mit einem elektronisch ferngesteuerten Wasser-/Schaumwerfer auf dem Dach, einem Kombiwerfer an der Fahrzeugfront sowie zwei Schnellangriffshaspeln mit jeweils 30 m Hochdruckschlauch.

Diese Werkaufnahme zeigt das von der Freiwilligen Feuerwehr Schwerte bei Metz in Karlsruhe georderte Tanklöschfahrzeug TLF 24/50. Zur Verwendung kam ein Mercedes-Benz-Allradkipper-Fahrgestell 1831/38 AK mit 18 t zulässigem Gesamtgewicht, 313 PS Motorleistung und Automatikgetriebe. Das Fahrzeug besitzt einen glasfaserverstärkten Aufbau. Neben dem großen Wasservorrat, der dem hauptsächlichen Einsatzzweck, der Bekämpfung von Fahrzeugbränden auf Fernstraßen Rechnung trägt, verfügt das mit drei Mann besetzte Fahrzeug über 500 l Schaummittel.

Die leichten MAN-Frontlenker-Fahrgestelle der zum Jahreswechsel 1993/94 präsentierten und im Werk Wittlich gefertigten neuen Baureihe L 2000, eigneten sich besonders gut zum Aufbau von Löschgruppenfahrzeugen LF 8/6. Dieser seit Mitte 1991 in der Norm enthaltene Fahrzeugtyp befördert eine komplette, aus neun Mann bestehende Löschgruppe und ist neuerdings auch mit einem Löschwassertank ausgerüstet. Das zur leichten Nutzlastklasse zählende Lkw-Chassis kann mit dem Führerschein der Klasse drei gefahren werden, besitzt 3,35 m Radstand und ist mit einem direkteinspritzenden Sechszylinder-Reihen-Diesel mit 153 PS Motorleistung bestückt. Hier ein vom Feuerlösch-Gerätewerk Luckenwalde (FGL) aufgebautes Fahrzeug.

Verwendungszweck:	Löschgruppenfahrzeug LF 16/12
Fahrgestelltyp:	Mercedes-Benz Atego 1325 AF
Baujahr:	2001
Leistung der Pumpe:	1600 l/min
Löschwasservorrat:	2000 l

Die Freiwillige Feuerwehr Schömberg ließ sich für ihr LF 16/12 eine individuelle Lösung einfallen. Man entschied sich für ein Mercedes-Benz-Atego-Allrad-Fahrgestell mit Sechszylinder-245-PS-Diesel, das von Magirus in Ulm aufgebaut wurde. Dabei ist der Aufbau dieses Herstellers auf einem Mercedes-Fahrgestell schon etwas besonderes. Eine Erhöhung der Sicherheit bietet die in die Dachgalerie eingebaute Umfeldbeleuchtung sowie die zur Anfahrhilfe für den Winterbetrieb dienenden Schleuderketten.

Verwendungszweck:	Flugfeldlöschfahrzeug FLF 60/120
Fahrgestelltyp:	MAN 36.1000 VFAEG (8 x 8)
Baujahr:	1992
Leistung der Pumpe:	6000 l/min
Löschwasservorrat:	12000 l

Die Firma Ziegler beteiligte sich seit 1991 mit dem Modell Z 8 am Bau von großen FLF für höchste Flugplatzkategorien nach ICAO. Zwei dieser auf MAN-Chassis mit einem 1000 PS starken

V-Zwölfzylinder-Diesel mit 21 920 ccm Hubraum bestückten Fahrzeuge erhielt der Verkehrsflughafen Nürnberg im Jahr 1992. Die Höchstgeschwindigkeit liegt bei 140 km/h, die Beschleunigung von 0 bis 80 km/h aus dem Stand beträgt 19 Sekunden, die Steigfähigkeit des Fahrzeugs 60 %. Die zweistufige Feuerlöschkreiselpumpe wird von einem separaten MAN-Dieselmotor mit 278 PS angetrieben. Neben seinem Wasservorrat ist das 36-t-Fahrzeug mit 1500 l Schaummittel beladen. Schaumzumischeinrichtung, Bug- und Dachmonitor, Selbstschutzanlage und Schnellangriffseinrichtungen sind weitere Ausrüstungsmerkmale dieses bemerkenswerten Fahrzeugs.

Verwendungszweck:	Tanklöschfahrzeug TLF 16/25
Fahrgestelltyp:	Mercedes-Benz Atego 1225 AF
Baujahr:	1999
Leistung der Pumpe:	1600 l/min
Löschwasservorrat:	2500 l

Ein Mercedes-Benz Atego-Allradfahrgestell diente als Basis für dieses von Ziegler aufgebaute TLF 16/25. Dieses Chassis verfügt über 3,86 m Radstand und besitzt einen Sechszylinder-Reihen-Diesel mit 6370 ccm Hubvolumen und 245 PS Motorleistung, die bei 2300 U/min erzeugt werden. Die geräumige, ergonomisch gestaltete Fahrer- und Mannschaftskabine bietet sechs Einsatzkräften Platz. In die Dachgalerie ist eine Umfeldbeleuchtung eingelassen.

Verwendungszweck:	Hilfeleistungs-Löschfahrzeug HLF 48/20-5
Fahrgestelltyp:	Mercedes-Benz Actros 1835 F
Baujahr:	1999
Leistung der Pumpe:	4800 l/min
Löschwasservorrat:	2000 l

Die Werkfeuerwehr des Daimler Chrysler Werks Wörth stellte dieses HLF unlängst in zwei Einheiten in Dienst. Errichtet wurde es von Ziegler auf einem 354 PS starken Mercedes-Benz-Actros-Chassis mit 18 t zulässigem Gesamtgewicht. Der Aluminium-Aufbau erfolgte in Modulbauweise mit integriertem Mannschaftsraum. Beladung und Bestückung bestehen u. a. aus Wassertank, Heckpumpe, 500 l Schaummittel, Generator mit 20 kVA Leistung, 5,8-t-Seilwinde, Lichtmast, Dachmonitor mit 2500 l/min Leistung und einer Wurfweite bis 60 m.

Verwendungszweck:	Löschgruppenfahrzeug LF 16/12
Fahrgestelltyp:	Mercedes-Benz Atego 1325 AF
Baujahr:	2000
Leistung der Pumpe:	1600 l/min
Löschwasservorrat:	1600 l

Die Metz-Variante der ehemaligen Standard-Ausführung des LF 16/12 wird hier auf einem Mercedes-Benz-Allrad-Fahrgestell der Atego-Reihe gezeigt. Der Aufbau dieses so genannten „Bärenkragen-LF" ist in der Metz-Aluminium-Stahl-Bauweise erstellt. Die Fahrer- und Mannschaftskabine für neun Mann Besatzung ist ergonomisch gestaltet und verfügt über optimale Ein- und Ausstiegsverhältnisse. Das Fahrzeug bringt ein zulässiges Gesamtgewicht von 13,5 t auf die Waage und ist mit einem Sechszylinder-Reihendiesel mit 254 PS ausgerüstet. Im Aufbau befindet sich eine umfangreiche Ausrüstung zur technischen Hilfeleistung.

Verwendungszweck:	*Drehleiter mit Korb*
	DLK 18-12
Fahrgestelltyp:	*Mercedes-Benz*
	Atego 1225 F
Baujahr:	*2000*
Leistung der Pumpe:	–
Löschwasservorrat:	–

Die DL 18-12 entspricht hinsichtlich ihrer Rettungshöhe der früheren DL 24. Hier ist ein Fahrzeug von Metz als Variante mit Korb als computergesteuerte DLK 18-12 zu sehen. Ihr Aufbau erfolgte auf einem 12-t-Mercedes-Benz-Atego-Fahrgestell. Dieses moderne Fahrzeug ist ein kompaktes und mit knapp 16 m Wendekreis ein sehr wendiges Rettungsgerät mit 18 m Nennrettungshöhe bei 12 m Ausladung.

Verwendungszweck:	*Hilfeleistungs-Löschfahr-*
	zeug HLF 16/20-2
Fahrgestelltyp:	*Mercedes-Benz*
	Econic 1828 L
Baujahr:	*2000*
Leistung der Pumpe:	*1600 l/min*
Löschwasservorrat:	*2000 l*

Mit diesem auf einem luftgefederten Mercedes-Benz-Econic-Modell von Magirus in AluFire-Technik aufgebauten, äußerlich recht futuristisch wirkenden Fahrzeug, wurde auf der EXPO 2000 in Hannover ein völlig neues Konzept eines Hilfeleistungs-Löschfahrzeugs vorgestellt. Die Fahrzeuge haben ein zulässiges Gesamtgewicht von 16 t und sind mit zusätzlich gelenkter Hinterachse und 280 PS Dieselmotoren ausgerüstet. Zur Beladung gehört ein 200-l-Schaummitteltank. Neben dem Dachmonitor mit einer Leistung von 1600 l/min gehören eine vorn angebrachte 5-t-Seilwinde von Rotzler, ein Lichtmast mit zwei Flutlichtstrahlern zu je 1000 W und zwei Einmann-Schlauchhaspeln am Heck zur Ausrüstung.

Verwendungszweck:	*Drehleiter mit Korb*
	DLK 23-12
Fahrgestelltyp:	*Mercedes-Benz*
	Atego 1528 F
Baujahr:	*2000*
Leistung der Pumpe:	–
Löschwasservorrat:	–

Eine DLK 23-12 von Metz auf Mercedes-Benz Atego ist hier zu sehen. Zur Verbesserung der Wendigkeit bei enger Bebauung oder in verkehrsberuhigten Straßen sind die Hinterräder in Abhängigkeit vom Einschlag der Vorderräder bei Bedarf lenkbar. Das Fahrgestell hat ein zulässiges Gesamtgewicht von 14 t und verfügt über einen Sechszylinder-Reihen-Diesel mit 6370 ccm Hubraum und 280 PS Motorleistung. Die DLK 23-12 ist sozusagen die Standard-Drehleiter bei den städtischen Feuerwehren in Deutschland geworden.

Verwendungszweck:	*Drehleiter mit Korb*
	DLK 23-12
Fahrgestelltyp:	*Mercedes-Benz*
	Econic 1828 L
Baujahr:	*1998*
Leistung der Pumpe:	–
Löschwasservorrat:	–

Im Jahr 1998 ließ sich die Darmstädter Berufsfeuerwehr ihre DLK 23-12 auf ein Mercedes-Benz-Econic-Fahrgestell aufbauen. Es war das erste Chassis dieser Art, welches zum Bau dieser Metz-Drehleiter verwendet wurde. Das Fahrgestell besitzt 3,90 m + 1,40 m Radstand, ist mit einer lenkbaren Nachlauf-Hinterachse ausgerüstet und wird von einem Sechszylinder-Reihendiesel mit 280 PS Motorleistung angetrieben. Die Kabine dieses Sonderfahrgestells ist tiefergesetzt und der Einstieg erfolgt über nur eine Stufe. Automatikgetriebe und Luftfederung gehören zur serienmäßigen Ausstattung.

DDR

In der bis 1989 bestehenden Deutschen Demokratischen Republik – DDR – nahm die Entwicklung der Feuerwehrfahrzeuge einen etwas anderen Verlauf als in der Bundesrepublik Deutschland. Hier erfolgte der Start unter anderen Vorgaben und ungleich schwierigeren Rahmenbedingungen. Organisatorisch wurden die Feuerwehren – ähnlich wie im Dritten Reich – von der dem Innenministerium unterstellten Hauptabteilung Feuerwehr zentral geführt. Die Feuerwehrfahrzeuge selbst wurden von einer Planungsgruppe aus dem Innenministerium entwickelt. Eine selbstständige Fahrzeugbeschaffung war den Feuerwehren nicht möglich; sie wurden den Wehren zentral zugewiesen. Ebenso verhielt es sich mit Sonderwünschen, die normalerweise nicht realisiert werden konnten. Dabei ist festzustellen, dass in der Zuteilung die ehemaligen Berufsfeuerwehren in der Regel bevorzugt wurden. Die freiwilligen Feuerwehren hingegen waren häufig unterversorgt und daher verstärkt auf Selbsthilfe angewiesen.

Die in Volkseigenen Betrieben zusammengefassten Nutzfahrzeughersteller und Feuerwehrausrüster beschränkten sich im Feuerwehrfahrzeugbau auf relativ wenige Modelle, deren Grundtypen auch im Westen vertreten waren. So verhielt es sich beispielsweise mit LF 16 und TLF 16. Während es für diese Verwendungszwecke bei den Fahrgestellen in der Bundesrepublik der 1950er und 1960er Jahre reichlich Alternativen gab, stand in der DDR nur das robuste IFA-Horch-H 3 A- bzw. S 4000/4001-Chassis zur Verfügung, das zwischen 1953 und 1967 für Feuerwehraufbauten verwendet wurde. Manche Sonderfahrzeuge wie Geräte- und Rüstwagen waren im Typenprogramm nur vereinzelt vertreten. Insgesamt erreichte die Zahl der in der DDR eingesetzten Sonder- und Spezialfahrzeuge, die überdies häufig noch importiert werden mussten, nicht entfernt die Vielfalt und Stückzahl der im Westen verwendeten Fahrzeuge. Daher war bei den Feuerwehren in den neuen Bundesländern nach der Wiedervereinigung ein großer Nachholbedarf namentlich bei dieser Fahrzeuggruppe zu verzeichnen.

Verwendungszweck:	*Löschfahrzeug LF-TS 8*
Fahrgestelltyp:	*IFA Phänomen Granit 27*
Baujahr:	*1953*
Leistung der Pumpe:	–
Löschwasservorrat:	–

Zu den ersten in der DDR produzierten Feuerwehrfahrzeugen gehörten vor allem Löschfahrzeuge LF-TS 8. Das von den Phänomen Werken in Zittau bereits während des Krieges gebaute Fahrgestell mit 2-t-Nutzlast besaß einen Vierzylinder-Vergasermotor mit 2678 ccm Hubraum und 50 PS Leistung. Die feuerwehrtechnische Beladung bestand aus einer heckseitig verlasteten Tragkraftspritze TS 8/8 sowie C- und B-Druckschläuchen. Diese zur Beförderung einer Löschgruppe aus neun Personen eingerichteten Fahrzeuge wurden von mehreren Aufbauherstellern bis 1953 gefertigt. Dieses heute als Traditionsfahrzeug erhaltene Exemplar stammt vom VEB Maschinenfabrik Görlitz.

Verwendungszweck:	*Kleinlöschfahrzeug KLF-TS 8*
Fahrgestelltyp:	*Barkas D 1000*
Baujahr:	*1972*
Leistung der Pumpe:	–
Löschwasservorrat:	–

Mit dem ab Mitte 1961 lieferbaren Transportermodell Barkas B 1000 stand der DDR-Wirtschaft erstmals ein modernes Fahrzeug in dieser Klasse zur Verfügung. Die Ausführung als Kastenwagen war die Basis für die sehr häufige Verwendung als Kleinlöschfahrzeug KLF-TS 8. Den Innenausbau dieses in der Hauptsache von freiwilligen Feuerwehren eingesetzten Fahrzeugtyps nahm der VEB Feuerlöschgerätewerk Görlitz vor. Neben einer Besatzung von fünf Mann bestand die Beladung aus der Tragkraftspritze TS 8/8. Der Transporter besaß den Dreizylinder-Zweitaktmotor des Wartburg-Pkw mit 46 PS Leistung. Hier ein von der Feuerwehr Leipzig eingesetztes Fahrzeug.

Verwendungszweck:	**Tanklöschfahrzeug TLF 15**
Fahrgestelltyp:	**Lkw 5 t Typ G 5/2 (6 x 6)**
Baujahr:	**1959**
Leistung der Pumpe:	**1500 l/min**
Löschwasservorrat:	**2500 l**

Auf dem allradgetriebenen Dreiachsfahrgestell des Typs G 5 entstanden ab 1953 im VEB Feuerlöschgerätewerk Jöhstadt etwa 130 geländegängige Tanklöschfahrzeuge TLF 15. Das Fahrgestell mit einem zulässigen Gesamtgewicht von 13 t verfügte über einen Sechszylinder-Wirbelkammer-Diesel mit anfangs 120, ab 1958 150 PS. Neben C- und B-Druckschläuchen und dem Wasservorrat im unverkleideten Tank wurden 200 l Schaummittel mitgeführt. Die dreistufige Vorbaupumpe besaß einen Zumischer, über den auch Schaumerzeugung möglich war. Dieses Fahrzeug ist mit einem Wenderohr bestückt.

Verwendungszweck:	**Löschfahrzeug-Lastkraft-**
	wagen-Tragkraftspritze
	8-Schlauchtransportan-
	hänger LF-Lkw-TS 8-STA
Fahrgestelltyp:	**Robur Garant 30 K**
Baujahr:	**1961**
Leistung der Pumpe:	**–**
Löschwasservorrat:	**–**

Das LF 8-TS 8-STA war von einfacher, preiswerter und sehr zweckmäßiger Bauart. Es verfügte weder über einen festen Geräteaufbau noch über eine fest installierte Feuerlösch-Kreiselpumpe. Während sich Löschausrüstung, Tragkraftspritze und Besatzung unter dem Schutz einer Plane auf dem Pritschenaufbau befanden, wurden im einachsigen Anhänger 675 m C- und 420 m B-Schlauchmaterial mitgeführt. Das allradgetriebene Fahrgestell verfügte über einen Vierzylinder-Vergasermotor mit 60 PS, der das Gespann eine Höchstgeschwindigkeit von 80 km/h erreichen ließ. Dieses Fahrzeug wird heute museal erhalten.

Verwendungszweck:	**Tanklöschfahrzeug TLF 15**
Fahrgestelltyp:	**IFA Horch H 3 A**
Baujahr:	**1957**
Leistung der Pumpe:	**1500 l/min**
Löschwasservorrat:	**2000 l**

1953 wurde die Fertigung eines TLF 15 auf dem mittelschweren 3,5-t-Horch H 3 A-Fahrgestell beim Feuerlöschgerätewerk Jöhstadt aufgenommen. Es war ein in halboffener Bauweise mit offenem Heckpumpenstand und beidseitigen Schnellangriffseinrichtungen auf dem auf 3250 mm verkürzten Serienchassis errichtetes Fahrzeug. Die Besatzung zählte fünf Personen. 80 l Schaummittel und etwas Schlauchmaterial ergänzten die Ausrüstung. Das Fahrgestell verfügte über einen Vierzylinder-Diesel mit 6024 ccm Hubraum und 80 PS; die Höchstgeschwindigkeit lag bei 70 km/h. Hier ein museal erhaltenes Fahrzeug der Freiwilligen Feuerwehr Hoyerswerda.

Verwendungszweck:	**Löschfahrzeug -Trag-**
	kraftspritze 8-Schlauch-
	transportanhänger
	LF 8-TS 8-STA
Fahrgestelltyp:	**Robur LO 1800 A**
Baujahr:	**1965**
Leistung der Pumpe:	**–**
Löschwasservorrat:	**–**

Der Nachfolger des Robur Garant 30 K war das in Frontlenkerbauweise ausgeführte Modell Robur LO. Dieser im Volksmund als „Fischmaul" bezeichnete leichte Lkw wurde in der Variante LO 1800 A bei den Feuerwehren für die gleichen Einsatzzwecke verwendet. Der Antrieb erfolgte über einen 70 PS starken Vierzylinder-Vergasermotor mit 3345 ccm Hubvolumen. Neun Mann Besatzung und die Tragkraftspritze 8 bildeten das hauptsächliche Potenzial, mit dem das Fahrzeug am Einsatzort operieren konnte. Der Schlauchtransportanhänger fehlt auf diesem Bild.

Verwendungszweck:	**Rettungsgerätewagen**
	RTGW
Fahrgestelltyp:	**IFA S 4000-1**
Baujahr:	**1965**
Leistung der Pumpe:	**–**
Löschwasservorrat:	**–**

Zu den wenigen Sonderfahrzeugen zählte bei den DDR-Feuerwehren der Rettungsgerätewagen, der in dieser Form zwischen 1953 und 1968 von dem VEB Feuerlöschgerätewerk Luckenwalde gebaut wurde. Dieses Fahrzeug war zur Durchführung technischer Hilfeleistungen gedacht und wurde fast ausschließlich größeren Wehren zugeteilt. Er verfügte über sechs Mann Besatzung und führte neben dem auf dem Dach gelagerten Schlauchboot und Eisschlitten verschiedene Spezialgeräte im Inneren des Aufbaus mit. Seilwinde, Generator und Lichtmast fehlten allerdings auch hier.

Verwendungszweck:	**Schlauchkraftwagen**
	SKW 14-TS 8
Fahrgestelltyp:	**IFA S 4000-1**
Baujahr:	**1967**
Leistung der Pumpe:	–
Löschwasservorrat:	–

Der ebenfalls der Gruppe der Sonderfahrzeuge angehörende Schlauchkraftwagen SKW 14-TS 8 befand sich seit 1953 in der Produktion durch den VEB Feuerlöschgerätewerk Luckenwalde. Das Fahrzeug hat zwei Mann Besatzung. Neben 1400 m B-Schlauch bestand die Beladung aus einer Tragkraftspritze TS 8/8. Als Fahrgestell wurde das 4-t-Chassis des S 4000-1 mit Vierzylinder-90-PS-Diesel verwendet. Hier ist ein erhaltenes Exemplar zu sehen.

Verwendungszweck:	**Löschfahrzeug**
	LF 16-Chemie
Fahrgestelltyp:	**IFA S 4000-1**
Baujahr:	**1964**
Leistung der Pumpe:	**1600 l/min**
Löschwasservorrat:	**50 l**

Eine Sonderausführung des LF 16 war das Löschfahrzeug LF 16 Chemie, das in kleinen Stückzahlen speziell bei Werkfeuerwehren der chemischen Industrie oder auch bei größeren Wehren eingesetzt wurde. Die Besatzung bestand aus einer Löschgruppe mit neun Mann. Die Beladung fiel zugunsten der chemischen Löschmittel geringer aus als beim Standard-LF 16. Zusätzlich zum Löschwasserbehälter bestand diese aus 200 l (ab 1964 300 l) Schaummittel und vier CO_2-Stahlflaschen mit zusammen 120 kg mit einer Hochdruckschlauchhaspel. Dieses von der Arbeitsgemeinschaft Feuerwehrhistorik Riesa erhaltene Fahrzeug gehörte früher zur Werkfeuerwehr des Chemiewerks Nünchritz.

Verwendungszweck:	**Drehleiter DL 25 h**
Fahrgestelltyp:	**IFA S 4000-1**
Baujahr:	**1965**
Leistung der Pumpe:	–
Löschwasservorrat:	–

Durch die willkürliche Grenzziehung im Jahr 1945 war die Sowjetische Besatzungszone und spätere DDR von der Versorgung mit Drehleitern abgeschnitten, denn sämtliche Hersteller befanden sich in den westlichen Landesteilen. Da sich weder eine Beschaffung aus dem Westen noch aus der UdSSR realisieren ließ, war man gezwungen, eine eigene Drehleiterfertigung mühsam aufzubauen. Bis man zu greifbaren Ergebnissen gelangte galt es, den Altbestand durch Reparaturen so gut es ging zu erhalten. 1963 begann der VEB Feuerlöschgerätewerk Luckenwalde mit der Auslieferung der ersten DL 25 h auf S 4000-1. Der Leiterantrieb war hydraulisch; die Abstützung erfolgte mittels Fallspindeln. Das abgebildete Fahrzeug ging zuerst an die Feuerwehr Mühlhausen/Thüringen und wurde zwischen 1982 und 1993 von der Freiwilligen Feuerwehr Leinefelde eingesetzt, die diesen Wagen bis heute als Museumsfahrzeug erhält.

Verwendungszweck:	**Drehleiter DL 30 h**
Fahrgestelltyp:	**IFA W 50 L/DL**
Baujahr:	**1968**
Leistung der Pumpe:	–
Löschwasservorrat:	–

Erst ab 1969 konnte man in der DDR eine DL 30 bauen, da mit dem Frontlenker IFA W 50 L erstmals ein dafür geeignetes Fahrgestell in der erforderlichen Gewichtsklasse zur Verfügung stand. Auch dieses Fahrzeuge wurde in Luckenwalde produziert. Die ersten Fahrzeuge waren, wie dieses hier, noch mit den manuellen Schraubspindel-Abstützungen ausgeführt. Ab 1974 erfolgte dies über hydraulisch absenkbare Stützen. Die Leiter konnte sowohl als Lichtmast als auch mit einem Wendestrahlrohr ausgerüstet werden. Das abgebildete Fahrzeug ging ursprünglich an die Feuerwehr Leipzig und wird museal erhalten.

Verwendungszweck:	**Drehleiter mit Korb**
	DL 30 K
Fahrgestelltyp:	**IFA W 50 L/DL**
Baujahr:	**1989**
Leistung der Pumpe:	**–**
Löschwasservorrat:	**–**

1987 wurde mit dem Bau einer technisch optimierten und neugestalteten hydraulischen DL 30 K vom VEB Feuerlöschgerätewerk Luckenwalde begonnen. Mit diesem fallhakenlosen Leiterfahrzeug war die letzte Entwicklungsstufe im Drehleiterbau in der ehemaligen DDR erreicht. Das Fahrzeug verfügte nun über das Standard-Lkw-Fahrerhaus. Dahinter befand sich ein durch Rollläden verschlossener Geräteaufbau, der das aufblasbare Sprungpolster und ein tragbares Leichtschaumgerät enthielt. Der Einmann-Rettungskorb war vor dem Fahrerhaus angeordnet.

Verwendungszweck:	**Tanklöschfahrzeug TLF 16**
Fahrgestelltyp:	**IFA W 50 LA**
Baujahr:	**1971 (Umbau 1987)**
Leistung der Pumpe:	**2200 l/min**
Löschwasservorrat:	**2000 l**

Im Jahre 1969 folgte dem LF 16 das Tanklöschfahrzeug TLF 16 auf dem neuen W 50-Frontlenkerfahrgestell. Im Gegensatz zu jenem fand hier die Allradvariante Verwendung, damit das Fahrzeug auch im Gelände flexibler eingesetzt werden konnte. Das W 50-Chassis besaß einen Vierzylinder-Dieselmotor mit 6560 ccm Hubraum und 125 PS. Neben dem Wasservorrat gehörten 500 l Schaummittel zur Beladung. Ab 1985 wurde anstelle des in Gemischtbauweise erstellten Aufbaus ein modifiziertes TLF 16 mit Ganzstahlkoffer produziert. Dieses 1971 gebaute Fahrzeug wurde später zu einem derartigen GMK umgerüstet.

Verwendungszweck:	**Pulverlöschfahrzeug**
	PLF 6000
Fahrgestelltyp:	**Tatra 138**
Baujahr:	**1971**
Leistung der Pumpe:	**3200 l/min**
Löschwasservorrat:	**–**

Mangels eigener schwerer Lastwagenfahrgestelle mussten auch Sonder-Tanklöschfahrzeuge, die insbesondere für Flughäfen und Industriebetriebe bestimmt waren, importiert werden. Dabei griff man nach Möglichkeit auf Fahrgestelle aus den sozialistischen Bruderländern zurück. Bei der Beschaffung eines PLF 6000 für die Werkfeuerwehr des VEB Chemische Werke Buna in Schkopau entschied man sich für ein schweres Tatra 138-Dreiachs-Chassis mit 180 PS Motorleistung aus der CSSR und ließ darauf von Bachert und Total das hier gezeigte Pulverlöschfahrzeug erstellen. Die beiden von Total gelieferten Druckbehälter hatten ein Fassungsvermögen von jeweils 3000 kg Löschpulver. Das Fahrzeug – für den kombinierten Pulver- oder Wassereinsatz ausgerüstet – verfügte über einen Pulvermonitor mit 60 m Wurfweite sowie ein kombiniertes Wasser-Schaum-Wendestrahlrohr mit einer Leistung von 2400 l/min bei 55 m Wurfweite. Da das PLF weder mit Wasser noch mit Schaummitteln beladen ist, ist es auf Fremdeinspeisung angewiesen. Es wurde später an die Freiwillige Feuerwehr Stendal verkauft.

Verwendungszweck:	**Löschfahrzeug LF 16-TS 8**
Fahrgestelltyp:	**IFA W 50 L**
Baujahr:	**1986**
Leistung der Pumpe:	**2200 l/min**
Löschwasservorrat:	**200 l**

Das LF 16 wurde erstmals 1968 vom VEB Feuerwehrgerätewerk Luckenwalde auf dem neuen Frontlenker IFA W 50 L errichtet. Während man bei der ein Jahr später begonnenen Fertigung des TLF 16 auf die Allradvariante zurückgriff, verwendete man hier das hinterradgetriebene Straßenfahrgestell. Dieses LF 16-TS 8 der Berufsfeuerwehr Dresden verfügte über 200 l Schaumbildner, der mit der automatischen Zumischervorrichtung verarbeitet werden konnte. Ein kleines Notstromaggregat und wahlweise eine TS 8/8 oder ein tragbarer Leichtschaumgenerator vervollständigten die Ausrüstung.

Österreich

Das österreichische Feuerwehrwesen fällt in den Zuständigkeitsbereich der Bundesländer. Wie in vergleichbaren westeuropäischen Ländern unterscheidet man nach Berufsfeuerwehren, freiwilligen Feuerwehren und Betriebsfeuerwehren.

Auch in diesem Land hat der Brandschutz eine lange Tradition. So kann die im Jahr 1686 gegründete Wiener Feuerwehr für sich in Anspruch nehmen, die welterste Berufsfeuerwehr gewesen zu sein. Landesweit setzte allerdings erst in der ersten Hälfte des 19. Jahrhunderts eine nachhaltige Organisation des Feuerwehrwesens ein. 1831 kam es zur Gründung der ersten Betriebsfeuerwehr in Schwaz/Tirol, 1857 folgte in Innsbruck die erste freiwillige Feuerwehr des Landes. Nachhaltige Auswirkungen hatte der verheerende Brand des Wiener Ringtheaters am 8. Dezember 1881, der mehrere hundert Todesopfer forderte. Es wurden daher in der ganzen österreich-ungarischen Doppelmonarchie Rettungsabteilungen gegründet und der Krankentransport den Wehren übertragen.

Die Feuerwehrmotorisierung setzte um die Jahrhundertwende ein. In der Folgezeit lösten bei den größeren Wehren batterieelektrische Fahrzeuge und solche mit Verbrennungsantrieb die bespannten Spritzenfahrzeuge ab. Bekannt geworden sind auch die Lohner Hybridfahrzeuge, die von einem damals noch unbekannten Ingenieur namens Ferdinand Porsche konstruiert worden waren. Hier konnte von Benzin- auf Elektroantrieb umgestellt werden, wobei ein Generator die Batterie während der Fahrt wieder auflud. Trotz allem gewann der Benzinmotor und später der Dieselantrieb das Rennen um die Gunst der Käufer.

Aufgebaut wurden die damaligen Fahrzeuge auf einheimische Produkte wie Austro Fiat, Austro Daimler, Gräf & Stift, Steyr aber auch auf manche ausländischen Fabrikate. Gleichfalls gut vertreten war in Österreich die Branche der Feuerwehrgeräte- und ausrüstungsindustrie. Hierzu zählten die Firmen Knaust, Gugg, Kernreuther, Marte, Haberkorn, Seiwald, Lohr und natürlich auch Rosenbauer.

Einen nachhaltigen Einschnitt in die Fahrzeugbeschaffung der österreichischen Wehren bedeutete der im Jahr 1938 erfolgte politische Anschluss an das Deutsche Reich. Es kam zu einer weitgehenden Angleichung der Fahrzeuge, wobei Neubeschaffungen nach deutschen Normen gebaut werden mussten. In der Folgezeit gelangten größere Stückzahlen der vereinheitlichten deutschen Löschfahrzeugtypen und Drehleitern nach Österreich, die vor allem für den Luftschutz benötigt wurden. Relativ viele Fahrzeuge überlebten die Kriegswirren – hier vor allem die auf Mercedes-Benz L 1500 S aufgebauten Leichten Löschgruppenfahrzeuge LLG, die besonders kleineren Wehren teilweise bis weit in die 1980er Jahre gute Dienste leisteten.

Die Nachkriegsjahre waren gekennzeichnet durch vielerlei Improvisationen und Umbauten. So baute die Firma Rosenbauer bis etwa Ende der 1950er Jahre viele Opel-Blitz-Modelle, aber auch andere Fahrgestelle zu Feuerwehrfahrzeugen um. Der Nachholbedarf an Tanklöschfahrzeugen war auch in Österreich sehr groß. Bei der Berufsfeuerwehr Wien wurde erst 1974 der letzte Opel der Kriegsgeneration aus dem Verkehr gezogen; bei kleineren Wehren standen diese Fahrzeuge oft noch weitaus länger im Dienst.

Etwa ab 1955 erschienen auch nach und nach und im steigenden Maße die ersten Feuerwehrfahrzeuge auf Nachkriegsfahrgestellen. Favoriten dabei waren die mittelschweren Modelle der Steyr-Hauben-Fahrzeuggeneration mit Rosenbauer-Aufbauten. Über ein Jahrzehnt lang prägten die Steyr-Typen 380, 480 und 586 die Fahrzeugbestände der österreichischen Wehren. Auch hier überwogen Tanklöschfahrzeuge bei weitem. Daneben wurden auch viele LLF auf Opel Blitz 1,75 t aber auch Borgward B 2500 bzw. B 522 A gebaut. Die neuen Modelle waren auch dringend erforderlich, um die gelichteten, weitgehend auf Kriegsfahrgestellen basierenden Bestände zu verstärken. Bei den Kranfahrzeugen verwendete man häufig Militärfahrzeuge aus den Beständen der Besatzungstruppen oder des Bundesheeres.

Bei den Drehleitern beherrschten Magirus mit seinen Rund- und Eckhauber und Metz mit Mercedes-Haubenfahrzeugen das Feld. Für kleinere, handbetätigte Drehleitern mit Steighöhen bis 18 m, wählte man häufig die einheimischen Hersteller Seethaler oder Just. Verhältnismäßig selten waren Drehleitern auf Steyr-Haubern. Nicht wenige Drehleitern wurden gebraucht in Deutschland gekauft.

Der mit weitem Abstand bedeutendste Hersteller von Feuerwehrfahrzeugen ist Rosenbauer. Dieses weltbekannte Unternehmen liefert ein komplettes Programm in jeder Größe. Der größte Teil der österreichischen Feuerwehrfahrzeuge stammt von diesem Hersteller. Daneben spielen die Feuerwehrausrüster Marte und Lohr eine Rolle.

Verwendungszweck:	*Automobilspritze*
Fahrgestelltyp:	*Austro-Daimler ADV 17/60 PS*
Baujahr:	*1927 (Umbau 1928)*
Leistung der Pumpe:	*1000 l/min*
Löschwasservorrat:	*–*

Im tannengrünen Kleid der Feuerschutzpolizei aus der Kriegszeit präsentiert sich dieser von der Freiwilligen Feuerwehr Kirchberg a.d. Raab museal erhaltene Oldtimer. Diese von dem Karosseriebetrieb Spitzer in Graz aufgebaute offene Automobilspritze entstand aus einem früheren schweren Austro-Daimler-Pkw, der einen 60 PS starken Sechszylinder-Reihen-Vergasermotor mit 4424 ccm Hubraumvolumen besitzt. Das Fahrzeug kann maximal neun Mann befördern und besitzt am Rahmenende eine Feuerlöschpumpe, ein großes Ablagefach für Schlauchrollen sowie eine Leitergalerie. Die Höchstgeschwindigkeit dieses ehemaligen Tourenwagens betrug 100 km/h.

Verwendungszweck:	*Tanklöschfahrzeug TLF 2000*
Fahrgestelltyp:	*Austro-Daimler ADGR (6 x 4)*
Baujahr:	*1940*
Leistung der Pumpe:	*1600 l/min*
Löschwasservorrat:	*2000 l*

Der leichte dreiachsige geländegängige Lkw 2,5 t von Austro-Daimler war noch eine Konstruktion für das österreichische Bundesheer der Vorkriegszeit. Nach 1938 wurden die nur in vergleichsweise geringen Stückzahlen vertretenen Fahrzeuge von der Wehrmacht genutzt. Ihr Antrieb erfolgte durch einen Sechszylinder-Reihen-Vergasermotor mit 3915 ccm Hubraum und 72 PS bei 2500 U/min. Auf ebener Straße konnte dieses Fahrzeug immerhin 70 km/h erreichen. Einige überlebende Exemplare wurden nach Kriegsende – wie dieses abgebildete, in Eigenleistung von der Freiwilligen Feuerwehr Aspang am Wechsel zu einem Tanklöschfahrzeug umgerüstete Fahrzeug – in Feuerwehrfahrzeuge umgewandelt. Bemerkenswert sind die mittig angebrachten, beidseitig vorhandenen Stützräder. Dies war eine in den 1930er Jahren nicht selten bei geländegängigen Militärfahrzeugen übliche Bauweise, die ein Aufsitzen des Fahrzeugs in schwerem Gelände verhindern sollte.

Verwendungszweck:	*Mannschaftstransportwagen*
Fahrgestelltyp:	*Steyr Typ 640 (6 x 4)*
Baujahr:	*1937*
Leistung der Pumpe:	*800 l/min*
Löschwasservorrat:	*–*

Ein ähnlich ausgebildetes Fahrzeug war der leichte 1,5-t-Lkw Steyr Typ 640, der zwischen 1937 und 1941 produziert wurde. Auch dieser Lkw war ein recht aufwändig konstruierter Sechsrad-gelände-Lastwagen, der während des Krieges in einigen österreichischen motorisierten Einheiten recht zahlreich verwendet wurde. Auch dieses Fahrzeug wurde von einem in Reihe angeordneten Sechszylinder-Vergasermotor mit 2260 ccm Hubraum vorwärtsgetrieben, der 55 PS bei 3800 U/min zu leisten imstande war. Verschiedentlich gelangte auch er nach Kriegsende in Feuerwehrdienst. Dieses Fahrzeug der Freiwilligen Feuerwehr Thalsdorf erhielt eine Vorbaupumpe und war als Mannschaftstransportwagen noch bis 1972 im Einsatz.

Verwendungszweck:	*Leichtes Löschfahrzeug LLF*
Fahrgestelltyp:	*Mercedes-Benz L 1500*
Baujahr:	*1941*
Leistung der Pumpe:	*800 l/min*
Löschwasservorrat:	*–*

Zu den vereinheitlichten, den so genannten getypten Feuerlöschfahrzeugen der Kriegszeit, zählte auch das Leichte Löschgruppenfahrzeug (LLG), das insgesamt in mehr als 3800 Einheiten gebaut wurde. Entsprechend zahlreich überlebten diese Fahrzeuge auch die Kriegswirren und nicht nur in Österreich leisteten manche Exemplare bis weit in die 1980er Jahre treu und brav ihre Dienste. Während in Deutschland diese Fahrzeuge später als LF 8 bezeichnet wurden, lautete die analoge österreichische Einordnung LLF – Leichtes Löschfahrzeug. Hier ein von Rosenbauer aufgebautes Exemplar der Freiwilligen Feuerwehr Mattighofen mit nachträglich angebauter Vorbaupumpe. In diesem Fall wurde noch das ältere L 1500-Fahrgestell von Mercedes-Benz verwendet, das aber schon den 60-PS-Sechszylinder-Vergasermotor mit 2594 ccm Hubraum des nachfolgenden, äußerlich modifizierten Typs L 1500 S besaß.

Verwendungszweck:	Leichtes Löschfahrzeug LLF
Fahrgestelltyp:	Mercedes-Benz L 1500 S
Baujahr:	1942
Leistung der Pumpe:	–
Löschwasservorrat:	–

Dieses ehemalige Leichte Löschgruppenfahrzeug LLG aus dem Jahr 1942 besitzt einen in Sindelfingen erstellten Daimler-

Benz-Aufbau. Diese Fahrzeuge wurden von nahezu allen damaligen deutschen Feuerwehrausrüstern gefertigt, in erster Linie aber von Daimler-Benz selbst. Hier ein noch im Jahr 1984 von der Freiwilligen Feuerwehr Laas im Bundesland Klagenfurt eingesetztes Leichtes Löschfahrzeug LLF mit dem Sechszylinder-Vergasermotor mit 60 PS, der sich noch weitgehend im Originalzustand befindet und mit einer Hakenleiter ausgerüstet ist. Das Fahrzeug befördert eine komplette Löschgruppe mit neun Mann.

Verwendungszweck:	Löschgruppenfahrzeug/ Rüstwagen
Fahrgestelltyp:	Mercedes-Benz L 3000 F
Baujahr:	1942
Leistung der Pumpe:	1500 l/min
Löschwasservorrat:	–

Das Schwere Löschgruppenfahrzeug SLG war die nächstfolgende Baugröße in der Hierarchie der vereinheitlichten deutschen Löschfahrzeuge. Als Trägerfahrgestell wurde in großem Umfang auch das Chassis des 3-t-Lkw von Mercedes-Benz verwendet. Für dessen Vortrieb sorgte ein Vierzylinder-Vorkammer-Diesel mit Wasserkühlung und 75 PS Motorleistung. Ein solches von Daimler-Benz selbst aufgebautes Fahrzeug wurde als kombinierter Rüstwagen und Löschgruppenfahrzeug noch im Jahr 1984 von der Betriebsfeuerwehr der Eternit-Werke in Vöcklabruck eingesetzt.

Verwendungszweck:	Wasser- und Schaumtankfahrzeug
Fahrgestelltyp:	Mercedes-Benz L 4500 F
Baujahr:	1943
Leistung der Pumpe:	2500 l/min
Löschwasservorrat:	5000 l

Sehr verbreitet war während der Kriegszeit das schwere Mercedes-Benz-4,5-t-Fahrgestell, dass auch für Feuerwehraufbauten, in erster Linie für Kraftfahrspritzen (KS) oder Große Löschgruppenfahrzeuge (GLG) bzw. ab 1943 als LF 25 bezeichnet, verwendet wurde. Aus einem ehemaligen LF 25 entstand durch einen im Jahr 1970 von der Karosseriefirma Schwingenschlögel & Sohn durchgeführten Umbau dieses Wasser- und Schaumtankfahrzeug der Berufsfeuerwehr Salzburg. Das Chassis besitzt einen wassergekühlten Sechszylinder-Vorkammer-Diesel mit 7270 ccm Rauminhalt und 112 PS bei 2250 U/min. Neben dem Löschwasservorrat ist ein 250-l-Schaummitteltank installiert, sowie ein kombinierter Schaum-Wassermonitor auf dem rückwärtigen Aufbauteil vorhanden. Dieses sehr bullig wirkende Einzelstück wurde erst 1983 außer Dienst gestellt.

Verwendungszweck:	Tanklöschfahrzeug TLFA 2000
Fahrgestelltyp:	Opel-Blitz 6700 A
Baujahr:	1942
Leistung der Pumpe:	1500 l/min
Löschwasservorrat:	2000 l

Sehr häufig konnte man bei österreichischen Wehren auf Opel-Blitz-3-t-Fahrgestelle erfolgte Nachkriegsumbauten antreffen, die in erster Linie von der Firma Rosenbauer ausgeführt wurden. Dieser Opel-Blitz mit Allradantrieb wurde im Jahr 1952 zu einem Tanklöschfahrzeug mit Vorbaupumpe umgerüstet und stand noch im Frühjahr 1985 beim Löschzug Paasdorf der Freiwilligen Feuerwehr Mistelbach im Einsatzdienst. Sein Antrieb erfolgte durch einen wassergekühlten Sechszylinder-Vergasermotor mit 3626 ccm Hubraum und 75 PS Leistung.

Verwendungszweck:	Tanklöschfahrzeug TLF 1700
Fahrgestelltyp:	Opel-Blitz 3,6-36
Baujahr:	1944
Leistung der Pumpe:	1500 l/min
Löschwasservorrat:	1700 l

Dieses auf einem Opel-Blitz 3-t-Chassis aufgebaute Tanklöschfahrzeug mit Vorbaupumpe wurde 1957 durch die Firma Rosenbauer seinem neuen Verwendungszweck zugeführt. Das Fahrzeug besitzt eine Staffelkabine für sechs Mann Besatzung, eine Schnellangriffseinrichtung am Heck sowie beidseitige Ablagebuchten für Rollschläuche. Eine über dem Tank und der Kabine angeordnete Leitergalerie und Schaummittelkanister vervollständigen die Ausrüstung dieses von der Freiwilligen Feuerwehr Hainburg/Donau eingesetzten Fahrzeugs.

Verwendungszweck:	Löschgruppenfahrzeug LF 8
Fahrgestelltyp:	Opel-Blitz 3,6-36
Baujahr:	1944
Leistung der Pumpe:	–
Löschwasservorrat:	–

Dieses Löschgruppenfahrzeug LF 8 besitzt einen Behelfsaufbau aus Hartfaserplatten, wie er infolge des zunehmenden Rohstoffmangels ab der zweiten Hälfte des Krieges allgemein üblich wurde. Diese sogenannten „entfeinerten" Fahrzeuge waren nur mit der unbedingt für den Betrieb notwendigen Ausrüstung versehen und nur für eine kurze Lebensdauer gedacht. Daher überrascht es sehr, dass manche Exemplare auf eine Einsatzzeit von 30 Jahren und länger zurückblicken konnten. Dieser von der Freiwilligen Feuerwehr Wels optimal restaurierte Opel-Blitz-3-t leistete zum Zeitpunkt der Aufnahme Ende der 1990er Jahre allerdings nur noch museale Dienste. Die Beladung des Fahrzeugs bestand aus einer Tragkraftspritze TS 8/8.

Verwendungszweck:	Leichtes Löschfahrzeug/ Allradantrieb LFA
Fahrgestelltyp:	Steyr 1500 A (4 x 4)
Baujahr:	1942
Leistung der Pumpe:	–
Löschwasservorrat:	–

Dieses Leichte Löschfahrzeug LFA wurde ursprünglich als Gruppen- und Mannschaftswagen bei der Wehrmacht eingesetzt. Im Jahr 1950 erfolgte die Umrüstung zu einem Feuerwehrwagen durch die Firma Rosenbauer. Den Antrieb dieses allradgetriebenen Fahrzeugs besorgte ein luftgekühlter Achtzylinder-V-Vergasermotor mit 3517 ccm Hubraum und 85 PS. Der Wagen beförderte eine Löschgruppe mit neuen Einsatzkräften und befand sich noch im Jahr 1985 bei der Betriebsfeuerwehr Autexa in Neufeld/Burgenland, vormals Hanf-, Jute- u. Textilit-Industrie AG im aktiven Dienst.

Verwendungszweck:	Löschfahrzeug/Allradantrieb LFA
Fahrgestelltyp:	Dodge T 214 WC 52
Baujahr:	1945
Leistung der Pumpe:	–
Löschwasservorrat:	–

Sehr häufig bei österreichischen Feuerwehren vertreten war auch der leichte 3/4-t-US-amerikanische Armeetruck Dodge T 214, der während des Zweiten Weltkriegs in riesigen Stückzahlen gebaut wurde. Insbesondere kleineren Wehren leisteten diese unverwüstlichen Fahrzeuge teilweise jahrzehntelang gute Dienste. Dieses in Eigenleistung umgebaute Fahrzeug mit seiner Rollschlauchablage oberhalb des überdachten Fahrerplatzes wurde von der Freiwilligen Feuerwehr Bad Hall-Hehenberg eingesetzt. Vor seinem Umbau fuhr dieser von der Firma Lohner in Wien umgebaute Wagen als Sanitätskraftwagen beim österreichischen Bundesheer.

Verwendungszweck:	Rüstfahrzeug RF
Fahrgestelltyp:	GMC CCKW 353 (6 x 4)
Baujahr:	1943
Leistung der Pumpe:	–
Löschwasservorrat:	–

Ein geländegängiger GMC-Dreiachser mit Vorbauseilwinde wurde von der Freiwilligen Feuerwehr Tullnerbach zu einem Rüstfahrzeug mit Behelfskran umgebaut. Der ausschiebbare

Verwendungszweck:	Tanklöschfahrzeug TLF
Fahrgestelltyp:	Bedford MWC (4 x 2)
Baujahr:	1945
Leistung der Pumpe:	500 l/min
Löschwasservorrat:	1050 l

Aus britischen Armeebeständen stammt dieser leichte Bedford 15-cwt-Lastwagen, der von dem Ministery of War Transport als Water Tanker eingesetzt wurde. Von dieser Modellgröße wurden über 230 000 Einheiten während des Krieges gebaut. Dieses einzelbereifte Fahrzeug hat Rechtslenkung, einen 230 Gallon Tank (1050 Liter) sowie Pumpe und Ausrüstung von einer Firma Thompson Bros. Angetrieben wurde der mit einem Faltverdeck ausgerüstete Wagen von einem Sechszylinder-WD-Vergasermotor mit 72 PS. Dieses seltene Fahrzeug, das bis auf die Schnellangriffseinrichtung und die Schlauchhaspeln auf dem Tank fast seinem Ursprungszustand entspricht, lief in wenigen Exemplaren beim österreichischen Bundesheer. Daher stammt auch das hier gezeigte, von der Freiwilligen Feuerwehr Sankt Andrä eingesetzte Fahrzeug.

Kran befand sich auf der überdachten Ladefläche dieses gut gepflegten Fahrzeugs. Der mit einem Sechszylinder-Vergasermotor mit 104 PS ausgerüstete GMC 2,5-t-Truck war sozusagen der Standard-Lkw nicht nur der US-Armee im Zweiten Weltkrieg, sondern wurde auch an die Einheiten zahlreicher verbündeter Staaten geliefert. Dieses Exemplar ist die Variante mit verkürztem Radstand und stand vormals beim österreichischen Bundesheer als Protzfahrzeug für die leichte 10,5 cm-Feldhaubitze in Lohn und Brot.

Verwendungszweck:	**Tanklöschfahrzeug TLF 2000**
Fahrgestelltyp:	**Steyr-Diesel Typ 380**
Baujahr:	**1955**
Leistung der Pumpe:	**1600 l/min**
Löschwasservorrat:	**2000 l**

Dieses Tanklöschfahrzeug auf 4-t-Steyr-Diesel wurde von Rosenbauer für die Freiwillige Feuerwehr Oberalm errichtet. Das Trägerfahrgestell besitzt einen wassergekühlten Vierzylinder-Diesel mit 5322 ccm Hubvolumen, der 85 PS bei 2200 U/min erzeugen kann. Die Feuerlöschkreiselpumpe ist am Rahmenende installiert. Auf dem Dach des mit einer Staffelkabine ausgerüsteten Fahrzeugs befindet sich eine Alu-Schiebleiter.

Verwendungszweck:	**Tanklöschfahrzeug TLF 2000**
Fahrgestelltyp:	**Steyr-Diesel Typ 380**
Baujahr:	**1957**
Leistung der Pumpe:	**1600 l/min**
Löschwasservorrat:	**2000 l**

In einigen wenigen Fällen komplettierte Metz in Karlsruhe auch Steyr-Haubenfahrgestelle zu Tanklöschfahrzeugen. Hier ein solches Fahrzeug der Freiwilligen Feuerwehr Braunau/Inn, das neben dem Löschwasservorrat auch 60 l Schaummittelkonzentrat an Bord hat. Zwischen der Staffelkabine und dem abgesetzten Geräteaufbau befindet sich eine Dehnfuge, die einmal als Spritzwasserschutz diente, andererseits auch möglichen Karosserieverwindungen bei unebenen Untergründen vorbeugen soll. Eine gesteigerte Bedeutung fiel diesen Verbindungen aber nur bei allradgetriebenen Fahrzeugen zu; bei Fahrzeugen mit Hinterradantrieb waren sie vergleichsweise selten.

Verwendungszweck:	**Tanklöschfahrzeug TLF 2500**
Fahrgestelltyp:	**Steyr-Diesel Typ 480**
Baujahr:	**1960**
Leistung der Pumpe:	**800 l/min**
Löschwasservorrat:	**2500 l**

Auch ein so genannter „Selbstgestrickter" und ein weiteres gutes Beispiel für die Improvisationsfähigkeit der Feuerwehren weltweit ist dieses mit einer Tragkraftspritze TS 8/8 bestückte behelfsmäßige Tanklöschfahrzeug auf Steyr-Diesel 380. In diesem Fall wurde der Pritschenaufbau eines Lastkraftwagens von den Mitgliedern der Freiwilligen Feuerwehr Alland entfernt und ein ovaler Wassertank über der Hinterachse angebracht. Zwischen Kabine und Tank befindet sich ein Behältnis für Rollschläuche. Zum Zeitpunkt der Aufnahme im Jahr 2000 befand sich das Fahrzeug nicht mehr im Dienst. Das Chassis verfügt über einen Vierzylinder-95-PS-Diesel.

Verwendungszweck:	**Universallöschfahrzeug ULF**
Fahrgestelltyp:	**Steyr-Diesel Typ 380**
Baujahr:	**1958**
Leistung der Pumpe:	**800 l/min**
Löschwasservorrat:	**4000 l**

Einen ehemaligen Kraftstofftankwagen rüstete die Freiwillige Feuerwehr Frauenkirchen im Burgenland in Eigenarbeit zu einem Universallöschfahrzeug um. Neben dem Löschwassertank verfügt das im Jahr 1974 umgebaute Fahrzeug über 250 l Schaummittel. Ausgerüstet ist das Fahrzeug mit der Standard-Lkw-Kabine für drei Mann, einer auf dem Tankaufbau gelagerten Alu-Schiebleiter, sowie einer im Heck fest installierten Tragkraftspritze TS 8/8 und der darüber befindlichen Schnellangriffseinrichtung mit 30 m Hochdruckschlauch.

Österreich ══

Verwendungszweck:	Leichtes Löschfahrzeug LLF
Fahrgestelltyp:	Opel-Blitz 1,75 t
Baujahr:	1958
Leistung der Pumpe:	800 l/min
Löschwasservorrat:	–

Sehr verbreitet waren in Österreich Leichte Löschfahrzeuge LLF auf Opel-Blitz 1,75 t-Fahrgestellen mit Rosenbauer-Aufbauten. Diese durch einen Sechszylinder-Vergasermotor mit 2473 ccm Hubraum und 62 PS angetriebenen Modelle gab es mit und ohne Vorbaupumpe. Hier ein mit Frontpumpe ausgerüstetes Fahrzeug der Betriebsfeuerwehr der Vereinigten Metallwerke, Werk Berndorf, das dort noch 1984 eingesetzt wurde.

Verwendungszweck:	Katastropheneinsatz-Leitfahrzeug
Fahrgestelltyp:	Steyr-Diesel Typ 380
Baujahr:	1961
Leistung der Pumpe:	–
Löschwasservorrat:	–

Dieses Katastropheneinsatz-Leitfahrzeug des Tiroler Katastrophenschutzes war Mitte 1985 bei der Berufsfeuerwehr Innsbruck stationiert. Diese Kofferaufbauten auf Steyr-Diesel-Trägerfahrgestellen wurden nur in wenigen Exemplaren gebaut; ein ähnliches Fahrzeug – ein ehemaliger, zu einem Kommandofahrzeug umgerüsteter Strahlenmesswagen gleichen Baujahrs – befand sich im Fahrzeugbestand der Landesfeuerwehrschule Klagenfurt. Das abgebildete Fahrzeug sticht durch seine auffällige Lackierung sowie durch einen am Heck angeordneten Beleuchtungsmast und das im vorderen Bereich installierte große rote Signallicht hervor. Den Antrieb besorgte ein Vierzylinder-Diesel mit 90 PS.

Verwendungszweck:	Mannschafts- und Gerätewagen
Fahrgestelltyp:	Opel-Blitz 1,75 t
Baujahr:	1959
Leistung der Pumpe:	–
Löschwasservorrat:	–

Wohl überall in der Welt, besonders aber bei kleineren, weniger finanzstarken Wehren, legen die Wehrmänner mit Hand an und rüsten so manches Fahrzeug in Eigenregie aus oder um. So auch bei der Freiwilligen Feuerwehr Sachendorf in der Steiermark, die diesen Opel-Blitz mit geräumigem, verglastem Kofferaufbau zu einem Mannschafts- und Gerätewagen umrüstete. Hinter den beidseitig im Heckbereich angebrachten Jalousien befinden sich Gerätefächer. In dieser Form leistete das Fahrzeug der Wehr noch gute Dienste.

Verwendungszweck:	Tanklöschfahrzeug TLF 4000
Fahrgestelltyp:	Steyr-Diesel Typ 586
Baujahr:	1961
Leistung der Pumpe:	1600 l/min
Löschwasservorrat:	4000 l

Nachdem sich erwiesen hatte, dass die von der Berufsfeuerwehr Wien bei Rosenbauer beschafften Schaumlöschfahrzeuge nicht benötigt wurden, verkaufte man sie an freiwillige Feuerwehren. So geschah es auch mit diesem bei der Freiwilligen Feuerwehr Tulbing angetroffenen Fahrzeug, das anstelle des Schaummittelkonzentrats 4000 l Löschwasser in seinem Tank mitführte. Das Fahrgestell besaß einen Sechszylinder-Diesel mit 120 PS und 5975 ccm Hubraum. Eine nachträglich auf dem Aufbaudach gelagerte Schiebeleiter ergänzte die Ausrüstung.

Verwendungszweck:	Tanklöschfahrzeug/Allradantrieb TLFA 4000
Fahrgestelltyp:	Mercedes-Benz LAF 322/36
Baujahr:	1962
Leistung der Pumpe:	1600 l/min
Löschwasservorrat:	4000 l

Auch für dieses allradgetriebene Tanklöschfahrzeug war die Firma Rosenbauer als Aufbauhersteller verantwortlich. Eingesetzt wurde es noch im Jahr 1997 beim Löschzug Amras der Freiwilligen Feuerwehr Innsbruck. Das mittelschwere Mercedes-Benz-Kurzhauber-Chassis verfügt über einen Sechszylinder-Vorkammer-Dieselmotor mit 5675 ccm Hubraum und 126 PS Leistung. Auf dem Aufbau des mit einer Truppkabine ausgerüsteten Wagens befinden sich Steckleiterteile und ein Wenderohr.

Verwendungszweck:	Tanklöschfahrzeug/ Allradantrieb TLFA 4000
Fahrgestelltyp:	Hanomag-Henschel F 150 AK II 320
Baujahr:	1974
Leistung der Pumpe:	2400 l/min
Löschwasservorrat:	4000 l

In den 1970er Jahren wurden auch verschiedentlich allradgetriebene Hanomag-Henschel-Fahrgestelle von Rosenbauer mit Tanklöschaufbauten versehen. Diese Modelle zeichnen sich durch einen sehr kurzen Radstand aus, wodurch eine ausgezeichnete Geländegängigkeit erreicht wird. Das bereits unter Mercedes-Regie entstandene Fahrzeug bringt 14,8 t zulässiges Gesamtgewicht auf die Waage. Den Antrieb besorgt ein Sechszylinder-Diesel mit 8720 ccm Hubraum und 192 PS. Stationiert war das Fahrzeug bei der Freiwilligen Feuerwehr Seefeld in Tirol. Auf dem Dach befindet sich ein Rosenbauer-Monitor.

Verwendungszweck:	Tanklösch- und Rüstfahrzeug TLFA/Rüst
Fahrgestelltyp:	Magirus-Deutz (KHD) F 150 D 14 A (4 x 4)
Baujahr:	1966
Leistung der Pumpe:	1600 l/min
Löschwasservorrat:	2000 l

Die Freiwillige Feuerwehr St. Radegund in der Steiermark setzte dieses von Rosenbauer im Jahr 1977 nachträglich umgerüstete und aufgebaute allradgetriebene Tanklösch- und Rüstfahrzeug noch im Sommer des Jahres 2001 aktiv ein. Zwischen der Truppkabine und dem lamellenverschlossenen Gerätekoffer befindet sich ein Hiab-Hydraulikkran. Das Magirus-Eckhauber-Chassis ist mit einem luftgekühlten Sechszylinder-Wirbelkammer-V-Diesel mit 9500 ccm Hubraum und 150 PS bei 2300 U/min ausgerüstet.

Verwendungszweck:	Großtanklöschfahrzeug GTLF
Fahrgestelltyp:	Magirus-Deutz (KHD) F 310 D 26 F (6 x 6)
Baujahr:	1979
Leistung der Pumpe:	2800 l/min
Löschwasservorrat:	12 000 l

Ein Großtanklöschfahrzeug auf einem schweren Dreiachs Frontlenker-Fahrgestell von Magirus beschaffte die Berufsfeuerwehr Innsbruck im Jahr 1979. Das mit Wasser und 1200 l Schaummittelkonzentrat ausgerüstete Fahrzeug verfügt über eine im Heck installierte Feuerlöschkreiselpumpe und zwei Monitore. Das 26-t-Chassis besitzt einen V-Zehnzylinder-Direkteinspritz-Diesel mit Luftkühlung mit 14 702 ccm Hubraum und 305 PS Motorleistung. Nach der Ablieferung wurde das Fahrzeug durch verschiedene Eigenleistungen vervollständigt.

Verwendungszweck:	**Universallöschfahrzeug ULF**
Fahrgestelltyp:	**Steyr 1490**
Baujahr:	**1980**
Leistung der Pumpe:	**3200 l/min**
Löschwasservorrat:	**2000 l**

Für die Betriebsfeuerwehr des OMV-Zentraltanklagers in Lobau wurde dieses von Rosenbauer auf einem Steyr-Dreiachs-Frontlenkerchassis erstellte Universallöschfahrzeug beschafft. Dieses sehr kompakte Fahrzeug transportiert drei Löschmittel: 2000 l Wasser, 2000 l Schaum und 3000 kg Pulver. Die Pulverlöschanlage stammt von Total in Ladenburg. Mit dieser Beladung ist das Fahrzeug für alle eintretenden Brandrisiken gerüstet. Die Fortbewegung des Fahrzeugs geschieht mit Hilfe eines Achtzylinder-V-Diesels mit 320 PS.

Verwendungszweck:	**Universallöschfahrzeug/Allradantrieb ULFA**
Fahrgestelltyp:	**ÖAF 42.463 VFA**
Baujahr:	**1999**
Leistung der Pumpe:	**6000 l/min**
Löschwasservorrat:	**6000 l**

Ein wahrer Löschriese ist dieses für die Betriebsfeuerwehr des OMV-Zentraltanklagers Gänserndorf von Rosenbauer auf einem ÖAF-Chassis beschaffte vierachsige Universallöschfahrzeug mit Allradantrieb. Neben dem großen Löschwasservorrat befinden sich 2000 l Schaummittelkonzentrat und eine 2000 kg Pulverlöschanlage in dem geräumigen Aufbau. Jalousienverschlossene Geräteräume, eine leistungsstarke Feuerlöschkreiselpumpe am Heck und ein Monitor sind die weiteren Merkmale dieses 463 PS starken Fahrzeugs.

Verwendungszweck:	**Tanklöschfahrzeug/**
	Allradantrieb TLFA 5000
Fahrgestelltyp:	**MAN 19.291 FA (4 x 4)**
Baujahr:	**1988**
Leistung der Pumpe:	**3200 l/min**
Löschwasservorrat:	**5000 l**

Beim Löschzug St. Georgen der Freiwilligen Feuerwehr Klagenfurt wird dieses von Rosenbauer auf einem MAN-Allrad-Frontlenker aufgebaute Tanklöschfahrzeug seit 1988 eingesetzt. Dieses schwere 19-t-Chassis besitzt einen in Reihe angeordneten Sechszylinder-Direkteinspritz-Dieselmotor mit Abgas-Turbolader und Ladeluft-Kühlung mit 11 967 ccm Rauminhalt und 290 PS bei 2200 U/min. Neben Wasser befinden sich 400 l Schaummittel, eine 250 kg Pulverlöschanlage und 50 kg Halon an Bord. Die starke Feuerlöschkreiselpumpe ist am Rahmenende angeordnet.

Verwendungszweck:	**Tanklöschfahrzeug/**
	Allradantrieb TLFA 3000
Fahrgestelltyp:	**Titan TR 15.280 (4 x 4)**
Baujahr:	**1988**
Leistung der Pumpe:	**3000 l/min**
Löschwasservorrat:	**3000 l**

Mitte der 1980er Jahre entwickelte Rosenbauer einen unter dem Namen Falcon bekannt gewordenen neuen Löschfahrzeugtyp. Dabei sollten alle relevanten Baukomponenten exakt auf die Bedürfnisse der Feuerwehren abzustimmen sein. Dazu gehörten niedrige und breite Einstiege für Atemschutzgeräteträger, niedrige Geräteentnahmehöhen, eine an der Fahrzeugfront angeordnete Pumpe mit Druckabgängen nach vorn sowie das Hochdrucklöschverfahren. Das auf einem Titan-Niederrahmen-Fahrgestell mit permanentem Allradantrieb und von einem Sechszylinder-Mercedes-Benz-Turbodieselmotor mit 280 PS Motor angetriebene Fahrzeug befördert in seiner aus Leichtmetall gebauten Kabine sechs Mann Besatzung. Obgleich im Falcon viele bahnbrechende und fortschrittliche Baumerkmale verwirklicht wurden, konnte er sich weder in Österreich noch in Deutschland durchsetzen. Weltweit blieb es bei etwa 15 gebauten Exemplaren. Das abgebildete Fahrzeug wurde schließlich von der Freiwilligen Feuerwehr St. Oswald-Plankenwarth übernommen. Es besitzt eine unterhalb der Frontscheibe befindliche kombinierte Normaldurch-/Hochdruckpumpe, die mit 3000 l/min bei 10 bar oder 350 l/min bei 40 bar betrieben werden kann.

Verwendungszweck:	**Drehleiter DL 25 m**
Fahrgestelltyp:	**Steyr-Diesel Typ 380**
Baujahr:	**1960**
Leistung der Pumpe:	–
Löschwasservorrat:	–

Ein Steyr-Diesel-Hauberfahrgestell zur Basis erhielt diese mechanische Metz DL 25, die von der Freiwilligen Feuerwehr

Braunau/Inn erworben wurde. Das Chassis besitzt einen wassergekühlten Vierzylinder-Diesel mit 5322 ccm Hubraum und 95 PS bei 2300 U/min. Dieses Drehleiterfahrzeug gehört zu den relativ wenigen Einheiten mit 25 m Steighöhe, die auf diesen Steyr-Trägerfahrgestellen errichtet wurden. Die Drehleiter verfügt über Fallspindeln und wird mittels Zahnkranz und Kette aufgerichtet.

Verwendungszweck:	**Drehleiter DL 22 m**
Fahrgestelltyp:	**Mercedes-Benz L 4500 F**
Baujahr:	**1943**
Leistung der Pumpe:	–
Löschwasservorrat:	–

Bei dieser auf einem 4,5-t-Hauberfahrgestell von Mercedes-Benz aufgebauten mechanischen DL 22 von Magirus handelte es sich ursprünglich um eine an das Reichsluftfahrtministerium gelieferte Schwere Drehleiter SDL aus der Kriegszeit, die nach 1945 bei der Berufsfeuerwehr Wien im Dienst stand. Als das Fahrzeug im Frühjahr 1984 fotografiert wurde, war es für die Freiwillige Feuerwehr Korneuburg noch unverzichtbar. Das Fahrgestell verfügt über einen Sechszylinder-Vorkammer-Diesel mit 7270 ccm Hubraum und 112 PS Motorleistung.

Verwendungszweck:	**Drehleiter DL 30 m**
Fahrgestelltyp:	**Mercedes-Benz L 4500 D**
Baujahr:	**1942 (Umbau 1961)**
Leistung der Pumpe:	–
Löschwasservorrat:	–

Auf einem 4,5-t-Fahrgestell von Mercedes-Benz entstand diese 1961 von Magirus in Ulm für die Berufsfeuerwehr Wien total neu aufgebaute mechanische Drehleiter DL 30. Der vierteilige Leiterpark besitzt das seit etwa 1953 eingeführte neue Leiterprofil dieses Herstellers mit den schräggeschweißten Verstrebungen. Auch die Staffelkabine für sechs Einsatzkräfte ist ein Neuaufbau. 1984 wurde das Fahrzeug noch von der Freiwilligen Stadtfeuerwehr Groß-Enzersdorf eingesetzt.

Verwendungszweck:	**Drehleiter DL 26**
Fahrgestelltyp:	**Mercedes-Benz LOD 3500**
Baujahr:	**1935**
Leistung der Pumpe:	–
Löschwasservorrat:	–

Ein prächtiges Fahrzeug ist diese auf einem Mercedes-Benz-Niederrahmen-Haubenfahrgestell von Metz aufgebaute mechanische Drehleiter DL 26, die ursprünglich von der Freiwilligen Feuerwehr Leoben eingesetzt wurde. Das von einem 95 PS starken Sechszylinder-Vorkammer-Diesel angetriebene Fahrzeug besaß früher eine Vorbaupumpe, die in erster Linie wegen der schweren Lenkbarkeit des Fahrzeugs – damals war die Servolenkung noch unbekannt – und im Hinblick auf die stark belastete Vorderachse abgebaut wurde. In den 1970er Jahren erfolgte eine durch die Betriebsfeuerwehr der Steierschen Brauindustrie (Brauerei Göss) in Leoben eine Totalrestauration bevor die Drehleiter als voll einsatzfähiges Werbefahrzeug wieder in Dienst genommen wurde.

Verwendungszweck:	*Drehleiter DL 50 + 2*
Fahrgestelltyp:	*Saurer Typ 8 G-2 HL*
Baujahr:	*1958*
Leistung der Pumpe:	–
Löschwasservorrat:	–

Zu den höchsten Drehleitern Europas zählt diese hydraulische, von Magirus gebaute DL 50 mit 2 m Handausschub, die 1958 an die Berufsfeuerwehr Wien geliefert wurde. Als Basis für den Leiteraufbau wählte man ein schweres Haubenchassis der Österreichischen Saurer-Werke AG, Wien, das von einem Achtzylinder-Vorkammer-Diesel mit 180 PS angetrieben wurde und von dem sechsteiligen Leiterpark weit überragt wurde. Die Staffelkabine wurde ebenfalls von Magirus erstellt. Voll ausgerüstet wog das Fahrzeug 16,9 t. Die gewaltige Leiter befand sich bis 1984 auf der Feuerwache Leopoldstadt im Einsatz und wurde anschließend auf Reserve gestellt.

Verwendungszweck:	*Drehleiter DL 37 h*
Fahrgestelltyp:	*Mercedes-Benz LF 1418/46*
Baujahr:	*1964*
Leistung der Pumpe:	–
Löschwasservorrat:	–

Die Freiwillige Feuerwehr St. Pölten beschaffte eine Metz-DL 37 h mit hydraulischem Antrieb der Leiterbewegungen auf einem schweren Mercedes-Benz-Kurzhauber-Fahrgestell mit Truppkabine. Unter der voluminösen Haube dieses 14-t-Fahrzeugs verrichtete ein wassergekühlter Sechszylinder-Vorkammer-Diesel mit 10 810 ccm Hubraum und 180 PS Leistung bei 2200 U/min seine Arbeit. 1984 stand das Fahrzeug noch im Einsatz.

Verwendungszweck:	*Gelenkmastbühne GB 20*
Fahrgestelltyp:	*Steyr-Diesel Typ 680*
Baujahr:	*1969*
Leistung der Pumpe:	–
Löschwasservorrat:	–

Gelenkmastbühnen waren bei österreichischen Feuerwehren nicht übermäßig häufig. Zu den Ausnahmen zählte diese Nummela-Gelenkmastbühne des Typs Skylift NS 19-3 mit 20 m Arbeitshöhe und Rosenbauer-Fahrzeugaufbau auf einem Steyr-Frontlenker-Allradchassis mit 150 PS Sechszylinder-Diesel und 5975 ccm Hubraum. Auf dem Podium befindet sich eine Rosenbauer-Tragkraftspritze TS 8/8. Die Gelenkmastbühne stand bei der Freiwilligen Feuerwehr Seefeld/Tirol im Dienst.

Verwendungszweck:	**Drehleiter DLK 23-12**
	(DL 30 mit Korb)
Fahrgestelltyp:	**Steyr Typ 19 S 29**
Baujahr:	**1990**
Leistung der Pumpe:	–
Löschwasservorrat:	–

Auf einem hinterradgetriebenen Steyr-Frontlenkerchassis beschaffte die Freiwillige Feuerwehr Bludenz in Vorarlberg ihre von Metz/Karlsruhe aufgebaute und mit einem modernen Klappkorb ausgerüstete DLK 23-12. Das schwere 19-t-Fahrgestell ist mit einem 290 PS starken Steyr-Dieselmotor ausgerüstet und mit einer großen Doppelkabine für Staffelbesatzung (sechs Mann) versehen.

Verwendungszweck:	**Kranfahrzeug KF 10**
Fahrgestelltyp:	**Diamont T 969 A (6 x 6)**
Baujahr:	**1953**
Leistung der Pumpe:	–
Löschwasservorrat:	–

Noch in den späten 1980er Jahren begegnete man meist bei kleineren österreichischen Feuerwehren zahlreichen US-amerikanischen Kranwagen, die aus Bundesheerbeständen übernommen worden waren. Sehr verbreitet war dort zeitweise der Krankraftwagen T 969 der Firma Diamont, der ehemals im Werkstätten- und Bergedienst für Radfahrzeuge eingesetzt wurde. Dieses Fahrzeug lief auf dem damaligen, im Jahr 1941 eingeführten Standard-4-t-Fahrgestell der amerikanischen Armee und besaß einen Sechszylinder-Hercules-Vergasermotor mit 7980 ccm Hubraum und 106 PS Leistung. Montiert war auf dem 11,2 t schweren Fahrzeug eine mechanische 10 t Kranlage sowie eine Vorbauseilwinde. Dieser frühere US-Wrecker mit geschlossenem Fahrerhaus lief bei der Freiwilligen Feuerwehr Micheldorf.

Verwendungszweck:	**Drehleiter DLK 23-12**
	(DL 30 mit Korb)
Fahrgestelltyp:	**Steyr Typ 16 S 26 (4 x 4)**
Baujahr:	**1995**
Leistung der Pumpe:	–
Löschwasservorrat:	–

Ähnlich wie in der Schweiz sind auch bei österreichischen Feuerwehren allradgetriebene Drehleitern überproportional häufig zu finden. Damit wird der besonderen Topografie des Landes mit ihren langen, oftmals schneereichen Wintern Rech-

nung getragen. Die Freiwillige Feuerwehr Imst beschaffte eine von Metz erstellte und mit neuem Drehschemel ausgerüstete DLK 23-12 PLC mit Klappkorb für drei Personen auf einem solchen Steyr-Frontlenker-Fahrgestell. Dieses für 16 t zulässigem Gesamtgewicht ausgelegte und mit einem 260 PS starken Steyr-Dieselmotor bestückte Fahrzeug ist mit einem Truppfahrerhaus ausgebildet. Während die Leitertechnik und das Abstützsystem von Metz ausgeführt wurde, war der in Vorarlberg ansässige Feuerwehrausrüster Marte für den Bau des Podiums und der Kabinenausrüstung verantwortlich.

Verwendungszweck:	**Rüstfahrzeug**
Fahrgestelltyp:	**Gräf & Stift LAFD-200/36**
Baujahr:	**1965**
Leistung der Pumpe:	–
Löschwasservorrat:	–

Aus Beständen des österreichischen Bundesheeres in den späten 1970er Jahren wurde dieser schwere allradgetriebene Gräf & Stift-Dreiachser von der Freiwilligen Feuerwehr Neunkirchen übernommen. Das mit einem Hiab-Hydraulikkran und einer Frontseilwinde ausgestattete Fahrzeug mit zulässigem Gesamtgewicht von 26 t wurde von Pioniereinheiten zum Transport schweren Brückengeräts eingesetzt. Die Feuerwehr baute den Frontlenker, dem man 15 t Zuladung bedenkenlos zumuten konnte, in Eigenleistung zu einem Rüstfahrzeug um. Die Standard-Lkw-Kabine des weitgehend unveränderten Fahrzeugs ist mit einer wie bei Militärfahrzeugen oft üblichen Einweiserluke ausgerüstet. Für die Fortbewegung war ein in Lizenz gefertigter Sechszylinder-Daimler-Benz-Diesel mit 10 810 ccm Hubraum und 200 PS bei 2200 U/min zuständig. Die im Schwerfahrzeugbau seit Jahren bewährte Firma Gräf & Stift Automobilfabrik AG, war in Wien ansässig.

Österreich

Verwendungszweck:	**Kranfahrzeug KF 9**
Fahrgestelltyp:	**Tatra 138 AV 8/9 (6 x 4)**
Baujahr:	**1969**
Leistung der Pumpe:	–
Löschwasservorrat:	–

In einigen wenigen Exemplaren konnte man Kranfahrzeuge auf tschechischen Tatra-138-Fahrgestellen bei österreichischen Feuerwehren antreffen. Diese markanten schweren, im Werk Koprivnice seit 1959 gebauten Fahrgestelle verfügen über luftgekühlte Achtzylinder-Direkteinspritz-Diesel-V-Motoren mit 11 762 ccm Hubraum und 180 PS Leistung. Typisch für die Tatra-Modelle sind der Zentralrohrrahmen und die Pendelachsen mit Drehstabfederung. Dieser Hersteller gehört auch heute zu den wichtigsten Anbietern geländegängiger Schwerlastwagen und Baufahrzeugen in Europa. Dieser Kranwagen der Freiwilligen Feuerwehr Altlengbach besitzt noch die ältere Form eines Gittermastauslegers mit neun t Hubkraft.

Verwendungszweck:	**Rüstkranwagen RKW 10**
Fahrgestelltyp:	**Magirus-Deutz (KHD)**
	F Jupiter A (4 x 4)
Baujahr:	**1959**
Leistung der Pumpe:	–
Löschwasservorrat:	–

So weit bekannt gelangten nur zwei Exemplare des Magirus Rüstkranwagens nach Österreich. Dieses beeindruckende, mit einem luftgekühlten Achtzylinder-V-Diesel mit 10 644 ccm Hubraum und 170 PS Motorleistung bestückte Fahrzeug hatte ein zulässiges Gesamtgewicht von 14,6 t und wurde bei der Freiwilligen Feuerwehr Villach im Frühjahr 1985 im Einsatz angetroffen. Mit einem nicht unberechtigten Stolz berichteten die Wehrmänner von insgesamt 1710 Einsätzen, die seit der Indienststellung mit diesem Boliden gefahren worden waren. Der RKW verfügte über eine elektromotorische 10-t-Krananlage, einen Notstromgenerator und einer Vorbauseilwinde. Bemerkenswert ist die auf dem linken Kotflügel befindliche Sirene.

Verwendungszweck:	**Kranfahrzeug KF 16,5**
Fahrgestelltyp:	**Scania LBT 110 S (6 x 4)**
Baujahr:	**1967**
Leistung der Pumpe:	–
Löschwasservorrat:	–

Die Freiwillge Feuerwehr Tulln, die schon immer für preiswerte und gleichzeitig zweckmäßige, durch Eigenumbauten entstandene Einsatzfahrzeuge bekannt ist, baute diesen ehemals als Baustellenkipper eingesetzten dreiachsigen Scania-Frontlenker

im Jahr 1978 zu einem Kranfahrzeug um. Neben der 16,5-t-Effer-Typ G 140/40-Krananlage erhielt dieses Fahrzeug eine 40-t-Windisch-Erlauf-Seilwinde eines beim Bundesheer ausgesonderten M 48-Kampfpanzers installiert, so dass dieser auf 22,5 t abgelastete Wagen auch schwierigere Bergungsaufgaben nicht zu scheuen braucht. Sein Antrieb erfolgt durch den Sechszylinder-Turbodiesel DS 11 mit 280 PS. Die Typenbezeichnung „111" an der Fahrzeugfront ist falsch; vermutlich wurde sie im Zuge der Umbauarbeiten angebracht.

Verwendungszweck:	**Kranfahrzeug KF 16**
Fahrgestelltyp:	**Saurer Typ 210**
Baujahr:	**1967**
Leistung der Pumpe:	–
Löschwasservorrat:	–

Eine ganz seltene Erscheinung ist dieses 16-t-Kranfahrzeug auf einem schweren Saurer-Frontlenkerchassis, das im Jahr 1997 bei der Freiwilligen Feuerwehr Aspang am Wechsel angetroffen wurde. Ein ähnliches Fahrzeug besitzt die Feuerwehr Gloggnitz am Semmering, das dort einen Tatra-Kranwagen mit 9 t Hubkraft ersetzte. Während für den hydraulischen Kranaufbau die Firma Kirsten verantwortlich war, beteiligte sich Rosenbauer durch Aufbau der Doppelkabine und der gering gehaltenen feuerwehrtechnischen Ausrüstung an der Ausgestaltung des Fahrzeugs.

Verwendungszweck:	**Kranfahrzeug KF 28**
Fahrgestelltyp:	**Tatra T 815 PJ (6 x 6)**
Baujahr:	**1987**
Leistung der Pumpe:	–
Löschwasservorrat:	–

In einigen seltenen Fällen gelangten auch Teleskop-Kranfahrzeuge, die mit vorgehängter und tiefergelegter Fahrerkabine auf tschechischen Tatra T 815-Fahrgestellen mit Allradantrieb aufgebaut worden waren, an österreichische Wehren. Dieses mächtige CSSR-Dreiachs-Chassis mit einem zulässigen Gesamtgewicht von 29,1 t verfügte über einen luftgekühlten Zwölfzylinder-V-Diesel mit 230 PS Motorleistung. Die Höchst-geschwindigkeit lag bei 70 km/h. Die dreifach teleskopierbare hydraulische Krananlage besaß eine maximale Hubkraft von 28 t; die Hakenhöhe mit Verlängerung betrug 33,5 m. Diese von Tatra vom tschechischen Hersteller KD in Prag aufgebauten Fahrzeuge waren als Feuerwehrkrane vor allem in vielen der ehemaligen Ostblockstaaten vertreten. Dieses Exemplar beschaffte die Freiwillige Feuerwehr Hollabrunn.

Verwendungszweck:	**Kranfahrzeug KF 45**
Fahrgestelltyp:	**Liebherr LT 1045**
Baujahr:	**1982**
Leistung der Pumpe:	–
Löschwasservorrat:	–

Auch in Österreich verlangten die Feuerwehren infolge der ständig zunehmenden Lasten nach Kranfahrzeugen mit immer höheren Hebekräften und vor allem größeren Aus-ladungen. Die Berufsfeuerwehr Innsbruck ließ sich von dem in Ehingen ansässigen renommierten und mittlerweile als Marktführer agierenden Kranhersteller Liebherr dieses ge-waltig dimensionierte, auf einem vierachsigen Chassis auf-gebaute 45-t-Kranfahrzeug bauen. Im Heck war eine hydrau-lische Rotzler-Seilwinde mit 150 t Zugkraft nach hinten und 100 t nach vorn angeordnet. Dieses Liebherr-Teleskopkran-Modell LT 1045 mit den beiden gelenkten Vorderachsen war ein recht verbreiteter Fahrzeugtyp, dessen Antrieb ein luftge-kühlter Zehnzylinder-Deutz-Diesel mit 310 PS besorgte.

Verwendungszweck:	*Kranfahrzeug KF 30*
Fahrgestelltyp:	*Liebherr LT 1030*
Baujahr:	*1986*
Leistung der Pumpe:	–
Löschwasservorrat:	–

Der auf einem allradgetriebenen Dreiachs-Fahrgestell für die Berufsfeuerwehr Wien von Liebherr aufgebaute LT 1030-Teleskopkran war zwar etwas weniger leistungsfähig, infolge seiner geringeren Ausmaße aber wesentlich wendiger und vor allem im Stadtverkehr leichter zu manövrieren. Auch mit 30 t Hebekraft war dieser Kranwagen in der Lage, nahezu alle vorkommenden Bergearbeiten durchzuführen.

Verwendungszweck:	*Abschleppkranwagen ASL*
Fahrgestelltyp:	*Scania P 144 G 530*
Baujahr:	*2000*
Leistung der Pumpe:	–
Löschwasservorrat:	–

Auf einer der im Jahr 1996 erstmals vorgestellten neuen Scania-Modellpalette der Serie 4 entstand dieser formschöne vierachsige Abschlepp- und Bergekranwagen der Berufsfeuerwehr Wien. Dieses mächtige Fahrzeug mit seinem hohen R-Fahrerhaus, den beiden gelenkten Vorderachsen und dem Automatikgetriebe besitzt mit dem installierten 530-PS-Turbodiesel gleichzeitig das stärkste Antriebsaggregat dieser Baureihe. Für den Karosserieaufbau war die Firma Tischer, für die Erstellung der Krananlage die Firma Jerr-Dan zuständig. In erster Linie wird das Fahrzeug für schwere Abschlepp- und Bergearbeiten bei Verkehrsunfällen, z. B. bei verunfallten Fernlastern, eingesetzt. Zu diesem Zweck ist eine starke Seilwinde im Fahrzeugheck montiert

Verwendungszweck:	*Flugplatzlöschfahrzeug FLF*
Fahrgestelltyp:	*ÖAF 26.604 DFAE (6 x 6)*
Baujahr:	*2001*
Leistung der Pumpe:	*4000 l/min*
Löschwasservorrat:	*5000 l*

Für den Feuerschutz auf dem Bundesheer-Fliegerhorst Nittner bei Graz wurde für die dortige Betriebsfeuerwehr dieses auf einem schweren ÖAF-Dreiachs-Frontlenker-Allradfahrgestell mit 604 PS-Diesel aufgebaute Flugplatzlöschfahrzeug beschafft. Der Aufbau auf dem mächtigen, recht üppig motorisierten 26-t-Chassis erfolgte durch die Firma Rosenbauer. Die Beladung besteht aus Löschwasser und 1000 l Schaummittelkonzentrat, das mit Hilfe der kombinierten, mit einem Zumischer ausgerüsteten Hoch- und Niederdruckpumpe über die Monitore abgegeben werden kann. Im Niederdruckbetrieb leistet die Pumpe 4000 l/min bei 10 bar, während sie 300 l/min bei 40 bar als Hochdruckpumpe erzeugen kann. Die Österreichische Automobilfabrik ÖAF ging bereits 1938 eine Verbindung mit MAN ein, die ab Mitte der 1970er Jahre auch äußerlich erkennbar wurde.

Verwendungszweck:	Flugplatzlöschfahrzeug FLF 13000
Fahrgestelltyp:	Yankee-Walter Twin CBK 3000
Baujahr:	1977
Leistung der Pumpe:	2 x 3800 l/min
Löschwasservorrat:	11 300 l

Die Betriebsfeuerwehr des Wiener Verkehrsflughafens Schwechat setzte dieses von dem amerikanischen Hersteller Walter gebaute Flugplatzlöschfahrzeug in insgesamt drei Einheiten ein. Die Fahrzeuge besaßen einen begehbaren Aufbau und einen ferngesteuerten Schaum/Wassermonitor auf dem Dach der Kabine. Die Bestückung bestand aus zwei 3800 l/min-Feuerlöschkreiselpumpen mit Zumischern; die Beladung aus Löschwasser und 1900 l Schaummittel. Im Jahr 1997 wurden die Fahrzeuge außer Dienst gestellt.

Verwendungszweck:	Flugplatzlöschfahrzeug FLF 4000/500
Fahrgestelltyp:	Mercedes-Benz 1050 A 41 (4 x 4)
Baujahr:	1994
Leistung der Pumpe:	2500 l/min
Löschwasservorrat:	4000 l

Die Betriebsfeuerwehr des Linzer Flughafens Hörsching erhielt im Jahr 1994 ein Flugplatzlöschfahrzeug Buffalo 4000/500 (4 x 4) von Rosenbauer auf einem Mercedes-Benz-Frontlenker mit Serienfahrerhaus, Automatikgetriebe und 505 PS Motorleistung, welches eine Spitzengeschwindigkeit von 125 km/h zuließ. Die Beschleunigung von 8 auf 80 km/h geschieht in 17 Sekunden. Neben dem Löschwasservorrat ist das Fahrzeug mit 500 l Schaummittel bestückt. Die in der Fahrzeugmitte als Midshipeinbau installierte Pumpenanlage erbringt 2500 l/min bei 10 bar, oder 250 l/min bei 40 bar. Die Schaumzumischung erfolgt mit einer Rate von 3 %. Für den Schnellangriff stehen zwei Hochdruck-Wasser/Schaumhaspeln mit jeweils 60 m Schlauch zur Verfügung. Der Wasser-/Schaumwerfer auf dem Dach mit einer Leistung von 1600 l/min wird elektronisch fernbedient. Für den Eigenschutz ist das 16 t schwere Fahrzeug mit fünf Bodensprühdüsen bestückt. (17)

Verwendungszweck:	Flugplatzlöschfahrzeug FLF 12 000/1500/500
Fahrgestelltyp:	MAB 38.1000 VFAEG (8 x 8)
Baujahr:	1999
Leistung der Pumpe:	6000 l/min
Löschwasservorrat:	12000 l

Die Flughafenfeuerwehr des Wolfgang Amadeus Mozart-Verkehrsflughafens der Stadt Salzburg stellte im Jahr 1999 als Fahrzeug Nr 1 dieses Flugplatzlöschfahrzeug von Rosenbauer Typ Panther 8 x 8 auf einem MAN-Fahrgestell in Dienst. Diese neben Wasser mit 1500 l Schaum und 500 kg Löschpulver bestückte rassige Raubkatze wiegt 38 t und ist mit einem V-Zwölfzylinder-1000-PS-Diesel sowie einem separaten Antriebsaggregat für die Feuerlöschpumpe von 310 PS bestückt. Die selbsttragende, aus Kunststoffen (GFK) gefertigt, sehr gefällig und attraktiv gestaltete Karosserie erhielt im übrigen den österreichischen Staatspreis für gutes Industriedesign.

Eine echte Rarität und in dieser Form wohl bei keiner anderen Feuerwehr Europas anzutreffen ist dieses heute museal erhaltene Pikettfahrzeug auf Mercedes-Benz Nürburg der Feuerwehr Arbon. Das in den 1940er Jahren aufkommende Pikett diente in erster Linie dem schnellen Eingreifen in der Anfangsphase eines Brandes. Das Modell Nürburg war ein schwerer Reisewagen, der von der Wehr durch das Anbringen eines Dachgepäckträgers und von Gerätekästen unter den Trittbrettern in Eigenleistung zu einem Feuerwehrwagen umgerüstet wurde. Der Achtzylinder-Vergasermotor mit 4622 ccm Hubraum leistet 80 PS bei 3400 U/min und ermöglicht eine Höchstgeschwindigkeit von 100 km/h.

Verwendungszweck:	*Pikettfahrzeug*
Fahrgestelltyp:	*Mercedes-Benz Typ Nürburg*
Baujahr:	*1930*
Leistung der Pumpe:	–
Löschwasservorrat:	–

 Schweiz

Die geografisch genau im Zentrum Europas gelegene Schweiz, das Land der Eidgenossen mit einer überwiegend hochalpinen Landschaft, zählt zu den reichsten Ländern der Erde. Dies unter anderem deshalb, weil man seit 1815 bei allen Kriegen strikte Neutralität wahrte. Auch den Lockungen der europäischen Einigung hat dieses freiheitsliebende und sehr traditionsbewußte kleine Land bisher widerstehen können. In der Schweiz werden hauptsächlich die drei Amtssprachen Deutsch, Französisch und Italienisch gesprochen. Die Feuerwehren des Landes zeichnen sich durch Tradition aber auch durch eine moderne und zweckmäßige Ausrüstung und Ausbildung aus. Die Motorisierung der Wehren begann schon bald nach Beginn des 20. Jahrhunderts Gestalt anzunehmen. So erhielt die Berufsfeuerwehr Bern 1911 ihr erstes Löschfahrzeug auf einem Saurer-Fahrgestell mit fest installierter Sulzer-Pumpe. 1920 beschaffte diese Wehr – um bei ihr als Beispiel zu bleiben – ihre erste Autodrehleiter (eine Holzleiter mit Stahlverspannung) mit 26 m Auszugslänge auf einem Magirus-Fahrgestell. Dieses Fahrzeug stand bis 1956 im Dienst.

In der Folgezeit beschafften viele Schweizer Feuerwehren sowohl Fahrzeuge auf einheimischen, als auch auf Chassis ausländischer Herkunft, vor allem aus Deutschland, Frankreich, Italien und zum Teil auch aus den USA. Aus dem eigenen Land waren es hauptsächlich die Fabrikate Saurer, Berna und FBW, aber auch andere, die für Feuerwehraufbauten in Frage kamen. Im Übrigen kann das kleine Land eine vergleichsweise große und nicht unbedeutende Feuerwehrgeräte- und Nutzfahrzeugindustrie vorweisen. Firmen wie Brändle, Schenk, Ehrsam, Geser, Mowag, Rusterholz, Fega, Vogt und zahlreiche kleinere Aufbauhersteller tragen dazu bei, die Schweizer Wehren mit Norm- und Sonderfahrzeugen zu versorgen. Zugleich sind aber auch bundesdeutsche und österreichische Hersteller wie Ziegler, Metz, Magirus und Rosenbauer bei den Wehren vertreten. Die meisten Drehleitern kamen aus Deutschland, wobei die Schweizer Wehren lange Zeit meist Fahrgestelle aus eigener Produktion beisteuerten. In den 1960er Jahren war es aber unverkennbar, dass ein aus einer Hand bezogenes Fahrgestell mit Drehleiteraufbau vergleichsweise kostengünstiger abschnitt. Während sich Magirus im Laufe der Zeit immer mehr dagegen sträubte, seine Leitern auf fremde Chassis aufzubauen, baute Metz in Karlsruhe nach wie vor den gewünschten Leitersatz auf das vom Kunden ausgewählte Fahrgestell. So verwundert es nicht, dass beispielsweise die D-Typenreihe von Saurer aus den 1960er Jahren vorzugsweise mit Metz Leiteraufbauten geliefert wurden. Schritt für Schritt aber wurde auch hier die Kombination Mercedes-Benz-Fahrgestell und Metz Leiteraufbau üblich.

Die Beschaffung von Tanklöschfahrzeugen setzte in der Schweiz erst relativ spät ein. Im Jahr 1956 war es wiederum die Berufsfeuerwehr Bern, die als erste Schweizer Wehr ein von Magirus gebautes TLF in Dienst stellte. Seither ist auch diese Fahrzeugart bei den Schweizer Wehren zu einem unentbehrlichen Instrument der Brandbekämpfung geworden.

Durch die serienmäßige Herstellung von Feuerwehrfahrzeugen im Ausland begann langsam aber stetig, das Interesse für Schweizer Fahrgestelle abzunehmen. Bisher waren es neben dem guten Service Qualitäts- und Traditionsbewusstsein, die Wehren bei ihrer Wahl für ein heimisches Produkt ins Feld führten. Ausschlaggebend für den Wandel waren schließlich die niedrigeren Herstellungskosten und meist kürzeren Lieferzeit bei Fremdfahrzeugen. Behaupten konnten sich dagegen Schweizer Unternehmen, die Feuerwehraufbauten inkl. des Innenausbaus herstellen. 1982 wurde das letzte Feuerwehrfahrzeug auf einem Schweizer Lastwagenchassis ausgeliefert. Nachdem Saurer, Berna und FBW über keine eigene Nutzfahrzeugproduktion mehr verfügten, blieb in Zukunft nur noch die Beschaffung ausländischer Serienfahrzeuge, die aber vielfach von der heimischen Feuerwehrgeräteindustrie individuell ausgebaut wurden.

In der Schweiz ist das Feuerwehrwesen eine Aufgabe der Gemeinden bzw. der kantonalen Verwaltungen. Brandschutzbehörden und der in fachlicher Hinsicht wichtige Schweizer Feuerwehrverband üben einen bedeutenden Einfluss bei der Fahrzeuggestaltung aus. Vertreten sind sowohl Berufs- als auch Freiwillige-, als auch Werk- und Betriebsfeuerwehren. Daneben haben die kantonalen Gebäudeversicherungen insbesondere bei der Bezuschussung der Fahrzeuge einen großen Einfluss.

Verwendungszweck:	**Autodrehleiter ADL 30 m**
Fahrgestelltyp:	**Saurer Typ 4 A**
Baujahr:	**1928**
Leistung der Pumpe:	**–**
Löschwasservorrat:	**–**

Bei der Berufsfeuerwehr Luzern blieb diese von Metz gelieferte Autodrehleiter (ADL) mit 30 m Steighöhe bis heute erhalten. Das vorzüglich instand gehaltene Fahrzeug wurde erst 1974 – nach 46-jähriger Einsatzzeit – außer Dienst gestellt und aufs Alteiul gesetzt. Das noch mit Elastikbereifung ausgerüstete Fahrgestell ist mit einem 55 PS starken Vierzylinder-Vergasermotor ausgerüstet. Die Leiter, die den zum Aufrichten für diesen Hersteller charakteristischen Drehkranz mit Kette besitzt, ist aus Holz mit Stahlverspannung.

Verwendungszweck:	**Automobilspritze**
Fahrgestelltyp:	**Saurer BL**
Baujahr:	**1931**
Leistung der Pumpe:	**2800 l/min**
Löschwasservorrat:	**–**

Bis zum Jahr 1980 im Einsatzdienst, zuletzt allerdings als Reservefahrzeug, befand sich diese offene, von der Züricher Firma Fega AG auf einem Saurer-Fahrgestell erbaute Automobilspritze der Freiwilligen Feuerwehr Herzogenbuchsee. Ursprünglich wurde dieses beeindruckend schöne Fahrzeug noch mit Vollgummibereifung geliefert, später aber auf Luftreifen umgerüstet. Das Fahrgestell besitzt einen Sechszylinder-Vergasermotor mit 9911 ccm Rauminhalt und 110 PS Leistung. Die am Heck eingebaute Feuerlöschkreiselpumpe bezog man von der Firma Diebold. Heute genießt der gepflegte Oldtimer auf Veranstaltungen sein Gnadenbrot.

Verwendungszweck:	**Automobilspritze**
Fahrgestelltyp:	**Saurer**
Baujahr:	**1927**
Leistung der Pumpe:	**2000 l/min**
Löschwasservorrat:	**–**

Diese schöne Automobilspritze auf einem Saurer-Chassis ist das Werk der Motorspritzenfabrik Gebr. Schenck in Worblaufen, die

bereits seit 1830 Handdruckspritzen herstellte und auch in diesem Fall sowohl für Aufbau, als auch für die im Heck befindliche Feuerlöschkreiselpumpe verantwortlich zeichnete. Eigentümer ist die Freiwillige Feuerwehr Romanshorn. Die Überdachung des Fahrerhauses sowie die auf der Leitergalerie befindliche Schiebleiter wurden später nachgerüstet. Dieses voll einsatzfähige Schmuckstück wird nur noch zu besonderen Anlässen aus der Remise geholt.

Verwendungszweck:	**Wasserzubringerfahrzeug**
	und Straßensprengwagen
Fahrgestelltyp:	**FBW Typ Z**
Baujahr:	**1928**
Leistung der Pumpe:	**2400 l/min**
Löschwasservorrat:	**7000 l**

Im Jahr 1985, zum Zeitpunkt der Aufnahme das vermutlich älteste Einsatzfahrzeug einer Schweizer Wehr, war der abgebildete Tankwagen auf FBW-Fahrgestell. Bis 1957 war der, zeitlebens bei der Freiwilligen Feuerwehr Emmen beheimatete, Wagen mit einem Henschel-Sechszylinder-Vergasermotor ausgerüstet. Seither treibt ihn ein sparsamer Sechszylinder-Reihen-Diesel mit 8500 ccm Hubraum und 85 PS an. Ebenso wurde der ursprünglich nur 4000 l fassende Tank im Jahr 1967 durch einen solchen mit 7000 l Inhalt ersetzt. Die Stadtverwaltung Emmen beschaffte den Tankwagen für den Kommunaleinsatz, um ihn gleichzeitig als Straßenspreng- und Feuerwehrwagen verwenden zu können. Am Rahmenende ist eine kombinierte Normal- und Hochdruckpumpe von Schenk angeordnet. Die Umlackierung auf Feuerwehrrot erfolgte erst in den frühen 1980er Jahren.

Verwendungszweck:	Autodrehleiter ADL 30 m
Fahrgestelltyp:	Berna Typ G 4 AR
Baujahr:	1932
Leistung der Pumpe:	–
Löschwasservorrat:	–

Diese ebenfalls vollgummibereifte mechanische Metz-Auto-drehleiter mit 30 m Auszugslänge und 2 m Handauszug besitzt bereits einen Stahlleiterpark. Sie wurde zusammen mit einer offenen Automobilspritze von der Freiwilligen Feuerwehr Olten auf einem Berna-Fahrgestell beschafft. Der Sechszylinder-Vergasermotor leistet 100 PS bei 1450 U/min. Dieses mit einem Rettungsschlitten ausgerüstete Fahrzeug befand sich bis 1968 im Dienst.

Verwendungszweck:	Tanklöschfahrzeug
	TLF 16/24
Fahrgestelltyp:	Mercedes-Benz
	LAF 1113/36
Baujahr:	1967
Leistung der Pumpe:	1600 l/min
Löschwasservorrat:	2400 l

Sozusagen ein Metz-TLF 16 der 1960er Jahre ist dieses bei der Freiwilligen Feuerwehr Aesch noch im Jahr 1996 zum Einsatzbestand zählende Tanklöschfahrzeug. Während Pumpe und Karosserieaufbauten die Firma Metz besorgte, war der Schweizer Feuerwehrausrüster Aebi für Innenausbau und die weitere feuerwehrtechnische Beladung zuständig. Das Fahrzeug konnte in seiner Staffelkabine sechs Einsatzkräfte befördern. Als Dachbeladung sind Rettungsschlitten und Schaumrohr erkennbar.

Verwendungszweck:	Tanklöschfahrzeug
	TLF 16/24
Fahrgestelltyp:	Magirus-Deutz (KHD)
	F Mercur 125 A
Baujahr:	1961
Leistung der Pumpe:	1600 l/min
Löschwasservorrat:	2400 l

Erst mit der Beschaffung eines lanklöschfahrzeugs von Magirus durch die Berufsfeuerwehr Bern fand dieser, seit Kriegsende in der Bundesrepublik Deutschland so verbreitete Löschfahrzeugtyp Eingang in die Schweizer Wehren. Seither sind die Magirus-Rundhauber in größerer Stückzahl geordert worden. Dieses Mitte der 1980er Jahren von der Berner Feuerwehr noch als Reservefahrzeug eingesetzte allradgetriebene TLF 16/24 ist dem westdeutschen TLF 16 sehr ähnlich. Abweichend von diesem besitzt der Wagen Trilex-Räder an der Vorderachse.

Verwendungszweck:	Tanklöschfahrzeug
	TLF 28/28
Fahrgestelltyp:	Hanomag Henschel
	F 170 AK-CH (4 x 4)
Baujahr:	1971
Leistung der Pumpe:	2800 l/min
Löschwasservorrat:	2800 l

Verwendungszweck:	Tanklöschfahrzeug
	TLF 28/24
Fahrgestelltyp:	Saurer 2 DM
Baujahr:	1966
Leistung der Pumpe:	2800 l/min
Löschwasservorrat:	2400 l

Der Feuerwehrausrüster Vogt in Oberdiessbach lieferte dieses auf einem Saurer-Allrad-Haubenfahrgestell aufgebaute Tanklöschfahrzeug an die Freiwillige Feuerwehr Chur. Die Feuerlöschkreiselpumpe stellte die Firma Ziegler in Giengen. Neben dem Löschwasservorrat befinden sich 300 l Schaummittelkonzentrat als Dachbeladung in den gelben Kanistern auf dem Fahrzeug. Unter der langen Motorhaube mit seiner verchromten Kühlerattrappe arbeitete ein Sechszylinder-Diesel mit 8720 ccm Hubraum und 160 PS Leistung.

Ein Einzelstück ist dieses von Ziegler in Giengen für die Freiwillige Feuerwehr Langenthal auf einem Hanomag-Henschel-Frontlenker-Allradkipperchassis gelieferte Tanklöschfahrzeug. Dieses Ausstellungs- und Versuchsfahrzeug erwarb diese Wehr zusammen mit einer Drehleiter auf gleichem Fahrgestell. Für die Fortbewegung war ein Sechszylinder-Reihen-Diesel mit direkter Kraftstoffeinspritzung, 8198 ccm Hubraum und 180 PS Leistung zuständig, die das Aggregat bei 2600 U/min zur Verfügung stellte.

Verwendungszweck:	*Tanklöschfahrzeug*
	TLF 16/25
Fahrgestelltyp:	*Magirus-Deutz (KHD)*
	F 170 D 11 FA
Baujahr:	*1978*
Leistung der Pumpe:	*1600 l/min*
Löschwasservorrat:	*2500 l*

Ebenfalls ein deutsches Standard-TLF ist dieses für den Service du Feu der im französischen Teil der Schweiz gelegenen Stadt Nyon komplett von Magirus beschaffte Fahrzeug mit Frontlenker-Allradchassis. Die Staffelkabine ist für sechs Mann ausgelegt; der Gerätekoffer hat Jalousienverschlüsse. Auf dem Dach befinden sich neben Alu-Steckleiterteilen ein Anschluss für einen Monitor, während auf den Trittbrettern Saugschläuche gelagert sind.

Verwendungszweck:	*Tanklöschfahrzeug*
	TLF 28/25
Fahrgestelltyp:	*Mercedes Benz 1428 AF*
Baujahr:	*1989*
Leistung der Pumpe:	*2800 l/min*
Löschwasservorrat:	*2500 l*

Dieses von dem österreichischen Feuerwehrausrüster Konrad Rosenbauer auf einem Mercedes-Benz-Frontlenker-Allradfahrgestell für das Centre de Secours Incendie Monthey aufgebaute Fahrzeug ist mit einer Sechs-Mann-Staffelkabine und einem 300 l Schaummitteltank ausgerüstet. Der Feuerwehrwagen verfügt über einen Achtzylinder-V-Diesel mit Direkteinspritzung, 14 620 ccm Hubraum und 280 PS Leistung. Die Geräteräume sind bequem durch nach oben öffnende Rollläden zugänglich.

Verwendungszweck:	*Tanklöschfahrzeug*
	TLF 28/25
Fahrgestelltyp:	*Mercedes-Benz 1428 AF*
Baujahr:	*1988*
Leistung der Pumpe:	*2800 l/min*
Löschwasservorrat:	*2500 l*

Ein ähnliches Tanklöschfahrzeug mit nahezu identischen Daten orderte die Freiwillige Feuerwehr Aigle in der französchen Schweiz. Dieses Fahrzeug entstand in Zusammenarbeit der Firmen Ziegler und Vogt, wobei Ziegler den Aufbau und die Feuerlöschkreiselpumpe stellte, Vogt hingegen den weiteren Innenausbau übernahm. Als Dachbeladung sind Saugschläuche zu erkennen, während auf dem linken Trittbrett gelbe Kanister mit Schaummittelkonzentrat gelagert sind.

Verwendungszweck:	*Universallöschfahrzeug*
	ULF
Fahrgestelltyp:	*Iveco-Magirus 340 E 52*
Baujahr:	*1998*
Leistung der Pumpe:	*4200 l/min*
Löschwasservorrat:	*5100 l*

Ein kompakter Gigant auf einem schweren Iveco-Vierachs-Fahrgestell mit 340 PS starken Achtzylinder-Turbodiesel-V-Motor und zwei gelenkten Vorderachsen ist dieses von der Firma Rusterholz in Richterswil für die Freiwillige Feuerwehr Uster im Kanton Zürich aufgebaute Universallöschfahrzeug. Dieses Fahrzeug befördert neben einem ansehnlichen Wasservorrat 1500 l Schaummittel und verfügt über eine 1500-kg-Pulverlöschanlage. Mit diesen gebräuchlichsten Lösch- und Sonderlöschmitteln ist das Fahrzeug für nahezu alle Einsatzsituationen gerüstet. Außerdem befindet sich am Rahmenende eine kombinierte Hoch- und Niederdruck-Feuerlöschkreiselpumpe für 4200 l/min bei 8 bar und 300 l/min bei 40 bar. Die Feuerwehr-Einsatzfahrzeuge des Kantons Zürich sind einheitlich limonengrün lackiert.

Verwendungszweck:	Universallöschfahrzeug ULF
Fahrgestelltyp:	Iveco-Magirus 260 E 42
Baujahr:	1998
Leistung der Pumpe:	4200 l/min
Löschwasservorrat:	6000 l

Hier ein weiteres Universallöschfahrzeug auf Dreiachs-Fahrgestell mit 260 PS, das Magirus für die Freiwillige Feuerwehr Lenzburg aufbaute. Die Beladung besteht aus 1500 l Schaummittelkonzentrat, einem großen Löschwasservorrat und einer 750-kg-Pulverlöschanlage, mit der Flüssigkeitsbränden zu Leibe gerückt werden kann. Auch hier ist eine mit Hoch- oder Niederdruck zu betreibende kombinierte Feuerlöschkreiselpumpe an Bord. Im Hochdruckbetrieb leistete sie 300 l/min bei 40 bar, während im Normalbetrieb 4200 l/min bei 8 bar erreicht werden.

Verwendungszweck:	Autodrehleiter ADL 37 m
Fahrgestelltyp:	Saurer Typ V 4 C
Baujahr:	1941
Leistung der Pumpe:	–
Löschwasservorrat:	–

Autodrehleitern (ADL) wurden von den Schweizer Feuerwehren bis weit in die 1950er Jahre hauptsächlich auf landeseigenen Fahrgestellen beschafft. Diese Fahrzeuge wurden überwiegend bei Stützpunktfeuerwehren stationiert. Ein besonders imposantes Exemplar ist diese von Magirus auf einem Saurer-Haubenchassis mit 100 PS Sechszylinder-Diesel erstellte mechanische DL 37 mit zwei Metern Handausschub. 1941 wurde das Fahrzeug von der Berufsfeuerwehr Bern beschafft und 1973 an die Freiwillige Feuerwehr Interlaken verkauft. Typisch für die damaligen Magirus-Leitertechnologie ist der mechanische Schnecken-Spindelantrieb. Das Fahrzeug besitzt eine geschlossene Fahrerkabine mit einer überdachten, nach hinten hin offenen rückwärtigen Holzsitzbank für vier weitere Feuerwehrleute.

Verwendungszweck:	Autodrehleiter ADL 30 m
Fahrgestelltyp:	Saurer Typ L 4 C
Baujahr:	1951
Leistung der Pumpe:	–
Löschwasservorrat:	–

Die Berufsfeuerwehr St. Gallen orderte 1951 eine mechanische 30 m Autodrehleiter von Magirus, die ebenfalls auf ein Saurer-Fahrgestell aufgesetzt wurde. Das Fahrgestell erhielt den Sechszylinder-Dieselmotor CT 2 D von Saurer mit 8700 ccm Rauminhalt und 120 PS Leistung. Der vierteilige Stahlleiterpark mit zwei Meter Handausschub besitzt bereits das neue Leiterprofil. Ende der 1970er Jahre wurde das Fahrzeug außer Dienst gestellt und von einem Privatsammler erworben.

Verwendungszweck:	Sondertanklöschfahrzeug
Fahrgestelltyp:	Saurer 5 DF
Baujahr:	1968, Umbau 1977
Leistung der Pumpe:	2800 l/min
Löschwasservorrat:	4000 l

Die Werkfeuerwehr Sandoz in Basel rüstete mehrere Saurer-Frontlenker-Sattelzugmaschinen mit Ackermann-Aufliegern zu speziell auf die Risiken des Betriebes abgestimmte Einsatzfahrzeuge um. Das abgebildete Tankfahrzeug mit seiner 1968 gebauten, 230 PS starken Zugmaschine, das neben Wasser 2500 l Schaummittel befördert, entstand 1977 und wurde 1994 an die Werkfeuerwehr Firmenich La Plain weiterveräußert. Die im Heck des Aufliegers installierte Feuerlöschkreiselpumpe ist mit einem Zumischer ausgerüstet. Auf dem Dach befindet sich ein Monitor für Schaum- und Wasserabgabe von Rosenbauer.

Verwendungszweck:	**Autodrehleiter ADL 30 m**
Fahrgestelltyp:	**Berna Typ 4 ULT 2**
Baujahr:	**1955**
Leistung der Pumpe:	–
Löschwasservorrat:	–

Optisch sehr ansprechend und besonders wuchtig präsentiert sich diese 30 m Autodrehleiter von Metz mit Fallspindelabstützung auf einem Berna-Haubenchassis, welches die Feuerwehr der Stadt Biel seinerzeit beschaffte. Dieses Fahrgestell mit 4,60 m Radstand lehnte sich gestalterisch sehr an die entsprechenden Modelle der Saurer-C-Typenreihe an und besitzt auch den gleichen CT 2 D-Dieselmotor mit 120 PS. In diesem Fall baute Metz eine Staffelkabine für sechs Mann, in deren rückwärtigen Bereich sich kleine seitliche Gerätekästen befinden. Die Leiter ist vierteilig und wird mit Hilfe eines Drehkranzes mit Kette aufgerichtet. Die Außerdienststellung erfolgte im Jahr 1989.

Verwendungszweck:	**Autodrehleiter ADL 37 m**
Fahrgestelltyp:	**Mercedes-Benz LF 5000/48**
Baujahr:	**1954**
Leistung der Pumpe:	–
Löschwasservorrat:	–

Eine beeindruckende Erscheinung mit der dekorativen Chromkühlerattrappe und den vorderen Trilexrädern ist zweifelsohne diese von Metz auf einem Mercedes-Benz-Langhauber gebaute Autodrehleiter mit 37 m Auszugslänge. Für Leiterhöhen ab 30 m waren aufgrund der größeren Anforderungen an Standfestigkeit und Straßenlage bei Alarmfahrten in der Regel schwerere Fahrgestelle erforderlich. Diese an die Feuerwehr Fribourg gelieferte 10,7 t schwere Leiter besaß einem Sechszylinder-Vorkammer-Diesel mit 125 PS Leistung. Die große Staffelkabine war im rückwärtigen Dachbereich verrundet, damit der Leiterstuhl eine Drehung von 360° vollziehen konnte. Das bestens gepflegte Fahrzeug zählte auch noch zu Beginn der 1990er Jahre zum Einsatzbestand.

Verwendungszweck:	**Autodrehleiter ADL 30 h**
Fahrgestelltyp:	**Saurer Typ 2 DM (4 x 4)**
Baujahr:	**1972**
Leistung der Pumpe:	–
Löschwasservorrat:	–

Diese hydraulische Magirus Drehleiter DL 30 auf einem Saurer-Hauben-Allradfahrgestell erhielt die Freiwillige Feuerwehr Rorschach am Bodensee. Da das mit dem 160-PS-Sechszylinder-Saurer CT 5 D-Diesel motorisierte Fahrgestell aufgrund der Allradbauweise einen relativ kurzen Radstand besitzt, überragt der vierteilige, seit 1966 gefertigte, höhere Leiterpark die Motorhaube um ein ganzes Stück. Die Drehleiter ist mit einem Rettungskorb, mit Truppkabine für drei Einsatzkräfte und einem breiten Leiterpodium ausgerüstet, unter dem sich Gerätefächer befinden. Dieses Fahrzeug gehört zu den wenigen, mit Allradantrieb beschafften Drehleitern.

Verwendungszweck:	**Autodrehleiter ADL 37 h**
Fahrgestelltyp:	**Mercedes-Benz LP 338/50**
Baujahr:	**1961**
Leistung der Pumpe:	**–**
Löschwasservorrat:	**–**

Diese von der Berufsfeuerwehr Lausanne auf einem schweren Mercedes-Benz-Frontlenkerfahrgestell beschaffte hydraulische DL 37 mit drei Meter Handauszug ist ein Einzelstück. Mit ihrer auffallenden rot-weißen Sonderlackierung hinterlässt sie einen bemerkenswerten Eindruck. Das Fahrzeug besaß ein zulässiges Gesamtgewicht von 12,2 t und wurde von einem Sechszylinder-Vorkammer-Dieselmotor mit 10 810 ccm Hubraum und 180 PS fortbewegt. Im Jahr 1990 war dieses mächtige Fahrzeug zwar noch vorhanden, stand aber nicht mehr im Einsatz.

Verwendungszweck:	**Autodrehleiter ADL 30 h**
Fahrgestelltyp:	**MAN 8.136 H**
Baujahr:	**1971**
Leistung der Pumpe:	**–**
Löschwasservorrat:	**–**

Hier ist eine hydraulisch angetriebene Metz DL 30 mit Korb und Schrägabstützungen auf einem mittelschweren MAN-Haubenchassis zu sehen, die für die Feuerwehr Muttenz bestimmt war. Diese Metz-Werksaufnahme entstand vor dem Karlsruher Schloß vor der Ablieferung an den Kunden. Das mit Staffelkabine ausgerüstete 12-t-Fahrzeug verfügte über einen Sechszylinder-Direkteinspritz-Diesel mit 5488 ccm Rauminhalt und 136 PS, die bei 3000 U/min fällig wurden. Nebenbei war dieses Fahrzeug die einzige Drehleiter auf einem MAN-Haubenchassis in der Schweiz.

Verwendungszweck:	**Autodrehleiter ADL 30 h**
Fahrgestelltyp:	**Saurer Typ 5 DF**
Baujahr:	**1966**
Leistung der Pumpe:	**–**
Löschwasservorrat:	**–**

Parallel zu den Haubenmodellen bot der renommierte Schweizer Lkw-Hersteller Adolph Saurer in den 1960er Jahren auch Frontlenkerfahrgestelle an, die sich durch ihre verrundete Kabinenform auszeichneten. Diese wurden durch den Zusatzbuchstaben „F" kenntlich gemacht. Die Berufsfeuerwehr Zürich erwarb 1966 eine von Metz gebaute hydraulische Autodrehleiter mit 30 m Steighöhe mit Staffelfahrerhaus auf einem solchen Fahrgestell. Für den Antrieb des 16-t-Fahrzeugs war der Sechszylinder-Saurer-Diesel CT 2 DL m mit 8720 ccm Hubvolumen zuständig, der 192 PS bei 2000 U/min erzeugen konnte.

Verwendungszweck:	**Autodrehleiter ADL 30 h**
Fahrgestelltyp:	**Saurer Typ 5 DF**
Baujahr:	**1972**
Leistung der Pumpe:	**–**
Löschwasservorrat:	**–**

Etwas neueren Datums ist diese von Metz auf einem Saurer-Frontlenkerfahrgestell für die Feuerwehr Chur gebaute ADL 30 mit Rettungskorb. Die Innenausrüstung übernahm die Maschinenfabrik Aebi & Co AG in Burgdorf, die sich auch mit Feuerwehrbedarf befasst. Das jetzt mit 18 t zulässigem Gesamtgewicht klassifizierte Frontlenkerfahrzeug erhielt eine leicht modifizierte Fahrzeugfront. Das Sechszylinder-Diesel-Antriebsaggregat mit 192 PS hingegen wurde unverändert beibehalten.

| Verwendungszweck: | **Autodrehleiter ADL 30 h** |
	mit Korb
Fahrgestelltyp:	**Mercedes-Benz LAK**
	1924/46 (4 x 4)
Baujahr:	**1972**
Leistung der Pumpe:	**–**
Löschwasservorrat:	**–**

Autodrehleitern mit Allradantrieb gehören schon seit jeher zu den Ausnahmen im Feuerwehrfahrzeugbau. Häufiger als anderswo beschafften allerdings einige Schweizer Wehren solche Modelle, was in einem ursächlichen Zusammenhang mit den langen und schneereichen Wintern in den Bergen und den vielen in schmalen Bergtälern liegenden Ortschaften zusammenhängt. In diesem Fall diente der Feuerwehr Thun ein schweres Mercedes-Benz-Kurzhauber-Allradkipper-Fahrgestell als Plattform für eine von Metz gebaute, schrägabgestützte, hydraulische 30-m-Autodrehleiter mit Rettungskorb. Das Fahrgestell hat 19 t zulässiges Gesamtgewicht und ist mit einem Sechszylinder-Direkteinspritz-Diesel mit 11 580 ccm Hubraum und 240 PS Motorleistung bestückt.

Verwendungszweck:	*Autodrehleiter ADL 30*
	mit Korb
Fahrgestelltyp:	*Mercedes-Benz 1530 F*
Baujahr:	*1992*
Leistung der Pumpe:	–
Löschwasservorrat:	–

Eine Metz ADL 30 mit Klappkorb (DLK 30) erhielt der Service du Feu in Montreux auf einem Mercedes-Benz-Frontlenkerfahrgestell im Jahr 1992. Das mit 15 t vermessene Fahrzeug ist mit einer großen, von der Firma Robert Aebi gestalteten und ausgebauten Doppelkabine für sechs Einsatzkräfte und Automatikgetriebe ausgerüstet sowie mit einem 300 PS starken Dieselmotor bestückt.

Verwendungszweck:	*Autodrehleiter ADL 30*
	mit Korb
Fahrgestelltyp:	*Magirus-Deutz*
	F 232 D 14 F
Baujahr:	*1978*
Leistung der Pumpe:	–
Löschwasservorrat:	–

Diese für die Feuerwehr Monthey auf einem Magirus-Frontlenkerfahrgestell aufgebaute Autodrehleiter (ADL) 30 von Magirus in Ulm besitzt einen einhängbaren, seitlichen Rettungskorb. Das Fahrzeug mit seinem vierteiligen Leitersatz verfügt über Schrägabstützzungen und ist mit einer Doppelkabine für sechs Mann Besatzung ausgeführt. Die Drehleiter besitzt ein zulässiges Gesamtgewicht von 14 t und wird von einem luftgekühlten Achtzylinder-V-Diesel mit 11 310 ccm Hubraum und 232 PS angetrieben.

Verwendungszweck:	*Gelenkmastbühne 28 m*
Fahrgestelltyp:	*Volvo N 88*
Baujahr:	*1967*
Leistung der Pumpe:	–
Löschwasservorrat:	–

Simon-Snorkel Typ SS 28, welche die Werkfeuerwehr ETA in Grenchen im Jahr 1985 in ihrem Einsatzbestand hatte. Die Gelenkmastbühne besitzt 28 m Steighöhe, das Fahrgestell den Sechszylinder-Diesel D 100 mit 9599 ccm und 200 PS Motorleistung. Der Mast verfügt über Steigleiter und Monitor. Bemerkenswert ist die Abstützung des schweren Aufbaus vor der Motorhaube, was die Straßenlage sicherlich positiv beeinflusst haben dürfte.

Verwendungszweck:	*Autodrehleiter ADL 30*
	mit Korb
Fahrgestelltyp:	*MAN 14.285 LAC*
Baujahr:	*2002*
Leistung der Pumpe:	–
Löschwasservorrat:	–

Gewaltige Ausmaße besitzt diese auf einem schweren Volvo-Haubenchassis aufgebaute Gelenkmastbühne des Fabrikats

An die Freiwillige Feuerwehr Egg ging diese auf einem MAN-Frontlenker-Allradfahrgestell aufgebaute Metz-Drehleiter des Typs L 26. Das Fahrzeug besitzt eine mittellange Kabine, ein ZF-Automatikgetriebe und einen 280 PS starken Dieselmotor. Die DLK 18-12 entspricht dem Metz.-Standard mit der stufenlosen waagrecht-senkrecht Abstützung, dem vierteiligen Stahlleitersatz und dem Überklappkorb für maximal 270 kg Belastung. Nicht uninteressant ist die limonengrüne Lackierung – ein Trend der bei vielen Neubeschaffungen in der Schweiz, insbesondere in den Kantonen Zürich, Neuchatel und Tessin vor allem dann zu registrieren ist, wenn die Gebäudeversicherungen Zuschüsse für die Fahrzeugbeschaffungen zahlen.

139

Verwendungszweck:	Telebühne 37 m
Fahrgestelltyp:	Mercedes-Benz
	L 3336/45 (8 x 4)
Baujahr:	1986
Leistung der Pumpe:	5000 l/min
Löschwasservorrat:	–

Ein geradezu gewaltiges Leiterfahrzeug steht als Einzelstück seit Anfang 1987 bei der Werkfeuerwehr des Chemiekonzerns Sandoz in Basel im Dienst. Metz baute eine der seltenen Telebühnen mit 37 m Arbeitshöhe auf einem vierachsigen Mercedes-Benz-Frontlenkerfahrgestell, dessen Zehnzylinder-Daimler-Benz-Diesel OM 423 mit 18 263 ccm Rauminhalt 355 PS bei 2300 U/min erzeugen kann. Die DLK 37 S hat bei mehr als 11 m Länge ein zulässiges Gesamtgewicht von 33 t, einen großen Mannschafts- und Geräteaufbau für insgesamt neun Einsatzkräfte und einen Rettungskorb, der mit maximal 450 kg belastet werden kann. Der Leiterpark ist fünfteilig. Eine Teleskop-Wasserführung ist bis zum 5000 l/min leistenden Monitor im Rettungskorb vorhanden. Die Feuerlöschkreiselpumpe FP 40/10 besitzt einen Pumpenvormischer, um den mitgeführten Schaummittelvorrat von 1800 l verarbeiten zu können. Das hierzu notwendige Wasser muss entweder einem Tanklöschfahrzeug oder dem Hydrantennetz auf dem Werksgelände entnommen werden. Neben einer Tatra/Magirus DL 44 der Berufsfeuerwehr Prag ist dies das einzige vierachsige Leiterfahrzeug in Europa.

Verwendungszweck:	Rüstkranwagen RKW 10
Fahrgestelltyp:	Magirus-Deutz (KHD)
	F Jupiter A (4 x 4)
Baujahr:	1957
Leistung der Pumpe:	–
Löschwasservorrat:	–

In einer relativ großen Serie erstellte Magirus in den 1950er Jahren Rüstkranwagen mit 7, später 10 t Hubkraft auf schweren Rundhauberfahrgestellen aus der eigenen Lastwagenproduktion. Ein größerer Teil dieser Fahrzeuge wurde exportiert, so wie dieses an die Feuerwehr Zug gelieferte RKW-Modell mit 10 t Hubkraft. Die Demag-Krananlage hatte einen elektromotorischen Antrieb und war um 360° drehbar. Weiterhin war das Fahrzeug mit einem 5-t-Seilspill, einem 18 kVA-Stromerzeuger und einem auf 7,50 m ausfahrbaren Lichtmast ausgerüstet. Das Allradchassis verfügte über einen luftgekühlten Achtzylinder-V-Motor mit 10 644 ccm Hubraum und 170 PS.

Verwendungszweck:	Rüstkranwagen RKW 10
Fahrgestelltyp:	Magirus-Deutz (KHD)
	F Jupiter 195 A (4 x 4)
Baujahr:	1962
Leistung der Pumpe:	–
Löschwasservorrat:	–

Das Nachfolgefahrgestell für die in den 1960 noch gefertigten Rüstkranwagen war ein schweres Eckhauberchassis. Ein solches, sonderlackiertes Fahrzeug erhielt die Berufsfeuerwehr Lausanne. Die Leistung der wie beim Vorgängertyp in das Dach des Aufbaus eingelassenen Krananlage blieb bei 10 t. Die Kranflasche war auf dem Dach der Staffelkabine abgelegt. Auch die übrigen Aggregate und Geräte blieben unverändert, während die Form des Aufbaus etwas gestrafft wurde. Als Antriebsaggregat gelangte ein luftgekühlter Achtzylinder-Wirbelkammer-Diesel mit 195 PS und 12 667 ccm Hubraum zur Verwendung.

Verwendungszweck:	Ölwehrfahrzeug
Fahrgestelltyp:	Saurer Typ 5 DM
Baujahr:	1980
Leistung der Pumpe:	–
Löschwasservorrat:	–

Der Baseler Karosseriebetrieb Heimburger stellte ab 1970 auch Feuerwehraufbauten her, deren Verbreitung sich allerdings auf die Umgebung beschränkte. Von dieser Firma stammt auch dieses an die Feuerwehr Baden auf einem Saurer-Haubenmodell gelieferte Ölwehrfahrzeug. Die motorische Bestückung besteht aus einem Sechszylinder-Diesel mit 250 PS. In dem geräumigen Kofferaufbau dieses gelb lackierten Fahrzeugs sind alle notwendigen Geräte und Ausrüstungsgegenstände vorhanden, die bei Ölunfällen und Unglücken mit anderen Gefahrengütern erforderlich sind. Am Heck ist ein seitlich abstützbarer Kran vorhanden.

Verwendungszweck:	Kranwagen KW 35
Fahrgestelltyp:	Liebherr LTM 1035
Baujahr:	1988
Leistung der Pumpe:	–
Löschwasservorrat:	–

Einen 35-t-Teleskop-Kranwagen des Liebherr-Modells LTM 1035 beschaffte der Service d'Incendie et de Secours der Stadt Genève (Genf) auf einem Dreiachs-Spezial-Fahrgestell. Das sehr kompakte Fahrzeug mit einem zulässigen Gesamtgewicht von 33 t besitzt sechs angetriebene und lenkbare, hydropneumatisch gefederte Räder. Als Antriebsmotor für Chassis und Kran dient ein Mercedes-Dieselmotor mit 296 PS. Am Heck ist eine Seilwinde installiert.

Verwendungszweck:	*Flugplatzlöschfahrzeug FLF*
Fahrgestelltyp:	*Mercedes-Benz LAK 2620 (6 x 6)*
Baujahr:	*1966*
Leistung der Pumpe:	*2500 l/min*
Löschwasservorrat:	*8000 l*

Bei der Betriebsfeuerwehr des Flughafens Bern-Belp stand 1996 ein im Jahr 1980 vom Züricher Verkehrsflughafen Kloten übernommenes Flugplatzlöschfahrzeug mit Metz-Autbau im Dienst. Sein Aufbau erfolgte auf einem schweren Mercedes-Benz-Allradkipperfahrgestell mit Sechszylinder-Diesel mit direkter Kraftstoffeinspritzung, 10 810 ccm Hubraum und 210 PS bei 2200 U/min. Neben dem großen Löschwasservorrat werden 800 l Schaummittelkonzentrat mitgeführt. Das Fahrzeug besitzt einen Rammschutz vor dem Kühler. Die mittig angeordnete und bedienbare Feuerlöschkreiselpumpe besitzt einen Vormischer. Hinter der Truppkabine für drei Mann befindet sich ein Rosenbauer-Monitor.

Verwendungszweck:	*Flugplatzlöschfahrzeug FLF*
Fahrgestelltyp:	*Mercedes-Benz LAF 312/42*
Baujahr:	*1956*
Leistung der Pumpe:	*1600 l/min*
Löschwasservorrat:	*3200 l*

Dieses Flugplatzlöschfahrzeug mit Metz-Aufbau aus den 1950er Jahren befand sich noch im Jahr 1996 als Einsatzfahrzeug auf dem Aéroport de Sion (Flughafen Sion). Das ursprünglich an den Verkehrsflughafen Genève (Genf) gelieferte Fahrzeug besitzt eine Truppkabine für drei Mann, mittig auf beiden Seiten jeweils eine Schnellangriffseinrichtung mit Hochdruckschlauch, ein hinter der Fahrerkabine angeordnetes Wendestrahlrohr, 200 l Schaummittel, Löschwasser und eine Feuerlöschkreiselpumpe. Als Fahrgestell gelangte ein 4,5-t-Mercedes-Benz-Haubenchassis mit Sechszylinder-100 PS-Diesel zur Verwendung.

Verwendungszweck:	*Mannschafts- und Gerätewagen*
Fahrgestelltyp:	*Chevrolet 5400*
Baujahr:	*1956*
Leistung der Pumpe:	–
Löschwasservorrat:	–

Bei der Freiwilligen Feuerwehr Biasca, im italienischen Teil der Schweiz befand sich im Jahr 1985 dieser von der Karosseriefirma Rizza in Bellinzona aufgebaute Mannschafts- und Gerätewagen. Er wurde auch als Pikettfahrzeug eingesetzt. Der Aufbau erfolgte auf ein amerikanisches Chevrolet-Fahrgestell; sein zulässiges Gesamtgewicht ist 8980 kg. Das Fahrerhaus trägt mit sehr viel Zierrat die typischen amerikanischen Gestaltungsmerkmale der 1950er Jahre. Recht interessant ist die zwischen Fahrerhaus und Kofferaufbau eingearbeitete Leiter, mit der die Dachbeladung erreichbar ist.

Verwendungszweck:	*Beleuchtungsgerätewagen*
Fahrgestelltyp:	*Dodge T 205 WC 42 (4 x 4)*
Baujahr:	*1944*
Leistung der Pumpe:	–
Löschwasservorrat:	–

Ein ehemaliges US-amerikanisches Militärfahrzeug ist dieser 1/2-t-Truck von Dodge, den sich die Freiwillige Feuerwehr Romanshorn in Eigenleistung zu einem Beleuchtungs-Gerätewagen umrüstete. Das allradgetriebene Fahrzeug verfügt über einen Sechszylinder-Vergasermotor mit 92 PS und eine Vorbauseilwinde. Auf den beiden überdachten Sitzbänken können sechs Einsatzkräfte Platz finden. Dahinter ist das Beleuchtungsmaterial gelagert. Zwei Steckleiterteile befinden sich auf dem Dach.

Schweiz 🇨🇭

Verwendungszweck:	**Pulverlöschfahrzeug PLF**
Fahrgestelltyp:	**Magirus-Deutz (KHD)**
	F 150 D 10 A (4 x 4)
Baujahr:	**1967**
Leistung der Pumpe:	**–**
Löschwasservorrat:	**–**

Ein Pulverlöschfahrzeug auf einem allradgetriebenen Magirus-Eckhauber-Fahrgestell mit 2000-kg-Total-Pulverloschanlage beschaffte seinerzeit die Freiwillige Feuerwehr Zofingen. Unter der eckigen Motorhaube dieses, mit einer Magirus-Staffelkabine ausgerüsteten Fahrzeugs arbeitet der luftgekühlte Sechszylinder-Wirbelkammer-V-Diesel F 6 L 714 von KHD mit 9500 ccm Hubraum und 150 PS Leistung bei 2300 U/min. Die umbaute, mit einem seitlichen Bedienstand ausgerüstete Löschanlage verfügt über einen Werfer.

Verwendungszweck:	**Atemschutzgerätewagen**
Fahrgestelltyp:	**Opel-Blitz 1,75 t**
Baujahr:	**1960**
Leistung der Pumpe:	**–**
Löschwasservorrat:	**–**

Einen sehr gepflegten Eindruck macht auch dieser auf Opel-Blitz aufgebaute Atemschutzgerätewagen der Zofinger Feuerwehr. Dieses mit seiner Panoramafrontscheibe sehr individuell von der Firma Meyer in Othmarsingen karossierte Fahrzeug verfügt über eine geräumige Fahrer- und Mannschaftskabine für sechs Personen. Dieses, besonders bei kleineren Feuerwehren in den 1950er Jahren sehr beliebte Opel-Modell besaß einen Sechszylinder-Vergasermotor mit 62 PS, der dem Fahrzeug zu guten Fahrleistungen verhalf.

Verwendungszweck:	**Sonderlöschmittelfahrzeug**
Fahrgestelltyp:	**Dodge 700**
Baujahr:	**1968**
Leistung der Pumpe:	**3000 l/min**
Löschwasservorrat:	**–**

Die Werkfeuerwehr der Tamoil-Werke in Collombey setzte Mitte der 1990er Jahre dieses von dem französischen Feuerwehraufbauhersteller Sides erstellte Sonderlöschmittelfahrzeug ein. Dies ist ein typisches, auf den Brandschutz in petrochemischen Industriebetrieben speziell zugeschnittenes Einsatzfahrzeug. Als Fahrgestell fungierte ein amerikanisches Dodge-Chassis, das mit 3000 l Schaummittel beladen war. Das Fahrzeug hatte drei Mann Besatzung, einen offenen Heckstand und einen begehbaren Aufbau, von dem der dort angebrachte Schaum-/Pulvermonitor bedient wurde.

Verwendungszweck:	*Sonderlöschmittelfahrzeug*
Fahrgestelltyp:	*Mercedes-Benz LAK 1924 B (4 x 4)*
Baujahr:	*1974*
Leistung der Pumpe:	*2800 l/min*
Löschwasservorrat:	*7000 l*

Der Service d'Incendie et de Secours in Aigle verfügte noch 1996 über dieses Sonderlöschmittel-fahrzeug, dessen Beladung aus Löschwasser und 4000 l Schaummittel bestand. Dieses von Metz erstellte Fahrzeug wurde auf einem schweren Mercedes-Benz-Kurzhauber-Allradkipperchassis erstellt, welches einen 240 PS Diesel als Antriebsaggregat besaß. In der Truppkabine waren Sitzplätze für drei Mann Besatzung vorhanden. Während auf dem Dach ein Schaum-Wasser-Monitor von Alco angeordnet war, befand sich am Rahmenende die Feuerlöschkreiselpumpe mit Zumischer.

Verwendungszweck:	*Pulverlöschfahrzeug*
Fahrgestelltyp:	*Walter BDQV (4 x 4)*
Baujahr:	*1968*
Leistung der Pumpe:	–
Löschwasservorrat:	–

Die Werkfeuerwehr Firmenich La Plaine hatte 1977 ein ehe-maliges Pulverlöschfahrzeug des Flughafen Genfs (Aeroport de Genève) übernommen. Dieses mit einer voluminösen 6000-kg-Pulverlöschanlage von der Firma Total in Ladenburg bestückte Sonderfahrzeug war auf ein schweres, allradgetrie-benes Walter-Sonderfahrgestell aufgebaut. Das Chassis pro-duzierte die in Voorheesville im US-Bundesstaat New York ansässige Walter Motor Truck Company, die auch heute noch mit dem Bau von Sonderfahrzeugen beschäftigt ist. Auf dem Dach der Fahrerkabine befindet sich ein Pulverwerfer.

Verwendungszweck:	*Pionierwagen*
Fahrgestelltyp:	*Saurer D 330*
Baujahr:	*1984*
Leistung der Pumpe:	–
Loschwasservorrat:	–

Das Nachfolgemodell des 1958 gebauten Baseler Magirus-Rüstkranwagens RKW 10, der 1984 an eine Werkfeuerwehr veräußert worden war, wurde dieser Pionierwagen mit Kran, dessen Beladung in absetzbaren Containern gelagert war. Der schwere, vierachsige Saurer-Frontlenker mit zwei gelenkten Vorderachsen hat einen dreifach teleskopierbaren Effer-Kran, der über den Hinterachsen angeordnet ist. Er kann bei 4 m Ausladung 15 t heben und bei 8,30 m Ausladung immerhin noch 7 t. Am Kranarm befindet sich eine zweite Winde mit 5 t Leistung, die bis zu einer Tiefe von 40 m arbeiten kann. Am Heck befindet sich eine 15-t-Rotzler-Treibmatic Bergungs-winde.

Verwendungszweck:	Kleinlöschfahrzeug
Fahrgestelltyp:	Peugeot 403
Baujahr:	1962
Leistung der Pumpe:	–
Löschwasservorrat:	300 l

Ein Mittelklasse-Pkw des seit 1955 angebotenen Typs Peugeot 403 in der Ausführung als fünftüriger Kombi mit Vierzylinder-65-PS-Motor und 600 kg Zuladung diente als Basis für dieses in Eigenleistung des Service d'Incendie Bouvaincourt umgebauten Kleinlöschfahrzeug. Neben dem mit beidseitigen Gerätekästen halbumbauten Wassertank befindet sich am Fahrzeugheck eine Tragkraftspritze sowie ein Gerüst, auf dem Leitern und Saugschläuche gelagert sind. Dem Fahrzeug ist anzusehen, dass es bei dieser Beladungsmenge an der Grenze seiner Tragfähigkeit angelangt ist.

Frankreich

Auch in Frankreich hat das Feuerwehrwesen eine lange Tradition. Wesentliche Impulse gingen auf Napoleon Bonaparte zurück, der aus Armeepionieren, den Sapeurs, eine Feuerlöschbrigade für den Pariser Brandschutz zusammenstellte und ausbilden ließ. Damit war der erste Anfang zur berühmten Brigade Sapeurs Pompiers getan, wie die französische Feuerwehr noch heute genannt wird. Nicht nur in Paris, sondern im ganzen Land, vor allem aber in den größeren Städten, erfolgte eine rasche Weiterentwicklung des Feuerlöschwesens von den Handdruck- zu den Dampfspritzen bis hin zu motorisierten Pumpen und Fahrzeugen. Wiederum war dabei die Pariser Feuerwehr der eindeutige Vorreiter, vor allem was die Fortschritte der Motorisierung anbelangte. Dies war sie auch in Bezug auf die unterschiedlichen Antriebsarten, wobei man neben dem batterieelektrischen System auch den so genannten Mixte-Antrieb erfolgreich im Stadtbereich einsetzte. Bis zum Beginn des Ersten Weltkriegs hatte man einen hohen Grad der Motorisierung erreicht. Wie auch in anderen Ländern verdrängte nach Kriegsende auch in Frankreich der betriebssichere Verbrennungsmotor die elektrischen Antriebssysteme.

Erleichtert wurde die Ausrüstung mit modernen Feuerwehrfahrzeugen durch eine sehr leistungsfähige Feuerwehrfahrzeugindustrie. Zahlreiche große und kleinere Hersteller wie beispielsweise Camiva, Riffaud, Gugumus, Maheu-Labrosse und Sides stellten Standard- und Sonderfahrzeuge aller Art her. Auch die Lkw-Industrie ist mit Fabrikaten wie Renault, Citroën und bis zur 1975 erfolgten Übernahme durch Renault der Firma Saviem weit entwickelt, obwohl sich auch hier – wie überall – im Laufe der Zeit viele kleinere Hersteller wie Delahaye, Latil, Laffly, Berliet, Bernard und Panhard vom Markt verabschiedet haben. Heute ist die Firma Renault der unangefochtene Marktführer. Importiert werden auch ausländische Feuerwehrfahrzeuge, vor allem auf Mercedes-Benz- und Iveco-Fahrgestellen. Eine Besonderheit in Frankreich sind die überall im Lande anzutreffenden Waldbrandlöschfahrzeuge. In der Regel handelt es sich hierbei um allradgetriebene, einfache Tanklöschfahrzeuge mit offenliegenden Pumpenaggregaten und Löschwassertank. Ein nicht unerheblicher Teil dieser Modelle rekrutiert sich aus dem großen Fundus ehemaliger Militärfahrzeuge, vor allem von der US-Armee aus der Zeit des Zweiten Weltkriegs. Manche dieser Fahrzeuge befinden sich – trotz ihres hohen Alters – zwar auch heute noch im Einsatz, ihre Zahl wird aber zunehmend geringer.

Im Übrigen ist das Brandschutzwesen in Frankreich dem Innenministerium unterstellt, wo eine Abteilung der zivilen Sicherheit die Oberaufsicht über die Feuerwehren des Landes führt. Die einzelnen Feuerwehren selbst sind auf kommunaler Ebene eingebunden, welche durch den Zivilschutz und die Sécurité Civile eine sinnvolle Ergänzung erfahren. So gibt es in Frankreich Berufsfeuerwehren in den Großstädten, freiwillige Feuerwehren auf dem Land und in kleineren Städten sowie Werk- und Betriebsfeuerwehren. Dazu kommen besonders im Süden des Landes einige militärisch verwaltete und organisierte Feuerwehreinheiten, so in den Städten Paris, Marseille und Toulon.

Verwendungszweck:	Tanklöschfahrzeug,
	Fourgon pompe tonne FPT
Fahrgestelltyp:	Citroën 55 UDI
Baujahr:	1961
Leistung der Pumpe:	1000 l/min
Löschwasservorrat:	2500 l

Dieses kaum weniger interessante Tanklöschfahrzeug (Fourgon pompe tonne) auf einem mittelschweren Citroën-Chassis des Service d'Incendie Barbaste, wurde, seinem professionellen Aufbau nach zu urteilen, wahrscheinlich von dem Feuerwehrausrüster Guinard erstellt. Das seit 1956 gefertigte Fahrgestell konnte sowohl mit einem Sechszylinder Diesel- oder Vergasermotor bezogen werden. Das abgebildete Fahrzeug verfügt über ein Dieselaggregat mit 4580 ccm Hubraum und 76 PS. Ausgerüstet ist das Fahrzeug mit einer Sechsmannkabine, einem beidseitig umkleideten Wasserbehälter, sowie Schlauchhaspel, Leiter und Feuerlöscher.

Verwendungszweck:	Waldbrandlöschfahrzeug, Camion citerne forêts CCF
Fahrgestelltyp:	GMC CCKW 353 (6 x 4)
Baujahr:	1944
Leistung der Pumpe:	1000 l/min
Löschwasservorrat:	3000 l

Noch im Jahr 2001 setzte die Feuerwehr (Service d'Incendie) Bourg Le Roi dieses auf einem Dreiachs-GMC-Fahrgestell aufgebaute Waldbrandlöschfahrzeug ein. Der Aufbau besteht neben dem Wassertank aus einer geschickt integrierten, vom Stahlfahrerhaus getrennt ausgeführten Mannschaftskabine. Während sich am Heck die Feuerlöschpumpe befindet, ist auf dem Tank ein Leitergerüst angebracht.

Verwendungszweck:	Waldbrandlöschfahrzeug, Camion citerne forêts CCF
Fahrgestelltyp:	GMC CCKW 353 (6 x 4)
Baujahr:	1945
Leistung der Pumpe:	1000 l/min
Löschwasservorrat:	3000 l

Aus US-amerikanischen Armeebeständes aus der Zeit des Zweiten Weltkriegs stammt dieses zu einem Waldbrandlöschfahrzeug umgerüstete Einsatzfahrzeug der Feuerwehr Laure. Dieser mit Frontseilwinde ausgerüstete 2 1/2 t Armeetruck verfügte über einen Wassertank, sowie über eine Heckpumpe mit der darüber befindlichen Schnellangriffseinrichtung aus Hochdruckschlauch. Unter der markanten Motorhaube arbeitete ein Sechszylinder-Vergaseraggregat mit 104 PS.

Verwendungszweck:	Waldbrandlöschfahrzeug, Camion citerne forêts CCF
Fahrgestelltyp:	GMC CCKW 353 (6 x 4)
Baujahr:	1950
Leistung der Pumpe:	800 l/min
Löschwasservorrat:	3000 l

Ein weiteres Waldbrandlöschfahrzeug – Véhicule pour feux de forêts – stand im Jahr 1984 bei der freiwilligen Feuerwehr Saint-Avold im Einsatzdienst. Dieses in Eigenbau von den Wehrmännern umgebaute Fahrzeug besitzt ein offenes Fahrerhaus mit Segeltuchverdeck. Vor dem Löschwasserbehälter ist eine mit festem Behelfsdach geschützte Mannschaftssitzbank angebracht. Auch in diesem Fall ist am Heck die Feuerlöschkreiselpumpe angeordnet. An der linken Seite ist eine Schnellangriffseinrichtung montiert.

Verwendungszweck:	Waldbrandlöschfahrzeug, Camion citerne forêts CCF
Fahrgestelltyp:	GMC CCKW 353 (6 x 4)
Baujahr:	1950
Leistung der Pumpe:	800 l/min
Löschwasservorrat:	3000 l

Wiederum ein anderes Erscheinungsbild vermittelt das zweite im Jahr 1984 bei der Freiwilligen Feuerwehr Saint-Avold als Einsatzfahrzeug auf einem GMC-Dreiachser eingesetzte Waldbrandlöschfahrzeug. Hier handelt es sich um ein Fahrzeug mit Stahlfahrerhaus. Mit allen gezeigten Fahrzeugen gemeinsam sind Wassertank, Heckpumpe und Schnellangriffseinrichtung mit 30 m Hochdruckschlauch, welche in diesem Fall oberhalb der Feuerlöschpumpe angeordnet ist.

Frankreich

Verwendungszweck:	Waldbrandlöschfahrzeug, Camion citerne forêts CCF
Fahrgestelltyp:	Dodge T 223 WC 62 (6 x 6)
Baujahr:	1946
Leistung der Pumpe:	500 l/min
Löschwasservorrat:	1500 l

Auch der US-amerikanische 1 1/2-Truck von Dodge wurde als geeignete Plattform für Waldbrand-Tanklöschfahrzeuge verwendet, wenngleich mit Abstand auch nicht in den großen Stückzahlen wie die GMC-Fahrzeuge. Das mit einer Vorbauseilwinde und einem Faltverdeck über dem Fahrerraum ausgerüstete, kleiner dimensionierte Fahrzeug entspricht von Aufbau und Ausrüstung her den größeren Modellen. Der Antrieb erfolgte durch einen Sechszylinder-Vergasermotor mit 92 PS. Dieses Exemplar befand sich beider Freiwilligen Feuerwehr (Service d'Incendie) St. Etienne du Valdonnez noch in Betrieb.

Verwendungszweck:	Waldbrandlöschfahrzeug, Camion citerne forêts CCF
Fahrgestelltyp:	Acmat (6 x 6)
Baujahr:	1967
Leistung der Pumpe:	500 l/min
Löschwasservorrat:	3000 l

Um die zunehmend überalterten GMC-Waldbrand-Tanklöschfahrzeuge bei den französischen Feuerwehren zu ersetzen, gab es in der Vergangenheit mehrere Versuche, ein geeignetes Ersatzfahrgestell zu finden. Dazu zählte auch dieses einfache Acmat-Militär-Fahrgestell, das mit einer identischen feuerwehrtechnischen Beladung aufwarten konnte. Auf diesem Fahrgestell wurde eine größere Zahl unterschiedlich ausgeführter Fahrzeuge in Dienst gestellt. Neben Wassertank, Feuerlöschkreiselpumpe und Schnellangriffseinrichtung befand sich auf diesem Exemplar des Service d'Incendie Le Porge noch ein Wendestrahlrohr.

Verwendungszweck:	Waldbrandlöschfahrzeug, Caminon citerne forêts CCF
Fahrgestelltyp:	Berliet GLA 5
Baujahr:	1955
Leistung der Pumpe:	1200 l/min
Löschwasservorrat:	2500 l

Das Berliet-Frontlenker-Fahrgestell GLA wurde erstmals im März 1950 vorgestellt. Aufgrund seiner Gewichtsklasse wurde es in großem Umfang auch für Feuerwehraufbauten der unterschiedlichsten Verwendungszwecke benutzt. Auch das hier gezeigte Modell, ein Tanklöschfahrzeug mit Fahrer- und Mannschaftskabine für sechs Einsatzkräfte des Service d'Incendie Bavay, entstand auf einem solchen Fahrgestell. Eher ungewöhnlich sind an diesem Fahrzeug die Trilex-Räder an der Vorderachse. Der Wassertank ist — wie bei französischen Fahrzeugen häufig vorkommt — im unteren Bereich umkleidet.

Verwendungszweck:	Löschfahrzeug, Fourgons pompe
Fahrgestelltyp:	Berliet GLA 5
Baujahr:	1956
Leistung der Pumpe:	1200 l/min
Löschwasservorrat:	–

Ein weiteres Feuerwehrfahrzeug auf einem Berliet GLA-Chassis ist hier zu sehen. Dieses Modell der Freiwilligen Feuerwehr Nibas ist ein Berliet selbst aufgebauter Mannschaftswagen, in dessen großer Kabine bis zu zwölf Wehrmänner Platz finden. Dieser bei französischen Feuerwehren ehemals sehr verbreitete Löschfahrzeugtyp mit Heckpumpe wurde ab 1953 in vielfach abgewandelter Form auf Fahrgestellen von Berliet, Delahaye, Laffly, Renault und anderen gebaut. Bestückt ist das abgebildete Löschfahrzeug mit einem 75-PS-Dieselmotor.

Verwendungszweck:	*Schaummitteltransporter*
Fahrgestelltyp:	*Saviem LRS R 4153*
Baujahr:	*1960*
Leistung der Pumpe:	*1200 l/min*
Löschwasservorrat:	*–*

Ein reiner Schaummitteltransporter auf einem Saviem-Front-lenker-Chassis befand sich im Jahr 1985 im Fahrzeugbestand der Werkfeuerwehr CDF Chimie E. P. in Carling. Das an der Vorderachse trilexbereifte Fahrzeug brachte 15 t zulässiges Gesamtgewicht auf die Waage und wurde durch einen Sechs-zylinder-Dieselmotor mit 120 PS fortbewegt. Dieses Sonderfahrzeug verfügte über eine im Heckbereich installierte Feuerlöschkreiselpumpe und über 7800 l Schaummittelkonzentrat.

Verwendungszweck:	*Tanklöschfahrzeug,*
	Fourgon pompe tonne FPT
Fahrgestelltyp:	*Mercedes-Benz LA 911 B*
	(4 x 4)
Baujahr:	*1971*
Leistung der Pumpe:	*1000 l/min*
Löschwasservorrat:	*3000 l*

Ein Tanklöschfahrzeug auf einem Mercedes-Benz-Kurzhauber-Allradfahrgestell mit feuerwehrtechnischem Aufbau der Firma Maheu-Labrosse befand sich 1999 im Bestand des Service d'Incendie Mimizan. Das Chassis verfügt über einen Rammschutz vor Lüftungsgitter und Scheinwerfern und über den Sechszylinder-Direkteinspritz-Dieselmotor OM 352 von Daimler-Benz mit 5675 ccm Hubraum und 130 PS Leistung. In der Doppelkabine konnten sechs Einsatzkräfte Platz finden. Am Heck befand sich eine Camiva-Feuerlöschpumpe

Verwendungszweck:	*Tanklöschfahrzeug,*
	Fourgon pompe tonne FPT
Fahrgestelltyp:	*Berliet GAK 17*
Baujahr:	*1967*
Leistung der Pumpe:	*1500 l/min*
Löschwasservorrat:	*2500 l*

Sehr verbreitet bei den französischen Feuerwehren war ab Mitte der 1960er Jahre das mittelschwere Berliet-Front-lenker-Fahrgestell GAK. Hier ein Tanklöschfahrzeug mit Berliet-Aufbau des Service d'Incendie Rohrbach. Neben dem Löschwassertank mit der darüber befindlichen Leiterablage besitzt das allradgetriebene Fahrzeug eine im Heck installierte Feuerlöschkreiselpumpe.

Verwendungszweck:	*Tanklöschfahrzeug,*
	Fourgon pompe tonne FPT
Fahrgestelltyp:	*Berliet GLB 19 A*
Baujahr:	*1955*
Leistung der Pumpe:	*1000 l/min*
Löschwasservorrat:	*3000 l*

Diesen auf mittelschweren Berliet-Frontlenker-Fahrgestellen aufgebauten Tanklöschfahrzeugtyp konnte man früher relativ oft in Frankreich antreffen. Aufbau und Ausrüstung dieses beim Service d'Incendie Beaurainville stationierten Fahrzeugs erfolgte durch Berliet im eigenen Hause. Im Heck befand sich eine Feuerlöschkreiselpumpe PA 82 mit einer Leistung von 1000 l/min. Der Löschwassertank ist mit einer mehr als halbhohen Verkleidung versehen, hinter der sich Stauräume für Ausrüstungsgegenstände befinden.

Verwendungszweck:	*Hilfeleistungs-Tanklösch-*
	fahrzeug HTLF
Fahrgestelltyp:	*Renault G 210*
Baujahr:	*1986*
Leistung der Pumpe:	*2000 l/min*
Löschwasservorrat:	*1000 l*

Bei diesem Kombinationsfahrzeug aus Hilfeleistungs-Tank-löschfahrzeug der Berufsfeuerwehr Paris handelt es sich um ein von dem Feuerwehrausrüster Sides auf einem Renault Front lenker aufgebautes Modell mit Standard-Lkw-Fahrerhaus für drei Mann und großen Kofferaufbau. Das Fahrzeug verfügt über einen Sechszylinder-Turbodiesel mit 210 PS. Im rückwärtigen Teil des Aufbaus befindet sich sowohl eine leistungsstarke 2000-l/min-Feuerlöschkreiselpumpe, die mit einem Druck von 15 bar arbeitet als auch eine Schnellangriffseinrichtung mit Hochdruckschlauch sowie zwei Schlauchhaspeln. Darüber hinaus befindet sich ein Löschwassertank sowie technisches Gerät, vor allem in Hinblick auf Unfallhilfe im Straßenverkehr, auf dem Fahrzeug.

147

Verwendungszweck:	Tanklöschfahrzeug, Fourgon pompe tonne FPT
Fahrgestelltyp:	Citroën 600
Baujahr:	1966
Leistung der Pumpe:	1500 l/min
Löschwasservorrat:	3200 l

Hier ein Tanklöschfahrzeug des Service d'Incendie Fressenneville auf einem Citroën-600-Frontlenker-Fahrgestell. Dieses Chassis mit seiner futuristisch, zumindest aber sehr individuell gestalteten Front wurde in den 1960er Jahren gebaut. Der Aufbau erfolgte bei der Firma Maheu-Labrosse. Auch bei diesem mit einer Doppelkabine für sechs Mann Besatzung ausgerüsteten Fahrzeug befand sich die Feuerlöschkreiselpumpe hinter dem Tank am Rahmenende.

Verwendungszweck:	Tanklöschfahrzeug, Fourgon pompe tonne FPT
Fahrgestelltyp:	Berliet GAK 17
Baujahr:	1964
Leistung der Pumpe:	1500 l/min
Löschwasservorrat:	3500 l

Dieses mit einem Standard-Lkw-Fahrerhaus ausgerüstete Tanklöschfahrzeug der Freiwilligen Feuerwehr Rohrbach besitzt den in Frankreich häufig anzutreffenden, halbverkleideten Tankaufbau. In die seitlichen Verkleidungen sind Gerätefächer mit zusätzlichen Staumöglichkeiten für Armaturen, Werkzeug und sonstigem Zubehör vorhanden. Weiterhin sind Feuerlöscher und Steckleiterteile am Fahrzeug befestigt.

Verwendungszweck:	Löschfahrzeug, Fourgon pompe
Fahrgestelltyp:	Citroën 350 NSP (4 x 4)
Baujahr:	1971
Leistung der Pumpe:	1500 l/min
Löschwasservorrat:	–

Der Service d'Incendie Vertus an der Marne verfügte über dieses sehr individuell gestaltete, allradgetriebene Löschfahrzeug mit großer Fahrer- und Mannschaftskabine und einem zulässigen Gesamtgewicht von sechs Tonnen. Als Basis gelangte ein Citroën-Frontlenkerchassis zur Verwendung. Der von der Ausrüstungsfirma Guinard erstellte Feuerwehrwagen kann bis zu zwölf Einsatzkräfte befördern, ist mit einer in die Fahrzeugfront eingelassenen Seilwinde und einer Heckpumpe bestückt.

Verwendungszweck:	Tanklöschfahrzeug, Fourgon pompe tonne FPT
Fahrgestelltyp:	Berliet L 648 R (4 x 4)
Baujahr:	1974
Leistung der Pumpe:	1500 l/min
Löschwasservorrat:	3000 l

Dieses von der Feuerwehr-Ausrüstungsfirma Camiva gebaute Tanklöschfahrzeug des Service d'Incendie Fresnes en Woevre entstand auf einem allradgetriebenen Berliet-Haubenfahrgestell. Die zu den bedeutendsten französischen Feuerwehrausrüstern zählende Firma Camiva mit Sitz in St. Alban Leysse bei Chambéry ging 1971 aus dem Zusammenschluss der Nutzfahrzeugfertigung von Citroën-Berliet und dem Feuerwehrausrüster Guinard hervor. Das abgebildete Fahrzeug ist mit einer Doppelkabine für sechs Mann Besatzung ausgerüstet.

Verwendungszweck:	Tanklöschfahrzeug, Fourgon pompe tonne FPT
Fahrgestelltyp:	Renault 130 B 9
Baujahr:	1980
Leistung der Pumpe:	1500 l/min
Löschwasservorrat:	1500 l

Hier abgebildet ist ein von dem Feuerwehrausrüster Maheu-Labrosse auf einem Renault-Frontlenker-Fahrgestell aufgebautes und feuerwehrtechnisch ausgerüstetes Tanklöschfahrzeug. Die Fahrer- und Mannschaftskabine dieses beim Service d'Incendie Saint-Louis beheimateten Fahrzeugs ist für maximal acht Mann Besatzung und der Kofferaufbau ist durch Jalousien verschlossen. Die Dachbeladung besteht aus Schiebleiter, Steckleiterteilen und einem großen Gerätekasten.

Verwendungszweck:	*Tanklöschfahrzeug,*
	Fourgon pompe tonne FPT
Fahrgestelltyp:	*Renault G 230*
Baujahr:	*1986*
Leistung der Pumpe:	*1000 l/min*
Löschwasservorrat:	*3000 l*

Diese Abbildung zeigt ein, besonders bei größeren französischen Feuerwehren, weit verbreitetes und bei der Freiwilligen Feuerwehr Molsheim im Elsass stationiertes Standard-Tanklöschfahrzeug, das von der Firma Sides in St. Nazaire aufgebaut worden ist. Dieses Unternehmen existiert seit 1951 und verfügt über ein weites Bauprogramm, das auch Sonder- und Flugplatzlöschfahrzeuge umfasst. Die am Heck eingebaute Feuerlöschkreiselpumpe ist auf eine Fördermenge von 1000 l/min bei 15 bar ausgelegt.

Verwendungszweck:	*Waldbrandlöschfahrzeug,*
	Camion citerne forêts CCF
Fahrgestelltyp:	*Citroën 46 CDU*
Baujahr:	*1958*
Leistung der Pumpe:	*1000 l/min*
Löschwasservorrat:	*3300 l*

Ein geländegängiges Citroën-Haubenfahrgestell diente als Basis für dieses von der Firma Guinard aufgebaute und an die Sapeurs Pompier von Courtisols gelieferte Tank- und Waldbrandlöschfahrzeug. Dieses ist mit einem Sechszylinder-Dieselmotor mit 5180 ccm Rauminhalt und 90 PS Leistung ausgerüstet. Zwischen der Rückwand der Fahrerkabine und dem Wassertank befinden sich zusätzliche, offene Mannschaftssitzplätze.

Verwendungszweck:	*Waldbrandlöschfahrzeug,*
	Camion citerne forêts CCF
Fahrgestelltyp:	*Mercedes-Benz*
	LAF 911 B/36
Baujahr:	*1977*
Leistung der Pumpe:	*1500 l/min*
Löschwasservorrat:	*3000 l*

Dieses von Camiva erstellte Waldbrand-Tanklöschfahrzeug des Service d'Incendie Sarreguemines ist auf einem mittelschweren Kurzhauber-Allrad-Fahrgestell von Mercedes-Benz aufgebaut. Das Fahrzeug besitzt einen offenen Wassertank, offene Mannschaftssitze, Heckpumpe, Vorbauseilwinde und Rammschutz. Die Feuerlöschpumpe hat einen Arbeitsdruck von 10 bar. Die motorische Bestückung besteht aus einem Sechszylinder-Diesel mit Abgasturbolader und 168 PS.

Verwendungszweck:	*Waldbrandlöschfahrzeug,*
	Camion citerne forêts CCF
Fahrgestelltyp:	*Magirus-Deutz (KHD)*
	F 200 D 22 AK
Baujahr:	*1967*
Leistung der Pumpe:	*500 l/min*
Löschwasservorrat:	*4000 l*

Beim Service d'Incendie Vinon befand sich im Jahr 1995 dieses von dem Feuerwehrausrüster Maheu-Labrosse aufgebaute Waldbrandlöschfahrzeug noch im aktiven Dienst. Unter der kantigen Motorhaube dieses dreiachsigen, allradgetriebenen Magirus-Deutz-Allradkipper-Fahrgestells arbeitete ein luftgekühlter, nach dem Wirbelkammerverfahren arbeitender Achtzylinder-V-Diesel mit 12667 ccm Hubraum und 200 PS Leistung. Hinter dem Wassertank befindet sich eine Feuerlöschkreiselpumpe für 10 bar, sowie die Schnellangriffseinrichtung.

Verwendungszweck:	Waldbrandlöschfahrzeug, Camion citerne forêts CCF
Fahrgestelltyp:	Magirus-Deutz (KHD) F 200 D 22 AK
Baujahr:	1967
Leistung der Pumpe:	500 l/min
Löschwasservorrat:	4000 l

Ein ähnliches Waldbrand-Tanklöschfahrzeug wurde im gleichen Jahr von dem Service d'Incendie Tourtour eingesetzt. Im Gegensatz zum vorherigen Fahrzeug sind eine Stahlfahrerkabine, eine Vorbauseilwinde sowie offene Mannschaftssitzplätze vorhanden. Dagegen sind Pumpe und Beladung identisch. An der Fahrerhausrückwand befinden sich Halterungen für Saugschläuche. Für den feuerwehrtechnischen Aufbau zeichnete der Feuerwehrausrüster BBA verantwortlich.

Verwendungszweck:	Waldbrandlöschfahrzeug, Camion citerne forêts CCF
Fahrgestelltyp:	Mercedes-Benz Unimog 416 (4 x 4)
Baujahr:	1977
Leistung der Pumpe:	500 l/min
Löschwasservorrat:	1700 l

Natürlich erfreut der Mercedes-Benz-Unimog schon seit Jahrzehnten einer weiten Verbreitung unter den Waldbrand-Tanklöschfahrzeugen. Galten doch diese für nahezu jeden Einsatzzweck geeigneten, voll geländegängigen Fahrzeuge als besonders zuverlässig. Der Service d'Incendie Molsheim machte da keine Ausnahme und hatte dieses, von Camiva aufgebaute Exemplar in seinem Fahrzeugbestand. Sein Sechszylinder-Reihen-Diesel mit 5675 ccm Hubraum stellte bei 2800 U/min 125 PS zur Verfügung.

Verwendungszweck:	Waldbrandlöschfahrzeug, Camion citerne forêts CCF
Fahrgestelltyp:	Mercedes-Benz Unimog U 1300 L (4 x 4)
Baujahr:	1989
Leistung der Pumpe:	500 l/min
Löschwasservorrat:	2000 l

Ein noch neueres Modell des Mercedes-Benz-Unimog führt der Service d'Incendie Haguenau seit 1989 in seinem Bestand. Dieses speziell als leichter Militär-Geländelastwagen entwickelte Baumuster mit einem neugeformten Vorbau und Fahrerhaus wird von einem Sechszylinder Reihen Direkteinspritz-Diesel mit 130 PS Motorleistung fortbewegt. Den Aufbau dieses Fahrzeugs nahm der Feuerwehrausrüster Schultz vor.

Verwendungszweck:	Waldbrandlöschfahrzeug, Camion citerne forêts CCF
Fahrgestelltyp:	Renault 110.170 (4 x 4)
Baujahr:	1992
Leistung der Pumpe:	750 l/min
Löschwasservorrat:	4000 l

Recht häufig kann man bei französischen Feuerwehren auch Waldbrandlöschfahrzeuge auf Renault-Allrad-Fahrgestellen antreffen. Dabei unterscheiden sich Ausführung und Aufbauten von Hersteller zu Hersteller. Dieses von Camiva für die Feuerwehr Chamonix erstellte Fahrzeug mit einer zum Schutz gegen Äste und als Überrollschutz umgebenen Doppelkabine besitzt eine Vorbauseilwinde und einen starken Rammschutz. Der Antrieb erfolgt durch einen Dieselmotor mit 183 PS. Am Heck befinden sich üblicherweise Schnellangriffseinrichtung und Feuerlöschkreiselpumpe.

Verwendungszweck:	*Wasserzubringerfahrzeug*
Fahrgestelltyp:	*Berliet GAK*
Baujahr:	*1968*
Leistung der Pumpe:	*–*
Löschwasservorrat:	*13 000 l*

Um die Löschwasserversorgung an Brandstellen ohne oder mit nur unzureichendem örtlichen Hydrantennetz zu sichern, werden Wasserzubringerfahrzeuge, kurz Tankwagen genannt, benötigt. Diese Situation kann bei umfangreichen Fahrzeugbränden auf Autobahnen und Schnellstraßen oder bei Flächenbränden im Wald-, Busch- oder Heidegebieten, die in Frankreich weit verbreitet sind, eintreten. Auch die französischen Feuerwehren haben daher Tankwagen im Dienst. Ob ein Fahrzeug angeschafft wird, hängt in erster Linie von den örtlichen Einsatzbedingungen ab. Der Service d'Incendie Avingnon erwarb zu diesem Zweck einen gebrauchten Benzintankwagen, an dem nur wenig Änderungen vorgenommen werden mussten. Am Heck befindet sich eine Tragkraftspritze.

Verwendungszweck:	*Abprotzleiter 18 m, Échelle 18 m*
Fahrgestelltyp:	*Renault R 2163*
Baujahr:	*1953*
Leistung der Pumpe:	*–*
Löschwasservorrat:	*–*

Seit 1950 fertigten die Renault-Werke in Billancourt/Seine den unter dem Namen Goélette bekannt gewordenen leichten Frontlenker-Lkw R 2163 mit seinem 49 PS starken Vierzylinder-Vergasermotor. Dieses Modell wurde auch für Feuerwehrzwecke verwendet, wie hier bei dieser Abprotzleiter des Service d'Incendie Sarreguemines. Ganz im Gegensatz zu den meisten anderen Staaten, waren in Frankreich die einachsigen Ab- oder Aufprotz-Schiebeleitern, die auf einem Trägerfahrgestell heckseitig verlastet wurden, noch lange Zeit gebräuchlich. Zum einen brauchte man vorhandene Geräte auf, zum anderen konnten diese handlichen Leitern bei Einsätzen in sehr enger Bebauung, beispielsweise auf Hinterhöfen, wo eine konventionelle Drehleiter oftmals nicht operieren konnte, manche Vorteile für sich verbuchen. Die Leiter mit ihrem vierteiligen Leiterpark besitzt 18 m Auszugslänge und wurde von der Firma Gugumus in Nancy erstellt. Im Jahr 1984 gehörte dieses Fahrzeug noch zum Einsatzbestand.

Verwendungszweck:	*Schaumtanklöschfahrzeug und Schlauchwagen*
Fahrgestelltyp:	*Renault G 260 Turbo*
Baujahr:	*1994*
Leistung der Pumpe:	*5000 l/min*
Löschwasservorrat:	*1000 l*

Bei der Berufsfeuerwehr Rouen steht dieses interessante Kombinationsfahrzeug im Dienst, ein Schaumtanklöschfahrzeug und Schlauchwagen. Die Firma Sides baute dieses Fahrzeug auf ein Renault Frontlenkerchassis mit 260 PS Turbodieselmotor und sehr langem Radstand, großer Mannschaftskabine für acht Einsatzkräfte und Gerätekofferaufbau. In diesem werden 2000 m Schlauchmaterial mitgeführt, während in der Fahrzeugmitte der 2500 l fassende Schaummitteltank angeordnet ist. Dahinter befindet sich der Löschwassertank und die leistungsstarke Heckpumpe mit Zumischer. Da das Fahrzeug nur über einen geringen Löschwasservorrat verfügt, kann es das mitgeführte Schaummittelkonzentrat nur zusammen mit einem Tanklöschfahrzeug oder an einen Hydranten angeschlossen mit Wasser mischen und auswerfen.

Verwendungszweck:	*Drehleiter DL 24 m, Échelle 24 m*
Fahrgestelltyp:	*Citroën P 55 U*
Baujahr:	*1960*
Leistung der Pumpe:	*–*
Löschwasservorrat:	*–*

Verwendungszweck:	*Waldbrandlöschfahrzeug, Camion citerne forêts CCF*
Fahrgestelltyp:	*Renault 85.150 (4 x 4)*
Baujahr:	*1993*
Leistung der Pumpe:	*750 l/min*
Löschwasservorrat:	*4000 l*

In einem ausgezeichneten Pflege- und Unterhaltungszustand befand sich diese im Jahr 1984 bei der Werkfeuerwehr CDF Chimie E. P. in Carling angetroffene mechanische 24-m-Gugumus-Drehleiter, welche auf einem Citroën-Haubenfahrgestell mit 73-PS-Dieselmotor errichtet worden war. Auf der Oberleiter des vierteiligen Leitersatzes ist ein Schaumrohr abgelegt. An der rückwärtigen Wand des Fahrerhauses befindet sich eine offene Sitzbank für zusätzliche Einsatzkräfte.

Dieses auf einem Renault-Allradchassis gebaute Exemplar gehört dem Service d'Incendie Haguenau im Elsass. Bei diesem Fahrzeug hatte die Firma Schultz die feuerwehrtechnische Ausrüstung nebst Aufbau übernommen. Das Fahrzeug besaß eine große Fahrer- und Mannschaftskabine sowie einen aus nicht lackiertem Metall erstellten Löschwassertank. Hinter der Kabine befindet sich eine Zuleitung, an die ein Wasserwerfer angeschlossen werden kann.

Verwendungszweck:	*Drehleiter DL 30 h, Échelle 30 m*
Fahrgestelltyp:	*Saviem SM 8*
Baujahr:	*1971*
Leistung der Pumpe:	–
Löschwasservorrat:	–

Diese hydraulisch angetriebene Metz DL 30 mit Korb und Schrägabstützungen wurde im Jahr 1971 von dem Service d'Indencie Mulhouse in Dienst genommen. Der Leitersatz war vierteilig, an seinen Untergurten wurde der Fahrkorb geführt. Aufgebaut ist die Leiter auf ein Saviem-Frontlenkerfahrgestell mit Staffelkabine für sechs Einsatzkräfte. Der Lkw-Hersteller Saviem war erst 1955 durch den Zusammenschluss der Firmen Latil, Renault, Somua und Floirat entstanden.

Verwendungszweck:	*Drehleiter mit Korb DLK 30, Échelle 30 m*
Fahrgestelltyp:	*Mercedes-Benz LP 1313 B*
Baujahr:	*1975*
Leistung der Pumpe:	–
Löschwasservorrat:	–

Ein sehr ungewöhnliches Drehleiterfahrzeug beschaffte die Freiwillige Feuerwehr Molsheim im Elsass. Ist schon der Bau eines Feuerwehrfahrzeugs auf dem Mercedes-Benz-Frontlenker-Chassis mit der kubischen Form eine Seltenheit, so ist ein Leiteraufbau von Magirus darauf eine noch größere Rarität. Das Fahrgestell verfügt über den Sechszylinder-Direkteinspritz-Diesel OM 352 A, dessen Leistung mit Abgasturbolader 168 PS beträgt. Für diese Drehleiter mit Korb (DLK 30) und Schrägabstützungen wählte man eine große Staffelkabine für sechs Mann Besatzung.

Verwendungszweck:	*Tanklöschfahrzeug-Drehleiter DL 18 h*
Fahrgestelltyp:	*Renault S 170*
Baujahr:	*1985*
Leistung der Pumpe:	*1000 l/min*
Löschwasservorrat:	*600 l*

Eine zumindest für deutsche Verhältnisse sehr ungewöhnliche Kombination ist diese Tanklöschfahrzeug-Drehleiter auf einem Renault-Frontlenkerfahrgestell, das der Service d'Incendie Noyon angeschafft hatte. Das Fahrzeug ist ein Einzelstück und besitzt eine Doppelkabine sowie Schrägabstützungen. Der Leiterstuhl des vierteiligen Riffaud-Leitersatzes ist in der Fahrzeugmitte arretiert und nach hinten hin abgelegt. In dem von der Firma BBP erstellten Geräteaufbau befindet sich der Löschwasserbehälter und am Rahmenende die Feuerlöschkreiselpumpe.

Verwendungszweck:	*Drehleiter mit Korb DLK 30, Échelle 30 m*
Fahrgestelltyp:	*Renault G 230 Turbo*
Baujahr:	*1985*
Leistung der Pumpe:	–
Löschwasservorrat:	–

Eine DLK 30 des französischen Herstellers Riffaud mit vierteiligem Leitersatz auf einem Renault-Frontlenker-Basisfahrgestell beschaffte sich im Jahr 1985 der Service d'Incendie Poissy. Das Chassis verfügt über einen 240 PS-Turbodieselmotor. Um eine möglichst geringe Fahrzeugbauhöhe zu erreichen, hatte man die Fahrerkabine tiefergelegt und vor der Vorderachse platziert. Auf dem Podium hinter der Fahrerkabine befindet sich ein Gerätekoffer mit Lamellenverschlüssen. Weitere Staumöglichkeiten sind unterhalb des Podiums vorhanden.

Verwendungszweck:	Drehleiter mit Korb DLK 23-12, Échelle 30 m
Fahrgestelltyp:	Renault M 200.13
Baujahr:	1991
Leistung der Pumpe:	–
Löschwasservorrat:	–

Diese Metz DLK 23-12 PLC mit Stülpkorb und Computersteuerung stellte der Service d'Incendie Mulhouse im Elsass im Jahr 1991 auf einem Renault-Frontlenker-Fahrgestell in Dienst. Es war die erste Drehleiter dieser Art, die Metz nach Frankreich lieferte. Dieses mit einer Truppkabine für drei Einsatzkräfte ausgeführte Fahrzeug verfügt über eine flache, ebene Podiumsfläche, unter der mit Jalousien verschlossene Stau- und Ablagefächer für Armaturen und Zubehör vorhanden sind.

Verwendungszweck:	Drehleiter mit Korb DLK 23-12, Échelle 30 m
Fahrgestelltyp:	Mercedes-Benz 1828 LL Econic
Baujahr:	2002
Leistung der Pumpe:	–
Löschwasservorrat:	–

Eine Metz-Drehleiter DLK 23-12 aus der neuen Generation L 32 mit Überklappkorb beschaffte der Service d'Incendie Strasbourg im Jahr 2002 von Metz in Karlsruhe. Dabei steht „L" für Leiter oder Ladder, die Zahlenkombination „32" für die mit stehendem Korb erreichbare Arbeitshöhe. Der Korb kann mit drei Personen bzw. 270 kg belastet werden. Der Aufbau erfolgte auf dem neuen, recht futuristisch gestalteten Mercedes-Benz-Econic-Chassis mit Automatikgetriebe und 279 PS Motorleistung. Dank der niedrigen und geräumigen Econic-Kabine konnte eine Bauhöhe von 3,20 m eingehalten werden. Zwischen Fahrerhaus und dem großen Gerätekasten ist eine blaulackierte Blende angebracht. Auch der Leiterpark besitzt eine Teilverblendung.

Verwendungszweck:	Drehleiter mit Korb DLK 53, Échelle 53 m
Fahrgestelltyp:	Mercedes-Benz Actros 2535
Baujahr:	2000
Leistung der Pumpe:	–
Löschwasservorrat:	–

Das Spitzenmodell von Metz ist derzeit die große sechsteilige 53-m-Drehleiter mit einem an den Untergurten befestigten Fahrstuhl und einhangbarem Rettungskorb. Ein ehemaliger Großkunde für diese Giganten war die frühere Sowjetunion. Der Service Départemental d'Incendie der Stadt Metz beschaffte ebenfalls eine derartige, auf einem modernen Mercedes-Benz-Actros-Dreiachs-Chassis erbaute Leiter. Dieses Fahrgestell besitzt eine Nachlaufachse. Ein 354 PS starker Turbodiesel versetzt das Fahrgestell mit seinem zulässigen Gesamtgewicht von 25 t in Bewegung. Dieses beeindruckende Fahrzeug ist eine der höchsten Drehleitern Europas.

Verwendungszweck:	*Kranwagen KW 7*
Fahrgestelltyp:	*Ward LaFrance M 1 AM*
Baujahr:	*1942*
Leistung der Pumpe:	–
Löschwasservorrat:	–

In einem erheblichen Umfang standen bei französischen Feuerwehren ehemalige Kranwagen aus US-Armeebeständen, die so genannten Heavy Wreckers, im Einsatz. Hierbei handelte es sich um allradgetriebene Dreiachsfahrzeuge der Fabrikate Federal, Reo, Kenworth, Diamond, Ward LaFrance, Mack, Sterling und anderen. Meist waren diese sehr soliden Fahrzeuge mit Krananlagen zwischen 4 und 7 t Hubkraft, teilweise auch mit Vorbauseilwinden bestückt. Die Feuerwehr Saint-Avold besaß noch 1984 gleich zwei derartige, optimal gepflegte Ward LaFrance-Kranwagen mit 7 t Hubkraft. Ihr Antrieb erfolgte durch einen Sechszylinder-Vergasermotor von Continental mit 145 PS.

Verwendungszweck:	*Kranwagen KW 13*
Fahrgestelltyp:	*Mercedes-Benz*
	LA 2624 B (6 x 4)
Baujahr:	*1969*
Leistung der Pumpe:	–
Löschwasservorrat:	–

Dieser Kranwagen des Service d'Incendie Chalons-sur-Marne ist auf einem schweren Mercedes-Benz-Kurzhauber-Dreiachs-Allradfahrgestell aufgebaut. Zur Verwendung kam ein Kranaufbau des Typs 750 der Firma Holmes, welcher mit seitlich stabilisierenden Hilfsauslegern maximal 13 t über das Heck heben konnte. Die größtmögliche Ausladung lag bei 6,40 m. Unter der voluminösen Haube des 26 t schweren Fahrzeugs wirkte ein Sechszylinder-Daimler-Benz-Diesel OM 355 mit direkter Kraftstoffeinspritzung und 11 580 ccm Rauminhalt, der 240 PS bei 2200 U/min lieferte.

Verwendungszweck:	*Rüst- und Gerätewagen*
Fahrgestelltyp:	*Renault S 140*
Baujahr:	*1991*
Leistung der Pumpe:	–
Löschwasservorrat:	–

Dieser Rüst- und Gerätewagen des Service d'Indencie Molsheim entstand auf einem Frontlenkerchassis von Renault. Das Fahrzeug besitzt eine Doppelkabine und einen geräumigen Kofferaufbau mit Jalousienverschlüssen der Firma Schultz. Es wird vor allem bei Unfällen aller Art und nahezu allen technischen Hilfeleistungen eingesetzt. Die für diese Zwecke erforderliche vielfältige Ausrüstung, wozu u.a. ein Lichtmast mit vier Flutlichtscheinwerfern und ein Notstromaggregat gehören, befindet sich an Bord.

Verwendungszweck:	*Rüstwagen*
Fahrgestelltyp:	*Ford Cargo 0709*
Baujahr:	*1988*
Leistung der Pumpe:	–
Löschwasservorrat:	–

Bei französischen Feuerwehren nur in zwei Exemplaren vorhanden sind die seit 1981 in verschiedenen Gewichtsklassen angebotenen neuen Ford-Cargo-Lkw-Modelle, die im englischen Werk Dagenham produziert werden. Eine Ausnahme machte der Service d'Incendie Truchtersheim, der einen mit Doppelkabine für sechs Mann Besatzung ausgebildeten Rüstwagen auf einem mittelschweren Fahrgestell mit Aufbau des Feuerwehrausrüsters Schultz anschaffte. Auch bei diesem Fahrzeug gehören beispielsweise Lichtmast, Generator, Spreiz- und Schneidegeräte zur feuerwehrtechnischen Beladung.

Verwendungszweck:	*Rüstwagen*
Fahrgestelltyp:	*Renault G 230 Turbo*
Baujahr:	*1991*
Leistung der Pumpe:	–
Löschwasservorrat:	–

Für diesen Rüstwagen des Service d'Incendie Strasbourg zeichnete der Feuerwehrausrüster BBP verantwortlich. Aufgebaut wurde dieses Fahrzeug auf einem Renault-Frontlenker mit 240-PS-Dieselmotor. Der mit einer Truppkabine ausgebildete Rüstwagen mit seinem geräumigen Gerätekoffer dient als zweites Rüstfahrzeug dieser Berufsfeuerwehr. In die vordere Stoßstange integriert ist eine 5-t-Seilwinde.

Verwendungszweck:	**Rüstwagen**
Fahrgestelltyp:	**Iveco-Magirus 130 E 23**
Baujahr:	**1995**
Leistung der Pumpe:	–
Löschwasservorrat:	–

Hier der als erster Rüstwagen der Berufsfeuerwehr Strasbourg eingesetzte Rüstwagen. Das mit einer Standard-Lkw-Kabine für drei Mann Besatzung ausgeführte Fahrzeug wurde von der Firma Bemaex auf einem Iveco-Magirus-Frontlenker-Chassis aufgebaut. Das Fahrgestell besitzt einen V-Achtzylinder-Direkteinspritzdiesel mit Luftkühlung und 228 PS Motorleistung. Dieses Fahrzeug entspricht in etwa der Rüstwagen-Baugröße 2 bei deutschen Feuerwehren. Neben dem zwischen Gerätekofferaufbau und Fahrerkabine installierten beiden Lichtmasten mit jeweils zwei Flutlichtscheinwerfern ist vorne im Bereich der Stoßstange eine Seilwinde installiert.

Verwendungszweck:	**Wechselladerfahrzeug**
Fahrgestelltyp:	**Renault G 280 ACE**
Baujahr:	**1994**
Leistung der Pumpe:	–
Löschwasservorrat:	–

Wechselladerfahrzeuge finden in der letzten Zeit auch bei französischen Feuerwehren verstärkt Eingang in die Fahrzeugbestände. Dabei sind es in erster Linie große Berufsfeuerwehren, für die die bereits vor Jahren im Speditionsgewerbe eingeführte Wechselladertechnik besondere Vorteile bieten kann. Denn statt zahlreicher teurer Sonderfahrzeuge benötigt man – je nach Größe der Feuerwehr – ein, zwei oder drei Lastwagen mit einer Wechselladereinrichtung und eine entsprechende Anzahl von Wechselaufbauten und Containern, die je nach Bedarf schnell ausgetauscht werden können. Der Service d'Incendie Saint-Louis gehört zu jenen Wehren, die ein von der Firma Mareu entwickeltes Abrollbehältersystem beschafften. Das Trägerfahrzeug ist ein schwerer Renault-Frontlenker mit Standard-Lkw-Kabine.

Verwendungszweck:	**Gerätewagen**
Fahrgestelltyp:	**Mercedes-Benz L 328 B**
Baujahr:	**1965/1968**
Leistung der Pumpe:	–
Löschwasservorrat:	–

Der Service d'Incendie Wissembourg besaß mit diesem Gerätewagen 3 auf einem schweren Mercedes-Benz-Kurzhauber-Dreiachsfahrgestell ein ganz seltenes Einzelstück. Dieses nicht im Handel erhältliche Fahrgestell wurde im Jahr 1965 im Werk Wörth entweder aus Restbeständen oder zu Versuchszwecken in Zusammenarbeit mit der Firma Metz zu einem Gerätewagen für die Werkfeuerwehr des Daimler-Benz-Werkes Wörth gebaut. Die Erstzulassung erfolgte erstaunlicherweise erst am 8.4.1968. Als Antrieb diente ein Sechszylinder-Direkteinspritz-Diesel mit Aufladung und 168 PS Leistung. Das Fahrzeug hat ein zulässiges Gesamtgewicht von 12 t, besitzt ein 20-kVA-Notstromaggregat, eine 5-t-Vorbauseilwinde und umfangreiches technisches Gerät. Für die Fahrerkabine gelangte bereits die serienmäßig ab 1968 gefertigte größere Frontscheibe zur Verwendung. Als zu Beginn der 1980er Jahre ein neues Fahrzeug erworben wurde, erfolgte der Verkauf des Gerätewagens nach Frankreich.

Frankreich

Verwendungszweck:	*Gerätewagen-Umwelt-schutz*
Fahrgestelltyp:	*Berliet GBC 160 MT (6 x 6)*
Baujahr:	*1973*
Leistung der Pumpe:	–
Löschwasservorrat:	–

Der Service d'Incendie Rouen besitzt ein als Einzelstück von Camiva aufgebautes Sonderfahrzeug für den Umweltschutz. Dieser Gerätewagen wurde auf einem schweren, dreiachsigen Berliet-Hauben-Allradfahrgestell aufgebaut, das es sowohl in einer Zivil- als auch Militärversion gab. Neben einer großen, breit ausgeführter Fahrerkabine für drei Mann Besatzung verfügt der Wagen über einen sehr geräumigen, hohen Gerätekoffer mit umfangreicher Dachbeladung, in den eine Mannschaftskabine integriert ist. Dieser Gerätewagen-Umweltschutz kommt besonders häufig bei auslaufenden und grundwasserschädigenden Flüssigkeiten zum Einsatz. Dafür befindet sich eine leistungsfähige Vakuum-Sauganlage und entsprechende Tanks zur Aufnahme von brennbaren und giftigen Flüssigkeiten auf dem Fahrzeug. Außerdem ist das Fahrzeug in der Lage, Ölsperren bis zu 200 m Länge auf Gewässern einzurichten.

Verwendungszweck:	*Schlauchwagen*
Fahrgestelltyp:	*GMC CCKW 353 (6 x 4)*
Baujahr:	*1945*
Leistung der Pumpe:	–
Löschwasservorrat:	–

Bei der französischen Feuerwehr Biscarosse befand sich noch im Jahr 1999 dieser in Eigenleistung zu einem Schlauchwagen umgerüstete ehemalige dreiachsige Militär-Lkw der US-Army im Dienst. Das mit einer Vorbauseilwinde ausgerüstete, bestens gepflegte Fahrzeug besitzt eine Pritsche mit Plane und Spriegeln, unter der das Schlauchmaterial in Buchten gelagert ist, so dass es auch bei langsamer Fahrt ausgelegt werden kann. Das Fahrerhaus verfügt über ein Segeltuchverdeck mit Seitenteilen.

Verwendungszweck:	*Schlauchwagen*
Fahrgestelltyp:	*Renault G 230 Turbo*
Baujahr:	*1988*
Leistung der Pumpe:	*6000 l/min*
Löschwasservorrat:	–

Ein sehr interessantes Fahrzeug ist dieser auf einem Renault-Frontlenkerchassis aufgebaute Schlauchwagen der Berufsfeuerwehr Strasbourg. Neben dem Schlauchmaterial besitzt dieses von Camiva mit einem großen Kofferaufbau erstellte Fahrzeug auch einen Schaummitteltank sowie eine am Heck installierte sehr leistungsstarke Camiva-Feuerlöschkreiselpumpe. Eine weitere Pumpe befindet sich auf dem mitgeführten Einachsanhänger.

Verwendungszweck:	*Gerätewagen*
Fahrgestelltyp:	*Dodge T 214 WC 52 (4 x 4)*
Baujahr:	*1944*
Leistung der Pumpe:	–
Löschwasservorrat:	–

Dieses Fahrzeug des Service d'Incendie Lens ist ein ganz besonderes Unikat und gleichzeitig ein Indiz für das weltweite Erfindungs- und Improvisationsvermögen der Feuerwehren, wenn es um Eigenumbauten geht. Das Basisfahrgestell ist ein US-amerikanischer 3/4-t-Armeetruck Dodge WC 52 aus dem Zweiten Weltkrieg. Der ursprünglich nur mit einem Segeltuchverdeck geschlossene Fahrerplatz wurde irgendwann in den 1970er Jahren durch geschicktes Einfügen einer VW-Kombi-Typ-2-Kabine zu einer allseits geschlossenen Fahrerkabine aufgewertet. Die vorhandene Vorbauseilwinde dieses als Gerätewagen umgebauten Fahrzeugs wurde mit Hilfe eines auf zwei Dreiecksgerüsten gelagerten Trägers so angepasst, dass die Feuerwehrleute auch nach hinten arbeiten konnten.

Verwendungszweck:	*Gerätewagen*
Fahrgestelltyp:	*Dodge T 214 WC 52 (4 x 4)*
Baujahr:	*1945*
Leistung der Pumpe:	–
Löschwasservorrat:	–

Kaum Änderungen für seine Verwendung im Feuerwehreinsatzdienst bedurfte dieser Dodge WC 52, der von dem Service d'Incendie Pornichet als Gerätewagen verwendet wurde. Das optimal gepflegte Fahrzeug entspricht bis auf die rote Lackierung, Leitergerüst und Blaulicht im Grunde dem werksseitigen Ablieferungszustand an die US-Armee. Auf der mit einem Planenverdeck geschützten Pritsche dieses mit einer Vorbauseilwinde bestückten Fahrzeugs lagern verschiedene Geräte, die für einfachere technische Hilfeleistungen erforderlich sind.

Verwendungszweck:	*Gerätewagen*
Fahrgestelltyp:	*Citroën HY*
Baujahr:	*1972*
Leistung der Pumpe:	–
Löschwasservorrat:	–

Seit 1954 gab es erstmals das berühmte französische Citroën-Transportermodell HY, das jahrzehntelang in großen Stückzahlen gebaut für nahezu alle Verwendungszwecke seiner Klasse erfolgreich eingesetzt wurde. Dieser einfache, aber zweckmäßige Transporter mit seiner Wellblechaußenhaut bot erstaunlich viel Innenraum und 1200 kg Zuladung. Auch bei den Feuerwehren war er recht weit verbreitet, wie in diesem Fall beim Service d'Incendie Pierrefitte, dem dieses Modell als Gerätewagen diente.

Verwendungszweck:	*Kleinhilfefahrzeug*
Fahrgestelltyp:	*DKW 3 = 6 (F 800/3)*
Baujahr:	*1958*
Leistung der Pumpe:	*–*
Löschwasservorrat:	*200 l*

Größer können die Gegensätze zu der auf dem Bild unten gezeigten Drehleiter nicht sein, andererseits verdeutlichen beide Aufnahmen die große Bandbreite der von Magirus gefertigten Produktpalette. Im Jahr 1958 lieferte dieser Hersteller dieses wendige, für städtische Einsätze konzipierte Kleinhilfefahrzeug auf einem 3/4-t-DKW-Schnelllasterfahrgestell an die Berufsfeuerwehr Madrid. Dieser Frontantriebstransporter besaß einen Dreizylinder-Zweitakt-Vergasermotor mit 896 ccm Hubraum und einer Leistung von 32 PS bei 4000 U/min, der eine Maximalgeschwindigkeit von 90 km/h ermöglichte. Der Kastenwagen hatte zwei Mann Besatzung, einen Wasserbehälter sowie eine 800-l/min-Tragkraftspritze, die durch die Hecktür entnommen wurde. Während die oberhalb der Frontscheibe positionierte Elektrosirene für freie Fahrt zur Einsatzstelle sorgen sollte, bestand die Dachbeladung aus Steckleiterteilen, Saugschläuchen und Einreißhaken. Ob dieses Fahrzeug eine Serienbestellung nach sich zog, ist unbekannt.

Spanien

Dieses Land nimmt den größten Teil der Iberischen Halbinsel im Südwesten Europas ein und hat lange Küsten an Mittelmeer und Atlantik. Der größte Teil Spaniens wird von der zentralen, zum Teil sehr trockenen Hochebene beherrscht. Daher ist die Gefahr von Flächen- und Waldbränden besonders groß, Wassermangel, vor allem in ländlichen Regionen aber auch in den Städten, führt immer wieder zu erheblichen Problemen bei den Löschmaßnahmen. Daher sind Tanklöschfahrzeuge die wichtigsten und am häufigsten vertretenen Feuerwehrfahrzeuge im Lande. Ein wichtiger Unterschied zu den meisten europäischen Feuerwehrfahrzeugen ist die Ausrüstung mit gelben Rundumkennleuchten.

Eine über die Landesgrenzen hinweg bedeutende Feuerwehrfahrzeugindustrie ist in Spanien nicht vorhanden. Der bekannteste nationale Fahrzeug- und Aufbauhersteller Fimesa bot seinerzeit eine ausreichende Palette an Standardfahrzeugen an. Daneben besteht seit 1983 bei der Firma Rosenbauer Espanola S. A. eine Produktion von Feuerwehrfahrzeugen. Zeitweise trat auch Saval-Kronenburg in Erscheinung. Heute genießt der Anbieter Protec-Fire auf dem spanischen Markt die größte Bedeutung.

Der größte, aus der traditionsreichen Firma Hispano-Suiza im Jahr 1949 hervorgegangene spanische Lkw-Hersteller Pegaso ist der bedeutendste Nutzfahrzeugproduzent Spaniens.

Seit 1990 wurde das Unternehmen in die Iveco-Gruppe integriert. Auf diesen in Barajas bei Madrid montierten Fahrgestellen mit ihrem früher sehr eigenwilligen Styling entsteht der größte Teil der spanischen Einsatzfahrzeuge der Feuerwehren. Zwischen 1956 und 1983 hatte auch die Firma Motor Iberica Ebro mit Sitz in Barcelona als Lieferant für Fahrgestelle für Feuerwehraufbauten eine gewisse Bedeutung besessen. Dieses ursprünglich mit englischen Ford-Lizenzbauten beschäftigte Unternehmen ist mittlerweile im Nissan-Konzern aufgegangen.

Daneben konnte der deutsche Feuerwehrausrüster Magirus in Spanien seine Position bei der Drehleiterbeschaffung festigen. Vor allem auf den Feuerwachen der Berufsfeuerwehren der Großstädte stehen viele Magirus-Drehleitern im Einsatz. Neben den überwiegend beschafften DL 30 wurden viele der beliebten DL 44 aber auch DL 50 für Feuerwehren, wie die von Madrid, Barcelona, Bilbao, San Sebastian, Sevilla und Murcia, aus Ulm bezogen. Darüber hinaus trat Magirus in geringerem Umfang auch als Lieferant für andere Fahrzeugtypen hervor. So erhielt die Berufsfeuerwehr Barcelona im Jahr 1959 einen Rüstkranwagen RKW 10 auf Magirus-Rundhauber. Andere Importfahrzeuge machen nur einen unwesentlichen Teil des Feuerwehr-Fahrzeugparks in Spanien aus.

Verwendungszweck:	*Drehleiter DL 52 + 2 m*
Fahrgestelltyp:	*Magirus-Deutz (KHD)*
	S 6500
Baujahr:	*1955*
Leistung der Pumpe:	*–*
Löschwasservorrat:	*–*

Eine der gewaltigen Magirus-DL 52 mit 2 m Handausschub erhielt die Berufsfeuerwehr Barcelona im Jahr 1955. Die noch mechanisch angetriebene Leiter war mit dem alten, siebenteiligen Leitersatz ausgerüstet, verfügte über Spindelabstützung sowie über einen auf den oberen Holmen laufenden Fahrstuhl zum Zwecke der Menschenrettung aus großen Höhen. Als Untersatz für dieses mit einer Staffelkabine ausgebildete Fahrzeug wurde ein schweres Rundhauber-Fahrgestell mit 13 t zulässigem Gesamtgewicht gewählt, dessen luftgekühlter V-Achtzylinder-Wirbelkammer-Diesel F 8 L 614 einen Rauminhalt von 10 644 ccm besaß und eine Höchstleistung von 170 PS bei 2300 U/min erzeugen konnte.

Verwendungszweck:	*Tanklöschfahrzeug*
Fahrgestelltyp:	*Pegaso Typ 1234*
Baujahr:	*1984*
Leistung der Pumpe:	*1600 l/min*
Löschwasservorrat:	*5000 l*

Der Feuerwehr-Hauptstützpunkt – Parc Central – von Palma de Mallorca verfügte im Jahr 1995 über dieses allradgetriebene Tanklöschfahrzeug auf Pegaso-Frontlenkerchassis. Auch dieses mit einer großen Doppelkabine versehene Fahrzeug mit 20 t zulässigem Gesamtgewicht lieferte der Feuerwehrausrüster Fimesa. Neben dem Löschwassertank befinden sich 200 l Schaummittel an Bord.

Verwendungszweck:	*Waldbrandlöschfahrzeug*
Fahrgestelltyp:	*Pegaso Typ 3046/10*
	(4 x 4)
Baujahr:	*1987*
Leistung der Pumpe:	*1600 l/min*
Löschwasservorrat:	*3000 l*

Dieses Waldbrand-Tanklöschfahrzeug, stationiert im Parc Central der Bombers Palma de Mallorca, ist ein bei spanischen Feuerwehren sehr verbreitetes Modell. Den Aufbau auf diesem geländegängigen Militärfahrgestell besorgte das Rosenbauer-Zweigwerk Rosenbauer Española. Die Fahrzeuge stehen zur Bekämpfung der in diesem Land häufig auftretenden Wald- und Flächenbrände bereit und werden von der spanischen Naturschutzbehörde (PMM) zur Verfügung gestellt. Die Besatzung besteht aus fünf Einsatzkräften. Im Übrigen wollte die Firma Pegaso diese Fahrgestelle im großen Stil als Militärlastwagen nach Ägypten verkaufen, was allerdings scheiterte.

Verwendungszweck:	*Tanklöschfahrzeug*
Fahrgestelltyp:	*Pegaso Typ 1065 (4 x 4)*
Baujahr:	*1977*
Leistung der Pumpe:	*1600 l/min*
Löschwasservorrat:	*5000 l*

Ein typisches Tanklöschfahrzeug spanischer Produktion ist dieses von der Aufbaufirma Fimesa auf einem allradgetriebenen Pegaso-Frontlenker errichtete Modell. In der Staffelkabine des mit einem Sechszylinder-Diesel mit 170 PS sowie mit Trilexrädern an der Vorderachse bestückten Fahrzeugs ist Platz für sechs Einsatzkräfte. Am Rahmenende befinden sich die Feuerlöschkreiselpumpe sowie beidseitige Schnellangriffseinrichtungen.

Verwendungszweck:	*Tanklöschfahrzeug*
Fahrgestelltyp:	*Pegaso Typ 2217 (4 x 4)*
Baujahr:	*1986*
Leistung der Pumpe:	*1600 l/min*
Löschwasservorrat:	*3500 l*

Bei der spanischen Feuerwehr – Bombers de Mallorca, Parc (Wache) Llucmajor – befindet sich dieses von Fimesa auf einem modernen Pegaso-Frontlenker aufgesetzte Tanklöschfahrzeug im Einsatzdienst. Dieses Fahrzeug mit seiner Sechs Mann Staffelkabine, dessen Beladung neben einem kleinen Schaummitteltank hauptsächlich aus Löschwasser besteht, hat ein zulässiges Gesamtgewicht von 14,8 t. Um auch außerhalb befestigter Straßen und Wege operieren zu können, ist das Fahrgestell mit Allradantrieb ausgestattet.

Verwendungszweck:	*Tanklöschfahrzeug*
Fahrgestelltyp:	*Magirus-Deutz (KHD)*
	F Mercur 125
Baujahr:	*1959*
Leistung der Pumpe:	*1600 l/min*
Löschwasservorrat:	*2400 l*

Zum Fahrzeugbestand des Feuerwehrhauptstützpunkts von Palma de Mallorca zählte im Jahr 1995 noch dieses gut gepflegte Tanklöschfahrzeug auf einem Magirus-Rundhauber. Dieses mit einem luftgekühlten V-Sechszylinder-Wirbelkammer-Diesel mit 125 PS bestückte und von Magirus aufgebaute Modell entspricht praktisch dem deutschen TLF 16. Zum Einsatz rückte dieses als Museumsfahrzeug erhaltene Fahrzeug allerdings nicht mehr aus.

Spanien 🇪🇸

Verwendungszweck:	**Großtanklöschfahrzeug**
Fahrgestelltyp:	**Pegaso Typ 1091**
Baujahr:	**1977**
Leistung der Pumpe:	**1600 l/min**
Löschwasservorrat:	**8000 l**

Die Inselfeuerwehr von Mallorca der Wache Manacor war im Besitz mehrerer dieser, von Fimesa als Großtanklöschfahrzeug aufgebauten Pegaso-Frontlenker. Das 14,2 t schwere Fahrzeug besaß eine Standardkabine für drei Mann und einen großen ovalen Wassertank als Aufbau, auf dem Leitern und sperrige Ausrüstungsteile gelagert sind. Der Antrieb erfolgte durch einen wassergekühlten Sechszylinder-Diesel mit 10 400 ccm Hubraum, der 160 PS leisten konnte.

Verwendungszweck:	**Tanklöschfahrzeug**
Fahrgestelltyp:	**Renault DG 290-19 (4 x 4)**
Baujahr:	**1988**
Leistung der Pumpe:	**2400 l/min**
Löschwasservorrat:	**5000 l**

Der Feuerwehrausrüster Protec-Fire ist ein relativ neues Mitglied dieser Branche, der sich heute zum bedeutendsten Feuerwehrausrüster des Landes emporgearbeitet hat. Die Feuerwehr auf dem militärischen Teil des Flughafens von Palma de Mallorca (Bombers de Base Militar) setzten ein von diesem Hersteller auf einem Renault-Allrad-Frontlenkerchassis mit 290 PS Dieselmotor aufgebautes Tanklöschfahrzeug mit Staffelkabine zum Feuerschutz ihrer Anlagen ein. Da sich neben dem Löschwasservorrat 400 l Schaummittel auf dem Fahrzeug befinden, ist die Feuerlöschkreiselpumpe mit einem Zumischer ausgerüstet. Die Abgabe der Löschmittel Wasser und Schaum ist entweder über zwei im Heckbereich befindliche Schnellangriffseinrichtungen oder über den Dachmonitor möglich. Zwei unterhalb der Stoßstange angebrachte Bodensprühdüsen sind für den Eigenschutz zuständig.

Verwendungszweck:	**Tanklöschfahrzeug**
Fahrgestelltyp:	**Mercedes-Benz 1226 AF**
Baujahr:	**1993**
Leistung der Pumpe:	**1600 l/min**
Löschwasservorrat:	**3500 l**

Im Fahrzeugpark der Feuerwache Platja de Palma der Bombers Palma de Mallorca befindet sich auch dieses von Rosenbauer Española aufgebaute Tanklöschfahrzeug. Zur Verwendung für dieses mit Staffelkabine ausgebildete Fahrzeug gelangte ein Mercedes-Benz-Allradfahrgestell mit einem zulässigen Gesamtgewicht von 15,5 t, ausgerüstet mit einem 256 PS starken Sechszylinder-Dieselmotor. Die gelben Rundumkennleuchten sind durch Drahtgitter vor Beschädigung geschützt.

Verwendungszweck:	**Flugplatzlöschfahrzeug**
Fahrgestelltyp:	**Saval-Kronenburg Typ MAC-11 (6 x 6)**
Baujahr:	**1990**
Leistung der Pumpe:	**6000 l/min**
Löschwasservorrat:	**10 000 l**

Bei den Flugplatzlöschfahrzeugen auf Spaniens Verkehrsflugplätzen spielten von der Firma Saval-Kronenburg erstellte Flugplatzlöschfahrzeuge eine dominierende Rolle. Dieser Dreiachser der Flughafenfeuerwehr (Bombers de Aeroporto) von Palma de Mallorca ist mit Löschwasser, 1200 l Schaummittel, 250 kg Löschpulver beladen und mit einer Feuerlöschkreiselpumpe mit Zumischer bestückt. Für Antrieb und gute Beschleunigung dieses mit Automatikgetriebe ausgestatteten Fahrzeugs sorgt ein 548 PS starker Detroit-Diesel. Weitere Ausrüstungsmerkmale sind Front- und Dachmonitor, zwei Schnellangriffseinrichtungen sowie Bodensprühdüsen.

Verwendungszweck:	**Flugplatzlöschfahrzeug**
Fahrgestelltyp:	**Kronenburg (8 x 8)**
Baujahr:	**1983**
Leistung der Pumpe:	**6000 l/min**
Löschwasservorrat:	**12 000 l**

Dieses ebenfalls auf dem Verkehrsflughafen von Palma de Mallorca stationierte große, vierachsige Flugplatzlöschfahrzeug von Kronenburg verfügt neben seinem großen Löschwasservorrat über einen 1200-l-Schaummitteltank. Mit Hilfe der mit einem Zumischer ausgerüsteten und im Fahrzeugheck installierten Feuerlöschkreiselpumpe können die Löschmittel Wasser und ein Schaum-Wasser-Gemisch über die Schnellangriffseinrichtungen oder den Dachmonitor wirkungsvoll ausgebracht werden.

Verwendungszweck:	**Drehleiter mit Korb**
	DLK 30
Fahrgestelltyp:	**Ebro Typ 171**
Baujahr:	**1981**
Leistung der Pumpe:	**–**
Löschwasservorrat:	**–**

Diese Drehleiter mit abnehmbaren Korb und Schrägabstützung ausgebildete DLK 30 von Magirus ist auf einem Ebro-Frontlenker-Fahrgestell aufgebaut. Dieser bis 1983 existierende Lkw-Hersteller installierte in Lizenz gefertigte Perkins-Dieselmotoren in die in Spanien produzierten Lastkraftwagen. So auch bei dieser mit einer Staffelkabine ausgerüsteten Drehleiter, die über ein solches Sechszylinder-Dieselaggregat mit 200 PS verfügt.

Verwendungszweck:	**Drehleiter mit Korb**
	DLK 30
Fahrgestelltyp:	**Pegaso Typ 1223**
Baujahr:	**1986**
Leistung der Pumpe:	**–**
Löschwasservorrat:	**–**

Für die Bombers de Mallorca in der Wache Parc Calvia wurde diese Magirus DLK 30 mit abnehmbaren Korb auf einem Pegaso-Fahrgestell beschafft. Diese schrägabgestützte Leiter besitzt ein Truppfahrerhaus und den meist obligatorischen Gerätekasten zwischen Kabine und Podium. Obwohl Magirus auch für Feuerwehraufbauten bevorzugt die eigenen Lastwagenfahrgestelle verwendete, musste das Werk bei speziellen, so bei Exportaufträgen geäußerten Kundenwünschen Ausnahmen akzeptieren.

Verwendungszweck:	**Drehleiter mit Korb**
	DLK 30
Fahrgestelltyp:	**Renault M 200.13**
Baujahr:	**1991**
Leistung der Pumpe:	**–**
Löschwasservorrat:	**–**

Bisher noch recht seltene Erscheinungen stellen die in Frankreich produzierten Camiva-Leitern bei spanischen Feuerwehren dar. Diese DLK 30 mit (auf dem Bild entfernten) Klappkorb entstand auf einem 13-t-Renault-Frontlenkerfahrgestell mit 200 PS Motorleistung. Durch die weit vorgezogene und tiefergelegte Fahrerkabine konnte eine sehr niedrige Bauhöhe erreicht werden, was bei engen Durchfahrten von großem Vorteil ist.

Portugal

Portugal mit seiner langen Atlantikküste liegt auf der Iberischen Halbinsel im äußersten Westen Europas. Das Land ist überwiegend agrarisch strukturiert, wobei das milde Klima vor allem im südlichen Teil des Landes oft von Trockenheit begleitet wird. Waldbrände sind daher keine Seltenheit.

Diese Prämissen haben natürlich auf Aufgaben und Ausrüstung der Feuerwehren großen Einfluss. Die Bombeiros Volontarios, die freiwilligen Feuerwehren, tragen dabei die Hauptlast, da es im ganzen Land kaum mehr als ein halbes Dutzend Berufsfeuerwehren gibt. Diese sind militärisch organisiert. Daneben gibt es aber auch eine ganze Reihe von freiwilligen Feuerwehren mit hauptamtlichen Kräften sowie einige Betriebs- und Werkfeuerwehren.

Eine Fahrgestellindustrie ist im Lande nicht vorhanden. Daher laufen bei den portugiesischen Feuerwehren viele unterschiedliche Marken überwiegend amerikanischer oder englischer Herkunft. Bei den Drehleitern kann man Magirus und Metz, in letzter Zeit aber auch den französischen Hersteller Riffaud antreffen. Daneben gibt es eine kleinere Zahl regionaler Feuerwehrausrüster und Aufbauhersteller. Gleichwohl werden nicht selten Fahrzeuge überwiegend von den Wehren selbst oder durch kleine örtliche Firmen angefertigt oder umgebaut. Daneben werden vielfach in Deutschland als überaltert angesehene, aber noch durchaus verwendungsfähige Feuerwehrfahrzeuge nach Portugal abgegeben. Noch zu Beginn der 1990er Jahren befanden sich Fahrzeuge und Ausrüstung nicht immer auf dem neuesten Stand. Nachteilig waren außerdem die oft viel zu großen Einsatzgebiete der Wehren. In den letzten zehn Jahren sind sowohl manche organisatorische, als auch ausrüstungsmäßige Verbesserungen zum Tragen gekommen. Zahlreiche neue Fahrzeuge und Geräte sind seither beschafft worden, so dass die heutigen portugiesischen Wehren insgesamt über einen relativ guten Ausrüstungsstand verfügen.

Verwendungszweck:	*Brandmeisterwagen*
Fahrgestelltyp:	*Mercedes-Benz Typ Nürburg 500*
Baujahr:	*1930*
Leistung der Pumpe:	*600 l/min*
Löschwasservorrat:	*350 l*

Im Frühjahr 1930 ging ein Großauftrag der Berufsfeuerwehr Lissabon über insgesamt 29 Fahrzeuge an die Firma Metz in Karlsruhe. Alle Fahrzeuge sollten einheitlich auf Mercedes-Benz-Fahrgestellen ausgeführt werden. Darunter befanden sich fünf auf fünfsitzigen schweren Tourenwagen-Modellen aufgebaute Brandmeisterwagen. Die Leistung des Achtzylinder-Reihen-Vergaserantriebsaggregats mit 4918 ccm Rauminhalt betrug 100 PS; die Höchstgeschwindigkeit 90 km/h. Diese schmucken, voll ausgerüstet, 3400 kg schweren Fahrzeuge verfügten über Pumpe, Wassertank, 200 m Druckschlauch, Hakenleiter (links seitlich am Fahrzeug gelagert) und Kübelspritze. Mit dieser Ausrüstung war es beispielsweise möglich, kleinere Brände zu löschen oder Entstehungsbrände bis zum Eintreffen regulärer Löschfahrzeuge im Zaum zu halten und deren Ausbreitung zu verhindern.

Verwendungszweck:	*Wassertankwagen*
Fahrgestelltyp:	*Mercedes-Benz L 5000*
Baujahr:	*1930*
Leistung der Pumpe:	*2000 l/min*
Löschwasservorrat:	*4500 l*

Zum Metz-Auftrag für Lissabon gehörten auch zwei offen ausgeführte Wassertankwagen, die auf 5-t-Mercedes-Benz-Niederrahmenfahrgestellen aufgebaut wurden. Der Antrieb der, voll ausgerüstet, 12,5 t schweren Fahrzeuge erfolgte durch Sechszylinder-Vergasermotoren mit 7790 ccm Hubraum und 110 PS mit einer Maximalgeschwindigkeit von 65 km/h. Die Feuerlöschkreiselpumpe befand sich unterhalb des Fahrersitzes. Dahinter waren vier Mannschaftsitzplätze mit untergebauten Gerätekästen angeordnet. Oberhalb des Wassertanks gelagert waren Steckleiterteile und Einreißgeräte.

Verwendungszweck:	*Flugplatz-Vorauslöschfahrzeug FLF 25*
Fahrgestelltyp:	*Mercedes-Benz LAF 1113/36*
Baujahr:	*1964*
Leistung der Pumpe:	*2500 l/min*
Löschwasservorrat:	*2800 l*

Dieses Flugplatz-Vorauslöschfahrzeug auf einem Mercedes-Benz-Kurzhauber mit Allradantrieb lieferte Metz nach Portugal. Unter der kurzen Motorhaube verrichtete ein Sechszylinder-Direkteinspritz-Diesel mit Abgasturbolader, 5675 ccm Hubraum und 150 PS Maximalleistung seine Arbeit. Die Feuerlöschkreiselpumpe des mit drei Einsatzkräften besetzten Fahrzeugs war mittig angeordnet. Neben Löschwasser war ein 520-l-Schaummittelbehälter vorhanden. Hinter dem Fahrerhaus befand sich ein Wendestrahlrohr für Wasser und Schaum. Hinten waren beidseitig Schnellangriffseinrichtungen und zwei tragbare Schaumrohre vorhanden.

Verwendungszweck:	*Vorauslöschfahrzeug*
Fahrgestelltyp:	*Land-Rover L 109*
Baujahr:	*1963*
Leistung der Pumpe:	–
Löschwasservorrat:	–

Bei der Freiwilligen Feuerwehr Albufeira befand sich dieser, in Eigenbau ausgerüstete Land-Rover als Vorauslöschfahrzeug im Einsatz. Der Kastenaufbau, in dem eine Tragkraftspritze gelagert wird, ist mit einem großen Steckleitervorrat und Saugschläuchen bestückt. Diese geländefähigen, unverwüstlichen Fahrzeuge sind mit Sechszylinder-Vergasermotoren mit 2605 ccm Hubraum bestückt, die 86 PS bei 4500 U/min zur Verfügung stellen.

Verwendungszweck:	*Lastkraftwagen*
Fahrgestelltyp:	*Mercedes-Benz LP 710/32*
Baujahr:	*1965*
Leistung der Pumpe:	–
Löschwasservorrat:	–

Dieser als „Mercedes-Lorry General Purpose" bezeichnete Mercedes-Benz-Frontlenker-Pritschen-Lkw der Freiwilligen Feuerwehr Lagoa stammt, wie das noch vorhandene deutsche Kfz-Kennzeichen ausweist, aus dem Gebiet des Märkischen Kreises bei Lüdenscheid und wird für unterschiedliche Einsatz und Transportaufgaben, sozusagen als „Mädchen für alles" genutzt. Das 4-t-Chassis ist mit einem Sechszylinder-Direkteinspritz-Diesel mit 5675 ccm Hubraum und 100 PS bestückt.

Verwendungszweck:	*Wasserzubringerfahrzeug*
Fahrgestelltyp:	*Mercedes-Benz LP 1620*
Baujahr:	*1966*
Leistung der Pumpe:	–
Löschwasservorrat:	*6000 l*

Ein für portugiesische Feuerwehren typisches Wasserzubringerfahrzeug ist dieser, gebraucht von den Bombeiros Voluntarios Albufeira übernommene Tankwagen auf Mercedes-Benz-Frontlenker mit der längeren kubischen Fahrerkabine. Auch dieses, mit einer am Heck befindlichen Tragkraftspritze ausgerüstete und mit einem Sechszylinder-Diesel mit 210 PS bestückte Modell besitzt noch das Überführungskennzeichen.

Verwendungszweck:	*Drehleiter DL 30 m*
Fahrgestelltyp:	*Magirus-Deutz (KHD)*
	S 6500
Baujahr:	*1955*
Leistung der Pumpe:	–
Löschwasservorrat:	–

Ebenfalls bei der Feuerwehr Albufeira stationiert ist diese ehemals von der Berufsfeuerwehr Stuttgart beschaffte mechanische DL 30 mit neuem Leiterprofil, die auf einem schweren Magirus-Rundhauberfahrgestell aufgesetzt wurde. Das Fahrzeug besitzt eine Staffelkabine und den luftge-

kühlten Achtzylinder-V-Diesel mit 170 PS. Dieser Veteran, der noch das Überführungskennzeichen auf dem Lüftungsgitter trägt, war, trotz seines leicht angestaubt wirkenden Zustandes, voll einsatzfähig.

Italien

Die stiefelförmige, im Norden durch die Alpen begrenzte Italienische Halbinsel mit den beiden großen Inseln Sizilien und Sardinien ist wohl jedem Leser gut bekannt.

Die Feuerwehren Italiens sind auf Landesebene organisiert und unterstehen der Direktion des Zivilschutzes des Innenministeriums in Rom. Eine Ausnahmeregelung besteht bei einigen autonomen Provinzen wie z. B. Südtirol (Trentino). Man unterscheidet Berufs-, freiwillige und Werkfeuerwehren. Sowohl die Feuerwehrgeräte- als auch die Nutzfahrzeugindustrie ist in Italien ausreichend und zahlreich vertreten. Der nach wie vor größte Lastwagenhersteller des Landes ist die Firma Fiat in Turin. 1975 wurde die Iveco (Industrial Vehicle Corporation) als Zusammenschluss der Nutzfahrzeugbereiche von Fiat und Klöckner-Humboldt-Deutz (Magirus-Deutz) gegründet. Fiat brachte in die Holding die Lancia- und O.M.-Nutzfahrzeugproduktion ein.

Der größte Hersteller von Aufbauten für Feuerwehrfahrzeuge war die in Brescia ansässige Firma Baribbi. Zu Beginn der 1980er Jahre wurde der Betrieb liquidiert und von Magirus übernommen. Dieses große Unternehmen war gleichzeitig als Hersteller von Karosserie- und Sonderaufbauten für verschiedene Lkw-Hersteller und für das italienische Militär tätig. Der Bau von Feuerwehraufbauten begann in enger Zusammenarbeit mit der österreichischen Firma Rosenbauer erst in den 1950er Jahren. In dieser Zeit, als man die ersten Feuerwehrfahrzeuge für das italienische Innenministerium und für verschiedene Feuerwehren der Region Trentino (Südtirol) fertigte, wurden die Grundlagen für die Funktion des Unternehmens als zeitweiliger Hauptlieferant des nationalen Feuerwehrkorps Italiens gelegt. So kamen etwa 90 % der zentral über das Innenministerium vergebenen Fahr-

zeugbeschaffungen aus dem Hause Baribbi. Mehr als 500 Fahrzeuge mit einem Exportanteil von bis zu 60 % verließen in früheren Zeiten jährlich das Werk. Die Hauptabnehmer waren Portugal, Spanien, die Türkei sowie Länder in Afrika und im Nahen Osten. Einige wenige Einheiten gingen auch nach Luxemburg. Bei der Bauausführung legte man eine große Flexibilität an den Tag. So überließ man dem Abnehmer nicht nur die Wahl des Fahrgestelltyps, sondern auch die des Pumpenherstellers. Vorherrschend waren Fahrgestelle von Iveco-Fiat, Iveco-Magirus und Mercedes-Benz. Die Feuerlöschpumpen stammten entweder von dem italienischen Fabrikanten Antonicelli, von Rosenbauer, Magirus oder Ziegler. Die Produktpalette umfasste alle Fahrzeugarten – vom Kleinlöschfahrzeug bis hin zu großen Sonder-, Rüst- und Flugplatzlöschfahrzeugen.

Nach dem Verschwinden von Baribbi haben andere Hersteller von Feuerlösch- und Brandschutzgeräten die Rolle eingenommen. Da ist einmal die in Bareggio bei Mailand ansässige Firma Silvani zu nennen, die mittlerweile auch komplette Fahrzeugaufbauten montiert sowie der Aufbauhersteller BAI (Brescia Antincendio International) aus Brescia. Allein in den letzten Jahren hat sich dieses Unternehmen mit dem Bau mehrerer Hundert Tanklöschfahrzeuge unterschiedlicher Größe an das italienische Innenministerium sowie einer noch größeren Zahl von Exportfahrzeugen hervorgetan.

Bei der Beschaffung von Drehleitern ist Magirus bereits seit Beginn des 20. Jahrhunderts eine feste Größe im Geschäft. So konnte dieses Unternehmen allein zwischen 1957 und 1975 mehr als 100 durchweg auf Fiat-Fahrgestelle montierte DL 30 an italienische Feuerwehren verkaufen.

Verwendungszweck:	*Tanklöschfahrzeug*
Fahrgestelltyp:	*Mercedes-Benz 1419*
Baujahr:	*1984*
Leistung der Pumpe:	*2400 l/min*
Löschwasservorrat:	*5000 l*

Offenbar aufgrund der räumlichen Nähe zum Nachbarland Österreich verfügt die Freiwillige Feuerwehr Terlan über ein von Rosenbauer erstelltes, mit großer Fernverkehrskabine ausgerüstetes Tanklöschfahrzeug. Als Untersatz für den Aufbau dient ein 8-t-Frontlenkerfahrgestell von Mercedes-Benz, das über einen in Reihe angeordneten Sechszylinder-Diesel mit direkter Kraftstoffeinspritzung, Abgasturbolader und Ladeluft-Kühlung mit 5675 ccm Hubraum und 192 PS verfügt. Löschwasser, 100 l Schaummittel und zwei Schnellangriffseinrichtungen sind weitere Daten dieses Fahrzeugs.

Verwendungszweck:	*Tanklöschfahrzeug*
Fahrgestelltyp:	*O.M. Tigrotto 50*
Baujahr:	*1967*
Leistung der Pumpe:	*1600 l/min*
Löschwasservorrat:	*2000 l*

Dieses bei der Freiwilligen Feuerwehr Terlan bzw. Terlano in Südtirol stationierte Tanklöschfahrzeug besitzt einen Baribbi-Aufbau. Es ist ein typisches und häufig bei italienischen Wehren vertretenes Feuerwehrfahrzeug der 1960er und 1970er Jahre. Das mittelschwere O.M.-Frontlenkerchassis mit einem zulässigen Gesamtgewicht von 8 t und 92-PS-Dieselmotor ist mit Trilexrädern vorn sowie einer Staffelkabine für sechs Einsatzkräfte ausgerüstet. Neben Löschwasser befinden sich 100 l Schaummittel an Bord.

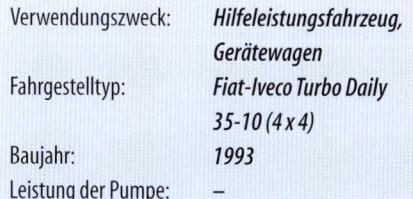

Verwendungszweck:	*Waldbrandlöschfahrzeug*
Fahrgestelltyp:	*Fiat 75 PC (4 x 4)*
Baujahr:	*1993*
Leistung der Pumpe:	*800 l/min*
Löschwasservorrat:	*3000 l*

Bei der Berufsfeuerwehr Mailand befindet sich dieses von Baribbi auf einem allradgetriebenen Fiat-Frontlenkerchassis aufgebaute Waldbrand-Tanklöschfahrzeug im Einsatz. Auf dem offenen Pritschenaufbau befindet sich ein unverkleideter und unlackierter Aluminiumtank für Löschwasser, eine am Heck angeordnete Feuerlöschkreiselpumpe sowie eine Schnellangriffseinrichtung. In der Kabine ist Platz für drei Mann.

Verwendungszweck:	*Hilfeleistungsfahrzeug, Gerätewagen*
Fahrgestelltyp:	*Fiat-Iveco Turbo Daily 35-10 (4 x 4)*
Baujahr:	*1993*
Leistung der Pumpe:	*–*
Löschwasservorrat:	*–*

Dieses Hilfeleistungsfahrzeug der Freiwilligen Feuerwehr Terlano ist von Rosenbauer auf einem Turbo-Daily-Allradfahrgestell von Fiat-Iveco aufgebaut. Das Chassis mit seinem zuschaltbaren Vierradantrieb besitzt einen wassergekühlten Vierzylinder-Diesel mit Abgas-Turbolader, 3908 ccm Hubraum und 165 PS Motorleistung. In der Fahrerkabine befinden sich Sitzplätze für drei Einsatzkräfte. Im mit Jalousien verschlossenen Kastenaufbau ist eine Tragkraftspritze sowie Geräte für leichtere technische Hilfeleistungen verstaut.

Verwendungszweck:	*Kranwagen KW 20*
Fahrgestelltyp:	*Astra HFD 64.38 (6 x 4)*
Baujahr:	*1985*
Leistung der Pumpe:	*–*
Löschwasservorrat:	*–*

Verwendungszweck:	*Tanklöschfahrzeug*
Fahrgestelltyp:	*Ford Cargo 1117*
Baujahr:	*1983*
Leistung der Pumpe:	*3400 l/min*
Löschwasservorrat:	*3000 l*

Aus einem von der deutschen Firma Ziegler in die Region Trentino gelieferten Auftrag mehrerer auf unterschiedlichen Fahrgestellen erstellten Tanklöschfahrzeuge stammt dieses auf Ford

Cargo gebaute Exemplar. Installiert in dieses mit Truppkabine ausgerüstete Fahrzeug ist ein 170-PS-Sechszylinder-Dieselmotor. Das Pumpaggregat FP 3000 H arbeitet sowohl im Hochals auch im Niederdruckbereich und ist mit einem Venturi-Vormischer bestückt. Neben dem Löschwassertank befindet sich ein 300-l-Schaummittelbehälter auf dem Fahrzeug. Ein Schaum-Wasserwerfer mit einer Wurfleistung von 1600 l/min sowie ein pneumatisch auf 7 m Höhe ausfahrbarer Lichtmast mit drei Flutlichtscheinwerfern sind weitere Ausstattungsdetails.

Ein von der Firma Cormach erstellter hydraulischer 20-t-Teleskopkran wird von der Berufsfeuerwehr Mailand für Bergeeinsätze im Fahrzeugbestand vorgehalten. Dieser für seinen hauptsächlichen Einsatz im großstädtischen Straßenverkehr kompakt und wendig ausgeführte Kranwagen wurde auf einem Dreiachsfrontlenker der in Piacenza ansässigen Firma Astra (Astra Construzione Speciali) aufgebaut. Das unmittelbar nach Kriegsende gegründete Unternehmen stellt seit 1954 Muldenkipper und Spezialfahrzeuge auf Fiat-Basis von 13 bis 36 t her. Das Fahrzeug besitzt eine Standardkabine sowie eine 10-t-Seilwinde am Heck.

Verwendungszweck:	*Drehleiter mit Korb*
	DLK 18-12 CC
Fahrgestelltyp:	*Iveco-Magirus*
	EuroCargo E 22
Baujahr:	*1994*
Leistung der Pumpe:	*–*
Löschwasservorrat:	*–*

Im Rahmen eines Großauftrags über zwölf Drehleitern lieferte Magirus diese DLK 18-12 CC an die Freiwillige Feuerwehr Tione di Trento in der Region Trentino-Südtirol. Als Unterbau für diese Computer-controlled-24-m-Drehleiter wurde ein Iveco Euro Cargo-Chassis mit 290 PS und 3690 mm Radstand verwendet. Das Fahrzeug hat ein Truppfahrerhaus, einen Alufire-Podiumsaufbau, einen Drei-Mann-Stülpkorb mit Fernbedienung, Krankentrage-Aufnahmevorrichtung, Wendestrahlrohr und eine 2 x 1000 Watt-Beleuchtungsanlage.

Verwendungszweck:	*Drehleiter mit Korb*
	DLK 50
Fahrgestelltyp:	*Iveco-Magirus 330-35*
Baujahr:	*1988*
Leistung der Pumpe:	*–*
Löschwasservorrat:	*–*

Als einzige italienische Feuerwehr verfügt die Stadt Mailand über eine DLK 50 mit sechsteiligem Leitersatz, die auf einem mit Truppkabine ausgerüsteten schweren Iveco-Magirus-Frontlenker-Dreiachs-Chassis von Magirus geliefert wurde. Das Fahrgestell ist mit einem luftgekühlten V-Zehnzylinder-Direkteinspritz-Dieselmotor mit 15 945 ccm Rauminhalt und 330 PS Leistung bestückt. Sie ersetzte eine im Jahr 1960 gelieferte Drehleiter gleicher Auszugslänge.

Verwendungszweck:	*Sonderlöschfahrzeug*
	für Tunneleinsätze
Fahrgestelltyp:	*MAN 19.414*
Baujahr:	*2001*
Leistung der Pumpe:	*4000 l/min*
Löschwasservorrat:	*4000 l*

Gleich drei ungewöhnliche Sonderfahrzeuge sind zum Schutz des Italien und Frankreich verbindenden 11,6 km langen Montblanc-Tunnels stationiert. Es handelt sich um die von dem italienischen Feuerwehrausrüster BAI konzeptionierten und gebauten Janus 4000 Bifronte-Fahrzeuge, die jeweils vorn und hinten mit einer Fahrerkabine ausgerüstet sind. Als Trägerfahrgestell wurde das eines MAN-19-Tonners mit Automatikgetriebe und 414 PS Motorleistung gewählt, welches eine Höchstgeschwindigkeit von 115 km/h in beide Fahrtrichtungen ermöglicht. Ein großer Löschwasservorrat, 500 l Schaummittel, eine kombinierte Hoch- und Normaldruckpumpe mit Vormischer, Dach- und Frontmonitor, zwei Schnellangriffseinrichtungen, Teleskoplichtmast mit drei Flutlichtscheinwerfern, 15 kVA-Generator, 5-t-Seilwinde, Unterboden-Selbstschutzdüsen für Schaum sowie eine Wasserselbstschutzanlage sind die wichtigsten ausrüstungstechnischen Bestandteile dieser Fahrzeuge. Zur Orientierung kann die Besatzung wahlweise auf ein Radarsystem oder auf eine Rückfahrkamera zurückgreifen.

Verwendungszweck:	**Mannschaftstransportfahrzeug**
Fahrgestelltyp:	**Ford V 8 Typ G 917 T**
Baujahr:	**1939**
Leistung der Pumpe:	**–**
Löschwasservorrat:	**–**

Ein in Lizenz von der Firma Vairogs gefertigtes Ford V 8 Typ G 917 T-Fahrgestell verwendete ein namentlich nicht überlieferter lettischer Karosseriebetrieb zum Aufbau dieses sehr formschönen Feuerwehrfahrzeugs. Die ovale Form des Kühlerschutzgitters gab es in den USA ab 1938 und wurde ein Jahr später auch für die deutsche Fertigung übernommen. Das Antriebsaggregat ist ein Achtzylinder-V-Vergasermotor mit 3613 ccm Rauminhalt und 90 PS Leistung. Dieser verleiht dem Fahrzeug eine Höchstgeschwindigkeit von 85 km/h. Der von der lettischen Feuerwehr Jelgava beschaffte Wagen verblieb bis 1963 im Einsatzbestand.

Lettland

Ein ähnliches Schicksal wie Litauen war auch dem zu den drei baltischen Staaten zählenden Lettland beschert, das im Jahr 1940 von der Sowjetunion okkupiert wurde. Erst im Jahr 1991, nach erfolgter Umstrukturierung in der UdSSR, erhielt auch Lettland seine Unabhängigkeit als Republik zurück und ist im Rahmen der Osterweiterung EU-Mitglied geworden.

Ähnlich wie auch in Litauen ist der Fahrzeugpark der Feuerwehren eng an Sowjetrussland orientiert. In dem ansonsten recht heterogenen, teilweise erneuerungsbedürftigen Fahrzeugbestand sind viele Fahrzeuge aus dem früheren Wirtschaftssystem des Ostblocks, aber auch aus Skandinavien und manchen westeuropäischen Staaten vertreten.

Verwendungszweck:	**Tanklöschfahrzeug**
Fahrgestelltyp:	**IFA W 50 LA (4 x 4)**
Baujahr:	**1986**
Leistung der Pumpe:	**2200 l/min**
Löschwasservorrat:	**2000 l**

Dieses Tanklöschfahrzeug TLF 16 ist DDR-Ursprungs und gehörte noch im Frühjahr 2004 zum Einsatzbestand der Feuerwehr Dobele. Es entstand auf einem allradgetriebenen IFA W 50 LA-Frontlenkerchassis mit Vierzylinder-Diesel mit 6560 ccm Hubraum und 125 PS Motorleistung. Als Aufbauhersteller für dieses in der neueren Ausführung mit Ganzmetallkoffer ausgeführten Fahrzeugs war der VEB Feuerlöschgerätewerk Luckenwalde verantwortlich. Dabei sind die kantig ausgeführten Geräteräume durch Jalousienverschlüsse zugänglich. Neben einer aus sechs Mann bestehenden Besatzung und dem Wasservorrat befinden sich 500 l Schaummittel an Bord. Über den zweistrahligen Monitor können Schaum und Wasser auch während der Fahrt abgegeben werden.

Verwendungszweck:	**Gelenkmastbühne GM 25**
Fahrgestelltyp:	**Sisu R 142**
Baujahr:	**1986**
Leistung der Pumpe:	**–**
Löschwasservorrat:	**–**

Die Berufsfeuerwehr der lettischen Hauptstadt Riga ist stolzer Besitzer dieser Gelenkmastbühne des Typs Sky-Lift NS 25-3 des finnischen Herstellers Nummela. Der hydraulische Gelenkmast kann bis auf eine Arbeitshöhe von 25 m ausgefahren werden; die Arbeitsbühne verfügt über 300 kg Tragfähigkeit. Auch das Dreiachsfahrgestell ist finnischen Ursprungs. Man verwendete ein Sisu-Chassis, das von einem Cummins-Dieselmotor angetrieben wird. Nebenbei bemerkt ist die in Helsinki ansässige Firma Sisu der einzige Nutzfahrzeughersteller Finnlands geblieben, der trotz Einschaltung der Renault-Vertriebsorganisation bis heute seine Eigenständigkeit unter staatlicher Aufsicht bewahren konnte.

Litauen

Das zu den drei baltischen Staaten zählende und nach dem Ersten Weltkrieg selbstständig gewordene Litauen wurde 1940 von der Sowjetunion einverleibt und blieb anschließend bis zum Jahr 1991 als Sowjetrepublik Teil des Ostblocks. Seither ist Litauen als Republik wieder ein autonomer Staat, der neuerdings auch der EU angehört. Entsprechend der politischen Bindung und der räumlichen Nähe zur Sowjetunion sind auch viele Feuerwehrfahrzeuge sowjetischen Ursprungs. Selbst zum jetzigen Zeitpunkt beträgt deren Anteil zwischen 50 und 80 %. Nach der Selbstständigkeit kamen aber auch manche, früher in Westeuropa, Skandinavien und anderen Ländern eingesetzte, gebrauchte Feuerwehrfahrzeuge nach Litauen. Seit dem Jahr 2001 hat sich in Vilnius (Wilna) die Firma ISKADA auf den Bau von Feuerwehrfahrzeugen nach europäischem Standard spezialisiert. Sie verwendet in erster Linie russische und französische Fahrgestelle. Neue Feuerwehrfahrzeuge sind in Litauen bis heute allerdings noch eher die Ausnahme.

Verwendungszweck:	*Tanklöschfahrzeug TLF 16*
Fahrgestelltyp:	*Mercedes-Benz*
	LAF 1113/36
Baujahr:	*1975*
Leistung der Pumpe:	*1600 l/min*
Löschwasservorrat:	*2400 l*

Ein allradgetriebenes, von der Firma Ziegler in Giengen aufgebautes ehemaliges Standard-TLF 16 auf Mercedes-Benz-Chassis wurde von einer freiwilligen Feuerwehr in Deutschland gespendet und wird seither von der Feuerwehr Trakai als Einsatzfahrzeug verwendet. Das gut gepflegte Fahrzeug befördert eine Löschstaffel mit sechs Mann Besatzung und wird von einem aufgeladenen Sechszylinder-Direkteinspritz-Dieselmotor mit 168 PS angetrieben.

Verwendungszweck:	*Tanklöschfahrzeug AZ-3,0-40-Modell M-1*
Fahrgestelltyp:	*Ural 43206 (4 x 4)*
Baujahr:	*1993*
Leistung der Pumpe:	*2400 l/min*
Löschwasservorrat:	*3000 l*

Unverkennbar sowjetischen Ursprungs sind Fahrgestell und Aufbau dieses allradgetriebenen Tankfahrzeugs AZ-3,0-40-Modell M-1 auf einem Ural 43206 (4 x 4)-Militärchassis, das in Miass produziert wird. Dieses von der Ural-AZ-Poshtechnika AG in Torzhok nordwestlich Moskaus entwickelte und gebaute Fahrzeug besitzt einen Achtzylinder-Direkteinspritz-Diesel-V-Motor von KamAZ mit 10 850 ccm Hubraum und 230 PS. Die Besatzung besteht aus sechs Mann.

Verwendungszweck:	*Tanklöschfahrzeug*
	AZ-2,5-40
Fahrgestelltyp:	*ZIL 131 (6 x 6)*
Baujahr:	*2002*
Leistung der Pumpe:	*2400 l/min*
Löschwasservorrat:	*2500 l*

Der neue litauische Feuerwehrausrüster ISKADA stellte dieses Tanklöschfahrzeug AZ-2,5-40 auf ZIL 131-Allradchassis her. Das Markenkürzel der in Moskau ansässigen Firma ZIL steht für Zavod Imieni Lichacheva. Unter der gerundeten Haube dieses robusten sowjetischen Dreiachs-Militärlastwagenfahrgestells arbeitet ein V-Achtzylinder-Vergasermotor mit 150 PS. Das TLF verfügt über eine Sechs-Mann-Kabine, hat ein einfach bereiftes Fahrwerk sowie eine Luftdruckregelungsanlage, die eine ausgezeichnete Beweglichkeit im Gelände garantiert.

Verwendungszweck:	*Schlauchfahrzeug AP 2*
Fahrgestelltyp:	*KamAZ 43105 (6 x 6)*
Baujahr:	*1998*
Leistung der Pumpe:	*–*
Löschwasservorrat:	*–*

Ein Schlauchfahrzeug des Typs AP-2(43105)215 – hergestellt beim Feuerwehraufbauhersteller und -ausrüster Poshmaschina in Priluki – entstand auf einem schweren KamAZ-Dreiachs-Frontlenker-Chassis und ist bei der Berufsfeuerwehr der litauischen Hauptstadt Vilnius im Einsatz. Das allradgetriebene Fahrzeug hat ein zulässiges Gesamtgewicht von 15,1 t, drei Mann Besatzung und verfügt über einen direkteinspritzenden V-Achtzylinder-Diesel mit 240 PS, der es auf maximal 90 km/h beschleunigen kann. Das Schlauchmaterial von insgesamt 2000 m wird mechanisch verlegt.

Verwendungszweck:	*Drehleiter mit Korb*
	DLK 23-12, Autoleiter 30 m
Fahrgestelltyp:	*Mercedes-Benz 1419 F*
Baujahr:	*1979*
Leistung der Pumpe:	*–*
Löschwasservorrat:	*–*

Diese von der Firma Metz in Karlsruhe aufgebaute DLK 23-12 auf Mercedes-Benz 1419 F-Fahrgestell wurde der Berufsfeuerwehr Vilnius von einer deutschen Feuerwehr als Aufbauhilfe zur Verfügung gestellt. Das mit einem Truppfahrerhaus ausgerüstete Fahrzeug der 14-t-Klasse hat drei Mann Besatzung und wird von einem Sechszylinder-Direkteinspritz-V-Diesel mit 9570 ccm Hubraum und 192 PS Motorleistung fortbewegt. Dieser hydraulische Leiterpark lässt sich bis auf 75 Grad aufrichten und bis zu 17 Grad absenken.

Verwendungszweck:	Gelenkmastbühne 30 m
Fahrgestelltyp:	KamAZ 53229
Baujahr:	1996
Leistung der Pumpe:	–
Löschwasservorrat:	–

Einen hydraulischen Gelenkmast des Typs 30-3 mit 30 m Hub-höhe des finnischen Aufbauherstellers Bronto-Skylift Oy in Tam-pere nennt auch die Feuerwehr von Litauens Hauptstadt Vilnius ihr Eigen. Sein Aufbau erfolgte auf ein russisches KamAZ 53229-Fahrgestell mit 240 PS Motorleistung. Die Arbeitsbühne trägt eine Maximalbelastung von 350 kg und der Gelenkmast hat eine Ausladung von 17,40 m. An dessen Ende ist ein Monitor mit 1200 l/m Wurfleistung angebracht. Das schwere Dreiachs-Front-lenker-Fahrzeug verfügt über ein zulässiges Gesamtgewicht von 20 t und kann 80 km/h als Höchstgeschwindigkeit erreichen. Die Produkte der Firma Bronto stehen mittlerweile in mehr als 110 Ländern und weltweit in über 5000 Einheiten im Einsatz.

Verwendungszweck:	Flugplatzlöschfahrzeug AA-60 (543)
Fahrgestelltyp:	MAZ-543 (8 x 8) Lkw 15 t
Baujahr:	1983
Leistung der Pumpe:	3600 l/min
Löschwasservorrat:	15 140 l

Das erste Flugplatzlöschfahrzeug auf dem schweren Fahrgestell des Raketentransporters MAZ 543 entstand unter der Be-zeichnung AA-60 (543) im Jahr 1973 unter Regie der Firma Poshmaschina in Priluki. Der MAZ-543 aus dem weißrussi-schen Autowerk Minsk erschien erstmals im November 1964 in der Öffentlichkeit und war gleichzeitig das schwerste Lkw-Fahrgestell der Roten Armee. Verwendet wurde dieses Chassis zum Transport überschwerer Lasten, als Zugmaschine für Rake-tentransportanhänger und Panzertransport-Tieflader sowie als Trägerfahrzeug und Startrampe für Mittelstreckenraketen. Das rund 33 t schwere Fahrzeug ist mit einem Zwölfzylinder-Dieselmotor in V-Form mit 38 880 ccm Hubraum und 525 PS Leistung bestückt. Die Höchstgeschwindigkeit liegt bei 70 km/h, der Kraftstoffverbrauch zwischen 80 und 120 l Diesel auf 100 Kilometer. Neben einem großen Wasservorrat besteht die feuerwehrtechnische Beladung aus 850 l Schaummittel und einem leistungsfähigen Monitor für die kombinierte Schaum-Wasserabgabe. Die Feuerlöschkreiselpumpe wird von einem separaten 180-PS-Motor angetrieben. Dieses mächtige Fahrzeug stand im Jahr 2002 auf dem Flughafen Vil-nius im Einsatz.

Verwendungszweck:	Flugplatzlöschfahrzeug FLF 80
Fahrgestelltyp:	Mercedes-Benz Actros 2840 (6 x 6)
Baujahr:	2004
Leistung der Pumpe:	4800 l/min
Löschwasservorrat:	9000 l

Zwei neue Flugplatzlöschfahrzeuge erhielt die Flughafenfeuer-wehr des Verkehrsflughafens Vilnius auf einem schweren drei-achsigen, allradgetriebenen Mercedes-Benz-Actros-Fahrgestell. Dieses Chassis hat ein zulässiges Gesamtgewicht von 28 t und ist mit einem Sechszylinder-V-Diesel mit 11 946 ccm Hubvolumen und 408 PS Leistung nicht zu knapp motorisiert. Die Schaltvor-gänge des Getriebes werden automatisch getätigt. Ausrüstung und feuerwehrtechnischen Aufbau übernahm die Firma Bronto-Saurus. Zusätzlich zum Wasservorrat ist das kompakte Fahrzeug mit 1000 l Schaummittel beladen.

Verwendungszweck:	Flugplatzlöschfahrzeug FCT 669
Fahrgestelltyp:	Volvo F 89 (6 x 6)
Baujahr:	1976
Leistung der Pumpe:	4000 l/min
Löschwasservorrat:	9000 l

Bei der Flughafenfeuerwehr des Verkehrsflughafens Vilnius befanden sich bis zum Jahr 2003 drei Exemplare eines von dem norwegischen Aufbauhersteller Skuteng erstellten Flug-platzlöschfahrzeugs FCT 669 im Einsatz. Als Basis diente das Dreiachs-Allradchassis des Volvo-F 89-Frontlenkers, angetrie-ben von dem starken Zwölfzylinder-Dieselmotor TD 120 mit 330 PS. Das schwere Fahrzeug hatte ein zulässiges Gesamtge-wicht von 30,5 t und war zusätzlich mit 1000 l Schaummittel beladen und mit einem Dachmonitor für Schaum- und Was-serabgabe bestückt.

Polen

Das im östlichen Europa gelegene Polen erstreckt sich mit seinen Tiefebenen von der Ostseeküste im Norden bis zur Hohen Tatra an seiner Südgrenze zu Tschechien und der Slowakei. In seiner Geschichte war Polen zwischen den angrenzenden Großmächten Österreich, Preußen und Russland mehrfach geteilt und wurde als souveräner Staat erst 1918 wieder hergestellt. Nach dem Zweiten Weltkrieg kam das Land unter kommunistische Herrschaft. Erst 1991 gab es freie Wahlen und die Hinwendung zu Demokratie und Marktwirtschaft. Seit 2004 gehört Polen der EU an.

Die Sicherstellung des Brandschutzes wird durch Berufs-, Werk- und freiwillige Feuerwehren gewährleistet. Während freiwillige Feuerwehren flächendeckend im ganzen Land bestehen, gibt es Berufsfeuerwehren vor allem in den größeren Städten. Werk- und Betriebsfeuerwehren beschränken sich vor allem auf größere oder besonders gefährdete Industriebetriebe.

Die Nutzfahrzeugentwicklung Polens hielt sich bis nach dem Zweiten Weltkrieg in engen Grenzen und beschränkte sich im Wesentlichen auf ausländische Lizenzbauten. Bekannt geworden ist hier der Polski-Fiat. Seither hat sich das Bild gewandelt und mit Hilfe der Hersteller Star, Jelcz und Zuk ist man in der Lage, den wesentlichen Bedarf an Fahrgestellen auch im Bereich der Feuerwehraufbauten zu decken. Daneben gibt es auch noch viele Feuerwehrfahrzeuge sowjetrussischer und tschechischer Produktion und in den letzten Jahren in steigendem Maße auch mit west- und nordeuropäischen Fahrgestellen. Hier sind vor allem Mercedes-Benz, MAN, Renault, aber auch Scania und Volvo zu nennen.

Auch für die Feuerwehrfahrzeugindustrie bestehen in Polen gute Voraussetzungen. Diese ist in der Lage, den hauptsächlichen Bedarf an Einsatzfahrzeugen für polnische Wehren zu befriedigen. Sonder- und Großtanklöschfahrzeuge kommen aber nach wie vor aus Westeuropa und von Rosenbauer aus Österreich, werden aber in zunehmendem Umfang auch im Lande gebaut und ausgerüstet. Im Drehleiterbereich sind nach wie vor die deutschen Firmen Metz und vor allem Magirus gut im Geschäft. Für die von dort bezogenen Leitersätze werden überwiegend Lkw-Fahrgestelle aus eigener Produktion, hier vor allem die Jelcz-Frontlenker, verwendet. Auch der französische Hersteller Camiva konnte mittlerweile in Polen erfolgreich Fuß fassen. Zwischen 1969 und 1989 kamen etwa 90 Drehleitern vom VEB-Feuerwehrgerätewerk Luckenwalde, aus der früheren DDR. Mittlerweile

werden von einem Hersteller in Koszalin Drehleitern und Gelenkmastbühnen mit Höhen bis zu 42 Metern im Lande gefertigt.

Musste man noch vor 20 Jahren Fahrzeugbestückung und Ausrüstung der meisten polnischen Wehren – abgesehen von den Feuerwehren in den Großstädten – oftmals als unzureichend und veraltet einstufen, gehört diese Ära inzwischen der Vergangenheit an. Nahezu alle Feuerwehren verfügen mittlerweile über weitgehend neues, zweckmäßiges Einsatzmaterial, das zum größten Teil im eigenen Land hergestellt wird.

Verwendungszweck:	*Drehleiter DL 45 + 2 m*
Fahrgestelltyp:	*Magirus M 50 L*
Baujahr:	*1938*
Leistung der Pumpe:	–
Löschwasservorrat:	–

An die Werkfeuerwehr des Seeamts der polnischen Hafenstadt Gdingen lieferte Magirus die hier abgebildete mechanische Drehleiter mit 45 m Auszugslänge und zusätzlich 2 m Handausschub. Zur Verwendung gelangte ein sechsteiliger Stahlleitersatz und das K-30-Leitergetriebe. Das Basisfahrzeug war ein 5-t-Magirus-Hauber mit Sechszylinder-Vergasermotor, 7739 ccm Hubraum und einer Leistung von 110 PS. Erstaunlicherweise wurde dieses Fahrzeug – trotz der im Osten herrschenden rauen klimatischen Verhältnisse – ohne geschlossene Fahrerkabine ausgeführt.

Verwendungszweck:	*Drehleiter DL 37 m*
Fahrgestelltyp:	*Magirus M 50 L*
Baujahr:	*1938*
Leistung der Pumpe:	–
Löschwasservorrat:	–

Die polnische Feuerwehr Bielsko in den Karpaten erhielt im November 1938 eine fünfteilige „Drabina Magirusa" – eine Magirus-Drehleiter mit mechanischem Antrieb und 37 m Auszugslänge. Auch hier wurde ein Magirus-M-50-L-Fahrgestell mit 5 t Tragfähigkeit und 110 PS Vergasermotor als Trägerchassis verwendet. Das beeindruckende Fahrzeug hat ein geschlossenes Fahrerhaus und eine dekorativ verchromte Kühlermaske.

Verwendungszweck:	*Tanklöschfahrzeug*
Fahrgestelltyp:	*Mercedes- Benz LF 911 B/36*
Baujahr:	*1978*
Leistung der Pumpe:	*1600 l/min*
Löschwasservorrat:	*2400 l*

Ein Tanklöschfahrzeug der niederländischen Marine – aufgebaut auf Mercedes-Benz-Kurzhauber – stand bei der Berufsfeuerwehr Slubice im Sommer 2004 im Einsatz. Der Antrieb dieses auf 9 t zulässigen Gesamtgewicht ausgelegten Fahrgestells erfolgt durch den Sechszylinder-Dieselmotor mit direkter Kraftstoffeinspritzung und Abgas-Turbolader OM 352 A mit 5675 ccm Hubraum und einer Höchstleistung von 168 PS bei 2900 U/min. Die Fahrer- und Mannschaftskabine ist für sechs Einsatzkräfte eingerichtet. Beachtenswert ist das mittig über dem Kühlerschutzgitter angeordnete, unter der Bezeichnung Straßenräumer geläufige blaue Blinklicht.

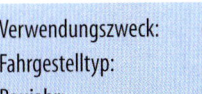

Verwendungszweck:	*Tanklöschfahrzeug*
Fahrgestelltyp:	*Jelcz 422*
Baujahr:	*1995*
Leistung der Pumpe:	*3200 l/min*
Löschwasservorrat:	*5000 l*

Dieses Tanklöschfahrzeug auf Jelcz-Frontlenker mit Aufbau des Feuerwehrausrüsters Zaklady Samochodowe Jelcz in Jelcz wird nach der polnischen Terminologie als GCBA 5/32 bezeichnet. Das bei der Berufsfeuerwehr Nysa beheimatete Fahrzeug verfügt über eine Staffelkabine für sechs Mann und einen großen, abgesetzten Gerätekoffer mit Lamellenverschlüssen. Neben Löschwasser befinden sich 500 l Schaummittel an Bord. Die am Rahmenende befindliche leistungsstarke Feuerlöschkreiselpumpe arbeitet mit einem Druck von 10 bar.

Verwendungszweck:	*Universallöschfahrzeug*
Fahrgestelltyp:	*Star 14.227 LF Typ 662*
Baujahr:	*1999*
Leistung der Pumpe:	*2400 l/min*
Löschwasservorrat:	*2000 l*

Das hier gezeigte, als GBAPr 2/24/750 bezeichnete Universallöschfahrzeug der Berufsfeuerwehr Slubice, bei dem sich die drei Löschmittel Wasser, Schaum und Pulver an Bord befinden, ist damit für alle Brandrisiken bestens ausgerüstet. Auf diesem in Starachowice hergestellten und mit einer Staffelkabine versehenen Star-Frontlenkerfahrgestell befinden sich neben Wasser 200 l Schaummittel und eine 750 kg Pulverlöschanlage. Die Feuerlöschpumpe kann entweder mit Normal- oder Hochdruck (2400 l/min bei 8 bar bzw. 250 l/min bei 40 bar) betrieben werden.

Verwendungszweck:	*Großtanklöschfahrzeug*
Fahrgestelltyp:	*Tatra T 148 (6 x 6)*
Baujahr:	*1982*
Leistung der Pumpe:	*3200 l/min*
Löschwasservorrat:	*6000 l*

Dieses auf einem schweren Tatra-Hauben-Dreiachs-Allradchassis mit Truppkabine aufgebaute Großtanklöschfahrzeug besitzt ein zulässiges Gesamtgewicht von 18 600 kg und wird von einem luftgekühlten V-Achtzylinder-Diesel mit 12 667 ccm Hubraum und 212 PS Leistung fortbewegt. Das bei der Berufsfeuerwehr Nysa stationierte Fahrzeug besitzt einen mittig installierten Pumpenstand sowie einen Schaummittelvorrat von 600 l. Die am Heck befindliche Schnellangriffseinrichtung ist über eine sich nach oben hin öffnende Klappe zugänglich. Der Dachmonitor hat eine Reichweite von 60 m.

Verwendungszweck:	*Großtanklöschfahrzeug*
Fahrgestelltyp:	*Jelcz 417 K*
Baujahr:	*1995*
Leistung der Pumpe:	*–*
Löschwasservorrat:	*18 000 l*

Ein Grosstanklöschfahrzeug mit Jelcz-Zugmaschine und Satteltankauflieger gehört zum Fahrzeugbestand der Berufsfeuerwehr Slubice. Dieser bei Großbränden als Wasserzubringerfahrzeug benutzte Sattelzug wird bei den polnischen Feuerwehren als GCBM 18/8 bezeichnet und verfügt über einen als Direkteinspritzer konstruierten Sechszylinder-Diesel mit 11 100 ccm Hubraum und einer Leistung von 243 PS bei 2200 U/min. Die feuerwehrtechnische Ausrüstung besteht aus einer 800-l/min-Tragkraftspritze TS 8/8.

Verwendungszweck:	*Beleuchtungsgerätewagen*
Fahrgestelltyp:	*ZuK A 14*
Baujahr:	*1990*
Leistung der Pumpe:	*–*
Löschwasservorrat:	*–*

Im Werk FSC in Lublin wird seit 1959 der Kleintransporter ZuK produziert, der mit unterschiedlichen Aufbauten erhältlich ist. Auf dem Feuerwehrsektor sind es überwiegend Kleinlösch- und Tragkraftspritzenfahrzeuge, für die dieses Fahrgestell Verwendung findet. Dieses Exemplar der Berufsfeuerwehr Slubice wurde von einem polnischen Hersteller mit dem Aufbau eines Beleuchtungsgerätewagen versehen, an dessen hydraulisch ausfahrbarem Mast acht Flutlichtscheinwerfer installiert sind. Daneben gehört ein Stromerzeuger zur Beladung des Fahrzeugs.

Weißrussland

Mit dem Zerfall der ehemaligen Sowjetunion wurde aus der früheren Sowjetrepublik Weißrussland eine autonome Republik im Rahmen der GUS-Staaten mit Minsk als Hauptstadt. Ähnlich wie in der UdSSR ist auch hier der Brandschutz dem Innenministerium unterstellt. Die Fahrgestelle und Aufbauten sind hauptsächlich sowjetischen Ursprungs.

Allerdings gibt es in zunehmendem Umfang auch Fahrzeuge aus Westeuropa und Skandinavien. Besonders deutsche Fahrzeuge werden – auch wenn sie etwas älter sind – gerne verwendet. Die Ausrüstung mit gänzlich neuen Fahrzeugen macht aufgrund fehlender finanzieller Mittel nur langsam Fortschritte.

Verwendungszweck:	Tanklöschfahrzeug AZ-40 (5337)
Fahrgestelltyp:	MAZ 5337
Baujahr:	1995
Leistung der Pumpe:	2400 l/min
Löschwasservorrat:	3000 l

Das Fahrgestell dieses bei der Berufsfeuerwehr Minsk im Dienst stehenden Tanklöschfahrzeugs AZ-40 (5337) ist ein MAZ-Chassis, das im ortsansässigen Automobilwerk Minsk Automobilnij Zavod hergestellt wird. Das allradgetriebene Fahrzeug ging als Entwicklung aus der Produktionsvereinigung Belkommunmasch hervor und wird von einem Sechszylinder-V-Diesel mit 230 PS fortbewegt. Die Besatzung besteht aus sechs Mann. Neben den Wasservorräten ist ein Schaummittelbehälter mit 300 l Inhalt vorhanden.

Verwendungszweck:	Schnellangriffsfahrzeug ABR-0,6/100
Fahrgestelltyp:	ZIL-5301
Baujahr:	2001
Leistung der Pumpe:	1200 l/min
Löschwasservorrat:	600 l

Auf einem ZIL-5301-Serienfahrgestell wurde dieses von der Minsker Berufsfeuerwehr eingesetzte Schnellangriffsfahrzeug ABR-0,6/100 (5301) von der Belkommunmasch-Produktionsvereinigung aufgebaut. Dieses schnelle und wendige Löschfahrzeug befindet sich seit 1999 in der Produktion. Das Fahrzeug hat sieben Mann Besatzung und ein Vierzylinder-Diesel mit 136 PS sorgt für den nötigen Vortrieb.

Verwendungszweck:	Tanklöschfahrzeug AZ-6,0-40/4
Fahrgestelltyp:	KamAZ 53211
Baujahr:	1992
Leistung der Pumpe:	2400 l/min
Löschwasservorrat:	6000 l

Dieses Tanklöschfahrzeug AZ-6,0-40/4 (53211)-1-DD entstand in Zusammenarbeit mit dem österreichischen Feuerwehrausrüster Rosenbauer und dem russischen Hersteller Poshmaschina in Priluki auf einem KamAZ-Fahrgestell. Das Fahrzeug verfügt über einen 240-PS-Dieselmotor und hat sieben Mann Besatzung. Neben dem Löschwasservorrat bestehen Beladung und Ausrüstung aus einem Lichtmast mit 4 x 1000 Watt-Flutlichtscheinwerfern und einem 5 kVA-Notstromaggregat. Auf dem Fahrzeugdach befinden sich Saugschläuche und ein Monitor.

Verwendungszweck:	*Drehleiter mit Korb DLK 23-12, Autoleiter AL 30*
Fahrgestelltyp:	*Mercedes-Benz LF 1313/48*
Baujahr:	*1974*
Leistung der Pumpe:	–
Löschwasservorrat:	–

Für die weißrussische Feuerwehr Borissow stellte die Freiwillige Feuerwehr Nussloch diese auf Mercedes-Benz LF 1313/48-Chassis aufgebaute DLK 23-12 zur Verfügung, die dort als Autoleiter AL 30 eingeordnet wurde. Diese von Metz/Karlsruhe aufgebaute Drehleiter mit Staffelkabine für sechs Mann Besatzung wird von einem Sechszylinder-Direkteinspritz-Diesel OM 352 A mit 5675 ccm Hubraum angetrieben, der mit Abgas-Turbolader eine Motorleistung von 168 PS bei 2800 U/min zur Verfügung stellen kann. Diese Variante verfügt bereits über eine moderne Waagrecht-Senkrecht-Abstützung, allerdings noch über die alte Podiumsausführung mit Klapptüren.

Verwendungszweck:	*Autoleiter AL 50*
Fahrgestelltyp:	*Magirus-Deutz (KHD)*
	FM 310 D 22 F (6 x 4)
Baujahr:	*1982*
Leistung der Pumpe:	–
Löschwasservorrat:	–

Seit den frühen 1980er Jahren ging die Nachfrage der Ostblockstaaten nach den einst so beliebten 44-m-Leitern immer mehr zurück. Stattdessen wurden zunehmend 50-m-Leitern bei Metz und Magirus geordert. Zwischen 1981 und 1995 wurden fast 40 Einheiten der DL 50 an die UdSSR und die Nachfolgestaaten von beiden Herstellern geliefert. Sie wurden ausschließlich von den Feuerwehren der großen Städte eingesetzt. Zu den ersten Magirus-Lieferungen der Jahre 1981/82 zählt auch dieses ursprünglich für die Berufsfeuerwehr Moskau noch auf dem alten Magirus-Deutz FM 310 D 22 F-Dreiachsfahrgestell errichtete Exemplar. Das mittlerweile von der Berufsfeuerwehr Minsk übernommene Fahrzeug ist mit Staffelkabine für sechs Einsatz-

kräfte ausgebildet und verfügt über den luftgekühlten Zehnzylinder-Direkteinspritz-V-Diesel des Typs KHD F 10 L 413 mit 14 702 ccm Hubvolumen und 305 PS Leistung. Diese mächtige

Drehleiter hat einen sechsteiligen Leiterpark und wird mit Hilfe einer variablen Waagrecht-Senkrecht-Abstützung stabilisiert.

Verwendungszweck:	*Leiterbühne AKP 50*
Fahrgestelltyp:	*M3KT-6923 (8 x 4)*
Baujahr:	*2000*
Leistung der Pumpe:	–
Löschwasservorrat:	–

Zu den großen Feuerwehrausrüstern der GUS-Staaten zählte seit den 1990er Jahren die Firma Poshtechnika in Torschok. Dieser Anbieter verfügt mittlerweile über ein sehr reichhaltiges Angebot von Feuerwehrfahrzeugen aller Klassen – vom Schnellangriffsfahrzeug bis zu den höchsten Gelenkmasten und Drehleitern. Die Fahrzeuge sind insgesamt sehr robust und solide ausgeführt sowie für harte Einsatzbedingungen und ungünstige klimatische Verhältnisse konzipiert. Eine Gelenkmastbühne eigener Herstellung mit 50 m Arbeitshöhe befindet sich ebenfalls im Angebot. Das abgebildete, zum Fahrzeugbestand der Berufsfeuerwehr Minsk gehörende Fahrzeug ist auf einem M3KT-6923-Chassis, für dessen Fortbewegung ein Achtzylinder-V-Diesel mit 330 PS sorgt, aufgebaut. Die Arbeitsplattform besitzt eine Tragfähigkeit von 400 kg und hat eine Ausladung von 19 m. Der Gelenkmast ist mit einem 1200-l/min-Monitor ausgerüstet.

Russland

Die russischen Feuerwehren gliedern sich in Berufswehren in Städten und Gemeinden, aber auch in militärisch organisierte Berufswehren in den Großstädten. Die Letzteren sind dem Innenministerium unterstellt. Auf freiwilliger Basis hingegen arbeiten die Feuerwehren in den Dörfern bzw. auf dem Lande. Auch die Wehren in großen Betrieben des Landes bestehen aus hauptamtlichen Kräften. Geleitet werden die Einrichtungen des Brandschutzes durch eine eigene, dem Innenministerium unterstehende Verwaltung.

Die feuerwehrtechnische Entwicklung hat in der ehemaligen Sowjetunion in den letzten Jahrzehnten einen gewaltigen Aufschwung genommen. Nutznießer dieser Entwicklung sind vor allem große Wehren, die material- und fahrzeugmäßig gut ausgerüstet sind und ausbildungsmäßig sehr straff und zentral geführt werden. Wesentlich schlechter sieht es hingegen in kleinen Städten oder auf dem Lande aus. Hier fehlen zumeist die finanziellen Mittel, um eine moderne Ausrüstung und neue Fahrzeuge zu beschaffen. Daher müssen diese Wehren oft genug mit Fahrzeugen und Geräten aus den 1960er Jahren auskommen. Die Feuerwehrgeräteindustrie des Landes ist mittlerweile recht leistungsfähig, wobei besonders seit 1991 ein großer Aufschwung zu verzeichnen ist. Nach dem Übergang von der Plan- bzw. zentralen Verwaltungswirtschaft zur Marktwirtschaft etablierten sich neue Feuerwehrfahrzeugfabriken im Lande, die ihre Produkte zu marktgerechten und konkurrenzfähigen Preisen offerieren. Zu den größten Herstellern zählt die Firma Poshtechnika in Torschok, die mittlerweile eine umfassende Palette nahezu aller Feuerwehrfahrzeugtypen anbieten kann. Die Konstruktion erfolgt sehr einheitlich und vielfach in Form austauschbarer, kostengünstiger Blockmodule, was für die Fahrgestellauswahl keineswegs eine Beeinträchtigung darstellt.

Andererseits sind auf den Wachen immer wieder Einsatzfahrzeuge ausländischer Hersteller zu finden. Dies betrifft insbesondere Spezialfahrzeuge wie Drehleitern und Gelenkmastbühnen mit großen Arbeitshöhen.

Verwendungszweck:	*Tanklöschfahrzeug PMZ-11*
Fahrgestelltyp:	*ZIS-5 V*
Baujahr:	*1951*
Leistung der Pumpe:	*1200 l/min*
Löschwasservorrat:	*800 l*

Der ab 1933 in dem zu Ehren Stalins in ZIS-Werke (Zavod Imieni Stalina) Moskau umbenannten Lkw-Werk gebaute 3-t-Lkw ZIS-5 wurde als Standard-Lastwagen dieser Klasse in großen Stückzahlen fabriziert. Es war ein betont einfach und robust gehaltener Lastwagen, der den besonderen klimatischen Bedingungen und Straßenverhältnissen des Landes gewachsen war. Die darauf errichteten Feuerwehrfahrzeuge waren noch in den 1930er Jahren in der Regel offen ausgeführt. Später hielten auch hier geschlossene Aufbauten, wie bei diesem Tanklöschfahrzeug PMZ-11, Einzug. Dieser Fahrzeugtyp mit sechs Mann Besatzung gehörte zu den ersten Modellen dieser Art nach dem Krieg.

Verwendungszweck:	*Tanklöschfahrzeug PMG-6*
Fahrgestelltyp:	*GAZ-51*
Baujahr:	*1954*
Leistung der Pumpe:	*1200 l/min*
Löschwasservorrat:	*900 l*

Das 2,5-t-Chassis des GAZ-51-Lkw war in den 1950er Jahren in der Sowjetunion das mit Abstand am häufigsten vertretene Fahrzeuge. Das vor allem unter dem Markenzeichen Molotov-Werk bekannt gewordene Fahrzeug verfügte über einen Sechszylinder-Vergasermotor mit 70 PS. Ein zwischen 1950 und 1959 in Serien gefertigtes Tanklöschfahrzeug PMG-6 mit geschlossener Karosserie und einer am Fahrzeugheck angeordneten Feuerlöschkreiselpumpe ist hier auf einem solchen Chassis zu sehen. Dieser von der Feuerlöschgerätefabrik Grabowo hergestellte Fahrzeugtyp war eines der ersten Modelle dieser Art nach dem Krieg und beförderte sieben Mann Besatzung und zusätzlich 50 l Schaummittel.

Verwendungszweck:	Tanklöschfahrzeug PMZ-27
Fahrgestelltyp:	ZIS-151 (6 x 6)
Baujahr:	1960
Leistung der Pumpe:	3000 l/min
Löschwasservorrat:	3000 l

Das von einem 100 PS starken Sechszylinder-Vergasermotor angetriebene sowjetische ZIS-151-Chassis war als Dreiachser in den 1950er Jahren ebenfalls sehr populär. Auf einem Dreiachsfahrgestell (6 x 6) wurde ab Dezember 1959 das sehr formschön und wuchtig wirkende Tanklöschfahrzeuge PMZ-27 aufgebaut, in welches auch die neue PH-30-K-Pumpe installiert war. Darüber hinaus war der PMZ-27-Tanker das erste derartige, in Ganzstahlbauweise erstellte Fahrzeug. Zeitweise wurden mehr als 750 Einheiten dieses Typs von Poshmaschina in Priluki erstellt. Bei manchen Exemplaren dieser mit sieben Mann besetzten Tankfahrzeuge wurden die Türöffnungen nach oben geklappt, hier noch ein Fahrzeug mit seitlichen Klapptüren.

Verwendungszweck:	Autoleiter ALM-45 (M 200) LA
Fahrgestelltyp:	MAZ 200
Baujahr:	1958
Leistung der Pumpe:	–
Löschwasservorrat:	–

Das von der Firma Minsk Avtomobilnij Zavod – MAZ – in Minsk bis 1965 gebaute 7-t-Lkw-Modell MAZ 200 war der erste Diesellastwagen in der Sowjetunion. In diesem Fahrzeug wirkte ein Vierzylindermotor mit 135 PS. Auf einem solchen Fahrgestell wurde gegen Ende der 1950er Jahre die erste 45 m Drehleiter ALM 45 (M 200) LA mit mechanischem Antrieb errichtet. Der sechsteilige Leiterpark war nach dem konstruktiven Vorbild der deutschen Firma Magirus ausgebildet. Es war die damals höchste von der eigenen Industrie gelieferte Drehleiter im Lande. Da der Entwurf noch nicht genügend ausgereift war, blieb es bei einigen wenigen Exemplaren.

Verwendungszweck:	Tanklöschfahrzeug TLF 7600
Fahrgestelltyp:	KamAZ 53.211 (6 x 4)
Baujahr:	1990
Leistung der Pumpe:	2400 l/min
Löschwasservorrat:	6900 l

Mit dem Ziel sowohl den russischen Eigenbedarf als auch den Export zu decken, entstand in Zusammenarbeit mit der österreichischen Firma Rosenbauer dieses TLF 7600 bei Poshmaschina in Priluki. Das KamAZ-53211-Fahrgestell verfügt über einen Achtzylinder-Diesel mit Abgas-Turbolader und 260 PS Motorleistung. Die kippbare Frontlenkerkabine ist für sieben Mann Besatzung eingerichtet. Neben dem Wassertank befinden sich 700 l Schaummittel an Bord. Im Fahrzeugheck angeordnet ist eine kombinierte ND/HD-Pumpe. Vormischer, 2400-l/min-Dachmonitor mit 65 m Wurfweite, Schnellangriffseinrichtung, Lichtmast und 5 kVA-Generator sind weitere Beladungsbestandteile des 19,5 t schweren Dreiachsers. Neben seiner besonders robusten Bauweise ist das Fahrzeug im Temperaturbereich von +50° bis −40° Celsius betriebsfähig und damit auch für sibirische Verhältnisse voll tauglich.

Verwendungszweck:	Drehleiter DL 52 m
Fahrgestelltyp:	Mercedes-Benz L 1920/52
Baujahr:	1968
Leistung der Pumpe:	2400 l/min
Löschwasservorrat:	–

Aufgrund der noch unausgereiften Technologie und der nur ungenügend vorhandenen Fachkenntnisse, gab die Sowjetunion bei Drehleitern mit großen Steighöhen Westimporten den Vorzug. Als Lieferanten kamen sowohl Metz als auch Magirus zum Zuge. Eine mechanische Drehleiter mit 52 m Steighöhe und hängendem Korb lieferte Metz im Mai 1968 an die Berufsfeuerwehr Moskau. Der Aufbau dieses mit Staffelkabine und Vorbaupumpe ausgerüsteten Fahrzeugs erfolgte auf dem 19-t-Mercedes-Benz L 1920-Chassis mit 210-PS-Sechszylinder-Direkteinspritz-Diesel. Wann dieses gewaltige Fahrzeug außer Dienst gestellt wurde, ist nicht bekannt.

Ukraine

Was für die bisher genannten GUS-Staaten gilt, trifft auch auf die seit 1991 wieder selbstständige Ukraine zu. Der Fahrzeugpark der ukrainischen Feuerwehren war und ist naturgemäß sehr stark an sowjetrussischen Fahrgestellen und Aufbauten orientiert. Ebenso langsam und zögerlich verläuft die Beschaffung von neuen Fahrzeugen, so dass dort auch heute noch viele zwar ältere, aber gepflegte Fahrzeuge aus der ehemaligen Sowjetunion neben manchen Modellen aus dem Westen Dienst tun.

Verwendungszweck:	*Tanklöschfahrzeug AP*
Fahrgestelltyp:	*ZIS 150*
Baujahr:	*1955*
Leistung der Pumpe:	*1200 l/min*
Löschwasservorrat:	*3000 l*

Seit 1946 fertigten die Lichatschow-Automobilwerke Moskau den 4-t-Lkw ZIS 150 in beachtlichen Stückzahlen. Dieser Lkw war eine exakte Kopie des seit 1940 gefertigten US-amerikanischen Modells International K. Seine Fortbewegung erfolgte mittels eines Sechszylinder-Vergasermotors mit 5550 ccm Rauminhalt und 90 PS Motorleistung. Auch für Feuerwehrzwecke fand dieses robuste Chassis häufig Verwendung. Dieses für russische Verhältnisse geradezu elegant karosserierte Modell ist ein Tanklöschfahrzeug des Typs AP mit Feuerlöschkreiselpumpe am Heck. Die Besatzung bestand aus drei Mann.

Verwendungszweck:	*Automobilspritze und Löschfahrzeug*
Fahrgestelltyp:	*Ural-ZIS 355*
Baujahr:	*1940*
Leistung der Pumpe:	*1200 l/min*
Löschwasservorrat:	*150 l*

In fast jeder größeren sowjetischen Feuerwehreinheit vor und auch noch lange nach Ende des Zweiten Weltkriegs befanden sich Automobilspritzen dieser oder ähnlicher Bauweise im Einsatz. Es waren grundsolide, auf die harten Einsatzverhältnisse auf schlechten Straßen und für einfache Instandsetzungen konzipierte Fahrzeuge. Bei den Fahrgestellen handelte es sich zumeist um in Lizenz gefertigte amerikanische 3-t-Autocar Lastkraftwagen, deren Produktion unter der Typenbezeichnung ZIS-5 vorgenommen wurde. 1942 wurden die ZIS-Werke (Zavod Imieni Stalina) von Moskau nach Miass in den Ural verlagert und der Bau als Ural-ZIS-355 und später 355 M fort-

geführt. Die 3-t-Fahrzeuge verfügten über 73 PS starke Sechszylinder-Vergasermotoren, besaßen in der Regel eine Feuerlöschkreiselpumpe am Rahmenende und teilweise auch einen kleinen Löschwasserbehälter. Die Mannschaft musste vor Wind und Wetter ungeschützt auf unfallträchtigen, weil hochliegenden Längssitzbänken Platz nehmen.

Verwendungszweck:	*Autoleiter ALR-17 (51) LT*
Fahrgestelltyp:	*GAZ 51 A*
Baujahr:	*1953*
Leistung der Pumpe:	–
Löschwasservorrat:	–

GAZ (Gorkovskij Automobilnyj Zavod) – das Automobilwerk Gorki – war 1932 mit Unterstützung von Ford entstanden. Zum Fertigungsprogramm gehörte seit 1946 auch der von einem 70 PS starken Sechszylinder-Vergasermotor mit 3480 ccm Hubraum angetriebene 2,5-Tonner GAZ 51, der – in gewaltigen Stückzahlen gefertigt – sich schnell zum sowjetischen Standard-Lkw in dieser Klasse entwickelte. Auch im Feuerwehrfahrzeugbau fand dieses Chassis eine weite Verbreitung, in erster Linie als Tankfahrzeug oder Automobilspritze. In kleinerer Zahl wurden auch handbetriebene Autoleitern als ALR 17 (51) LT auf diesen Fahrgestellen errichtet. Der Leiterpark konnte bis auf 80° aufgerichtet werden, was ausreichte, um auch im sechsten Stockwerk eines Hauses Lösch- und Rettungsarbeiten vornehmen zu können. Dieses schöne, restaurierte Exemplar war im Jahr 2003 auf einer Fahrzeugschau in Kiew zu bewundern.

Verwendungszweck:	**Schnellangriffsfahrzeug APP-2**
Fahrgestelltyp:	**GAZ 33021**
Baujahr:	**1997**
Leistung der Pumpe:	**1200 l/min**
Löschwasservorrat:	**300 l**

Ein von dem Feuerwehrausrüster Poshtechnika in Torschok entwickeltes und gebautes Schnellangriffsfahrzeug APP-2 der Berufsfeuerwehr Kiew ist hier zu sehen. Als Aufbaubasis fand ein GAZ 33021-Chassis mit einem Vierzylinder-90-PS-Vergasermotor und 3,5 t zulässigem Gesamtgewicht Verwendung. Drei Mann Besatzung, ein tragfähiges Notstromaggregat mit einer Leistung von 6 kVA, Wassertank und Feuerlöschpumpe gehören zur Ausrüstung.

Verwendungszweck:	**Rauchschutzwagen GDZS-90 (4314) -251**
Fahrgestelltyp:	**ZIL 130-76 (4314)**
Baujahr:	**1977**
Leistung der Pumpe:	**–**
Löschwasservorrat:	**–**

In der Sowjetunion der 1960er und 70er Jahren sehr weit verbreitet und populär war das optisch US-amerikanischen Vorbildern nachempfundene Fahrgestell des ZIL 130-76. Dieses robuste Standardchassis verfügte über ein Achtzylinder-V-Vergaserantriebsaggregat mit 150 PS Motorleistung. Auf diesem Fahrgestell entstand dieser bei der ukrainischen Feuerwehr Tschernikow im Einsatz stehende Rauchschutzwagen GDZS-90 (4314) – 251, den der Aufbauhersteller Poshmaschina in Priluki erstellte. Dieser noch aus sowjetrussischen Beständen stammende Fahrzeugtyp hatte drei Mann Besatzung und die Aufgabe, Rauch oder Gase aus geschlossenen Räumen abzusaugen und diese anschließend mit Frischluft zu belüften. Die auf dem Fahrzeug installierte Belüftungsanlage war mit 12 000 cbm pro Stunde sehr leistungsfähig.

Verwendungszweck:	**Tanklöschfahrzeug AZ-2,5-40 (433362)**
Fahrgestelltyp:	**ZIL 4331 (433362)**
Baujahr:	**1998**
Leistung der Pumpe:	**2400 l/min**
Löschwasservorrat:	**2500 l**

Dieses Tanklöschfahrzeug AZ-2,5-40 wurde auf dem ZIL-Fahrgestell 4331, dem äußerlich aktualisierten Nachfolgemodell des ZIL 130-76, montiert. Diese Fahrzeuge sind in den GUS-Staaten sehr verbreitet und sozusagen als Standard-Tankfahrzeuge anzusehen. Auch in diesem Fall wurde beim Antrieb der nicht mehr zeitgemäße Achtzylinder-V-Vergasermotor mit 150 PS beibehalten, was die Wirtschaftlichkeit negativ beeinflusst. Alternativ gab es später auch einen 185-PS-Diesel. Die Besatzung besteht aus sieben Mann und die Feuerlöschkreiselpumpe ist am Rahmenende angeordnet. Weiterhin gehört ein Schaummittelbehälter mit 170 l Inhalt zur feuerwehrtechnischen Beladung.

Tschechien

Dieser aus der ehemaligen Tschechoslowakei hervorgegangene, offiziell als Tschechische Republik bezeichnete Staat wurde nach der 1993 erfolgten Trennung von der Slowakei unabhängig. Er umfasst die Provinzen Böhmen und Mähren mit Prag als Hauptstadt und eine Einwohnerzahl von mehr als 10 Millionen Menschen.

Die Feuerwehren des Landes sind mittlerweile modern ausgerüstet und gut ausgebildet. Der früher eher vernachlässigte Bereich der technischen Hilfeleistung gewinnt auch in Tschechien zunehmend an Bedeutung. Hauptsächlich vertreten sind in diesem Land die freiwilligen Feuerwehren, ferner gibt es Berufsfeuerwehren in Großstädten und Werk- oder Betriebsfeuerwehren, die sowohl auf freiwilliger als auch auf hauptberuflicher Basis arbeiten.

Die Fahrzeugindustrie des Landes ist sehr gut entwickelt. Skoda, Tatra, Avia und Praga sind auch über die Grenzen bekannte Namen traditionsreicher Hersteller. Diese Firmen decken den hauptsächlichen Teil des Bedarfs an Feuerwehr-Trägerfahrgestellen ab. Aufbauten findet man häufig von Karosa. Nicht selten werden auch komplette Feuerwehrfahrzeuge exportiert, in der Vergangenheit mehrheitlich in den früheren Wirtschaftsraum der sozialistischen Staaten.

Daneben werden aber auch Sonder- und Industrielöschfahrzeuge von Rosenbauer, Drehleitern hingegen überwiegend von Metz und Magirus importiert, wobei vielfach die landeseigenen Tatra-Fahrgestelle verwendet wurden. Früher konnte man auch häufiger Fahrzeuge aus der Sowjetunion und der ehemaligen DDR bei den Wehren antreffen. In den letzten Jahren haben auch andere ausländische Hersteller wie die britische Firma Dennis oder Scania aus Schweden bei den Wehren in der Tschechischen Republik Fuß fassen können. Allgemein stark vertreten sind große Tanklösch- oder Sonderlöschfahrzeuge, oftmals auf drei- oder vierachsigen, teilweise sogar geländegängigen Fahrgestellen.

Verwendungszweck:	Tanklöschfahrzeug AZ 40 (CAS)
Fahrgestelltyp:	ZIL 131 (6 x 6)
Baujahr:	1983
Leistung der Pumpe:	2400 l/min
Löschwasservorrat:	2500 l

Ein im Jahr 2003 fotografiertes, überaus gepflegtes Tanklöschfahrzeug, aufgebaut auf einem dreiachsigen ZIL-Militärfahrgestell, gehört der Freiwilligen Feuerwehr Železná Ruda. Dieser kräftig dimensionierte, sehr robuste allradgetriebene Dreiachser wird von einem Achtzylinder-V-Vergasermotor mit 6000 ccm Hubraum und 150 PS Leistung fortbewegt. Das Fahrgestell besitzt eine Reifendruckregelanlage und verfügt über ausgezeichnete Geländeeigenschaften. Beladen ist das mit einer großen Doppelkabine für sechs Einsatzkräfte und einem Wenderohr ausgerüstete Fahrzeug mit einem Wassertank und 170 l Schaumbildner.

Verwendungszweck:	Tanklöschfahrzeug (CAS-32)
Fahrgestelltyp:	Tatra 138
Baujahr:	1970
Leistung der Pumpe:	3200 l/min
Löschwasservorrat:	6000 l

Bei der Feuerwehr Železná Ruda befand sich auch dieses Großtanklöschfahrzeug (CAS-32) auf Tatra 138-Dreiachschassis im Einsatz. Die Beladung des von einem luftgekühlten V-Achtzylinder-Diesel mit 180 PS angetriebenen Fahrzeugs besteht aus Löschwasser, 600 l Schaummittel und 150 kg Löschpulver. Feuerlöschkreiselpumpe, Zumischer und Bedienstand sind in der Fahrzeugmitte angeordnet. Das zulässige Gesamtgewicht beträgt 17 480 kg, die Besatzung drei Mann und die Maximalgeschwindigkeit 75 km/h.

Verwendungszweck:	Hilfeleistungs-Tanklöschfahrzeug (CAS-27)
Fahrgestelltyp:	Dennis Sabre
Baujahr:	1998
Leistung der Pumpe:	2700 l/min
Löschwasservorrat:	1800 l

Bei der Berufsfeuerwehr Prag befinden sich mittlerweile mehrere dieser auf britischen Dennis-Frontlenkern gebaute Hilfeleistungs-Tanklöschfahrzeuge (CAS-27) im Alarmdienst. Das mit einem 260-PS-Diesel mit 9268 ccm Hubraum angetriebene 12-t-Fahrzeug kann in seiner Vollglaskabine sechs Einsatzkräfte aufnehmen. Neben einer 2700 l/min-Godiva-Pumpe ist das von der Firma JDC aufgebaute Fahrzeug mit einem 4,5 kVA-Notstromaggregat und einer Seilwinde ausgerüstet sowie mit Löschwasser, 100 l Schaummittel und 125 kg Löschpulver beladen.

Verwendungszweck:	Tanklöschfahrzeug (CAS-K 25)
Fahrgestelltyp:	Liaz 101.860
Baujahr:	1990
Leistung der Pumpe:	2500 l/min
Löschwasservorrat:	2500 l

Dieses auf einem Liaz-Frontlenker aufgebaute Cisternová automobilová strikacka (CAS) – also ein Tanklöschfahrzeug, wie die tschechische Bezeichnung lautet – wird in gleich mehreren Exemplaren im Fahrzeugbestand der Berufsfeuerwehr Prag geführt. Der Aufbau dieses Fahrzeugtyps mit geräumiger Gruppenkabine für neun Mann erfolgte durch den Aufbauhersteller Karosa. Das Liaz-Fahrgestell – eine von Skoda zwischen 1984 und 1995 genutzte Markenbezeichnung – verfügt über einen Sechszylinder-Reihen-Diesel mit direkter Kraftstoffeinspritzung und Ladeluftkühlung, 11 940 ccm Hubraum und 290 PS Motorleistung bei 2000 U/min. Neben Löschwasser befinden sich 200 l Schaummittel auf dem Fahrzeug.

Verwendungszweck:	Tanklöschfahrzeug (CAS-32)
Fahrgestelltyp:	Tatra 815 S 3 (6 x 6)
Baujahr:	1986
Leistung der Pumpe:	3200 l/min
Löschwasservorrat:	8200 l

Ein allradgetriebenes Tatra 815 S 3-Fahrgestell als Basis wurde für dieses von Karosa aufgebaute Tanklöschfahrzeug des Typs CAS-32 verwendet. Dieses mit seiner Reifendruckregelanlage überaus geländefähige und wuchtig wirkende Fahrzeug der Freiwilligen Feuerwehr Zelezna Ruda ist mit einem großvolumigen V-Zehnzylinder-Direkteinspritz-Diesel mit 15 825 ccm Hubraum und 280 PS bei 2200 U/min ausgerüstet. Das zulässige Gesamtgewicht beträgt 22 390 kg und die große Fahrerkabine fasst sechs Mann.

Verwendungszweck:	Großtanklöschfahrzeug (CAS-24)
Fahrgestelltyp:	Iveco-Magirus Euro Fire MP 260 E 37 (6 x 6)
Baujahr:	1999
Leistung der Pumpe:	2400 l/min
Löschwasservorrat:	9000 l

Die Berufsfeuerwehr Prag erhielt im Jahr 1999 von der Iveco Magirus Brandschutztechnik GmbH ein neues Großtanklöschfahrzeug vom Typ 24/90-10. Als Trägerfahrgestell gelangte ein Euro Fire-Chassis mit 372-PS-Diesel zur Verwendung. Die Kabine ist für eine Besatzung von drei Einsatzkräften ausgelegt. Neben dem Wasservorrat befinden sich 1000 l Schaummittel an Bord. Der Dachmonitor ermöglicht eine Löschmittelabgabe von bis zu 1600 l/min. Das Fahrzeug ist 8,85 m lang und hat ein zulässiges Gesamtgewicht von 24,5 t.

Verwendungszweck:	Löschfahrzeug
Fahrgestelltyp:	Avia A 31
Baujahr:	1984
Leistung der Pumpe:	1200 l/min
Löschwasservorrat:	–

Bei der Freiwilligen Feuerwehr Cicice befand sich im Frühjahr 2003 dieses auf einem leichten Avia-Frontlenker-Lkw aufgebaute Löschfahrzeug im Einsatzdienst. Das Fahrzeug besitzt eine Standard-Lkw-Kabine für drei Mann. Im Gerätekofferaufbau sind Sitzplätze für sechs weitere Einsatzkräfte vorhanden. Der Antrieb dieses Fahrzeugs mit 5320 kg Gesamtgewicht erfolgt durch einen Sechszylinder-Diesel mit 3596 ccm Rauminhalt und 82 PS, mit dem sich eine Höchstgeschwindigkeit von 85 km/h erreichen lässt.

Verwendungszweck:	Lastkraftwagen mit Ladekran
Fahrgestelltyp:	Tatra 148 (6 x 6)
Baujahr:	1983
Leistung der Pumpe:	–
Löschwasservorrat:	–

Die Freiwillige Feuerwehr Domazlice ist im Besitz dieses mit einem hydraulischen 1800-kg-Ladekran ausgerüsteten dreiachsigen allradgetriebenen Tatra-Lastkraftwagens, der für unterschiedliche Aufgaben eingesetzt werden konnte. Der Tatra 148 war das mit modifizierter Haube und stärkerer Motorleistung ausgestattete, seit 1970 angebotene Nachfolgemodell des Tatra 138, dessen luftgekühlter Achtzylinder-V-Diesel bei 12 600 ccm Hubraum nunmehr 232 PS erzeugen konnte. Der Verbrauch lag bei 33 l Diesel auf 100 Kilometer und 80 km/h Höchstgeschwindigkeit.

Verwendungszweck:	*Kranwagen (AD 28)*
Fahrgestelltyp:	*Tatra 815 PJ (6 x 6)*
Baujahr:	*1986*
Leistung der Pumpe:	–
Löschwasservorrat:	–

Dieser von der Freiwilligen Feuerwehr Znaim eingesetzte hydraulische Teleskopkranwagen für 28 t (AD 28) entstand bei dem tschechischen Aufbauhersteller CKD auf einem Tatra 815-Dreiachs-Allradfahrgestell mit einer vor der Hinterachse platzierten tiefergesetzten Fahrerkabine. Dieses 28,8 t schwere Kranwagenmodell war insbesondere in den früheren Ostblockländern sehr verbreitet, vereinzelt aber auch anderswo anzutreffen. Die Länge des Fahrzeugs betrug 10,75 m, die Maximalgeschwindigkeit 70 km/h und der Verbrauch 45 l Diesel auf 100 km. Das Trägerfahrgestell ließ sich durch einen V-Achtzylinder-Diesel mit 232 PS fortbewegen; die Krananlage war dreifach teleskopierbar.

Verwendungszweck:	*Kranwagen (AD 20)*
Fahrgestelltyp:	*Tatra 815 P 14 (6 x 6)*
Baujahr:	*1996*
Leistung der Pumpe:	–
Löschwasservorrat:	–

Dieser Dreiachs-Teleskopkranwagen mit CKD-Aufbau und 20 t Hubkraft befindet sich bei der Berufsfeuerwehr Prag im Einsatz. Der V-Zehnzylinder-Direkteinspritz-Diesel dieses schweren allradgetriebenen Tatra-Frontlenkers leistet mit 15 825 ccm Hubraum 280 PS bei 2200 U/min; die Höchstgeschwindigkeit liegt bei 70 km/h. Die Fahrerkabine ist für zwei Mann Besatzung vorgesehen. Am Fahrzeugheck befindet sich eine starke Seilwinde.

Verwendungszweck:	*Drehleiter DL 52 (AZ 52)*
Fahrgestelltyp:	*Mercedes-Benz L 334/52*
Baujahr:	*1963*
Leistung der Pumpe:	–
Löschwasservorrat:	–

Die Berufsfeuerwehr Brno (Brünn) beschaffte 1963 eine mechanische DL 52 von Metz. Es war die höchste Drehleiter, die in die damalige CSSR bisher geliefert worden war. Der mächtige mechanisch angetriebene sechsteilige Leitersatz verfügte über einen an den Untergurten angebrachten Fahrstuhl für Menschenrettung aus großer Höhe. Das Fahrzeug hatte ein zulässiges Gesamtgewicht von 16 t und war mit einer Staffelkabine für sechs Einsatzkräfte ausgerüstet. Als Fahrgestell wählte man ein schweres Kurzhauber-Fahrgestell von Mercedes-Benz mit Sechszylinder-Vorkammer-Diesel, 10 810 ccm Hubraum und 200 PS bei 2200 U/min. Auf dieser Werksaufnahme ist das Fahrzeug vor der Ablieferung zu sehen.

Verwendungszweck:	*Drehleiter DL 44 (AZ 44)*
Fahrgestelltyp:	*Tatra 138 PP (6 x 6)*
Baujahr:	*1971*
Leistung der Pumpe:	–
Löschwasservorrat:	–

Die 44-m-Leitern entwickelten sich in den 1960er und 70er Jahren zu regelrechten Rennern bei osteuropäischen Feuerwehren. Die erste Metz-DLK 44 mit hydraulischem Leiterantrieb wurde im Dezember 1971 auf einem Tatra-Dreiachs-Allradfahrgestell an die Berufsfeuerwehr Prag geliefert. Es war das erste Fahrzeug von insgesamt sechs baugleichen Einheiten, welche bis 1973 an ihre Besteller gelangten. Dabei wurden die beiden letzten Exemplare bereits auf das verbesserte Tatra 148 Chassis gesetzt. Die Fahrzeuge verfügten über die hydraulische Schrägabstützung und einen hängend an den Untergurten der Leiter angebrachten Arbeitskorb.

Verwendungszweck:	*Gelenkmastbühne (PVP 27)*
Fahrgestelltyp:	*Tatra 148 (6 x 6)*
Baujahr:	*1975*
Leistung der Pumpe:	–
Löschwasservorrat:	–

Diese Gelenkmastbühne mit 27 m Arbeitshöhe wurde von der Berufsfeuerwehr Prag auf einem geländegängigen Tatra 148-Haubenfahrgestell beschafft. Dieses Fahrzeug besitzt eine Gesamtlänge von 11,96 m und wiegt 21 265 kg. Die Truppkabine ist für drei Mann Besatzung vorgesehen; die Arbeitsplattform der Gelenkmastbühne kann ebenfalls mit drei Mann belastet werden.

Verwendungszweck:	*Drehleiter DL 30 (AZ 30)*
Fahrgestelltyp:	*IFA W 50 L*
Baujahr:	*1977*
Leistung der Pumpe:	–
Löschwasservorrat:	–

Aus DDR-Produktion – und zwar von dem VEB Feuerlöschgerätewerk Luckenwalde – stammt diese hydraulische DL 30 auf einem IFA W 50 L-Frontlenkerfahrgestell, die sich bei der Freiwilligen Feuerwehr Znaim im Einsatz befand. Da die DDR-Leitern erheblich preiswerter waren als die entsprechenden Modelle aus dem Westen, wurden sie von den Ostblockstaaten bevorzugt verlangt. In die Tschechoslowakei gingen allein nahezu 240 Einheiten. Dieses mit einer Staffelkabine ausgerüstete Fahrzeug trägt die erste hydraulische 30-m-Leitervariante ohne Korb – allerdings noch mit manuellen Schraubspindelabstützungen. Diese Ausführung war nicht nur in der DDR häufig vertreten; die Fahrzeuge gingen auch vorrangig in die so genannten befreundeten Länder des früheren Ostblocks. Das Basisfahrgestell mit 10,2 t zulässigem Gesamtgewicht besaß einen Vierzylinder-Direkteinspritz-Diesel mit 6560 ccm Hubraum und 125 PS Motorleistung.

Verwendungszweck:	*Drehleiter mit Korb DLK 52 (AZ 52)*
Fahrgestelltyp:	*Iveco-Magirus 260 E 34 (6 x 4)*
Baujahr:	*1994*
Leistung der Pumpe:	–
Löschwasservorrat:	–

Ein gewaltiges Fahrzeug ist diese Magirus DLK 52, die auf einem schweren Iveco-Magirus-Dreiachs-Frontlenkerfahrgestell des Typs 260 E 34 an die Berufsfeuerwehr Prag geliefert wurde. Erstmals kam hier das mit einer Truppkabine für drei Mann Besatzung ausgestattete neue Euro Trakker-Fahrgestell zur Verwendung. Das Chassis besitzt einen leistungsstarken 340 PS-Diesel; der Leiterpark ist sechsteilig.

Tschechien

Verwendungszweck:	**Drehleiter mit Korb**
	DLK 46 (AZ 46)
Fahrgestelltyp:	**Scania P 113 E (6 x 4)**
Baujahr:	**1994**
Leistung der Pumpe:	**–**
Löschwasservorrat:	**–**

Nicht minder beeindruckend ist diese auf einem schweren Scania-Frontlenkerfahrgestell aufgebaute DL 46 mit Korb, die 1994 von der Berufsfeuerwehr Prag beschafft worden war. Dieser Dreiachser mit seiner Staffelkabine gehörte zu jenen Fahrzeugen, welche an einige osteuropäische Feuerwehren nach der Übernahme des US-amerikanischen Herstellers LTI durch die britische Firma Simon verkauft wurden. Das Fahrzeug ist 11 m lang und 3,60 m hoch und wird durch einen 380 PS starken Scania-Turbodiesel angetrieben. An der Leiterspitze befindet sich ein großes Wenderohr.

Verwendungszweck:	**Gelenkmastbühne (PP 20)**
Fahrgestelltyp:	**Skoda 706 (4 x 2)**
Baujahr:	**1973**
Leistung der Pumpe:	**–**
Löschwasservorrat:	**–**

Diese in einem Löschzug der Berufsfeuerwehr Prag eingesetzte Gelenkmastbühne mit 20 m Arbeitshöhe wurde auf einem älteren Skoda-Frontlenkerchassis aufgebaut. Dieses Fahrgestell besitzt einen Reihen-Sechszylinder-Direkteinspritz-Diesel mit 11781 ccm Hubraum, der 160 PS Motorleistung bei 1900 U/min erzeugt. Das zulässige Gesamtgewicht beträgt 13730 kg; die Fahrzeuglänge 10,97 m. Der Arbeitskorb dieser zweiarmigen Bühne kann mit bis zu 360 kg belastet werden.

Verwendungszweck:	**Gelenkmastbühne**
	(AVP 40)
Fahrgestelltyp:	**Tatra 815 PR 3 (6 x 6)**
Baujahr:	**1991**
Leistung der Pumpe:	**–**
Löschwasservorrat:	**–**

Hier eine weitere Gelenkmastbühne des Modells Bronto Skylift 40 2TI, die in diesem Fall auf ein Tatra 815-Dreiachs-Chassis aufgebaut wurde. Das 12,50 m lange Fahrzeug wiegt 21 t und wird von einem 232 PS starken Achtzylinder-V-Motor mit Luftkühlung und 12666 ccm Hubraum fortbewegt. Die maximale Arbeitshöhe beträgt 40 m, während der Korb mit bis zu 400 kg belastet werden kann. Das Fahrzeug besitzt eine Standard-Lkw-Kabine für zwei Mann Besatzung.

Verwendungszweck:	**Drehleiter mit Korb**
	DLK 40 (AZ 40)
Fahrgestelltyp:	**Tatra 815 2 PR 3 (6 x 6)**
Baujahr:	**1993**
Leistung der Pumpe:	**–**
Löschwasservorrat:	**–**

Die Freiwillige Feuerwehr Kolin orderte im Jahr 1993 diese von Simon-LTI erbaute DLK 40, die sie im folgenden Jahr in Dienst stellen konnte. Als Untersatz wurde ein allradgetriebenes Tatra 815-Dreiachsfahrgestell gewählt, das über einen V-Zehnzylinder-Direkteinspritz-Diesel mit 15825 ccm Hubraum und 320 PS bei 2200 U/min verfügt. Dieser Riese ist 12,62 m lang und wiegt 26 t. Der Korb kann bis maximal 101 kg belastet werden. An der Leiterspitze ist ein Wenderohr montiert.

Slowakei

Die Slowakei oder Slowakische Republik, wie ihr offizieller Name lautet, bildete fast 50 Jahre lang den im Osten gelegenen, schwächer entwickelten Teil der ehemaligen Tschechoslowakei. Seit 1993 ist das Land mit seinen gut 5 Millionen Einwohnern und der Hauptstadt Bratislava eine unabhängige Demokratie und seit 2004 auch Mitglied der EU. Die Feuerwehren des Landes sind ähnlich wie diejenigen in Tschechien organisiert und ausgerüstet. Vorherrschend für Feuerwehraufbauten sind Tatra, Skoda und Avia-Fahrgestelle, die den größten Teil des einheimischen Bedarfs decken. Ebenso findet man Karosa-Aufbauten und Sonderfahrzeuge von Rosenbauer und auch anderen westeuropäischen Herstellern, wenngleich in einer viel geringeren Stückzahl als in der Tschechischen Republik. Drehleitern kamen überwiegend von Magirus in Ulm.

Vorherrschend sind in der Slowakischen Republik die freiwilligen Feuerwehren, die sich vor allem auf dem Land und im schneereichen Tatragebirge auf lange Winter einstellen müssen. Die einzige Berufsfeuerwehr des Landes gibt es in Bratislava, während einige wenige Werk- und Betriebsfeuerwehren für den Feuerschutz auf ihren Anlagen verantwortlich sind.

Verwendungszweck:	*Tanklöschfahrzeug*
Fahrgestelltyp:	*Liaz 101.860*
Baujahr:	*1990*
Leistung der Pumpe:	*2500 l/min*
Loschwasservorrat:	*2500 l*

Diese TLF-Bauart auf Liaz-Frontlenkerfahrgestellen kann man bei den Feuerwehren sowohl in Tschechien als auch in der Slowakei – wie hier in Bratislava – häufig antreffen. Es handelt sich um ein von Karosa aufgebautes, 7,79 m langes und 15,6 t schweres Fahrzeug, dessen Beladung aus Wasser, 400 l Schaummittel und 200 kg Löschpulver besteht. Die geräumige Fahrer- und Mannschaftskabine ist für eine aus neun Mann bestehende Löschgruppe ausgelegt. Die Maximalgeschwindigkeit liegt bei 90 km/h. Beachtenswert ist das große, vorgebaute Blaulicht oberhalb der Frontscheibe.

Verwendungszweck:	*Tanklöschfahrzeug*
Fahrgestelltyp:	*Tatra T 815 PR (6 x 6)*
Baujahr:	*1990*
Leistung der Pumpe:	*3200 l/min*
Löschwasservorrat:	*8200 l*

Seit 1985 wird für das Tanklöschfahrzeug (CAS 32) das moderne Tatra-Frontlenkerfahrgestell T 815 verwendet. Das in voll ausgerüstetem Zustand 22,4 t wiegende Fahrzeug wird von einem V-Zwölfzylinder-Diesel mit direkter Kraftstoffeinspritzung, 19 000 ccm Hubraum und 320 PS Motorleistung angetrieben, der den Dreiachser auf knapp 100 km/h beschleunigen kann. Der Verbrauch liegt bei 37 l Diesel auf 100 Kilometer. Diese von Karosa aufgebauten Fahrzeuge werden ausschließlich bei größeren Wehren und Werkfeuerwehren eingesetzt. Neben Löschwasser besteht die Beladung aus zwei Tanks mit jeweils 400 l Schaummittel. Die im Heck eingebaute Feuerlöschkreiselpumpe verfügt über einen Zumischer. Der Dachmonitor hat eine Reichweite von 70 m bei Verwendung von Wasser und von 60 m bei Schaum. Die Besatzung besteht aus zwei Mann. Dieses Fahrzeug wird von der Berufsfeuerwehr Bratislava eingesetzt.

Verwendungszweck:	*Schaumlöschfahrzeug*
Fahrgestelltyp:	*Tatra 148 (6 x 6)*
Baujahr:	*1982*
Leistung der Pumpe:	*3200 l/min*
Löschwasservorrat:	*–*

Dieses von Rosenbauer gelieferte Schaumlöschfahrzeug wird ebenfalls von der Berufsfeuerwehr Bratislava eingesetzt. Im Aufbau dieses großen Dreiachsers sind 8500 l Schaumbildner in zwei getrennten Tanks gelagert. Die Heckpumpe hat eine Leistung von 3200 l/min bei 12 bar Druck. Die neben der Wasserpumpe angeordnete Schaummittelpumpe leistet 400 l/min bei 20 bar. Auf dem Dach befindet sich ein Monitor des Typs RM 30, der zwischen 1600 und 3000 l Wasser oder Schaum pro Minute 60 bzw. 50 m weit werfen kann. Bei diesem Fahrzeug musste das notwendige Löschwasser dem örtlichen Hydrantennetz entnommen werden.

Verwendungszweck:	*Trockenlöschfahrzeug*
	(Pulverlöschfahrzeug)
Fahrgestelltyp:	*Tatra 148 PPR 14 (6 x 6)*
Baujahr:	*1976*
Leistung der Pumpe:	*3200 l/min*
Löschwasservorrat:	*–*

Ebenfalls in Bratislava beheimatet ist dieses Trocken-Löschfahrzeug (Pulverlöschfahrzeug) auf Tatra 148-Fahrgestell, das von der Firma Total in Ladenburg aufgebaut wurde. Das Fahrzeug verfügt über zwei als Druckbehälter ausgebildete Pulverlöschanlagen von jeweils 3000 kg, sowie über einen manuell bedienbaren Werfer auf dem Aufbaudach mit einer maximalen Leistung von 2400 l/min. Als Schnellangriffseinrichtungen sind jeweils zwei für Wasser und Pulver vorhanden. Da das PLF weder mit Wasser noch mit Schaummittel ausgerüstet ist, ist es auf Fremdeinspeisung angewiesen, welche mit Hilfe des Zumischers verarbeitet werden kann. Die kombinierte Normal- und Hochdruck-Feuerlöschkreiselpumpe befindet sich am Rahmenende. Das Dreiachs-Allradchassis besitzt einen luftgekühlten V-Achtzylinder-Diesel mit 232 PS, welcher für die Fortbewegung des 22 t schweren Fahrzeugs sorgt. Auch bei diesem Fahrzeug ist das große vorgezogene Blaulicht beachtenswert.

Verwendungszweck:	*Trockenlöschfahrzeug*
	(Pulverlöschfahrzeug)
Fahrgestelltyp:	*Mercedes-Benz LAF 1113*
	B/36 (4 x 4)
Baujahr:	*1975*
Leistung der Pumpe:	*1600 l/min*
Löschwasservorrat:	*–*

Die in Urach ansässige Firma Minimax zeichnete für die 2000-kg-Pulverlöschanlage dieses auf einem allradgetriebenen Mercedes-Benz-Kurzhaubers erstellten Fahrzeugs der Berufsfeuerwehr Bratislava verantwortlich. Das 11-t-Chassis ist mit einem in Reihe angeordneten Sechszylinder-Direkteinspritz-Diesel mit 5675 ccm Hubraum bestückt, dessen Höchstleistung 130 PS bei 2800 U/min beträgt. Der kurze Radstand ist für eine gute Geländegängigkeit mit verantwortlich.

Verwendungszweck:	*Gerätewagen*
Fahrgestelltyp:	*Avia A 30*
Baujahr:	*1982*
Leistung der Pumpe:	*–*
Löschwasservorrat:	*–*

Dieser Gerätewagen auf dem Fahrgestell eines mittelschweren Avia A 30-Frontlenkerlastwagens gehört zum Fahrzeugbestand der Berufsfeuerwehr Bratislava. Die Fahrerkabine ist für drei Mann Besatzung eingerichtet; das zulässige Gesamtgewicht beträgt 5950 kg; die Motorleistung des Sechszylinder-Diesels beträgt 82 PS bei 3596 ccm Hubraum. In dem geräumigen Kofferaufbau werden Werkzeuge und Geräte für kleinere technische Hilfeleistungen aller Art mitgeführt.

Verwendungszweck:	**Drehleiter DL 50 h**
Fahrgestelltyp:	**Magirus-Deutz (KHD)**
	F 200 D 19
Baujahr:	**1968**
Leistung der Pumpe:	–
Löschwasservorrat:	–

Neben einer in den frühen 1960er Jahren gelieferten DL 44 auf Magirus-Eckhauberchassis erhielt die Berufsfeuerwehr Bratislava auch eine hydraulische DL 50 mit sechsteiligem Leiterpark und Staffelkabine. Der Aufbau erfolgte auf ein schweres 19-t-Fahrgestell mit luftgekühltem Achtzylinder-Wirbelkammer-Diesel-V-Motor mit 12 667 ccm Hubraum und 200 PS bei 2300 U/min. Für derartig große Drehleiter-Auszugslängen gibt es gerade in den ehemaligen Ostblockstaaten bis heute einen besonders großen Bedarf, weil es dort Hochhäuser gibt, die den baulichen Mindeststandards in Form von zusätzlichen Flucht wegen nicht entsprechen. So ist die Menschenrettung im Brandfall in der Regel nur über Drehleitern möglich.

Verwendungszweck:	**Gelenkmastbühne 27 m**
Fahrgestelltyp:	**Tatra 815 PJ (6 x 6)**
Baujahr:	**1990**
Leistung der Pumpe:	–
Löschwasservorrat:	–

Eine Gelenkmastbühne des britischen Fabrikats Simon Engineering (Simon Snorkel) mit 27 m Arbeitshöhe gehört ebenfalls zum Fahrzeugbestand der Feuerwehr in Bratislava. Das mit zwei Einsatzkräften besetzte Fahrzeug besitzt ein dreiachsiges Tatra-Allradfahrgestell mit 230 PS Motorleistung und 12 666 ccm Rauminhalt, dessen Höchstgeschwindigkeit 75 km/h beträgt. Um die Gesamthöhe des Fahrzeugs zu minimieren, ist die Fahrerkabine tiefergelegt und vor der Vorderachse angeordnet. Die Gesamtlänge des Fahrzeugs beträgt 12,50 m, das zulässige Gesamtgewicht 21 t. Im Jahr 2000 übernahm der deutsche Iveco-Partner Magirus das britische Unternehmen mit allen Baurechten.

Verwendungszweck:	**Teleskopbühne 50 m**
Fahrgestelltyp:	**Tatra 815 PJ (8 x 8)**
Baujahr:	**1995**
Leistung der Pumpe:	–
Löschwasservorrat:	–

Mit zu den höchsten Teleskopbühnen in Europa zählt das hier abgebildete Exemplar des Typs Bronto Skylift 50-2TI, das auf der Hauptwache in der slowakischen Hauptstadt Bratislava stationiert ist. Die schwere fünffach teleskopierbare Mastkonstruktion ermöglicht eine maximale Arbeitshöhe von 50 m. Die beiden Vorderachsen des vierachsigen Tatra-Frontlenker-Chassis sind lenkbar. Ebenso besitzt es die bewährte tiefergesetzte, nach vorn gezogene Fahrerkabine für zwei Mann.

Ungarn

Dieses an der Nordflanke Südosteuropas gelegene Binnenland grenzt an sieben Staaten. Früher war Ungarn mit seiner Hauptstadt Budapest ein kosmopolitisches Kulturzentrum im Verbund der österreich-ungarischen Monarchie. In der bis 1989 dauernden kommunistischen Ära gelang es, marktwirtschaftliche Elemente in den Sozialismus einzuführen, so dass es dem Land besser ging als den anderen Ostblockstaaten. Seit 1990 ist Ungarn eine Republik und trat im Rahmen der Osterweiterung im Mai 2004 der EU bei.

Die Feuerwehren des Landes können sich auf keine Fahrzeugindustrie, die sich auf den Bereich von Einsatzfahrzeugen spezialisiert hat, stützen. Abgesehen von der weit entwickelten, für den Feuerwehrbereich aber eher unbedeutenden Ikarus-Busproduktion gibt es lediglich den Lastwagenhersteller Csepel, der seit 1950 zunächst Steyr-Lkw in Lizenz fertigte, später aber auch zu eigenen Haubenkonstruktionen und Frontlenkern kam. Auf diese Fahrgestelle wurde auch eine relativ große Stückzahl von Feuerwehrfahrzeugen, insbesondere Löschfahrzeuge, gebaut. Ein weiterer Hersteller ist die traditionsreiche Firma Raba in Györ, die erst seit 1970 wieder Lastkraftwagen auf MAN-Basis produziert. An dieser Stelle sei auch die Firma MAVAG erwähnt, die bis in die 1940er Jahre Lastkraftwagen auf Mercedes-Benz-Lizenzbasis herstellte. Auf einem schweren Fahrgestell dieser Marke erhielt die Berufsfeuerwehr Budapest im Jahr 1949 drei von Metz aufgebaute DL 46.

Alle übrigen Fahrzeuge müssen importiert werden, was in der Vergangenheit hauptsächlich aus dem Wirtschaftsraum der Ostblockstaaten, neuerdings aber auch stärker aus Westeuropa erfolgt. Die Versorgung mit Drehleitern wurde schon seit Jahrzehnten vor allem durch die deutsche Firma Magirus und zu einem geringeren Teil auch durch Metz in Karlsruhe gewährleistet. Bei der Beschaffung von Sonderfahrzeugen spielt aber auch die österreichische Firma Rosenbauer eine gewisse Rolle. Ein Modernisierungsprogramm für den insgesamt jedoch überalterten Fahrzeugbestand ist angelaufen.

Organisatorisch gliedern sich die Feuerwehren dieses Landes in Berufs-, freiwillige und Werkfeuerwehren.

Verwendungszweck:	Löschfahrzeug
Fahrgestelltyp:	Csepel D 420
Baujahr:	1957
Leistung der Pumpe:	1500 l/min
Löschwasservorrat:	–

Dieses Löschfahrzeug auf einem Csepel-Hauber war das Standardfahrzeug der ungarischen Feuerwehren in den späten 1950er und 1960er Jahren. In der Gruppenkabine des von der Firma Csepel selbst erstellten Fahrzeugs ist Platz für neun Mann Besatzung vorhanden; am Rahmenende befindet sich die Feuerlöschkreiselpumpe. Der Antrieb des Trägerfahrgestells erfolgt durch einen in Lizenz fabrizierten Vierzylinder-Steyr-Vorkammer-Dieselmotor mit 5322 ccm Hubraum und 85 PS bei 2200 U/min. Dieser Oldtimer ist einer der wenigen erhaltenen Fahrzeuge seiner Art und zur Freude vieler Fahrzeugliebhaber recht häufig auf internationalen Feuerwehrsternfahrten anzutreffen.

Verwendungszweck:	Tanklöschfahrzeug
Fahrgestelltyp:	IFA W 50 LA (4 x 4)
Baujahr:	1987
Leistung der Pumpe:	2200 l/min
Löschwasservorrat:	2000 l

Bei der Berufsfeuerwehr Sopron befindet sich dieses auf einem in der ehemaligen DDR produzierten IFA W 50-Allradchassis aufgebauten Tanklöschfahrzeug im Alarmdienst. Dieses Fahrzeug gehört zu jenen ab 1985 gefertigten Exemplaren, die von dem VEB Feuerlöschgerätewerk Luckenwalde mit dem neuen Ganzmetallkoffer (GMK) ausgerüstet sind. Die vom Aufbau abgesetzte Staffelkabine ist für sechs Mann Besatzung ausgelegt. Auf dem Kabinendach befindet sich ein Wendestrahlrohr. Die Beladung besteht aus den Löschmitteln Wasser und 500 l Schaummittelvorrat; das Chassis besitzt einen Vierzylinder-Diesel mit 6560 ccm Hubraum und 125 PS. Erwähnenswert ist die wattierte Kältedecke vor dem Kühlerschutzgitter, die das Antriebsaggregat im Winter vor zu viel kalter Luft schützen soll.

Verwendungszweck:	Großtanklöschfahrzeug
Fahrgestelltyp:	Raba 26.230 (6 x 6)
Baujahr:	1989
Leistung der Pumpe:	3800 l/min
Löschwasservorrat:	6000 l

Dieses Großtanklöschfahrzeug auf einem allradgetriebenen Dreiachs-Frontlenker von Raba gehörte zum Zeitpunkt der Aufnahme im Mai 2003 zum Einsatzbestand der nordungarischen Berufsfeuerwehr Györ. Dieses schwere 26-t-Chassis besitzt einen in MAN-Lizenz gefertigten Sechszylinder-Reihen-Diesel mit 10 689 ccm Hubraum, der 230 PS bei 2200 U/min erzeugen kann. Die Beladung besteht aus Löschwasser und einem 600-l-Schaummittelvorrat. Die Feuerlöschkreiselpumpe befindet sich am Rahmenende, während der Hauptteil der Pumpenabgänge mittig angeordnet ist. Als Dachbeladung ist ein Schaumgießgestänge zu erkennen.

Verwendungszweck:	*Tanklöschfahrzeug*
Fahrgestelltyp:	*GAZ 66 (4 x 4)*
Baujahr:	*1980*
Leistung der Pumpe:	*1200 l/min*
Löschwasservorrat:	*800 l*

Dieses auf einem GAZ 66-Frontlenkerfahrgestell aufgebaute Tanklöschfahrzeug der ungarischen Berufsfeuerwehr Sopron ist von sowjetrussischer Bauart. Das in den russischen GAZ-Automobilwerken in Gorki produzierte 2-t-Allrad-Lkw-Chassis, wurde fast ausschließlich militärischer Verwendung zugeführt. Während in der Kabine Platz für drei Mann vorhanden ist, befinden sich weitere vier Sitzplätze im vorderen Teil des Kofferaufbaus. Der Antrieb dieses sehr geländefähigen Allradwagens erfolgt durch einen Achtzylinder-Vergasermotor in V-Form mit 4250 ccm Hubraum und 130 PS bei 3200 U/min.

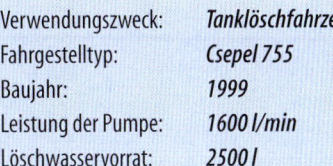

Verwendungszweck:	*Tanklöschfahrzeug*
Fahrgestelltyp:	*Csepel 755*
Baujahr:	*1994*
Leistung der Pumpe:	*1600 l/min*
Löschwasservorrat:	*2500 l*

Hier ist ein im Jahr 1996 in Sopron fotografiertes Tanklöschfahrzeug auf einem Csepel-Frontlenkerchassis zu sehen. Für dessen Antrieb ist ein in Lizenz gefertigter englischer Sechszylinder-Cummins-Dieselmotor mit 235 PS Leistung zuständig. Das Fahrzeug besitzt eine Fahrer- und Mannschaftskabine für sieben Einsatzkräfte und einen davon abgesetzten Kofferaufbau. Neben Löschwasser befinden sich 200 l Schaumbildner an Bord. Im Fahrzeugheck lagern eine Feuerlöschpumpe und eine Schnellangriffseinrichtung.

Verwendungszweck:	*Tanklöschfahrzeug*
Fahrgestelltyp:	*Csepel 755*
Baujahr:	*1999*
Leistung der Pumpe:	*1600 l/min*
Löschwasservorrat:	*2500 l*

Ein Csepel-755-Frontlenker ist das Trägerfahrgestell für dieses von der Berufsfeuerwehr Sopron eingesetzte Tanklöschfahrzeug. Das Fahrzeug hat sieben Mann Besatzung und ist – obwohl nicht allradgetrieben – mit einem stabilen Rammschutz ausgerüstet, um bei Geländefahrten Kühlerschutzgitter, Scheinwerfer, die beiden blauen Blinklampen sowie die Fahrtrichtungsanzeiger vor Beschädigung zu schützen. Auch bei diesem Fahrzeug gehören 200 l Schaummittel zur Beladung.

Verwendungszweck:	*Pulverlöschfahrzeug*
Fahrgestelltyp:	*MAN-VW 9150 F (4 x 4)*
Baujahr:	*1995*
Leistung der Pumpe:	*–*
Löschwasservorrat:	*–*

Aus der im Jahr 1977 entstandenen Gemeinschafts-Baureihe von MAN-VW stammt das allradgetriebene Frontlenker-Lastkraftwagen-Fahrgestell dieses Trocken-Löschfahrzeugs mit einem 750 kg-Pulverdruckbehälter. Im Jahr 2003 wurde das mit der Standard-Lkw-Kabine bestückte Fahrzeug bei der Berufsfeuerwehr Györ angetroffen. Dieses leichte Lkw-Modell mit 3600 mm Radstand besitzt einen in Reihe angeordneten Sechszylinder-Direkteinspritz-Diesel mit 6871 ccm Rauminhalt, der 150 PS bei 2700 U/min zur Verfügung stellen kann.

Verwendungszweck:	*Lastkraftwagen*
Fahrgestelltyp:	*IFA W 50 L*
Baujahr:	*1986*
Leistung der Pumpe:	*–*
Löschwasservorrat:	*–*

Aus DDR-Produktion stammt dieser mittelschwere, mit Plane und Spriegeln ausgerüstete Frontlenker-Lkw der Feuerwehr Sopron. Den seit 1965 gefertigten W 50 gab es schließlich in rund 60 unterschiedlichen Aufbauvarianten. Bis zur Produktionseinstellung 1990 liefen insgesamt 571 800 Fahrzeuge vom Band. Dieser Lkw spielte nicht nur für die Güterbeförderung innerhalb der DDR eine tragende Rolle. Da mehr als 70 % der Fahrzeuge exportiert wurden, avancierte das Herstellerwerk in Ludwigsfelde zu einem der wichtigsten Devisenbringer des Landes. Der W 50 war zwar einfach und robust, in den letzten Jahren seines Daseins aber zunehmend veraltet. Nachteilig war wohl sein nur als Vierzylinder ausgebildeter, nach dem M-Verbrennungsverfahren arbeitender Dieselmotor, der mit 125 PS etwas schwach auf der Brust war.

Ungarn

Verwendungszweck:	**Rüstwagen mit Kran**
Fahrgestelltyp:	**Csepel 744**
Baujahr:	**1983**
Leistung der Pumpe:	–
Löschwasservorrat:	–

Über ein Rüstfahrzeug mit einem am Rahmenende angeordneten hydraulischen 2-t-Ladekran verfügte die Berufsfeuerwehr Györ im Mai 2003. Das Fahrgestell – ein Csepel-Frontlenker – besitzt einen in Reihe angeordneten Sechszylinder-Direkteinspritz-Diesel mit 11 100 ccm Hubraum und 243 PS Leistung bei 2200 U/min. Das sehr kompakt wirkende Fahrzeug ist mit einer Truppkabine für drei Mann ausgebildet, in dessen geräumigen Kofferaufbau Gerät und Werkzeug aller Art auch für größere technische Hilfeleistungen gelagert ist. Unter dem mit Rollläden verschlossenen Gerätekoffer befinden sich beidseitig weitere Staufächer für kleinere Ausrüstungsgegenstände.

Verwendungszweck:	**Gelenkmastbühne 25**
Fahrgestelltyp:	**Iveco-Magirus 330-25**
Baujahr:	**1994**
Leistung der Pumpe:	–
Löschwasservorrat:	–

Eine Simon-Gelenkmastbühne mit 25 m Arbeitshöhe gehörte ebenfalls im Mai 2003 zum Einsatzbestand der Berufsfeuerwehr Györ. Bei diesem auf einem schweren Iveco-Magirus-Eckhauberchassis aufgebauten Fahrzeug dürfte es sich weltweit um ein Einzelstück handeln, zumal diese modernen kantigen Haubenfahrgestelle nur höchst selten im Feuerwehrfahrzeugbau Verwendung fanden. Bei diesem Fahrzeug mit verlängertem Radstand sorgte ein luftgekühlter Achtzylinder-V-Diesel mit 12 763 ccm Hubraum und 256 PS bei 2500 U/min für den nötigen Vortrieb. Für Exportzwecke kann bei diesem zwillings-hinterradbereiften Fahrgestell das technisch maximal zulässige Gesamtgewicht von 33 t voll ausgenutzt werden. Interessant sind auch die Trilexvorderräder dieses mächtigen Fahrzeugs.

Verwendungszweck:	**Schaumlöschfahrzeug**
Fahrgestelltyp:	**Renault 3.40.26 (6 x 2)**
Baujahr:	**1999**
Leistung der Pumpe:	**6000 l/min**
Löschwasservorrat:	**10 800 l**

Ein besonders mächtiges Schaumlöschfahrzeug lieferte die österreichische Firma Rosenbauer 1999 an eine ungarische Werkfeuerwehr. Auf der Basis eines schweren dreiachsigen 26 t-Renault-Frontlenkerfahrgestells mit 340 PS Motorleistung und einem Serienfahrerhaus für zwei Mann Besatzung transportiert das Fahrzeug einen Löschwasservorrat, der über die im Heck installierte Normaldruckpumpe vom Typ R 600 und den Dachmonitor mit 6000 l/min und maximal 85 m Wurfweite ausgebracht werden können. Weiterhin sind an beiden Seiten des Fahrzeughecks zwei Schnellangriffseinrichtungen mit jeweils 60 m Hochdruckschlauch vorhanden. Das Schaumzumischsystem besteht aus vier Deltamatic-Anlagen, von denen zwei für den Hydrantenspeisebetrieb und die beiden anderen als Schaumdruckzumischanlage für die Pumpe installiert sind.

Slowenien

Slowenien, das kleine Alpenland am Nordostende der Adria, wurde im Jahr 1991 unabhängige Republik. Dies geschah ohne das Blutvergießen, das den weiteren Zerfall Jugoslawiens fortan begleitete. Slowenien ist von allen früheren Bundesstaaten der Volksrepublik Jugoslawien am engsten mit Westeuropa verbunden und verfügt unter allen ehemaligen Ostblockländern über den höchsten Lebensstandard. Seit 2004 ist dieses Land Mitglied der EU.

Die Feuerwehren des Landes sind hauptsächlich mit in Lizenz hergestellten Fahrgestellen ausgerüstet. Sehr bekannt ist die in Maribor ansässige Firma TAM – Tovarna Automobilov Maribor – die seit 1947 zunächst in Lizenz gefertigte tschechische Prag-Lkw herstellte und 1957 auf Lizenzfertigungen von Klöckner-Humboldt-Deutz (Magirus-Deutz) und später auf MAN-Lizenzbauten überging. Mittlerweile kooperiert man eng mit der italienischen Fiat-Iveco-Gruppe. Darüber hinaus erfolgten aber auch Eigenentwicklungen. Dieser Hersteller ist uneingeschränkter Marktführer in Slowenien, wenn es um Trägerfahrgestelle für Feuerwehraufbauten geht. Ebenso verhält es sich mit den Feuerwehrausrüstern und -aufbauherstellern Vatrosprem und Karoserist, welche die Wehren hauptsächlich mit Einsatzfahrzeugen versorgen.

Daneben hat vor allem der deutsche Drehleiterhersteller Magirus seit Jahren eine große Bedeutung, wenn es um die Lieferung von Hubrettungsfahrzeugen geht. Sonder- und Spezialfahrzeuge sind, u. a. von Rosenbauer aber auch von Metz/Karlsruhe, des Öfteren importiert worden.

In den letzten Jahren ist es auch anderen ausländischen Unternehmen gelungen, in den Fahrzeugbeständen des Landes Fuß zu fassen. Dazu gehören beispielsweise Mercedes-Benz und der deutsche Feuerwehrausrüster Ziegler .

Verwendungszweck:	*Tanklöschfahrzeug*
Fahrgestelltyp:	*TAM 170 T 14*
Baujahr:	*1984*
Leistung der Pumpe:	*1600 l/min*
Löschwasservorrat:	*4500 l*

Dieses bei der Freiwilligen Feuerwehr Skovja Vas beheimatete Tanklöschfahrzeug mit Kofferaufbau mit Jalousienverschlüssen wurde von der Firma Karoserist erstellt. Der Aufbau geschah auf einem in Lizenz unter dem Namen TAM gefertigten Magirus-Deutz-Eckhauber-Allradfahrgestell, das mit einem luftgekühlten Sechszylinder-V-Diesel mit 170 PS bestückt ist. Neben einem Löschwasservorrat befinden sich auf diesem mit drei Mann besetzten Fahrzeug 500 l Schaummittel.

Verwendungszweck:	*Tanklöschfahrzeug*
Fahrgestelltyp:	*TAM 170 T 14*
Baujahr:	*1982*
Leistung der Pumpe:	*1600 l/min*
Löschwasservorrat:	*3000 l*

Dieses auf einem TAM-Allrad-Eckhauber von Karoserist aufgebaute Tanklöschfahrzeug besitzt eine Staffelkabine für sechs Einsatzkräfte und ist bei der Freiwilligen Feuerwehr Krsko stationiert. Das Fahrzeug ist mit einem Löschwassertank, 300 l Schaummittel, einer Heckpumpe und einem Monitor auf dem Dach des Kofferaufbaus ausgerüstet.

Verwendungszweck:	*Tanklöschfahrzeug*
Fahrgestelltyp:	*TAM 5500*
Baujahr:	*1973*
Leistung der Pumpe:	*1600 l/min*
Löschwasservorrat:	*4000 l*

Dieses auf einem 5,5-t-TAM-Eckhauberchassis aufgebaute Tanklöschfahrzeug entstand im Jahr 1988 auf einem früheren Lastwagenfahrgestell. Dabei erstellte ein örtlicher Karosseriebetrieb den mit Lamellen verschlossenen Kofferaufbau. Alle weiteren Ausrüstungsarbeiten wurden in Eigenleistung durch die Freiwillige Feuerwehr Poljcane vorgenommen, die das Fahrzeug auch mit einem Monitor bestückte. Das in Lizenz gebaute TAM-Fahrgestell verfügt über einen luftgekühlten Sechszylinder-Direkteinspritz-Diesel in V-Form mit 5655 ccm Hubraum und 120 PS.

Verwendungszweck:	*Großtanklöschfahrzeug*
Fahrgestelltyp:	*Mercedes-Benz 1926 K*
Baujahr:	*1979*
Leistung der Pumpe:	*2400 l/min*
Löschwasservorrat:	*7000 l*

Verwendungszweck:	*Tanklöschfahrzeug*
Fahrgestelltyp:	*TAM 190 T 15 (4 x 4)*
Baujahr:	*1985*
Leistung der Pumpe:	*2400 l/min*
Löschwasservorrat:	*5000 l*

Verwendungszweck:	*Trockenlöschfahrzeug*
Fahrgestelltyp:	*TAM 5500 (4 x 4)*
Baujahr:	*1976*
Leistung der Pumpe:	*–*
Löschwasservorrat:	*–*

Die Flughafenfeuerwehr des regionalen slowenischen Verkehrsflughafens Maribor setzt dieses mit einer Truppkabine ausgerüstete Trocken-Löschfahrzeug (TroLF 3000) ein. Der Aufbau des mit zwei 1500-kg-Pulver-Druckbehältern bestückten Fahrzeugs erfolgte auf einem allradgetriebenen TAM-Eckhauber. Die Pulverlöschanlage mit Schnellangriffseinrichtung und Monitor sowie die Karosserieaufbauten wurden durch die inländische Firma Paston erbaut. Der offene Bedienstand befindet sich über der Hinterachse.

Dieses Großtanklöschfahrzeug auf einem schweren Mercedes-Benz-Frontlenkerfahrgestell bezog die slowenische Berufsfeuerwehr Celje komplett von dem deutschen Feuerwehrausrüster Ziegler in Giengen. Für den notwendigen Vortrieb sorgt der Daimler-Benz-Achtzylinder-Direkteinspritz-V-Diesel OM 402 mit 12 760 ccm Hubraum und 256 PS Leistung. Das Fahrzeug besitzt ein Truppfahrerhaus für drei Mann, einen Monitor und einen stabilen Rammschutz vor dem Kühlerlüftungsgitter.

Ein neues, ebenfalls auf Magirus-Lizenz basierendes allradgetriebenes TAM-Frontlenkerfahrgestell diente als Basis für dieses von dem Feuerwehrausrüster Karoserist aufgebaute Tanklöschfahrzeug der Berufsfeuerwehr Maribor. Das Fahrgestell, angetrieben von einem Sechszylinder-V-Diesel mit 192 PS, besitzt durch seinen sehr kurzen Radstand und hohe Bodenfreiheit eine ausgezeichnete Geländefähigkeit. Neben dem Löschwasservorrat besteht die Beladung dieses mit einer Truppkabine für drei Mann ausgerüsteten Fahrzeugs aus 500 l Schaummittel.

Verwendungszweck:	*Flugplatzlöschfahrzeug*
Fahrgestelltyp:	*Mercedes-Benz 2632 (6 x 6)*
Baujahr:	*1975*
Leistung der Pumpe:	*3200 l/min*
Löschwasservorrat:	*11000 l*

Dieses mächtige Flugplatzlöschfahrzeug, das zum Fahrzeugbestand der Flughafenfeuerwehr Maribor gehört, stellte die österreichische Firma Rosenbauer her. Als Trägerfahrgestell dient ein schweres allradgetriebenes Mercedes-Benz 26-t-Frontlenker-Dreiachsfahrgestell, welches sich durch einen V-Zehnzylinder-Diesel mit direkter Kraftstoffeinspritzung, 15 950 ccm Hubraum und 320 PS bei 2500 U/min fortbewegt. 1000 l Schaummittel, ein großer Löschwasservorrat, Dachmonitor, zwei Schnellangriffseinrichtungen und eine Feuerlöschkreiselpumpe mit Zumischer sind die wesentlichen Beladungs- und Bestückungsmerkmale dieses mit drei Einsatzkräften besetzten Fahrzeugs.

Verwendungszweck:	*Großtanklöschfahrzeug*
Fahrgestelltyp:	*TAM 260 T 25 (6 x 6)*
Baujahr:	*1984*
Leistung der Pumpe:	*2400 l/min*
Löschwasservorrat:	*9000 l*

Im Fahrzeugbestand der Berufsfeuerwehr Maribor befindet sich dieses von dem Feuerwehrausrüster Karoserist aufgebaute Großtanklöschfahrzeug. Der Aufbau erfolgte auf einem allradgetriebenen TAM-Dreiachs-Frontlenkerfahrgestell mit einem zulässigen Gesamtgewicht von 25 t, das mit einer Standard-Lkw-Kabine für drei Mann ausgerüstet ist. Es verfügt über einen luftgekühlten Achtzylinder-V-Diesel mit 12763 ccm Rauminhalt, der 256 PS bei 2500 U/min mobilisieren kann. Schnellangriffseinrichtungen, Heckpumpe und Dachmonitor sind die wichtigsten Ausrüstungsgegenstände dieses Fahrzeugs.

Verwendungszweck:	*Gerätewagen*
Fahrgestelltyp:	*TAM 150 T 11 (6 x 6)*
Baujahr:	*1983*
Leistung der Pumpe:	*–*
Löschwasservorrat:	*–*

Dieser mit zwei Einsatzkräften besetzte Gerätewagen gehört zum Fahrzeugbestand der Berufsfeuerwehr Maribor. Das Basisfahrgestell ist ein für das Militär entwickelter TAM-Dreiachs-Allrad-Frontlenker. Den geräumigen Kofferaufbau, in dem Werkzeuge und Geräte für alle Arten der technischen Hilfeleistungen mitgeführt werden, erstellte der Feuerwehrausrüster Karoserist. Für den Vortrieb sorgt ein luftgekühlter V-Sechszylinder-Magirus-Lizenzdiesel mit 192 PS Leistung.

Verwendungszweck:	*Rüstwagen*
Fahrgestelltyp:	*Mercedes-Benz LAF 1113/B*
Baujahr:	*1979*
Leistung der Pumpe:	*–*
Löschwasservorrat:	*–*

Einen von Rosenbauer aufgebauten und ausgerüsteten Rüstwagen auf einem mittelschweren Mercedes-Benz-Kurzhauber-Allradchassis nennt die Berufsfeuerwehr Maribor ihr Eigen. Der mit Truppkabine, 5-t-Frontseilwinde, hydraulischem Hiab-Kran am Heck und großen Gerätebehältnissen auf dem Dach des Aufbaus ausgerüstete Wagen besitzt einen Kofferaufbau mit Rollladenverschlüssen, in dem sich neben umfangreichem technischen Gerät auch ein fest eingebauter, vom Fahrzeugmotor angetriebener Stromerzeuger befindet. Das Fahrgestell ist mit einem 130 PS starken Sechszylinder-Direkteinspritz-Diesel bestückt.

Verwendungszweck:	**Drehleiter mit Korb DLK 30**
Fahrgestelltyp:	**Magirus-Deutz (KHD) F 170 D 12 F**
Baujahr:	**1977**
Leistung der Pumpe:	**–**
Löschwasservorrat:	**–**

Diese von Magirus auf einem Magirus-Frontlenkerfahrgestell aufgebaute DLK 30 mit abnehmbarem und an der Leiterspitze einhängbarem Rettungskorb für zwei Mann und Schrägab-stützung ging an die Berufsfeuerwehr Maribor. Dieser mit einem großen Sechs-Mann-Staffelfahrerhaus ausgebildete Fahrzeugtyp war sozusagen die Magirus-Standard-Drehleiter der 1970er Jahre. Das Antriebsaggregat ist ein luftgekühlter Sechszylinder-V-Motor mit Direkteinspritzung, 8482 ccm Hubraum und 176 PS Leistung bei 2650 U/min.

Verwendungszweck:	**Gelenkmastbühne 19 m**
Fahrgestelltyp:	**TAM 130 T 10**
Baujahr:	**1980**
Leistung der Pumpe:	**–**
Löschwasservorrat:	**–**

Diese von der Freiwilligen Feuerwehr Zalec eingesetzte schräg-abgestützte Gelenkmastbühne auf einem TAM-Eckhauber-chassis ist in Slowenien als durchaus selten zu bezeichnen. Den Bühnenaufbau auf diesem 1980 entstandenen Chassis, der eine maximale Arbeitshöhe von 19 m besitzt, besorgte die landesei-gene Firma Tehnomehanika Marija Bistrica im Jahr 1988. Die Bühne ist auf einem oberhalb der Hinterachse befindlichen klei-nen Podium positioniert. Zwischen diesem und der Lkw-Kabine befindet sich ein großer Gerätekoffer. Die Leistung des luftge-kühlten Sechszylinder-Dieselmotors beträgt 130 PS bei 2800 U/min.

Verwendungszweck:	**Gelenkmastbühne 28 m**
Fahrgestelltyp:	**Mercedes-Benz 2628 K**
Baujahr:	**1987**
Leistung der Pumpe:	**–**
Löschwasservorrat:	**–**

Die Berufsfeuerwehr Krsko in Slowenien ist im Besitz dieser Gelenkmastbühne des Typs Bronto Skylift NS 28-3, die auf einem schweren Mercedes-Benz-Dreiachs-Frontlenkerfahrge-stell aufgebaut ist. Für den Bau des Podiums dieses mit einer Standard-Lkw-Kabine ausgerüsteten Fahrzeugs war der deut-sche Feuerwehrausrüster Ziegler verantwortlich. Die Gelenk-mastbühne besitzt eine Arbeitshöhe von 28 m; der mit maximal drei Mann belastbare Arbeitskorb ist mit einem Monitor ausge-rüstet. Ein 280 PS starker Achtzylinder-V-Diesel mit 14620 ccm Hubraum sorgt für die Fortbewegung des Fahrzeugs.

Rumänien

Dieses im südöstlichen Europa, auf dem Balkan gelegene Land wird im Süden von der Donau begrenzt und erstreckt sich nach Osten bis ans Schwarze Meer. Weiter im Norden und in der Mitte des Landes ziehen sich die Karpaten bogenförmig um das zentrale Hochlandbecken. Seit 1989 ist das Land nach fast 45-jähriger kommunistischer Herrschaft auf dem Wege zur Demokratie und Marktwirtschaft.

Das zentral strukturierte Brandschutzwesen gliedert sich in Berufs- und freiwillige Feuerwehren. Die Feuerwehrgeräteindustrie des Landes ist relativ unbedeutend, während in der Nutzfahrzeugbranche hauptsächlich die Roman-Werke in Brasov von Bedeutung sind, die seit 1969 die gleichnamigen Lastkraftwagen als MAN-Lizenzbauten produzieren. Ein wesentlicher Teil der Feuerwehrfahrzeuge wird nach wie vor eingeführt. Auf eine langjährige Tradition können deutsche Hersteller bei der Versorgung des Landes mit Löschfahrzeugen und Drehleitern zurückblicken. Daneben spielt die Firma Rosenbauer bei der Lieferung von Sonderfahrzeugen weiterhin vor eine wichtige Rolle.

Verwendungszweck:	*Tanklöschfahrzeug*
Fahrgestelltyp:	*Magirus FS 45*
Baujahr:	*1941*
Leistung der Pumpe:	*2500 l/min*
Löschwasservorrat:	*2000 l*

Dieses offiziell vom Herstellerwerk als Autotankspritze PH 115 B bezeichnete Tanklöschfahrzeug mit offen liegendem Löschwasserbehälter und einer am Rahmenende befindlichen Feuerlöschkreiselpumpe wurde im Februar 1941 von Magirus in Ulm an die rumänische Feuerwehr Hermannstadt in Siebenbürgen, dem heutigen Sibiu, geliefert. Als Plattform für das mit Truppkabine und Leitergalerie ausgestattete Fahrzeug diente ein schweres Magirus-Haubenchassis mit wassergekühltem Sechszylinder-Diesel mit 7739 ccm Hubraum und 110 PS.

Verwendungszweck:	*Drehleiter DL 45 m*
Fahrgestelltyp:	*MAN MK*
Baujahr:	*1949*
Leistung der Pumpe:	*–*
Löschwasservorrat:	*–*

1949 erhielt die Berufsfeuerwehr Bukarest drei außergewöhnliche Leiterfahrzeuge von Magirus. Es handelte sich um mechanisch angetriebene 45-m-Drehleitern mit sechsteiligen Leiterparks, die auf 4,5-t-MAN-Haubenfahrgestelle aufgesetzt waren. Die Motorisierung dieser mächtigen Fahrzeuge mit 5,20 m Radstand und den vorderen Trilexrädern war mit ihren Sechszylinder-120-PS-Dieselmotoren zwar recht knapp ausgefallen, sie entsprach aber durchaus noch dem damaligen Standard. Die Abwicklung des Auftrags an diesen Ostblockstaat erfolgte über die Industrial Products Trading Company Ltd. in Zürich. Dieses Foto zeigt eine der Drehleitern vor der Auslieferung an dem seinerzeit klassischen Fotostandpunkt für Werksaufnahmen mit dem 161 m hohen Ulmer Münster im Hintergrund.

Bulgarien

Das ehemalige Königreich Bulgarien ist überwiegend ein Gebirgsland. Nach dem Ende des Zweiten Weltkriegs befand sich das Land bis 1989 als Volksrepublik unter kommunistischer Herrschaft. Seither befindet sich das Land auf wirtschaftlichem und demokratischem Reformkurs.

Da das Land weder über eine Nutzfahrzeug- noch über eine ausgeprägte Feuerwehrgeräteindustrie verfügt, müssen nahezu alle Fahrzeuge eingeführt werden. Bei der Modernisierung des Fahrzeugbestands ist die bundesdeutsche Firma Metz in Karlsruhe in den letzten Jahren zunehmend ins Geschäft gekommen.

Verwendungszweck:	Drehleiter DL 45 m
Fahrgestelltyp:	MAN MK 25 L
Baujahr:	1954
Leistung der Pumpe:	–
Löschwasservorrat:	–

Die bulgarische Hauptstadt Sofia erwarb 1954 eine von Magirus aufgebaute mechanische DL 45 mit 2 m Handausschub für ihre Berufsfeuerwehr. Als Trägerfahrgestell wurde ein 5-t-MAN-Haubenchassis mit 5,20 m Radstand und 120 PS starkem Sechszylinder-Dieselmotor verwendet. Die Leiter verfügt über einen auf den oberen Holmen laufenden Fahrstuhl, der in erster Linie bei der Menschenrettung aus großer Höhe von Bedeutung ist.

Verwendungszweck:	Tanklöschfahrzeug
Fahrgestelltyp:	Mercedes-Benz-Unimog
	Typ 1300 L (4 x 4)
Baujahr:	1986
Leistung der Pumpe:	1800 l/min
Löschwasservorrat:	1000 l

Gleich zehn geländefähige Tanklöschfahrzeuge wurden im Rahmen eines Großauftrags 1986 von der Firma Metz nach Bulgarien geliefert. Diese auf Mercedes-Benz-Unimog-Fahrgestellen

mit 168 PS starken Sechszylinder-Dieselmotoren aufgebauten TLF 8-S haben ein zulässiges Gesamtgewicht von 8000 kg. Der feuerwehrtechnische Aufbau wurde in Leichtbauweise aus Aluminiumblech ausgeführt. Neben dem Wasservorrat stehen ein 100-l-Schaummitteltank sowie 250 kg Pulver als Löschmittel zur Verfügung. Am Heck befindet sich eine Schnellangriffseinrichtung mit 30 m Druckschlauch. Der auf dem Fahrerhaus befindliche Schaum-Pulverwerfer hat eine Leistung von 1000 l/min.

Verwendungszweck:	Trocken-Tanklöschfahrzeug TroTLF
Fahrgestelltyp:	Tatra T 815 PJ (6 x 4)
Baujahr:	1986
Leistung der Pumpe:	6000 l/min
Löschwasservorrat:	5000 l

Zu dem vorgenannten Auftrag gehört auch ein auf einem dreiachsigen Tatra-Frontlenkerchassis aufgebautes TroTLF. Dieses ist mit den Löschmitteln CO_2 (120 kg), Pulver (1500 kg), Schaum (1500 l) und Wasser beladen. Die zweistufige Feuerlöschkreiselpumpe FP 60/10 arbeitet mit einer Leistung von bis zu 6000 l/min bei 10 bar. Zwischen Saug- und Druckseite befinden sich zwei Pumpenvormischer zur Erzeugung von Löschschaum. Neben zwei Schnellangriffseinrichtungen am Heck ist ein Schaum-Wasserwerfer mit einer Leistung von 2000 l/min vorhanden. Für die Fortbewegung des 26 t schweren Fahrzeugs ist ein V-Zehnzylinder-Direkteinspritz-Diesel mit 15 825 ccm Hubraum und 280 PS Motorleistung bei 2200 U/min zuständig.

Griechenland

Afrika

Der sich auf eine Distanz von rund 7000 Kilometer von Nord nach Süd erstreckende Erdteil ist nach Asien der flächenmäßig zweitgrößte Kontinent der Erde. Als größte Wüste der Erde bedeckt die unermesslich weite, nahezu unbesiedelte Sahara den Norden Afrikas. An die weiter südlich befindliche Savanne schließt sich ein breiter tropischer Regenwaldgürtel an. Die Länder Afrikas, in denen heute mehr als 850 Millionen Menschen leben, gehören zum großen Teil zu den ärmsten der Erde. Die meisten afrikanischen Staaten waren Kolonialgebiete der europäischen Mächte und erlangten vielfach erst in den 1950er und 1960er Jahren ihre Unabhängigkeit.

Entsprechend entwickelte sich auch der Brandschutz in diesen Ländern, der auch heute noch durch zum Teil einfache und alte, oftmals sogar defekte Fahrzeuge und Geräte geprägt ist. Die Anfänge lagen fast überall in den Händen der betreffenden Kolonialverwaltungen, hauptsächlich bei Franzosen und Engländern, aber auch bei Portugiesen, Belgiern, Italienern und Deutschen. Vielfach waren es englische Ausrüstungsgegenstände und Fahrzeuge, mit denen die ersten zaghaften Bemühungen des Brandschutzes und der Motorisierung eingeleitet wurden.

Um die Jahrhundertwende gab es in Afrika nur zwei große Metropolen; Kairo im Norden und Kapstadt im Süden des Kontinents. In dieser Zeit wurden für die Feuerwehren in Kairo und Alexandria auch die wahrscheinlich ersten Drehleitern Afrikas – sie waren noch von Pferden gezogen – beschafft. Um 1905 wurde die Motorisierung der Feuerwehr Kapstadt mit Automobilspritzen und einer Magirus-Drehleiter in die Wege geleitet. Diese 1906 auf einem britischen Fahrgestell gebaute Drehleiter war das welterste Fahrzeug dieser Art, das auf einem benzingetriebenen Automobil gebaut wurde. Diesem Schritt folgten weitere Städte Südafrikas wie Pretoria und Johannesburg. Erneut kam auch hier wieder der Ulmer Feuerwehrausrüster Magirus zum Zuge. Bis zum Ausbruch des Zweiten Weltkriegs war es immerhin gelungen, in den meisten größeren Städten dieses Kontinents einen motorisierten Feuerschutz einzurichten. Da es in Afrika nach wie vor weder eine Nutzfahrzeugindustrie noch nennenswerte Feuerwehrausrüster von Bedeutung gibt, müssen alle Ausrüstungsgegenstände und Brandschutzfahrzeuge importiert werden. So erwarb die französische Kolonialverwaltung der Insel Madagaskar für die Feuerwehr der Hauptstadt Tananarive (heutiger Name Antananarivo) den ers-

ten 1951 auf der Internationalen Automobilausstellung in Frankfurt/Main von Magirus ausgestellten Rüstkranwagen RKW 7. Erstaunlicherweise hat das Herstellerwerk von diesem Spezialfahrzeug seither nie mehr etwas vernommen und nichts deutet darauf hin, dass der Magirus noch existiert. Daher konnten Hypothesen wie diese, der schwere RKW wäre bei der auf offener Reede durchgeführten Entladung vom Schiff auf einen Leichter in irgendeiner Form verunglückt

und im Indischen Ozean versunken, bis heute nicht entkräftet werden.

Die Feuerwehren der afrikanischen Staaten sind immer stärker gezwungen, den Brandschutz auf eine zeitgemäße Basis zu stellen. Die hauptsächlichen Ursachen hierfür sind das rasche Anwachsen der Bevölkerung sowie die sich immer stärker ausdehnenden Ansiedlungen und Städte. Nicht zuletzt verlangen die überall entstandenen Flughäfen mit ihrem rasch steigenden Verkehrsaufkommen moderne, den Risiken entsprechend leistungsfähige Einsatzfahrzeuge. Die meisten Feuerwehren in den afrikanischen Staaten sind dem Militär unterstellt.

Verwendungszweck:	Flugplatzlöschfahrzeug FLF 25 S
Fahrgestelltyp:	Magirus-Deutz (KHD) Jupiter 195 A
Baujahr:	1959
Leistung der Pumpe:	2400 l/min
Löschwasservorrat:	8000 l

Im Rahmen eines Staatsauftrags lieferte Magirus im Jahr 1959 vier Einheiten dieses Flugplatzlöschfahrzeugs mit Satteltankauflieger nach Tunesien. Als Zugfahrzeug diente ein allradgetriebener Magirus-Eckhauber mit luftgekühltem 195-PS-Achtzylinder-V-Motor. Die Hauptbeladung bestand aus Löschwasser. Daneben wurden 800 l Schaummittel und 32 Flaschen CO_2 mitgeführt. Im vorderen Teil des Aufliegers befanden sich mehrere Schnellangriffseinrichtungen für Wasser und Schaum sowie ein Wendestrahlrohr.

Tunesien

Tunesien, das kleinste Land Nordafrikas, liegt zwischen Algerien und Libyen. Das Land stand bis 1956 als Protektorat unter französischer Herrschaft, bevor es unabhängig wurde. Der dicht bevölkerte, fruchtbare und gebirgige Norden hat eine lange Mittelmeerküste, der Süden besteht vor allem aus Wüste. Seit den 1960er Jahren spielt der Tourismus eine große Rolle. Die Einsatzfahrzeuge der militärisch organisierten Feuerwehren des Landes rekrutieren sich auch hier – in Ermangelung einer eigenen Industrie – aus importierten Modellen. Neben der französischen Konkurrenz haben die deutschen Hersteller Metz und Magirus in Tunesien seit Jahren einen guten Ruf. Während vor allem Magirus mit Drehleitern im Geschäft bleiben konnte, lieferten beide Firmen in der Vergangenheit zahlreiche Sonder- und Spezialfahrzeuge. In den letzten Jahren hat die Bedeutung des österreichischen Feuerwehrausrüsters Rosenbauer insbesondere als Lieferant für Sonder- und Flugplatzlöschfahrzeuge ebenfalls zugenommen.

Verwendungszweck:	Flugplatzlöschfahrzeug FLF 25 V 2
Fahrgestelltyp:	Magirus-Deutz (KHD) F Mercur 125 A
Baujahr:	1961
Leistung der Pumpe:	2500 l/min
Löschwasservorrat:	2000 l

Dieses von Magirus erstellte Flugplatzlöschfahrzeug ging ebenfalls nach Tunesien. Es entstand auf einem geländebereiften Allradchassis eines Magirus-Rundhaubers mit 3,70 m Radstand und luftgekühltem, 125 PS starkem Sechszylinder-Wirbelkammer-V-Diesel. Der Aufbau dieses 90 km/h schnellen Fahrzeugs enthielt einen Löschwassertank, 250 l Schaummittel und 180 kg CO_2. Die Löschmittel konnten über die beiderseitig angebrachten Schnellangriffseinrichtungen und über den Dachmonitor ausgebracht werden. Die Staffelkabine war für sechs Mann Besatzung eingerichtet.

Verwendungszweck:	Trockenlöschfahrzeug TroLF 750
Fahrgestelltyp:	Mercedes-Benz Unimog S, Typ 404 (4 x 4)
Baujahr:	1971
Leistung der Pumpe:	–
Löschwasservorrat:	–

Mit einem Feuerlöschkoffer von Metz ausgerüstet ist dieses auf Mercedes-Benz-Unimog gefertigte Trockenlöschfahrzeug TroLF 750, das für einen tunesischen Flugplatz bestellt wurde. Die Beladung bestand aus einer 750-kg-Total-Pulverlöschanlage; die Ausrüstung aus zwei Schnellangriffseinrichtungen sowie einer zu öffnenden Plexiglas-Sichtkuppel oberhalb der zu Einweisungszwecken benötigten runden Dachöffnung. Der Antrieb des Unimog-Geländelastwagens erfolgte durch einen Sechszylinder-Vergasermotor mit 2195 ccm Hubraum und 82 PS bei 4950 U/min.

Verwendungszweck:	Flugplatzlöschfahrzeug FLF
Fahrgestelltyp:	Mercedes-Benz 2632 (6 x 6)
Baujahr:	1978
Leistung der Pumpe:	3800 l/min
Löschwasservorrat:	11 000 l

Dieser große Mercedes-Benz-Dreiachser mit Allradantrieb und einem zulässigen Gesamtgewicht von 26 t diente als Trägerchassis für dieses von Metz aufgebaute Flugplatzlöschfahrzeug. Es war zum Einsatz auf dem Verkehrsflughafen Tozeur vorgesehen. Für die Fortbewegung verantwortlich war ein V-Zehnzylinder-Direkteinspritz-Diesel mit 15 950 ccm Hubraum und 320 PS bei 2500 l/min. Löschwasser, 1200 l Schaum, Zumischer, zwei Schnellangriffseinrichtungen sowie ein Dachmonitor sind die wesentlichen Merkmale dieses Fahrzeugs. Man beachte den rechts vor der Frontscheibe hochgesetzten Luftansaugfilter.

Im Jahr 2001 lieferte Rosenbauer ein neues Flugplatzlöschfahrzeug Buffalo an die für die tunesischen Zivilflugplätze zuständigen Behörde. Als Untersatz wurde ein Mercedes-Benz-Actros-Fahrgestell mit Dreimannkabine und 571-PS-Motor gewählt. Für die leistungsfähige Feuerlöschkreiselpumpe mit Zumischer steht ein separater Antriebsmotor mit 354 PS zur Verfügung. Neben dem Löschwasser befinden sich 1400 l Schaummittel auf dem Fahrzeug. Der Dachmonitor lässt sich elektronisch aus der Kabine fernsteuern. Zum Eigenschutz des 27,4 t schweren Dreiachsers sind mehrere Bodensprühdüsen angebracht.

Verwendungszweck:	Flugplatzlöschfahrzeug FLF Buffalo
Fahrgestelltyp:	Mercedes-Benz Actros 3357/AK 39 (6 x 6)
Baujahr:	2001
Leistung der Pumpe:	6100 l/min
Löschwasservorrat:	10 000 l

Marokko, Algerien, Libyen und Ägypten

Verwendungszweck:	*Drehleiter DL 37 m*
Fahrgestelltyp:	*Krupp-Südwerke LD 50*
Baujahr:	*1950*
Leistung der Pumpe:	–
Löschwasservorrat:	–

Die marokkanische Feuerwehrbehörde orderte im Jahr 1950 bei Magirus in Ulm eine mechanische DL 37 mit 2 m Handausschub und einem auf der Oberleiter laufenden Fahrstuhl für die Feuerwehr Casablanca. Da das Angebot an schweren Lastwagenfahrgestellen im Deutschland der ersten Nachkriegsjahre noch recht dünn gesät war, wählte man ein 5-t-Krupp-Südwerke-Chassis als Untersatz für die Leiter. Der Antrieb erfolgte durch einen Dreizylinder-Zweitakt-Reihendiesel mit 4086 ccm Rauminhalt und 110 PS Motorleistung. Infolge des relativ kurzen Radstands von 4,40 m überragte der fünfteilige Stahlleitersatz die Motorhaube ganz erheblich. Beachtenswert ist die auf der Stoßstange montierte Elektrosirene.

Auf diese vier Staaten Nordafrikas trifft das Gleiche zu, was bereits im Kapitel Tunesien beschrieben wurde. Da auch in diesen Ländern weder eine Fahrzeug- noch eine Feuerwehrgeräteindustrie existiert, kann der Bedarf an Feuerwehreinsatzfahrzeugen nur durch Einfuhren gedeckt werden. In erster Linie sind es französische und deutsche Hersteller, daneben aber auch italienische (Baribbi) und österreichische (Rosenbauer) Lieferanten, die komplette Fahrzeuge in diese Länder liefern.

Verwendungszweck:	*Flugplatzlöschfahrzeug*
Fahrgestelltyp:	*Mercedes-Benz*
	LAK 2623/36 (6 x 6)
Baujahr:	*1970*
Leistung der Pumpe:	*3200 l/min*
Löschwasservorrat:	*8000 l*

Auf diesem allradgetriebenen Mercedes-Benz-Dreiachs-Kurzhauber baute Metz ein für Algerien bestimmtes Flugplatzlöschfahrzeug. Der schwere Allradkipper mit 26 t zulässigem Gesamtgewicht war mit einem 230 PS starken Sechszylinder-Diesel mit 11 580 ccm Hubraum und direkter Kraftstoffeinspritzung ausgerüstet und somit nicht üppig motorisiert. Diese Leistung reichte gerade mal für 70 km/h Höchstgeschwindigkeit. An Löschmitteln wurden Wasser und 800 l Schaum mitgeführt. Auf beiden Seiten sind mittig unterhalb des Aufbaus Schnellangriffseinrichtungen vorhanden, während sich auf dem begehbaren Aufbaudach ein Monitor befindet.

Verwendungszweck:	*Pulverlöschfahrzeug*
Fahrgestelltyp:	*Bedford TK 860*
Baujahr:	*1977*
Leistung der Pumpe:	*–*

Dieses Pulverlöschfahrzeug auf einem englischen Bedford-Frontlenker-Chassis lieferte der niederländische Feuerwehrausrüster Kronenburg an die ägyptische Ölgesellschaft. Der Druckkessel beinhaltet 2500 kg Löschpulver und ist in halber Höhe mit einem begehbaren Podium umbaut. Der auf dem Kessel befindliche Pulverwerfer hat eine Ausstoßrate von 40 kg Löschpulver pro Sekunde. Zwischen Fahrerkabine und Pulverlöschanlage ist eine offene Sitzbank für drei Feuerwehrmänner aufgebaut.

Verwendungszweck:	*Großtanklöschfahrzeug*
Fahrgestelltyp:	*Mercedes-Benz*
	2632 AK (6 x 6)
Baujahr:	*1982*
Leistung der Pumpe:	*3800 l/min*
Löschwasservorrat:	*10 000 l*

Zu Beginn der 1980er Jahre schrieb die libysche Regierung mehrere Großaufträge über Löschfahrzeuge aller Art aus. Darunter befanden sich auch 150 Sonderlöschfahrzeuge für den Einsatz auf militärischen Flugplätzen. Den Zuschlag erhielt der deutsche Feuerwehrausrüster und Aufbauhersteller Gebr. Bachert, der den Gesamtauftrag innerhalb von 18 Monaten abwickeln konnte. Darunter befanden sich auch 30 Großtanklöschfahrzeuge auf Mercedes-Benz-Dreiachs-Frontlenkern mit 26 t zulässigem Gesamtgewicht und 320 PS Motorleistung. Ein großer Wasserbehälter sowie ein über der Heckpumpe liegender Schaummitteltank mit 1000 l Inhalt stellen die Beladung. Eine mit 10 bar arbeitende Feuerlöschkreiselpumpe mit Zumischer, zwei Schnellangriffseinrichtungen und ein Monitor für Schaum- und Wasserabgabe sind die weiteren technischen Details.

Verwendungszweck:	*Vorauslöschfahrzeug*
Fahrgestelltyp:	*Land Rover 109 (4 x 4)*
Baujahr:	*1980*
Leistung der Pumpe:	*800 l/min*
Löschwasservorrat:	*–*

Ebenfalls von Kronenburg ausgerüstet ist dieses Vorauslöschfahrzeug der ägyptischen Ölgesellschaft auf einem Land Rover. Das geländegängige Fahrgestell ist mit zwei Pulverlöschanlagen von jeweils 90 kg mit Monnex-Löschpulver und zwei Schnellangriffseinrichtungen mit 15 m Hochdruckschlauch bestückt. Am Heck ist eine Tragkraftspritze TS 8/8 mit Bodenplatte, eine so genannte Skidpumpe, montiert, so dass mit der an Bord befindlichen Ausrüstung ein konventioneller Löschangriff mit Wasser oder Schaum möglich ist. Über dem Fahrerraum befindet sich ein kräftiger doppelter Dachgepäckträger als Halterung für Signal- und Warneinrichtungen sowie zwei Flutlichtscheinwerfer.

Verwendungszweck:	*Trocken-Tanklöschfahrzeug TroTLF*
Fahrgestelltyp:	*Mercedes-Benz*
	LA 1519/42 (4 x 4)
Baujahr:	*1974*
Leistung der Pumpe:	*2800 l/min*
Leistung der Pumpe:	*4500 l*

Dieses Trocken-Tanklöschfahrzeug auf einem Mercedes-Benz-Kurzhauber-Allradfahrgestell lieferte die Firma Ziegler an einen ägyptischen Auftraggeber. Als Löschmittel befinden sich Wasser, 500 l Schaum sowie eine CO_2-Anlage auf dem Fahrzeug. Die Feuerlöschkreiselpumpe befindet sich am Rahmenende. Auf dem hinteren Teil des Aufbaudachs sind zwei Schnellangriffseinrichtungen mit Hochdruckschlauch sowie ein Monitor montiert. Für die Fortbewegung zuständig war ein Sechszylinder-Direkteinspritz-Diesel mit 8720 ccm Hubraum und 192 PS. Das in einem Tarnschema gehaltene Fahrzeug deutet auf die beabsichtigte Verwendung im Militärbereich hin.

Äthiopien, Togo, Namibia, Südafrika und Madagaskar

Von den hier aufgeführten afrikanischen Staaten haben zweifelsohne die Feuerwehren in der Republik Südafrika den mit Abstand besten Ausrüstungsstand. Dieses Land mit seiner am höchsten entwickelten Volkswirtschaft Afrikas war ehemals ein britisches Dominion und kann gleichzeitig auf die längsten Traditionen in der Brandschutzgeschichte des Kontinents zurückblicken. Beispielsweise wurde in Kapstadt bereits 1845 eine Feuerwehr gegründet. Bis zum Beginn des Zweiten Weltkriegs waren die Wehren der größeren Städte des seit 1934 unabhängigen Landes mit modernen Einsatzfahrzeugen gut ausgerüstet. So stand bei der Feuerwehr Johannesburg eine im Jahr 1936 beschaffte offen ausgeführte Magirus DL 45 im Einsatz. Diese Entwicklung hat sich bis heute weiter fortgesetzt, wobei der Drehleiterbedarf von den deutschen Firmen Metz und Magirus gedeckt wird.

Ganz anders sieht es im so genannten Schwarzafrika aus, wo es außerhalb der Städte und Flughäfen nur selten überhaupt Feuerwehren gibt. So befindet sich in der erst 1990 unabhängig gewordenen und bis 1915 ehemals deutschen Kolonie, der Republik Namibia, lediglich in der Hauptstadt Windhoek eine größere Feuerwehr, in der seit 1976 die einzige Drehleiter des Landes stationiert ist.

Verwendungszweck:	Sonderlöschfahrzeug SLF
Fahrgestelltyp:	Mercedes-Benz L 1113 B/42
Baujahr:	1969
Leistung der Pumpe:	2400 l/min
Löschwasservorrat:	3000 l

Die deutschen Feuerwehrausrüster Metz und Magirus lieferten nicht nur Drehleitern, sondern auch so manches Sonderlöschfahrzeug an afrikanische Staaten. Hierzu gehörte auch das im Januar 1969 auf dem Metz-Werksgelände fotografierte, nach Lomé in Togo zu liefernde Sonderlöschfahrzeug SLF 24. Als Fahrgestell wurde ein Mercedes-Benz-Kurzhauberchassis mit Sechszylinder-Diesel mit 130 PS verwendet. Das Fahrzeug besaß eine Mitteleinbaupumpe mit offen ausgeführtem Bedienstand, in den auch die Pumpenanschlüsse integriert waren, 320 l Schaummittel, beidseitig abprotzbare Schlauchhaspeln, zwei Schnellangriffseinrichtungen am Fahrzeugheck sowie eine ansehnliche Leiterbestückung.

Verwendungszweck:	Wasserzubringerfahrzeug
Fahrgestelltyp:	Mercedes-Benz LA 1413/42
Baujahr:	1968
Leistung der Pumpe:	1600 l/min
Leistung der Pumpe:	6000 l

Dieses von Metz erstellte Wasserzubringerfahrzeug mit Heckpumpe und Truppkabine ging 1968 nach Addis Abeba in Äthiopien. Der Aufbau erfolgte auf einem mittelschweren Allrad-Kurzhauber von Mercedes-Benz mit 126 PS starkem Sechszylinder-Direkteinspritz-Diesel mit 5765 ccm Hubraum. Das zwischen Kabine und Aufbau montierte Wenderohr wird manuell vom Dach des begehbaren Aufbaus bedient.

Verwendungszweck:	Flugplatzlöschfahrzeug FLF 9000
Fahrgestelltyp:	Mercedes-Benz 2629 (6 x 6)
Baujahr:	1993
Leistung der Pumpe:	6000 l/min
Löschwasservorrat:	8000 l

Zwei Flugplatzlöschfahrzeuge auf schweren allradgetriebenen Mercedes-Benz-Dreiachs-Frontlenkerfahrgestellen mit 290 PS Motorleistung und 105 km/h Höchstgeschwindigkeit lieferte Rosenbauer im Jahr 1993 nach Äthiopien. Für die mit vier Mann besetzte Kabine erfolgte die Nutzung eines langen Serienfahrerhauses. Der Aufbau besteht aus Stahl mit Aluminium-Verblechung. Neben dem Löschwasservorrat befinden sich ein 1000 l Schaummitteltank sowie eine in Midshipbauweise ausgeführte, mit 10 bar Druck arbeitende Feuerlöschkreiselpumpe mit Zumischer auf dem Fahrzeug. Ein elektronisch fernbedienbarer Monitor sowie zwei Schnellangriffseinrichtungen sind weitere wichtige Ausrüstungsdetails.

Verwendungszweck:	Flugplatzlöschfahrzeug FLF Supreme Buffalo
Fahrgestelltyp:	MAN 27.603 DFAERG (6 x 6)
Baujahr:	1999
Leistung der Pumpe:	4000 l/min
Löschwasservorrat:	8000 l

Dieses Flugplatzlöschfahrzeug vom Typ Supreme-Buffalo baute Rosenbauer im Jahr 1999 für Südafrika. Als Untersatz hielt man ein geländegängiges, einfach bereiftes MAN-Militär-Allradchassis mit Automaticgetriebe, ABS, Differenzialsperre, 600-PS-Motor und 28 t zulässigem Gesamtgewicht für angemessen. Der Löschwasservorrat, 400 l Schaummittel sowie 2 x 250 kg Pulver decken ein breites Einsatzspektrum ab. Die kombinierte Normal-/Hochdruckpumpe vom Typ NH 40 mit Zumischer leistet 4000 l/min bei 10 und 400 l/min bei 40 bar. Ferner stehen ein kombinierter Wasser-Schaum-Dachwerfer mit einer Leistung von 4000 l/min, ein 1000-l/min-Frontwasserwerfer, zwei Schnellangriffseinrichtungen, eine Pulverhaspel, Seilwinde, Spreizer/Schere, Stromerzeuger und ein ausfahrbarer Lichtmast zur Verfügung.

Verwendungszweck:	Ausbildungsfahrzeug (Mobile education unit)
Fahrgestelltyp:	Mercedes-Benz LAP 311/36
Baujahr:	1960
Leistung der Pumpe:	2400 l/min
Löschwasservorrat:	–

Dieses ehemalige Sonderlöschfahrzeug mit Mitteneinbaupumpe der Feuerwehr Windhoek in Namibia wurde in Eigenleistung zu einem Ausbildungsfahrzeug umgebaut. In dieser Funktion stand das Fahrzeug noch im Jahr 2000 im Dienst. Als Fahrgestell wurde ein mittelschwerer Mercedes-Benz-Allrad-Frontlenker mit Sechszylinder-100-PS-Vorkammer-Diesel verwendet. Die beständigen Witterungsverhältnisse in diesem Land gaben den Ausschlag für den offen gestalteten Fahrer- und Mannschaftsraum.

Verwendungszweck:	Drehleiter DL 30 m
Fahrgestelltyp:	Citroën P 55 U
Baujahr:	1955
Leistung der Pumpe:	–
Löschwasservorrat:	–

Gegen Ende des Jahres 1955 wurde eine von der französischen Kolonialverwaltung für die Feuerwehr von Madagaskars Hauptstadt Tananarive bei Metz in Karlsruhe georderte DL 30 auf einem Citroën-Hauben-Fahrgestell fertiggestellt. Der Leiteraufbau war vierteilig und mit mechanischem Antrieb, Spindelabstützung und Krananlage ausgeführt. Auf beiden Seiten des Leiterparks befinden sich Stützen, mit denen dieser bei Verwendung der Leiter als Kran vorn abgestützt wird.

Nordamerika

Nordamerika besteht aus den auch USA genannten Vereinigten Staaten von Amerika und Kanada. Beide Staaten erstrecken sich quer über den ganzen Kontinent. Da sich keine hohen schützenden Gebirge den aus dem Norden einfallenden Winden entgegenstellen, können die Winter sehr streng und schneereich sein. Nach diesen Gegebenheiten müssen sich auch Ausrüstung und Fahrzeuggestaltung der Feuerwehren richten. Die Entwicklung der Feuerwehrfahrzeuge durchlief in Nordamerika zwar grundsätzlich die gleichen Stufen wie in Europa und in anderen Teilen der Welt, der Bau von Feuerwehrfahrzeugen beschritt aber andere Wege. Zwar verlief die Motorisierung der amerikanischen Fire Departments in etwa zeitgleich mit derjenigen in Europa, aber im Gegensatz zu ihr stand sie fast gänzlich im Zeichen des Vergasermotors, denn flüssige Kraftstoffe waren infolge der reichlichen und daher billigen Ölvorkommen im Überfluss vorhanden. Aus diesem Grund spielten Elektroantriebe nie eine nennenswerte Rolle. Erst im Jahr 1906 stellte eine Fire Company in Pennsylvania das erste amerikanische Pumpenfahrzeug mit Benzinmotor in Dienst. 1912 wurde die Zahl der benzinautomobilen Feuerwehrfahrzeuge mit nur 600 im ganzen Land angegeben. Verglichen mit Deutschland lag die damalige Motorisierung der Feuerwehren zwar noch um einiges zurück, setzte aber unmittelbar darauf in einer unvorstellbaren Rasanz und Stückzahl ein, die in Deutschland und Europa unbekannt war. Besaß das Fire Department New York (FDNY) im Jahr 1909 nur ein einziges Benzinautomobil, so war 1922 die Motorisierung mit insgesamt mehr als 310 Einsatzfahrzeugen abgeschlossen, die nicht weniger als 1552 Pferde überflüssig machten. Bis 1996 stieg der Fahrzeugbestand nach Übernahme des Rettungsdienstes auf über 1800 Einheiten mit weit über 12 000 Berufs-Feuerwehrmännern.

Nordamerika ist auch im Bereich der Fire Apparatus, wie Feuerwehrfahrzeuge dort bezeichnet werden, ein Kontinent der Superlative. Denn wo sonst haben die Fahrzeuge Pumpenleistungen von mehr als 20 000 l/min – der 1965 vom FDNY in Dienst gestellte Super Pumper als das größte Löschfahrzeug der Welt brachte es sogar auf 33 300 l/min – Tanksattelzüge ein Fassungsvermögen von über 40 000 Litern und Flugplatzlöschfahrzeuge eine Motorleistung von bis zu 1600 PS? Es sind Dimensionen, die das herkömmliche Vorstellungsvermögen sprengen. Nicht ganz so gewaltig ausgeführt sind die kanadischen Einsatzfahrzeuge.

Es gibt aber noch weitere Unterschiede gegenüber europäischen Fahrzeugen. Recht eigentümlich und lange Zeit vorherrschend waren die als Open Cabs bezeichneten offenen Fahrer- und Mannschaftskabinen, die aber mittlerweile von Closed Cabs abgelöst worden sind. Weiterhin handelt es sich bei den amerikanischen Fire-Trucks nicht um standardisierte und genormte Fahrzeuge, sondern mehr oder weniger um Unikate, deren Ausrüstung und Gestaltung den einzelnen Wehren überlassen wird. Neben ihrer imposanten Größe, der überaus großen Typenvielfalt und den zahllosen Aufbauvarianten geht eine besondere Faszination von der riesigen Vielfalt der Farben

und Lackierungen, der reichlichen Ausstattung mit Scheinwerfern, Blinkern, Sirenen, Glocken und den vielen blitzenden Chromteilen aus. Diese Attribute tragen zu der besonderen Attraktivität der Fahrzeuge entscheidend bei. Nicht zuletzt sind es die in Europa weitgehend unüblichen, liebevollen Dekorationen der Fahrzeuge, den so genannten Murals, mit handgemalten und künstlerischen Beschriftungen, Bildern, Comic-Figuren, historischen Brand- oder patriotischen Ereignissen, die den Betrachter nachhaltig in den Bann ziehen. Zum anderen lassen diese sehr individuellen Ausstattungen auf den Stolz und die sozusagen persönlichen Beziehungen der Wehr-

männer zu ihren Fahrzeugen schließen. Nicht zuletzt äußert sich dies auch in dem vor allem bei den freiwilligen Feuerwehren zu beobachtenden durchweg hervorragenden Pflegezustand und guten Unterhaltungszustand der Einsatzfahrzeuge.

Überaus weit entwickelt, vielfältig und von Einfuhren weitgehend unabhängig sind auf diesem Kontinent sowohl Nutzfahrzeug- als auch Feuerwehrgeräte- und Aufbauindustrie. Daher war und ist es für europäische Hersteller sehr schwer, auf dem riesigen nordamerikanischen Markt Fuß zu fassen.

Verwendungszweck:	*Pumper (Antique-Engine)*
Fahrgestelltyp:	*Autocar*
Baujahr:	*1948*
Leistung der Pumpe:	*750 gpm (2839 l/min)*
Löschwasservorrat:	*1000 gal (3785 l)*

Bei der Landisville Volunteer Fire Co. im Bundesstaat New York befindet sich dieses vorzüglich restaurierte, auf einem Autocar-Fahrgestell aufgebaute Museumsfahrzeug (Antique-Engine).

Das von dem Hersteller selbst aufgebaute Fahrzeug besitzt eine Mitteneinbaupumpe sowie einen durch Segeltuchverdeck geschützten Fahrerraum.

USA

Nahezu unbegrenzt sind Vielfalt und Erscheinungsbild der Feuerwehreinsatzfahrzeuge in den Vereinigten Staaten von Amerika. Da es in diesem Land keine mit deutschen oder europäischen Verhältnissen gleichzusetzende Normierung von Fahrzeugen und Ausrüstung gibt, haben die amerikanischen Hersteller bei der Fahrzeuggestaltung einen wesentlich größeren konstruktiven Spielraum. Früher und heute spielt die individuelle Auffassung des jeweiligen Fire Chiefs die stets ausschlaggebende Rolle. Dabei ist nahezu jeder Sonderwunsch möglich, sofern die von der National Fire Protection Association (NFPA) festgelegten Mindestanforderungen an Fahrgestelle, Pumpen, Drehleitern und Gelenkmasten eingehalten werden. Diese Richtlinien sind im Wesentlichen nur für die Einhaltung der Sicherheitsstandards maßgebend, alles andere bleibt den individuellen Vorstellungen der einzelnen Wehren überlassen. So gleicht ein Fahrzeug kaum dem anderen. Somit ist der Variantenreichtum amerikanischer Löschfahrzeuge und Drehleitern zwangsläufig enorm. Dies gilt besonders für die Fahrzeuglackierungen, die sich ungehindert von Normen und Empfehlungen in einem derart großen Variantenreichtum wie nirgends in der Welt entwickeln konnten. Dabei reicht die Bandbreite vom klassischen Feuerrot bis hin zu türkisfarbenen oder eleganten, schwarzen Lackierungen oder zu teilweise sehr ungewöhnlichen Farbkombinationen. Allerdings ist festzustellen, dass die Farbe Rot, wie auch hierzulande, nach wie vor bei den meisten Einsatzfahrzeugen vorherrschend ist.

Die bauliche Vielfalt wird durch die große Anzahl von Herstellern nochmals vermehrt. Neben einigen, seit Jahrzehnten etablierten Unternehmen, wie American LaFrance und Seagrave, die bereits in den Anfangszeiten der Motorisierung existierten, gibt es eine ganze Reihe weiterer, einst renommierter Firmen, die für immer ihre Werkstore geschlossen haben oder durch Fusionen erloschen. Ahrens-Fox, Hahn, Pirsch & Sons, Crown und Mack sind solche Beispiele. Ein Senkrechtstarter ohnegleichen ist die erst 1974 gegründete Firma

Emergency One (E-One), die innerhalb kürzester Zeit gegen starken Wettbewerb in die Spitzengruppe aufsteigen konnte. Pierce, Oshkosh, KME, Saulsbury, Sutphen und Ferrara sind weitere bedeutende Unternehmen dieser Branche. Neben diesen Großen von landesweiter Bedeutung gibt es eine Vielzahl weiterer Firmen, die nur regional operieren.

Das Standardfahrzeug der amerikanischen Feuerwehren ist der meist auch als Engine bezeichnete Pumper, der im weiteren Sinne mit dem europäischen Löschfahrzeug vergleichbar ist. Allgemein kann gesagt werden, dass im Unterschied zu den europäischen Fahrzeugen die Pumpleistungen der amerikanischen Modelle ungewöhnlich hoch sind und hierzulande kaum gebräuchliche Werte erreichen. Tanker, also Tanklöschfahrzeuge, und Brush-Trucks dienen zur Wasserversorgung vornehmlich in ländlichen Regionen sowie zur Waldbrandbekämpfung. Dann gibt es die verschiedenen Formen der Aerials, den amerikanischen Drehleitern. Beliebt sind die Quints, die neben der Hubrettungseinrichtung (Drehleiter oder Gelenkmast) zusätzlich mit Pumpe, Wassertank, Schläuchen und tragbaren Leitern bestückt sind. Rescues (Rüst- und Gerätewagen), die unter der Bezeichnung Hazmats laufenden Gefahrgutfahrzeuge sowie Special Units für Nachschub- und Sonderaufgaben sind weitere wichtige Fahrzeugkategorien.

Auch das amerikanische Maßsystem mit gallons, pounds und feet ist mit den europäischen Maßen und Gewichten nicht vergleichbar. Die Pumpen-Förderleistungen werden in US-Gallons per Minute (gpm), die Wasser- und Schaummitteltankinhalte in US-Gallons (gal), die Steighöhen von Hubrettungsfahrzeugen in foot (ft), während Pulverlöschmittel in Pound gemessen werden. 1 gpm entspricht 3,785 l/min, 1 gal entspricht 3,785 l, 1 ft sind 0,3048 m und 10 Pound entsprechen 4,54 kg. In den Bildtexten werden sowohl die amerikanischen, als auch die vergleichbaren europäischen Maße und Gewichte angegeben.

Verwendungszweck:	**Pumper (Antique-Engine)**
Fahrgestelltyp:	**Ford V 8**
Baujahr:	**1947**
Leistung der Pumpe:	**500 gpm (1893 l/min)**
Löschwasservorrat:	**–**

Einen nicht minder hervorragenden Eindruck hinterlässt diese auf einem 1 1/2-t-Ford-V 8-Chassis erstellte Antique-Engine, die sich beim Fire Department Seattle im Bundesstaat Washington befindet. Das mit einer geschlossenen Fahrer-kabine ausgeführte Fahrzeug besitzt einen 100 PS starken Vergasermotor und ist mit einer Hale-Pumpe bestückt, ver-fügt aber über keinen Wasservorrat.

Verwendungszweck:	**Pumper (Antique-Engine)**
Fahrgestelltyp:	**Mack L**
Baujahr:	**1948**
Leistung der Pumpe:	**750 gpm (2839 l/min)**
Löschwasservorrat:	**–**

Ebenfalls aus dem Jahr 1948 stammt diese auf einem Mack-Fahrgestell vom Hersteller selbst aufgebaute Engine des Char-lotte Fire Department in North Carolina. Diese Antique-Engine konnte mehrere Einsatzkräfte in der geschlossenen Kabine befördern und verfügt über eine Mitteneinbaupumpe, aber kei-nen Löschwasservorrat. Der Mack L wurde zwischen 1940 und 1956 fabriziert.

Verwendungszweck:	**Pumper (Antique-Engine)**
Fahrgestelltyp:	**Ward LaFrance**
Baujahr:	**1946**
Leistung der Pumpe:	**500 gpm (1893 l/min)**
Löschwasservorrat:	**500 gal (1893 l)**

Verwendungszweck:	**Pumper (Antique-Engine)**
Fahrgestelltyp:	**International D 30**
Baujahr:	**1943**
Leistung der Pumpe:	**600 gpm (2271 l/min)**
Löschwasservorrat:	**200 gal (757 l)**

Die Cassville Fire-Company im US-Bundesstaat New York ist stolzer Besitzer dieser Ward LaFrance-Engine Nr. 416, die sich mittlerweile im wohlverdienten Ruhestand befindet. Dieser Hersteller fertigte auch den feuerwehrtechnischen Aufbau. Neben der typischen Midshippumpe sind Scheinwerfer zur Arbeitsstellenbeleuchtung, Saugschläuche sowie eine Schnellangriffsein-richtung zu erkennen. Recht elegant wirken die heruntergezogenen Kotflügel der Hinterräder.

Auf einem International-Fahrgestell ist die Engine 140 aufgebaut, die 1997 als Museumsfahrzeug zum Bestand des Lane Rural Fire-District in Oregon zählte. Das Chassis mit seinem 81 PS starken Sechszylinder-Vergasermotor war als 1 1/2-Truck bei der US-Army im Zweiten Weltkrieg klassi-fiziert. Der Pumper verfügt über Midshippumpe, Schnellangriffseinrichtung und drei Mann Be-satzung.

Verwendungszweck:	Pumper (Antique-Engine)
Fahrgestelltyp:	GMC G 30
Baujahr:	1951
Leistung der Pumpe:	750 gpm (2839 l/min)
Löschwasservorrat:	250 gal (946 l)

Für den Aufbau dieses 1995 beim Steelton Fire-Department in Pennsylvania als Museumswagen angetroffenen Pumper (Engine 53-1) zeichnete der Feuerwehrausrüster Peter Pirsch & Sons Co. in Kenosha, Wisconsin verantwortlich. Das auf einem GMC-Chassis aufgebaute Fahrzeug besitzt die obligatorische Midshippumpe sowie zwei Scheinwerfer zur Arbeitsstellenbeleuchtung.

Verwendungszweck:	Pumper (Antique-Engine)
Fahrgestelltyp:	Mack B 85 Thermodyne
Baujahr:	1957
Leistung der Pumpe:	750 gpm (2839 l/min)
Löschwasservorrat:	500 gal (1893 l)

Ein sehr bulliges und beeindruckendes Erscheinungsbild vermittelt dieser Mack-Pumper (Engine 84) des Bethany Fire Department in Connecticut. Diese Antique-Engine mit ihren vielen Chromteilen verfügt über einen Sechszylinder-Cummins-Vergasermotor mit 200 PS Leistung und Trilexräder vorn. Der feuerwehrtechnische Aufbau mit Mitteneinbaupumpe, seitlich offen angebrachten Armaturen und mit der darüber befindlichen Schnellangriffseinrichtung erfolgte durch der Fahrgestellhersteller. Mit nur geringen Änderungen wurde diese Mack-Baureihe elf Jahre lang produziert.

Verwendungszweck:	Pumper (Antique-Engine)
Fahrgestelltyp:	Corbitt
Baujahr:	1953
Leistung der Pumpe:	500 gpm (1893 l/min)
Löschwasservorrat:	–

Das Cape May Fire-Department im Staate New Jersey besaß diesen auf einem Corbitt-Fahrgestell aufgebauten Pumper. Heute befindet sich dieses Traditionsfahrzeug in Privatbesitz. Den Aufbau des offenen, mit einem Wendestrahlrohr ausgerüsteten Fahrzeugs nahm der Aufbauhersteller Oren-Roanoke Corp. vor. Die Firma Corbitt Co. in Henderson, North Carolina stellte zeitweilig mit großem Erfolg Lastkraftwagen mit bis zu 15 t Nutzlast her. Im Jahr 1958 verschwand das Unternehmen von der Bildfläche.

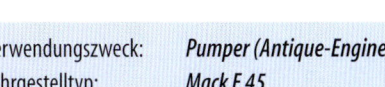

Verwendungszweck:	Pumper (Antique-Engine)
Fahrgestelltyp:	Mack L
Baujahr:	1951
Leistung der Pumpe:	750 gpm (2839 l/min)
Löschwasservorrat:	700 gal (2650 l)

Bei der Hummels Wharf Fire Company im US-Bundesstaat Pennsylvania wurde im Jahr 2001 dieser schmucke Mack-Pumper als Antique-Engine angetroffen. Das Fahrzeug besitzt eine geschlossene Kabine, Midshippumpe und einen verhältnismäßig großen Löschwasserbehälter. Zwar optisch nicht sehr schön, dafür aber zweckmäßig ist das bereits mit den Anschlüssen gekuppelte Schlauchmaterial in der Fahrzeugmitte. Das Mack-Chassis befand sich zwischen 1940 und 1956 in der Produktion.

Verwendungszweck:	Pumper
Fahrgestelltyp:	Ford C 900
Baujahr:	1978
Leistung der Pumpe:	1000 gpm (3785 l/min)
Löschwasservorrat:	500 gal (1893 l)

Das LaBelle Volunteer Fire Department in Florida setzte noch im Jahr 1998 diesen sehr gepflegten Seagrave-Pumper auf Ford-Frontlenker-Fahrgestell ein. Neben den vielfältigen optischen und akustischen Warn- und Signaleinrichtungen verfügt dieses, mit der üblichen Midshippumpe und der Commercial Cab ausgerüstete Modell über eine mittig angeordnete Schnellangriffseinrichtung sowie Flutlichtscheinwerfer zur Arbeitsstellenbeleuchtung.

Verwendungszweck:	Pumper (Antique-Engine)
Fahrgestelltyp:	Mack E 45
Baujahr:	1947
Leistung der Pumpe:	500 gpm (1893 l/min)
Löschwasservorrat:	150 gal (568 l)

Dieses wirkungsvoll mit Nationalflaggen sowie vielen Messing- und Chromteilen dekorierte Traditionsfahrzeug, ein Mack-Pumper aus dem Jahr 1947, befindet sich in Privatbesitz. Das optimal restaurierte Fahrzeug gehörte bis zu seiner Außerdienststellung zum Einsatzbestand des Mutual Fire-Departments.

Verwendungszweck:	Pumper
Fahrgestelltyp:	Ford C 800
Baujahr:	1976
Leistung der Pumpe:	1250 gpm (4731 l/min)
Löschwasservorrat:	750 gal (2839 l)

Die Feuerwehr des Regionalflughafens Spokane im Bundesstaat Washington hat diesen als Engine 505 eingeordneten Pumper im Bestand. Als Chassis verfügt dieser von American LaFrance aufgebaute Wagen über ein Ford-Frontlenker-Fahrgestell. Ausgebildet ist dieses Modell mit einem serienmäßigen Fahrerhaus (Commercial Cab), das gleichzeitig als Tilt Cab für Wartungs- und Reparaturarbeiten kippbar eingerichtet ist.

Verwendungszweck:	Pumper
Fahrgestelltyp:	Ford LN 9000
Baujahr:	1976
Leistung der Pumpe:	1250 gpm (4731 l/min)
Löschwasservorrat:	2000 gal (7570 l)

Der Lebanon Fire District in Orgeon verfügte im Jahr 1997 über die hier abgebildete Engine 334, die von dem Aufbauhersteller Western States auf einem dreiachsigen Ford-Haubenchassis entstand. Abweichend von dem sonst üblichen Erscheinungsbild besitzt dieses Fahrzeug eine Vorbaupumpe und einen angeschlossenen Werfer, mit dem an der Einsatzstelle sofort Wasser gegeben werden kann. Besonders in den Bundesstaaten Washington und Oregon ist der Anbau von Vorbaupumpen sehr verbreitet. Das Chassis ist mit einem Sechszylinder-Diesel mit 6480 ccm Hubraum und 260 PS ausgerüstet.

Verwendungszweck:	*Pumper*
Fahrgestelltyp:	*Ford LN 700*
Baujahr:	*1982*
Leistung der Pumpe:	*1000 gpm (3785 l/min)*
Löschwasservorrat:	*300 gal (1136 l)*

Einen sehr attraktiv in gelb mit schwarzer Fahrerkabine lackierten Feuerwehrwagen besitzt das Pittsburg Fire Department in Pennsylvania. Diese Farbgebung war die typische Lackierung dieses Fire Departments in den 1970er und 1980er Jahren. Das hier gezeigte, leichte Pumper-Modell wurde von der Firma Grumman auf ein Ford-Fahrgestell aufgebaut und wurde als Engine 39 eingesetzt. Neben einer Midshippumpe und dem Löschwassertank befindet sich das bei amerikanischen Pumpern übliche Schlauchmaterial auf dem Fahrzeug. Da die Mitnahme von Einsatzkräften auf dem hinteren Trittbrett inzwischen verboten ist, sterben solche Pumper mit Einzelkabinen bei den großen Fire Departments langsam aus.

Verwendungszweck:	*Pumper*
Fahrgestelltyp:	*Ford LN 8000*
Baujahr:	*1982*
Leistung der Pumpe:	*1250 gpm (4731 l/min)*
Löschwasservorrat:	*1000 gal (3785 l)*

Gelb ist die Lackierung dieses vom Woodburn Fire District in Oregon eingesetzten Pumper, dessen Aufbau die Firma Western States auf einem Ford-Haubenchassis besorgte. Die Feuerlöschpumpe der Engine 235 ist in diesem Fall als Vorbaupumpe ausgebildet, um leichter zur Wasserentnahme an offene Gewässer heranfahren zu können. Die beidseitig installierten Schnellangriffseinrichtungen befinden sich mittig angeordnet auf dem Aufbau.,

Verwendungszweck:	*Pumper*
Fahrgestelltyp:	*Ford C*
Baujahr:	*1983*
Leistung der Pumpe:	*1250 gpm (4731 l/min)*
Löschwasservorrat:	*700 gal (2650 l)*

ring Inc. in Appleton, Wisconsin, aufgebauten und ausgerüsteten Pumper auf Ford-Fahrgestell im Dienst. Die Fahrer- und Mannschaftskabine dieses der Mittelklasse angehörenden Ford-Fahrgestells ist als so genannte Canopy Cab ausgeführt. Bei dieser breiten Kabinenausführung ohne Rückwand sitzt jeweils ein Mann mit dem Rücken zur Fahrtrichtung rechts und links neben dem Motor.

Das Sterling Volunteer Fire Department in Virginia hat diesen, von dem renommierten Feuerwehrausrüster Pierce Manufactu-

Verwendungszweck:	*Pumper*
Fahrgestelltyp:	*Ford LN 8000*
Baujahr:	*1979*
Leistung der Pumpe:	*1000 gpm (3785 l/min)*
Löschwasservorrat:	*750 gal (2829 l)*

Das Fire Department White Plains im US-Bundesstaat New York verfügt über die abgebildete Engine 8, für deren Aufbau mit großer Fahrer- und Mannschaftskabine der Hersteller Ward zuständig war. Das Ford-Haubenchassis verfügt über einen Dieselmotor. Das Schlauchmaterial liegt in Buchten mittig oberhalb des Pumpenstands für den Schnellangriff bereit, während sich vorn im Bereich der Stoßstange die Hydrantenzuleistung befindet.

Verwendungszweck:	Pumper-Tanker
Fahrgestelltyp:	Ford LTL 9000
Baujahr:	1984
Leistung der Pumpe:	1000 gpm (3785 l/min)
Löschwasservorrat:	2500 gal (9463 l)

Als Engine Nr. 8 läuft dieser sehr bullig und beeindruckend wirkende Pumper-Tanker, der auf einem dreiachsigen Ford-Chassis von der Firma Farrar Co. in Woodville, Massachusetts, aufgebaut worden ist. Der mit drei Einsatzkräften besetzte Wagen gehört zum Einsatzbestand des Wells Fire Department in Maine, New England, und befördert einen verhältnismäßig großen Löschwasservorrat.

Verwendungszweck:	Pumper
Fahrgestelltyp:	Ford LS 8000
Baujahr:	1986
Leistung der Pumpe:	1000 gpm (3785 l/min)
Löschwasservorrat:	1200 gal (4542 l)

Die Freeville Fire Company im US-Bundesstaat New York führt diesen von der Firma Saulsbury Fire Equipment Co. in Tully, New York, erstellten Pumper auf einem Ford-Haubenfahrgestell im Bestand. Auch hier ist das Schlauchmaterial für den Schnellangriff in Buchten oberhalb des Pumpenbedienstandes gelagert.

Verwendungszweck:	Pumper
Fahrgestelltyp:	Ford LN 8000 (4 x 4)
Baujahr:	1986
Leistung der Pumpe:	750 gpm (2829 l/min)
Löschwasservorrat:	1000 gal (3785 l)

Der Flughafenfeuerwehr des Regionalflughafens Blue Grass Airport Fire Department in Lexington, Kentucky, verfügte 1999 über einen allradgetriebenen Pumper, der von Pierce auf einem Ford-Haubenchassis aufgebaut worden war. Die Engine Nr. 58 war neben Löschwasser zusätzlich mit 140 gal (530 l) Schaummittel beladen. Eine Besonderheit ist der separate Pumpenmotor, der das Fahrzeug in die Lage versetzt, auch während der Fahrt zu löschen. Vorn am Fahrzeug ist ein Monitoranschluss vorhanden.

Verwendungszweck:	Pumper
Fahrgestelltyp:	Ford C 8000
Baujahr:	1984
Leistung der Pumpe:	1000 gpm (3785 l/min)
Löschwasservorrat:	750 gal (2829 l)

Beim Long Green Fire Department in Maryland konnte man im Jahr 1995 diesen von der Firma Grumman Emergency Products in Roanoke, Virginia, aufgebauten Pumper antreffen, der als Engine 382 eingeordnet war. Zur Verwendung gelangte ein Ford-Frontlenker-Chassis mit Tilt Cab, also mit nach vorn kippbarer Fahrerkabine. Das im Jahr 1957 erstmals vorgestellte C-Modell war ein robustes und preisgünstiges Großserienfahrgestell, das es bei Feuerwehren zu einer außerordentlichen Beliebtheit und Verbreitung brachte. Erst im Juni 1990, nachdem mehr als 300 000 Einheiten gefertigt worden waren, wurde der Bau eingestellt.

Verwendungszweck:	*Pumper-Tanker*
Fahrgestelltyp:	*International Harvester*
	Transtar Typ 4300
Baujahr:	*1974*
Leistung der Pumpe:	*1000 gpm (3785 l/min)*
Löschwasservorrat:	*2200 gal (8327 l)*

Der Grant County Fire District 5, Moses Lake, Washington, verfügte 1997 über diesen kantig und bullig wirkenden Pumper-Tanker als Engine 512 auf einem International-Dreiachs-Fahrgestell. Der Feuerwehrwagen wurde in Eigenleistung durch die Wehrmänner umgebaut. Ein Schaummitteltank von 150 gal (568 l) ergänzt die Beladung. Zwischen Aufbau und Kabine befindet sich ein Monitor.

Verwendungszweck:	*Pumper-Tanker*
Fahrgestelltyp:	*Ford L 9000*
Baujahr:	*1991*
Leistung der Pumpe:	*1250 gpm (4731 l/min)*
Löschwasservorrat:	*3000 gal (1355 l)*

Sehr elegant wirkt dieser schwarz-metallic lackierte, dreiachsige Pumper-Tanker, den der Feuerwehrausrüster Grumman auf einem Ford-Hauber für das Bradley Prosperity Volunteer Fire Department im US-Bundesstaat West Virginia aufbaute. Diese Engine 3 verfügt über einen Dachmonitor sowie, oberhalb des üblicherweise auf der linken Seite angeordneten Pumpenbedienstandes, in Schlauchbetten gelagerte, in Bahnen zusammengekuppelte Schläuche, die beim Einsatz nur herausgezogen werden brauchen.

Verwendungszweck:	*Pumper*
Fahrgestelltyp:	*International Harvester*
	S 1800
Baujahr:	*1980*
Leistung der Pumpe:	*750 gpm (2839 l/min)*
Löschwasservorrat:	*500 gal (1893 l)*

Dieser auf einem International Harvester-Chassis von der Firma Welch Fire Equipment Co. in Marion, Wisconsin, für das Springfield Fire Department, Oregon, aufgebaute Pumper lief dort im Jahr 1997 als Engine 842. Die Feuerlöschpumpe befindet sich nebst Bedienungsarmaturen vor dem Kühler des in dunkelgelb lackierten Fahrzeugs.

Verwendungszweck:	*Pumper*
Fahrgestelltyp:	*International Navistar*
	4900
Baujahr:	*1996*
Leistung der Pumpe:	*1250 gpm (4731 l/min)*
Löschwasservorrat:	*750 gal (2829 l)*

Dieser von dem Feuerwehrausrüster KME Fire Apparatus in Nesquehoning, Pennsylvania, aufgebaute Pumper ist beim Newport Fire Deparment im Bundesstaat Oregon stationiert. Dieser mittlerweile stark expandierende Hersteller nahm erst in den 1980er Jahren die Sparte der Feuerwehrfahrzeugfertigung hinzu. Das Fahrzeug mit Midshippumpe und Dachmonitor entstand auf einem Fahrgestell von International.

Verwendungszweck:	*Pumper*
Fahrgestelltyp:	*International Harvester*
	V 190
Baujahr:	*1968*
Leistung der Pumpe:	*1000 gpm (3785 l/min)*
Löschwasservorrat:	*500 gal (1893 l)*

Das Fire Department in Littleton, New Hampshire, besaß im Jahre 1995 diesen von Pirsch aufgebauten Pumper als Engine 2 im Einsatzbestand. Das damals fast 30 Jahre alte, gut gepflegte Fahrzeug ist auf einem Haubenchassis von International-Harvester aufgebaut und verfügt über zwei mittig auf dem Aufbau angeordnete Schnellangriffseinrichtungen.

Das Jeanette Fire Department in Pennsylvania hatte im Jahr 1999 diesen von der Firma Mack in Allentown auf einem werkseigenen Fahrgestell aufgebauten Pumper als Engine 6 im Fahrzeugbestand. Dieser mittlerweile mehr als 33 Jahre alte Frontlenker wirkt noch wie neu und verfügt über mehrere Flutlichtscheinwerfer zur Einsatzstellenbeleuchtung.

Verwendungszweck:	*Pumper*
Fahrgestelltyp:	*Mack C 95*
Baujahr:	*1966*
Leistung der Pumpe:	*1000 gpm (3785 l/min)*
Löschwasservorrat:	*300 gal (1136 l)*

Verwendungszweck:	*Pumper*
Fahrgestelltyp:	*Mack C 95*
Baujahr:	*1968*
Leistung der Pumpe:	*1000 gpm (3785 l/min)*
Löschwasservorrat:	*500 gal (1893 l)*

Dieser Mack-Pumper aus dem Jahr 1968 stand noch vor einiger Zeit als Engine Nr. 3 beim Winchester Fire Department im Bundesstaat Tennessee im Einsatzdienst. Das von Mack aufgebaute Fahrzeug besitzt eine hinten offene, mit zwei Mannschaftsplätzen belegte Canopy-Cab.

Verwendungszweck:	*Pumper*
Fahrgestelltyp:	*International Navistar 4900*
Baujahr:	*1999*
Leistung der Pumpe:	*1250 gpm (4731 l/min)*
Löschwasservorrat:	*500 gal (1893 l)*

Dieser Pumper mit einer an der Rückwand der Standard-Lkw-Kabine angebauten Mannschaftskabine wurde von der Firma Sutphen auf einem International-Fahrgestell aufgebaut. Dieses Fahrzeug befindet sich als Engine 17 bei der Columbus Division of Fire im Bundesstaat Ohio im Einsatzdienst. Zum Zeitpunkt der Aufnahme war das erst kurz zuvor beschaffte Fahrzeug brandneu. Die Firma Sutphen ist übrigens die älteste noch in Familienbesitz befindliche Feuerwehrfahrzeugfabrik in den Vereinigten Staaten.

Verwendungszweck:	*Pumper*
Fahrgestelltyp:	*Mack MB 685*
Baujahr:	*1977*
Leistung der Pumpe:	*1250 gpm (4731 l/min)*
Löschwasservorrat:	*500 gal (1893 l)*

Zu den kleineren Ausführung dieser Fahrzeugkategorie zählt dieser gelb lackierte Pumper der vom Portland Fire Emergency Service in Oregon eingesetzt wurde. Aufbau und Fahrgestell dieser Engine 3 stammen von Mack. Hinter der rückwandlosen Fahrerkabine befindet sich oberhalb des Pumpenbedienstandes eine Schnellangriffseinrichtung. Zur schnellen Wasserabgabe im Einsatzfall sind die Schläuche an den Pumpenabgängen angeschlossen und bereits zusammengekuppelt.

Verwendungszweck:	*Pumper*
Fahrgestelltyp:	*Mack CF*
Baujahr:	*1978*
Leistung der Pumpe:	*1500 gpm (5678 l/min)*
Löschwasservorrat:	*500 gal (1893 l)*

Dieser in orange lackierte Pumper gehört als Engine 822 zum Fahrzeugbestand des Springfield Fire Department in Oregon. Der Aufbau erfolgte von Mack auf einem werkseigenen Frontlenkerfahrgestell. Auch dieses Fahrzeug mit seiner verhältnismäßig starken Feuerlöschpumpe ist mit einer hinten offenen Canopy-Cab ausgeführt.

Verwendungszweck:	**Pumper**
Fahrgestelltyp:	**American LaFrance**
	Century
Baujahr:	**1979**
Leistung der Pumpe:	**1000 gpm (3785 l/min)**
Löschwasservorrat:	**1000 gal (3785 l)**

Bei dem Fire Department des Philadelphia International Airports in Pennsylvania befand sich im Jahr 1994 dieser klassische American LaFrance-Pumper als Engine Nr. F 10 im Einsatzbestand. Der Aufbau war ebenfalls durch American LaFrance vorgenommen worden. Die mittig angeordnete Pumpe mit Bedienstand, eine Schnellangriffseinrichtung und der im rückwärtigen Teil des Aufbaus befindliche Monitoranschluss sind einige wesentliche Ausrüstungsmerkmale dieses Fahrzeugs.

Verwendungszweck:	**Pumper**
Fahrgestelltyp:	**Mack MC**
Baujahr:	**1981**
Leistung der Pumpe:	**1500 gpm (5678 l/min)**
Löschwasservorrat:	**500 gal (1893 l)**

Hier ist ein 1981 gebauter Mack-Pumper des Seattle Fire Departments im Staat Washington zu sehen, der von dem Feuerwehrausrüster Anderson erstellt wurde. Recht eigentümlich an der Engine 35 ist der an den Seiten offene, im Anschluss an die hinten ohne Rückwand ausgeführte Kabine in Höhe der Pumpe befindliche Mannschaftsraum.

Verwendungszweck:	**Pumper**
Fahrgestelltyp:	**American LaFrance**
	Century
Baujahr:	**1983**
Leistung der Pumpe:	**1000 gpm (3785 l/min)**
Löschwasservorrat:	**500 gal (1893 l)**

Zwischen 1980 und 1983 orderte das Fire Department New York für seine Engine-Companies das Modell Century von

American LaFrance. Während der letzten 15 Jahre zuvor hatte diese wohl anspruchsvollste Feuerwehr Amerikas ihre Pumper ausschließlich von Mack bezogen. Da diese Fahrzeuge vom Besteller mit besonderen baulichen Sonderwünschen und Spezifikationen ausgelegt waren, trug dieser Typ die zusätzliche Bezeichnung „New Yorker". Insgesamt wurden innerhalb von vier Jahren 103 Pumper von American LaFrance beschafft. Bei der abgebildeten, im Jahr 1995 fotografierten Engine 522 handelte es sich um ein Reservefahrzeug.

Verwendungszweck:	**Pumper/Hazmat**
Fahrgestelltyp:	**American LaFrance 900**
Baujahr:	**1962**
Leistung der Pumpe:	**1250 gpm (4731 l/min)**
Löschwasservorrat:	**300 gal (1136 l)**

Ein Pumper mit Gefahrgutausrüstung ist die hier abgebildete Engine 9 des South Portland Fire Department. Der Aufbau erfolgte von dem renommierten amerikanischen Feuerwehrausrüster American LaFrance auf ein werkseigenes Frontlenkerfahrgestell der Serie 900. Die Gefahrgut – Hazmat (Hazardous Materials) – Ausrüstung trat erst im Laufe der 1980er Jahre in Erscheinung und wurde bei diesem Fahrzeug nachgerüstet. Zusätzlich befinden sich 200 gal (757 l) Schaummittel, die zu Lasten des Löschwasservorrats gehen, auf dem Fahrzeug.

Verwendungszweck:	**Rescue-Pumper**
Fahrgestelltyp:	**Pierce Lance**
Baujahr:	**1991**
Leistung der Pumpe:	**1250 gpm (4731 l/min)**
Löschwasservorrat:	**500 gal (1893 l)**

Eine ganzflächig weiße Lackierung mit einem im unteren Karosseriebereich angebrachten, dekorativen dunkelblauen Streifen sind die äußeren Merkmale dieses Rescue-Pumper des County of Fairfax Fire Department, Station 21 Fair Oaks Fire & Rescue Co. im Bundesstaat Virginia. Den Aufbau mit großer viertüriger Fahrer- und Mannschaftskabine nahm der Feuerwehrausrüster Pierce auf einem firmeneigenen, mit Mittelmotor ausgerüsteten Pierce-Lance-Fahrgestell vor. Neben hydraulischem Rettungsgerät ist das Fahrzeug mit einem 40 gal (151 l) Schaummittelbehälter ausgerüstet.

Verwendungszweck:	**Pumper**
Fahrgestelltyp:	**American LaFrance**
	Century
Baujahr:	**1982**
Leistung der Pumpe:	**1500 gpm (5678 l/min)**
Löschwasservorrat:	**500 gal (1893 l)**

In einem sehr eleganten dunkelgrünen Farbton und daher betriebsintern durchaus treffend als „Green Monster" bezeichnet, präsentiert sich die von American LaFrance auf einem ebensolchen Fahrgestell aufgebaute Engine 11 des Castle Shannon Fire Department in Pennsylvania. Flutlichtscheinwerfer und Monitoranschluss sind auf dem Aufbau befestigt.

Verwendungszweck:	**Pumper**
Fahrgestelltyp:	**E-One Hush**
Baujahr:	**1988**
Leistung der Pumpe:	**1500 gpm (5678 l/min)**
Löschwasservorrat:	**500 gal (1893 l)**

Völlig neu war die Konzeption des 1985 erstmals vorgestellten Modells Hush von Emergency One. Hier war der Motor nicht, wie bisher allgemein üblich, vorne installiert, sondern er befand sich

im Heck des Fahrzeugs. Das hatte den Vorteil, dass sich dadurch eine sehr geräumige, wesentlich leisere und durch die nicht mehr vorhandene Motorwärme nur gering aufgeheizte Fahrer- und Mannschaftskabine konstruieren ließ. Mit dem Hush wörtlich übersetzt bedeutet dieser Begriff „Stille" – konnte E-One einen großen Verkaufserfolg landen. Hier ein E-One Hush des County of Fairfix, Station 5 Franconia Volunteer Fire Department mit einer eher kurzen Fahrer- und Mannschaftskabine.

Verwendungszweck:	**Pumper**
Fahrgestelltyp:	**E-One Hurricane**
Baujahr:	**1987**
Leistung der Pumpe:	**1000 gpm (3785 l/min)**
Löschwasservorrat:	**500 gal (1893 l)**

Das Philadelphia Fire Department in Pennsylvania verfügte im Jahr 1994 über diesen als Engine 58 eingeordneten, von Emergency One Inc. (E-One) auf einem gleichnamigen Fahrgestell aufgebauten Pumper. Das Frontlenkerfahrzeug besitzt einen als Mittelmotor ausgebildeten Cummins-Diesel mit 400 PS Leistung sowie eine geschlossene Kabine, in der sechs Einsatzkräfte Platz finden. Das erst 1974 von einem Branchenfremden gegründete Unternehmen E-One konnte sich in kürzester Zeit durch günstige Preise in Folge der eingesetzten Modulbauweise, sehr kurze Lieferzeiten von meist nur 45 bis 60 Tagen und vielen technischen Innovationen am hart umkämpften Markt durchsetzen.

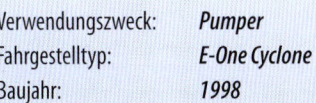

Verwendungszweck:	**Pumper**
Fahrgestelltyp:	**E-One Hush**
Baujahr:	**1991**
Leistung der Pumpe:	**2000 gpm (7570 l/min)**
Löschwasservorrat:	**500 gal (1893 l)**

Dieser im Jahr 1999 fotografierte weiß-rot lackierte E-One-Pumper des Charlotte Fire Department im US-Bundesstaat North Carolina wird dort als Engine Nr. 1 geführt. Neben der auf der rechten Fahrzeugseite mittig in Höhe des Pumpenbedienstandes angeordneten Schnellangriffseinrichtung und einem Monitoranschluss, besteht die Beladung neben dem Löschwassertank aus 35 gal (132 l) Schaummittel. Den verwendeten Heckmotorantrieb und die Zusammenlegung von Pumpen- und Verteilergetriebe in einem gemeinsamen Gehäuse ließ sich E-One im Jahr 1989 patentieren.

Verwendungszweck:	**Rescue-Pumper**
Fahrgestelltyp:	**E-One Cyclone II**
Baujahr:	**1998**
Leistung der Pumpe:	**1250 gpm (4731 l/min)**
Löschwasservorrat:	**750 gal (2839 l)**

Ein E-One-Cyclone-II-Fahrgestell mit Frontmotor als Basis wurde für diesen von Emergency One für das Florissant Valley Fire Department aufgebauten, zusätzlich mit Rettungsgerät beladenen Rescue-Pumper verwendet. Der Antrieb dieses mit einer Viermann-Kabine ausgerüsteten Fahrgestells erfolgte durch einen 430-PS-Detroit-Diesel. Das Fahrzeug ist mit einer Waterous-CM-Feuerlöschkreiselpumpe, einem Löschwasservorrat sowie 30 gal (114 l) Schaummittel bestückt.

Verwendungszweck:	**Pumper**
Fahrgestelltyp:	**E-One Cyclone**
Baujahr:	**1998**
Leistung der Pumpe:	**1250 gpm (4731 l/min)**
Löschwasservorrat:	**500 gal (1893 l)**

Mit einem Frontmotor ist die E-One-Modellreihe Cyclone ausgerüstet. Dagegen verfügt das Modell Hurricane über ein im hinteren Kabinenbereich angeordnetes Antriebsaggregat, während sich dieses beim Protector vorn in der Kabine befindet. Nur das Modell Hush war mit einem Heckmotor ausgerüstet. Ein von einem Detroit-Diesel angetriebenes Cyclone-Fahrgestell verwendete E-One zum Aufbau dieses mit großer Kabine beim Fire Department der City of Durham in North Carolina stationierten Pumpers.

Verwendungszweck:	**Pumper**
Fahrgestelltyp:	**E-One Protector**
Baujahr:	**1991**
Leistung der Pumpe:	**1250 gpm (4731 l/min)**
Löschwasservorrat:	**1000 gal (3785 l)**

Beim 1989 von E-One vorgestellten neuen Modell mit dem Produktnamen Protector ist der Motor vorne in der Fahrer- und Mannschaftskabine installiert. Ein solches Fahrzeug mit Sechs-mannkabine beschaffte das Fire Department in Spring Lake, North Carolina. Auch hier sind Schnelleinsatzhaspel sowie Monitoranschluss vorhanden.

Verwendungszweck:	*Pumper*
Fahrgestelltyp:	*E-One Hurricane*
Baujahr:	*1995*
Leistung der Pumpe:	*1500 gpm (5678 l/min)*
Löschwasservorrat:	*750 gal (2839 l)*

Das Davie Fire Department im US-Bundesstaat Florida orderte diesen überwiegend in Aluminiumbauweise erstellten Pumper bei Emergency One. Dieser zwar wesentlich teurere, dafür aber ungleich leichtere und langlebigere Werkstoff wird von diesem Hersteller bevorzugt bei der Erstellung der Aufbauten eingesetzt. Das E-One-Fahrgestell verfügt über einen Cummins-Diesel mit 400 PS, eine Sechsmann-Kabine sowie eine Hale-Feuerlöschkreiselpumpe.

Verwendungszweck:	*Pumper*
Fahrgestelltyp:	*GMC 7500*
Baujahr:	*1967*
Leistung der Pumpe:	*750 gpm (2839 l/min)*
Löschwasservorrat:	*1000 gal (3785 l)*

Die East Vineland Volunteer Fire Company im Buena Vista Township im Bundesstaat New Jersey setzte im Jahr 1997 diesen 30 Jahre zuvor von der Firma TASC erbauten Pumper ein. Das auf einem GMC-Kurzhaubenfahrgestell aufgebaute Fahrzeug lief dort als Engine F 1221. Zwei Schnellangriffshaspeln befinden sich oben in der Mitte des Aufbaus. Dieses ist ein typischer, auf einem Commercial-Fahrgestell aufgebauter Pumper für den Einsatz auf dem Lande.

Verwendungszweck:	*Tanker*
Fahrgestelltyp:	*GMC 6000*
Baujahr:	*1977*
Leistung der Pumpe:	*250 gpm (946 l/min)*
Löschwasservorrat:	*1000 gal (3785 l)*

Über ein recht interessantes, in Eigenleistung durch die Wehr umgestaltetes Feuerwehrfahrzeug verfügt das Fire Department Wilderness Ranch im US-Bundesstaat Idaho. Dieser als Engine 250 eingeordnete Pumper verfügt über eine nach amerikanischen Verhältnissen verhältnismäßig leistungsschwache Midshippumpe sowie eine große Schnellangriffsschlauchhaspel hinter der Fahrerkabine.

Verwendungszweck:	*Pumper*
Fahrgestelltyp:	*GMC 427*
Baujahr:	*1971*
Leistung der Pumpe:	*750 gpm (2839 l/min)*
Löschwasservorrat:	*600 gal (2271 l)*

Beim Fire Department Tenmile in Oregon leistete dieser von der Firma FTI Fire Trucks Inc. in Mt. Clemens, Minnesota, aufgebaute leichte Pumper noch 1997 gute Dienste. Der Aufbau dieses als Engine 2030 eingeordneten Fahrzeugs mit mittig oben auf dem Aufbau angebrachten Schnellangriff erfolgte auf einem GMC-Frontlenkerchassis.

Fahrgestelltyp:	**Foam-Pumper**
Fahrgestelltyp:	**GMC Top Kick**
Baujahr:	**1993**
Leistung der Pumpe:	**1250 gpm (4731 l/min)**
Löschwasservorrat:	**–**

Dieses von dem Feuerwehrausrüster Pierce Manufacturing, Inc. in Appleton aufgebaute Schaumlöschfahrzeug gehört als Engine Nr. 14 zum Bestand des Fire Department des Allegheny County International Airport in Pennsylvania. Dieses mit 1000 gal (3785 l) Schaummittelvorrat beladene Fahrzeug entstand auf einem GMC-Top Kick-Zweiachsfahrgestell, welches von einem 250 PS starken Sechszylinder-Caterpillar-Diesel mit 6480 ccm Hubraum fortbewegt wird. Dieses besonders häufig in südamerikanischen Ländern aber auch von ländlichen US-Fire Departments eingesetzte Chassis zeichnet sich durch Robust- und Einfachheit aus.

Verwendungszweck:	**Pumper**
Fahrgestelltyp:	**GMC 7000**
Baujahr:	**1984**
Leistung der Pumpe:	**1000 gpm (3785 l/min)**
Löschwasservorrat:	**1000 gal (3785 l)**

Der Fire District II der Cassville Volunteer Fire Company im Staat New Jersey setzte im Jahr 1997 diesen als Engine 5607 eingeordneten, von dem Feuerwehrausrüster FMC – Van Pelt in Oakdale/California aufgebauten Pumper ein. Das gelb lackierte Fahrzeug mit seiner Standard-Lkw-Kabine entstand auf einem bulligen GMC-Hauber.

Verwendungszweck:	**Pumper**
Fahrgestelltyp:	**Pierce Arrow**
Baujahr:	**1984**
Leistung der Pumpe:	**1250 gpm (4731 l)**
Löschwasservorrat:	**500 gal (1893 l)**

Das Earleigh Heights Volunteer Fire Department in Maryland setzte im Jahr 1994 diesen exakt zehn Jahre alten Pumper als Engine 123 ein. Den Aufbau des Fahrzeugs besorgte die Firma Pierce Manufacturing, die hierzu auch ein eigenes Fahrgestell verwendete. Das Namensrecht für dieses Fahrgestell erwarb Pierce von der bis 1938 tätigen Pkw-Fabrik Pierce Arrow. Auf das Arrow-Fahrgestell – Arrow bedeutet Pfeil – wurde der erste Pumper mit Aluminium-Kabine erstellt.

Verwendungszweck:	**Pumper**
Fahrgestelltyp:	**GMC Brigadier**
Baujahr:	**1987**
Leistung der Pumpe:	**1250 gpm (4731 l/min)**
Löschwasservorrat:	**1000 gal (3785 l)**

Das Idaho Falls/Bonneville Fire Protection Department verwendet diesen von der Firma FMC aufgebauten Pumper als Engine 406 C im Fahrzeugbestand. Das in den Vereinigten Staaten zur mittelschweren Nutzlastklasse zählende GMC-Fahrgestell wird immer noch mit einem recht durstigen Achtzylinder-V-Vergasermotor mit 320 PS angeboten, obwohl die meisten Fire Departments den Dieselantrieb bevorzugen. Dieses Fahrzeug mit Mitteneinbaupumpe und dem auf der linken Seite befindlichen Bedienstand entspricht der Standardbauweise.

Verwendungszweck:	**Pumper**
Fahrgestelltyp:	**Pierce Dash**
Baujahr:	**1985**
Leistung der Pumpe:	**1500 gpm (5678 l/min)**
Löschwasservorrat:	**500 gal (1893 l)**

Das für diesen Piece-Aufbau verwendete Dash Fahrgestell – Dash bedeutet Vorstoß oder Schlag – gehörte wie das Modell Arrow zu jenen mit zugkräftigen Produktnamen bezeichneten Fahrgestellen, die Pierce seit Ende der 1970er Jahre auf den Markt brachte. Es war das zweite Namensfahrgestell in der Modellreihe von Pierce. Das Pittsburg Fire Department in Pennsylvania verwendete für die Engine 29 ein solches Chassis.

Verwendungszweck:	**Pumper**
Fahrgestelltyp:	**Pierce Lance**
Baujahr:	**1990**
Leistung der Pumpe:	**1500 gpm (5678 l/min)**
Löschwasservorrat:	**500 gal (1893 l)**

Das City of Raleigh Fire Department in North Carolina setzte im Jahr 1999 diesen von Pierce auf einem Pierce Lance-Fahrgestell aufgebauten Pumper als Engine 8 ein. Ab Ende der 1970er Jahre führte Pierce insgesamt sechs neue Fahrgestelle unterschiedlicher Baugrößen im Sortiment ein. Es gab diese Fahrzeuge mit Heck-, Front- und Allradantrieb sowie mit Allradlenkung im Programm, so dass alle Anforderungen und Wünsche lückenlos abgedeckt werden konnten.

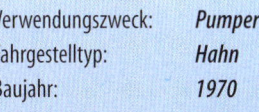
Verwendungszweck:	Pumper
Fahrgestelltyp:	Pierce Dash
Baujahr:	1996
Leistung der Pumpe:	1750 gpm (6624 l/min)
Löschwasservorrat:	750 gal (2839 l)

Dash (Vorstoß, Schlag), Lance (Lanze), Arrow (Pfeil), Saber (Säbel) und Quantum (Menge, Größe) hießen die zugkräftigen Namen der in ihrer Größe gestaffelten Fahrgestelle von Pierce Arrow. Einen prächtigen Eindruck hinterlässt diese himmelblau-metallic lackierte Engine 3023 der Beverly Road Fire Company im Burlington Township US-Bundesstaat New Jersey. Das Fahrzeug besitzt eine große Kabine für sechs Einsatzkräfte und wurde von Pierce aufgebaut.

Verwendungszweck:	Pumper
Fahrgestelltyp:	Hahn
Baujahr:	1982
Leistung der Pumpe:	1000 gpm (3785 l/min)
Löschwasservorrat:	750 gal (2839 l)

Die bereits 1898 gegründete Kutschenfabrik William G. Hahn nahm im Jahre 1915 den Bau von motorgetriebenen Feuerwehrfahrzeugen auf. Wegen der ausgezeichneten Qualität seiner Produkte erwarb sich Hahn schon bald einen guten Ruf bei den Fire Departments, besonders an der Ost-küste. Dieser in einem eleganten Weiß ausgeführte Pumper stand im Jahr 1997 beim Jackson Mills Fire Department, New York, als Engine 5401 im Einsatz. Das Fahrgestell stammte ebenfalls aus dem Hause Hahn.

Verwendungszweck:	Pumper
Fahrgestelltyp:	Hahn
Baujahr:	1970
Leistung der Pumpe:	1250 gpm (4731 l/min)
Löschwasservorrat:	750 gal (2839 l)

Anfang der 1960er Jahre ging Hahn zum Bau von Frontlenkern eigener Konstruktion über, die man mit Detroit-Dieselmotoren bestückte. Dieser sehr ansprechend lackierte Pumper aus dem Jahr 1970 ist ein solches Fahrzeug und stand als Engine Nr. 17 im Jahre 1994 beim Lebanon Fire Department in Pennsylvania im Einsatz. Vier Jahre zuvor war das Fahrzeug umfassend über-holt worden.

Verwendungszweck:	Pumper
Fahrgestelltyp:	Pierce Lance
Baujahr:	1992
Leistung der Pumpe:	1250 gpm (4731 l/min)
Löschwasservorrat:	750 gal (2839 l)

Das als Lance (Lanze) bezeichnete Fahrgestell gehörte eben-falls zu dieser Produktgruppe des Herstellers Pierce. Dieses beim Middleburg Volunteer Fire Department in Virginia ein-gesetzte Fahrzeug wurde auch von Pierce mit großer Fahrer-

und Mannschaftskabine aufgebaut und ausgerüstet. Die zahl-reichen, vorn am Fahrzeug angebrachten roten Blinkleuchten sind bei Alarmfahrten sicherlich nicht zu übersehen.

Verwendungszweck:	*Pumper*
Fahrgestelltyp:	*Spartan*
Baujahr:	*1986*
Leistung der Pumpe:	*1250 gpm (4731 l/min)*
Löschwasservorrat:	*750 gal (2839 l)*

Das Portland Fire Department im US-Bundesstaat Oregon verfügte im Jahr 1997 über diesen von dem Feuerwehrausrüster Western States Fire Apparatus Inc. aus Cornelius, Oregon, auf einem Spartan-Fahrgestell aufgebauten Pumper, der als Engine Nr. 19 eingesetzt wird. Die Firma Western States war ein kleinerer, fast ausschließlich regional tätiger Hersteller, dessen besondere Spezialität – wie auch in diesem Fall – Intracab-Fronteinbaupumpen mit integriertem Bedienstand sind.

Verwendungszweck:	*Pumper-Tanker*
Fahrgestelltyp:	*Seagrave H*
Baujahr:	*1986*
Leistung der Pumpe:	*1250 gpm (4731 l/min)*
Löschwasservorrat:	*2500 gal (9463 l)*

Der in Clintonville im Bundesstaat Wisconsin ansässige Feuerwehrausrüster Seagrave Fire Apparatus zeichnete sowohl für Fahrgestell als auch für den Aufbau dieses dreiachsigen Pumpers verantwortlich, den die Chestnut Ridge Volunteer Fire Company in Maryland als Engine 503 einsetzte. Dieses beeindruckend schöne Fahrzeug besaß eine große Fahrer- und Mannschaftskabine sowie einen beachtlichen Löschwasservorrat.

Verwendungszweck:	*Pumper*
Fahrgestelltyp:	*Seagrave JB*
Baujahr:	*1990*
Leistung der Pumpe:	*1750 gpm (6624 l/min)*
Löschwasservorrat:	*300 gal (1136 l)*

In der Station Nr. 1 des Marlboro Volunteer Fire Department in Maryland befindet sich dieser als Engine 202 eingesetzte, optimal gepflegte Seagrave-Pumper im Einsatz. Dieses mit einer starken Feuerlöschkreiselpumpe in der Fahrzeugmitte sowie mit einem Top-mount Pump-Panel genannten Bedienstand bestückte Fahrzeug verfügte nur über einen verhältnismäßig geringen Löschwasservorrat.

Verwendungszweck:	*Pumper*
Fahrgestelltyp:	*Pirsch*
Baujahr:	*1971*
Leistung der Pumpe:	*750 gpm (2839 l/min)*
Löschwasservorrat:	*500 gal (1093 l)*

Durch eine sehr individuelle Formgestaltung zeichnet sich dieser von der Firma Peter Pirsch & Sons Company in Kenosha, Wisconsin auf einem werkseigenen Fahrgestell errichtete Pumper aus, der im Jahr 1994 bei dem County of Fairfax Volunteer Fire Department, Station Nr. 1 Mac Lean, in Virginia angetroffen wurde. Das verwendete formschöne Haubenfahrgestell mit seiner halboffenen Fahrerkabine wirkt in Anbetracht des Baujahrs schon etwas anachronistisch. Das renommierte, bereits seit 1857 tätige Familienunternehmen Pirsch musste 1989 in Folge finanzieller Engpässe die Werkstore für immer schließen.

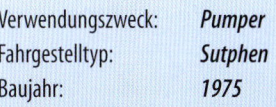
Verwendungszweck:	*Pumper*
Fahrgestelltyp:	*Pirsch*
Baujahr:	*1970*
Leistung der Pumpe:	*1000 gpm (3785 l/min)*
Löschwasservorrat:	*500 gal (1893 l)*

Diesen schönen, auf einem Custom-Frontlenkerchassis aufgebauten Pirsch-Pumper hatte das Green Brook Fire Department im US-Bundesstaat New Jersey im Jahr 1997 als Engine Nr. 18 im Bestand. Der Antrieb erfolgt durch einen Sechszylinder-Vergasermotor mit 127 PS Motorleistung. Bei diesem üblicherweise mit einer Midshippumpe ausgerüsteten Löschfahrzeug ist vorne rechts auf der verchromten Stoßstange die bei vielen US-Feuerwehrfahrzeugen obligatorische Glocke angebracht.

Verwendungszweck:	*Pumper*
Fahrgestelltyp:	*Spartan Gladiator*
Baujahr:	*1987*
Leistung der Pumpe:	*2000 gpm (7570 l/min)*
Löschwasservorrat:	*500 gal (1893 l)*

In einem angenehm satten Grünton und mit viel Chromzierrat präsentiert sich dieser von der Firma 3-D Fire Apparatus Inc. in Shawano, Wisconsin, aufgebaute Pumper des im Staat New Jersey gelegenen Breton Woods Fire Departments. Dieses als Engine 2121 geführte Fahrzeug entstand auf einem von einem Detroit-Diesel angetriebenen Spartan Gladiator-Fahrgestell. Der Hersteller 3-D ist erst seit Mitte der 1970er Jahre mit dem Bau von Feuerwehrfahrzeugen befasst und baut sowohl Pumper in der Commercial- bzw. wie in diesem Fall Custom-Bauweise auf. Mittlerweile ist es dem Unternehmen gelungen, über den Regionalbereich hinaus vorzudringen.

Verwendungszweck:	*Pumper*
Fahrgestelltyp:	*Sutphen*
Baujahr:	*1975*
Leistung der Pumpe:	*1500 gpm (5678 l/min)*
Löschwasservorrat:	*500 gal (1893 l)*

Dieser als Engine 3 im Dienst des Wheeling Fire Department in West Virginia stehende, in den Farben Orange und Weiß lackierte Pumper wurde von der in Amlin/Ohio ansässigen Sutphen Corporation auf einem werkseigenen Frontlenkerchassis aufgebaut. Dieses im Familienbesitz befindliche Unternehmen ist der älteste ohne Unterbrechung tätige Feuerwehrfahrzeughersteller der Vereinigten Staaten, der aufgrund seiner sehr soliden und massiven Bauweise einen ausgezeichneten Ruf besitzt. Das abgebildete Fahrzeug ist mit einer Custom Cab sowie einem Monitor bestückt.

Verwendungszweck:	*Pumper*
Fahrgestelltyp:	*Spartan Gladiator*
Baujahr:	*1991*
Leistung der Pumpe:	*1500 gpm (5678 l/min)*
Löschwasservorrat:	*500 gal (1893 l)*

Das Fire Department der City of Atlanta im Bundesstaat Georgia verfügt als Engine 26 über einen von dem Feuerwehrausrüster Quality Manufacturing Inc. in Talladaga/Alabama aufgebauten Pumper. Dieses 1962 gegründete Unternehmen wurde 1997 von Spartan Motors Corporation übernommen. Das Fahrgestell ist vom Typ Spartan Gladiator. Mittig auf dem Geräteaufbau des Fahrzeugs ist ein Monitor angeordnet.

Verwendungszweck:	*Pumper*
Fahrgestelltyp:	*Chevrolet 70*
Baujahr:	*1980*
Leistung der Pumpe:	*1000 gpm (3785 l/min)*
Löschwasservorrat:	*1000 gal (3785 l)*

Beim Seal Rock Rural Fire District in Orgeon konnte im Jahr 1997 dieser auf einem Chevrolet-Fahrgestell aufgebaute Pumper fotografiert werden. Den feuerwehrtechnischen Aufbau dieses mit einer mächtigen Vorbaupumpe bestückten Fahrzeugs besorgte der in Marion/Wisconsin ansässige Ausrüster Welsh Fire Apparatus. Ein Teil der in Bahnen zusammengekuppelten Schläuche sind unterhalb des Pumpenvorbaus gelagert. Schnellangriffseinrichtung und Monitor sind weitere Bestandteile dieses mit einer Commercial Cab ausgeführten Pumpers.

Verwendungszweck:	*Pumper*
Fahrgestelltyp:	*Chevrolet Kodiak*
Baujahr:	*1983*
Leistung der Pumpe:	*1000 gpm (3785 l/min)*
Löschwasservorrat:	*750 gal (2839 l/min)*

Dieser als Engine Nr. 2 im Fahrzeugpark des St. Johnsburg Fire Department in Vermont eingereihte, allradgetriebene Pumper entstand auf einem Chevrolet-Haubenfahrgestell mit vorderen Trilexrädern. Das von Pirsch aufgebaute und ausgerüstete Fahrzeug besitzt in der Fahrzeugmitte die Feuerlöschkreiselpumpe sowie deren Bedienstand, Schnellangriffshaspel und Monitor. Am Fahrzeugheck sind Flutlichtscheinwerfer angebracht.

Verwendungszweck:	*Pumper*
Fahrgestelltyp:	*Sutphen*
Baujahr:	*1994*
Leistung der Pumpe:	*2000 gpm (7570 l/min)*
Löschwasservorrat:	*750 gal (2839 l)*

Der Feuerwehrausrüster Sutphen zeichnete für den Bau der beim Fire Department Middletown im Bundesstaat New Jersey als Engine 181 geführten Pumper verantwortlich. Dieses mit einer großen tiefgezogenen Fahrer- und Mannschaftskabine ausgebildete, auf einem Sutphen-Fahrgestell erstellte Fahrzeug besitzt in der Fahrzeugmitte mehrere Flutlichtscheinwerfer zur Arbeitsstellenbeleuchtung.

Verwendungszweck:	*Pumper*
Fahrgestelltyp:	*Kenworth W 921 S 12*
Baujahr:	*1972*
Leistung der Pumpe:	*1500 gpm (5678 l/min)*
Löschwasservorrat:	*500 gal (1893 l)*

Das Fire Department der Stadt Seattle im Bundesstaat Washington verfügte im Jahr 1997 über diesen als Engine 30 bezeichneten, als Reservefahrzeug eingesetzten, beeindruckenden schweren Kenworth-Pumper, der in der Nähe dieser Stadt gebaut wurde. Deshalb war die Berufsfeuerwehr auch mit Löschfahrzeugen und Drehleitern auf Fahrgestellen dieses Herstellers ausgerüstet. Der Aufbau mit anfangs offenen, später überdachten Mannschaftssitzen stammt von dem kleinen örtlichen Karosseriebauer Curtis-Heiser. Diese damals noch in mehreren Exemplaren vorhandenen Pumper sind heute mittlerweile vollständig durch Custom-Pumper u. a. von Emergency One ersetzt worden.

Verwendungszweck:	*Pumper*
Fahrgestelltyp:	*Peterbilt 377*
Baujahr:	*1994*
Leistung der Pumpe:	*1500 gpm (5678 l/min)*
Löschwasservorrat:	*750 gal (2839 l)*

Der im Jahr 1978 gegründete und in Osceola/Wisconsin ansässige Feuerwehrausrüster Custom Fire Apparatus Inc. konzentrierte sich speziell auf den Bau so genannter, auf schweren Haubenfahrgestellen errichteter Minnesota-Pumper. Diese Modelle zeichneten sich durch geschlossene, voll klimatisierte, erhöht gebaute Kabinen und Pumpenstände aus, um die Mannschaft vor den teilweise extremen, von sehr heißen Sommern bis zu kalten Wintern reichenden Witterungsverhältnissen in dieser Region zu schützen. Das Fire Department Spring Lake in North Carolina beschaffte diesen als Engine 22 bezeichneten, auf einem Peterbilt-Hauber mit 350-PS-Sechszylinder-Diesel erstellten Pumper, der über diese Merkmale verfügte.

Verwendungszweck:	*Pumper*
Fahrgestelltyp:	*Peterbilt 379*
Baujahr:	*1992*
Leistung der Pumpe:	*1750 gpm (6624 l/min)*
Löschwasservorrat:	*1000 gal (3785 l)*

Sehr beeindruckend in seinen wuchtigen Dimensionen ist dieser als Engine 21 bei der South Berkeley Volunteer Fire &

Rescue Company Inwood, West Virginia, eingesetzte Pumper, dessen Aufbau der Feuerwehrausrüster American Eagle Company übernommen hatte. Als Fahrgestell dient ein schweres Peterbilt-Haubenchassis, unter dessen mächtigen Vorbau ein V-Achtzylinder-Dieselmotor mit 14 680 ccm und 440 PS Leistung seine Arbeit verrichtete. Der nur über einen kurzen Zeitraum selbständige Aufbauhersteller wurde von Emergency One übernommen.

Verwendungszweck:	*Pumper*
Fahrgestelltyp:	*Imperial*
Baujahr:	*1972*
Leistung der Pumpe:	*1000 gpm (3785 l/min)*
Löschwasservorrat:	*500 gal (1893 l)*

Als Engine 854 lief dieser von dem in Rancocas/New York ansässigen und 1971 gegründeten Feuerwehrausrüster Imperial Fire Apparatus Company auf einem werkseigenen Frontlenkerfahrgestell aufgebaute Pumper beim Jenkinstown Fire Department im US-Bundesstaat Pennsylvania.

Verwendungszweck:	*Pumper*
Fahrgestelltyp:	*FWD (4 x 4)*
Baujahr:	*1943*
Leistung der Pumpe:	*500 gpm (1893 l/min)*
Löschwasservorrat:	*500 gal (1893 l)*

Die 1912 in Clintonville/Wisconsin gegründete Firma FWD – die Abkürzung steht für „Four-Wheel-Drive" – war von Anbeginn auf Allradfahrgestelle spezialisiert. Hauptabnehmer für die als Hauber oder Frontlenker gebauten Lastkraftwagen war zweifelsohne die US-Army. Eine nicht unbeträchtliche Stückzahl wurde aber auch für Feuerwehraufbauten verwandt. So wie dieser klassische Pumper, der beim Volunteer Fire Department Wilderness Ranch in den Bergen von Idaho als Engine 231 noch 1997 klaglos seinen Dienst verrichtete. Das 4-t-Chassis verfügte über einen Sechszylinder-Waukesha-Vergasermotor mit 88 PS.

Verwendungszweck:	Pumper
Fahrgestelltyp:	Crown Firecoach
Baujahr:	1979
Leistung der Pumpe:	1250 gpm (4731 l/min)
Löschwasservorrat:	500 gal (1893 l)

Die in Los Angeles/California ansässig gewesene Crown Fire Coach Corporation zeichnete für Aufbau und feuerwehrtechnische Ausrüstung dieses als Engine Nr. 3 beim Montvale Fire Department, New Jersey, im Jahr 1995 eingesetzten Pumpers verantwortlich. Dieser mit einer Custom Cab ausgerüstete Crown-Frontlenker ist mit Midshippumpe, offenem Bedienstand und zwei in der Mitte des Aufbaus positionierten Schnellangriffshaspeln ausgerüstet.

Verwendungszweck:	Pumper
Fahrgestelltyp:	Ward LaFrance
Baujahr:	1980
Leistung der Pumpe:	1500 gpm (5678 l/min)
Löschwasservorrat:	500 gal (1893 l)

Ein eher ungewöhnliches Erscheinungsbild vermittelt dieser von der Maxim Motor Corporation in Middleboro/Massechusetts auf einem Ward LaFrance-Chassis aufgebaute Pumper, der im Jahr 1993 beim Portland Fire Department als Engine Nr. 6 angetroffen wurde. Während die weit vor der Vorderachse befindliche Kabine mit der im unteren Bereich schräggestellten Frontscheibe unverändert blieb, wurde das Fahrzeug im hinteren Teil durch Eigenleistung der Wehr komplett restauriert.

Verwendungszweck:	Pumper
Fahrgestelltyp:	Hendrickson 1871
Baujahr:	1987
Leistung der Pumpe:	1000 gpm (3785 l/min)
Löschwasservorrat:	1000 gal (3785 l)

Die Firma KME Fire Apparatus wurde 1946 als Kovatch Mobile Equipment in Nesquehoning/Pennsylvania aus der Taufe gehoben. Erst in den 1980er Jahren begann sich das Unternehmen in der Feuerwehraufbaubranche zu betätigen. Das Albemarke County in Virginia stationierte den Pumper beim Charlotteville Fire Department. Im Jahr 1999 konnte dieser auf einem Hendrickson-Frontlenker-Fahrgestell aufgebauten KME-Pumper als Engine Nr. 10 fotografiert werden.

Verwendungszweck:	Pumper
Fahrgestelltyp:	Brockway/Maxim
Baujahr:	1978
Leistung der Pumpe:	1500 gpm (5678 l/min)
Löschwasservorrat:	500 gal (1893 l)

Der einstmals sehr renommierte, seit 1956 mit Mack fusionierte Lastwagenhersteller Brockway, beendete im Jahr 1977 aus Rentabilitätsgründen seine Produktion. Daher sind diese Fahrgestelle heute nur noch selten im Feuerwehrbereich vertreten. Zu den Ausnahmen zählte diese von Maxim aufgebaute Engine 36 des Pittsburg Fire Department in Pennsylvania, die 1995 noch als Einsatzfahrzeug angetroffen wurde. Dieses im Jahr 1993 umgebaute Unikat mit seinem eher ungewöhnlichen Aufbau zählt offenbar mit zu den letzten von diesem Hersteller ausgelieferten Fahrzeugen.

Verwendungszweck:	**Pumper**
Fahrgestelltyp:	**Freightliner FL 80**
Baujahr:	**1995**
Leistung der Pumpe:	**1000 gpm (3785 l/min)**
Löschwasservorrat:	**750 gal (2839 l)**

Ein Freightliner-Kurzhauben-Chassis zur Basis hat dieser von der in Brandon/South Dakota ansässigen Firma Luverne Fire Apparatus Company aufgebaute Pumper, der als Engine 1 beim Baltimore County Fire Department in Maryland stationiert ist.

Hinter der zur Aufnahme von sechs Einsatzkräften ausgebildeten viertürigen Fahrer- und Mannschaftskabine befindet sich ein Monitor. Die Firma Luverne ging 1997 in der Spartan Motor Corporation auf.

Verwendungszweck:	**Pumper**
Fahrgestelltyp:	**Volvo-White**
Baujahr:	**1987**
Leistung der Pumpe:	**1000 gpm (3785 l/min)**
Löschwasservorrat:	**500 gal (1893 l)**

Im Jahr 1988 kam es zu einer Fusion zwischen den renommierten amerikanischen Lastwagenherstellern White und GMC mit dem schwedischen Unternehmen Volvo. Aus diesem Zusammenschluss entstand die Volvo-White Truck Corporation. Auf einem mächtigen Volvo-White-Haubenchassis baute Marion Body Works Inc. diesen schönen Pumper für das Kirkland Fire Department im Bundesstaat Washington auf. Bei dieser Engine 25 ist die Pumpe in die hinten offene Custom-Kabine integriert. Auf dem Dach des Aufbaus befindet sich das standardmäßig zur Ausrüstung der US-Pumper gehörende, in Buchten gelagerte Schlauchmaterial, das während der Fahrt verlegt werden kann.

Verwendungszweck:	*Pumper*
Fahrgestelltyp:	*Duplex D 350*
Baujahr:	*1989*
Leistung der Pumpe:	*1250 gpm (4731 l/min)*
Löschwasservorrat:	*500 gal (1893 l)*

Das Arlington Fire Department im Bundesstaat Virginia verfügt als Engine 77 über dieses von der Young Fire Equipment Corporation auf einem Duplex-Custom-Fahrgestell aufgebaute Pumper-Modell Crusader II. Dieses Fahrzeug mit seinem komplett aus Fiberglas bestehenden Aufbau erschien erstmals 1985. Der Motor des Fahrgestells befand sich hinter dem Fahrerhaus; die Mannschaftskabine war mit Bus-Falttüren bestückt. Die Schläuche liegen zusammengekuppelt in Bahnen in offenen Schlauchbetten und können bei Bedarf unmittelbar nach hinten herausgezogen werden.

Verwendungszweck:	*Mini-Pumper*
Fahrgestelltyp:	*Dodge Power Wagon 300*
Baujahr:	*1970*
Leistung der Pumpe:	*350 gpm (1325 l/min)*
Löschwasservorrat:	*300 gal (1136 l)*

Diesen auf einem Dodge-Fahrgestell von der Firma Morysville aufgebauten leichten Pumper setzte die Landisville Volunteer Fire Company im Bundesstaat New Jersey im Jahr 1997 als Engine 1107 aktiv ein. Das Fahrzeug besitzt eine Vorbauseilwinde, eine aus Bodensprühdüsen bestehende Selbstschutzanlage sowie eine Schnellangriffshaspel auf dem Aufbau. Somit kann dieses Fahrzeug auch als Brush-Truck zur Waldbrandbekämpfung eingesetzt werden.

Verwendungszweck:	*Pumper*
Fahrgestelltyp:	*HME 1871*
Baujahr:	*1998*
Leistung der Pumpe:	*1250 gpm (4731 l/min)*
Löschwasservorrat:	*1000 gal (3785 l)*

Die auf den Bau von Custom-Fahrgestellen für Feuerwehrfahrzeuge spezialisierte Firma HME (Hendrickson Mobile Equipment Co.) lieferte das Chassis für diesen als Engine 411 beim Aberdeen Fire Department in North Carolina eingeordneten Pumper. Die große viertürige Kabine dieses von der Firma Smeal Fire Apparatus Company in Snyder, New England, aufgebauten Fahrzeugs bot Platz für zehn Einsatzkräfte. Zur Beladung des Fahrzeugs zählen 20 gal (76 l) Schaummittel.

Verwendungszweck:	*Tanker*
Fahrgestelltyp:	*White 9000*
Baujahr:	*1970*
Leistung der Pumpe:	*350 gpm (1325 l/min)*
Löschwasservorrat:	*7000 gal (26495 l)*

Weit verbreitet sind bei amerikanischen Feuerwehren die zur Wasserversorgung, insbesondere in ländlichen Gebieten eingesetzten Tanker bzw. Pumper-Tanker. Der Grund für diese Großtanklöschfahrzeuge ist die Tatsache, dass nur ein kleiner Teil der ländlichen Regionen durch ein Hydrantennetz an die Löschwasserversorgung angeschlossen ist. Bei der Landisville Volunteer Fire Company im Bundesstaat New Jersey konnte 1997 dieser von der Firma Fruehauf erstellte, bestens gepflegte Tanksattelzug mit White-Zugmaschine als Tanker 1109 fotografiert werden.

Verwendungszweck:	**Pumper-Tanker**
Fahrgestelltyp:	**White Road Boss 2**
Baujahr:	**1988**
Leistung der Pumpe:	**750 gpm (2839 l/min)**
Löschwasservorrat:	**2250 gal (8516 l)**

Das Thurston County East Olympia Fire Department im Staat Washington verfügt über den als Tanker 64 eingeordneten Pumper-Tanker, den die Firma Omco auf einem schweren dreiachsigen White-Haubenchassis erstellte. Bei diesem mit einer Commercial Cab ausgerüsteten Fahrzeug befindet sich die Feuerlöschkreiselpumpe mit Bedientafel vor der Motorhaube. Unter der voluminösen Haube verrichtet ein V-Achtzylinder-Diesel mit 15 890 ccm Hubraum und 480 PS Leistung seine Arbeit.

Verwendungszweck:	**Tanker**
Fahrgestelltyp:	**White Road Commander**
Baujahr:	**1985**
Leistung der Pumpe:	**300 gpm (1136 l/min)**
Löschwasservorrat:	**6400 gal (23681 l)**

Beim Golden Gate Fire und Rescue Department in Florida konnte der Fotograf diesen auf einem dreiachsigen Haubenchassis von White aufgebauten Tanker antreffen. Das optimal gepflegte Fahrzeug mit seinem teilverkleideten Tank verfügt über eine verhältnismäßig leistungsschwache Midshippumpe mit seitlichem Bedienstand sowie über einen Monitor.

Verwendungszweck:	**Tanker**
Fahrgestelltyp:	**Ford F 600**
Baujahr:	**1953**
Leistung der Pumpe:	**–**
Löschwasservorrat:	**750 gal (2839 l)**

Beim Salisbury Fire Department im Bundesstaat Massachusetts konnte man im Jahr 1995 auf diesen Oldtimer-Tanker noch nicht verzichten. Dieser auf einem leichten Ford-Lkw-Chassis als Eigenaufbau erstellte Wagen fungiert lediglich als Wasserzubringerfahrzeug und verfügte über keine Pumpe.

Verwendungszweck:	**Pumper-Tanker**
Fahrgestelltyp:	**Ford C 900**
Baujahr:	**1975**
Leistung der Pumpe:	**1250 gpm (4731 l/min)**
Löschwasservorrat:	**2500 gal (9463 l)**

Ein Ford-C-Fahrgestell mit nach vorne kippbarer Fahrerkabine, der so genannten Tilt Cab, diente als Basis für diesen von der Karosseriefirma Amthor aufgebauten Tanker 255 des Blooming Grove Fire Department in Pennsylvania. Die Feuerlöschkreiselpumpe ist mittig zwischen Fahrerkabine und Tankaufbau angeordnet.

Verwendungszweck:	*Tanker*
Fahrgestelltyp:	*Ford LN 800*
Baujahr:	*1979*
Leistung der Pumpe:	*–*
Löschwasservorrat:	*3000 gal (11 355 l)*

Im Jahr 1997 befand sich im Fahrzeugbestand des Post Falls Fire Department in Idaho dieser von der Firma General Tank auf einem dreiachsigen Ford-Fahrgestell mit V-Achtzylinder-Diesel mit 290 PS Motorleistung aufgebauten Water Tender 160. Dieses Wasserzubringerfahrzeug ist lediglich mit einer kleinen Pumpe zum Befüllen und Entleeren ausgerüstet.

Verwendungszweck:	*Tanker*
Fahrgestelltyp:	*Ford F 600*
Baujahr:	*1980*
Leistung der Pumpe:	*–*
Löschwasservorrat:	*1200 gal (4542 l)*

Beim Oregon Department of Forestry, der staatlichen Landesforstbehörde in Reedsport, konnte dieser Water Tender 30 auf einem Ford-Chassis fotografiert werden. Aufbau und Ausrüstung des Fahrzeugs erfolgten in Eigenleistung. Auch in diesem Fall ist eine kleine Pumpe mit 65 gpm (246 l/min) zum Entleeren und Befüllen des Tanks installiert.

Verwendungszweck:	*Pumper-Tanker*
Fahrgestelltyp:	*Ford LN 900*
Baujahr:	*1979*
Leistung der Pumpe:	*750 gpm (2839 l/min)*
Löschwasservorrat:	*2500 gal (9463 l)*

Diesen schweren Pumper-Tanker konnte man beim Peninsula Fire District 1, Ocean Park im US-Bundesstaat Washington antreffen. Die Darley-Feuerlöschkreiselpumpe dieses auf einem dreiachsigen Ford-Chassis aufgebauten Fahrzeugs war als Frontpumpe ausgebildet. Die Bedientafel befand sich ebenfalls vor der Motorhaube.

Verwendungszweck:	Pumper-Tanker
Fahrgestelltyp:	Ford LN 8000
Baujahr:	1981
Leistung der Pumpe:	750 gpm (2839 l/min)
Löschwasservorrat:	3000 gal (11 355 l)

In der Medford Farms Volunteer Fire Company, Tabernacle Township, im südlichen Teil des Bundesstaates New Jersey konnte im Jahr 1997 dieser Pumper-Tanker 4316 angetroffen werden. Dieses mächtige, in einem hellen und auffälligen Gelbton lackierte Fahrzeug mit Midshippumpe wurde von dem 1974 gegründeten Feuerwehrausrüster 4-Guys Inc. in Meyersdale, Pennsylvania, auf einem dreiachsigen Ford-Haubenfahrgestell aufgebaut. An der Seitenwand des Aufbaus befindet sich ein zusammengefaltetes Auffangbecken. In dieses wird der Tankinhalt an der Einsatzstelle geleert und anschließend das Wasser von anderen Fahrzeugen entnommen.

Verwendungszweck:	Pumper-Tanker
Fahrgestelltyp:	Ford 9000
Baujahr:	1970
Leistung der Pumpe:	1000 gpm (3785 l/min)
Löschwasservorrat:	3000 gal (11355 l)

Dieser als Tanker 568 beim Grant County Fire District 5, Moses Lake, Washington, geführte Pumper-Tanker entstand in Eigenleistung auf dem Ford-Frontlenker-Fahrgestell eines gebraucht erworbenen Lkw. Für den nötigen Vortrieb sorgt ein V-Acht-zylinder-Diesel mit 305 PS.

Verwendungszweck:	**Pumper-Tanker**
Fahrgestelltyp:	**International**
	Loadstar 1800
Baujahr:	**1972**
Leistung der Pumpe:	**750 gpm (2839 l/min)**
Löschwasservorrat:	**1500 gal (5678 l)**

Dieser Pumper-Tanker mit der Ordnungsnummer 10 war auf der Flughafenwache des Roanoke Fire Departments in Virginia stationiert. Als Plattform diente ein Dreiachs-Fahrgestell von International, das über einen V-Achtzylinder-Vergasermotor mit 210 PS verfügt. Der Aufbau wurde von der ortsansässigen Firma Oren Roanoke Corporation vorgenommen, die später von Grumman übernommen wurde. Das ansehnliche Fahrzeug verfügt über eine Mitteneinbaupumpe sowie eine Schnellangriffshaspel.

Verwendungszweck:	**Tanker**
Fahrgestelltyp:	**Ford LTL 9000**
Baujahr:	**1984**
Leistung der Pumpe:	**500 gpm (1893 l/min)**
Löschwasservorrat:	**9800 gal (37 093 l)**

Das Hammonton Fire Department in New Jersey setzte diesen als Tanker 9 eingeordneten, gewaltigen Satteltankzug ein. Als Zugmaschine fungierte ein schwerer, dreiachsiger Ford mit kantiger Haube, der bei den Fire Departments nur selten verwendet wurde. Als Antriebsaggregat wurde eine V-Achtzylinder-Diesel mit einem Rauminhalt von 14 880 ccm und 400 PS Motorleistung verwendet. Der Auflieger wurde von einer Firma Heil erstellt.

Verwendungszweck:	**Tanker**
Fahrgestelltyp:	**International**
	Loadstar 1700 (4 x 4)
Baujahr:	**1976**
Leistung der Pumpe:	**250 gpm (946 l/min)**
Löschwasservorrat:	**1200 gal (4542 l)**

Der Truck 1 des Bluefield Fire Departments in West Virginia war in Eigenleistung auf einem allradgetriebenen International-Fahrgestell aufgebaut. Unter der bulligen kurzen Haube wirkte ein V-Achtzylinder-Vergasermotor mit 157 PS. Das Fahrzeug verfügt über eine Vorbauseilwinde sowie zwei Schnellangriffshaspeln auf dem Dach des Aufbaus.

Verwendungszweck:	**Tanker**
Fahrgestelltyp:	**International Loadstar**
Baujahr:	**1975**
Leistung der Pumpe:	**250 gpm (946 l/min)**
Löschwasservorrat:	**3500 gal (13248 l)**

Die Rivera Beach Volunteer Fire Company in Maryland setzte im Jahr 1975 diesen als Tanker 13 registrierten Wasserzubringer ein. Der aus einem zivilen Benzintankfahrzeug in Eigenleistung zu Feuerwehrzwecken umgerüstete Tankwagen hatte ein International Dreiachs-Fahrgestell. Neben einer kleinen Pumpe, die hauptsächlich zum Befüllen und Entleeren des Tanks benötigt wurde, ist ein Werfer vorhanden, so dass das Fahrzeug im Bedarfsfalle auch zum Löschen geeignet ist.

Verwendungszweck:	Tanker
Fahrgestelltyp:	Dodge (6 x 4)
Baujahr:	1973
Leistung der Pumpe:	–
Löschwasservorrat:	5000 gal (13 210 l)

Das Fire Department des Internationalen Verkehrsflughafens Sanford (Sanford International Airport) in Orlando, Florida, verwendete im Jahr 1998 dieses als Tanker 51 bezeichnete Wasserzubringerfahrzeug. Der mächtige, auf einem Dodge-Dreiachsfahrgestell aufgebaute Tanker war gebraucht von der US-Air-Force übernommen worden, wo er als Betriebsstofftankwagen (Refueler) im militärischen Einsatz stand. Dieses Fahrzeug verfügt lediglich über eine leistungsschwache Befüllpumpe.

Verwendungszweck:	Pumper-Tanker
Fahrgestelltyp:	IHC Fleetstar 2050 A
Baujahr:	1975
Leistung der Pumpe:	1000 gpm (3785 l/min)
Löschwasservorrat:	1750 gal (6624 l)

Bei der Cassville Volunteer Fire Company Nr. 1 Jackson im US-Bundesstaat New Jersey befand sich dieser schöne, mit Trilexrädern an der Vorderachse ausgestatteten Tanker Nr. 5601 im Jahr 1997 noch im Einsatzbestand. Der Aufbau erfolgte durch den regionalen Feuerwehrausrüster TASC auf einem dreiachsigen IHC-Allrad-Fahrgestell.

Verwendungszweck:	Tanker
Fahrgestelltyp:	Freightliner Cabover
Baujahr:	1982
Leistung der Pumpe:	800 gpm (3028 l/min)
Löschwasservorrat:	5200 gal (19 682 l)

Dieser beim Woodburn Fire District in Oregon eingesetzte Tanker 239 entstand durch den Aufbauhersteller Beall Transline auf einem Freightliner-Dreiachs-Frontlenker-Chassis. Dieses ausschließlich als Wasserzubringer eingesetzte Fahrzeug verfügt zwar über eine relativ leistungsstarke Pumpe, besitzt aber keine weitere feuerwehrtechnische Beladung. Bei diesem bullig und kompakt gestalteten Frontlenkerfahrgestell ist die in den USA gebräuchliche Cabover-Bauweise, bei der sich der Motor unterhalb der hochgelegenen Sitzposition des Fahrers befindet, verwirklicht. Die ersten Vorläufer der in dieser Form gebauten Lastwagen gab es bereits vor dem Ersten Weltkrieg.

Verwendungszweck:	Tanker
Fahrgestelltyp:	International S 2674
Baujahr:	1991
Leistung der Pumpe:	400 gpm (1514 l/min)
Löschwasservorrat:	1500 gal (5678 l)

Im Jahr 1999 hatte die Alpha Fire Company, State College, Pennsylvania, diesen von KME Fire Apparatus aus Nesquehoning aufgebauten Tanker Nr. 519 im Fahrzeugbestand. Als Basis für dieses schmucke Fahrzeug verwendete man ein schweres Haubenfahrgestell von International. Auf dem Dach des Aufbaus sind zusammengekuppelte Schläuche gelagert.

Verwendungszweck:	**Mini-Pumper**
Fahrgestelltyp:	**International S 1800**
Baujahr:	**1989**
Leistung der Pumpe:	**300 gpm (1136 l/min)**
Löschwasservorrat:	**300 gal (1136 l)**

Beim Syracuse Fire Department im Bundesstaat New York wurden sämtliche Löschfahrzeuge auf Allradfahrgestellen beschafft. So auch dieses als Mini 8 bezeichnete, von KME Fire Apparatus auf einem leichten International-Haubenchassis aufgebaute schnelle Vorauslöschfahrzeug, das vor allem im Stadtverkehr seine große Wendigkeit unter Beweis stellen kann.

Verwendungszweck:	**Tanker**
Fahrgestelltyp:	**Freightliner FLL**
Baujahr:	**1997**
Leistung der Pumpe:	**750 gpm (2839 l/min)**
Löschwasservorrat:	**5000 gal (19 250 l)**

Dieser von der Karosseriefirma Alwis auf einem Freightliner-Dreiachs-Frontlenkerchassis aufgebaute Tanker war noch brandneu, als ihn der Fotograf im Jahr 1997 beim Littlerock Fire Rescue Department im Staat Washington auf die sprichwörtliche Platte bannte. Dieses Wasserzubringerfahrzeug mit seinem beachtlichen Fassungsvermögen ist mit einer verhältnismäßig leistungsstarken Midshippumpe ausgerüstet.

Verwendungszweck:	**Pumper-Tanker**
Fahrgestelltyp:	**Mack R**
Baujahr:	**1988**
Leistung der Pumpe:	**750 gpm (2839 l/min)**
Löschwasservorrat:	**2000 gal (7570 l)**

Eine sehr beeindruckende Erscheinung ist dieser zu den mittelgroßen Pumper-Tanker zählende Tanker 49 des Bowie Fire Department im Prince George County in Maryland. Bei diesem chromblitzenden, sehr gepflegten Fahrzeug ist die Feuerlöschkreiselpumpe mit Bedientafel in Vorbauweise ausgebildet. An der rechten Seite des Aluminiumtanks dieses von der Firma 4-Guys Inc. aufgebauten Fahrzeugs ist ein faltbares Auffangbecken angebracht. Dieser klassische Mack-Dreiachs-Hauber verfügt über einen Achtzylinder-V-Diesel mit 14 174 ccm Rauminhalt und 325 PS Motorleistung.

Verwendungszweck:	**Tanker**
Fahrgestelltyp:	**Mack F**
Baujahr:	**1979**
Leistung der Pumpe:	**500 gpm (1893 l/min)**
Löschwasservorrat:	**3800 gal (14 060 l)**

Dieser unter der Bezeichnung Tanker 21-35 geführte Wassertankwagen des Pacific County Fire Districts 1, Ocean Park, Washington, wurde früher als Betriebsstofftankwagen bei der US-Air-Force eingesetzt. Dieses Fahrzeug bauten sich die Wehrmänner in Eigenleistung zu einem Wasserzubringer um. Die Pumpe war auf der linken Fahrzeugseite mittig angeordnet. Als Basisfahrgestell diente ein Mack-Dreiachs-Frontlenker in Cabover-Bauweise, der mit einem Sechszylinder-Diesel mit 315 PS Leistung bestückt ist.

Verwendungszweck:	Water Tender (Tanker)
Fahrgestelltyp:	Peterbilt 359
Baujahr:	1972
Leistung der Pumpe:	300 gpm (1136 l/min)
Löschwasservorrat:	3200 gal (12 112 l)

Es gibt nur wenige klassische amerikanische Haubenlastwagen, die dem Betrachter eine derart beeindruckende Erscheinung bieten, wie die kantigen Peterbilt-Modelle. Als erstes Beispiel soll hier der als Eigenumbau entstandene Water Tender 41 des Oregon Department of Forestry, Reedsport, Oregon, gezeigt werden. Dieses Zubringerfahrzeug ist nur mit einer wenig leistungsfähigen Pumpe bestückt.

Verwendungszweck:	Pumper-Tanker
Fahrgestelltyp:	Mack R
Baujahr:	1992
Leistung der Pumpe:	1250 gpm (4731 l/min)
Löschwasservorrat:	2000 gal (7570 l)

Dieser ebenfalls vom Feuerwehrausrüster 4-Guys in Meyersdale, Pennsylvania, erstellte Pumper-Tanker wird als Tanker 36 vom Volunteer Fire Department Baden im US-Bundesstaat Maryland eingesetzt. Bei diesem auf einem dreiachsigen Mack-Haubenlastwagen aufgebauten Fahrzeug befindet sich die Feuerlöschkreiselpumpe nebst Bedienstand in der Fahrzeugmitte.

Verwendungszweck:	Water Tender (Tanker)
Fahrgestelltyp:	Peterbilt 359
Baujahr:	1978
Leistung der Pumpe:	200 gpm (757 l/min)
Löschwasservorrat:	3000 gal (11 355 l)

Dieser ebenfalls im Dienst der staatlichen Forstbehörde des US-Bundesstaates Oregon (Department of Forestry) stehende Water Tender 45 ist ebenfalls auf einem Peterbilt-Hauber aufgebaut, dessen Zehnzylinder-V-Dieselmotor bei 16 400 ccm Hub- raum eine Leistung von 360 PS erzeugen kann. Dieser in Coos Bay stationierte Fire Truck wurde in Eigenleistung durch die Forstbehörde erstellt.

Verwendungszweck:	Pumper-Tanker
Fahrgestelltyp:	Peterbilt 357
Baujahr:	1994
Leistung der Pumpe:	1500 gpm (5678 l/min)
Löschwasservorrat:	3500 gal (13 248 l)

Dieser schöne, vorbildlich gepflegte Pumper-Tanker der New Egypt Volunteer Fire Company in Plumsted, Township, New Jersey, wurde von dem Feuerwehrausrüster Saulsbury Fire Apparatus Corporation in Tully, New York, aufgebaut. Die auf beiden Seiten des Aufbaus befindlichen künstlerischen Dekorationen, es sind so genannte Murals, stehen thematisch im Einklang zum Namen der Fire Company. Die für ihre Qualität bekannte Firma Saulsbury wurde 1997 von der Federal Signal Corporation übernommen.

Verwendungszweck:	Tanker
Fahrgestelltyp:	Peterbilt 357
Baujahr:	1995
Leistung der Pumpe:	500 gpm (1893 l/min)
Löschwasservorrat:	3000 gal (11 355 l)

Auch das Seymour Fire Department, Great Hill Hose Company in Connecticut setzte, als es um die Beschaffung eines Tankers ging, ebenfalls auf die Marke Peterbilt. Das abgebildete, chromblitzende Fahrzeug war praktisch neu, als es dem Fotografen im Jahr 1995 vor die Linse kam. Den Aufbau des als Tanker 19 bezeichneten Dreiachsers hatte die Firma U.S. Tank erstellt. Oberhalb der mittig installierten Pumpe befinden sich in einer Bucht die zu Bahnen zusammengekuppelten Schläuche.

Verwendungszweck:	Tanker
Fahrgestelltyp:	Kaiser Jeep M 52 A 2
Baujahr:	1968
Leistung der Pumpe:	–
Löschwasservorrat:	5000 gal (18 925 l)

Diesem als Tanker 299 beim Malabar Fire Department in Florida eingesetzten Tanksattelzug kann man seine frühere militärische Verwendung durchaus ansehen. Nach der Entlassung aus den militärischen Diensten wurden sowohl die Dreiachs-Zugmaschine als auch der von dem Aufbauhersteller Heil gelieferte Auflieger in Eigenleistung durch die Wehr für Feuerwehrzwecke adaptiert. Das Fahrzeug verfügt lediglich über eine kleine Befüllpumpe.

Verwendungszweck:	Tanker
Fahrgestelltyp:	Kaiser Jeep M 35
Baujahr:	1962
Leistung der Pumpe:	500 gpm (1893 l/min)
Löschwasservorrat:	1000 gal (3785 l)

Eine kostengünstige Lösung bei der Beschaffung eines Tankers gelang dem Chattanooga Fire Department in Tennessee. Die Wehr dieser im amerikanischen Bürgerkrieg lange und hart umkämpften Stadt erwarb einen früheren Militärlastwagen und baute ihn in den eigenen Werkstätten für ihre Zwecke zum Tanker 14 um. Gerade bei kleineren, ländlichen Fire Departments ist dies eine häufig genutzte Möglichkeit, preisgünstig an einen Tanker zu kommen. Bei großen Fire Departments wie Chattanooga ist dies eher untypisch. Mitteneinbaupumpe und Schnellangriffshaspel sind die wesentlichen Merkmale dieses geländegängigen Dreiachsers.

Verwendungszweck:	*Pumper-Tanker*
Fahrgestelltyp:	*Peterbilt 377*
Baujahr:	*1997*
Leistung der Pumpe:	*1250 gpm (4731 l/min)*
Löschwasservorrat:	*3500 gal (13 248 l)*

Einige Nummern kleiner ist der Pumper-Tanker der Avondale Fire Company Nr. 1 in Pennsylvania, der von der Station 23 als Tanker 23 eingesetzt wird. Als Untersatz für diesen von der Firma 4-Guys aufgebauten Tankwagen gelangte ein schweres Peterbilt-Haubenchassis zur Verwendung. Dieses seit 1995 angebotene Fahrgestell bedeutete mit seiner verrundeten Formgebung eine Abkehr von den bisher gebauten kantigen Haubern. Den Antrieb besorgte ein voluminöser Sechszylinder-Dieselmotor mit 13 890 ccm Hubraum und 350 PS.

Verwendungszweck:	*Tanker*
Fahrgestelltyp:	*Peterbilt 379*
Baujahr:	*1990*
Leistung der Pumpe:	*600 gpm (2271 l/min)*
Löschwasservorrat:	*8500 gal (32 173 l)*

Ein wahres, zugleich aber sehr fotogenes Tankerungetüm nennt die Cassville Volunteer Fire Company Nr. 1, in Jackson, New Jersey, ihr Eigen. Dieser beeindruckend schöne, „Rolling River" genannte Tanksattelzug mit der Nummer 5608 wird von einer 1990 gebauten, schweren dreiachsigen Peterbilt-Haubenzugmaschine gezogen. Hinter der Fahrerkabine befindet sich ein ursprünglich als Schlafkabine – Sleeper – vorgesehener geschlossener Aufbau, der in diesem Fall als Kommandoraum genutzt wird. Der von dem Karosserieunternehmen Butler erstellte Sattelauflieger – der Trailers – entstand bereits 1964. So gewaltig wie sein Erscheinungsbild ist auch das Fassungsvermögen des Zuges. Die Feuerlöschkreiselpumpe ist vor den beiden Hinterachsen des Aufliegers installiert.

Verwendungszweck:	*Flugplatzloschfahrzeug,*
	Crash Fire Truck CFR
Fahrgestelltyp:	*Freightliner FL 112*
Baujahr:	*1991*
Leistung der Pumpe:	*2000 gpm (7570 l/min)*
Löschwasservorrat:	*5000 gal (18 925 l)*

Bei den Werkfeuerwehren der Boing-Flugzeugwerke befinden sich bereits seit den 1970er Jahren schwere Crash-Fire-Trucks in Sattelschlepperbauweise im Einsatz. Dieser Sattelzug mit Freightliner-Zugmaschine ist bei der Feuerwehr des Hauptwerks in Seattle stationiert. Seine Beladung ist nicht nur auf den Feuerschutz der baulichen Anlagen, sondern auch auf Flugzeug- und Treibstoffbrände ausgerichtet. Aus diesem Grunde werden neben dem großen Löschwasservorrat auch 600 gal (2271 l) Schaummittel mitgeführt. Die feuerwehrtechnische Ausrüstung dieses als CFR 11 eingeordneten Riesen besteht aus einer mit Zumischer bestückten Feuerlöschkreiselpumpe sowie aus zwei Dachmonitoren. Der Trailer wurde von der Firma Crash Rescue Equipment erstellt. Für die Fortbewegung steht ein Achtzylinder-V-Diesel mit 420 PS zur Verfügung. Die zweite Achse der Zugmaschine wurde erst nachträglich installiert.

Verwendungszweck:	*Pumper-Tanker*
Fahrgestelltyp:	*Diamond Reo*
Baujahr:	*1974*
Leistung der Pumpe:	*1000 gpm (3785 l/min)*
Löschwasservorrat:	*3000 gal (11 355 l)*

Verwendungszweck:	*Pumper-Tanker*
Fahrgestelltyp:	*Kenworth C 525*
Baujahr:	*1973*
Leistung der Pumpe:	*1250 gpm (4731 l/min)*
Löschwasservorrat:	*2000 gal (7570 l)*

Gleich mehrere Pumper-Tanker befinden sich beim Bethany Fire Department in Connecticut im Fahrzeugbestand. Hier der von dem Aufbauhersteller Farrar auf einem schweren Diamond-Reo-Dreiachsfahrgestell erstellte Tanker 85. Der in einem eleganten Weiß mit einem breiten gelben Band lackierte Tankwagen besitzt eine Mitteneinbaupumpe.

Dieser als Water-Tender 9 beim Eugene Fire Department in Oregon geführte schwere, dreiachsige Pumper-Tanker wurde von der Firma Western States Fire Apparatus Inc. aufgebaut. Neben Wasser sind auf diesem Fahrzeug auch 35 gal (132 l) Class A- und 70 gal (265 l) Class B-Schaummittel vorhanden. Darüber hinaus befindet sich eine kleine 500-lbs.-Pulverlöschanlage (227 kg) im oberen Teil des Geräteaufbaus. Für die mittig eingebaute Feuerlöschkreiselpumpe ist ein separater Motor vorhanden, damit auch während der Fahrt z. B. bei Waldbränden gelöscht werden kann.

Verwendungszweck:	*Pumper-Tanker*
Fahrgestelltyp:	*Simon-Duplex Typ D 500*
Baujahr:	*1990*
Leistung der Pumpe:	*1750 gpm (6624 l/min)*
Löschwasservorrat:	*3000 gal (11 355 l)*

Seit den 1980er Jahren werden viele Pumper-Tanker auch auf Custom-Fahrgestelle aufgebaut. Eine solches Fahrzeug besitzt die Odessa Volunteer Fire Company im US-Bundesstaat Delaware. Das gewaltige Fahrgestell stammt von der Firma Simon-Duplex und erhielt einen Grumman-Aufbau, der mit einer großen, viertürigen Fahrer- und Mannschaftskabine sowie einer starken Midshippumpe ausgeführt ist. Zur Beladung gehören 50 gal (189 l) Schaummittel.

Verwendungszweck:	Pumper-Tanker
Fahrgestelltyp:	Kenworth T 600
Baujahr:	1985
Leistung der Pumpe:	750 gpm (2839 l/min)
Löschwasservorrat:	3600 gal (13 626 l)

Trotz seiner windschlüpfrigen Form hinterlässt dieser als Tanker 341 beim Lebanon Fire District in Oregon eingesetzte dreiachsige Pumper-Tanker einen sehr kraftvollen, wuchtigen Eindruck. Das hier verwendete Kenworth-Fahrgestell war das erste Modell einer neuen Generation von Haubenfahrzeugen dieses Herstellers mit abgerundeten, gefälligen Formen, was sich auch in Verbindung mit neuen Motoren positiv auf den Kraftstoffverbrauch auswirkte. Der Aufbau dieses Fahrzeugs erfolgte in eigener Regie durch die Wehr.

Verwendungszweck:	Tanker
Fahrgestelltyp:	Kenworth K 100 COE
Baujahr:	1974
Leistung der Pumpe:	–
Löschwasservorrat:	3000 gal (11 355 l)

Einen schweren Kenworth-Frontlenker des Typs K 100 COE zur Basis hat dieser Tanker Nr. 69 der 1999 beim Fern Creek Fire Department in Kentucky angetroffen wurde. Das mächtige Cabover-engine-Chassis verfügt über einen V-Sechszylinder-Diesel mit 12 890 ccm Hubraum und 280 PS Motorleistung. Das lediglich mit einer kleinen Befüllpumpe bestückte und von dem Karosseriehersteller Summit aufgebaute Fahrzeug gelangte erst 1985 in den Feuerwehrdienst. Auch hier ist das an der rechten Tankseite befestigte faltbare Auffangbecken zu erkennen.

Verwendungszweck:	Brush-Truck
Fahrgestelltyp:	Dodge WC 62 (6 x 6)
Baujahr:	1942
Leistung der Pumpe:	100 gpm (379 l/min)
Löschwasservorrat:	300 gal (1136 l)

Eine weit verbreitete Fahrzeugart bei den Feuerwehren der Vereinigten Staaten sind die zur Bekämpfung von Wald- und Buschbränden eingesetzten so genannten Brush-Trucks. Es gibt selbst in den Großstädten kaum eine Wehr, die nicht über mindestens ein Exemplar dieser Fahrzeugart verfügt. Denn Waldbrände stellen in diesem Land ein großes Gefahrenpotenzial dar. Vor allem die oftmals völlig unzugänglichen Waldflächen im Westen der USA sind nach langanhaltenden Trockenperioden sehr gefährdet. Neben serienmäßigen Pick-Up-Fahrzeugen werden auch häufig ehemalige Militärfahrgestelle für diese Zwecke umgebaut. In diesem Fall war es ein geländegängiger Dodge-Dreiachser aus der Zeit des Zweiten Weltkrieges, der in Eigenleistung durch das Fire Department North Brunswick in New Jersey zu einem „Bush Wacker" umgebaut wurde. Die Schnellangriffshaspel befindet sich auf dem hinteren Teil der Ladefläche.

Beim County of Fairfax Fire and Rescue Department, Station 20 Gunston, Virginia, befindet sich dieser unter der Ordnungsnummer 20 eingereihte dreiachsige Pumper-Tanker im Einsatz. Das ursprünglich nur für Müllwagenaufbauten konzipierte Kenworth-Frontlenkerfahrgestell wurde nur selten für Feuerwehraufbauten verwendet. Für den recht eigentümlichen Aufbau mit der weit nach vorne gezogenen Fahrerkabine zeichnete E-One verantwortlich. Von diesem Fahrzeug wurden drei Exemplare vom County beschafft.

Verwendungszweck:	Pumper-Tanker
Fahrgestelltyp:	Kenworth
Baujahr:	1988
Leistung der Pumpe:	1250 gpm (4731 l/min)
Löschwasservorrat:	2500 gal (9463 l)

Verwendungszweck:	*Brush-Truck*
Fahrgestelltyp:	*Dodge T 214 WC 52 (4 x 4)*
Baujahr:	*1952*
Leistung der Pumpe:	*100 gpm (379 l/min)*
Löschwasservorrat:	*250 gal (946 l)*

Relativ häufig verwendet wurde der in mehreren hunderttausend Exemplaren gebaute 3/4-t-Militärtruck von Dodge. Die Chestnut Ridge Volunteer Fire Company im US-Bundesstaat Maryland setzte noch 1995 einen solchen, in Eigenregie umgerüsteten Brush-Truck aktiv ein. Das sehr gepflegte Fahrzeug wurde mit einem geschlossenen Fahrerhaus versehen, verfügt über eine Vorbauseilwinde sowie eine auf der Ladefläche arretierte Schnellangriffshaspel. Für den nötigen Vortrieb sorgt ein Sechszylinder-Vergasermotor mit 92 PS.

Verwendungszweck:	*Brush-Truck*
Fahrgestelltyp:	*Dodge (4 x 4)*
Baujahr:	*1964*
Leistung der Pumpe:	*250 gpm (946 l/min)*
Löschwasservorrat:	*200 gal (757 l)*

Ein Unikat ist auch dieser Brush 44-0, ein Dodge Pick-Up, dessen feuerwehrtechnische Umrüstung durch das Smyrna Fire Department realisiert wurde. Dieses geländegängige Waldbrandlöschfahrzeug ist mit einer Frontseilwinde sowie einer Schnellangriffshaspel auf der Pritsche ausgerüstet.

Verwendungszweck:	*Brush-Truck*
Fahrgestelltyp:	*Studebaker (6 x 6)*
Baujahr:	*1968*
Leistung der Pumpe:	*–*
Löschwasservorrat:	*300 gal (1136 l)*

Einen sehr preisgünstigen Lösungsweg bei der Beschaffung eines Waldbrandlöschfahrzeugs ging die Butler Township Fire Company in Pennsylvania. Sie übernahm diesen geländegängigen, dreiachsigen Militärlastwagen von der US-Army und installierte in Eigenleistung einen Löschwassertank auf der Ladefläche. Darüber hinaus waren keine nennenswerten Umbauarbeiten erforderlich.

Verwendungszweck:	*Brush-Truck*
Fahrgestelltyp:	*International Harvester Loadstar 1700 (4 x 4)*
Baujahr:	*1974*
Leistung der Pumpe:	*350 gpm (1325 l/min)*
Löschwasservorrat:	*300 gal (1136 l)*

Ein mit Vorbauseilwinde ausgerüstetes, allradgetriebenes Haubenfahrgestell von International Harvester diente dem California Department of Forestry als Untersatz für dieses Waldbrandlöschfahrzeug, das 1994 an das Corvallis Fire Department in Oregon abgegeben wurde. Dort wurde das von der Firma Master Body mit einer viertürigen Doppelkabine ausgerüstete Fahrzeug als Brush 161 in den vorhandenen Fahrzeugbestand eingereiht.

Verwendungszweck:	Brush-Truck
Fahrgestelltyp:	Gama Goat M 561 (6 x 6)
Baujahr:	1971
Leistung der Pumpe:	34 gpm (129 l/min)
Löschwasservorrat:	200 gal (757 l)

Ein ganz ungewöhnliches Waldbrandlöschfahrzeug befindet sich im Dienst des Pacific County Fire District 1, Ocean Park, Washington. Dieses von der britischen Firma Consolidated Diesel Electric Co. für die US-Army gebaute Fahrzeug mit der Bezeichnung Gama Goat besitzt drei angetriebene Achsen. Dadurch wird eine überdurchschnittliche gute Geländegängigkeit erreicht, die aber auf Kosten der Manövrierbarkeit auf der Straße geht, da nur die erste und dritte Achse gelenkt werden können. Das Fahrzeug verfügt über einen Sechszylinder-Diesel mit 102 PS.

Verwendungszweck:	Brush-Truck
Fahrgestelltyp:	Ford F 250
Baujahr:	1985
Leistung der Pumpe:	150 gpm (568 l/min)
Löschwasservorrat:	150 gal (568 l)

Auf einem serienmäßigen Ford Pick-Up entstand dieser Brush 32 des County of Fairfax Fire Rescue Department, Station 32 Burke, Virginia, der von den Wehrmännern in Eigenarbeit ausgerüstet wurde. Löschwasserbehälter, eine kleine Pumpe und eine Schnellangriffshaspel sind die wesentlichen Bauelemente dieses Waldbrandlöschfahrzeugs.

Verwendungszweck:	Brush-Truck
Fahrgestelltyp:	AM General M 818 (6 x 6)
Baujahr:	1967
Leistung der Pumpe:	250 gpm (946 l/min)
Löschwasservorrat:	1500 gal (5678 l)

Dieser beim Thurston County Fire Department, Station 6 East Olympia im Staat Washington als Brush 64 geführte ehemalige Militärlastwagen, wurde 1992 aus den Militärdiensten entlassen und von der Wehr übernommen. Der Dreiachser stammte von der Firma AM General – das Kürzel AM steht für American Military – einem, wie der Name schon sagt, hauptsächlich auf die Fabrikation von Militärlastwagen spezialisierten Unternehmen. Die Karosseriebaufirma H & W versah den Lkw nach den individuellen Vorstellungen der Wehr mit einem geschlossenen Aufbau und verwandelte ihn zu einem ansehnlichen Waldbrandlöschfahrzeug mit großem Löschwassertank.

Verwendungszweck:	Brush-Truck
Fahrgestelltyp:	Kaiser Jeep M 45 A 2 (530 B)
Baujahr:	1972
Leistung der Pumpe:	500 gpm (1893 l/min)
Löschwasservorrat:	500 gal (1893 l)

Dieser von der Kaiser Jeep Corporation in Toledo gefertigte und als Löschfahrzeug aufgebaute Militärdreiachser wurde bereits bei der US-Army als Fire Fighting Truck eingesetzt, bevor er in den frühen 1990er Jahren zum Wilderness Ranch Fire Department in Idaho gelangte. Dort konnte das mit einer Midshippumpe bestückte Fahrzeug praktisch unverändert in seinen neuen zivilen Verwendungsbereich überführt werden.

Verwendungszweck:	*Brush-Truck*
Fahrgestelltyp:	*GMC Top Kick (4 x 4)*
Baujahr:	*1990*
Leistung der Pumpe:	*350 gpm (1325 l/min)*
Löschwasservorrat:	*850 gal (3217 l)*

Finanzkräftigere Fire Departments lassen sich nach wie vor neue Fahrzeuge als Brush-Trucks aufbauen. So auch das Junction City Fire Department in Oregon, das sich diesen Brush 360 auf ein GMC-Allradchassis von der Firma Hurds Custom Machinery aufbauen ließ. Dieses sehr kompakte Fahrzeug ist mit einer Schnellangriffseinrichtung und einem Werfer ausgerüstet. Ein kraftvoller Sechszylinder-250-PS-Diesel ist für die zügige Fortbewegung verantwortlich.

Verwendungszweck:	*Crash Fire Rescue Vehicle CFR*
Fahrgestelltyp:	*Oshkosh M-12*
Baujahr:	*1981*
Leistung der Pumpe:	*1800 gpm (6813 l/min)*
Löschwasservorrat:	*3170 gal (11 998 l)*

In den Vereinigten Staaten von Amerika besitzt die Zivilluftfahrt den mit Abstand größten Stellenwert in der Welt. Neben zahlreichen internationalen Verkehrsflughäfen gibt es unzählige Regionalflughäfen für den inneramerikanischen Verkehr. Entsprechend früh mussten für diesen Zweck geeignete Löschfahrzeuge entwickelt werden. Dabei nimmt das Militär nach wie vor eine Vorreiterrolle ein und ist bis heute der maßgebliche Auslöser für Neuentwicklungen. Die gemeinsame Bezeichnung für alle in diesem Bereich eingesetzten Fahrzeuge lautet Airport Rescue and Fighting Vehicles (ARFF), also Flughafenrettungs- und Löschfahrzeuge. Wie auch in anderen Staaten unterscheidet man auch hier die beiden Typen Rapid Intervention Vehicle (RIV), also Schnellangriffs- bzw. Vorauslöschfahrzeuge und die eigentlichen, für den Hauptangriff einzusetzenden Flugplatzlöschfahrzeuge, Crash Fire Rescue Vehicle (CFR), die große Mengen verschiedener Löschmittel mitführen. Allradantrieb ist für alle Fahrzeuge obligatorisch. Die wichtigsten, auf dieses Segment spezialisierten Hersteller sind derzeit Oshkosh, E-One und die seit 1998 von KME übernommene Firma Walter und Amertek, die aber mittlerweile ihre Geschäftstätigkeit eingestellt hat. Dieses als CFR 1 eingesetzte gewaltige Oshkosh-Flugplatzlöschfahrzeug des Phoenix Sky Harbor International Airport Fire Departments in Arizona ist neben Wasser mit 515 gal (1949 l) Schaumkonzentrat und 1000 lbs. (454 kg) Löschpulver beladen. Mehrere Schnellangriffseinrichtungen und Monitore sind für den Ausstoß der Löschmittel verantwortlich.

Verwendungszweck:	Brush-Truck
Fahrgestelltyp:	GMC CXM 211 (6 x 6)
Baujahr:	1952
Leistung der Pumpe:	250 gpm (946 l/min)
Löschwasservorrat:	600 gal (2271 l)

Auch dieses Waldbrandlöschfahrzeug kann auf eine militärische Vergangenheit als Lkw bei der US-Army zurückblicken, bevor es 1975 vom Lane Rural Fire District 1 in Oregon übernommen und in Eigenleistung zum Brush-Truck umfunktioniert wurde. Das nun als Brush 527 eingeordnete Fahrzeug besitzt sowohl eine Schnellangriffshaspel auf dem hinteren Teil der Ladefläche als auch einen Pumpenabgang vor dem Kühler, um im Bedarfsfall unverzüglich Wasser geben zu können.

Verwendungszweck:	Crash Fire Rescue Vehicle CFR
Fahrgestelltyp:	Oshkosh M-1500
Baujahr:	1982
Leistung der Pumpe:	1250 gpm (4731 l/min)
Löschwasservorrat:	1500 gal (5678 l)

Dieses komplett von Oshkosh hergestellte, dreiachsige Flugplatzlöschfahrzeug konnte der Fotograf im Jahr 1996 beim Fire Department des T.F. Green State Airport in Warwick, Rhode Island, ablichten. Das CFR 4 hatte neben dem Löschwasservorrat 180 gal (681 l) Schaummittelkonzentrat an Bord. Auch an diesem Fahrzeug sind Front- und Dachmonitore sowie Schnellangriffseinrichtungen installiert.

Verwendungszweck:	Crash Fire Rescue Vehicle CFR
Fahrgestelltyp:	Oshkosh T-3000
Baujahr:	1990
Leistung der Pumpe:	1500 gpm (5678 l/min)
Löschwasservorrat:	3000 gal (11 355 l)

Große Verbreitung erfreuten sich die verschiedenen, von Oshkosh entwickelten Flugplatzlöschfahrzeuge der T-Serie, die das Unternehmen binnen kurzer Zeit zum Marktführer auf diesem Segment machen sollten. Ein Exemplar der größeren, als Typ T-3000 bezeichneten Variante, ist als CFR 10 beim Boise International Airport Fire Department in Idaho stationiert. Als zusätzliches Löschmittel befinden sich 410 gal (1552 l) Schaummittelkonzentrat auf dem Fahrzeug.

Verwendungszweck:	Crash Fire Rescue Vehicle CFR
Fahrgestelltyp:	Spartan (6 x 6)
Baujahr:	1985
Leistung der Pumpe:	1250 gpm (4731 l/mn)
Löschwasservorrat:	3000 gal (11 355 l)

Ursprünglich für den Brandschutz auf dem Weltraumbahnhof Cape Canaveral beschafft wurde dieses im Jahr 1998 als CFR 30 beim Sanford International Airport Fire Department in Orlando, Florida, eingesetzte Flugplatzlöschfahrzeug. Den Aufbau dieses zusätzlich mit einem 400 gal (1514 l) Schaummitteltank ausgerüsteten, mächtigen Dreiachsers besorgte der Hersteller Fire-Tec.

Verwendungszweck:	*Crash Fire Rescue Vehicle CFR*
Fahrgestelltyp:	*International Navistar 4800 (4 x 4)*
Baujahr:	*1992*
Leistung der Pumpe:	*500 gpm (1893 l/min)*
Löschwasservorrat:	*500 gal (1893 l)*

Beim Fire Department des Greenbrier Valley Airports, eines Regionalflughafens in West Virginia, befand sich im Jahr 1999 dieses von der Firma CRES (Crash Rescue Equipment Service in Dallas/Texas) aufgebaute und ausgerüstete CFR 2 im Einsatz. Dieses auf einem International-Allradchassis erstellte kleine Flugplatzlöschfahrzeug ist neben Löschwasser mit 75 gal (284 l) Schaummittelkonzentrat und 550 lbs. (250 kg) Löschpulver ausgerüstet.

Verwendungszweck:	*Crash Fire Rescue Vehicle CFR*
Fahrgestelltyp:	*Walter BDQG*
Baujahr:	*1974*
Leistung der Pumpe:	*750 gpm (2839 l/min)*
Löschwasservorrat:	*1000 gal (3785 l)*

Die Firma Walter Motor Truck Corporation hat sich seit den 1940er Jahren auf den Bau von Rettungs-, Feuerlösch- und Kommunalfahrzeugen spezialisiert. Ein wichtiges Standbein waren dabei die weit verbreiteten Crash Fire Trucks, die bis in die 1970er Jahre auf nahezu jedem größeren Flugplatz in den Vereinigten Staaten anzutreffen waren. Dieses 1997 als CFR 1 im Einsatz befindliche Fahrzeug des Pocatello Municipal Airport Fire Department in Idaho ist ein solches Fahrzeug, das neben Löschwasser über 110 gal (416 l) Schaumkonzentrat und 500 lbs. (227 kg) Löschpulver verfügt.

Verwendungszweck:	*Crash Fire Rescue Vehicle CFR*
Fahrgestelltyp:	*Oshkosh TB-1500*
Baujahr:	*1997*
Leistung der Pumpe:	*1500 gpm (5678 l/min)*
Löschwasservorrat:	*1500 gal (5678 l)*

Das kleinere Flugplatzlöschfahrzeugmodell aus der neuen, zu Beginn der 1990er Jahre von Oshkosh herausgebrachten TB-Serie, ist der Typ TB-1500, welcher nur über ein zweiachsiges Fahrgestell verfügt. Ein solches Fahrzeug befand sich unter der Nummer CFR 57 beim Blue Grass Airport Fire Department in Lexington, Kentucky, im Einsatz. Die löschtechnische Beladung wird durch einen 220 gal (833 l) Schaummittelvorrat ergänzt. Außerdem ist ein 50-ft (15,24 m)-Snozzle installiert. Die Spitze dieses Löscharms erlaubt es, die Außenhaut eines Flugzeuges zu durchstoßen, um Kabinenbrände zu löschen.

Verwendungszweck:	*Crash Fire Rescue Vehicle CFR*
Fahrgestelltyp:	*Oshkosh TB-3000*
Baujahr:	*1998*
Leistung der Pumpe:	*1800 gpm (6813 l/min)*
Löschwasservorrat:	*3000 gal (11 355 l)*

Dieses CFR vom Typ TB-3000 von Oshkosh gehört zu der neueren Generation von Flugplatzlöschfahrzeugen dieses Herstellers. Dieses Modell löste die bisherige T-Baureihe ab. Stationiert ist dieses mit einem 50-ft (15,24 m)-Snozzle-Löscharm ausgerüstete Fahrzeug beim Port Columbus International Airport Fire Department im Bundesstaat Ohio. Die zusätzliche Beladung mit Löschmitteln besteht aus 420 gal (1590 l) Schaummittel und 500 lbs. (227 kg) Pulver.

Verwendungszweck:	Crash Fire Rescue Vehicle CFR
Fahrgestelltyp:	Walter Z-CQS
Baujahr:	1978
Leistung der Pumpe:	–
Löschwasservorrat:	–

Noch eine Nummer kleiner ist dieses ebenfalls bei der Flughafenfeuerwehr des Philadelphia International Airport stationierte CFR F 3 von Walter. Aufbau und Ausrüstung dieses sehr kompakten Fahrzeugs erstellte Walter selbst, während der 50-ft-Snozzle-Löscharm später von der Firma CRES nachgerüstet wurde. Das Fahrzeug wurde 1991 umgebaut und verfügt nun über 500 lbs. (227 kg) Pulver und über eine ebensolche Menge des Sonderlöschmittels Halotron.

Verwendungszweck:	Crash Fire Rescue Vehicle CFR
Fahrgestelltyp:	Walter B-1500
Baujahr:	1986
Leistung der Pumpe:	1200 gpm (4542 l/min)
Löschwasservorrat:	1500 gal (5678 l)

Dieses beim Fire Department des Philadelphia International Airports in Pennsylvania als CFR F 2 im Einsatz befindliche Fahrzeug ist ein kleineres Modell dieser Kategorie. Dieses von der Firma Walter komplett erstellte Fahrzeug besaß Front- und Dachmonitor sowie einen 300 gal (1136 l) Schaummitteltank.

Verwendungszweck:	Crash Fire Rescue Vehicle CFR
Fahrgestelltyp:	Peterbilt 357 (6 x 6)
Baujahr:	1996
Leistung der Pumpe:	1250 gpm (4731 l/min)
Löschwasservorrat:	2800 gal (10 598 l)

Sehr selten sind Flugplatzlöschfahrzeuge auf Commercial-Fahrgestellen anzutreffen. Da das Jackson Hole Airport Fire Department in Wyoming als einzige Feuerwehr im weiten Umkreis über ein möglichst flexibles und universell einsetzbares Fahrzeug verfügen sollte, entschied man sich für die hier abgebildete Kombination, die sowohl als Flugplatzlöschfahrzeug, als auch für alle übrigen Brandschutzaufgaben eingesetzt werden kann. Der

Feuerwehrausrüster W. S. Darley & Co. in Melrose Park, Illinois, realisierte dieses Einzelstück auf einem schweren Peterbilt-Dreiachs-Chassis mit einem Pumper-Tankeraufbau mit Midshippumpe sowie einem 50-ft-Snozzle. Neben einem großen Löschwasservorrat befinden sich 90 gal (341 l) Schaummittelkonzentrat auf dem Fahrzeug. Zusätzlich erhielt das Fahrzeug Allradantrieb, was für einen Peterbilt sehr ungewöhnlich ist.

Verwendungszweck:	*Crash Fire Rescue Vehicle CFR*
Fahrgestelltyp:	*Walter BDT-3000*
Baujahr:	*1985*
Leistung der Pumpe:	*2000 gpm (7570 l/min)*
Löschwasservorrat:	*3000 gal (11 355 l)*

Dieses Flugplatzlöschfahrzeug mit der Ordnungsnummer 816 von Walter befindet sich beim Portland International Airport Fire Department in Oregon im Einsatz. Bis in die 1980er Jahre war Walter der Marktführer für ARFF-Trucks in den Vereinigten Staaten. Diese Position hat das seit 1997 zu KME gehörende Unternehmen inzwischen an die Firmen E-One und Oshkosh abtreten müssen. Neben Löschwasser ist dieser Zweiachser mit 350 gal (1325 l) Schaummittel beladen.

Verwendungszweck:	*Crash Fire Rescue Vehicle CFR*
Fahrgestelltyp:	*E-One Titan*
Baujahr:	*1990*
Leistung der Pumpe:	*1000 gpm (3785 l/min)*
Löschwasservorrat:	*1500 gal (5678 l)*

In der klassischen roten Lackierung präsentiert sich dieses Flugplatzlöschfahrzeug von E-One, das beim Fire Department des Regionalflughafens Greenville-Spartanburg Airport in South Carolina als CFR 3 im Einsatz steht. Das Fahrzeug verfügt neben dem Löschmittel Wasser über 180 gal (681 l) Schaummittel und 500 lbs. (227 kg) Purple-K-Pulverlöschmittel.

Verwendungszweck:	*Crash Fire Rescue Vehicle CFR*
Fahrgestelltyp:	*E-One Titan*
Baujahr:	*1997*
Leistung der Pumpe:	*750 gpm (2839 l/min)*
Löschwasservorrat:	*1500 gal (5678 l)*

Nahezu fabrikneu war dieses von E-One erstellte CFR 1 des Missoula International Airport Fire Department im US Bundesstaat Montana, als es dem Fotografen im Sommer 1997 vor die Linse geriet. Die Beladung des Fahrzeugs besteht aus 200 gal (757 l) Schaummittelkonzentrat und 500 lbs. (227 kg) Pulverlöschmittel. Das Modell Titan ist in einer zwei- oder dreiachsigen Variante mit einem unterschiedlichen Wassertankvolumen erhältlich. Hier ist das zweiachsige Fahrzeug, das über einer Heckpumpe verfügt.

Verwendungszweck:	*Crash Fire Rescue Vehicle CFR*
Fahrgestelltyp:	*E-One Titan IV*
Baujahr:	*1989*
Leistung der Pumpe:	*1500 gpm (5678 l/min)*
Löschwasservorrat:	*3000 gal (11 355 l)*

Seit 1982 befindet sich auch Emergency One auf dem Sektor der Flugplatzlöschfahrzeuge aktiv im Geschäft und bietet damit den Fahrzeugen des Marktführers Oshkosh zunehmende Konkurrenz. Dieses CFR 3 auf einem E-One-Titan-Dreiachs-Chassis befindet sich beim Logan International Airport Fire Department, Boston, Massachusetts, im Einsatz. Neben einem großen Löschwasservorrat befinden sich 400 gal (1514 l) Schaummittelkonzentrat sowie 950 lbs. (431 kg) Löschpulver auf dem Fahrzeug. Beidseitig angeordnete Schnellangriffseinrichtungen, Front- und Dachmonitor sowie Bodensprühdüsen für den Eigenschutz sind weitere relevante technische Merkmale.

Verwendungszweck:	*Crash Fire Rescue Vehicle CFR*
Fahrgestelltyp:	*E-One Titan*
Baujahr:	*1995*
Leistung der Pumpe:	*1800 gpm (6813 l/min)*
Löschwasservorrat:	*3000 gal (11 355 l)*

Dieses im Jahr 1995 vom Donaldson Center Fire Department im Bundesstaat South Carolina als CFR 4 eingesetzte Flugplatzlöschfahrzeug ist ein schwereres, dreiachsiges Titan-Modell. Dieses ist die leistungsfähigste Bauvariante aus der Reihe der E-One Crash-Trucks, welche zusätzlich mit 400 gal (1514 l) Schaummittel beladen ist.

Verwendungszweck:	**Ladder 75 ft. MM**
Fahrgestelltyp:	**International**
Baujahr:	**1963**
Leistung der Pumpe:	–
Löschwasservorrat:	–

Drehleiterfahrzeuge werden in den Vereinigten Staaten von Amerika als Aerial Ladder oder als Truck bezeichnet. Nicht nur in den Begriffsbezeichnungen, sondern auch in ihrer Bauweise unterscheiden sich die Hubrettungsfahrzeuge jenseits des Atlantiks wesentlich von den bei uns üblichen europäischen Konstruktionen. Ursprünglich waren die amerikanischen Drehleitern in der Sattelschlepper-Bauart ausgeführt, bei der die Leiter auf dem Auflieger nach hinten abgelegt wurde. Durch die Lenkbarkeit des Aufliegers war bei diesen Tillered Aerials oder Tillers, wie sie in der Umgangssprache genannt wurden, eine gute Manövrierbarkeit gegeben. Daneben entwickelte sich schon relativ früh der Mid Mounted Baustil. Hierbei wurde ein zweiachsiges Fahrzeug verwendet, bei dem der Leiterstuhl hinter der Kabine angebracht war und die Leiter ebenfalls nach hinten abgelegt wurde. Während diese als Midship- oder Mid Mounted Aerial bezeichnete Bauweise zeitweise nur noch selten von amerikanischen Fire Departments beschafft wurde, kann man sie nach längerer Pause heute wieder häufiger antreffen. Erst viel später wurde die auch hierzulande übliche Bauweise mit dem Leiterstuhl am Heck eingeführt. Seagrave stellte die erste derartige Rear-Mounted-Drehleiter im Jahr 1963 vor. In den 1970er Jahren kamen zu den genannten Bauarten noch die Tower-Ladders hinzu, die mit einem zusätzlichen Korb am Leiterende ausgestattet waren. Als Quintuples oder Quints bezeichnet man diejenigen Drehleitern, die auch mit Pumpe, Wassertank, Schläuchen und tragbaren Leitern ausgerüstet sind. Diese Modelle werden in erster Linie von kleineren und mittleren Feuerwehren eingesetzt.

Im Jahr 1958 erschien mit der Gelenkmastbühne, dem Snorkel, eine weitere Variante zu den Hubrettungsfahrzeugen. Es war das Chicago Fire Department, das das erste derartige Fahrzeug im gleichen Jahr in Dienst stellte. Anfangs waren dies noch einfache zweiteilige Masten mit Korb, später kamen Teleskopmasten und kombinierte Teleskop-Gelenkmasten hinzu. Heute ist die Bedeutung dieser Fahrzeuge sehr stark zurückgegangen. Eine weitere Variante sind die mit Gelenk- oder Teleskop-Löscharmen ausgerüsteten Pumper, die erstmals 1968 auf den Markt kamen. Diese so genannten Squirts wurden eingesetzt, um das Löschwasser aus einer gewissen Höhe abgeben zu können. Während die Bauhöhe der zweiteiligen Squirts auf 55 ft (16,76 m) begrenzt ist, sind die begehbaren zwei- bis dreiteiligen Telesquirts bis zu 75 ft (22,86 m) erhältlich. Aufgrund ihrer zu geringen Ausladung und Leiterbelastung sind sie aber kein Ersatz für Drehleitern.

Die hier gezeigte Ladder 2 des Beckley Fire Departments in West Virginia ist eine offen ausgeführte Mid Mounted Aerial von Seagrave mit 75 ft. (22,86 m) Steighöhe. Das auf einem International-Fahrgestell aufgebaute Fahrzeug besitzt die so genannte Cincinnati-Kabine.

Verwendungszweck:	**Foam-Pumper**
Fahrgestelltyp:	**International Fleetstar 2010**
Baujahr:	**1976**
Leistung der Pumpe:	**1000 gpm (3785 l/min)**
Löschwasservorrat:	–

Ein ausgesprochenes Sonderfahrzeug ist dieser von dem Aufbauhersteller National Foam erstellte Foam-Pumper 6 des Fire Departments der Bayway Refining Company in Linden im Bundesstaat New Jersey. Dieses auf einem großen Dreiachs-Haubenchassis von International erstellte Fahrzeug ist mit einem 750 gal (2839 l) Schaummitteltank, einer mittig angeordneten Feuerlöschkreiselpumpe mit Zumischer und einem 75 ft (22,86 m) Telesquirt ausgerüstet. Da kein Löschwasser als Beladung mitgeführt wird, ist der Löscheinsatz nur in Kombination mit einem Tanker oder durch ein örtliches Leitungsnetz möglich.

Verwendungszweck:	*Foam-Pumper*
Fahrgestelltyp:	*International S 2500*
Baujahr:	*1978*
Leistung der Pumpe:	*1000 gpm (3785 l/min)*
Löschwasservorrat:	–

Dieses von National Foam ausgerüstete Raffinerielöschfahrzeug steht als Engine 86-2 beim Fire Department der British Petroleum Refinery in Marcus Hook, Pennsylvania, im Dienst. Neben dem Schaummittelvorrat von 1000 gal (3785 l) ist das auf einem International-Dreiachser erstellte Fahrzeug mit einem zweiteiligen 54 ft (16,46 m) Gelenklöscharm (Squirt) und einer Midshippumpe mit Zumischer bestückt. Auch dieses Fahrzeug benötigt die Fremdeinspeisung von Wasser, um löschen zu können.

Verwendungszweck:	*Foam-Pumper*
Fahrgestelltyp:	*International S 2500*
Baujahr:	*1981*
Leistung der Pumpe:	*1000 gpm (3785 l/min)*
Löschwasservorrat:	–

Ein weiterer, mit einem dreiteiligen 75-ft-Teleskopmast ausgerüstetes Schaumlöschfahrzeug ist dieser auf einem schweren Dreiachsfahrgestell von International von National Foam aufgebaute Foam-Pumper des Fire Departments der Sun Refining and Marketing Company im Werk Philadelphia, Pennsylvania. Dieses auf die Einsatzrisiken eines petrochemischen Betriebes zugeschnittene Fahrzeug ist mit einem 1000 gal (3785 l) fassenden Schaummitteltank ausgerüstet.

Verwendungszweck:	*Ladder 100 ft RM*
Fahrgestelltyp:	*Ford C 800*
Baujahr:	*1977*
Leistung der Pumpe:	
Löschwasservorrat:	–

Die in Clintonville/Wisconsin ansässige Firma Seagrave Fire Apparatus Inc. gehört zu den renommiertesten und ältesten Herstellern von Drehleitern in den Vereinigten Staaten. Dieser Hersteller zeichnete auch für den Bau dieser beim Corvallis Fire Department in Oregon im Jahr 1997 eingesetzten 100-ft (30,48 m)-Rear-Mounted-Ladder 151 verantwortlich, die auf einem zweiachsigen Ford-Frontlenker aus der C-Serie erstellt worden war.

Verwendungszweck:	*Telesquirt*
Fahrgestelltyp:	*Ford L 800*
Baujahr:	*1973*
Leistung der Pumpe:	–
Löschwasservorrat:	–

Das Lexington Fire Department in Kentucky verfügte im Jahr 1999 über diese von der Firma Marion Body Works Inc. als ehemalige Teleskoparbeitsbühne (Service Ladder Truck) auf einem Ford-Haubenchassis aufgebaute Aerial 21. Das 1973 gebaute Fahrzeug mit seinem zweifach teleskopierbaren 55-ft (16,76 m)-Telesquirt wurde 1985 von der Wehr übernommen und umgebaut. Das Fahrgestell ist mit einem Achtzylinder-V-Diesel mit 290 PS ausgerüstet.

Verwendungszweck:	**Ladder 105 ft RM**
Fahrgestelltyp:	**Ford LN 9000**
Baujahr:	**1994**
Leistung der Pumpe:	**–**
Löschwasservorrat:	**–**

Ein sehr beeindruckendes Fahrzeug ist auch diese auf einem schweren, dreiachsigen Ford-L-Haubenfahrgestell aufgebaute Ladder 1 des Fire Departments der nördlich von New York City gelegenen Stadt White Plains. Diese Rear-Mounted-105-ft (32 m)-Ladder wurde von der in Snyders, New England, ansässigen Firma Smeal Fire Apparatus Company, einem Unternehmen, das erst 1992 den Bau von Drehleitern aufgenommen hatte, erstellt.

Verwendungszweck:	**Snorkel**
Fahrgestelltyp:	**Ford L 9000**
Baujahr:	**1989**
Leistung der Pumpe:	**1000 gpm (3785 l/min)**
Löschwasservorrat:	**1250 gal (4731 l)**

Dieses Fahrzeug des Bradley Prosperity Volunteer Fire Department in West Virginia ist eine Kombination aus Pumper, Tanker und einem 55-ft (19,76 m) Gelenkmast. Der gesamte Aufbau wurde durch den Hersteller Grumman Emergency Products Inc. aus Roanoke in Virginia vorgenommen. Neben einer Midshippumpe wird ein großer Wasservorrat auf diesem als Snorkel 1 bezeichneten schweren Commercial Hauben-Fahrgestell mit 305 PS V-Achtzylinder-Diesel mitgeführt. Die schwarze Metallic-Lackierung verleiht dem Fahrzeug zwar eine gewisse Eleganz; eine Signalwirkung im Straßenverkehr dürfte es indes kaum haben.

Verwendungszweck:	**Ladder 100 ft RM**
Fahrgestelltyp:	**Seagrave H**
Baujahr:	**1986**
Leistung der Pumpe:	**–**
Löschwasservorrat:	**–**

Die erste Rear-Mounted-Ladder, also mit einem über der Hinterachse angeordneten Leiterstuhl, baute Seagrave im Jahr 1963. Es war gleichzeitig die erste Leiter dieser Bauart in den Vereinigten Staaten von Amerika. Diese als Ladder 123 im Jahr 1995 vom New York Fire Department in der Fire Station St. Johns East eingesetzte 100-ft (30,48 m)-Drehleiter wurde in dieser Bauweise auf einem Dreiachs-Fahrgestell von Seagrave ausgeführt. Gegen Ende der 1990er Jahre unterhielt das New York Fire Department insgesamt 143 Drehleitern (Ladder Companies).

Verwendungszweck:	**Ladder 110 ft RM**
Fahrgestelltyp:	**Seagrave L**
Baujahr:	**1990**
Leistung der Pumpe:	**–**
Löschwasservorrat:	**–**

In den Jahren 1989 und 1990 stelle das New York Fire Department erstmals jeweils zwei Rear-Mounted-Drehleitern von Seagrave mit 110 ft (33,53 m) Höhe in Dienst. Es waren mächtige Fahrzeuge, deren Aufbau auf einem dreiachsigen Seagrave-Fahrgestell mit erhöhtem Kabinendach erfolgte. Hier im Bild die Ladder 38, die in einer Fire Station in der Bronx stationiert war.

Verwendungszweck:	*Ladder 100 ft RM*
Fahrgestelltyp:	*Seagrave JB*
Baujahr:	*1991*
Leistung der Pumpe:	–
Löschwasservorrat:	–

Das Highview Fire Department entschied sich bei der Beschaffung einer Drehleiter ebenfalls für ein Fahrzeug von Seagrave. In diesem Fall erfolgte der Aufbau der 100-ft (30,48 m)-Rear-Mounted-Leiter auf einem zweiachsigen Fahrgestell des gleichen Herstellers. Auch bei diesem kompakten Fahrzeug befindet sich der drehbare Leiterstuhl über der Hinterachse, wobei der Leiterpark nach vorn, oberhalb der großen, viertürigen Fahrer- und Mannschaftskabine abgelegt ist.

Verwendungszweck:	*Ladder 100 ft TT*
Fahrgestelltyp:	*Seagrave TB*
Baujahr:	*1994*
Leistung der Pumpe:	–
Löschwasservorrat:	–

Diese als Truck 16 im Fahrzeugpark des Fire Departments Washington DC eingesetzte Tillered Aerial von Seagrave mit 100 ft. Steghöhe ist ein besonders eindrucksvolles Exemplar. Das komplette Fahrzeug stammt von Seagrave. Die Zugmaschine des Typs TB ist mit einer großen Kabine für acht Einsatzkräfte ausgestattet. Diese Drehleitern in der Sattelschlepperbauart erfreuen sich in den USA nach wie vor einer großen Beliebtheit.

Verwendungszweck:	*Quint*
Fahrgestelltyp:	*International N 4900*
Baujahr:	*1994*
Leistung der Pumpe:	*1250 gpm (4731 l/min)*
Leistung der Pumpe:	*500 gal (1893 l)*

In den letzten Jahren ist bei der Drehleiterbschaffung in den Vereinigten Staaten verschiedentlich ein Trend zu Aufbauten auf Standardfahrgestellen festzustellen, der bisher allerdings nur auf Einzelstücke beschränkt blieb. Die Gründe dafür sind in erster Linie in den kostengünstigeren Preisen für solche Fahrzeuge zu suchen. Gleich zwei derartige, auf International Haubenfahrgestellen vom Feuerwehrausrüster Central States Fire Apparatus baugleich erstellte Fahrzeuge orderte das Portsmouth Fire Department in New Hampshire, die dort als Engine Companies eingesetzt werden. Neben einer 50-ft (15,24)-Leiter befinden sich Löschwasser und 65 gal (246 l) Schaummittel auf dem mit einer großen Doppelkabine ausgeführten Fahrzeug.

Verwendungszweck:	*Ladder 100 ft RM*
Fahrgestelltyp:	*Seagrave*
Baujahr:	*1978*
Leistung der Pumpe:	–
Löschwasservorrat:	–

Eine ehemals beim New York Fire Department eingesetzte Drehleiter erwarb im Jahr 1989 das New Cumberland Fire Department in Pennsylvania. Dieses von Seagrave auf einem werkseigenen Fahrgestell aufgebaute Rear-Mounted-Modell mit 100 ft (30,48 m) Steghöhe wird seither als Truck 10 von seinem neuen Eigentümer eingesetzt. Durch Interstate Mack wurde die Leiter 1989 modernisiert und mit einer Spartan-Kabine ausgestattet.

Verwendungszweck:	**Squirt**
Fahrgestelltyp:	**Seagrave P (4 x 4)**
Baujahr:	**1972**
Leistung der Pumpe:	**1250 gpm (4731 l/min)**
Löschwasservorrat:	**700 gal (2650 l)**

Über Allradantrieb verfügt dieser von der Landisville Volunteer Fire Company im Bundesstaat New Jersey noch 1997 als Engine 1112 eingesetzte Gelenkarm mit 54 ft (16,46 m) Höhe. Dieser von der Firma Pierce Manufacturing Inc. mit hinten offener Kabine erstellte Aufbau mit Squirt besaß gleichzeitig eine mittig installierte Feuerlöschkreiselpumpe sowie einen Löschwasserbehälter.

Verwendungszweck:	**Telesquirt**
Fahrgestelltyp:	**Pierce Quantum**
Baujahr:	**1996**
Leistung der Pumpe:	**1500 gpm (5678 l/min)**
Löschwasservorrat:	**500 gal (1893 l)**

Bei der Station 37, Franconia des County of Fairfax Volunteer Fire Department in Virginia befindet sich als Engine 37 dieser Pierce-Teleskopgelenkmast (Telesquirt) mit 65 ft (19,81) Länge im Einsatz. Dieser mit einer starken Midshippumpe ausgerüstete ansehnliche Zweiachser verfügt neben Löschwasser auch über einen 60 gal (227 l) Schaummitteltank.

Verwendungszweck:	**Snorkel**
Fahrgestelltyp:	**Crown Firecoach**
Baujahr:	**1969**
Leistung der Pumpe:	**–**
Löschwasservorrat:	**–**

Die ersten Hubrettungsfahrzeuge der Firma Crown Firecoach Corporation waren Gelenkmasten, die seit Anfang der 1960er Jahre von der Firma Snorkel Fire Equipment Company bezogen wurden. Die Bezeichnung „Snorkel" wurde bald zum Synonym für alle Gelenkmastbühnen und das Unternehmen avancierte zum Marktführer auf diesem Sektor. Gegen Ende der 1970er Jahre wurden die Gelenkmastbühnen allerdings immer mehr durch die Tower Ladder verdrängt. Obwohl der klassische Crow Firecoach seit 1985 nicht mehr gefertigt wird, findet man immer noch eine größere Anzahl dieser Fahrzeuge im Einsatz, was für die ausgezeichnete Qualität der Crown-Firetrucks spricht. Das Edmonds Fire Department im Bundesstaat Washington besitzt einen solchen, auf einem Dreiachs-Frontlenkerfahrgestell errichteten 65-ft (19,81 m)-Snorkel, der mit einer starken Midshippumpe ausgerüstet ist.

Verwendungszweck:	**Ladder 100 ft TT**
Fahrgestelltyp:	**Pierce Lance**
Baujahr:	**1989**
Leistung der Pumpe:	**–**
Löschwasservorrat:	**–**

Eine Drehleiter in Sattelschlepperbauart gehörte im Jahre 1995 als Truck 25 zum Fahrzeugbestand des Clinton Fire Departments. Diese Tractor-Drawn Aerial Ladder oder auch Tillered Aerial besitzt eine Lance-Zugmaschine und einen Maxim-Auflieger mit einer 100 ft (30,48 m) Leiter, die nach hinten oberhalb der lenkbaren Hinterachse abgelegt wird. Für diesen Zweck befindet sich am Heck des Fahrzeugs ein Lenkungsstand mit Sitz für den als „Tillerman" bezeichneten Steuermann. Um das Fahrzeug gemeinsam lenken zu können, ist eine gute Abstimmung zwischen Fahrer und Tillerman erforderlich. Während der Auflieger bereits 1970 gebaut wurde, ist die Zugmaschine von 1989.

Verwendungszweck:	Tower-Ladder 102 ft RM
Fahrgestelltyp:	KME
Baujahr:	1991
Leistung der Pumpe:	1250 gpm (4731 l/min)
Löschwasservorrat:	100 gal (379 l)

Die Firma KME Fire Apparatus erstellte diese mächtige, auf einem werkseigenen Dreiachsfahrgestell aufgebaute Drehleiter mit großer Kabine, die als Tower 1 zum Fahrzeugbestand des Moon Township Fire Departments in Pennsylvania gehört. Dieser in einer beeindruckend schönen blau-weißen Lackierung ausgeführte, als Rear Mounted Aerial-Tower konstruierte Leiterbühne besitzt eine Steighöhe von 102 ft (31,10 m). Auf diesem Fahrzeug sind außerdem Pumpe und Löschwasservorrat vorhanden.

Verwendungszweck:	Ladder 110 ft TT
Fahrgestelltyp:	Pierce Lance
Baujahr:	1992
Leistung der Pumpe:	–
Löschwasservorrat:	–

Dieser Truck 1 des Eugene Fire Departments im US-Bundesstaat Oregon besitzt eine schwere Pierce-Lance-Dreiachszugmaschine und einen Auflieger, auf dem eine 110 ft (33,53 m)-Pierce-Leiter in Tillered-Bauweise befördert wird. Der Grund für die dreiachsige Ausführung der Zugmaschine dieser Tractor Drawn Aerial waren Probleme mit den Achslasten auf verschiedenen Straßen (z. B. die beschränkte Tragfähigkeit von Brücken) der Stadtgebiete.

Verwendungszweck:	Quint
Fahrgestelltyp:	KME Renegade
Baujahr:	1993
Leistung der Pumpe:	1500 gpm (5678 l/min)
Löschwasservorrat:	750 gal (2839 l)

Für die komplette Erstellung dieses beim Fire Department Washington DC als Engine 12 eingesetzten, mit einer 55 ft (16,76 m)-Leiter ausgerüsteten Quints zeichnete ebenfalls die Firma KME verantwortlich. Neben dem mitgeführten Löschwasservorrat und der mittig installierten Feuerlöschkreiselpumpe, befinden sich 30 gal (114 l) AFFF-Schaummittel auf dem Fahrzeug.

Verwendungszweck:	Quint
Fahrgestelltyp:	KME
Baujahr:	1994
Leistung der Pumpe:	2000 gpm (7570 l/min)
Löschwasservorrat:	500 gal (1893 l)

Dieses von KME erstellte Drehleiter-Löschfahrzeug befindet sich als Tower 19 beim Allegheny County International Airport Fire Department in Pennsylvania im Einsatz. Dieser Quint mit 102 ft (31,10 m) Rear Mounted Ladder hat den Drehkranz des Leiterstuhls über den beiden Hinterachsen und ist mit einer sehr leistungsstarken Pumpe und einem Löschwassertank ausgerüstet.

Verwendungszweck:	**Ladder 100 ft MM**
Fahrgestelltyp:	**Sutphen**
Baujahr:	**1983**
Leistung der Pumpe:	**1250 gpm (4731 l/min)**
Löschwasservorrat:	**–**

Beim Wheeling Fire Department im Bundesstaat West Virginia konnte man im Jahr 1999 diese von Sutphen erstellte Midship Mounted Tower-Ladder mit 100 ft (30,48 m) Höhe noch im Einsatzbestand antreffen. Bekanntlich war Sutphen 1963 der erste Hersteller, der diesen Tower auf den Markt brachte. Bis heute wird sein Bau fast unverändert fortgeführt. Auch dieses als Ladder 1 bezeichnete dreiachsige Fahrzeug ist mit einer Pumpe ausgestattet.

Verwendungszweck:	**Quint**
Fahrgestelltyp:	**KME Renegade (6 x 6)**
Baujahr:	**1998**
Leistung der Pumpe:	**1000 gpm (3785 l/min)**
Löschwasservorrat:	**1000 gal (3785 l)**

Ebenfalls beim Fire Department des internationalen Verkehrsflughafens Philadelphia beheimatet ist dieser chromblitzende Pumper F 10, der auf einem dreiachsigen Allradfahrgestell von KME aufgebaut ist. Für den Fahrzeugaufbau nebst Ausrüstung dieses Einzelstücks war die Firma KME zuständig. Ein 55 ft (16,76 m) Firestix-Gelenklöscharm gehört zur Fahrzeugbestückung. Da sich neben dem Löschwasservorrat auch 200 gal (757 l) Schaummittel und 500 lbs. (227 kg) Löschpulver auf dem Fahrzeug befinden, ist es zur Bekämpfung nahezu aller, auf einem großen Flughafen in Frage kommender Brandrisiken gut ausgerüstet.

Verwendungszweck:	**Quint**
Fahrgestelltyp:	**Sutphen**
Baujahr:	**1976**
Leistung der Pumpe:	**1000 gpm (3785 l/min)**
Löschwasservorrat:	**300 gal (1136 l)**

Eine typische Aerial des Herstellers Sutphen konnte im Jahr 1995 beim Syracus Fire Department im US-Bundesstaat New York fotografiert werden. Das auf einem mächtigen Dreiachs-Sutphen-Frontlenker montierte Drehleiter-Löschfahrzeug hat eine Steighöhe von 100 ft (30,48 m) und ist in der Mid-Mounted-Bauweise ausgeführt. Neben einem kleinen Löschwasserbehälter befinden sich auf diesem von Sutphen erstellten Fahrzeug 100 gal (379 l) Schaummittelkonzentrat an Bord. Das als Spare-Tower 7 bezeichnete Fahrzeug stand damals auf Reserve.

Verwendungszweck:	**Ladder 95 ft RM**
Fahrgestelltyp:	**E-One Hurricane**
Baujahr:	**1989**
Leistung der Pumpe:	**–**
Löschwasservorrat:	**–**

Zum Fahrzeugpark der South Glen Burnie Station des Anne Arundel County Fire Departments in Maryland zählt auch die als Tower 26 registrierte 95 ft (28,96 m) Rear Mounted Drehleiter von E-One. Diese schwere Leiterbühne ist auf einem E-One-Hurricane-Dreiachsfahrgestell aufgebaut.

ANNE ARUNDEL CO. FIRE DEPARTMENT T-26

Verwendungszweck:	**Ladder 100 ft RM**
Fahrgestelltyp:	**Spartan Gladiator**
Baujahr:	**1993**
Leistung der Pumpe:	–
Löschwasservorrat:	–

Das Portland Fire Department in Oregon wählte ein dreiachsiges Spartan-Fahrgestell, auf das die neue 100 ft (30,48 m)-Leiter von LTI montiert werden sollte. Bei dieser Ladder 2 handelt es sich um ein Rear Mounted Modell, bei dem sich der Drehkranz nach europäischer Bauart über den Hinterachsen befindet und der Leiterpark nach vorne oberhalb der großen Fahrer- und Mannschaftskabine abgelegt wird. Die Rear Mounted Ladder ist heute der mit Abstand am häufigsten verlangte Drehleitertyp.

Verwendungszweck:	**Aerialscope**
Fahrgestelltyp:	**Mack CF**
Baujahr:	**1989**
Leistung der Pumpe:	–
Löschwasservorrat:	–

Die 1902 in Brooklyn, New York, gegründete Mack Brothers Company gehört zweifelsohne zu den wichtigsten Nutzfahrzeugherstellern der Vereinigten Staaten. Auch komplett ausgerüstete Feuerwehrfahrzeuge zählten schon früh zum Programm. Mit einem völlig neuen Konzept eines Hubrettungsfahrzeugs überraschte dieser Hersteller im Jahr 1964 die Fachwelt. Hierbei handelte es sich um einen vierteiligen Teleskopmast mit fest angebrachtem Korb und Wasserzuführung. Diese Entwicklung ging zwar auf Mack zurück, gebaut wurden diese, auch Aerialscopes genannten Masten von der Baker Equipment Company in Richmond, Virginia. Beim Hazlet Fire Department im Staat New Jersey befand sich 1995 eine 75 ft (22,86 m) Aerialscope des Herstellers Baker im Einsatzdienst. Ein dreiachsiges Mack-Chassis diente als Plattform für diesen Teleskopmast.

Verwendungszweck:	**Aerialscope**
Fahrgestelltyp:	**Mack CF**
Baujahr:	**1991**
Leistung der Pumpe:	–
Löschwasservorrat:	–

Das New York Fire Department war gleichzeitig der erste und auch mit Abstand der größte Kunde für die Mack/Baker-Teleskopmasten. Die Fahrzeuge bewährten sich so gut, dass bis heute weit mehr als 170 dieser Aerialscope beschafft wurden. Ein solches Modell war dieser von Saulsbury auf einem dreiachsigen Mack-Fahrgestell erstellte 95 ft (28,96 m) Teleskopmast, der dort unter der Bezeichnung Ladder 121 geführt wurde.

Verwendungszweck:	**Squirt**
Fahrgestelltyp:	**Grumman**
Baujahr:	**1991**
Leistung der Pumpe:	**1750 gpm (6624 l/min)**
Löschwasservorrat:	**500 gal (1893 l)**

Ein sehr kompaktes Fahrzeug ist dieser beim Cherry Hill Fire Department beheimatete Gelenklöscharm mit 55 ft (16,76 m) Höhe. Dieser Squirt wurde von Grumman mit einer großen Fahrer- und Mannschaftskabine auf einem Frontlenkerfahrgestell desselben Herstellers aufgebaut. Wie bei diesen Fahrzeugen üblich, sind auch hier Löschwassertank und Pumpe vorhanden.

Verwendungszweck:	**Ladder 100 ft TT**
Fahrgestelltyp:	**Spartan Gladiator**
Baujahr:	**1994**
Leistung der Pumpe:	**–**
Löschwasservorrat:	**–**

Das Fire Department Atlanta in Georgia hingegen entschied sich bei ihrer Ladder 21 für eine Tractor-Drawn Aerial. Zur Verwendung gelangte eine zweiachsige, mit großer Kabine ausgerüstete Zugmaschine, während die von LTI erstellte 100 ft (30,48 m)-Leiter auf einen einachsigen Auflieger montiert wurde. Diese auch als Tillered Aerials bekannten Drehleitern waren in Folge ihrer gelenkten Hinterachse für ihre ausgezeichnete Manövrierbarkeit bekannt und entsprechend beliebt.

Verwendungszweck:	**Snorkel**
Fahrgestelltyp:	**Maxim F**
Baujahr:	**1965**
Leistung der Pumpe:	**1000 gpm (3785 l/min)**
Löschwasservorrat:	**300 gal (1136 l)**

Auf einem dreiachsigen Maxim-Frontlenker ließ sich das Winchester Fire Department in Tennessee den als Snorkel 5 bezeichneten Gelenkmast errichten. Dieser von Pierce/Pitman erstellte Mast besitzt eine Höhe von 75 ft (22,86 m). Darüber hinaus befinden sich auf dem mit offener Kabine ausgeführten Fahrzeug ein Löschwasservorrat sowie eine Midshippumpe.

Verwendungszweck:	**Ladder 100 ft TT**
Fahrgestelltyp:	**Kenworth**
Baujahr:	**1969**
Leistung der Pumpe:	**–**
Löschwasservorrat:	**–**

Sehr selten sind Drehleitern auf handelsüblichen Fahrgestellen. Insbesondere in der Sattelschlepperbauweise sind sie noch viel weniger anzutreffen. Diese Tillered Aerial mit der Nummer L 316 des Seattle Fire Departments war 1997 nur noch als Reservefahrzeug vorhanden und sollte in Kürze ausgemustert werden. Während die 100 ft (30,48 m)-Leiter von Maxim stammte, entstand der Aufbau beim damaligen Stammlieferanten der Feuerwehr Seattle, der Firma Curtis-Heiser.

Verwendungszweck:	**Squirt**
Fahrgestelltyp:	**Spartan Gladiator**
Baujahr:	**1993**
Leistung der Pumpe:	**1500 gpm (55678 l/min)**
Löschwasservorrat:	**500 gal (1893 l)**

Eine Kombination aus Gelenkarm und Sonderlöschfahrzeug ist diese beim Merck & Co. Inc. Volunteer Fire Department in Rahway, New Jersey, stationierte Foam-Engine. Der Aufbau wurde von den Firmen Chubb und National Foam auf einem Spartan-Dreiachs-Fahrgestell vorgenommen. Die Ausrüstung bestand aus einem Gelenklöscharm sowie einer mittig installierten Feuerlöschkreiselpumpe mit Zumischer. Neben einem Löschwasservorrat befanden sich 750 gal (2839 l) Schaummittelkonzentrat auf dem Fahrzeug.

Verwendungszweck:	Ladder 85 ft MM
Fahrgestelltyp:	American LaFrance 700
Baujahr:	1956
Leistung der Pumpe:	–
Löschwasservorrat:	–

Noch voll im Einsatzbestand befand sich dieser ehrwürdige, über 40 Jahre alte, hervorragend gepflegte Veteran, der als Ladder 515 des Lane Rural Fire District Nr. 1 in Oregon im Jahr 1997 fotografiert werden konnte. Das verwendete ALF 700-Frontlenkerfahrgestell mit hinten offener Kabine war der erste Feuerwehr-Frontlenker, der in großer Serie gefertigt wurde und damit wegweisend für viele andere Hersteller war. Auf diese Plattform montierte der gleiche Hersteller eine Mid Mounted 85 ft (25,91 m)-Drehleiter. Der große Vorteil dieser auch als Front-Mounted Ladder bezeichneten Bauweise ist die niedrige Bauhöhe, die bei diesem Fahrzeug eindrucksvoll demonstriert wird.

Verwendungszweck:	Ladder 100 ft MM
Fahrgestelltyp:	Maxim F
Baujahr:	1970
Leistung der Pumpe:	–
Löschwasservorrat:	–

Eine Mid Mounted Drehleiter war die Ladder 44-7, die sich 1994 noch beim Smyrna Fire Department im US-Bundesstaat Delaware im Einsatz befand. Bei dieser 100 ft (30,48 m)-Maxim-Drehleiter befindet sich der Leiterstuhl in der Fahrzeugmitte, während der Leiterpark nach hinten abgelegt wird.

Verwendungszweck:	Ladder 100 ft RM
Fahrgestelltyp:	American LaFrance ALF Century
Baujahr:	1977
Leistung der Pumpe:	–
Löschwasservorrat:	–

Von 1973 bis 1985 baute American LaFrance das berühmte, mit einem Detroit-Diesel ausgerüstete Frontlenkermodell Century. Dieses sehr populäre und markante Fahrgestell war über viele Jahre das Standardchassis dieses Herstellers. Beim Tamaqua Fire Department in Pennsylvania befand sich im Jahr 1994 die als Ladder 1 geführte Drehleiter auf diesem Fahrgestell im Bestand. Hierbei handelte es sich um eine Rear Mounted Ladder mit 100 ft (30,48 m) Steighöhe, die vom gleichen Hersteller geliefert wurde.

Verwendungszweck:	Quint
Fahrgestelltyp:	American LaFrance Century
Baujahr:	1981
Leistung der Pumpe:	1500 gpm (5678 l/min)
Löschwasservorrat:	300 gal (1136 l)

Dieses Drehleiter-Löschfahrzeug des Dryden Fire Departments im Bundesstaat New York ist mit einer 75 ft (22,86 m)-Rear-Mounted-Drehleiter von American LaFrance bestückt. Das als Quint 531 geführte Fahrzeug wurde auf einem ALF-Century-Fahrgestell aufgebaut und verfügt über eine leistungsstarke Feuerlöschkreiselpumpe in Midshipbauweise sowie über einen kleinen Löschwasservorrat. Heute befinden sich aufgrund der oftmals kritischen Haushaltslagen in den Kommunen viele der universell einsetzbaren Quints nicht nur bei kleineren Feuerwehren, sondern auch bei manchen Wehren größerer Städte im Einsatz.

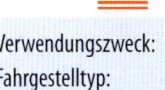

Verwendungszweck:	Quint
Fahrgestelltyp:	American LaFrance Eagle
Baujahr:	1999
Leistung der Pumpe:	1750 gpm (6624 l/min)
Löschwasservorrat:	500 gal (1893 l)

Verwendungszweck:	Rescue Truck
Fahrgestelltyp:	Freightliner FL 70
Baujahr:	1998
Leistung der Pumpe:	–
Löschwasservorrat:	–

Das Valley Hill Fire Department in North Carolina ist ein langjähriger und treuer American LaFrance Kunde. Mit dieser auf der Station Hendersonville stationierten Ladder 1 stellte das Fire Department bereits den dritten ALF Eagle in Dienst. Das neue Fahrzeug ist mit einer 75 ft (22,86 m)-Rear-Mounted-Drehleiter von Aerial Innovations ausgerüstet und mit einigen technischen Besonderheiten, wie z. B. der Hinterachslenkung, ausgestattet. Da Aerial Innovations nur Leitersätze herstellt, wurde die Karosserie durch die Firma R. D. Murray Fire Apparatus erstellt.

Verwendungszweck:	Heavy Rescue Truck
Fahrgestelltyp:	Freightliner
Baujahr:	1986
Leistung der Pumpe:	250 gpm (946 l/min)
Löschwasservorrat:	300 gal (1136 l)

Rescue Trucks, also Rüst- und Gerätewagen, gibt es in leichten Ausführungen und als so genannte Heavy Rescues. Während die meist kleineren Rescue Trucks auf Pick-Up- oder Lieferwagen entstehen, werden für die größeren Fahrzeuge Lkw-Fahrgestelle verwendet. Dieser vom Odessa Fire Department in Delaware beschaffte Heavy-Rescue-Truck wurde von der Firma Saulsbury Fire & Rescue Apparatus, dem Marktführer für Rüstwagen, auf einem Freightliner-Haubenfahrgestell aufgebaut. Neben der umfangreichen technischen Ausrüstung, wie z. B. Stromerzeuger, Hebegeräte, verschiedene Spreizer, Atemschutzgeräte und Beleuchtungseinrichtungen, besitzt das innen begehbare Fahrzeug eine Feuerlöschkreiselpumpe mit einem Löschwassertank. Dadurch kann ein selbstständiger Löschangriff, beispielsweise bei Fahrzeugbränden, durchgeführt werden.

Von mittlerer Größe ist dieser mit einer großen Kabine ausgerüstete Rescue Truck 2 des Cobb County Fire Department, einem Vorort Atlantas im Bundesstaat Georgia. Den Kofferaufbau besorgte die eigentlich auf den Bau von Getränkefahrzeugen spezialisierte Firma Hackney & Sons. Seit den 1980er Jahren werden die für diese Zwecke abgeänderten Aufbauten auch für Rescue Trucks gefertigt. Dieses Fahrzeug ist auch für medizinische Notfalleinsätze zuständig.

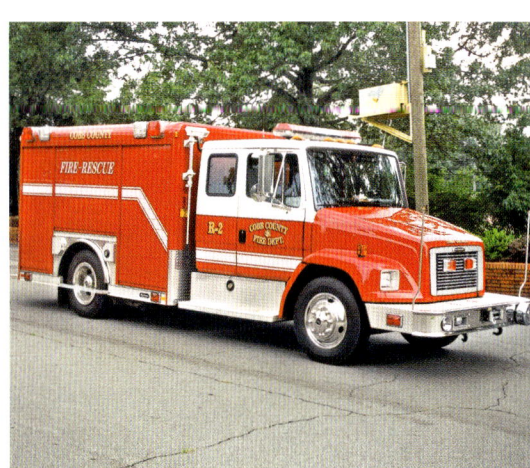

Verwendungszweck:	Ambulance
Fahrgestelltyp:	Freightliner FL 60
Baujahr:	1996
Leistung der Pumpe:	–
Löschwasservorrat:	–

Das Plantation Fire Department in Florida verfügt über das hier abgebildete, von der Firma Medic-Master aufgebaute Rescue-Fahrzeug 25, das als Ambulanz eingesetzt wird. Der geräumige

und begehbare Kofferaufbau wurde auf ein mittelschweres Freightliner-Fahrgestell gesetzt.

Verwendungszweck:	*Heavy Rescue Truck*
Fahrgestelltyp:	*Western Star 4942*
Baujahr:	*1987*
Leistung der Pumpe:	–
Löschwasservorrat:	–

Als Rescue-Squad 20 bezeichnet wird dieser chromblitzende Heavy Rescue Truck des Marlboro Volunteer Fire Departments in Maryland. Er wurde von dem in Wisconsin beheimateten Feuerwehrausrüster und auf die Erstellung von Rüstwagen spezialisierten Aufbauhersteller Marion Body Works Inc. auf einem Western Star-Haubenchassis realisiert. Dieses mit einer Vorbauseilwinde ausgerüstete Fahrzeug ist mit umfangreichem Gerät beladen, welches auch größere technische Hilfeleistungen ermöglicht. Auch heute noch bei vielen amerikanischen Feuerwehreinsatzfahrzeugen obligatorisch ist die auf der rechten Stoßstangenseite angeordnete verchromte Glocke.

Verwendungszweck:	*Heavy Rescue Truck*
Fahrgestelltyp:	*Brockway 359*
Baujahr:	*1970*
Leistung der Pumpe:	–
Löschwasservorrat:	–

Ein besonders eindrucksvolles Fahrzeug ist dieser auf einem Brockway-Commercial-Haubenfahrgestell aufgebaute Heavy Rescue Truck des Baltimore City Fire Department in Maryland. Diese Wehr erwarb im Jahr 1993 diesen mit einem Aufbau der Providence Body Company versehenen Wagen von einer freiwilligen Feuerwehr und stellte ihn als Reserve-Rescue-Fahrzeug in Dienst. Auch dieses Fahrzeug besitzt, wie viele der schweren amerikanischen Rüstwagen jener Zeit, einen durch eine Hecktür begehbaren Aufbau. Mittlerweile wurde dieses mit einer Vorbauseilwinde ausgerüstete Einzelstück nach mehr als 30 Dienstjahren ausgesondert. Die Firma Brockway, ein einst renommierter Hersteller von Lastkraftwagen, musste 1977 ihre Pforten für immer schließen.

Verwendungszweck:	*Heavy Rescue Truck*
Fahrgestelltyp:	*Spartan Gladiator*
Baujahr:	*1991*
Leistung der Pumpe:	–
Löschwasservorrat:	–

Ein nicht nur von der Größe her beeindruckendes Fahrzeug ist dieser als Squad 4 beim Atlanta Fire Department, Georgia eingeordnete schwere Rüst- und Gerätewagen. Den Aufbau dieses mit einer großen Command-Cab ausgestatteten Heavy Rescue Trucks nahm die Firma Hackney & Sons auf einem dreiachsigen Spartan-Gladiator-Fahrgestell vor.

Verwendungszweck:	*Heavy Rescue Truck*
Fahrgestelltyp:	*Spartan Gladiator*
Baujahr:	*1993*
Leistung der Pumpe:	–
Löschwasservorrat:	–

Um erweiterte technische Hilfeleistungen zu ermöglichen, sind einige Rescue Trucks mit Kränen ausgerüstet. Diese Bestückung zählt aber eher zu den Ausnahmen. Ein sehr leistungsfähiges Exemplar ist dieser mit einem JLG-Teleskopkran bestückte Rescue 251 des Aberdeen Fire Departments in Maryland. Den Aufbau des mit einer Vorbauseilwinde bestückten Fahrzeugs übernahm die Firma Saulsbury auf einem dreiachsigen Spartan-Gladiator-Fahrgestell. Der Kran ist mittig montiert und nach hinten hin abgelegt.

Verwendungszweck:	**Heavy Rescue Truck**
Fahrgestelltyp:	**GMC 6500**
Baujahr:	**1978**
Leistung der Pumpe:	–
Löschwasservorrat:	–

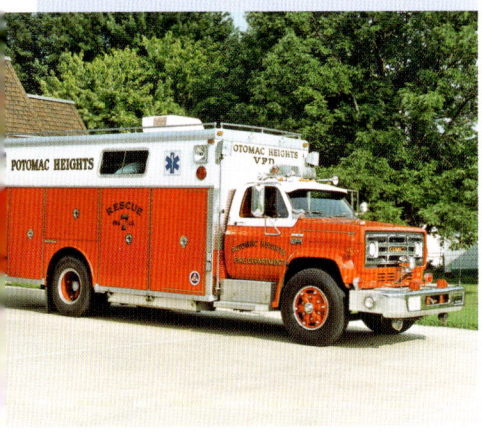

Dieser auf einem GMC-Hauber von Saulsbury mit einem großen Kofferaufbau versehene Heavy Rescue Truck wird vom Potomac Heights Volunteer Fire Department im Bundesstaat Maryland als Rescue-Engine 7 verwendet. Dieses gepflegte Fahrzeug, das auch für medizinische Notfalleinsätze zuständig ist, besitzt den für diese Baugrößen begehbaren, über eine Hecktür zugänglichen Aufbau.

Verwendungszweck:	**Rescue Truck**
Fahrgestelltyp:	**Ford L 8000**
Baujahr:	**1985**
Leistung der Pumpe:	–
Löschwasservorrat:	–

Ein mittelschweres Haubenfahrgestell von Ford mit 3,66 m Radstand zur Basis hatte dieser Rescue 1, der im Jahr 1999 im Fahrzeugbestand des Wheeling Fire Department in West Virginia angetroffen wurde. Auch in diesem Fall erstellte die Firma Saulsbury den Kofferaufbau. Etwas ungewöhnlich ist die in Orange und Weiß gehaltene Fahrzeuglackierung.

Verwendungszweck:	**Rescue Engine**
Fahrgestelltyp:	**Sutphen**
Baujahr:	**1995**
Leistung der Pumpe:	**2000 gpm (7570 l/min)**
Löschwasservorrat:	**500 gal (1893 l)**

Dieses beim Fort Thomas Fire Department in Kentucky als Rescue Engine 602 geführte Fahrzeug wurde von der Sutphen Corporation im Amlin/Ohio erstellt. Von der Bestückung und Beladung her ist dies ein Pumper mit einer sehr leistungsfähigen, mittig installierten Feuerlöschpumpe, einem Dachmonitor sowie einem 60 gal (227 l) Schaummitteltank. Darüber hinaus befindet sich eine Vielzahl unterschiedlicher Werkzeuge und Geräte für technische Hilfeleistungen auf dem Fahrzeug.

Verwendungszweck:	**Heavy Rescue Truck**
Fahrgestelltyp:	**Ford LN 9000**
Baujahr:	**1985**
Leistung der Pumpe:	–
Löschwasservorrat:	–

Insgesamt drei dieser Ford Rescues wurden im Fire Department des Districts of Columbia, Washington DC, eingesetzt, deren geräumige Kofferaufbauten bei Emergency One entstanden sind. Wie noch bei diesem Rescue Squad 3, war die Lackierung anfangs an die Flagge der amerikanischen Bundeshauptstadt angepasst. Später ging man allerdings wieder zu dem üblichen roten Farbanstrich mit weiß abgesetztem Dach über.

Verwendungszweck:	*Heavy Rescue Truck*
Fahrgestelltyp:	*Mack CF*
Baujahr:	*1970*
Leistung der Pumpe:	–
Löschwasservorrat:	–

Die Firma Swab Wagon Company in Elizabethville erstellte den Geräteaufbau für diesen als Salvage & Rescue Squad 1 bezeichneten Schweren Rüst- und Gerätewagen, der im Jahr 1994 beim Dover Bureau of Fire im US-Bundesstaat Delaware fotografisch abgelichtet werden konnte. Als Basis-Chassis diente ein Frontlenkerfahrgestell von Mack, das von einem Sechszylinder-Vergasermotor mit 11 225 ccm Rauminhalt und 237 PS Motorleistung fortbewegt wurde. Das Fahrzeug besitzt einen sehr formschönen, recht eigenwillig gestalteten, zum größten Teil begehbaren Aufbau, dessen Innenraum durch eine oben seitlich vorhandene Fensterreihe mit Tageslicht versorgt wird.

Verwendungszweck:	*Rescue Engine*
Fahrgestelltyp:	*Mack R 600*
Baujahr:	*1976*
Leistung der Pumpe:	*1500 gpm (5678 l/min)*
Löschwasservorrat:	*500 gal (1893 l)*

Dieser als Rescue Engine 16-4 bezeichnete Pumper der Gendale Hose Company Nr. 1 im Scott Township in Pennsylvania entstand aus einem bereits 1976 gebauten Fahrzeug. Der Umbau entstand aus dem Bestreben, die Lebensdauer des Fahrzeuge zu verlängern und Kosten zu sparen. Im Jahr 1994 wurde der Aufbau dieses Fahrzeugs von E-One komplett saniert und im Zuge eines Totalumbaus neu aufgebaut und umgestaltet. Dabei wurde die Mannschaftskabine entgegen der üblichen Bauweise in den Aufbau verlegt. Neben zusätzlichen Ausrüstungsgegenständen für technische Hilfeleistungen ist das von einem 240 PS Dieselmotor angetriebene Fahrzeug mit einem Dachmonitor bestückt.

Verwendungszweck:	*Heavy Rescue Truck*
Fahrgestelltyp:	*Mack R*
Baujahr:	*1978*
Leistung der Pumpe:	–
Löschwasservorrat:	–

Ein sehr eindrucksvolles Erscheinungsbild vermittelt dieser kapitale, auf einem schweren Mack-Haubenchassis von Saulbury erstellte Heavy Rescue Truck, der sich im Jahre 1995 als Rescue 240 beim Tolland Fire Department in Connecticut im Einsatz befand. Das 325 PS starke Fahrzeug ist mit einer Commercial-Kabine und einem sehr geräumigen Kofferaufbau ausgerüstet.

Verwendungszweck:	*Heavy Rescue Truck*
Fahrgestelltyp:	*International Paystar 5000 (4 x 4)*
Baujahr:	*1974*
Leistung der Pumpe:	–
Löschwasservorrat:	–

Ein schweres International Lkw-Fahrgestell diente als Basis für dieses mit einer Vorbauseilwinde ausgerüstete Spare-Rescue-Fahrzeug des Syracus Fire Department im Bundesstaat New York. Die auf die Herstellung solcher Rüst- und Rettungsfahrzeuge spezialisierte Firma Saulsbury erstellte den geräumigen, durch eine Hecktür begehbaren Kofferaufbau. Bestückt war dieses Fahrgestell mit einem Achtzylinder-V-Diesel mit 240 PS.

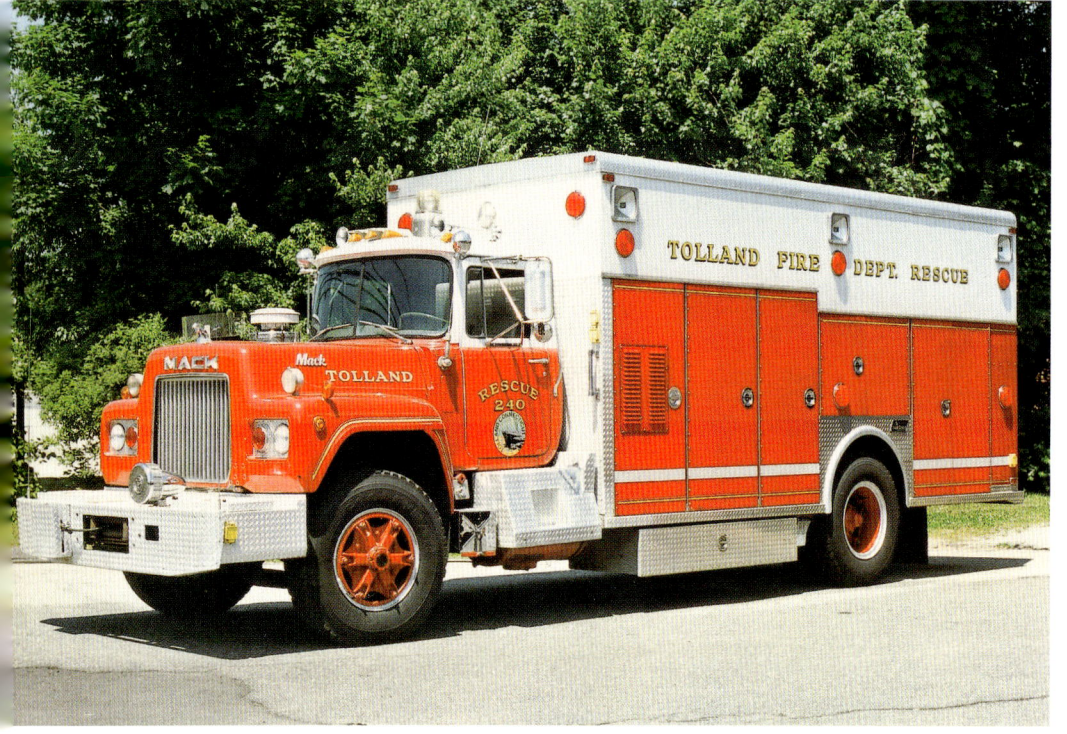

Verwendungszweck:	**Rescue Engine**
Fahrgestelltyp:	**International Loadstar 1700 (4 x 4)**
Baujahr:	**1977**
Leistung der Pumpe:	**1000 gpm (3785 l/min)**
Löschwasservorrat:	**400 l gal (1514 l)**

Beim Scottdale Fire Department in Pennsylvania zählte dieser mit Ausrüstung für technische Hilfeleistung versehene Pumper im Jahr 1995 zum Fahrzeugbestand. Dieses als Rescue Engine 58-3 geführte, sehr kompakte, mit einer Vorbauseilwinde ausgerüstete Fahrzeug entstand auf einem International Hauben-Allradfahrgestell durch den Aufbauhersteller Hamerly. Midshippumpe, Schnellangriffshaspel und mehrere Flutlichtscheinwerfer sind einige äußerlich erkennbare Ausrüstungsmerkmale.

Verwendungszweck:	**Air Unit**
Fahrgestelltyp:	**Chevrolet Kodiak**
Baujahr:	**1991**
Leistung der Pumpe:	**–**
Löschwasservorrat:	**–**

Als Air 1 wird dieser Atemschutzgerätewagen (Air Unit) beim Salem Fire Department in Oregon bezeichnet. Der mit Rolladenverschlüssen ausgeführte moderne Kofferaufbau entstand bei der Firma Super Vacuum mfg Corporation in Loveward, Colorado, ein 1954 gegründetes Unternehmen, das seit 1971 mit dem Bau von Feuerwehrfahrzeugen befasst ist. Das Fahrzeug ist mit einem Atemluftkompressor zum Befüllen von Preßluftatmern an der Einsatzstelle ausgerüstet.

Verwendungszweck:	**Rescue Truck**
Fahrgestelltyp:	**International Cargostar 1850 B**
Baujahr:	**1978**
Leistung der Pumpe:	**–**
Löschwasservorrat:	**–**

Dieser mittelgroße, bei der Deer Park Fire Company Cherry Hill, New Jersey, beheimatete Rescue 35 entstand auf einem Frontlenkerfahrgestell von International. Den voluminösen, vom Heck her begehbaren Kofferaufbau erstellte die Karosseriefirma Reading.

Verwendungszweck:	**Fire Medic Unit**
Fahrgestelltyp:	**AM General Hummer (4 x 4)**
Baujahr:	**1996**
Leistung der Pumpe:	**200 gpm (757 l/min)**
Löschwasservorrat:	**300 gal (1136 l)**

Der von der American Motor Corporation gebaute, leichte Militärtransporter Hummer ist spätestens seit dem Golfkrieg weltbekannt. Dieses Multitalent hat sich nicht nur in militärischen, sondern auch in den unterschiedlichsten zivilen Aufgaben bewährt. Nicht zuletzt ist der Hummer Statussymbol für manche gut betuchten Zeitgenossen. In diesem Fall wird der voll geländefähige, mit einem 170 PS starken V-Achtzylindermotor bestückte Hummer als Fire Medic Unit 34 B des Jupiter Island Fire Department in Florida allerdings seinem Zweck entsprechend eingesetzt. Das schnelle, universell verwendbare Hilfeleistungsfahrzeug verfügt über eine kleine Pumpe mit Löschwasservorrat und wurde von dem Feuerwehrausrüster Fire Attacker aufgebaut.

Verwendungszweck:	**Tactical Support Unit**
Fahrgestelltyp:	**International Navistar 4800 (4 x 4)**
Baujahr:	**1998**
Leistung der Pumpe:	**–**
Löschwasservorrat:	**–**

Das New York Fire Department verfügt über zwei auf Allradfahrgestellen aufgebaute so genannte Tactical Support Units. Diese Unterstützungsfahrzeuge werden bei allen größeren Notfällen, aber auch bei Wasserrettungseinsätzen alarmiert. Ausgerüstet sind diese Fahrzeuge mit einem 28 kVA-Generator, Lichtmast, hydraulischem Werkzeug, einem kleinen Kran, einer 12-t-Seilwinde, sonstigem Beleuchtungsmaterial und einem Boot. Der Aufbau wurde von den Firmen Saulsbury und mit einem Kran der Firma Auto Crane realisiert.

Verwendungszweck:	**Air & Light Unit**
Fahrgestelltyp:	**International N 4700**
Baujahr:	**1994**
Leistung der Pumpe:	**–**
Löschwasservorrat:	**–**

Dieser Atemschutz- und Beleuchtungswagen (Mobile Air & Light Unit) steht beim Alexandria Fire Department in Virginia im Dienst. Dieses auf einem Haubenfahrgestell von International aufgebaute Sonderfahrzeug erhielt einen geräumigen Kofferaufbau von Emergency One, in dem sowohl umfangreiches Beleuchtungsmaterial, als auch Atemschutzgeräte und ein Atemluftkompressor zum Befüllen der Preßluftatmer gelagert sind.

Verwendungszweck:	**Pumper Hose Unit**
Fahrgestelltyp:	**FWD F 1000 T**
Baujahr:	**1953**
Leistung der Pumpe:	**1000 gpm (3785 l/min)**
Löschwasservorrat:	**–**

Auf einem FWD-Lastwagenfahrgestell entstand dieser mit einer Mitteneinbaupumpe ausgerüstete Hose Wagon 12 des McMinnville Fire Department in Oregon. Dieser klassische Hauber ist als Schlauchwagen mit einem ansehnlichen, auf zwei hintereinander angeordneten Haspeln aufgerollten Schlauchvorrat bestückt, der auch während der Fahrt über das Heck verlegt werden kann. Der Umbau dieses ehemaligen Pumpers wurde größtenteils in Eigenleistung durch die Wehrmänner vorgenommen.

Verwendungszweck:	**Hose Wagon**
Fahrgestelltyp:	**Ford C 700**
Baujahr:	**1978**
Leistung der Pumpe:	**–**
Löschwasservorrat:	**–**

Schlauchwagen (Hose Units) gehören mit zu den am häufigsten bei amerikanischen Feuerwehren vertretenen Sonderfahrzeugen. Dieses Unikat des Seal Rock Rural Fire District in Oregon ist ein im Jahr 1983 realisierter Eigenumbau durch die Wehr. Die überdimensional große Schlauchhaspel auf diesem Hose Wagon 9 wird elektrisch angetrieben, da sie für den Handbetrieb viel zu schwer ist.

Verwendungszweck:	**Rapid Intervention Vehicle RIV**
Fahrgestelltyp:	**International S 1800**
Baujahr:	**1981**
Leistung der Pumpe:	**–**
Löschwasservorrat:	**–**

Auch auf den Flugplätzen der US-Küstenwache sind Lösch-fahrzeuge stationiert. Für den Feuerschutz auf dem Hub-schrauberlandeplatz in New York City, der U.S. Coast Guard Station Floyd Bennet Field in Brooklyn ist dieses von der Firma Fire & Technical Equipment Inc. auf einem International All-radchassis aufgebaute RIV zuständig. Dieser Crash Truck ist mit 200 gal (757 l) AFFF (Aquaeus Film Forming Foam) – Schaummittel und mit 500 lbs. (227 kg) Löschpulver beladen. Für beide Löschmittel ist jeweils ein separater Pulverkessel vorhanden.

Verwendungszweck:	**Rapid Intervention Vehicle RIV**
Fahrgestelltyp:	**Ford F 600 (4 x 4)**
Baujahr:	**1979**
Leistung der Pumpe:	**250 gpm (946 l/min)**
Löschwasservorrat:	**250 gal (946 l)**

Für den Dienst auf Flugplätzen wurden so genannte Rapid Inter-vention Vehicles (RIV) als schnelle Angriffs- und Vorauslösch-fahrzeuge entwickelt. Diese Fahrzeuge haben die Aufgabe, noch vor dem Eintreffen der Großfahrzeuge mit dem Löschen zu beginnen. Allradantrieb, gute Beschleunigungs- und Geschwin-digkeitswerte und Wendigkeit zählen daher bei den RIV zu den unbedingten Voraussetzungen. Das Tumwater Fire Department im Bundesstaat Washington verwendet für diese Aufgaben ein von Fire-Tec auf einem Ford Pick-Up aufgebautes Fahrzeug. Um den möglichen Brandrisiken gerecht zu werden besteht die Beladung aus 40 gal (151 l) Schaummittel, 500 lbs. (227 kg) Löschpulver und einem Löschwasservorrat.

Verwendungszweck:	**Rapid Intervention Vehicle RIV**
Fahrgestelltyp:	**GMC 7000 (4 x 4)**
Baujahr:	**1985**
Leistung der Pumpe:	**300 gpm (1136 l/min)**
Löschwasservorrat:	**500 gal (1893 l)**

Bei dem im Bundesstaat Washington gelegenen Spokane Inter-national Airport Fire Department befand sich 1997 dieses von der Firma Pierreville aufgebaute Rapid Intervention Vehicle im Einsatz. Für den Antrieb des GMC-Hauben-Allradfahrgestells ist ein Sechszylinder-Dieselmotor mit 240 PS zuständig. Neben Löschwasser besteht die Beladung aus 200 gal (757 l) Schaum-mittelkonzentrat und 500 lbs. (227 kg) Halon. Mit dem Dach-monitor und den Schnellangriffseinrichtungen können die Löschmittel an der Brandstelle ausgebracht werden.

Verwendungszweck:	**Rapid Intervention Vehicle RIV**
Fahrgestelltyp:	**GMC 2500 (4 x 4)**
Baujahr:	**1994**
Leistung der Pumpe:	**–**
Löschwasservorrat:	**–**

Ein leichtes GMC-Allradhaubenfahrgestell war die Basisplatt-form für dieses Rapid Intervention Vehicle RIV 1 des Rhode Island-Regionalflughafens T. F. Green State Airport Fire Depart-ments in Warwick. An der Erstellung des Geräteaufbaus und der löschtechnischen Ausrüstung waren die Firmen E-One und Fire-Combat die ausführenden Organe. Midshippumpe, Schnellan-griffshaspel und Frontmonitor sind die wichtigsten Merkmale dieses mit 500 lbs. (227 kg) Löschpulver beladenen Fahrzeugs.

Verwendungszweck:	**Rapid Intervention Vehicle RIV**
Fahrgestelltyp:	**Colet Jaguar K 15 (4 x 4)**
Baujahr:	**1996**
Leistung der Pumpe:	**1250 gpm (4731 l/min)**
Löschwasservorrat:	**1530 gal (5791 l)**

Im Jahre 1996 stellte der WmB Hartsfield International Airport von Atlanta im US-Bundesstaat Georgia eine völlig neue Generation neuer Schnellangriffsfahrzeuge für das Fire Department in Dienst. Für den Bau dieser sehr futuristisch wirkenden Fahrzeuge zeichnete die bis dahin nur wenig in Erscheinung getretene Firma Colet aus Kalifornien verantwortlich. Die Fahrzeuge sind mit einer Infrarotkamera, drei Rückfahrkameras und einem auf 40 ft (12,20 m) ausfahrbaren Löscharm ausgerüstet. Die Beladung des von einem 595 PS starken Detroit-Diesel angetriebenen Fahrzeugs besteht aus 100 gal (379 l) Schaummittelvorrat, 500 lbs. (227 kg) Löschpulver und Wasser. Hier zu sehen ist das RIV mit der Ordnungsnummer Y-10.

Verwendungszweck:	**Rapid Intervention Vehicle RIV**
Fahrgestelltyp:	**International Loadstar 1700 (4 x 4)**
Baujahr:	**1969**
Leistung der Pumpe:	**–**
Löschwasservorrat:	**–**

Als Crash 1 wurde dieses auf einem International-Fahrgestell von den Firmen Marion Body Works und Ansul aufgebaute Schnellangriffsfahrzeug und mittlerweile 30 Jahre alte Modell beim Cincinnati Fire Department, Ohio, eingesetzt. Das allradgetriebene Fahrzeug ist mit Dachmonitor und Schnellangriffshaspel bestückt, während die Beladung aus 200 gal (757 l) Schaummittel und 350 lbs. (159 kg) Löschpulver besteht.

Verwendungszweck:	**Hazmat**
Fahrgestelltyp:	**Ford C 8000**
Baujahr:	**1979**
Leistung der Pumpe:	**–**
Löschwasservorrat:	**–**

Erst relativ spät traten in den 1980er Jahren Gefahrgutfahrzeuge, so genannte Hazardous Materials Units (Hazmats), bei amerikanischen Feuerwehren in Erscheinung. Diese Fahrzeuge waren früher bei den Feuerwehren unbekannt. Erst durch die wachsende Zahl von Gefahrguttransporten auf Straße und Schiene und die damit zusammenhängende Zunahme von Unfällen sahen sich die Feuerwehren veranlasst, finanzielle Mittel in die Ausrüstung solcher Fahrzeuge zu investieren. Das hier gezeigte Fahrzeug des Boston Fire Departments entstand im Jahr 1987 durch Umbau aus einem ehemaligen zivilen Kofferwagen. Diese Spezial Hazards Response Unit wurde durch die Firmen Hesse und Resco realisiert.

Verwendungszweck:	**Support Unit**
Fahrgestelltyp:	**Hahn**
Baujahr:	**1982**
Leistung der Pumpe:	**–**
Löschwasservorrat:	**–**

Das Trumball Fire Department, Nichols Fire District in Connecticut verfügt über dieses von der Firma Providence aufgebaute Unterstützungsfahrzeug (Support Unit). Dieses mächtige, auf einem Hahn-Fahrgestell erstellte Fahrzeug ist dafür vorgesehen, die Versorgung von Einsatzstellen mit vielen Arten von Geräten und technischer Ausrüstung bei Großschadensfällen zu gewährleisten.

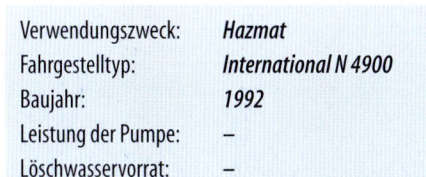

Verwendungszweck:	*Hazmat*
Fahrgestelltyp:	*International N 4900*
Baujahr:	*1992*
Leistung der Pumpe:	–
Löschwasservorrat:	–

Diese von Hackney & Sons auf einem International Haubenfahrgestell aufgebaute Hazmat-Support-Unit befand sich beim County of Fairfax Fire and Rescue Department, Station 34, Oakton, Virginia, im Fahrzeugbestand. Dieses von der ursprünglich auf den Bau von Getränkefahrzeugen spezialisierte Firma errichtete Fahrzeug ist ein in seiner Bauart typisches Hazmat-Modell.

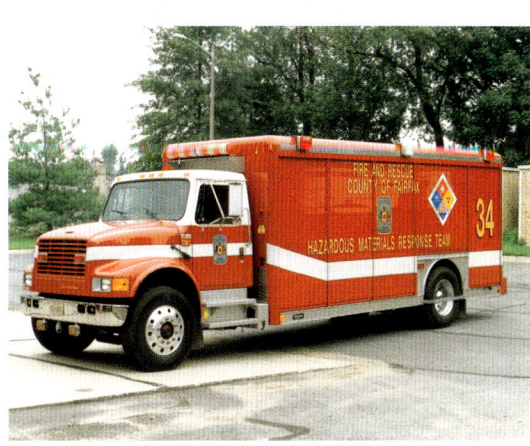

Verwendungszweck:	*Hazmat*
Fahrgestelltyp:	*Mack R*
Baujahr:	*1980*
Leistung der Pumpe:	–
Löschwasservorrat:	–

Ein speziell für Gefahrgutunfälle, Gebäudeeinstürze und Großschadensfälle ausgerüstetes Fahrzeug ist dieses mit einem geräumigen Kofferaufbau des Herstellers Ranger, das vom Providence Fire Department in der Hauptstadt Rhode Island des gleichnamigen Bundesstaates eingesetzt wird. Der durchgehend begehbare Aufbau kann durch eine Hecktür betreten werden.

Verwendungszweck:	*Hazmat*
Fahrgestelltyp:	*Pemfab*
Baujahr:	*1987*
Leistung der Pumpe:	*1250 gpm (4731 l/min)*
Löschwasservorrat:	*400 gal (1514 l)*

Das Anne Arundel Fire County Department, Jones Station in Maryland verfügt über diese von dem Feuerwehrausrüster American Eagle Company aus Gainsville, Florida, aufgebaute Hazmat Unit. In dem geräumigen Aufbau sind neben dem für die unterschiedlichen Gefahrgutrisiken erforderlichen Ausrüstungsgegenständen eine Feuerlöschkreiselpumpe und ein Löschwassertank vorhanden. Die Arbeitsplätze für die Einsatzleitung befinden sich in der geräumigen Command-Kabine.

Verwendungszweck:	*Hazmat*
Fahrgestelltyp:	*Simon-Duplex*
Baujahr:	*1990*
Leistung der Pumpe:	–
Löschwasservorrat:	–

Das Raleigh Fire Department in North Carolina entschied sich bei der Beschaffung eines Hazmat-Trucks für die Kombination von einem Simon-Duplex-Fahrgestell mit Emergency One-Aufbau. Dieses Modell hat eine große Command-Cab sowie einen geräumigen, in ganzer Länge begehbaren Aufbau mit 1 Hecktür.

Verwendungszweck:	**Hazmat**
Fahrgestelltyp:	**Ford LS 8000**
Baujahr:	**1992**
Leistung der Pumpe:	–
Löschwasservorrat:	–

Beim Warwick Fire Department in Richmond befindet sich dieser vom Aufbauhersteller und Feuerwehrausrüster Saulsbury in Tully, New York, erstellte Special Hazard 1 im Einsatz. Der geräumige Aufbau ist durch eine Seitentür begehbar. Das bullige Haubenfahrgestell dieses Gefahrgutgerätewagens ist mit einem 305 PS starken V-Achtzylinder-Diesel ausgerüstet.

Verwendungszweck:	**Hazmat**
Fahrgestelltyp:	**Ford LN 8000**
Baujahr:	**1991**
Leistung der Pumpe:	–
Löschwasservorrat:	–

Von der Ausrüstungsfirma Hesse stammt der Aufbau dieses Hazmats des Portland Fire Departments in Oregon. Der geräumige Kofferaufbau mit der im vorderen Bereich integrierten Kommandozentrale wurde auf ein schweres Ford-Haubenfahrgestell gesetzt.

Verwendungszweck:	**Dry-Chemical-Unit**
Fahrgestelltyp:	**Mack MC**
Baujahr:	**1982**
Leistung der Pumpe:	–
Löschwasservorrat:	–

Bei der unten genannten Werkfeuerwehr befindet sich auch dieses Pulverlöschfahrzeug, eine Dry-Chemical-Unit, im Einsatz. Auch dieses mit 3000 lbs. (1361 kg) Löschpulver beladene, auf einem schweren, dreiachsigen Mack-Frontlenkerfahrgestell aufgebaute Fahrzeug entstand bei dem Feuerwehrausrüster Gibson Fire Apparatus.

Verwendungszweck:	**Foam-Pumper**
Fahrgestelltyp:	**Spartan (6 x 6)**
Baujahr:	**1980**
Leistung der Pumpe:	**1000 gpm (3785 l/min)**
Löschwasservorrat:	–

Verhältnismäßig selten findet man die als Special Pumper bezeichneten Sonderlöschfahrzeuge bei amerikanischen Feuerwehren. Auf häufigsten stehen diese bei Werkfeuerwehren im Einsatz. Nur vereinzelt besitzen auch kommunale Feuerwehren Fahrzeuge, die mit den Löschmitteln Schaum und Pulver, oder als Kombinationslöschfahrzeuge mit Wasser, Schaummittel und Pulver beladen sind. Der hier gezeigte Foam-Apparatus (Pumper) des Brooklyn Union Gas Fire Department in Brooklyn, New York, wurde von der in Lawrence, Massachusetts, ansässigen Firma Gibson Fire Apparatus nach den Vorstellungen des Bestellers auf einem dreiachsigen Spartan-Allradfahrgestell aufgebaut. Die Beladung dieses mächtigen Fahrzeugs besteht aus 3000 gal (11 355 l) Schaummittelkonzentrat, die löschtechnische Bestückung aus Feuerlöschkreiselpumpe, Dachmonitor und Schnellangriffseinrichtungen.

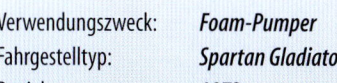

Verwendungszweck:	Foam-Pumper
Fahrgestelltyp:	Mack MB 400
Baujahr:	1978
Leistung der Pumpe:	1500 gpm (5678 l/min)
Löschwasservorrat:	–

Ein weiteres Schaumlöschfahrzeug ist dieser Foam-Tanker, der sich beim Fire Department der Sun Refining Company in Philadelphia, Pennsylvania, im Fahrzeugbestand befindet. Auch in diesem Fall stammte der Aufbau aus den Händen der Firma Chubb-National Foam. Auch dieses Fahrzeug, auf dem sich 2500 gal (9463 l) Schaummittelkonzentrat befinden, ist nur in Kombination mit Fremdzuspeisung von Löschwasser verwendbar. Der schwere Mack-Dreiachser wird durch einen Achtzylinder-V-Diesel mit 325 PS fortbewegt.

Verwendungszweck:	Foam-Pumper
Fahrgestelltyp:	International Loadstar 1800
Baujahr:	1975
Leistung der Pumpe:	1000 gpm (3785 l/min)
Löschwasservorrat:	–

Auf einem mittelschweren International Haubenfahrgestell wurde dieser Foam-Pumper des Fire Departments der Philadelphia Refinery der Sun Refining Company von Chubb-National Foam errichtet. Das mit Dachmonitor und einer in der Fahrzeugmitte angeordneten Feuerlöschkreiselpumpe bestückte Fahrzeug transportiert eine Beladung von 1000 gal (3785 l) Schaummittelkonzentrat. Auch dieses Fahrzeug verfügt über keine Wasservorräte.

Verwendungszweck:	Foam-Pumper
Fahrgestelltyp:	Spartan Gladiator
Baujahr:	1973
Leistung der Pumpe:	1250 gpm (4731 l/min)
Löschwasservorrat:	400 gal (1514 l)

Das Clinton Fire Department in Maryland hat dieses als Foam Pumper 25 eingereihte Sonderlöschfahrzeug im Bestand. Dieses von der Maxim Motor Company aufgebaute Fahrzeug entstand durch Umbau aus einem früheren Pumper, der im Jahr 1991 durch die Firma Mason Dixon vorgenommen worden war. Dabei wurde eine Spartan-Kabine aufgebaut. Bestückt mit einer Midshippumpe besteht die Beladung aus Löschwasser und 400 gal (1514 l) AFFF (Aquaeus Film Foaming Form), einem Schaummittel.

Verwendungszweck:	Foam-Pumper
Fahrgestelltyp:	Volvo-White
Baujahr:	1990
Leistung der Pumpe:	1500 gpm (5678 l/min)
Löschwasservorrat:	–

Beim Fairfax City Volunteer Fire Department in Virginia steht dieser große Volvo-White Foam Pumper 3 im Einsatz. Der Aufbau auf diesem Dreiachsfahrgestell wurde von der Firma Chubb-National Foam Inc. aus Lionville/Pennsylvania vorgenommen. Das Fahrzeug ist mit 1500 gal (5678 l) Schaummittel beladen und verfügt über eine mittig installierte Feuerlöschkreiselpumpe. Da das Fahrzeug keinen Wassertank hat, ist sein Einsatz nur durch Wasserzuspeisung aus dem Hydrantennetz oder in Verbindung mit anderen Pumpern möglich.

Verwendungszweck:	*Foam-Pumper*
Fahrgestelltyp:	*International S 1800*
Baujahr:	*1978*
Leistung der Pumpe:	*1000 gpm (3785 l/min)*
Löschwasservorrat:	*–*

Dieser Foam-Pumper ist eine weiteres Fahrzeug aus dem Bestand des Fire Departments der Sun Refining Company, Philadelphia Refinery, Pennsylvania. Die Beladung des von Chubb-National Foam erstellten Fahrzeugs besteht aus 1000 gal (3785 l) Schaummittelkonzentrat. Bestückt ist das auf einem mittelschweren International Hauber aufgebaute Modell mit einer Midshippumpe und Dachmonitor.

Verwendungszweck:	*Special-Pumper*
Fahrgestelltyp:	*American LaFrance*
	ALF Century
Baujahr:	*1983*
Leistung der Pumpe:	*1500 gpm (5678 l/min)*
Löschwasservorrat:	*500 gal (1893 l)*

Beim Fire Department Newport im Bundesstaat Oregon konnte im Jahr 1997 die auf einem American LaFrance Century-Dreiachsfahrgestell aufgebaute Engine 14 fotografiert werden. Dieser von American LaFrance komplett erstellte Pumper ist neben einem Löschwasservorrat mit einer 3000-lbs (1361 kg) Pulverlöschanlage ausgerüstet. Das Fahrzeug besitzt eine Midshippumpe, mehrere Monitore und Schnellangriffshaspeln. Es wurde hauptsächlich deshalb beschafft, weil das Newport Fire Department auch für den Feuerschutz eines kleinen Regionalflugplatzes zuständig ist.

 # Kanada

Die Beschaffenheit der Feuerwehrfahrzeuge und die Organisation des Feuerwehrwesens in Kanada, dem zweitgrößten Land der Erde, werden sehr stark vom südlichen Nachbarn, den Vereinigten Staaten von Amerika, beeinflusst. Einige große US-Hersteller wie American LaFrance und Seagrave begannen schon früh, den kanadischen Markt zu entdecken und gründeten Niederlassungen. So gründete Seagrave bereits im Jahr 1900 die W. E. Seagrave Apparatus Company in Walkerville/Ontario, während American LaFrance im Jahr 1914 mit einer Filiale in Toronto folgte. Weitere Hersteller sollten folgen.

Eine eigenständige Feuerwehrgeräteindustrie begann sich wegen der geringen Bevölkerungsdichte des Landes und dem damit verbundenen, im Vergleich zu den Vereinigten Staaten weitaus geringeren Bedarf an Fahrzeugen und Ausrüstung nur sehr zögerlich zu entwickeln. Die ersten einheimischen Feuerwehrfahrzeughersteller waren die Bickle Fire Engine Ltd. (später Bickle-Seagrave) aus Woodstock/Ontario und die Pierre Thibault Ltd. aus Pierreville im Bundesstaat Quebec. Der letztere Hersteller war es auch, der im Jahr 1918 das erste kanadische Löschfahrzeug baute und bald zum Marktführer des Landes aufsteigen konnte. Dieser mit Abstand bedeutendste kanadische Feuerwehrausrüster beendete die Fertigung im Jahr 1989. Seither wird die Arbeit durch die neugegründete Carl Thibault Fire Trucks Inc. fortgeführt.

Währungsschwankungen zwischen US- und Kanada-Dollar sowie steuerliche Einflüsse übten zeitweise einen starken Einfluss auf den Verkauf von US-amerikanischen Feuerwehrfahrzeugen in Kanada aus. Diese Tatsachen begünstigte die Ausweitung der eigenen Feuerwehrausrüstungsinstustrie im Lande. Während die Bickle Fire Engine Company bzw. Bickle Seagrave Ltd. die Produktion von Feuerwehrfahrzeugen bereits 1956 beendete, drängten zunehmend ab den 1970er Jahren zahlreiche neue Anbieter auf den Markt. Dazu gehörten die Anderson Engineering Ltd. in Langley/British Columbia, die allerdings im Jahr 2000 ihre Tätigkeit wieder einstellte, die in Abbotsford ansässige HUB Fire Engine & Equipment Ltd. sowie die zwischen 1968 und 1985 im Geschäft befindliche Firma Pierreville Fire Trucks und die heute noch tätige Superior Emergency Equipment Ltd. Daneben gab und gibt es viele kleinere Hersteller.

Auf dem Sektor der Hubrettungsfahrzeuge konnte der deutsche Hersteller Magirus mit konventionellen Drehleitern bis zum Beginn der 1960er Jahre ebenso wie der finnische Lieferant Bronto Skylift bei den kanadischen Feuerwehren gute Verkaufserfolge erzielen. Bei den nachfolgend angegebenen Pumpleistungen und Löschmittelkapazitäten ist zu beachten, dass diese in Kanada teilweise in den englischen Maßen Imperial Gallons (4,546 l) ausgewiesen sind.

Verwendungszweck:	Pumper
Fahrgestelltyp:	Chevrolet
Baujahr:	1969
Leistung der Pumpe:	866 gpm (3936,8 l/min)
Löschwasservorrat:	500 gal (2273 l)

Beim Service d'Incendie von Longueuil in der Provinz Québec konnte im Jahr 1995 diese von der Firma Pierre Thibault Ltd., Pierrevielle/Quebec auf einem älteren Chevrolet-Frontlenker aufgebaute Pompe 49 fotografiert werden.

Verwendungszweck:	Pumper
Fahrgestelltyp:	Freightliner FLL
Baujahr:	1989
Leistung der Pumpe:	2000 gpm (7570 l/min)
Löschwasservorrat:	800 gal (3636,8 l)

Ebenfalls ein Freightliner-Fahrgestell zur Basis hat die Pompe 219 des Service d'Incendie Ville de Montréal in der Provinz Québec. In dieser überwiegend von Einwanderern französischer Abstammung bewohnten Provinz ist seit 1977 Französisch die Amtssprache. Der Aufbau dieses zusätzlich mit 100 gal (379 l) Schaummittel beladenen Löschfahrzeugs erfolgte durch den zwischen 1985 und 1992 tätigen Hersteller Phoenix Fire Apparatus in Drummondville.

Verwendungszweck:	Pumper
Fahrgestelltyp:	Freightliner FLL
Baujahr:	1990
Leistung der Pumpe:	1050 gpm (4773,3 l/min)
Löschwasservorrat:	500 gal (2273 l)

Die Pompe 216 des Service d'Incendie Montréal ist ebenfalls auf einem Freightliner-Chassis mit großem, überhöhtem Mannschaftsaufbau ausgeführt. Den Aufbau dieses mit einer Mitteneinbaupumpe bestückten Fahrzeugs erstellte die Firma Andersons Engineering Ltd. im Jahr 1990.

Verwendungszweck:	Pumper
Fahrgestelltyp:	Freightliner FLL
Baujahr:	1987
Leistung der Pumpe:	1500 gpm (5678 l/min)
Löschwasservorrat:	300 gal (1363,8 l)

Relativ gering sind die Unterschiede in Aussehen und Aufbau, Pumpenleistung und Tankinhalt zwischen den kanadischen Löschfahrzeugen und den US-amerikanischen Pumpern. Gleichwohl ist in beiden Staaten der Pumper der am häufigsten im Feuerwehrdienst vertretene Fahrzeugtyp. Das Vancouver Fire Department in der Provinz British Columbia setzte 1997 diese zehn Jahre zuvor vom Aufbauhersteller Anderson Engine 1 als Pumper ein. Der Aufbau erfolgte auf einem amerikanischen Freightliner-Frontlenkerchassis.

Verwendungszweck:	*Pumper*
Fahrgestelltyp:	*Kenworth K 100*
Baujahr:	*1976*
Leistung der Pumpe:	*850 gpm (3864,1 l/min)*
Löschwasservorrat:	*500 gal (2273 l)*

Aus dem Fahrzeugbestand der gleichen Wehr stammt diese Pompe 45, die mit einer hinten offenen Custom-Cab ausgerüstet ist. Als Fahrgestell wurde für dieses von der Aufbaufirma Hustler erstellte Fahrzeug ein Kenworth-Frontlenkerchassis mit einem 280 PS starken Sechszylinder-Dieselmotor verwendet.

Verwendungszweck:	*Pumper*
Fahrgestelltyp:	*Spartan*
Baujahr:	*1980*
Leistung der Pumpe:	*1050 gpm (4773,3 l/min)*
Löschwasservorrat:	*500 gal (2273 l)*

Die Pompe 46 dieser Feuerwehr besitzt wiederum einen mit einer Custom-Cab versehenen Thibault-Aufbau. Als Chassis verwendete dieser Hersteller ein Frontlenker-Fahrgestell der Firma Spartan.

Verwendungszweck:	*Pumper*
Fahrgestelltyp:	*Spartan Monarch*
Baujahr:	*1989*
Leistung der Pumpe:	*1750 gpm (6624 l/min)*
Löschwasservorrat:	*300 gal (1363,8 l)*

Das Burnaby Fire Department in der Provinz British Columbia wählte für den Bau eines im Jahr 1989 neu zu beschaffenden Pumpers ein Spartan Fahrgestell, das der Feuerwehrausrüster Pierre Thibault zu der hier abgebildeten Engine 5 aufbaute. Auch hier gelangte eine Custom-Cab sowie eine Midshippumpe zur Verwendung. Der rückwärtige Teil des Aufbaus ist mit Rolladenverschlüssen ausgerüstet. Diese Bauweise ist mittlerweile bei vielen der neueren kanadischen Feuerwehrfahrzeuge üblich. Oberhalb des Pumpenbedienstandes befindet sich ein Dachmonitor.

Verwendungszweck:	Pumper
Fahrgestelltyp:	Scot
Baujahr:	1977
Leistung der Pumpe:	1050 gpm (4773,3 l/min)
Löschwasservorrat:	300 gal (1367,8 l)

Zum Fahrzeugbestand des Richmond Fire & Rescue Departments in British Columbia gehörte 1997 diese von der Firma Pierreville Fire Trucks, St. Francois-du-Lac in der Provinz Québec aufgebaute Engine 4. Als Basisplattform für diesen zusätzlich mit 30 gal (114 l) Schaummittel bestückten Custom-Pumper wurde ein Scot-Frontlenkerfahrgestell verwendet. Dieser in Nova Scotia ansässige Hersteller produzierte zeitweise Spezialfahrgestelle, die mit Cummins- oder Detroit-Dieselmotoren bestückt waren.

Verwendungszweck:	Pumper
Fahrgestelltyp:	Amertek CM 1
Baujahr:	1985
Leistung der Pumpe:	1750 gpm (6624 l/min)
Löschwasservorrat:	250 gal (1136,5 l)

Beim Burnaby Fire & Rescue Department in British Columbia wurde dieser von der in Woodstock, Ontario, ansässigen Firma Amertek Inc. aufgebaute Pumper als Engine 25 geführt. Verwendet wurde für dieses mit Midshippumpe und in der Mitte des Aufbaus vorhandener Schnellangriffshaspel ein Amertek-Frontlenker-Chassis mit geräumiger Custom-Cab. Die Firma Amertec stellte lediglich für die Dauer von acht Jahren Feuerwehrfahrzeuge her.

Verwendungszweck:	Pumper
Fahrgestelltyp:	Pacific
Baujahr:	1989
Leistung der Pumpe:	1500 gpm (5678 l/min)
Löschwasservorrat:	300 gal (1363,8 l)

Auch die von Andersons Engineering Ltd. aufgebaute Engine 10 des North Vancouver City Fire Department in der Provinz British Columbia verfügt über eine Custom-Cab, Midshippumpe, Dachmonitor und einen durch Jalousien verschlossenen Geräteaufbau. Die zusätzliche Beladung besteht aus 45 gal (170 l) Schaummittelkonzentrat.

Verwendungszweck:	Ladder 100 ft MM
Fahrgestelltyp:	GMC 7000
Baujahr:	1964
Leistung der Pumpe:	–
Löschwasservorrat:	–

Das Service d'Incendie St. Lambert in der Provinz Québec hatte 1995 diese von Thibault aufgebaute Mid Mounted Échelle 304 mit 30 m Steighöhe im Fahrzeugbestand. Bei dieser sehr niedrigen Bauweise wird der Leiterpark nach hinten über das Heck abgelegt.

Verwendungszweck:	**Ladder 110 ft RM**
Fahrgestelltyp:	**Freightliner FLL**
Baujahr:	**1991**
Leistung der Pumpe:	–
Löschwasservorrat:	–

Schon recht gigantische Ausmaße besitzt die von Anderson auf einem dreiachsigen Freightliner-Frontlenkerchassis aufgebaute Seagrave-110 ft (33,50 m)-Drehleiter, die als Échelle 419 des Service d'Incendie Montreal geführt wird. Die Drehleiter ist in der Rear Mounted-Bauweise mit einem über den beiden Hinterachsen gelagerten Leiterstuhl und mit großer Fahrer- und Mannschaftskabine ausgebildet. Auch an diesem Fahrzeug gibt es erstaunlich viele Jalousien.

Verwendungszweck:	**Ladder 100 ft MM**
Fahrgestelltyp:	**Spartan**
Baujahr:	**1981**
Leistung der Pumpe:	–
Löschwasservorrat:	–

Die Échelle 13 des Service d'Incendie Longueuil/Québec ist von Thibault auf einem Spartan-Frontlenkerfahrgestell aufgebaut worden. Die 30-m-Leiter ist in der Rear Mounted-Bauweise mit nach vorn abgelegtem Leiterpark gehalten.

Verwendungszweck:	**Ladder 100 ft RM**
Fahrgestelltyp:	**Amertek CMC 1**
Baujahr:	**1986**
Leistung der Pumpe:	**1750 gpm (6624 l/min)**
Löschwasservorrat:	**150 gal (568 l)**

Die von Thibault mit einem Rettungskorb ausgerüstete Ladder 6 mit 100 ft (30,48 m) Steighöhe des Burnaby Fire Departments in der Provinz British Columbia entstand auf einem dreiachsigen Frontlenkerfahrgestell von Amertek. Neben einer sehr leistungsfähigen, mittig installierten Feuerlöschkreiselpumpe ist dieses beeindruckende Fahrzeug mit einem kleinen Löschwasservorrat ausgerüstet.

Verwendungszweck:	**Snorkel**
Fahrgestelltyp:	**Mack R**
Baujahr:	**1986**
Leistung der Pumpe:	**1250 gpm (4731 l/min)**
Löschwasservorrat:	–

Nicht minder beeindruckend in den Ausmaßen ist diese von Simon auf einem Mack-R-Dreiachshaubenchassis für das North Vancouver District Fire Department in British Columbia aufgebaute Gelenkmastbühne Simon Snorkel SS 300 mit 103 ft (31,40 m) Arbeitshöhe. Die Karosserieaufbauten und die Midshippumpe erstellte und lieferte der seit 1959 in der Branche tätige Feuerwehrausrüster HUB Fire Engines & Equipment Ltd. in Abbotsford. Das Chassis verfügt über einen 325 PS starken Achtzylinder-V-Diesel mit 14 174 ccm Hubraum.

Verwendungszweck:	*Snorkel*
Fahrgestelltyp:	*Freightliner FLL*
Baujahr:	*1990*
Leistung der Pumpe:	–
Löschwasservorrat:	–

Beim Service d'Incendie Montréal ist auch diese dreiteilige Gelenkmastbühne vom Typ Bronto Skylift 27-3 als Échelle 716 beheimatet. Dieser mit Drehkranz über der Hinterachse konstruierte und nach vorne über der großen Fahrer- und Mannschaftskabine abgelegte Gelenkmaste besitzt eine Arbeitshöhe von 88 ft (27 m). Die mit Jalousien verschlossenen Karosserieaufbauten sowie die Kabine wurden durch die Firma Anderson realisiert.

Verwendungszweck:	*Rapid Intervention Vehicle RIV*
Fahrgestelltyp:	*Walter (4 x 4)*
Baujahr:	*1982*
Leistung der Pumpe:	*420 gpm (1590 l/min)*
Löschwasservorrat:	*420 gal (1590 l)*

Der zivile Flugverkehr steht in Kanada auf einem ähnlich hohem Niveau wie in den den USA. Durch die enorme Größe des Landes entwickelte sich dieser schon sehr früh. Auch heute sind viele abgelegene Ort, besonders im Norden des Landes, praktisch nur über den Luftweg zu erreichen. Dieses als Rapid Intervention Vehicle konstruierte Flugplatzlöschfahrzeug wird auf der Bordon Base der Canadian Air Force in der Provinz Ontario eingesetzt. Das von Walter erstellte, sehr kompakte RIV 7 verfügt über 500 lbs. (227 kg) Löschpulver und 45 gal (170 l) AFFF-Wasser/Schaummittelgemisch.

Verwendungszweck:	*Rapid Intervention Vehicle RIV*
Fahrgestelltyp:	*Amertek RIV C-1*
Baujahr:	*1987*
Leistung der Pumpe:	*500 gpm (1893 l/min)*
Löschwasservorrat:	*550 gal (2500 l)*

Auf dem Vancouver International Airport in British Columbia war 1997 dieses von Amertek erstellte Schnellangriffsfahrzeug RIV 4 stationiert. Neben Löschwasser besteht die Beladung dieses Vorauslöschfahrzeugs aus 77 gal (350 l) Schaummittelkonzentrat und 225 lbs (102 kg) Löschpulver. Hierbei handelte es sich um eine Sammelbeschaffung der ehemaligen kanadischen Flughafengesellschaft. So befinden sich verschiedene, nahezu baugleiche Einheiten auch auf anderen kanadischen Flughäfen, wie z. B. auf dem von Alberta International Airport in Calgary.

Kanada 🇨🇦

Verwendungszweck:	*Rapid Intervention Vehicle RIV*
Fahrgestelltyp:	*Foremost Marauder II (4 x 4)*
Baujahr:	*1985*
Leistung der Pumpe:	*750 gpm (2839 l/min)*
Löschwasservorrat:	*1000 gal (3785 l)*

Auf einem Foremost-Allrad-Knicklenkerfahrgestell von einem Hersteller überschwerer Geländefahrzeuge und Raupenfahrgestelle für die Erdölindustrie entstand das hier gezeigte RIV 5 des Edmonton International Airport Fire Department in der Provinz Alberta. Das vorne einfach und hinten doppelt bereifte Fahrgestell erhielt einen Thibault-Aufbau, in dem ein 127 gal (481 l) Schaummitteltank integriert ist.

Verwendungszweck:	*Crash Fire Rescue Vehicle CFR*
Fahrgestelltyp:	*American LaFrance, ALF 900 (6 x6)*
Baujahr:	*1960*
Leistung der Pumpe:	*750 gpm (2839 l/min)*
Löschwasservorrat:	*1000 gal (3785 l)*

Auch dieses etwas ältere, unter der Bezeichnung CFR 5 eingeordnete und von dem Feuerwehrausrüster American LaFrance aufgebaute Crash Fire Rescue Vehicle befand sich 1997 noch im Einsatzbestand des Fire Departments des Vancouver International Airports. Dieser optimal gepflegte allradgetriebene ALF-Dreiachser ist zusätzlich zum Löschwasser mit 165 gal (750 l) AFFF-Löschmittel, dem Schaummittel Aquaeus Film Foaming Form, beladen. In der Zwischenzeit ist dieses CFR zum Museumsfahrzeug geworden.

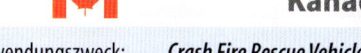

Verwendungszweck:	Crash Fire Rescue Vehicle CFR
Fahrgestelltyp:	Foremost Marauder II (6 x 6)
Baujahr:	1981
Leistung der Pumpe:	1125 gpm (4258 l/min)
Löschwasservorrat:	2000 gal (7570 l)

Dieses gewaltige, überdimensional bereifte Flugplatzlöschfahrzeug CFR des Vancouver International Airport Fire Department entstand auf einem dreiachsigen Knicklenkerfahrgestell von Foremost. Den Aufbau erstelle die Firma Canadian Foam-Boss. Auch in diesem Fall wird ein Vorrat von 160 gal (606 l) AFFF-Wasser-Schaumgemisch mitgeführt.

Verwendungszweck:	Crash Fire Rescue Vehicle CFR
Fahrgestelltyp:	Oshkosh TI -3000 (6 x 6)
Baujahr:	1999
Leistung der Pumpe:	1620 gpm (6132 l/min)
Löschwasservorrat:	2500 gal (9463 l)

Die Flughafenfeuerwehr des Calgary International Airports in der Provinz Alberta verfügt über dieses von dem amerikanischen Hersteller Oshkosh komplett hergestellte dreiachsige Crash Fire Rescue Vehicle CFR 2. Neben Löschwasser befinden sich 350 gal (1591 l) Schaummittelkonzentrat und 500 lbs. (227 kg) Löschpulver auf dem Fahrzeug. Dach- und Frontmonitor sowie am Heck befindliche Schnellangriffseinrichtungen sorgen für die Ausbringung der vorhandenen Löschmittel.

Verwendungszweck:	Crash Fire Rescue Vehicle CFR
Fahrgestelltyp:	Foremost Marauder II (4 x 4)
Baujahr:	1987
Leistung der Pumpe:	500 gpm (2273 l/min)
Löschwasservorrat:	1000 gal (4546 l)

Ein zweiachsiges Foremost-Spezialfahrgestell mit Knicklenkung ist die Plattform für dieses Flugplatzlöschfahrzeug CFR 4 des Service d'Incendie d'Aeroport International de Montréal-Dorval. Der Aufbau auf diesem voll geländefähigen Fahrgestell erfolgte durch die Firma Thibault. 126 gal (572,8 l) Schaummittelkonzentrat ergänzen die löschtechnische Beladung.

Fast brandneu war dieses große Flugplatzlöschfahrzeug (Crash Fire Rescue Vehicle) CFR 2 der Flughafenfeuerwehr des Vancouver International Airport als es im Jahr 1997 fotografiert wurde. Als Basisplattform diente ein vierachsiges Timoney-Titan-HPR (High Performance Rescue)-Allradfahrgestell. Mit der neben einem ansehnlichen Wasservorrat mitgeführten, aus 320 gal (1211 l) Schaummittel und 500 lbs. (227 kg) Löschpulver bestehenden löschtechnischen Beladung können alle auf einem großen Verkehrsflughafen bestehenden Brandrisiken abgedeckt werden.

Verwendungszweck:	Crash Fire Rescue Vehicle CFR
Fahrgestelltyp:	Timoney-Titan HPR (8 x 8)
Baujahr:	1996
Leistung der Pumpe:	1500 gal (5678 l/min)
Löschwasservorrat:	2500 gal (11 365 l)

Verwendungszweck:	Crash Fire Rescue Vehicle CFR
Fahrgestelltyp:	SMI Firemaster (4 x 4)
Baujahr:	1976
Leistung der Pumpe:	500 gpm (2273 l/min)
Löschwasservorrat:	1000 gal (4546 l)

Der Service d'Incendie d'Aeroport International de Montréal-Dorval in der Provinz Québec hatte 1995 dieses Crash Fire Rescue Vehicle CFR 2 im Fahrzeugbestand. Den löschtechnischen Aufbau auf diesem wendigen Zweiachser besorgte der Hersteller Canadian Foam-Boss, der auch einen 165 gal (750 l) Schaummitteltank installierte. Schnellangriffseinrichtungen und ein ferngesteuerter Dachmonitor sind weitere Ausrüstungsmerkmale dieses Fahrzeugs.

Mittel- und Südamerika

Die Anfänge des Brandschutzes in Mittel- und Südamerika, das auch als Lateinamerika bezeichnet wird, gingen auf die spanischen und protugiesischen Kolonialherren zurück. So bestimmte bereits 1573 König Philipp II. von Spanien, bei der Neuanlage von Städten einer allzu dichten Bauweise entgegenzuwirken. Insbesondere nach einem im Jahr 1619 ausgebrochenen verheerenden Großbrand in Veracruz im damaligen Staat Neuspanien und heutigen Mexiko, versuchte man, die Bemühungen um den Brandschutz in den Städten zu intensivieren. Leider ließen sich die an sich recht fortschrittlichen Ideen meistenteils nicht verwirklichen. So blieben Brandschutz und Organisation noch über Jahrhunderte hinweg fast immer völlig unzureichend, zumal dieser Erdteil besonders stark von Erdbeben, Überschwemmungen, starken Stürmen und Vulkanausbrüchen, aber auch durch Angriffe der Ureinwohner, der Indios, heimgesucht wurde. Zwischen 1582 und 1746 waren an den Küsten Chiles, Perus und Ecuadors sechs starke Erdbeben zu verzeichnen. Allein das letzte Beben zerstörte 19 000 Gebäude in Lima und Callao, wobei Hunderte von Menschen ums Leben kamen.

Obwohl die leichte Bauweise der Gebäude einerseits den Wiederaufbau erleichterte, wurden diese Konstruktionen andererseits ein besonders leichter Raub der Flammen. Das war vor allem bei Überfällen durch Indios der Fall. Weitere Gefahren gehen auch heute noch durch die im Sommer durch Trockenheit entstehenden Waldbrände aus, die schnell auf Ortschaften übergreifen können. Insgesamt zeigten zwar die während der Kolonialzeit erlassenen Verordnungen und Gesetze den guten Willen, gleichwohl fehlte es oftmals an der praktischen Umsetzung. Erst mit der Anfang des 19. Jahrhunderts beginnenden Unabhängigkeit der meisten ehemaligen Kolonialstaaten sollten neue Impulse im spanischen und portugiesischen Teil Amerikas realisiert werden. So verfügte Perus Hauptstadt Lima bereits im Jahr 1823 über ein gut ausgestattetes Gerätehaus und seit 1845 über mehrere pferdegezogene Löschfahrzeuge. 1866 wurde in Argentinien die erste freiwillige Feuerwehr gegründet. Ebenso schnell entwickelte sich das Feuerlöschwesen in Chile. In anderen Staaten wiederum dauerte es viele Jahrzehnte, bis sie mit dieser Entwicklung nachziehen konnten. In Venezuela existierte bis zum Jahr 1937 keine organisierte Brandbekämpfung und Paraguays Hauptstadt Asuncion

gründete erst 1978 eine freiwillige Feuerwehr, der anfangs ganze drei Tanklöschfahrzeuge und 40 Mann zur Verfügung standen.

Ganz unterschiedlich ist die Organisation des Feuerlöschwesens in den einzelnen mittel- und südamerikanischen Staaten. Zumindest die größeren Feuerwehren in den Städten sind überwiegend Teil einer staatlichen Feuerpolizei und unterstehen den Innenministerien. In anderen Ländern bestehen Berufs- und freiwillige Feuerwehren und die Organisation untersteht den Kommunen. Teilweise gibt es auch ein Gemisch aus beiden Organisationsformen.

Da auf dem gesamten Kontinent keine eigenständige Nutzfahrzeug- und kaum eine Feuerwehrausrüstungsindustrie vorhanden ist, müssen fast alle Feuerwehrfahrzeuge und Ausrüstungsgegenstände ein-

geführt werden. So ist es nicht verwunderlich, dass praktisch in allen Ländern eine bunte Vielfalt von Fahrgestellfabrikaten wie beispielsweise Chevrolet, Mack, Magirus-Deutz, Scania, MAN, Mercedes-Benz, Dodge und Ford aber auch von Berliet, Renault, Leyland und neuerdings auch japanischer Hersteller zu finden ist. Ähnlich ist es mit den Aufbauten bestellt. Neben den relativ wenigen durch Tecin-Rosenbauer in Argentinien oder Cimasa in Brasilien hergestellten Modellen, kann man überall einem bunten Gemisch ausländischer Anbieter wie Emergency One, Rosenbauer, American LaFrance, Pierce, Pirsch, Metz, Magirus, Simon und Camiva begegnen.

So unterschiedlich wie Fahrgestelle und Aufbauten sind auch die Baujahre der Fahrzeuge. Neben den vielfach in den großen Städten und auf Flughäfen anzutreffenden hochmodernen Einsatzfahrzeugen kann man nicht wenige, teilweise zwar überalterte, allerdings meist gut gepflegte und instandgehaltene Modelle im Einsatzbestand finden. Dies gilt besonders für ländliche Regionen und kleinere Städte, zum Teil aber auch bei größeren Wehren. So stehen selbst heute noch manche Fahrzeuge aus den 1950er Jahren zur Verfügung. Das trifft vor allem auf die nahezu ausschließlich importierten Drehleitern, aber auch auf manche Sonderlöschfahrzeuge zu. Zusammenfassend lässt sich aber sagen, dass gerade in den letzten Jahren viele Fortschritte in der Erneuerung dieser nicht immer mehr zeitgemäßen Fahrzeug- und Gerätebestückung unternommen wurden.

Verwendungszweck:	*Sonderlöschfahrzeug SLF 25 C*
Fahrgestelltyp:	*Mercedes-Benz LAF 1113/42 (4 x 4)*
Baujahr:	*1968*
Leistung der Pumpe:	*2500 l/min*
Löschwasservorrat:	*3000 l*

Die Ausrüstung der mexikanischen Feuerwehren stammt hauptsächlich aus den USA und besteht vorwiegend aus Löschfahrzeugen, Tanklöschfahrzeugen, Drehleitern und Gelenkmasten. In Folge des meist fehlenden Hydrantennetzes sind Tanklöschfahrzeuge sehr häufig. Dieses von dem deutschen Hersteller Metz in Karlsruhe erstellte Sonderlöschfahrzeug wurde 1968 an die Werkfeuerwehr der Petróleos Mexicanos, Refinería Minatitlán im Bezirk Veracruz geliefert. Das Fahrgestell ist ein allradgetriebener Mercedes-Benz-Kurzhauber, der mit einer Staffelkabine für sechs Einsatzkräfte ausgerüstet ist. Die löschtechnische Beladung besteht aus Wasser und einer 750-kg-Pulverlöschanlage von Minimax. Das Fahrzeug besitzt eine Mitteneinbaupumpe, zwei Schnellangriffseinrichtungen und einen Dachmonitor.

Mexiko, Ecuador, Antigua

Verwendungszweck:	*Sonderlöschfahrzeug SLF 25 A*
Fahrgestelltyp:	*Ford FK 3500*
Baujahr:	*1953*
Leistung der Pumpe:	*2800 l/min*
Löschwasservorrat:	*3500 l*

Verwendungszweck:	*Water Tender*
Fahrgestelltyp:	*Dennis Sabre*
Baujahr:	*2001*
Leistung der Pumpe:	*2270 l/min*
Löschwasservorrat:	*3500 l*

Die Feuerwehr Ecuadors kann auf eine nahezu 150-jährige Tradition zurückblicken und ist damit die älteste Brandbekämpfungsorgansiation Lateinamerikas. Ein vermutlich bereits ausgesonderter Veteran ist dieses von Metz an die Feuerwehr von der ecuadorianischen Hauptstadt Quito gelieferte Sonderlöschfahrzeug SLF 25 A. Für den Aufbau wurde ein Ford-Fahrgestell mit 95-PS-Achtzylinder-V-Vergasermotor ausgewählt, das man mit halb offenen Aufbauten versah. Das Fahrzeug verfügte über eine in einem geschlossenen Kasten untergebrachte Mitteneinbaupumpe des Typs MPH 30 mit Zumischeinrichtung und seitlich offenem Pumpenbedienstand, zwei Schnellangriffseinrichtungen am Heck und einer auf dem Aufbaudach angeordneten Schnellangriffshaspel mit Hochdruckschlauch. Neben Löschwasser befanden sich 150 l Schaummittel auf dem Fahrzeug.

Unverkennbar britischen Ursprungs ist dieses moderne, von Carmichael aufgebaute Tanklöschfahrzeug (Water Tender) des Antigua & Barbuda Fire Service St. Johns auf der Karibikinsel Antigua. Die Insel war nacheinander spanische, französische und seit 1667 britische Kolonie. Erst 1981 kam es zur Unabhängigkeit von Großbritannien, weshalb dessen Einfluss immer noch sehr ausgeprägt ist. Das Fahrzeug verfügt über eine große Fahrer- und Mannschaftskabine für sieben Mann Besatzung. Hinter dem mit Jalousien verschlossenen Aufbau verbergen sich der Löschwassertank und eine aus britischer Fertigung stammende Godiva-Feuerlöschkreiselpumpe. Das Fahrzeug verfügt über eine Zusatzausrüstung für Unfall- und Nothilfe.

Brasilien

Verwendungszweck:	*Drehleiter DL 36*
Fahrgestelltyp:	*Mercedes-Benz N 5*
Baujahr:	*1930*
Leistung der Pumpe:	–
Löschwasservorrat:	–

Die als Teil der Militärpolizei eingestuften brasilianischen Feuerwehren verfügen über größere Stückzahlen von im eigenen Land aufgebauten Feuerwehrfahrzeugen. Grund hierfür ist das Vorhandensein des Herstellers Cimasa, der Löschfahrzeuge, Tanklöschfahrzeuge und sogar Rüstwagen fertigt. Hubrettungsfahrzeuge müssen hingegen nach wie vor importiert werden. 1930 erhielt die Feuerwehr von São Paulo eine mechanische Metz-Drehleiter (Escada Automática Metz) mit 36 m Steighöhe. Der fünfteilige Leiterpark war noch aus Holz mit Stahlverspannung gefertigt. Verwendet wurde für dieses offene Fahrzeug ein N 5-Niederrahmen-Fahrgestell von Mercedes-Benz, das von einem 100 PS starken Sechszylinder-Vergasermotor fortbewegt wurde.

Verwendungszweck:	*Drehleiter DL 45*
Fahrgestelltyp:	*Magirus M 40*
Baujahr:	*1938*
Leistung der Pumpe:	–
Löschwasservorrat:	–

Auch Magirus in Ulm konnte mit den Brasilianern ins Geschäft kommen. Bereits 1924 hatte dieser sehr exportorientiert agierende deutsche Hersteller seine erste Drehleiter nach Recife verkauft. Weitere Aufträge folgten noch in den späten 1920er Jahren. 1938 folgte eine offene mechanisch angetriebene 45-m-Drehleiter mit sechsteiligem Stahlleitersatz und K-30-Leitergetriebe. Das mit einem 90-PS-Sechszylinder-Deutz (KHD)-Diesel mit 7540 ccm Hubraum bestückte Fahrgestell stammte ebenfalls von Magirus. Mit einer Nutzlast von maximal vier Tonnen war es mit dem weit die Motorhaube überragenden Leiterpark bis an seine obere Grenze ausgelastet.

Verwendungszweck:	*Drehleiter DL 44*
Fahrgestelltyp:	*Mercedes-Benz L 1920/52*
Baujahr:	*1967*
Leistung der Pumpe:	–
Löschwasservorrat:	–

Diese sechsteilige Metz DL 44 mit hydraulischem Leiterantrieb und Staffelkabine wurde 1967 ebenfalls an die Feuerwehr São Paulo geliefert. Der Aufbau erfolgte auf einem schweren Mercedes-Benz-Kurzhauberfahrgestell. Dieses war mit 19 t zulässigem Gesamtgewicht ein reines Exportfahrgestell und durfte auf bundesdeutschen Straßen nur mit Ausnahmegenehmigung gefahren werden. Unter der bulligen Kurzhaube verrichtete der Sechszylinder-Direkteinspritz-Diesel OM 346 mit 10 810 ccm Rauminhalt und 210 PS Leistung seine Arbeit. Das auf dem Metz-Werksgelände fotografierte Fahrzeug ist bereits mit der Holzhaspel am Fahrzeugheck bestückt. Der Arbeitsstellenscheinwerfer auf der rechten Fahrzeugseite ist noch nicht angebracht.

Verwendungszweck:	Beleuchtungsgeräte-wagen
Fahrgestelltyp:	Mercedes-Benz LS 315/36
Baujahr:	1955
Leistung der Pumpe:	–
Löschwasservorrat:	–

Ein sehr markantes Einzelstück war dieser im Mai 1955 auf dem Metz-Werksgelände in Karlsruhe fotografierte und zur Ablieferung an die Feuerwehr São Paulo bestimmte Beleuchtungswagen. Dieses in Sattelschlepperbauweise ausgeführte Fahrzeug beförderte in seinem geschlossenen Auflieger einen Stromerzeuger, Scheinwerfer und weiteres umfangreiches Beleuchtungsmaterial, das zur Ausleuchtung bei Großschadensfällen benötigt wurde. Die Zugmaschine ist von Mercedes-Benz und besitzt einen Sechszylinder-Vorkammer-Diesel mit 8280 ccm Hubraum und 145 PS Motorleistung als Antriebsaggregat.

Verwendungszweck:	Löschfahrzeug LF 30
Fahrgestelltyp:	Mercedes-Benz LF 6600/48
Baujahr:	1954
Leistung der Pumpe:	3000 l/min
Löschwasservorrat:	–

Im August 1954 konnte Metz dieses Löschfahrzeug LF 30 für die Feuerwehr São Paulo fertigstellen. Das mächtige auf einem schweren Mercedes-Benz-Haubenfahrgestell aufgebaute Fahrzeug war in der damals aktuellen, stilvoll verrundeten Omnibusbauweise ausgeführt. Das Löschfahrzeug beförderte bis zu elf Einsatzkräfte und war mit einer im Heck installierten Hochdruckpumpe MHP 30 ausgerüstet. Dachreeling und Leiterhalterungen weisen auf Möglichkeiten der Dachbeladung hin.

Verwendungszweck:	Krankenwagen mit Vorbaupumpe
Fahrgestelltyp:	Mercedes-Benz Typ 180
Baujahr:	1957
Leistung der Pumpe:	–
Löschwasservorrat:	–

Einen von der Firma Binz & Co in Lorch karossierten Krankenwagen rüstete Metz in Karlsruhe im Jahr 1957 zusätzlich mit Vorbaupumpe und Elektrosirene aus. Diese nicht alltägliche Kombination entstand im Auftrag einer brasilianischen Feuerwehr. Das auf Basis des Mercedes-Benz Typ 180 erbaute Eintragenfahrzeug war in Ganzstahlbauweise gefertigt und bedeutete für die Firma Binz den Einstieg in den Krankenwagenbau.

Verwendungszweck:	Flugplatzlöschfahrzeug FLF
Fahrgestelltyp:	Iveco Typ MP 190 E 43 W (4 x 4)
Baujahr:	1999
Leistung der Pumpe:	6000 l/min
Löschwasservorrat:	5700 l

Einen von der brasilianischen Luftfahrtbehörde Infraero erteilten Großauftrag über insgesamt 100 Flugplatzlöschfahrzeuge des Typs Impact 6000 konnte Magirus unlängst für sich verbuchen. 1999 verließen die ersten dieser äußerst kompakten Fahrzeuge, deren Aufbau auf Iveco-Allradfahrgestellen mit 422 PS erfolgte, das Werk Weisweil der Magirus Brandschutztechnik. An Löschmitteln transportiert das FLF Wasser, 750 l Schaum und 250 kg Pulver. Neben einer leistungsfähigen Feuerlöschkreiselpumpe mit Zumischer ist das 18,5-t-Fahrzeug mit einem Dachmonitor für Wasser, Schaum und Pulver, einem Frontmonitor für Wasser und Schaum sowie einer Bergewinde mit 5,5 t Zugkraft ausgestattet. Der mit einem Automatikgetriebe bestückte Impact 6000 beschleunigt in 25 Sekunden von 0 auf 80 km/h; seine Höchstgeschwindigkeit liegt bei 130 km/h.

Verwendungszweck:	*Tanklöschfahrzeug TLF 15*
Fahrgestelltyp:	*Magirus-Deutz (KHD)*
	S 3500
Baujahr:	*1951*
Leistung der Pumpe:	*1500 l/min*
Löschwasservorrat:	*2400 l*

Das im Südosten Südamerikas gelegene Uruguay mit seiner Hauptstadt Montevideo zählt zu den kleinsten Staaten dieses Kontinents. Die Berufsfeuerwehr des Landes untersteht dem Innenministerium und erst 1977 wurde ein Gesetz zur Bildung zusätzlicher freiwilliger Feuerwehren erlassen. Neben neuen von Tecin-Rosenbauer und Cimasa erstellten Fahrzeugen stehen auch noch von Magirus beschaffte Veteranen aus den 1950er Jahren im Dienst oder auf Reserve, deren Ersatz aber in Kürze zu erwarten ist. Diese Magirus-Werksaufnahme von 1951 zeigt vier für Montevideo gefertigte Feuerwehrfahrzeuge, darunter drei Tanklöschfahrzeuge und eine Drehleiter DL 22 mit mechanischem Antrieb.

 Uruguay

Verwendungszweck:	*Rüstkranwagen RKW 7*
Fahrgestelltyp:	*Magirus-Deutz (KHD)*
	S 6500
Baujahr:	*1952*
Leistung der Pumpe:	–
Löschwasservorrat:	–

Ein ähnlich formvollendetes, zeitlos schönes Erscheinungsbild vermittelt der im gleichen Stil für die Feuerwehr Montevideo erstellte Rüstkranwagen RKW 7. Das Fahrzeug hatte eine Besatzung von sieben Mann und besaß eine elektromotorische 7-t-Krananlage sowie eine Spilleinrichtung mit 5 t Zugkraft. Neben einem im Sitzkasten des Mannschaftsraums untergebrachten 18-kVA-Generator waren weitere, der technischen Hilfeleistung dienende Ausrüstungsgegenstände und Geräte im Aufbau gelagert. Mit den am Heck befindlichen beiden Stützrollen konnten am Ausleger angehängte Lasten in langsamer Fahrt verfahren werden.

Verwendungszweck:	**Löschfahrzeug LF 25**
Fahrgestelltyp:	**Magirus-Deutz (KHD) S 6500**
Baujahr:	**1952**
Leistung der Pumpe:	**2500 l/min**
Löschwasservorrat:	**2000 l**

1952 wurde der gesamte Fahrzeugpark der Feuerwehr Montevideo modernisiert. Diesen lukrativen Großauftrag über Löschfahrzeuge, Rüstkranwagen, Drehleitern und später auch Flugplatzlöschfahrzeuge konnte sich Magirus an Land ziehen. Das hier abgebildete, an die Cuerpo de Bomberos de Montevideo gelieferte Löschfahrzeug LF 25 zählte auch dazu. Das mächtige

Fahrzeug beförderte neun Mann Besatzung und war auf einem schweren Rundhauberfahrgestell mit luftgekühltem 170 PS starken V-Achtzylinder-Dieselmotor erstellt und wurde in der formschönen, damals aktuellen Omnibuslinie karossiert.

Verwendungszweck:	**Waldbrandlöschfahrzeug**
Fahrgestelltyp:	**Magirus-Deutz (KHD) F Mercur 125 A (4 x 4)**
Baujahr:	**1960**
Leistung der Pumpe:	**1600 l/min**
Löschwasservorrat:	**2800 l**

Dieses von Magirus erstellte allradgetriebene Waldbrandlöschfahrzeug erhielt die Feuerwehr Montevideo im Jahr 1960. Der Aufbau entstand auf einem Magirus-Rundhauber-Fahrgestell mit einer Dreimann-Truppkabine nach dem Muster der für das Bundesland Niedersachsen bereits gelieferten TLF 16-T.

Verwendungszweck:	**Flugplatzlöschfahrzeug FLF 25 S**
Fahrgestelltyp:	**Magirus-Deutz (KHD) S 7500**
Baujahr:	**1957**
Leistung der Pumpe:	**2500 l/min**
Löschwasservorrat:	**8000 l**

Im Jahr 1957 lieferte Magirus einen kompletten, nach einheitlichen Richtlinien gestalteten Löschzug an die Flughafenfeuerwehr von Carrasco (Aeropuerto Carrasco), dem Verkehrsflughafen der Hauptstadt Montevideo. Alle drei Fahrzeuge verfügten auf beiden Seiten über Schnellangriffseinrichtungen für Wasser und Schaum und waren auf dem Dach mit Schaum-Wasser-Monitoren bestückt. Diese Abbildung zeigt mit dem in Sattelschlepperbauweise ausgeführten FLF 25 S das größte Fahrzeug dieser Lieferung. Der von der Firma Kässbohrer hergestellte zweiachsige Auflieger besaß im Heck eine Feuerlöschkreiselpumpe, die vom Motor der Zugmaschine angetrieben wurde. Die Beladung bestand aus Wasser, 800 l Schaummittel und 32 Flaschen Kohlendioxid (CO_2) zu jeweils 28 kg.

Verwendungszweck:	Flugplatzlöschfahrzeug FLF 25 V
Fahrgestelltyp:	Magirus-Deutz (KHD) F Mercur 125 A (4 x 4)
Baujahr:	1957
Leistung der Pumpe:	2500 l/min
Löschwasservorrat:	2500 l

Hier das Vorausfahrzeug dieses Löschzugs FLF 25 V, das auf einem allradgetriebenen Magirus-Rundhauber-Fahrgestell – angetrieben von einem luftgekühlten 125 PS starken Sechszylindermotor – entstand. Neben Löschwasser beförderte das Fahrzeug 250 l Schaummittelkonzentrat und 170 kg Kohlendioxid (CO_2).

Das zweite Fahrzeug des Löschzugs war das FLF 25 M, das im Gegensatz zum Vorauslöschfahrzeug auf einem schweren allradgetriebenen Rundhauberfahrgestell mit luftgekühltem 170 PS Diesel aufgebaut war. Die Beladung bestand aus den Löschmitteln Wasser, 350 l Schaummittel und 250 kg Kohlensäure (CO_2).

Verwendungszweck:	Flugplatzlöschfahrzeug FLF 25 M
Fahrgestelltyp:	Magirus-Deutz (KHD) A 7500 (4 x 4)
Baujahr:	1957
Leistung der Pumpe:	2500 l/min
Löschwasservorrat:	3500 l

Argentinien

Verwendungszweck:	**Lösch- und Kommando-fahrzeug**
Fahrgestelltyp:	**Opel-Blitz 1,75 t**
Baujahr:	**1956**
Leistung der Pumpe:	**1200 l/min**
Löschwasservorrat:	**400 l**

Auch die Feuerwehren Argentiniens unterstehen dem Innenministerium und sind Bestandteil der Staatspolizei. Unterstützt werden sie durch über das Land verteilte freiwillige Feuerwehren, die auf eine lange Tradition zurückblicken können. Dieses von Metz auf einem Opel-Blitz-Fahrgestell aufgebaute Lösch- und Kommandofahrzeug wurde 1956 für die Feuerwehr der Hauptstadt Buenos Aires gebaut. Das schnelle und wendige Fahrzeug ist mit einem 62 PS starken Sechszylinder-Vergasermotor, einer Mitteneinbaupumpe, Wassertank und einer 400-l/min-Tragkraftspritze TS 4 ausgerüstet. Am Heck befindet sich eine offene Sitzbank für vier Einsatzkräfte.

 # Argentinien

Verwendungszweck:	**Drehleiter DL 25 m**
Fahrgestelltyp:	**MAN 415 L 1**
Baujahr:	**1962**
Leistung der Pumpe:	**800 l/min**
Löschwasservorrat:	**–**

Die argentinischen Feuerwehren beschafften ihre Drehleitern fast ausschließlich bei Metz in Karlsruhe, wobei sie MAN-Fahrgestellen den Vorzug gaben. Diese vierteilige mechanische 25-m-Drehleiter mit Einbaupumpe erhielt die Feuerwehr Quilmes im Jahr 1962. Das hierfür verwendete mittelschwere MAN-Kurzhauber-Fahrgestell war mit einem Sechszylinder-Diesel mit 5891 ccm Hubraum und 115 PS Motorleistung bestückt.

Verwendungszweck:	**Drehleiter DL 52 m**
Fahrgestelltyp:	**MAN 1070 H**
Baujahr:	**1964**
Leistung der Pumpe:	**2500 l/min**
Löschwasservorrat:	**–**

Neben Chile entwickelte sich Argentinien zu einem der wichtigsten Auslandsmärkte der Firma Metz in den 1960er und 1970er Jahren. So beschaffte die Feuerwehr Buenos Aires diese gewaltige, zusätzlich mit einer mittig installierten Feuerlöschkreiselpumpe FPM 25/8 ausgerüstete mechanische DL 52 mit sechsteiligem Leiterpark auf einem schweren MAN-Kurzhauber-Fahrgestell mit 172 PS starkem Sechszylinder-Direkteinspritz-Dieselmotor. Übermäßig üppig konnte man die Motorisierung dieses schweren Fahrzeugs nicht bezeichnen. An den Untergurten der Leiter war ein Fahrstuhl angebracht, der eine Tragfähigkeit von zwei Personen besaß.

Verwendungszweck:	**Drehleiter DL 37 h**
Fahrgestelltyp:	**MAN 1080 H**
Baujahr:	**1967**
Leistung der Pumpe:	**1600 l/min**
Löschwasservorrat:	**–**

Eine weitere Metz-Drehleiter für Buenos Aires war diese bereits mit hydraulischem Leiterantrieb, fünfteiligem Leitersatz und einer Kraneinrichtung ausgeführte DL 37 h. Ihr Aufbau erfolgte auf einem Hauben-Schwerlastwagenfahrgestell von MAN mit 180 PS Motorleistung. Die Staffelkabine war für sechs Einsatzkräfte ausgelegt. Neben der auch hier fest in der Fahrzeugmitte installierten Feuerlöschkreiselpumpe FP 16/8-II war vorn am Leiterstuhl eine Tragkraftspritze TS 8/8 befestigt.

Verwendungszweck:	**Rüstkranwagen RKW 10**
Fahrgestelltyp:	**MAN 12-186 HA (4 x 4)**
Baujahr:	**1972**
Leistung der Pumpe:	**–**
Löschwasservorrat:	**–**

Auf einem schweren MAN-Kurzhauber-Fahrgestell ließ sich die Feuerwehr Santa Fe in Argentinien diesen Rüstkranwagen RKW 10 von Metz aufbauen. Dieses Fahrzeug ist mit einer großen Staffelkabine und einer Vorbauseilwinde ausgerüstet. Es verfügt ebenfalls über eine 10-t-Krananlage, deren Antrieb mit Hilfe eines Elektromotors erfolgt. Als Antriebsaggregat für das allradgetriebene Fahrgestell ist ein Sechszylinder-Direkteinspritz-Diesel mit 9659 ccm Hubraum eingebaut, der 186 PS erzeugen kann.

Verwendungszweck:	**Rüstkranwagen RKW 10**
Fahrgestelltyp:	**Mercedes-Benz LA 332/52**
Baujahr:	**1962**
Leistung der Pumpe:	**–**
Löschwasservorrat:	**–**

Dieses werksseitig als Rüstwagen R 10 bezeichnete Fahrzeug wurde von Metz im Jahr 1962 nach Argentinien geliefert. Der Kranaufbau mit seiner elektromotorisch betriebenen 10-t-Krananlage entstand auf einem schweren Mercedes-Benz-Haubenallradfahrgestell, welches mit Hilfe eines Sechszylinder-Vorkammer-Dieselmotors mit 172 PS Leistung fortbewegt wurde. In dem in der Fahrzeugmitte angeordneten

kastenartigen Gerätekoffer waren verschiedene Zubehörteile für die Krananlage sowie Geräte und Werkzeug untergebracht. Gut zu erkennen sind die seitlichen Fallspindelabstützungen und die Stützrollen am Heck, mit denen Lasten verfahren werden konnten. Die Kranflasche ist in einem Stahlblechtrichter auf dem Dach der Fahrerkabine gelagert.

Chile

Verwendungszweck:	Tanklöschfahrzeug TLF 15
Fahrgestelltyp:	Mercedes-Benz L 5000
Baujahr:	1952
Leistung der Pumpe:	1500 l/min
Löschwasservorrat:	2000 l

Ein traditionell beständiger Abnehmer von in Deutschland gefertigten Feuerwehrfahrzeugen ist Chile. Die Fahrzeugausrüstung ist nicht nur deutschen, sondern vielfach amerikanischen, aber auch französischen Ursprungs. Die Feuerwehren dieses Landes setzen sich hauptsächlich aus freiwilligen Kräften zusammen, die in einem nationalen Feuerwehrverband zusammengeschlossen sind. Aus dem Jahr 1952 stammt dieses mit einer Mitteneinbaupumpe und offenliegendem Pumpenbedienstand ausgerüstete Tanklöschfahrzeug, das die Firma Metz für die Feuerwehr Conchali fertigte. Ein offener Fahrerhaus, daran anschließende beidseitig vorhandene Quersitzbänke und ein geschlossener Pumpen- und Gerätekoffer sind die wesentlichen Baumerkmale dieses Fahrzeugs. Als Basis wurde ein mittelschweres Mercedes-Benz-Chassis mit 112-PS-Dieselmotor verwendet.

Verwendungszweck:	Sondertanklöschfahrzeug SLF
Fahrgestelltyp:	Mercedes-Benz L 6600
Baujahr:	1953
Leistung der Pumpe:	2800 l/min
Löschwasservorrat:	3500 l

Dieses einmalig schöne Sondertanklöschfahrzeug in offener Cabriolet-Ausführung und verchromter Kühlermaske entstand ebenfalls bei Metz und wurde 1953 an die Feuerwehr Valparaíso geliefert. Dieses Einzelstück war mit einer als Mitteneinbaupumpe ausgebildeten Hochdruckpumpe MHP 30 mit offenem Bedienstand und zwei Schnellangriffseinrichtungen mit jeweils 30 m Hochdruckschlauch ausgerüstet. Neben Löschwasser verfügt dieses Fahrzeug über einen 320-l-Schaummittelbehälter.

Verwendungszweck:	*Leiter- und Mannschafts-transportwagen*
Fahrgestelltyp:	*Mercedes-Benz OP 315*
Baujahr:	*1955*
Leistung der Pumpe:	–
Löschwasservorrat:	–

Für ein Feuerwehrfahrzeug wirkt dieser für eine chilenische Feuerwehr bei dem Omnibuskarosseriebauer Vetter entstandene Leiter- und Mannschaftstransportwagen mit seiner individuell gestalteten Front und den Radzierblenden geradezu elegant und luxuriös. Der Aufbau erfolgte auf einem schweren Mercedes-Benz-Frontlenker-Niederrahmenfahrgestell des 8-t-Typs OP 315, das auch für Reiseomnibusse verwendet wurde. Es verfügte über ein Sechszylinder-Vorkammerantriebsaggregat mit 8276 ccm Hubraum und 145 PS Motorleistung. Das Fahrzeug – hier noch ohne Leiterbestückung – besaß eine im Heck eingeschobene 800-l/min-Tragkraftspritze von Metz. In der Mitte des Aufbaus waren offene Sitzbänke für die Mannschaft angebracht.

Chiles Hauptstadt Santiago de Chile erhielt 1960 diese mechanische Metz-Drehleiter mit 25 m Steighöhe und vierteiligem Leitersatz. Das Fahrzeug wurde auf einem mittelschweren Kurzhauber-Fahrgestell von Mercedes-Benz errichtet. Der Antrieb erfolgte durch einen Sechszylinder-Dieselmotor mit 110 PS. Durch die sehr dekorativ wirkenden verchromten Radkappen ist die Identifikation dieser Drehleiter als Exportfahrzeug schon auf den ersten Blick möglich.

Verwendungszweck:	*Drehleiter DL 25 m*
Fahrgestelltyp:	*Mercedes-Benz LF 322/42*
Baujahr:	*1960*
Leistung der Pumpe:	–
Löschwasservorrat:	–

Asien

Der mit Abstand flächen- und einwohnermäßig größte Kontinent der Erde ist Asien. Diese gewaltige Region erstreckt sich nicht nur über alle Klimazonen – von der eisigen Wildnis Nordsibiriens über große, extrem trockene Wüsten und zerklüftete, weitgehend unzugängliche Gebirge bis hin zu den äquatorialen Gebieten der indonesischen Inselwelt. Mit dem Himalaja ist in Asien auch das höchste Gebirge der Welt, aber auch ein großer Teil der tropischen Regenwälder zu finden. Die auf diesem riesigen Kontinent sich ballende Bevölkerungsmenge wird in nicht allzu ferner Zukunft die Vier-Milliarden-Grenze überschritten haben. Fast 40 % der Weltbevölkerung leben in China und Indien. Die Volksrepublik China ist es auch, die zu einer Wirtschafts- und Atommacht ersten Ranges aufgestiegen ist. Nahezu unbesiedelte Gebiete wie die mongolischen Wüsten und Taigawälder und Tundren Sibiriens wechseln ab mit Landstrichen, die über die weltgrößte Bevölkerungsdichte verfügen. Neben ausgesprochen reichen Ländern wie Japan, das den fünten Rang in der Bruttosozialprodukt-leistung einnimmt, gibt es Staaten, deren Wirtschaft nur wenig entwickelt ist und in denen die Bevölkerung am Rande des Existenzminimums leben muss. Da Asien reich an Bodenschätzen ist, kam es schon früh in die Interessenssphären der Großmächte. So findet man die hauptsächlichen Ölquellen der Welt in Vorderasien.

Viele der alten Kulturen Asiens verfügten bereits über ein organisiertes Feuerlöschwesen. Die ersten derartigen Anfänge lassen sich in Japan bis in das Jahr 644 zurückverfolgen. Auch Marco Polo berichtete im Jahr 1290 von einem organisierten Brandschutz in China, dem Reich der Mitte. Die damaligen technischen Möglichkeiten setzten den vielfältigen Bemühungen enge Grenzen, zumal die meist in leichter Holzbauweise errichteten Bauten die rasche Ausbreitung von Bränden überaus begünstigte. So wird 1657 von drei verheerenden Großfeuern aus der japanischen Hauptstadt Edo, dem heutigen Tokio, berichtet, die mehr als 100 000 Tote zur Folge gehabt haben sollen. In der Folgezeit kamen weite Teile Asiens als Kolonien unter die Herrschaft der europäischen Großmächte. Hierbei konnte Großbritannien den mit Abstand größten Einfluss und Machtzuwachs für sich verbuchen. Die Kolonialmächte waren es auch, die anfänglich für Ausrüstung und Organisation des Feuerschutzes in den größeren Ansiedlungen und Städten die Verantwortung trugen. So waren es überwiegend englische Fahrzeugfabrikate, die zu Beginn des

20. Jahrhunderts in vielen asiatischen Ländern verwendet wurden. Später kamen amerikanische, deutsche, französische und später auch japanische Marken hinzu. In manchen Ländern wurden auch Lizenzfertigungen aufgenommen, wie z. B. von Tata Engineering in Indien, wo man Mercedes-Lizenzbauten produzierte. In der Türkei sind die Marken BMC und Chrysler (Fargo) mit eigener Lkw-Fertigung, aber auch Ford und Mercedes vertreten. Spätestens seit den 1930er Jahren verfügt auch Japan mit den Marken Hino, Isuzu, Mitsubishi, Nissan und Toyota – um nur die wichtigsten zu nennen – über eine zu-

nehmend leistungsfähiger gewordene Lkw-Industrie, die sich heute mit jedem europäischen oder amerikanischen Wettbewerber messen kann und auch auf dem Exportsektor eine große Rolle spielt. Auch die Volksrepublik China ist mit ihren mittlerweile recht zahlreichen Lkw-Fertigungsstätten und -Marken wie z. B. Dong Feng, Huangho, Jiaotong, Jiefang und Jiang-Huai weitgehend Selbstversorger geworden. Seit einigen Jahren vefügt auch Südkorea mit den Marken Daewoo und Hyundai über eine eigenständige Nutzfahrzeugproduktion. Relativ gering entwickelt ist dagegen die Feuerwehrausrüs-

tungsindustrie. Mit Ausnahme von Japan, Indien, der Türkei und der Volksrepublik China, die auch auf diesem Sektor – mit Ausnahme der Hubrettungsfahrzeuge – ihren Bedarf zumindest größtenteils aus eigener Produktion bestreiten können, müssen die meisten Feuerwehrfahrzeuge importiert werden. Auf dem Drehleitersektor ist die Bedeutung der deutschen Hersteller Metz und Magirus nach wie vor groß. Allein in Japan werden – trotz der Existenz des Herstellers Morita – immer noch deutsche Drehleitern in größerem Umfang eingesetzt.

Verwendungszweck:	*Tanklöschfahrzeug TLF 15*
Fahrgestelltyp:	*Mercedes-Benz L 701*
Baujahr:	*1949*
Leistung der Pumpe:	*1500 l/min*
Löschwasservorrat:	*2400 l*

Schon seit Beginn des 20. Jahrhunderts entwickelten sich sehr positive Geschäftsbeziehungen zwischen der Türkei und der deutschen Feuerwehrgeräteindustrie. So konnte Magirus im Jahr 1933 ihre erste Drehleiter ausliefern und 1938 folgte Metz mit einer DL 30 + 2 für die Feuerwehr Ankara. Schon bald nach Kriegsende bestellten türkische Feuerwehren wieder deutsche Fahrzeuge. Im Jahr 1949 durfte Metz einen Auftrag über sieben TLF 15 mit offenliegendem Pumpenstand am Heck und unverkleidetem Wassertank für die Feuerwehr der türkischen Hauptstadt Ankara ausführen. Diese Fahrzeuge besaßen Staffelfahrerhäuser und waren auf Mercedes-Benz-L 701-Fahrgestellen, das waren die im Mannheimer Daimler-Benz-Werk in Lizenz gebauten Opel-Blitz-3-Tonner, erstellt. Vorn unterhalb der Stoßstangen besaßen sie Wassersprengeinrichtungen, damit sie auch als Straßensprengwagen eingesetzt werden konnten. Die auf der rechten Fahrerhausseite angebrachte Glocke war damals noch in vielen Ländern als zusätzliches Signalmittel weit verbreitet. Diese auf dem Metz-Werksgelände im August 1949 entstandene Gruppenaufnahme zeigt die Fahrzeuge vor der Auslieferung.

 # Türkei

Verwendungszweck:	*Drehleiter DL 32 m*
Fahrgestelltyp:	*Südwerke LD 60*
Baujahr:	*1949*
Leistung der Pumpe:	–
Löschwasservorrat:	–

Gleichfalls nach Ankara ging diese mechanische, aus fünf Leiterteilen bestehende DL 32 von Metz, die auf einem Südwerke-Haubenchassis, wie seinerzeit die nach Kriegsende in Kulmbach gefertigten Krupp-Lastkraftwagen bezeichnet wurden, aufgebaut worden war. Dieses Einzelstück verfügte über einen in Reihe konstruierten Vierzylinder-Zweitakt-Doppelkolben-Dieselmotor mit 5448 ccm Hubraum und 125 PS Leistung. Die Leiter besaß Schraubspindelabstützung und wurde mittels Drehkranz und Kette aufgerichtet.

Verwendungszweck:	**Drehleiter DL 17 m**
Fahrgestelltyp:	**Ford FK 3500**
Baujahr:	**1954**
Leistung der Pumpe:	**–**
Löschwasservorrat:	**–**

Die Feuerwehr Izmir (Izmir Belediye Itfaiyesi) erhielt im Frühjahr 1954 diese mechanische Metz-Drehleiter (Metz Merdiveni) mit 17 m Steighöhe, die sich aus einem dreiteiligen Stahlleitersatz zusammensetzte. Als Fahrgestell diente das mit einem V-Acht-zylinder-Vergasermotor bestückte 95-PS-Chassis eines 3,5-t-Lkw-Modells der Kölner Ford-Werke. Neben einer auf dem linken Kotflügel angebrachten Elektrosirene verließ man sich bei Alarmfahrten zusätzlich auf die vom Beifahrerplatz per Hand zu betätigende Alarmglocke.

Verwendungszweck:	**Tanklöschfahrzeug**
Fahrgestelltyp:	**Ford-Otosan D 1210**
Baujahr:	**1983**
Leistung der Pumpe:	**1600 l/min**
Löschwasservorrat:	**5000 l**

Dieses Tanklöschfahrzeug gehörte im Jahr 2000 zum Bestand der türkischen Feuerwehr Antalya. Es war mit einer Truppkabine für drei Einsatzkräfte auf einem in der Türkei in Lizenz gefertigten Ford-Fahrgestell von dem Aufbauhersteller EGE ausgeführt. Vorn auf dem Aufbaudach ist ein Schaum-Wasserwerfer für Handbetätigung installiert. Neben seinem Löschwasservorrat befinden sich 500 l Schaummittel auf dem Fahrzeug.

Verwendungszweck:	**Drehleiter DL 44 h**
Fahrgestelltyp:	**Mercedes-Benz LF 332/52**
Baujahr:	**1962**
Leistung der Pumpe:	**–**
Löschwasservorrat:	**–**

Auf einem schweren 19-t-Exportfahrgestell von Mercedes-Benz aufgebaut wurde diese für die Feuerwehr Ankara bestimmte sechsteilige Metz DL 44, die bereits mit einem hydraulischen Leiterantrieb ausgeführt war. Es war damals die höchste Drehleiter dieser Region, die von einem 172 PS leistenden Sechszylinder-Vorkammer-Dieselmotor angetrieben wurde. Erst in den frühen 1990er Jahren wurde das Fahrzeug an eine kleinere Wehr abgegeben und durch eine Gelenkmastbühne ersetzt.

Verwendungszweck:	**Tanklöschfahrzeug**
Fahrgestelltyp:	**Fatih-BMC-110-08**
Baujahr:	**1996**
Leistung der Pumpe:	**1600 l/min**
Löschwasservorrat:	**2000 l**

Von der Feuerwehr Manavgat (Manavgat Itfaiye Belediyesi) wurde dieses auf einem in Lizenz gefertigten BMC-Fatih-Frontlenkerfahrgestell aufgebaute Tanklöschfahrzeug eingesetzt. Dieses Fahrzeug entstand bei dem in Izmir ansässigen türkischen Feuerwehrausrüster Volkan, der seit 1974 Tank- und Schaumlöschfahrzeuge, aber auch kleinere Drehleitern im Programm hat. Neben Löschwasser befinden sich 300 l Schaummittel auf dem Fahrzeug.

Verwendungszweck:	**Drehleiter-Tanklöschfahrzeug 18 m**
Fahrgestelltyp:	**Fatih-BMC C 200-26**
Baujahr:	**1994**
Leistung der Pumpe:	**1600 l/min**
Löschwasservorrat:	**10 000 l**

Recht verbreitet ist bei türkischen Feuerwehren der Typ des oftmals mit einem zusätzlichen Schaummitteltank bestückten Drehleiter-Tanklöschfahrzeugs. Dieses auf einem schweren dreiachsigen Fatih-BMC aufgebaute Modell ist mit einem 600 l fassenden Schaumtank und einer hydraulischen 18-m-Drehleiter ausgerüstet, die von dem türkischen Hersteller Katmerciler stammt. Der dreiteilige, nach vorne hin abgelegte Leitersatz ruht auf einem im rückwärtigen Teil des Aufbaus montierten Leiterstuhl.

Verwendungszweck:	**Waldbrandlöschfahrzeug**
Fahrgestelltyp:	**Renault M 210 (4 x 4)**
Baujahr:	**1999**
Leistung der Pumpe:	**2800 l/min**
Löschwasservorrat:	**3000 l**

Dieses Waldbrand-Tanklöschfahrzeug mit Allradantrieb befindet sich bei der Forstbehörde im Raum Antalya unter der Bezeichnung A 4 im Einsatz. Feuerlöschkreiselpumpe mit Zumischer sowie möglicherweise auch der feuerwehrtechnische Aufbau stammen von der deutschen Firma Ziegler in Giengen. Das mit einem Gestänge an der Kabine als Schutz gegen Äste ausgerüstete Modell besitzt eine Vorbauseilwinde und zwei Schnellangriffshaspeln am Heck. Neben dem Löschwasserbehälter ist ein 300-l-Schaummitteltank vorhanden.

Verwendungszweck:	**Tanklöschfahrzeug**
Fahrgestelltyp:	**Ford-Otosan Cargo 1312**
Baujahr:	**1986**
Leistung der Pumpe:	**1200 l/min**
Löschwasservorrat:	**6000 l**

Von der gleichen Wehr wurde dieses offenbar in Eigenleistung erstellte Tanklöschfahrzeug verwendet, das ein Ford-Otosan-Frontlenkerchassis zur Basis hat. Das mit einer Vorbaupumpe ausgebildete Fahrzeug besitzt das reguläre Standard-Lkw-Fahrerhaus und einen offenliegenden Löschwassertank mit Leitergerüst.

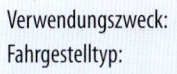

Verwendungszweck:	*Universallöschfahrzeug*
Fahrgestelltyp:	*Mercedes-Benz*
	Actros 3340/45 (6 x 6)
Baujahr:	*2001*
Leistung der Pumpe:	*4000 l/min*
Löschwasservorrat:	*4000 l*

Für die Werkfeuerwehr Petkim in der Türkei lieferte Rosenbauer dieses auf einem Mercedes-Benz-Actros-Dreiachschassis mit 394 PS aufgebaute Universallöschfahrzeug, das mit einem heckseitig angeordneten dreiteiligen, auf 20 m Höhe ausfahrbaren Putzmeister-Löscharm mit hydraulischen Abstützungen ausgerüstet ist. An dessen Spitze befindet sich ein 4000-l/min-Werfer. Diese Firma ist ein Spezialhersteller für Betonpumpen. Die Feuerlöschpumpe ist eine Hoch-/Normaldruckpumpe mit Zumischer vom Typ NH 40 mit einer Leistung von 4000 l/min bei 10 bzw. 400 l/min bei 40 bar. Das 27,5 t schwere Fahrzeug ist mit zwei Tanks mit jeweils 4000 l Fassungsvermögen für Wasser bzw. Schaum ausgestattet.

Verwendungszweck:	*Drehleiter-Tanklöschfahr-*
	zeug 18 m
Fahrgestelltyp:	*Ford-Otosan Cargo 2014*
Baujahr:	*2000*
Leistung der Pumpe:	*1600 l/min*
Löschwasservorrat:	*9000 l*

Die Feuerwehr der am Mittelmeer liegenden Stadt Side verfügt über dieses Drehleiter-Tanklöschfahrzeug, das zum Zeitpunkt der Aufnahme gerade erst in Dienst gestellt worden war. Im Gegensatz zum Fahrzeug auf der vorherigen Aufnahme ist die von dem türkischen Hersteller Pisirgen auf einem dreiachsigen Ford-Fahrgestell erstellte hydraulische 18-m-Drehleiter mit einem Rettungskorb und Schrägabstützungen ausgerüstet. Auch in diesem Fall ist ein 500-l-Schaummitteltank vorhanden.

Verwendungszweck:	*Flugplatzlöschfahrzeug*
	FLF Buffalo
Fahrgestelltyp:	*Mercedes-Benz 2638 A 41*
	(6 x 6)
Baujahr:	*1999*
Leistung der Pumpe:	*6000 l/min*
Löschwasservorrat:	*9000 l*

Einen Großauftrag über insgesamt 17 Einheiten des Flugplatzlöschfahrzeugs Buffalo lieferte Rosenbauer an die türkische Luftfahrtbehörde zur Bestückung der internationalen Verkehrsflughäfen des Landes. Der Aufbau erfolgte auf einem allradgetriebenen Dreiachs-Fahrgestell von Mercedes-Benz mit Serienfahrerhaus, das für vier Mann Besatzung eingerichtet ist. Das mit einem Automatikgetriebe bestückte Fahrzeug mobilisiert 381 PS und beschleunigt von 0 auf 80 km/h in 40 Sekunden bei einer Höchstgeschwindigkeit von 102 km/h. Ein großer Löschwassertank, ein 1000-l-Schaummittelbehälter, eine Feuerlöschkreiselpumpe mit Zumischer, Dachmonitor, zwei Schnellangriffshaspeln mit jeweils 30 m formfesten Schlauch und angekuppeltem Schaumrohr sind die wesentlichen technischen Details dieser Fahrzeuge. Das abgebildete Fahrzeug ist für den Verkehrsflughafen in Antalya bestimmt.

Verwendungszweck:	**Teleskopgelenkmast-** **bühne TMB**
Fahrgestelltyp:	**MAN 26.321 DF**
Baujahr:	**1996**
Leistung der Pumpe:	**–**
Löschwasservorrat:	**–**

Auf einem schweren MAN-Dreiachsfahrgestell mit 26 t zulässigem Gesamtgewicht und 321 PS starkem Antriebsaggregat montierte der Gelenkmasthersteller Bronto diese gewaltige Teleskopgelenkmastbühne vom Typ Skylift F 54 HDT 2000 mit 54 m Arbeitshöhe für die Feuerwehr Antalya. In Folge der in diesem stark frequentierten Urlaubszentrum neu errichteten Hotelhochhäuser muss diese mit einem 500-kg-Korb ausgerüstete Bühne für die Menschenrettung bei möglichen Brand- und anderen Notfällen vorgehalten werden.

Verwendungszweck:	**Drehleiter-Löschfahrzeug** **18 m**
Fahrgestelltyp:	**Fatih-BMC 220-26**
Baujahr:	**2000**
Leistung der Pumpe:	**1600 l/min**
Löschwasservorrat:	**9000 l**

Ein weiteres Fahrzeug der Feuerwehr Antalya ist dieses Drehleiter-Tanklöschfahrzeug, das auf einem dreiachsigen Fatih-BMC-Fahrgestell errichtet wurde. Der dreiteilige hydraulische, von dem türkischen Hersteller Katmet stammende Leitersatz ist mit Rettungskorb und einem Monitor am Leiterende ausgerüstet. Neben einer Feuerlöschkreiselpumpe mit Zumischer ist ein großer Löschwasservorrat und ein 400-l-Schaummittelbehälter vorhanden.

Verwendungszweck:	**Tanklöschfahrzeug mit** **Teleskopgelenkmast**
Fahrgestelltyp:	**Mercedes-Benz 2638/62** **(6 x 4)**
Baujahr:	**2001**
Leistung der Pumpe:	**6000 l/min**
Löschwasservorrat:	**2000 l**

Zu den ungewöhnlichen Feuerwehrfahrzeugen zählt mit Sicherheit dieses von Rosenbauer für die Werkfeuerwehr Tüpras Kirikkale gebaute Tanklöschfahrzeug mit Teleskopgelenkmast.

Als Fahrgestell wurde ein Mercedes-Benz 2638-Chassis mit 381-PS-Diesel und 37,6 t zulässigem Gesamtgewicht ausgewählt. Mit der vierfach abgestützten Fire-Lift-Ikarus-Gelenkbühne lassen sich Arbeitshöhen von bis zu 42 m erreichen. Im Korb befindet sich ein Monitor und an der Seite des Mastes ist zusätzlich eine Rettungsleiter installiert. Das mit Löschwasser und 3000 l Schaummittel beladene Sonderfahrzeug verfügt über einen Frontwerfer und zwei Schnellangriffseinrichtungen sowie über eine leistungsfähige Feuerlöschkreiselpumpe mit Zumischer und einen Stromerzeuger.

Verwendungszweck:	**Rüstwagen RW 2-Kran**
Fahrgestelltyp:	**Iveco ML 135 E 24**
Baujahr:	**1997**
Leistung der Pumpe:	**–**
Löschwasservorrat:	**–**

Dieser auf einem Iveco-Fahrgestell aufgebaute Rüstwagen RW 2 mit hydraulischem Hiab-Klappkran am Fahrzeugheck steht ebenfalls bei der Feuerwehr Antalya im Einsatz. Der mit einem Magirus-Aufbau versehene Rüstwagen ist mit einer umfangreichen Ausrüstungs- und Gerätepalette für alle Arten der technischen Hilfeleistung beladen. Dazu gehört beispielsweise ein Stromerzeuger, ein ausfahrbarer Lichtmast mit vier Flutlichtscheinwerfern und eine Seilwinde.

Israel

Verwendungszweck:	**Waldbrandlöschfahrzeug**
Fahrgestelltyp:	**Mercedes-Benz Unimog**
	Typ 416 (4 x 4)
Baujahr:	**1966**
Leistung der Pumpe:	**1600 l/min**
Löschwasservorrat:	**2800 l**

Modern ausgerüstet und schlagkräftig sind die Feuerwehren in Israel. Aufgrund des sehr heißen und trockenen Klimas in den Sommermonaten sind besonders Tanklöschfahrzeuge in den Fahrzeugbeständen der Wehren dieses Landes stark vertreten. Dieses von Metz auf einem Unimog-Fahrgestell aufgebaute Waldbrand-Tanklöschfahrzeug wurde 1966 nach Israel exportiert. Es besitzt eine Schnellangriffseinrichtung und mehrere, auf dem Aufbau gelagerte Saugschläuche. Das Allradfahrgestell verfügte über einen Sechszylinder-Diesel mit 80 PS Leistung.

Verwendungszweck:	**Tanklöschfahrzeug**
Fahrgestelltyp:	**Magirus-Deutz (KHD)**
	256 D 19 A (4 x 4)
Baujahr:	**1983**
Leistung der Pumpe:	**2800 l/min**
Löschwasservorrat:	**5000 l**

Dieses auf einem Magirus-Deutz-Exportfahrgestell mit 19 t zulässigem Gesamtgewicht von einem inländischen Karosseriebetrieb aufgebaute Tanklöschfahrzeug ist mit zwei Schnellangriffseinrichtungen und Dachmonitor ausgerüstet. Es befindet sich im Besitz der Feuerwehr der am südlichsten Punkt Israels gelegenen Hafenstadt Elat. Das aufgrund des Wüstenklimas mit Spezialluftfiltern versehene Fahrzeug verfügt über einen 256 PS starken V-Achtzylinder-Direkteinspritz-Dieselmotor mit Luftkühlung und 12 763 ccm Hubraum.

Verwendungszweck:	*Tanklöschfahrzeug*
Fahrgestelltyp:	*Mercedes-Benz 1419 (4 x 2)*
Baujahr:	*1978*
Leistung der Pumpe:	*2800 l/min*
Löschwasservorrat:	*4500 l*

Hier ein Tanklöschfahrzeug der Beit-Alfa-Company der Feuerwehr Elat, das auf einem mittelschweren Mercedes-Benz-Frontlenker-Fahrgestell mit 14 t zulässigem Gesamtgewicht errichtet wurde. Das Fahrgestell besitzt Hinterradantrieb und ist mit einem Sechszylinder-Diesel mit 192 PS Leistung ausgerüstet. Vorn auf dem begehbaren Dach des mit Rollläden verschlossenen Aufbaus ist ein Wasserwerferanschluss vorhanden. Am Heck befinden sich zwei Schnellangriffseinrichtungen.

Verwendungszweck:	*Rüstwagen mit Kran*
Fahrgestelltyp:	*Mercedes-Benz LAF 1113 B (4 x 4)*
Baujahr:	*1976*
Leistung der Pumpe:	*–*
Löschwasservorrat:	*–*

Auf einem Mercedes-Benz-Kurzhauber-Fahrgestell mit abschaltbarem Allradantrieb entstand dieser mit einem hydraulischen Ladekran am Heck und mit Seilwinde ausgerüstete Rüstwagen der Feuerwehr Elat. In dem geräumigen Kofferaufbau werden Werkzeuge und Geräte für viele Arten der technischen Hilfeleistung mitgeführt. Der Fahrzeugantrieb erfolgt durch einen Sechszylinder-Diesel mit 130 PS.

Verwendungszweck:	*Tanklöschfahrzeug TLF 15 und Drehleiter DL 25 m*
Fahrgestelltyp:	*Magirus-Deutz (KHD) S 3500*
Baujahr:	*1950*
Leistung der Pumpe:	*1500 l/min/ –*
Löschwasservorrat:	*2400 l/ –*

Im November 1950 wurden diese beiden von Magirus für die Feuerwehr Teheran gefertigten Feuerwehrfahrzeuge vor dem Ulmer Münster fotografiert. Links ein TLF 15/48 mit heckseitig offenem Pumpenstand und Staffelkabine. Daneben ist eine DL 25 mit mechanischem Leiterantrieb, Staffelkabine und Vorbaupumpe zu sehen. Für beide Fahrzeug wurde das Magirus-Deutz-S 3500-Fahrgestell mit 85 PS starkem luftgekühltem Vierzylinder-Wirbelkammer-Dieselmotor verwendet.

 # Iran

Verwendungszweck:	*Tanklöschfahrzeug*
Fahrgestelltyp:	*Benz Typ 3 CN*
Baujahr:	*1925*
Leistung der Pumpe:	*1200 l/min*
Löschwasservorrat:	*2000 l*

Der Iran liegt in einer politisch nicht gerade ruhigen Weltregion, so dass über die Feuerwehren des Landes nur wenig aktuelle Informationen vorliegen. Da der Iran über keine eigene Nutzfahrzeugindustrie verfügt, müssen nach wie vor alle Feuerwehrfahrzeuge importiert werden. Schon seit Beginn des 20. Jahrhunderts zählte vor allem die Feuerwehr der iranischen Hauptstadt Teheran zu den Kunden der deutschen Feuerwehrausrüster Metz und Magirus. Nach der Revolution und der Absetzung des Schahs im Jahr 1979 gelangten in den 1980er Jahren auch zahlreiche DDR-Fahrzeuge ins Land. Einige Jahrzehnte älter ist allerdings diese von Metz auf einem Benz-Gaggenau-Fahrgestell mit 3,5 t Nutzlast errichtete Tankfeuerlöschspritze, die im Jahr 1925 für die Teheraner Feuerwehr gefertigt wurde. Das bereits luftbereifte Chassis besaß einen Vierzylinder-Vergasermotor mit 6270 ccm Hubraum und 40/45 PS Motorleistung. Die Feuerlöschkreiselpumpe befand sich am Heck des Fahrzeugs.

Verwendungszweck:	**Gelenkmastbühne**
	GMB 28
Fahrgestelltyp:	**Mercedes-Benz LA 2624**
	(6 x 6)
Baujahr:	**1983**
Leistung der Pumpe:	**4000 l/min**
Löschwasservorrat:	**–**

Für den saudi-arabischen Zivilschutz bestimmt war diese Simon-Snorkel-Gelenkmastbühne GMB 28 mit 28 m Arbeitshöhe, die auf einem schweren dreiachsigen Mercedes-Benz-Kurzhauber-Allradfahrgestell errichtet wurde. Podium und Geräteräume dieses mit einer klimatisierten Staffelkabine ausgerüsteten Fahrzeugs erstellte die österreichische Firma Rosenbauer. Dieser Hersteller installierte auch den 1000-l-Schaummittelbehälter und lieferte ebenfalls die mittig eingebaute Feuerlöschkreiselpumpe FP 40/12 mit Zumischer. Als Antriebseinheit wurde ein Sechszylinder-Direkteinspritz-Diesel mit 11 580 ccm Hubraum und 240 PS Motorleistung verwendet.

Verwendungszweck:	**Drehleiter DL 37 m**
Fahrgestelltyp:	**Mercedes-Benz L 315/52**
Baujahr:	**1958**
Leistung der Pumpe:	**–**
Löschwasservorrat:	**–**

Das Königreich Saudi-Arabien nimmt mit einer Fläche im Ausmaß Westeuropas den größten Teil der Arabischen Halbinsel ein. Mehr als 95 % des Landes sind Wüste. Saudi-Arabien hat die weltgrößten Öl- und Gasreserven sowie bedeutende Raffinerien und petrochemische Anlagen. Die zum Feuerschutz dieser Werksanlagen benötigten Sonderlöschfahrzeuge müssen ebenso wie alle anderen Feuerwehrfahrzeuge durch das Fehlen einer eigenen Nutzfahrzeug- und Feuerwehrgeräteindustrie aus dem Ausland eingeführt werden. Die

Fahrgestelle sind eine Mischung europäischer und amerikanischer Produkte, wobei Mercedes-Benz in dieser Region eine starke Position einnimmt. Ende der 1950er Jahre gelangten erstmals auch deutsche Drehleitern nach Saudi-Arabien, als die Firma Metz zwei mechanische DL 37 auf schweren Mercedes-Benz-Langhauber-Fahrgestellen mit 145 PS Dieselmotoren im März 1958 in das Königreich am Roten Meer lieferte. Wahrscheinlich waren diese mit einem Fahrstuhl an den Untergurten ausgerüsteten Drehleitern für die Feuerwehr der Hauptstadt Riad bestimmt. Da auch die saudi-arabischen Feuerwehren der Polizei unterstehen, ist auch in diesem Fall nichts Verbindliches über die exakten Bestimmungsorte der Fahrzeuge in Erfahrung zu bringen. Über den Verbleib dieser mächtigen Fahrzeuge ist ebenso wenig bekannt.

Saudi-Arabien

Verwendungszweck:	**Drehleiter mit Korb**
	DLK 44
Fahrgestelltyp:	**Mercedes-Benz L 1924/52**
Baujahr:	**1984**
Leistung der Pumpe:	**–**
Löschwasservorrat:	**–**

Im Jahr 1984 wurden gleich fünf hydraulische Metz-DLK 44 für Saudi-Arabien ausgeliefert. Die traditionell in der Farbe Lemongreen lackierten Fahrzeuge verfügten als erste Metz-Drehleiter-Modelle gleichzeitig über einen hängenden Rettungs- und Arbeitskorb für zwei Personen und über einen auf den Obergurten laufenden Fahrstuhl. Darüber hinaus ist eine Vorbauseilwinde und eine hydraulische Waagrecht-Senkrecht-Abstützung mit Bodendrucküberwachung zur Standsicherheit der Leiter vorhanden. Die für sechs Mann ausgebildeten Staffelkabinen besaßen Klimaanlagen, die vom Fahrzeugmotor angetrieben wurden. Als Untersatz wurden schwere 19-t-Kurzhauber-Exportfahrgestelle von Mercedes-Benz verwendet, deren Sechszylinder-Dieselmotoren 240 PS mobilisieren konnten.

Vereinigte Arabische Emirate V.A.E.

Verwendungszweck:	*Flugplatzlöschfahrzeug FLF*
Fahrgestelltyp:	*Reynolds Boughton Barracuda (6 x 6)*
Baujahr:	*1992*
Leistung der Pumpe:	*7200 l/min*
Löschwasservorrat:	*9700 l*

Die im Jahre 1971 nach Beendigung der britischen Herrschaft entstandenen Vereinigten Arabischen Emirate mit der Hauptstadt Abu Dhabi bilden die einzige Föderation der arabischen Welt. Die ausgesprochen wohlhabenden V.A.E. haben das höchste Pro-Kopf-Einkommen in der arabischen Welt. Sie sind ein wichtiger Rohöl- und Erdgas-Exporteur und ein Großteil der Exporteinnahmen kommt aus dem Ölsektor. Fünf Emirate haben Internationale Flughäfen, wobei der von Dubai der am stärksten frequentierte ist. Die Feuerwehren verfügen über eine dem neuesten Stand der Technik entsprechende Ausrüstung. Da in diesen Breiten ein tropisch heißes Wüstenklima herrscht und man auf keine nennenswerten Wasserreserven zurückgreifen kann, sind Tanklöschfahrzeuge mit großen Kapazitäten sehr bedeutsam. Dieses im November 1999 auf dem Verkehrsflughafen Sharjah abgelichtete Flugplatzlöschfahrzeug hat ein zulässiges Gesamtgewicht von 29,3 t und wurde von der Firma Major Foam Appliance (M.F.A.) erstellt. Neben Löschwasser verfügt dieses dreiachsige Fahrzeug über einen 1200-l-Schaummittel-

behälter. Die Godiva-Feuerlöschkreiselpumpe mit Zumischer vom Typ GVB 6500 erbringt eine Leistung von 7200 l/min. Mit dem fernsteuerbaren Chubb-FB-Dachmonitor lässt sich ein

Ausstoß von 4500 l/min erzielen. Eine im Aufbau eingelassene Leiter vom Typ Sky King 36 mit 10,97 m Länge und 136 kg Belastbarkeit ergänzt die Ausrüstung.

Verwendungszweck:	*Flugplatzlöschfahrzeug FLF*
Fahrgestelltyp:	*Gloster Saro Javelin (6 x 6)*
Baujahr:	*1983*
Leistung der Pumpe:	*6000 l/min*
Löschwasservorrat:	*10 000 l*

Ein weiteres Fahrzeug des Internationalen Verkehrsflughafens Sharjah ist dieses gleichfalls von M.F.A. erstellte, auf einem Gloster-Dreiachs-Chassis aufgebaute FLF. Dieses Fahrzeug wird von einem 553 PS starken Dieselmotor angetrieben, der das 28,5 t schwere Fahrzeug auf eine Höchstgeschwindigkeit von

106 km/h beschleunigen kann. Neben Löschwasser befinden sich 1200 l Schaummittelkonzentrat an Bord. Der Dachmonitor erreicht einen Ausstoß von 4540 l/min. Die eingebaute Leiter mit Korb hat eine Länge von 10,50 m und kann bis maximal 136 belastet werden.

Verwendungszweck:	*Flugplatzlöschfahrzeug FLF*
Fahrgestelltyp:	*Thornycroft Nubian Major (6 x 6)*
Baujahr:	*1976*
Leistung der Pumpe:	*5500 l/min*
Löschwasservorrat:	*6525 l*

Verwendungszweck:	*Flugplatzlöschfahrzeug FLF*
Fahrgestelltyp:	*Reynolds Boughton Barracuda (6 x 6)*
Baujahr:	*1995*
Leistung der Pumpe:	*7200 l/min*
Löschwasservorrat:	*9700 l*

Im Februar 1998 wurde auch dieses zwar etwas ältere, aber optimal gepflegte, von Major Foam Appliance aufgebaute Flugplatzlöschfahrzeug bei der Flughafenfeuerwehr in Sharjah noch aktiv eingesetzt. Das zusätzlich mit 500 l Schaummittel beladene Fahrzeug verfügt über einen Monitor mit einer Leistung von 3600 l/min. Die Godiva-Pumpe ist mit einem Zumischer ausgerüstet. Das allradgetriebene Thornycroft-Dreiachsfahrgestell besitzt ein Automatikgetriebe und als Antriebseinheit einen Sechszylinder-Cummins-Diesel mit 300 PS.

Die Flughafenfeuerwehr des Ras Al Khaimah International Airports hat dieses im Frühjahr 2004 fotografierte dreiachsige Flugplatzlöschfahrzeug im Fahrzeugbestand. Das ebenfalls von Major Foam Appliance erstellte Fahrzeug ist mit Löschwasser und 1200 l Schaummittel beladen. Im Gegensatz zum Fahrzeug aus Sharjah ist allerdings keine Leiter vorhanden. Eine Godiva-Pumpe mit Zumischer und ein Chubb-Monitor mit 4500 l/min Leistung ergänzen die Ausrüstung.

Verwendungszweck:	*Wasserzubringerfahrzeug*
Fahrgestelltyp:	*Bedford (4 x 4)*
Baujahr:	*1978*
Leistung der Pumpe:	*–*
Löschwasservorrat:	*5000 l*

Wie bereits eingangs erwähnt, spielen Tanklöschfahrzeuge und Wasserzubringer in den unter einer extremen Wasserarmut leidenden Vereinigten Arabischen Emiraten eine große Rolle. Dieser auf einem englischen Bedford-Frontlenkerchassis aufgebaute Wassertankwagen der Feuerwehr Dhayad ist ein solches Fahrzeug, das diejenigen Einsatzstellen mit Löschwasser versorgt, die fernab vom öffentlichen Hydrantennetz liegen. Das Fahrzeug ist mit einer am Heck angebrachten Tragkraftspritze ausgerüstet.

Verwendungszweck:	**Drehleiter mit Korb DLK 30**
Fahrgestelltyp:	**Magirus-Deutz (KHD) 232 D 15**
Baujahr:	**1972**
Leistung der Pumpe:	**–**
Löschwasservorrat:	**–**

Diese hydraulische Magirus DLK 30 mit vierteiligem Leiterpark und einhängbarem Rettungskorb wurde von der Feuerwehr Ajman im Jahr 1972 beschafft. Dieses lemongreen lackierte, mit einer Staffelkabine für sechs Mann Besatzung ausgeführte Fahrzeug entstand auf einem Frontlenkerchassis von Magirus-Deutz, das durch einen luftgekühlten Achtzylinder-V-Dieselmotor mit 11 309 ccm Hubraum und 232 PS Leistung fortbewegt wurde. Am Leiterstuhl ist ein Notstromaggregat angebracht. Der Rettungskorb kann mit zwei Personen oder maximal 170 kg belastet werden.

Verwendungszweck:	**Teleskopgelenkmastbühne TMB**
Fahrgestelltyp:	**Mercedes-Benz 3538 (8 x 8)**
Baujahr:	**1997**
Leistung der Pumpe:	**–**
Löschwasservorrat:	**–**

Bei der Feuerwehr Sharjah wurde diese Teleskopgelenkmastbühne des Typs Bronto Skylift F 54 HDT mit 54 m Arbeitshöhe eingesetzt. Der Aufbau erfolgte auf ein schweres vierachsiges Allradfahrgestell von Mercedes-Benz, das über einen Dieselmotor mit 381 PS verfügt. Für die Menschenrettung in den zahlreichen Hochbauten ist eine solche Gelenkbühne unerlässlich. Der Arbeitskorb ist für eine Belastung von 500 kg eingerichtet.

Verwendungszweck:	**Wasserzubringerfahrzeug**
Fahrgestelltyp:	**GMC Brigadier**
Baujahr:	**1990**
Leistung der Pumpe:	**–**
Löschwasservorrat:	**24 000 l**

Ein Wasserzubringerfahrzeug in Sattelschlepperbauweise gehörte im Jahr 2001 zum Fahrzeugbestand der Feuerwehr Dubai. Für die Fortbewegung der dreiachsigen US-amerikanischen GMC-Zugmaschine ist ein großvolumiger V-Achtzylinder-Vergasermotor mit 320 PS zuständig. Auf dem zweiachsigen Sattelauflieger befindet sich eine kleine Befüllpumpe.

Pakistan, Nepal, Thailand

Das früher zu Britisch-Indien gehörende und seit 1947 unabhängige Pakistan ist eine muslimische Republik und seit 1998 Atommacht. Die Wirtschaft des Landes orientiert sich hauptsächlich an seiner riesigen Textilindustrie, die als eine der größten der Welt gilt. Über die dortigen Feuerwehren, die dem Militär unterstehen, waren kaum aussagekräftige Informationen zu erlangen. Da eine Fahrzeug- und Feuerwehrgeräteindustrie nicht vorhanden ist, müssen die Einsatzfahrzeuge eingeführt werden. 1957 erging ein Auftrag des staatlichen Luftfahrtministeriums an die Karlsruher Firma Metz zur Lieferung von sechs Flugplatzlöschfahrzeugen, die auf schweren Mercedes-Benz-Allrad-Haubenfahrgestellen aufgebaut wurden. Die großen Fahrzeuge besaßen als kombinierte Hoch- und Niederdruckpumpen ausgeführte Mitteneinbaupumpen mit Zumischer, beidseitig oberhalb des offenen Pumpenbedienstands angeordnete Schnellangriffseinrichtungen mit Hochdruckschlauch und zwei Luftschaumwendestrahlrohre. Neben Löschwasser bestand die Beladung aus 300 l Schaummittel und einer 300 kg Trockenpulver-Löschanlage. Auf der Beifahrerseite der großen, für sechs Mann eingerichteten Staffelkabine befand sich eine Plexiglassichtkuppel. Vermutlich waren diese Fahrzeuge für pakistanische Militärflughäfen bestimmt.

Verwendungszweck:	*Flugplatzlöschfahrzeug FLF*
Fahrgestelltyp:	*Mercedes-Benz LAKo 315/52*
Baujahr:	*1957*
Leistung der Pumpe:	*3000 l/min*
Löschwasservorrat:	*3000 l*

Verwendungszweck:	*Flugplatzlöschfahrzeug FLF*
Fahrgestelltyp:	*Gloster Saro Protector (6 x 6)*
Baujahr:	*1982*
Leistung der Pumpe:	*6000 l/min*
Löschwasservorrat:	*9500 l*

Über die Feuerwehren des zwischen Indien und China im südlichen Himalaja gelegenen Königreichs Nepal sind kaum Informationen erhältlich. Auch hier ist man bei sämtlichen Einsatzfahrzeugen auf Einfuhren angewiesen. Auf dem Internationalen Verkehrsflughafen der nepalesischen Hauptstadt Katmandu konnte beim Civil Aviation Fire Service Nepal dieser Crash Fire Truck (CFR) im Jahr 1997 fotografiert werden. Dieses auf einem dreiachsigen Simon/Gloster Saro Protector erstellte Fahrzeug besitzt ein Automatikgetriebe und verfügt über einen V-16-Zylinder-600-PS-Diesel. Neben dem Löschwasservorrat ist ein 1150 l Schaummittelbehälter vorhanden.

Verwendungszweck:	Großtanklöschfahrzeug GTLF
Fahrgestelltyp:	Nissan Big Thumb 6
Baujahr:	1993
Leistung der Pumpe:	–
Löschwasservorrat:	10 000 l

Dieses auf einem Nissan-Dreiachs-Frontlenkerfahrgestell aufgebaute Großtanklöschfahrzeug ist bei der Berufsfeuerwehr Bangkok stationiert. Das verwendete Nissan-Fahrgestell vom Typ Big Thumb 6 wird bereits seit Beginn der 1980er Jahre in großen Stückzahlen erfolgreich produziert und ist mit einem Sechszylinder-Diesel mit 300 PS ausgerüstet. Dieses Tanklöschfahrzeug besitzt das reguläre Standard-Lkw-Fahrerhaus und ist nur mit einer am Heck angeordneten Tragkraftspritze als Befüllpumpe ausgerüstet.

Verwendungszweck:	Tanklöschfahrzeug
Fahrgestelltyp:	Hino Econo Diesel
Baujahr:	1995
Leistung der Pumpe:	2800 l/min
Löschwasservorrat:	4800 l

Das zwischen dem Indischen und Pazifischen Ozean gelegene Königreich Thailand besteht seit dem 13. Jahrhundert. Hauptstadt und wirtschaftliches Zentrum des Landes ist Bangkok. Thailands Feuerwehren sind durchweg modern ausgerüstet, wobei häufig japanische Nutzfahrzeugfabrikate zum Aufbau der Einsatzfahrzeuge verwendet werden. Ein Hino-Frontlenkerfahrgestell mit 191-PS-Sechszylinder-Diesel zur Basis hat dieses auf der Fire Station Nr. 2 des Bangkok International Airports im Dienst stehende Tanklöschfahrzeug. Es besitzt einen Ziegler-Aufbau, der in den indonesischen Werksanlagen gefertigt wurde. Ziegler stellte auch die mit einem Zumischer ausgerüstete Feuerlöschkreiselpumpe. Neben Löschwasser ist ein 300 l Schaummitteltank vorhanden. Die Tochtergesellschaft Hino-Trucks ist Mitglied des Toyota-Konzerns und zählt auf den asiatischen Märkten zu den unangefochtenen Marktführern.

Verwendungszweck:	Flugplatzlöschfahrzeug FLF
Fahrgestelltyp:	Kronenburg (6 x 6)
Baujahr:	1983
Leistung der Pumpe:	2800 l/min
Löschwasservorrat:	6000 l

Dieses schöne Flugplatzlöschfahrzeug von Kronenburg zählt ebenfalls zu den Einsatzfahrzeugen der Flughafenfeuerwehr, die auf Bangkoks Internationalem Verkehrsflughafen stationiert sind. Auf dem dreiachsigen, von einem 330-PS-V-Acht-zylinder-Dieselmotor angetriebenen Fahrgestell sind Löschwasser, 1200 l Schaummittel, eine Feuerlöschkreiselpumpe mit Zumischer und ein Dachmonitor verlastet.

Verwendungszweck:	Flugplatzlöschfahrzeug FLF
Fahrgestelltyp:	Walter (4 x 4)
Baujahr:	1985
Leistung der Pumpe:	2400 l/min
Löschwasservorrat:	3000 l

Auf Bangkoks Internationalem Flughafen befindet sich dieses von Walter erstellte Flugplatzvorauslöschfahrzeug RIV (Rapid Intervention Vehicle) im Fahrzeugbestand. Auf dem begehbaren Aufbaudach des mit Löschwasser und 300 l Schaummittel beladenen Fahrzeugs befindet sich ein Monitor. Das FLF verfügt über eine Feuerlöschkreiselpumpe mit Zumischer und einen Rammschutz vor der Fahrzeugfront.

Verwendungszweck:	*Flugplatzlöschfahrzeug FLF*
Fahrgestelltyp:	*Oshkosh T 3000 (6 x 6)*
Baujahr:	*1994*
Leistung der Pumpe:	*5600 l/min*
Löschwasservorrat:	*11 500 l*

Mit zu den neuesten Errungenschaften bei der Flughafenfeuerwehr auf Bangkoks International Airport zählt dieses FLF des Typs Oshkosh T 3000. Das mächtige, von diesem Hersteller komplett erstellte Flugplatzlöschfahrzeug besitzt einen Front- und Dachmonitor, eine starke Feuerlöschkreiselpumpe mit Zumischeinrichtung, Löschwasser und einen 1500 l Schaummittelbehälter.

Verwendungszweck:	*Flugplatzlöschfahrzeug FLF*
Fahrgestelltyp:	*Chubb Protector*
Baujahr:	*1987*
Leistung der Pumpe:	*9000 l/min*
Löschwasservorrat:	*9000 l*

Ein weiteres Einsatzfahrzeug auf Bangkoks Flughafen ist dieses von der britischen Firma Chubb Fire Security Ltd. erstellte Flugplatzlöschfahrzeug Nr. 3. Es verfügt über einen leistungsfähigen Dachmonitor, der von der Kabine aus ferngesteuert wird, über eine in den Aufbau eingelassene Leiter mit 12 m Steighöhe und einen starken Rammschutz vor der Fahrzeugfront, um notfalls auch im unbefestigten Gelände außerhalb des Flughafens operieren zu können. Neben dem Löschwasservorrat befinden sich 1100 l Schaummittel an Bord.

Volksrepublik China

China, das flächenmäßig einen Großteil Ostasiens einnimmt, grenzt an 14 Länder. In diesem lange Zeit ausländischen Besuchern weitgehend verschlossenen Land lebt ein Fünftel der Weltbevölkerung. China ist nach wie vor ein Land der Gegensätze. So sind wirtschaftlich stark entwickelte Gebiete mit modernsten Industrieanlagen ebenso zu finden wie Regionen mit kleinen Dörfern oder Siedlungen, an denen die letzten Jahrzehnte spurlos vorübergegangen sind. Lange Zeit gelangten nur spärliche Informationen über die Feuerwehren des Landes nach außen. Auch heute noch gehört die Feuerwehr zum Sicherheitsbereich und untersteht dem Militär. Dementsprechend straff sind zumindest die Berufsfeuerwehren in diesem Land organisiert. Daneben ergänzen die flächendeckend vorhandenen freiwilligen Feuerwehren mit der für westliche Verhältnisse geradezu imposanten Mitgliederzahl von weit über 10 Millionen Menschen sowie Werk- und Betriebsfeuerwehren den landesweiten Feuerschutz.

In den letzten Jahrzehnten hat sich nicht nur eine umfangreiche Nutzfahrzeug-, sondern auch eine Feuerwehrgeräteindustrie entwickelt. Weit mehr als 20 Unternehmen stehen unter Kontrolle der China Fire Fighting Protection and Fire Fighting Equipment Corporation mit Sitz in Peking. Die heimische Industrie ist in der Lage, den Fahrzeugbedarf der Feuerwehren bis auf verschiedene Spezialfahrzeuge, die weiterhin importiert werden müssen, zu decken. Das Standardfahrzeug in der Volksrepublik China ist ein Tanklöschfahrzeug auf Jie-Fang-Fahrgestell, einem Nachbau des sowjetischen ZIL 164, dem wiederum das K-Modell von International Harvester zu Grunde lag. Die Aufbauten werden ebenfalls im Lande hergestellt. Hinzu kommen aus eigener Fertigung größere Löschfahrzeuge mit integriertem Schaummitteltank und größerem Wasservorrat, Drehleitern und einige wenige Sonderkonstruktionen. Größere Wehren verfügen auch über Gelenkmastbühnen und verschiedene andere Sonderfahrzeuge.

Verwendungszweck:	Automobilspritze mit Abprotzleiter
Fahrgestelltyp:	Magirus M 30 S
Baujahr:	1933
Leistung der Pumpe:	1500 l/min
Löschwasservorrat:	–

China ist der älteste und wichtigste Kunde der deutschen Feuerwehrgeräteindustrie in Asien. Nicht nur Drehleitern, sondern auch Motorspritzen, Abprotzleitern, Rüstwagen, Tanklöschfahrzeuge und andere Typen gelangten seit Beginn des 20. Jahrhunderts ins Reich der Mitte. Die hier gezeigte Magirus-Automobilspritze des Modells Canton mit Feuerlöschkreiselpumpe und aufgeprotzter dreiteiliger 20-m-Ganzstahlleiter ging im Jahr 1933 ebenfalls nach China.

Verwendungszweck:	Wassertankwagen
Fahrgestelltyp:	MAN Z 1
Baujahr:	1936
Leistung der Pumpe:	–
Löschwasservorrat:	3000 l

Dieses kombinierte Straßenspreng- und Tanklöschfahrzeug wurde im Jahr 1936 nach China geliefert. Das mit einem Wassertank bestückte Fahrzeug verfügte über eine vor der Stoßstange angeordnete Straßensprengeinrichtung, um den Wagen nicht nur für Feuerwehrzwecke einsetzen zu können. Darüber befand sich eine kleine Pumpe auf dem Fahrzeug. Der seit 1933 gefertigte Z 1-Lastwagen trug eine Nutzlast von 3 t und besaß einen Sechszylinder-Dieselmotor mit 6754 ccm Hubraum und 70/75 PS.

Verwendungszweck:	**Tanklöschfahrzeug**
Fahrgestelltyp:	**Jie-Fang Typ CA 102**
Baujahr:	**1975**
Leistung der Pumpe:	**1600 l/min**
Löschwasservorrat:	**2400 l**

Wohl in Tausenden von Exemplaren steht auch heute noch, besonders bei den unzähligen freiwilligen Feuerwehren, das auf dem bewährten Jie-Fang-Fahrgestell von landeseigenen Feuerwehrausrüstern aufgebaute Standard-Tanklöschfahrzeug seinen Mann. Diese überaus robusten und einfach zu wartenden Fahrzeuge mit 4 t Nutzlast verfügen über einen Sechszylinder-Vergasermotor mit 95 PS. Sie sind mit einer großen Fahrer- und Mannschaftskabine, Mitteneinbaupumpe und Löschwasserbehälter ausgerüstet. Hier ein Fahrzeug, das dem Fotografen in den 1980er Jahren in Peking vor die Linse geriet.

Verwendungszweck:	**Drehleiter DL 52 m**
Fahrgestelltyp:	**Krupp L 8 Tg 5 Tiger**
Baujahr:	**1955**
Leistung der Pumpe:	–
Löschwasservorrat:	–

Mitte der 1950er Jahre gab die Volksrepublik China gleich mehrere Drehleitern mit ungewöhnlich großen Auszugslängen bei Metz in Karlsruhe in Auftrag. Es waren sechsteilige 52-m-Leitern mit 172 Sprossen, die an den Untergurten laufende Fahrstühle für zwei Personen besaßen. Die mechanischen Leitern konnten in 60 Sekunden auf ihre maximale Länge ausgefahren werden.

Während die erste, 1954 gebaute Leiter auf einem schweren 14-t-Mercedes-Benz LKo-Fahrgestell mit 145 PS – dieses Fahrzeug ist auf den Seiten 296/297 zu sehen – ausgeführt wurde, sollten die weiteren fünf, noch im gleichen Jahr georderten baugleichen Drehleitern auf noch schwereren und stärkeren Fahrgestellen ausgeführt werden. Während eine Leiter auf einem MAN-Chassis entstand, wurden die folgenden vier auf Krupp Tiger-Fahrgestelle mit 16 t zulässigem Gesamtgewicht gesetzt. Diese wurden durch Fünfzylinder-Zweitakt-Dieselmotoren mit

Roots-Gebläse, 7260 ccm Rauminhalt und 185 PS Leistung bei 1850 U/min angetrieben. Alle fünf Leitern waren mit einer mächtigen Vorbaupumpe ausgerüstet. Diese schweren, auf der Vorderachse zusätzlich lastenden Gewichte trugen entscheidend dazu bei, dass die Fahrer bei den damals noch ohne Lenkhilfe ausgestatteten Fahrzeugen insbesondere bei Kurvenfahrten ins Schwitzen gerieten. Über Stationierung und Verbleib dieser imposanten Fahrzeuge ist nichts bekannt.

Verwendungszweck:	Universallöschfahrzeug ULF
Fahrgestelltyp:	Steyr 26 3/28 P 43 (6 x 4)
Baujahr:	1990
Leistung der Pumpe:	6000 l/min
Löschwasservorrat:	9000 l

Dieses Universallöschfahrzeug lieferte die österreichische Firma Rosenbauer im Jahr 1990 nach China, wo es im Rahmen der Werkfeuerwehr eines größeren Industriebetriebs zum Einsatz kommen sollte. Der Aufbau des neben Löschwasser mit 1000 l Schaummittelkonzentrat und einer mit 1000 kg BC-Pulver bestückten Löschanlage ausgerüsteten Fahrzeugs erfolgte auf einem schweren dreiachsigen Steyr-Frontlenker-Fahrgestell mit 280 PS Motorleistung. Neben einer Feuerlöschkreiselpumpe mit Zumischsystem waren für die Wasser-Schaumabgabe zwei Schnellangriffseinrichtungen mit Schwerschaumrohr sowie ein auf dem Fahrzeugdach angeordneter Wasser-/Schaumwerfer vorhanden, der mittels Pistolenhandgriff aus der Kabine bedient werden konnte. Für den Pulver-Löschangriff standen ein manueller Pulvermonitor und zwei Schnellangriffseinrichtungen zur Verfügung.

Verwendungszweck:	Drehleiter DL 60 + 2 m
Fahrgestelltyp:	Kaelble KD 680 LF/52 (6 x 2)
Baujahr:	1957
Leistung der Pumpe:	3500 l/min
Löschwasservorrat:	–

Nach den positiven Erfahrungen mit den zahlreichen 52-m-Drehleitern, erteilte die Volksrepublik China der Firma Metz den Auftrag, eine 60-m-Drehleiter zu fertigen. Metz hatte bereits zu Beginn der 1950er Jahre Pläne für diese Leiterlänge entwickelt und Patente angemeldet, indes schien sich niemand für eine so hohe Leiter zu interessieren. Es entstand die größte und höchste jemals gebaute Drehleiter der Welt, die eine Auszuglänge von 60 m zuzüglich zwei Metern Handaus-

schub besaß. Der Antrieb dieses siebenteiligen Monstrums erfolgte mechanisch über Drehkranz und Kette. An den Untergurten lief ein Fahrstuhl für zwei Personen bis zur Leiterspitze. Für die Standsicherheit sorgten vier Fallspindeln mit zentraler Auslösung. In der großen Fahrer- und Mannschaftskabine war Platz für sechs Einsatzkräfte vorhanden. In 60 Sekunden konnte die Leiter auf 78° aufgerichtet und in weiteren 120 Sekunden bis zu ihrer vollen Länge ausgezogen werden. Das entspricht der Höhe eines 20-stöckigen Hochhauses! Als Fahrgestell verwendete man ein überschweres Kaelble Dreiachs-Chassis mit 5,20 m Radstand. Ein Sechszylinder-Reihen-Diesel mit 14 300 ccm Hubraum und 180 PS verhalf diesem 24,5 t schweren Koloss zu nicht gerade überragenden Fahrleistungen. Angeblich soll dieses Einzelstück bei der Feuerwehr Peking stationiert worden sein.

Verwendungszweck:	Flugplatzlöschfahrzeug FLF
Fahrgestelltyp:	Dragon KR 23.585 (6 x 6)
Baujahr:	1996
Leistung der Pumpe:	6000 l/min
Löschwasservorrat:	12 000 l

Einen weiteren Großauftrag über insgesamt 13 Flugplatzlöschfahrzeuge konnte Rosenbauer im Jahr 1996 für die Civil Aviation Administration China (CAAC) abwickeln. Darunter befanden sich fünf Crash-Tender des Typs „Dragon", die auf dreiachsige Allradfahrgestelle mit 585-PS-Motoren aufgebaut waren. Mit Hilfe des Automatikgetriebes kann dieser Löschdrache auf maximal 105 km/h beschleunigt werden. Neben einem großen

Löschwasservorrat befinden sich 1500 l Schaummittelkonzentrat auf den Fahrzeugen. Die Besatzung besteht aus drei Mann und die Feuerlöschkreiselpumpe ist mit dem Foamatic-Schaumzumischsystem ausgerüstet. Jeweils ein Dach- und Frontmonitor, zwei Schnellangriffshaspeln und Bodensprühdüsen als Selbstschutzeinrichtung sind die weiteren löschtechnischen Details dieser Fahrzeuge.

Verwendungszweck:	*Drehleiter mit Korb DLK 53*
Fahrgestelltyp:	*Mercedes-Benz Actros 2631 (6 x 4)*
Baujahr:	*2000*
Leistung der Pumpe:	*4000 l/min*
Löschwasservorrat:	*–*

In den 1990er Jahren bestellte die Volksrepublik China gleich mehrere DLK 53 von Metz mit 26 t zulässigem Gesamtgewicht. Dieses Fahrzeug ging an die Feuerwehr Dongchuan. Als Plattform wurde ein dreiachsiges Mercedes-Benz-Actros-Fahrgestell mit Fernfahrerhaus und 313-PS-Diesel verwendet. Der klappbare Lift ist für eine Tragkraft von 180 kg ausgelegt. An der Spitze der sechsteiligen Leiter befindet sich ein elektrisch betriebener Monitor mit verstellbarem Strahlrohr und ein Schwerschaumrohr. In der Mitte des Aufbaus wurde eine Rosenbauer-Feuerlöschkreiselpumpe montiert. Hier ist das Fahrzeug in der Endmontage zu sehen.

Verwendungszweck:	*Schaumlöschfahrzeug*
Fahrgestelltyp:	*Mercedes-Benz 2636 A 41 (6 x 6)*
Baujahr:	*1986*
Leistung der Pumpe:	*6000 l/min*
Löschwasservorrat:	*6000 l*

Für den Feuerschutz in Raffinerieanlagen lieferte die Firma Albert Ziegler in Giengen das Schaumlöschfahrzeug vom Typ Preventer an eine Werkfeuerwehr in der Volksrepublik China. Aufgebaut wurde das Fahrzeug auf ein 28-t-Mercedes-Benz-Dreiachs-Allradfahrgestell mit Standard-Fahrerkabine und einem wassergekühlten V-Zehnzylinder-Dieselmotor mit 355 PS. Im Heck befindet sich die Feuerlöschkreiselpumpe mit Zumischeinrichtung. Neben dem Löschwasserbehälter befinden sich 6000 l Schaummittel auf dem Fahrzeug. Diese Menge ist ausreichend, um 100 000 l Wasser bei 6 % Zumischung zu erzeugen. Die Schaummittelpumpe mit einer Leistung von 600 l/min wird durch einen separaten Dieselmotor angetrieben. Der Ziegler-Kombiwerfer besitzt eine Wurfweite von 75 m und kann von 2000 auf 4000 l/min Durchflussmenge umgestellt werden. Darüber hinaus ist eine Selbstschutzanlage eingebaut.

Verwendungszweck:	*Flugplatzlöschfahrzeug FLF*
Fahrgestelltyp:	*Freightliner CFR/FL (4 x 4)*
Baujahr:	*1999*
Leistung der Pumpe:	*5000 l/min*
Löschwasservorrat:	*5600 l*

Für den International Pudong Airport in Shanghai bestimmt ist dieser Rosenbauer „Panther" in der 4 x 4-Variante. Das bis zu 115 km/h schnelle Fahrzeug hat ein Einsatzgewicht von 19 t und wird durch einen mit Abgasturbolader ausgerüsteten 500-PS-Cummins-Dieselmotor fortbewegt, der eine Beschleunigung von 0 auf 80 km/h in 25 Sekunden ermöglicht. Die Normaldruckpumpe arbeitet bei 10 bar und ist mit einer Zumischanlage ausgerüstet. Die Beladung besteht aus Wasser und 680 l Schaummittel. Neben jeweils einem Dach- und Frontmonitor sind zwei Schnellangriffeinrichtungen vorhanden, auf die ein Schaumrohr aufgesetzt werden kann. Die Besatzung besteht aus fünf Mann, die in einer klimatisierten Kabine befördert werden.

Verwendungszweck:	*Flugplatzlöschfahrzeug FLF*
Fahrgestelltyp:	*Freightliner CFR/FL (6 x 6)*
Baujahr:	*1999*
Leistung der Pumpe:	*6000 l/min*
Löschwasservorrat:	*12 000 l*

Im August 1999 entstand der erste 6 x 6-Panther aus der über 40 Einheiten lautenden Gesamtbestellung für die Volksrepublik China. Diese 31-t-Fahrzeuge verfügen über 600-PS-Motoren, beschleunigen von 0 auf 80 km/h in 32 Sekunden, erreichen maximal 115 km/h und sind mit Automatikgetrieben ausgestattet. Die Rosenbauer-Midshippumpe vom Typ R 600 mit Zumischer arbeitet bei einem Druck von 12 bar und wird mittels Power-Devider vom Fahrzeugmotor aus angetrieben. Neben Löschwasser befinden sich 1500 l Schaummittel auf dem Fahrzeug.

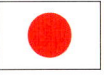 # Japan

Die aus vier großen und 3000 kleineren Inseln bestehenden Japanischen Inseln bilden im Nordpazifik vor der ostasiatischen Küste ein Staatswesen mit großer Kulturtradition und Leistungskraft. Japan ist ein zwar stark von Ölimporten abhängiges, hoch industrialisiertes Land, in dem sich seit den 1920er Jahren eine zunächst aus Lizenzbauten bestehende, leistungsfähige Lastwagenindustrie etabliert hat. Dieser Produktionszweig besitzt vor allem auf den asiatischen und australischen Exportmärkten eine sehr große Bedeutung. Ebenso hat die Branche der Feuerwehrausrüster einen hohen Entwicklungsstand erreicht und das Land besitzt die größte Feuerwehrfahrzeugindustrie in Asien. Sie macht die Feuerwehren des Landes weitgehend von Importen unabhängig. Die bereits 1907 gegründete Firma Morita ist das älteste und gleichzeitig bedeutendste japanische Unternehmen, das sich dem Bau von Feuerwehrfahrzeugen widmet. Morita stellt alle Arten von Feuerwehrfahrzeugen her und die Drehleitern erreichen Höhen von bis zu 40 m. Weiterhin zählt auch die kurz NIKKI genannte Nihon Kikai Kogyo Company Ltd. mit Hauptsitz in Tokio zu den größten Herstellern von Feuerwehrfahrzeugaufbauten in diesem Land. Dieses Unternehmen errichtet Aufbauten auf Fahrgestellen von Hino, Mitsubishi, Nissan, Isuzu, Toyota und anderen. Es werden nicht nur nahezu sämtliche Formen von Löschfahrzeugen und Sondermodellen, sondern auch Drehleitern und Gelenkmastbühnen hergestellt. Da der Bau von Drehleitern in Japan erst zu Beginn der 1960er Jahre in größerem Umfang aufgenommen wurde, sind Hubrettungsfahrzeuge deutscher Herkunft nach wie vor verhältnismäßig häufig in den Fahrzeugbeständen der japanischen Feuerwehren vertreten.

Verwendungszweck:	*Drehleiter DL 32 m*
Fahrgestelltyp:	*Mercedes-Benz Lko 325*
Baujahr:	*1954*
Leistung der Pumpe:	–
Löschwasservorrat:	–

Eine höchst ungewöhnliche Drehleiter kaufte die Berufsfeuerwehr Tokio im Jahr 1954 bei Metz in Karlsruhe. Es handelte sich um eine mechanische DL 32 m, die auf einem mittelschweren Mercedes-Benz-Fahrgestell mit 125-PS-Diesel und offener Fahrer- und Mannschaftskabine gebaut wurde, in der fünf Personen Platz fanden. In der Fahrzeugmitte war eine Feuerlöschkreisel- pumpe vom Typ MP 25 installiert. Für die Standsicherheit des fünfteiligen Leiterparks sorgten Fallspindelabstützungen. Dem Vernehmen nach blieb das Fahrzeug bis 1975 im Einsatz und wird seither in einem Feuerwehrmuseum für die Nachwelt erhalten.

Verwendungszweck:	**Tanklöschfahrzeug**
Fahrgestelltyp:	**Hino KR 325**
Baujahr:	**1979**
Leistung der Pumpe:	**2914 l/min**
Löschwasservorrat:	**4000 l**

Hier ein von dem japanischen Feuerwehrausrüster Noguchi auf einem Hino-Frontlenkerchassis erstelltes Tanklöschfahrzeug der Feuerwehr Kawasaki. Das Fahrzeug verfügt über eine Staffelkabine für sechs Einsatzkräfte und eine nach US-amerikanischem Muster mittig installierte Feuerlöschkreiselpumpe mit seitlich offenem Bedienstand. Das Fahrgestell ist mit einem 177 PS starken Sechszylinder-Dieselmotor ausgerüstet.

Verwendungszweck:	**Drehleiter DL 40,9 m**
Fahrgestelltyp:	**Mitsubishi K 201**
Baujahr:	**1975**
Leistung der Pumpe:	**2270 l/min**
Löschwasservorrat:	**–**

Diese von Morita auf einem Mitsubishi-Dreiachs-Niederrahmenfahrgestell errichtete Drehleiter ist bei der Feuerwehr Kawasaki stationiert und besitzt eine maximale Steighöhe von 40,90 m bei einem Aufrichtewinkel von 75°. Wie auch bei europäischen Konstruktionen befindet sich der Leiterstuhl über den Hinterachsen. Der fünfteilige Leiterpark ist mit einem Fahrstuhl ausgerüstet, der mit maximal 160 kg belastet werden kann. Da die vor der Vorderachse angeordnete Fahrerkabine tiefergelegt ist, konnte eine sehr niedrige Bauhöhe eingehalten werden. An der Leiterspitze befindet sich ein Monitor, der für eine Wasserabgabe von 1030 l/min eingerichtet ist. Eine Morita-Feuerlöschkreiselpumpe ME 7 mit 770 gpm (2914 l/min) Leistung ist mittig eingebaut. Das Fahrgestell wird von einem 210 PS starken V-Achtzylinder-Diesel angetrieben.

Verwendungszweck:	**Flugplatzlöschfahrzeug FLF**
Fahrgestelltyp:	**Morita MAF 125**
Baujahr:	**2000**
Leistung der Pumpe:	**6000 l/min**
Löschwasservorrat:	**12 500 l**

Die Flughafenfeuerwehr des Internationalen Verkehrsflughafens Nagoya verfügt über dieses Morita-Flugplatzlöschfahrzeug. Das auf einem Dreiachs-Allradchassis erstellte, sehr kompakte Fahrzeug ist mit einem Automatikgetriebe ausgestattet und erreicht mit 100 km/h seine Höchstgeschwindigkeit. Neben Löschwasser besteht die Beladung aus 800 l Schaummittelkonzentrat und 300 kg Löschpulver. Jeweils ein Dach- und Frontmonitor sowie zwei Schnellangriffseinrichtungen sind für die Wasser-/Schaumabgabe zuständig, während ein Pulvermonitor und zwei weitere Schnellangriffseinrichtungen den Löschangriff mit Pulver ermöglichen.

Verwendungszweck:	**Tanklöschfahrzeug**
Fahrgestelltyp:	**Mitsubishi-Fuso FM 3165**
Baujahr:	**1981**
Leistung der Pumpe:	**2270 l/min**
Löschwasservorrat:	**4000 l**

Auf einem Mitsubishi-Fuso-Frontlenkerfahrgestell baute der Feuerwehrausrüster Noguchi dieses im Fahrzeugbestand der Feuerwehr von Kawasaki vorhandene Tanklöschfahrzeug auf. Dieses mit Staffelkabine und Midshippumpe ausgeführte Fahrzeug ähnelt dem in der Abbildung darüber gezeigten Modell sehr.

Verwendungszweck:	Flugplatzlöschfahrzeug FLF
Fahrgestelltyp:	Kronenburg KR 33.500/ 55 x 2 (6 x 6)
Baujahr:	1993
Leistung der Pumpe:	6000 l/min
Löschwasservorrat:	8500 l

Für die Flughafenfeuerwehr des Internationalen Verkehrsflughafens von Osaka, Kansai wurde ein dreiachsiges FLF Panther von Rosenbauer beschafft. Dieses durch den Mercedes-Benz-Diesel-Heckmotor OM 442 mit 503 PS angetriebene Flugplatzlöschfahrzeug verfügt über eine mit einem Druck von 12 bar arbeitende Feuerlöschkreiselpumpe, die mit einem Zumischer ausgerüstet ist. Neben Löschwasser befinden sich 600 l Schaummittel sowie eine 500 kg Hochdruck-Pulverlöschanlage auf dem Fahrzeug. Front- und Dachmonitor, Schnellangriffseinrichtungen sowie eine Selbstschutzanlage sind weitere technische Merkmale dieses Fahrzeugs.

Verwendungszweck:	Flugplatzlöschfahrzeug FLF
Fahrgestelltyp:	MAN 36.1000 VFAEG (8 x 8)
Baujahr:	1998
Leistung der Pumpe:	7000 l/min
Löschwasservorrat:	12 500 l

Nach dem Flughafen Osaka erhielt auch der japanische Airport Obihiro auf Hokkaido ein Flugplatzlöschfahrzeug des Typs Panther, in diesem Fall allerdings in der vierachsigen Ausführung. Dieser Kraftprotz ist mit einem V-Zwölfzylinder-MAN-Dieselmotor mit 1000 PS ausreichend motorisiert. Weiterhin besitzt das Fahrzeug ein Renk-Automatikgetriebe, ABS und Differenzialsperren. Das Fahrzeug wiegt voll ausgerüstet 40 t und hat drei Mann Besatzung. Löschwasser, 800 l Schaummittel und eine 250-kg-Pulverlöschanlage sind die vorhandenen Löschmittel. Das heckseitig installierte Motorpumpenaggregat besteht aus einer mit 10 bar arbeitenden Normaldruckpumpe und einem separaten Pumpenmotor mit 340 PS. Das Foamatic-Schaumzumischsystem lässt sich auf unterschiedliche Mischmengen einstellen. Der 6000-l/min-Dachmonitor hat eine Maximalreichweite von 80 m und ist fernsteuerbar. Der Frontwerfer besitzt eine Leistung von 800 l/min. Zwei Schnellangriffseinrichtungen mit jeweils 45 m Hochdruckschlauch für die Abgabe von Wasser und Schaum sowie eine weitere mit 30 m für Pulver sorgen für die Ausbringung der Löschmittel.

Verwendungszweck:	Rapid Intervention Vehicle RIV
Fahrgestelltyp:	Freightliner FL 22.500 (4 x 4)
Baujahr:	2003
Leistung der Pumpe:	6000 l/min
Löschwasservorrat:	6100 l

Eine der größten Verkehrsflughäfen weltweit und in Japan unumstritten die Nummer 1 ist Tokios Internationaler Flughafen Narita Airport. Seit dem September 2003 befindet sich dort ein Schnellangriffsfahrzeug des Typs Panther im Einsatz. Dieses Rosenbauer-RIV hat drei Mann Besatzung, die in einer Aluminiumkabine untergebracht sind. Das Fahrzeug erreicht ein Einsatzgewicht von 20 t und wird von einem 500-PS-Diesel angetrieben. Neben Löschwasser ist es mit 400 l Schaummittel und 200 kg Pulver beladen. Die Midshippumpe arbeitet bei 10 bar Druck und versorgt u. a. die beiden schwenkbaren Schnellangriffsvorrichtungen mit jeweils 50 m formstabilem Hochdruckschlauch. Während der Frontmonitor 800 l/min mit einer Wurfweite von 40 m ausbringen kann, erreicht der Dachwerfer 3000 bzw. 4000 l/min bei 80 m Wurfweite. Das maximal 105 km/h schnelle Fahrzeug ist mit einer aus fünf Bodensprühdüsen bestehenden Selbstschutzeinrichtung bestückt. Eine Rückfahrkamera, beheizbare Pumpen- und Geräteräume bzw. Dachwerfer runden die Ausstattung ab.

Australien und Neuseeland

Auf diesem nur schwach besiedelten Kontinent leben, einschließlich Neuseeland, Neuguinea und Ozeanien, weniger als ein Prozent der Weltbevölkerung. Die Bevölkerung Australiens konzentriert sich auf die Küstenebenen der Großstadtgebiete im Südosten, vor allem aber an der Ostküste. Ausgedehnte Flächen im Landesinneren sind unbewohnt und große, oftmals durch heiße Winde angefachte Buschbrände können sich oft wochenlang ungehindert ausbreiten. Besonders während der heißen und niederschlagsarmen Sommermonate ist das Brandrisiko sehr groß.

Die Anfänge des Feuerschutzes in diesen Regionen ging auf die britische Kolonialmacht zurück, unter der im 19. Jahrhundert vor allem viele Briten und Iren, darunter auch viele Sträflinge, einwanderten. Schon frühzeitig wurde deutlich, dass man die Ansiedlungen gegen die durch Naturgewalten wie Trockenheit und Dürre entstehenden Feuersbrünste schützen musste. Mit den bis zum Ende des 19. Jahrhunderts üblichen, auf menschlicher und tierischer Muskelkraft beruhenden Löschmethoden, war man diesen Bedrohungen aber fast immer hilflos ausgeliefert. Zu Beginn des 20. Jahrhunderts wurden die ersten Automobilspritzen beschafft, die fast ausschließlich britischen Ursprungs waren. Gleichwohl orientierten sich die Feuerwehrfahrzeuge bis weit in die 1950er Jahre hauptsächlich nach britischen Mustern. Dabei übernahm man teilweise auch ältere englische oder amerikanische Löschfahrzeuge, die in dieser weit entfernten Region ihr Dienstende bestritten. Erst in den 1960er Jahren begann eine umfangreiche Neubeschaffung von Fahrzeugen, die auch den örtlichen Gegebenheiten und Bedürfnissen besser entsprachen als die fast unverändert übernommenen Importmodelle.

Heute sind die Feuerwehren gut organisiert und fast immer ebenso gut ausgestattet. Die Wehren in Australien und Neuseeland können sich ohne weiteres mit jeder amerikanischen oder europäischen Feuerwehr messen, was ihren Ausrüstungs- und Ausbildungsstand betrifft. Manche Feuerwehr im Süden Europas wäre sogar glücklich, einen so modernen und hochwertigen Fahrzeugpark zu besitzen, wie die meisten dortigen Wehren. Einsatzfahrzeuge die älter als 20 Jahre sind, gehören zu den Ausnahmen.

Die Einsatzfahrzeuge bestehen aus einer bunten Mischung von importierten und im eigenen Land gefertigten Komponenten. Da die

landeseigene Nutzfahrzeugindustrie, außer der in Melbourne ansässigen und mittlerweile dem Iveco-Konzern angehörenden International-ACCO-Fabrikationsstätte, nur wenig ausgeprägt ist, müssen die für Feuerwehraufbauten benötigten Fahrgestelle sowohl für Australien als auch für Neuseeland häufig importiert werden. Verbreitet sind vor allem englische und amerikanische, in geringerer Zahl aber auch deutsche Fabrikate, hier vor allem bei Drehleitern. In den letzten Jahren haben jedoch schwedische und japanische Marken ihren Marktanteil ausbauen können. Andererseits befinden sich aber auch Feuerwehrfahrzeuge auf ACCO-Fahrgestellen im gesamten südpazifischen Raum. Die Löschfahrzeuge haben überwiegend eine Mitteneinbaupumpe mit seitlichem Bedienstand oder aber, was seltener

ist, eine im Heck nach europäischem Vorbild installierte Feuerlösch-kreiselpumpe. Aufgrund der großen Trockenheit spielen Tanklösch- und Wasserzubringerfahrzeuge eine große Rolle. Allradantrieb ist aufgrund der Geländebeschaffenheit für viele dieser Fahrzeuge zwangsläufig die Regel. Hubrettungsfahrzeuge werden normaler-weise nach wie vor eingeführt, obwohl es mittlerweile auch hier ein-heimische Hersteller gibt. Schon seit Anfang des 20. Jahrhunderts erlangten die deutschen Firmen Metz und vor allem aber Magirus bei der Versorgung der Wehren mit Drehleitern eine marktbeherr-schende Position. Der Aufbau der Drehleitern geschah aber in der Regel auf britischen oder amerikanischen, und nur in einem geringe-ren Umfang auch auf deutschen Fahrgestellen.

In Australien und Neuseeland hat sich auch eine eigenständige Feuerwehrgeräteindustrie entwickelt, deren Bedeutung allerdings überwiegend auf den Regionalbereich beschränkt bleibt. Hier sind vor allem die Ende der 1990er Jahre von der Varley-Gruppe übernom-mene Firma Austral aus Brisbane und die Australian Fire Company (AFC) in Gepps-Cross, Südaustralien, die im Jahr 2000 in der Skilled Equipment Manufacturing Company aufging, zu nennen. Neuseeland wurde in der Vergangenheit vornehmlich durch die Firmen Wormald und Mills-Tui repräsentiert, wobei das letztere Unternehmen seine Tätigkeit erst unlängst beendete.

Der Inselkontinent Australien ist das sechstgrößte Land der Erde und verfügt über heiße Wüsten im Landesinneren und ein tropisches oder mediterranes Klima an den Küsten. Die meisten Australier leben an der Küste, wo auch sämtliche Hauptstädte der Bundesstaaten liegen. Nur Canberra, die Landeshauptstadt, liegt weiter im Landesinneren. Anfangs wurden Australiens Feuerwehrfahrzeuge sehr stark von britischen Vorbildern beeinflusst, wobei man weitgehend komplette Fahrzeuge importierte. Später ging man auch zu eigenen Entwürfen über, die den ört-

lichen Gegebenheiten besser gerecht wurden. Hubrettungsfahrzeuge werden nach wie vor fast ausschließlich importiert, wie die hier gezeigten, auf unterschiedlichen Vierachs-Fahrgestellen aufgebauten mächtigen Teleskopgelenkmastbühnen von Bronto, die von der New South Wales Fire Brigade in Sidney eingesetzt werden. Das links abgebildete Fahrzeug ist ein auf einem Kenworth L 700 A-Fahrgestell aufgebauter Bronto-Skylift 28-2 T 1 aus dem Jahr 1987 mit einer Arbeitshöhe von 28 Metern. Das große 8 x 4-Fahrzeug hat ein Automatikgetriebe sowie einen

Cummins-Dieselmotor mit 300 PS, der für den nötigen Vortrieb sorgt. Podium und Geräteräume stammen aus der Hand des australischen Herstellers Perrie, während die mittig installierte 3400-l/min-Feuerlöschkreiselpumpe von dem britischen Fabrikanten Godiva geliefert wurde. Rechts daneben ist ein Bronto-Skylift 33-2 T 1, der ebenfalls in Zusammenarbeit mit der Firma Alexander Perrie entstand. Das 1991 auf einem Mercedes-Benz-2435-8 x 4-Fahrgestell mit 354 PS erstellte Fahrzeug kann bis zu einer Arbeitshöhe von maximal 33 m operieren.

Australien

Verwendungszweck:	Löschfahrzeug mit Gelenkarm, Pumper
Fahrgestelltyp:	International ACCO 2250 D
Baujahr:	1991
Leistung der Pumpe:	3750 l/min
Löschwasservorrat:	800 l

Dieser mit einem hydraulischen 15-m-Abbey-Skyjet SJ 50-Löscharm ausgerüstete Pumper der Feuerwehr Adelaide des South Australian Metropolitan Fire Service wurde 1991 von der Australian Fire Company auf einem in Australien hergestellten International ACCO-Fahrgestell realisiert. Das universell einsetzbare Fahrzeug ist mit einer großen Fahrer- und Mannschaftskabine, einer mittig installierten Darley-Feuerlöschkreiselpumpe SEH 1000 mit 1000 gpm Leistung, einem Löschwassertank und zwei Schnellangriffseinrichtungen ausgerüstet.

Verwendungszweck:	Drehleiter mit Korb DLK 30 PLC
Fahrgestelltyp:	Scania P 93 M (4 x 2)
Baujahr:	1995
Leistung der Pumpe:	–
Löschwasservorrat:	–

Die dem West Australian Fire Service angehörende Feuerwehr Fremantle orderte diese von Metz erstellte DLK 30 PLC auf einem Scania-Frontlenkerfahrgestell. Das Fahrgestell der in Deutschland als DLK 23/12 bezeichneten, elektronisch überwachten und computergesteuerten Drehleiter wird durch einen 250-PS-Dieselmotor angetrieben. Der auf maximal 30 m ausziehbare fünfteilige Leiterpark besitzt einen Klappkorb und ein durchgehendes Leiterpodium.

Verwendungszweck:	Gelenkmastbühne GMB
Fahrgestelltyp:	International S 2670
	(6 x 4)
Baujahr:	1991
Leistung der Pumpe:	–
Löschwasservorrat:	–

Diese auf einem dreiachsigen International-Haubenfahrgestell errichtete Gelenkmastbühne des Abbey-Simon-Typs Skymonitor SM 350/26 verfügt über eine Arbeitshöhe von 26 m und steht bei der Berufsfeuerwehr Adelaide, die zum South Australian Metropolitan Fire Service gehört, im Dienst. Diese Organisation ist für den Feuerwehr- und Rettungsdienst in der Großstadt Adelaide mit ihren Vororten sowie einigen größeren Städten im Umkreis zuständig. Das Podium sowie die für sechs Einsatzkräfte ausgebildete Kabine dieses mit einem 350-PS-Cummins-Diesel ausgerüsteten Fahrzeugs baute der mittlerweile nicht mehr tätige australische Hersteller Grummet.

Verwendungszweck:	Drehleiter mit Korb
	DLK 23/12 Vario CC
Fahrgestelltyp:	Iveco EuroMover MH 190 E
	(4 x 2)
Baujahr:	2001
Leistung der Pumpe:	–
Löschwasservorrat:	–

Eine hydraulisch betriebene und computergesteuerte, auf einem Iveco-Fahrgestell aufgebaute Magirus DLK 23/12 Vario CC mit vierteiligem Leitersatz wurde im Jahr 2001 bei dem Ulmer Hersteller für die New South Wales Fire Brigade gefertigt. Das hochmoderne Fahrgestell besitzt einen Cursor-8-Dieselmotor mit 298 PS sowie ein Allison-Automatikgetriebe. Die luftgefederte Hinterachse sorgt für einen in dieser Nutzlastklasse hervorragenden Fahrkomfort. Die Kabine bietet Fahrer und Mannschaft zusätzlichen Stauraum für Ausrüstung und Kommunikationseinrichtungen. Besonders erwähnenswert ist die niedrige Bauhöhe von nur 3,10 m sowie die bis in den Dreimann-Rettungskorb RK 270 reichende Atemluftversorgungsleitungsanlage. Zu den hervorzuhebenden Extras zählt eine Hochspannungswarnanlage.

Verwendungszweck:	Löschfahrzeug, Pumper
Fahrgestelltyp:	International ACCO 1810 C
Baujahr:	1978
Leistung der Pumpe:	3400 l/min
Löschwasservorrat:	1800 l

Das australische Tochterunternehmen des US-amerikanischen Lkw-Herstellers International Harvester brachte gegen Ende der 1960er Jahre auch eigenständige Lastwagenkonstruktionen hervor, die sich auch für Feuerwehraufbauten eigneten. Es handelte sich um die ACCO (Australian-C-Line-Cab-over)-Typen 1610, 1710 und 1810, die es sowohl mit Hinterrad- als auch mit Allradantrieb gab. Anfang der 1980er Jahre folgte der IH ACCO 1950 C als Super-Pumper mit Midshippumpe. Zwischen 1986 und 1987 ging bei den Feuerwehren die Epoche der ACCO-Modelle aus Kostengründen, – vor allem aber wegen einer permanent schlechten Verarbeitung – ziemlich aprupt zu Ende. Aufgrund der Unzuverlässigkeit durch häufige Ausfälle und Mehrkosten durch Reparaturarbeiten musste man sich um Ersatz bemühen. Dieser von dem Feuerwehrausrüster Alexander Perrie gefertigte International ACCO 1810 C-Frontlenker steht bei der New South Wales Fire Brigade im Einsatz. Das Fahrzeug verfügt über einen an die Fahrerkabine angesetzten Mannschaftsraum, eine Feuerlöschkreiselpumpe von Godiva und zwei Schnellangriffseinrichtungen.

Neuseeland

Das südöstlich von Australien im Südpazifik gelegene Neuseeland besteht aus einer Nord- und Südinsel. Auf der Nordinsel lebt die Mehrheit der Bevölkerung. Diese früher britische Kolonie wurde 1947 unabhängig. Nicht viel anders als auch in Australien verlief die Geschichte der neuseeländischen Feuerwehr, deren erste Ansätze gegen 1840 erkennbar waren. Unzulängliche Gerätschaften und ungenügend ausgebildete Bedienungsmannschaften standen einem nachhaltigen Feuerschutz im Weg. Zudem gehörten die meisten Handdruckspritzen den Versicherungsgesellschaften, die diese auch nur bei den jeweiligen Versicherungsnehmern zum Einsatz brachten. Erst in den 1860er Jahren, als von den Versicherungen unabhängige freiwillige Feuerwehren gegründet wurden, besserte sich die Situation. Neue Wasserleitungen in den Städten und eine verbesserte Ausrüstung optimierten den Brandschutz bis zur Jahrhundertwende spürbar. Ab 1906 erhielten die Feuerwehren der Städte Christchurch, Wellington und Auckland die ersten motorisierten Feuerwehrfahrzeuge. Im Jahr 1912 wurde Neuseelands erste Drehleiter, eine DL 27 von Braun/Nürnberg auf einem Elektrofahrgestell, für die Feuerwehr Auckland in Dienst gestellt. Während Drehleitern weiterhin eingeführt wurden, begann man in den 1930er Jahren mit der Fertigung landeseigener Feuerwehrfahrzeuge. Die bekanntesten Unternehmen wurden die bis 1983 in der Branche tätige Firma Wormald sowie der seit 1969 tätige Hersteller Mills-Tui, der sich allerdings unlängst ebenfalls aus diesem Bereich zurückziehen musste. Daneben gab es in der Vergangenheit noch einige kleinere Firmen, die sich mit Feuerwehraufbauten beschäftigten.

Das Land ist in sechs Brandschutzregionen unterteilt und wird fast ganz von dem New Zealand Fire Service als Zentralverwaltung betreut. So erfolgt die Beschaffung von Fahrzeugen und Geräten nicht durch die einzelnen Fire Brigades, sondern sie wird zentral vorgenommen. Hiermit ist eine größere Vereinheitlichung des Fahrzeugparks möglich sowie eine erhebliche Senkung der Einkaufskosten.

Dieses auf einem Bedford-Fahrgestell aufgebaute leichte Löschfahrzeug (Light Pump), stationiert bei der Feuerwehr Turakina im Rangitikii District Council, verfügt über eine Godiva-Heckpumpe sowie über zwei Schnellangriffshaspeln. Eine Tragkraftspritze ist in der Mitte des Aufbaus gelagert.

Verwendungszweck:	Light Pump
Fahrgestelltyp:	Bedford J 2
Baujahr:	1961
Leistung der Pumpe:	2270 l/min
Löschwasservorrat:	900 l

Verwendungszweck:	Heavy Pump
Fahrgestelltyp:	ERF 84 PF
Baujahr:	1971
Leistung der Pumpe:	2270 l/min
Löschwasservorrat:	1350 l

Hier ein bei der neuseeländischen Feuerwehr als Heavy Pump bezeichnete Löschfahrzeug, das von der in Wellington ansässigen Firma Wormald Ltd. auf ein britisches ERF-Frontlenkerfahrgestell mit großer, aus Fiberglas erstellter Fahrer- und Mannschaftskabine aufgebaut worden war. Das aufgrund der strukturellen Mängel dieser Kabinen mit einem kräftigen Rammschutz, der so genannten Bull Bar ausgeführte Fahrzeug war zuerst bei der Feuerwehr Christchurch beheimatet und gelangte später an die Feuerwehr Kaikohe im New Zealand Fire Service Ashburton. Neben einer im Heck eingebauten Godiva-Feuerlöschkreiselpumpe waren ein Löschwasserbehälter sowie zwei beidseitige Schnellangriffseinrichtungen vorhanden.

Verwendungszweck:	*Medium Pump*
Fahrgestelltyp:	*Mitsubishi FP 418 JR FB 2*
Baujahr:	*1987*
Leistung der Pumpe:	*2270 l/min*
Löschwasservorrat:	*1350 l*

Auf einem Frontlenkerfahrgestell von Mitsubishi errichtet wurde diese Mills-Tui Typ 6/2 Medium Pump, nach der Terminologie der NZFS-Kommission ein Standardlöschfahrzeug, das bei der Feuerwehr Rotorua stationiert ist. Das Fahrzeug verfügt über die von diesem Hersteller eigens entwickelte Sicherheitskabine. Diese geräumige Safety Cab entspricht größenmäßig in etwa den europäischen Staffelkabinen für sechs Einsatzkräfte. Die relativ kostspielige Kabine war eine zeitlang gesetzlich vorgeschrieben, nachdem sich Stabilitätsmängel der teilweise aus Glasfaserteilen ohne Stahlrohrrahmen erstellten bisherigen Fahrerhäuser herausgestellt hatten. Die Waterous-Feuerlöschkreiselpumpe und der Bedienstand sind nach amerikanischem Muster mittig angeordnet. Ebenso entspricht der flache Geräteaufbau mit dem Leitergerüst amerikanischen Vorbildern.

Verwendungszweck:	*Medium City Pump*
Fahrgestelltyp:	*International ACCO 1810 C*
Baujahr:	*1982*
Leistung der Pumpe:	*2270 l/min*
Löschwasservorrat:	*1350 l*

Diese von Mills-Tui auf ein International ACCO-Frontlenkerfahrgestell aufgebaute Medium City Pump verfügt als speziell für städtische Einsätze konzipiertes Löschfahrzeug ebenfalls über die viertürige Sicherheitskabine. Die Fahrzeuge mit

Sicherheitskabine rangierten unter der Typenbezeichnung 6/31. Obwohl sich die neuen Kabinen in jeder Hinsicht bewährt hatten, entschloss man sich zur Produktionseinstellung. Der Grund: Die Herstellungskosten für diese Fahrer- und Mannschaftskabinen waren – da bei fast jedem Fahrzeug praktisch eine Sonderanfertigung – derart hoch, dass ihr Weiterbau aus finanziellen Überlegungen nicht mehr vertretbar war. Dieses Fahrzeug der Berufsfeuerwehr Auckland verfügt über eine in der Mitte installierte Darley SEH 500-Feuerlöschkreiselpumpe.

Verwendungszweck:	*Water Bowser*
Fahrgestelltyp:	*Ford D 1314*
Leistung der Pumpe:	*1975*
Leistung der Pumpe:	*–*
Löschwasservorrat:	*10 000 l*

Reine Wasserzubringerfahrzeuge erfüllen auch bei den Feuerwehren Neuseelands eine wichtige Aufgabe, wenn es gilt, bei Brandeinsätzen in Gebieten außerhalb des öffentlichen Hydrantennetzes eine geregelte Löschwasserversorgung aufzubauen. Dieser von der Cambridge Fire Brigade eingesetzte Tanker – in Neuseeland wird dieser Typ als Water Bowser (WrBwr) bezeichnet – entstand durch Eigenleistung aus einem ehemaligen Benzintankwagen. Dieses Fahrzeug ist mit keiner fest installierten Feuerlöschkreiselpumpe, sondern nur mit einer transportablen 500-l/min-Befüllpumpe ausgerüstet.

Verwendungszweck:	*Medium Compact Pump*
Fahrgestelltyp:	*International ACCO 1820 C*
Baujahr:	*1973*
Leistung der Pumpe:	*5675 l/min*
Löschwasservorrat:	*1350 l*

Der Feuerwehrausrüster Wormald erstellte diese bei der neuseeländischen Feuerwehr Waipukurau eingesetzte Medium Compact Pump auf einem International ACCO-Fahrgestell. Neben einer Fahrer- und Mannschaftskabine für sechs Personen ist das Fahrzeug mit einer Darley-Heckpumpe und zwei Schnellangriffseinrichtungen ausgerüstet.

Verwendungszweck:	**Light 4 x 4 Pump**
Fahrgestelltyp:	**Bedford MK 3 (4 x 4)**
Baujahr:	**1979**
Leistung der Pumpe:	**2270 l/min**
Löschwasservorrat:	**3000 l**

Dieses auf einem Bedford-Frontlenker aufgebaute, als Light 4 x 4 Pump oder Rescue Pump bezeichnete Leichte Allradpumpfahrzeug wird in der Northland Area des New Zealand Fire Service eingesetzt. Das voll geländefähige, hauptsächlich für Forsteinsätze in ländlichen Regionen (Rural Task Force) verwendete Fahrzeug verfügt über eine nach hinten hin offene Canopy-Cab mit zwei Sitzplätzen für mitfahrende Mannschaften sowie über eine Darley-Mitteneinbaupumpe.

Verwendungszweck:	**Medium Compound Pump**
Fahrgestelltyp:	**International ACCO C 1800**
Baujahr:	**1971**
Leistung der Pumpe:	**5675 l/min**
Löschwasservorrat:	**1350 l**

In einer ungewöhnlichen Lackierung präsentiert sich diese, von Mills-Tui erstellte Medium Compound Pump, die sich im Jahr 2001 bei der Werkfeuerwehr der Firma Pulp & Paper Limited Fire Service in Whakatane im Einsatz befand. Neben einer großen zweitürigen Kabine ist in der Fahrzeugmitte eine Darley-Feuerlöschkreiselpumpe mit offenem Bedienstand und beidseitigen Schnellangriffseinrichtungen vorhanden.

Verwendungszweck:	**Hydraulic Elevating Platform**
Fahrgestelltyp:	**Mack CF 685**
Baujahr:	**1984**
Leistung der Pumpe:	**5400 l/min**
Löschwasservorrat:	**1350 l**

Bei der Hamilton Fire Brigade befindet sich dieser Darley Teleskoplöscharm Typ Teleboom 50 (Hydraulik Elevating Platform) mit 17 m Arbeitshöhe im Einsatzdienst. Dieser bei den neuseeländischen Wehren unter der Typenbezeichnung 6/11 rangierende Fahrzeugtyp entstand durch Mills-Tui auf einem Mack-Frontlenkerfahrgestell. Neben einer Midshipeinbaupumpe von Darley befindet sich ein Wassertank im Geräteaufbau. Das weltweit häufig für Feuerwehraufbauten verwendete Fahrgestell ist mit einem Sechszylinder-Diesel mit 11 225 ccm Hubraum und 237 PS Motorleistung bestückt.

Verwendungszweck:	**Hydraulic Elevating Platform**
Fahrgestelltyp:	**Scania 93 M**
Baujahr:	**1991**
Leistung der Pumpe:	**3785 l/min**
Löschwasservorrat:	**1350 l**

Der Feuerwehrausrüster Mills-Tui war für die Erstellung dieses auf einem Scania-Frontlenker errichteten Tanklöschfahrzeugs mit Löscharm verantwortlich. In diesem mit einem Abbey Skyjet mit 15 m Höhe bestückten Fahrzeug befindet sich eine mittig installierte Darley-Feuerlöschkreiselpumpe mit offenem Bedienstand sowie ein Löschwassertank im hinteren, durch Jalousien verschlossenen Geräteaufbau. Der Fahrzeugantrieb erfolgt durch einen 250 PS starken Scania-Diesel.

Register

Register

Register

Register

Bildquellen

Bachert: 203 o.; BAI: 166 u.; Dirk Biemer (Sammlung): S. 203 M.l., 203 u., 324, 325 M., 328 M.r.u.; Daimler-Chrysler: S. 23 o., 49 u., 111 u., 111 M., 112 o., 153 u., 285 o., 305 u.; dpa: S. 7, 8, 9, 10, 11, S. 12 u.; Emergency One, Inc.: S. 49 M., 221 o.M., 222 o.; Iveco-Magirus: S. 18 u.l., 20 M., 21 o., 23 u., 111 M.l., 126 o., 158, 161 M.l., 166 o., 166 M., 170 o., 174 u.l., 179 o.r., 193, S. 194 o., 195, 200, 202 o., 280/281, 285 M.r., 286 M.r., 287, 288 o., 288 u., 289, 313, 325 o.; Klaus Lamm: S. 170 u.r., 171 o.M., 171 M.l., 171 u., S. 178 u., 180 M.l., 181 o., 181 u., 182 l., 182 r., 186 u., 187 M., 187 r., 188 o., 188 M., 307, 308, 309, 318 M.l.; Liebherr: S. 105 u.r., 106 o., 106 M.l.; Thomas Lunte: S. 18 o., 18 u.r., 19, 120 o.l., 120 o.r., 120 M., 121 o., 121 M.l.u., 121 u., 122 u.l., 122 u.r., 123 M., 123 u., 124 o.r., 124 u.l., 124 u.r., 127 M.l.o., 127 u.l., 128 u., 129, 130, 131 o., 131 u., 135 M.r., 136 o., 145 o., 145 M.o., 146 o., 146 M.l., 149 u., 150 o.l., 150 u., 151 u.r., 156 M., 165 o.l., 165 u.l., 179 o.l., 180 o., 181 M., 182 o., 182 u., 183, 184 o., 184 r., 184 u., 185, 186 l., 187 o., 187 l., 187 u., 189 M., 189 u., 190, 191, 192, 213 M.u., 233 M.l., 237 M.l., 240 u.l., 247 u., 261 u., 265 u.; MAN: S. 110 M.r.u.; Metz: S. 20 o., 21 M.l., 23 M, 49 o., 50 u., 110 u., 138 M., 139 u.r., 140 o., 152 o., 162, 175 M.r., 180 M.r., 180 u., 194 M., 194 u., 196/197, 201 o., 201 M., 202 u., 204, 205 u.r., 284 o., 284 u.l., 285 u., 286 o., 286 M.l., 286 u., 290, 291, 292, 293, 298, 299 o., 299 M.r., 303 o., 306 o., 306 u., 310 o., 314, 315 o.r., 316 M.l.; Manfred Nonnenbroich: S. 27 o., 47 u.; Louis Rabet: S. 20 u., 21 u., 21 M.l., 22 o., 22 u.l., 22 u.M., 27 u., 56 o., 60 o., 65 M.l., 69 u., 71 u., 72, 144, 146 M.r., 146 u., 147 M.l., 147 u., 148 o., 148 M., 148 u.l., 149 o., 149 M.o., 150 o.r., 151 o.r., 151 M., 152 M.r., 152 M.l., 152 u., 154 M., 156 o., 157; Rosenbauer: S. 110 M., 131 M., 175 u., 188 u., 201 u., 205 o., 205 M.l., 301 M.r., 301 u., 302 u.r., 306 M., 315 o.l., 315 u., 316 M.r., 316 u., 319; Saval-Kronenburg: S. 48 M.r.u.; Norbert Schmitt: S. 168, 165 o.r., 171 o.l., 171 M.r., 178 o., 178 M., 179 o.M., 179 M.l., 179 u., 186 o.; Liucijus Suslavicius: S. 167 u., 168 o., 168 M., 168 M.r.u., 168 u., 169; Suslavicius (Sammlung): S. 167 o., 167 M., 168 M.r.o., 172, 173 o., 173 u., 174, 175 o., 175 M.l., 176, 177; Keith Wardell: S. 32 u.l., 38 u., 163, 314 o., 322/323, 325 u.; Dirk Wieczorek: S. 13, 22 u.r., 24 l., 25, 26, 27 M.l., 27 M.r., 30, 31, 32 o., 32 M.r., 32 M, 32 u.r., 33, 34, 35, 36, 37, 38 o., 38 M, 39, 40 o., 40 M.o., 40 M.u., 41, 43 o., 43 u.l., 43 M.u., 44 u., 45, 46 o., 46 M., 47 o., 47 M.l., 47 M.r., 48 u., 48 M.r.o., 48 M., 48 u., 51 M.o., 51 u., 52 M.r., 52 M.l., 52 u., 53 o., 54 M., 54 u., 56 M.l., 57 o., 57 M., 58 o., 58 M., 59 u., 60 M.l., 60 M., 60 u.l., 60 u.r., 61, 62 M.l., 64, 65 o., 65 M.r., 65 u., 66, 67, 68 o., 68 u., 69 o., 69 M., 70, 71 o., 71 M.o., 71 M.u., 134 M.l., 135 o., 135 M.l., 135 u., 139 o., 139 M.l., 140 u.l., 141 o.l., 141 o.r., 142 u., 143 M., 143 u., 148 u.r., 150 M.u., 153 o., 153 M., 154 M.r., 154 u., 155, 156 u., 159 o., 159 M.l., 159 M., 159 u.r., 160, 161 o., 161 M.r., 161 u., 206/207, 210, 211, 212, 213 o.l., 213 o.r., 213 M.o., 213 u., 214, 215, 216, 217, 218, 219, 220, 221 o.r., 221 M.l., 221 u., 222 M., 222 u.l., 222 u.r., 223, 224, 225, 226, 227, 228, 229, 230, 231, 232, 233 o., 233 M.r., 233 u., 234, 235, 236, 237 o., 237 u.l., 237 u.r., 238, 239, 240 o., 240 M.l., 240 u.r., 241, 242, 243, 244, 245, 246 o., 247 o., 247 l., 247 r., 248, 249, 250, 251, 252, 253, 254, 255, 256, 257, 258, 259, 260, 261 o., 261 l., 261 r., 262, 263, 264, 265 o., 265 M.l., 265 M.r., 266, 267, 268, 269, 270, 271, 272, 273, 274, 275, 276, 277 o., 277 u., 278 u., 279 o.r., 279 u.l., 279 u.r., 284 u.r., 299 u.l., 300, 301 u., 302 o., 302 M.l., 302 M.r.; Dirk Wieczorek (Sammlung): S. 40 u., 44 o., 44 M.u., 46 u., 53 M., 53 u., 147 u., 246 u., 277 M., 278 o., 279 o.M., 279 M.l., 303 u., 304, 310 u., 311, 312, 318 o., 318 M.r., 318 u., 320/321, 326, 327, 328 o., 328 M.r.o., 328 u.l.; Ziegler: S. 100 o., 100 M.r., 100 M.l., 111 o., 165 u.r., 203 M.r., 320 o.

Alle übrigen Abbildungen entstammen dem Archiv des Autors.